白酒酿造与技术创新

李大和　编著

中国轻工业出版社

图书在版编目（CIP）数据

白酒酿造与技术创新/李大和编著．—北京：中国轻工业出版社，2020.5

ISBN 978-7-5184-1323-2

Ⅰ.①白… Ⅱ.①李… Ⅲ.①白酒—酿酒—中国 Ⅳ.①TS262.3

中国版本图书馆 CIP 数据核字（2017）第 040762 号

责任编辑：江 娟 秦 功

策划编辑：江 娟 责任终审：唐是雯 封面设计：锋尚设计

版式设计：宋振全 责任校对：吴大鹏 责任监印：张 可

出版发行：中国轻工业出版社（北京东长安街 6 号，邮编：100740）

印 刷：河北鑫兆源印刷有限公司

经 销：各地新华书店

版 次：2020 年 5 月第 1 版第 2 次印刷

开 本：787×1092 1/16 印张：26.25

字 数：639 千字

书 号：ISBN 978-7-5184-1323-2 定价：80.00 元

邮购电话：010－65241695

发行电话：010－85119835 传真：85113293

网 址：http：//www.chlip.com.cn

Email：club@chlip.com.cn

如发现图书残缺请与我社邮购联系调换

200483K1C102ZBW

前　言

中国白酒是世界六大蒸馏酒之一，酿造历史源远流长。中国白酒的酿造技艺和蒸馏技术都是中华民族的伟大发明，对于微生物的利用世界上少有几个酒种可与之比拟。可以说中国白酒生产技术是生物工程研究领域中最复杂的课题，诸如白酒中众多风味物质的形成、微生物在酿造过程中的盛衰交替相互作用、甑桶蒸馏中物质的变化等，许多原理尚未破解。中国传统白酒的酿造技艺被列为国家非物质文化遗产，也是世界非物质文化遗产的重要组成部分；是中华民族的珍贵遗产，也是中华民族的国粹。

白酒的传统酿造技艺古籍记载甚少，有的也只是只言片语。20 世纪 30 ~ 40 年代，原中央工业试验所、乐山技专的方心芳、李祖铭、顾毓珍、高盘铭、温天时、李大德、谢光莲等对汾酒、泸州大曲酒及川法小曲酒做过一些研究，不甚详尽。20 世纪 50 年代后期起，国家对民族遗产逐渐重视，先后组织专门力量对汾酒、茅台、泸州大曲、西凤及四川糯高粱小曲酒、烟台酿酒操作法等进行了系统的查定和总结，推动了白酒工业的发展和质量的提高。60 年代国家科委十年规划项目安排了泸州老窖、茅台、汾酒、西凤四个试点，分别由四川省食品研究所的陈茂椿高工、原轻工业部的周恒刚高工、秦含章教授、李惠民高工带队在四个名白酒厂开展试验研究，较系统科学地总结了四大名酒的传统工艺，并进行了不少创新的探索，推动了三个香型白酒的发展和技术进步。70 年代中后期，白酒行业在有关部门的组织领导下，全面开展相互交流、相互学习、举办培训班（或到厂实地培训）的活动，以提高全行业的技术水平，开展向名白酒厂学习的热潮，白酒协作组有效地开展了活动。由于泸型（浓香型）酒的独特风格、人工老窖的创造、酿造技艺的系统总结及泸州老窖、五粮液等名酒厂的无私传授，使浓香型酒在全国迅速发展。自 1979 年第三届全国评酒会起，中国白酒确定了五个香型，即清香型、酱香型、浓香型、米香型和其他香型，逐步发展和确定的有 12 种香型，每种香型都对独特的工艺进行了较系统的总结。

为使新一代酿酒工人、技术人员对白酒酿造传统技艺有较系统的了解，使中国白酒这份特有的民族遗产得以传承、发展、创新，使白酒酿造技艺与现代科技结合，本书收集、整理了 12 种香型白酒的酿造工艺，并对近 50 年白酒酿造技术的发展、创新进行了较系统的整理，结合笔者半个多世纪酿酒行业的科研与实践加以阐述，以供同行学习、借鉴。中国白酒风格千姿百态，要广开思路，在传承的基础上持续发展和创新。

本书在编写过程中参考了众多专著、论文，在此对作者表示真诚的谢意！李国红高级工程师参加了本书的收资、整编工作。编写还得到四川省食品发酵工业研究设计院、成都市温江区老科协领导的关心和鼓励，在此一并致谢！

李大和

2016. 10. 成都 · 温江

目　　录

绪　　论

第一节　中国白酒与世界蒸馏酒的比较

一、世界蒸馏酒的分类

蒸馏酒在世界分布很广，虽然各国都有生产，却因各地资源、民族和风俗习惯而不同。我国用曲酿酒的技术有六、七千年的悠久历史，这种边糖化边发酵的“双边发酵”技艺，直到19世纪末传入欧洲，称为淀粉酶法。在此之前，西方自古都是用麦芽作糖化剂，再用酵母菌使糖转化为酒的单边发酵技术。世界蒸馏酒的分类有两种方法：一种是以原料为主，兼顾生产工艺；另一种则按糖化发酵剂来分类。

如图1所示，世界的蒸馏酒按原料来分，可分为三大类（淀粉、果类、甘蔗）。应该说，这种划分方法比较科学，系统性也较强，并且能概括工艺的特点。现在，不少人把世界蒸馏酒分成六类，就是把代表性的产品单独列出：中国白酒、威士忌、伏特加、金酒、白兰地、朗姆酒，称世界六大蒸馏酒。

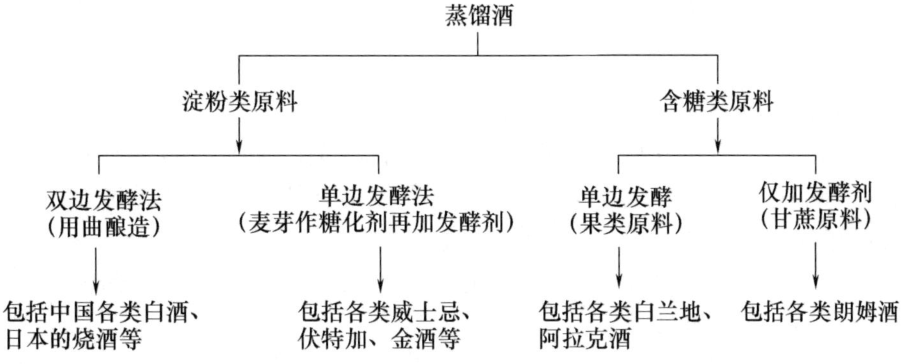

图1　蒸馏酒的分类

1. 原料、工艺、设备等差异

世界六大蒸馏酒酿造的特点见表1。

表1　世界六大蒸馏酒酿造的特点

项目	中国白酒	威士忌	伏特加	金酒	白兰地	朗姆酒
糖化发酵剂	大曲、小曲	大麦芽、酵母	大麦芽、酵母	麦芽、酵母	酵母	酿酒酵母、生香酵母
原料	高粱、大米、玉米、小麦等	大麦、玉米	黑麦、大麦	杜松子、麦芽、玉米	葡萄糖或水果	甘蔗汁或糖蜜

续表

项目	中国白酒	威士忌	伏特加	金酒	白兰地	朗姆酒
原料处理	整粒或破碎	粉碎	粉碎	粉碎	破碎、渣汁分离或不分离	灭菌
发酵容器	泥窖、石窖或陶缸	木桶	大罐	大罐	大罐	大罐
发酵方式	固态或半固态	液态	液态	液态	液态	液态
酿造工艺	清蒸清烧或混蒸混烧，续糟发酵等	先制成糖化液再加酵母发酵	制成食用酒精桦木炭处理，降度	食用酒精稀释后用杜松子浸泡，再蒸馏，稀释	皮渣分开，发酵，汁中不加 SO_2，低温发酵	调整糖度，液态发酵
蒸馏设备	甑桶或釜式	壶式蒸馏锅	蒸馏塔	蒸馏塔	壶式蒸馏锅	壶式蒸馏锅，回锅，不回锅或连续蒸馏
贮存容器	陶坛或酒海等	橡木桶			橡木桶	橡木桶
勾兑方式	组合、降度、调味	调度、调香	调度	调度、调香、调色	按酒度、橡木桶材质、酒龄组合，调色	调度、调色、调香

2. 微量香味成分

一般说，中国蒸馏酒（白酒）和世界其他蒸馏酒相比，除酒精含量高外，在香气成分中，白酒的酸高、酯高、醛酮高及高级醇低。其中脂肪酸乙酯含量占首位，其绝对含量超过其他蒸馏酒几十倍甚至百倍以上，其次是酸或高级醇互有上下，第三是总醛多。而在威士忌、白兰地、朗姆酒等蒸馏酒的香气成分中，含量最多的是高级醇，其次是酸或酯，依不同酒类互有交替，总醛最少。

（1）酸类　蒸馏酒中的酸类，绝大部分都是挥发酸。由于中国蒸馏酒独特的工艺及蒸馏设备，总酸绝对量要比其他蒸馏酒高。从酸的组成成分看，主要是乙酸和乳酸，在酱香型及浓香型白酒中，还含有较多量的己酸和丁酸。也就是说，中国蒸馏酒除乳酸高这一特点外，以含 6 个碳原子以下的低级脂肪酸为主。而其他蒸馏酒主要含乙酸，此外，以含 7 个碳以上的辛酸、癸酸、月桂酸为多，在朗姆酒中，更有多量的丙酸及一定量的丁酸。蒸馏酒中酸的种类数量与工艺及参与发酵的微生物菌群密切相关。

（2）酯类　酸和醇在发酵工艺过程中，经生物化学反应形成各种酯类。乙醇是发酵酒糟（醪）中的主要成分，故乙酯是酒中酯类的主体成分。在发酵过程中产生各种酸，实践证明，有什么样的酸就存在与其相对应的乙酯。

酯在中国蒸馏酒香气形成中具有特别重要的作用。乳酸乙酯、乙酸乙酯、己酸乙酯是白酒中的三大主要酯类，其含量占总酯的 90% 以上。由于这三大酯类组成不同，在一定程度上可以区分白酒所属的香型。乳酸乙酯和乙酸乙酯存在于所有中国白酒之中，含量众多。在其他蒸馏酒中，除乙酸乙酯外，含量较多的是辛酸乙酯、癸酸乙酯、月桂酸乙酯及乙酸异戊酯（与酸相对应）。这些乙酯在白酒中却仅有极少量存在，它们在总酯中所占的比例都在1%以下，这是酯类组成上的主要差异点。

（3）高级醇类　在酒类中凡比乙醇含碳原子多的醇类统称为高级醇。在所有蒸馏酒的香气成分中，尤其像白兰地、威士忌之类的蒸馏酒，其高级醇含量占有极重要的地位，这是因为它们的含量在香味成分中最多。

各类蒸馏酒高级醇的含量随原料、工艺和产地等条件而不同。大体上其含量为：固体发酵法白酒50～180（mg/100mL，下同）；小曲液态发酵法白酒60～250；白兰地100～200；威士忌50～150；朗姆酒60～240；日本烧酒30～170。

中国蒸馏酒，特别是三大基本香型名白酒的香味以酯为主，其他蒸馏酒都以高级醇为主，这又是一主要差异点。

（4）羰基化合物　存在于蒸馏酒中的羰基化合物主要是醛，其次是酮。白酒中的醛含量比其他蒸馏酒显著地多。其中乙缩醛和乙醛占总醛量的90%以上。乙缩醛和乙醛是中国蒸馏酒中芳香成分组成之一，它们的恰当含量和比例有助于放香。另外，2，3-丁二醇、丁二酮和3-羟基丁酮等是白酒的绵柔、醇甜类物质。

（5）高级脂肪酸乙酯　中国蒸馏酒中富含6个碳以上的乙酯类，如庚酸、辛酸、壬酸、癸酸、十二酸、十四酸、十六酸、十八酸、油酸、亚油酸、棕榈酸等高级脂肪酸乙酯，它们与白酒中其他微量成分配合，形成中国白酒特有的风味，这是中国蒸馏酒在香味成分上与其他蒸馏酒的又一差异。

二、中国白酒传统酿造技艺特色

1. 自然制曲

中国蒸馏酒传统使用的糖化发酵剂是大曲和小曲，均采用自然接种，使用的原料是小麦、大麦、豌豆、大米（米饭）、黄豆等，有的还添加中草药。尽管使用的原料不尽相同，但都是网罗空气、工具、场地、水中的微生物，在不同的培养基上富集，盛衰交替，优胜劣汰，最终保留着特有的微生物群体，包括霉菌、细菌和酵母菌等，为淀粉质原料的糖化发酵和香味成分的形成，起着十分关键的作用。由于制作工艺，特别是培菌温度的差异，对曲中微生物的种类、数量及比例关系起着决定性的作用，造成各种香型白酒微量成分的不同和风格的差异，使中国蒸馏酒具有丰富多彩的独具特色的风味。

大曲培菌中，又分高温曲、偏高中温曲、中温曲、低温曲等，造就了白酒三大基本香型及以其为基础演变的多种香型。

2. 采用间歇式、开放式生产，并用多菌种混合发酵

中国蒸馏酒主要采用传统的固态发酵法生产，主要是手工操作，生产的主要环节除从原料蒸煮到灭菌作用外，其他过程都是开放式的操作，种类和数量繁多的微生物，通过空气、水、工具、场地等渠道，进入酒醅，与曲中的微生物一同参与发酵，产生出丰富的芳香成分。

3. 采用配糟、双边发酵

中国蒸馏酒生产大多采用配糟来调节酒醅的淀粉浓度、酸度，如浓香型白酒使用“万

年糟”，更有利于芳香物质的积累和形成。固态法酿酒采用低温蒸煮、低温糖化发酵，而且糖化与发酵同时进行（即双边发酵），有利于多种微生物共酵和酶的共同作用，使微量成分更加丰富多彩。

4. 独特的发酵设备

中国蒸馏酒的发酵设备与其他蒸馏酒比较，差异甚大，十分独特。发酵设备对白酒香型的形成做出重要贡献。酱香型白酒发酵窖池是条石砌壁、黄泥作底，有利于酱香和窖底香物质的形成；清香型白酒采用地缸发酵，减少杂菌污染，利于“一清到底”；浓香型白酒是泥窖发酵，利于己酸菌等窖泥功能菌的栖息和繁衍，对“窖香”的形成十分关键。这种独特的发酵设备为中国白酒三大基本香型风格的形成提供了基础条件。

5. 绝无仅有的酿造工艺

中国蒸馏酒以茅台、泸州老窖、汾酒等为代表，都是珍贵的民族遗产，千百年来，世代相传，积累了丰富的经验，因地制宜采用了不同的酿造工艺，创造了多种香型的白酒。酱香型白酒以高粱为原料，采用高温制曲、高温堆积、高温发酵、高温馏酒、发酵周期长、贮存期长的“四高二长”工艺；清香型白酒采用清蒸二次清、高温润糁、低温发酵的“一清到底”工艺；浓香型白酒则是以单粮或多粮为原料，采用混蒸混烧、百年老窖、万年糟、发酵期长的工艺。这些独特的工艺酿造出丰富多彩的中国蒸馏酒。

6. 固态甑桶蒸馏

中国白酒传统采用固态发酵、固态蒸馏，采用独创的甑桶蒸馏设备。白酒蒸馏甑桶呈花盆状，虽然它的形状结构极其简单，但其机理至今尚未研究清楚。有人认为，甑桶是一个无数层的填料塔（可能是从酒精蒸馏的角度考虑）。在蒸馏过程中，甑桶内的糟醅发生着一系列极其复杂的理化反应，酒、汽进行激烈的热交换，起着蒸发、浓缩、分离的作用。固态发酵酒醅中成分相当复杂，除含水和酒精外，酸、酯、醇、醛、酮等芳香成分众多，沸点相差悬殊。通过独特的甑桶蒸馏，使酒精成分得到浓缩，并馏出微量芳香组分，使中国蒸馏酒具有独特的香和味。

由于中国蒸馏酒沿用千百年来的传统工艺、操作、设备，使中国白酒在世界酒林中独树一帜，充分显示了中国酿酒技艺源远流长，是中华民族珍贵的遗产。

第二节　白酒香型的由来与发展

一、中国白酒香型的由来

我国幅员广阔，东西南北地域气温、湿度、土质差异甚大，造成各地农产品、饮食习惯、民俗文化等也各不相同。例如，北方盛产小麦、玉米、高粱；华北、华中除上述粮食外，还有地瓜（甘薯）、土豆（马铃薯）等；而南方（长江以南）则盛产稻谷。饮食口味，北方人以清淡或厚重为主（如鲁菜、徽菜）；中南、西南（如湖北、湖南、江西、四川、贵州等）湿度较大，又没有取暖的设施和习惯，故喜吃辣；两广一带水产丰富，以清淡原味为主。千百年来，各地都采用当地盛产的淀粉质原料，结合本地的气候、水质、土质、民俗、口味等诸多因素来生产白酒，形成了我国多种香型的白酒。白酒香型的发展，是各地技艺交流、科学技术进步，是各种香型白酒之间不断相互模仿、融合、借鉴的体现。

二、中国白酒香型的确定

各种白酒香型的出现，由来已久。20 世纪 50 年代末至 60 年代初，食品工业部（现轻工业联合会）组织了茅台、汾酒、泸州三大试点，这三个酒都是历史悠久、中外驰名的白酒。通过查定，发现茅台、汾酒、泸州老窖虽然都是白酒，但制曲、酿酒原料、工艺、发酵设备、酒的成分（总酸、总酯、纸上层析结果）、口味等差异甚大，为香型的确立打下了基础。检测出茅台窖底香酒的主要成分是己酸乙酯；汾酒的主要酯类是乙酸乙酯。20 世纪 60 年代中期，四川食品所（现四川省食品发酵工业研究设计院）采用进口气相色谱检测出泸州特曲、五粮液中己酸乙酯等四大酯是其主要酯类，为浓香型、清香型酒的确定找到了理论依据。20 世纪 70 年代末，通过全国名优酒协作会和 1979 年第三届全国评酒会，正式提出和确立了浓香、酱香、清香和米香四大香型白酒。第三届评酒会评比，是根据香型、生产工艺和糖化发酵剂分别编组鉴评的。这次评酒会还确定了四种香型白酒的风格特点，统一了打分标准。此次评酒会，因有些酒样并不属于四种香型的范围，列为其他香型。随着白酒研究的逐步深入、科学技术的发展，80 年代的第四届、第五届全国评酒会将其他香型中的 6 种酒，因其酿制工艺、香气组分、风格特征，都自成一格，确立为兼香型、药香型、凤香型、特香型、芝麻香型、豉香型，各香型的标准也先后制定，形成了当今的十大香型。

三、中国白酒香型的产生

第一届全国评酒会（1952，北京）评选，是根据市场销售信誉结合化验分析结果，评议推荐。会议根据分析结果和推荐意见，将 8 种历史悠久，在国内外有较高信誉，不仅经销全国而且出口的酒命名为我国八大名酒：茅台酒、汾酒、泸州大曲酒、西凤酒（白酒）、鉴湖绍兴酒（黄酒）、张裕金奖白兰地、红玫瑰葡萄酒、味美思（葡萄酒、果露酒）。第二届全国评酒会（1963，北京），实际上这次评酒会才是真正的第一次全国性评酒会，参评酒样包括白酒、黄酒、葡萄酒、啤酒和果露酒五大类。评酒工作是在评酒委员会领导下进行的，分白酒、黄酒、果酒、啤酒 4 个组分别进行品评。白酒评比中没有分香型评比，造成了以香气浓者占优势（那时对理化指标没有限制），致放香较弱的清香、酱香型白酒得分较低，不能真正反映酒的不同风格特点。这次评酒会，评出 18 种名酒，其中白酒 8 种，五粮液、古井贡酒、泸州老窖特曲、全兴大曲、茅台酒、西凤酒、汾酒、董酒，称为八大名白酒；另外，黄酒 2 种，葡萄酒、果露酒 7 种，啤酒 1 种。第三届全国评酒会（1979，大连），评酒仍分白酒、黄酒、果酒、啤酒 4 个组。白酒分型评比，按生产工艺和糖化发酵剂分别编为大曲酱香、浓香、清香，麸曲酱香、浓香、清香，米香，其他香型及液态、低度等组。中国白酒从此开始有了香型的划分，并确立了各香型的风格特点。第三届评酒会将中国白酒分为 5 种香型，即酱香、浓香、清香、米香和其他香型，不属于前 4 种香型的白酒统称为其他香型。1978 年长沙全国名酒会议曾提出“兼香型”的说法，经评委讨论表决，认为“兼香型”定义不明确，第三届评酒会取消“兼香型”，仍称其他香型。第四届全国评酒会（1984，太原），白酒评比仍按 5 种香型分组，但兼香型已经单独标出，此届评酒会共评出 13 个白酒国家名酒，其中大曲酱香 2 个、大曲浓香 7 个、大曲清香 2 个、其他香型 2 个。1988 年 9 月原轻工业部组织商业部、国家技术监督局、中国食品协会等单位，在辽宁省朝阳市召开“酒类国家标准审定会”，通过了“浓香型白酒”等6个国家标准，分别为GB/T 10781.1—1989《浓香型白酒》、GB/T 11859.1—1989《低度浓香型白酒》、GB/T 10781.2—1989《清香型白酒》、GB/T 11859.2—1989《低度清香型白酒》、GB/T 10781.3—1989《米香型白酒》、GB/T 11859.2—1989《低度米香型白酒》。1990年以后，又先后颁布了凤香型（GB/T 14867—2007）、豉香型（GB/T 16289—2007）、特香型（GB/T 20823—2007）、芝麻香型（GB/T 20824—2007）、老白干香型（GB/T 20825—2007）、浓酱兼香型（GB/T 23547—2009）、酱香型（GB/T 26760—2011），共10个香型白酒的国家标准。至此，其他香型白酒中已有6个国家标准，只有药香型（董酒）未见国标。

由上述可见，中国白酒香型的产生，是因评酒会的需要，为方便企业按香型报送酒样、评酒会上白酒的编组和评酒委员按香型评出优劣而服务的。

四、确立白酒香型产生的作用

1. 评酒

自第三届评酒会白酒按香型分组后，第四届、第五届全国评酒会都按香型分组，分别评出各自的顶尖产品，不做相互比较，评酒委员十分方便，在每一组酒中，以分数高低来表达评委对该酒感官质量的评价。各省、市、地方评酒亦按此方法进行。

白酒香型的确立，增加了评委考核的难度。国家标准已确立的白酒10种香型，除酱香、浓香、清香、米香型的工艺及风格特点较清晰以外，其他香型中兼香、药香、特型、芝麻香、豉香、凤香等均有独特的工艺和较明显的风格特点，要求评委都要熟悉，并能细致辨别。在6种其他香型酒中，要说谁优谁劣，真是不好说，例如，兼香好还是芝麻香好，谁说得清楚；兼香中谁兼谁好，是两种兼好或三种、四种兼好，恐怕只是评委喜好罢了。

2. 三大基本香型的查定总结推动了白酒生产技术的发展

第三届评酒会后，为了继承发扬名酒的传统，原轻工业部制定了全国1963—1972年科学技术发展规划，组织了泸州、茅台、汾酒试点，项目名称统称为：“民族传统特产发酵食品的总结和提高”（专13－015），泸州试点项目的编号和名称是：《(01) 泸州大曲酒酿造过程中微生物性状、有效菌株生化活动及原有生产工艺的总结与提高》，任务下达四川省轻工业厅，由四川省食品工业研究所（现四川省食品发酵工业研究设计院）、中国科学院西南生物研究所（现成都生物所）、泸州市曲酒厂（现泸州老窖集团有限责任公司）共同承担。三大试点科学地总结了名酒传统经验，去粗取精，肯定了传统工艺中的科学部分，改进不合理的工艺，使名酒生产发生了根本的变化，为“三大香型”白酒传统工艺的推广应用发挥了重要的作用，推动了整个白酒行业生产技术的发展。

3. 其他香型是地域性的产品

中国白酒从以大曲为主要糖化发酵剂来说，分为三大基本香型，这已是业内的共识。米香型因是以小曲为糖化发酵剂，故单独列出，也无异议。豉香型主产在广东，历史上当地盛产大米，人们的消费习惯、饮食习惯，决定了其饮酒以米酒为主，配以清雅、保持原味的菜肴，十分舒适。将米酒从米香型变为豉香型，的确是个创新发明，是谁会想到将肥肉浸酝到米酒中，口味竟是如此美妙！国标中其他香型的6种，都是以“酱香、浓香、清香”三大基本香型为母体，以一种或两种以上的香型，将制曲、酿酒工艺加以融合，结合当地地域、环境、文化、饮食习惯加以创新，形成各自独特的工艺，衍生出多种香型。近几年出现的馥郁香型也是如此。可以看出，除三大基本香型外，许多香型只是区域性的产品，难以走向全国，在白酒总产量中占的比例也不大。当然，这些香型产品在该地区喜爱者心中，甚得青睐，作用不容忽视。

4. 促进白酒产业的传承、发展、创新

“三大基本香型”传统技艺的查定总结、技艺传播，有力地促进了白酒产业的传承、发展与创新。几届全国评酒会，获得金奖的都是“三大香型”为主：第二届全国评酒会，获金奖的白酒，酱香型占 1 个，浓香型 4 个，清香型 1 个，共占金奖总数 75%；第三届全国评酒会，获金奖的白酒，浓香型占 5 个，酱香型 1 个，清香型 1 个，共占金奖总数 87.5%；第四届全国评酒会，获金奖的白酒，浓香型占 7 个，酱香型 2 个，清香型 2 个，共占金奖总数 84.6%；第五届全国评酒会，获金奖的白酒 17 个，其中浓香型占 9 个，酱香型 3 个，清香型 3 个，共占金奖总数 88.2%。地方政府和白酒企业不难发现，若要产品在全国评比中崭露头角，争夺金牌、银牌，太难了！酱香型要与茅台、郎酒比，浓香型要与五粮液、泸州老窖比，清香型要与汾酒比，无论品牌、知名度、规模、效益等，都难以比对。在计划经济时代，大、中型酿酒厂都是国营企业，谁不想拿个金牌、银牌！各地只好挖掘地方文化、特色产品工艺及风格特点，组织科技人员总结分析，在“三大香型”以外，表现自我，于是多种香型出现。果然不负众望，第四届、第五届全国评酒会上一些新的香型产品夺得金牌、银牌。

五、香型概念应淡化

1. 白酒市场对香型的淡化

白酒的“香型”在各级评酒委员培训考核和评酒中，是十分重要的，但消费者究竟了解多少，市场反映如何，值得人们去研究。

新中国成立至今 60 多年来，白酒消费市场发生了很大的变化，随着生活水平的提高，人们对生活质量的追求，对白酒消费的要求逐渐发生变化。

（1）酒度的变化　20 世纪 50 年代由于传统的习惯，市场销售的酒其酒度一般都在 60%vol 以上（少数除外），有的甚至高达 65%。60 ~ 70 年代仍以高度酒为主，1979 年第三届全国评酒会酒度仅有 39% 的双沟大曲评为国家优质酒。80 年代始，低度酒得以发展，特别是 1987 年贵阳酿酒工作会议提倡白酒降度以后，白酒的降度酒（55% 以下）、低度酒（40% 以下）更是发展迅猛，市场销售的引导，消费者逐步对降度酒和低度酒发生了兴趣，并逐渐习惯。原来北方都习惯高度酒，但近年却喜欢低度酒（38% ~ 40%）或中度酒（42% ~ 46%）。

（2）基酒大流通促进了白酒市场与消费的变化，也促进了白酒香型的融合与创新。自 20 世纪 90 年代起，四川的浓香型、贵州的酱香型、山西的清香型，基酒和调味酒，源源流往各地，促进了各地产品口味和风格的变化，“凤兼浓”、“特兼浓”、“浓香型董酒”等“香型融合”的产品相继问世。新工艺白酒的迅速发展，勾调技艺的提高，以三大香型为基础的灵活运用，使适应市场的产品层出不穷，这些产品多是“企业标准”，是什么“香型”，不一定说得清楚。

（3）白酒消费群体发生变化　现在白酒消费面广了，层次也比较分明，传统的消费群体在弱化或更替，许多地方县以下的乡镇正在成为白酒消费的热点市场。

（4）消费者对白酒的选择和评价标准发生变化　传统的消费以香、浓、回味为主，现今消费者选择的标准主要有三个方面：①包装新颖别致；②口感要好，“醇、甜、绵、净、爽”，不辣、不苦、不冲，香味谐调，容易下咽；③喝后副作用小，喝过后口不干、不上头、醒得快。什么“香型”并不重要，符合消费口味变化的酒，浓香型最易做到，多种香型融合也容易做到，适应市场的产品就应运而生。

（5）广大的农村市场是白酒消费的重要群体　有些产品价廉，酒度有些也不低，产品属什么香型，试问消费者中知者有多少？城市和乡镇一些大众消费的白酒，价格属低、中档，“香型”也不重要，关键是否“对口味”。白酒中的中、低档产品，是白酒产量中的主流，虽利润微薄，却是企业占领市场、提高知名度、增加税收的重要产品。这些广大的消费者，对白酒的“香型”认识并不清楚。

2. 白酒 10 种香型的国标滞后

前面列出 10 种香型的国家标准，标准中规定了各种香型的感官要求和理化要求，而现实中这些指标要求对产品质量的控制意义不大。以浓香型白酒国家标准（GB/T 10781. 1—2006）为例。

（1）定义　浓香型白酒，是以粮谷为原料，经传统固态法发酵、蒸馏、陈酿、勾兑而成的，未添加食用酒精及非白酒发酵产生的呈香呈味物质，具有以己酸乙酯为主体复合香的白酒。如何界定、判别？据说已有方法检测，但未见普及，主要还是靠企业的诚信。

（2）感官要求中香气及口味指标　只能意会不可言传，对一种食品风味的感受，不同的人有不同的体会、有不同的表达方式。如“窖香”，是优质浓香型白酒的特点，过去评酒要求是“窖香浓郁”，而如今要求是“窖香幽雅”，两个字的变化，反映出饮者对酒品的高要求，“浓郁”和“幽雅”也只是专业人士的描述，大众消费者能说清楚吗？他们只能体会到香气是否舒适。又如，“余味悠长”，这是原来的要求和描述，现在消费者要求“净爽”“不辣嘴、不刺喉、受吞”，要饮时醉得慢，饮后醒得快，感官指标中如何反映？

（3）理化指标　不管高度酒或低度酒，总酸是用“≥”表示，没有上限，总酯也是如此，己酸乙酯的范围很大，高度酒优级为 1. 20～2. 80g/L，低度酒优级为 0. 70～2. 20g/L，幅度很大，只要企业生产工艺得当，认真细致操作，都能达到要求，但有多少意义？消费者可能不会关心，也不会细查。这些指标能否真实反映消费者对品质的要求？

随着生活水平的提高，人们对生活质量和健康的追求，食品安全才是消费者最关心的。《食品安全国家标准·蒸馏酒及其配制酒》（GB 2757—2012）是在 GB 2757—1981 的基础上，提出了更高的要求，在原卫生指标（甲醇、氰化物、铅）的基础上，增加了污染物及真菌毒素，即农药残留、化肥残留、重金属和真菌毒素等，还强调了食品添加剂的使用和检测（GB 2760—2014），更加重视食品安全，不管哪一种酒都要强制执行。

第三节　白酒生产技术进步的回顾

新中国成立 60 多年来白酒行业以科学的发展观，运用现代技术和先进的检测手段，开拓进取，传承创新，取得了令人瞩目的成就。

一、广辟原料，节约粮食

（1）以薯类原料为中心的“烟台试点” 在总结烟（台）威（海）经验的基础上，通过13个省、市技术人员的辛勤工作，整理出一套完整资料——“烟台白酒操作法”。烟台白酒操作法是当时酿制白酒水平的代表，不但是薯干原料操作的准绳，也是其他原料操作的法典，更重要的是培训了一大批骨干力量，创造了以点带面的工作经验，为后来白酒工业的发展留下了宝贵财富。

（2）金陵酒厂白酒质量试点 继烟台试点之后，原食品工业部为提高薯干酒质量，在南京金陵酒厂进行总结提高，提出薯干酒用高锰酸钾与活性炭处理，可改善酒味。若与优质曲酒相结合，通过串蒸或勾调，可使酒质进一步提高。

（3）以橡子原料为中心的“周口试点” 周口橡子原料操作法，对其他含单宁多的原料有很大的参考价值，推广黑曲淘汰黄曲、改进制曲配料和选育酵母等，对全国白酒提高出酒率起到推动作用。

（4）菝葜根（金刚刺）为中心的常德试点 1962年湖南常德试点，金刚刺粉用硫酸1%、曲10%、酒母5%～6%，发酵4d，一排清，原料出酒率27.41%。酒糟可作电木填料及纤维板，亦可加酸水解再次发酵，再作肥料或燃料。

（5）木薯酿酒 广西轻工所对木薯去除氢氰酸取得满意的成果。南宁红星酒厂采用该项成果，将木薯粉进行固态发酵，清蒸时排出氢氰酸，成品酒中氢氰酸含量达到国家标准。现在，在食用酒精生产中，已广泛用薯干和木薯作原料，有成熟的生产工艺，质量可达国家食用酒精标准，且吨酒粮耗下降到相当高的水平。

（6）无药糠曲及糟曲 传统小曲是用米粉加数十种中药。1957年四川永川试点，在继承发扬传统操作的基础上，总结出一套“两准、一匀、三不可”无药糠曲操作法，打破了无药不成曲的传统观念。无药糠曲应用于高粱、玉米小曲酒生产，提高了出酒率，生产周期由6d缩短为4d，降低成本50%。1952年中科院微生物研究所在北京酿酒厂用部分酒糟代替麸皮制曲；1962年贵州轻工业研究所将根霉人工接种于麸皮上培养成“62”曲，作小曲种出售。

野生代用原料酿酒现已难觅踪影，但从技术上来说，20世纪50年代的研究和生产，也是白酒技术发展的见证。

二、继承传统，科学总结

新中国成立以来，各级政府对珍贵的民族遗产、传统食品酿造的科学研究十分重视。1956年国家科委制定的12年长远科学技术发展规划中，列有总结提高民族传统特产食品等内容，其中包括贵州茅台酒和四川泸州老窖大曲酒等研究项目。随着国民经济的不断发展，又提出了一些有关白酒行业的重大科研课题，如全国小曲酒的永川试点、山西杏花村汾酒试点、全国新工艺（液态法）白酒试点，其中包括串香白酒的临沂试点和调香白酒的青岛试点以及大容量贮酒容器的研究等。通过试点的总结查定，继承传统，科学分析，去粗取精，普通白酒总结出“烟台白酒操作法”和“四川糯高粱小曲酒操作法”，对南北酿酒生产技术具有指导意义；对驰名的贵州茅台酒、泸州老窖大曲酒和山西杏花村汾酒等，整理总结出一套较为完整的技术资料，使不同的传统制曲酿酒工艺逐步建立在科学的基础上。这些宝贵的技术资料，至今仍具有十分重要的指导作用。随着酿酒技艺的发展，人民生活水平的提高，佳酿不断涌现。20 世纪 70 年代以后又对西凤、董酒、白云边、玉冰烧、四特酒、景芝白干等不同香型的白酒进行了系统的科学总结，促进生产技艺的不断发展。

1. 烟台白酒操作法

采用麸皮制曲，20 世纪 50 年代多使用米曲霉和黄曲霉菌株，中科院微生物所的米曲霉 AS3384、黄曲霉 AS3800 以及邬氏曲霉菌 AS3758 和甘薯曲霉 AS3324 等。70 年代多使用耐酸和耐高温的曲霉，并诱变得东酒 1 号、白曲、B 曲（郑州 AS3. 2923）等菌株。80 年代初推广应用 AS3. 4309 黑曲霉，以及其诱变株 UV - 11、UV - 48 等，制曲工艺与 AS3. 4309 大同小异。糖化力逐步提高，效果越来越好。烟台白酒操作法用曲盒制麸曲，强调曲料水分和酒糟与麸皮的配比、装盒料量、培菌温度、倒盒扣盒时间等，并制定了成品曲感官、化验相结合的验收指标。

烟台白酒操作法的制酒工艺，其主要特点是“麸曲酒母、合理配料、低温入窖、定温蒸烧”，抓住了白酒酿造的精神实质。涿县在学习烟台经验的基础上有新的发展，制定出稳、准、细、净操作法，防止夏季掉排。烟台白酒操作法结束了我国白酒历代全凭脚踢手摸鼻子闻的时代，采用温度计测定入窖发酵温度，常规化验对中间品进行控制（如水分、酸度、淀粉、还原糖、含酒量等）。

2. 四川糯高粱小曲酒操作法

为总结、提高、推广四川省糯高粱小曲酒操作法，以提高全国小曲酒生产技术水平，原食品工业部和中国专卖事业公司于 1957 年 3 月召集 12 个省的工人、技术人员 158 名，在全国小曲酒操作法总结、推广、试点委员会领导下，在四川永川酒厂进行四川省糯高粱小曲酒先进操作经验的总结，将李友澄小组的“匀、透、适操作法”和冉启才小组的“焖水操作法”认真查定总结，写出了《四川糯高粱小曲酒操作法》一书，出版发行全国。这对提高全国小曲酒生产技术水平、节约粮食、降低成本，起了重要作用。

1964 年 3 月在唐山召开的全国酿酒会议，要求对四川糯高粱小曲酒操作规程做一次系统的修订，将新的技术改进加以总结。为此，四川又专门组织力量，多处考察，然后在永川柏林酒厂组织了两次高粱小曲酒试点，在绵竹酒厂组织了一次玉米小曲酒试点，将经验总结整理成册，再次推广。

20 世纪 80 年代初，四川省的小曲酒厂试行“四合一”生产工艺，即泡蒸合一、糟箱合一、甑桶合一、发酵与蒸馏合一。并将冷凝器安装在云盘上，用行车吊运，减轻了劳动强度，提高了出酒率。

3. 泸州老窖大曲酒查定总结

1957 年 10 月，为总结和继承泸州老窖大曲酒这份珍贵的民族遗产，中央食品工业部制酒工业管理局特嘱四川省糖酒研究室（现四川省食品发酵工业研究设计院）及四川省商业厅油盐糖酒贸易局（现专卖局）、省轻工厅食品日用品工业局与泸州有关部门及宜宾、成都、绵竹、万县等 15 个单位配合协作，共同组成“泸州老窖大曲酒总结委员会”，对泸州老窖大曲酒的传统工艺进行较全面的查定和总结。

查定是在“温永盛”车间（四百年老窖、国窖所在地）进行。通过这次查定和总结，使人们对泸州老窖大曲酒从历史到发展，从原料到成品，在制曲和酿酒工艺等方面，有了一个较系统的概念。关于酿造泸州老窖的传统工艺操作，如老窖、万年糟、回酒发酵、低温发酵、发酵周期、熟糠拌料及滴窖勤舀等均做了初步的总结和阐述。肯定了“续糟发酵”“熟糠拌料”“滴窖勤舀”“截头去尾”“高温量水”“踩窖”“窖帽高低”等行之有效的工艺和操作。这些传统操作，至今仍在许多酒厂普遍采用。

4. 贵州茅台酒的查定总结

原轻工业部于1959～1960年组织现场总结，整理出茅台酒的传统酿酒工艺，完成了一套比较完整的技术资料。对制曲工艺、大曲常见病害、曲的感官标准进行了细致的总结。酿酒工艺总结了“高温制曲，高温堆积，轻水入窖，两次投料，8次加曲发酵，9次蒸酒，以酒养窖，7次摘酒，长期陈酿，精心勾兑”一整套工艺。比较了不同成品曲与酿酒质量的关系、“四高一长”对酒质的影响等。试点对传统工艺进行了科学的总结和阐述，很多行之有效的操作仍在全国同香型中广泛应用，并在其余香型酒中亦极具参考价值。

5. 汾酒试点的查定总结

1964年原轻工业部与山西轻化工业厅组成汾酒试点组，曾在汾酒厂进行系统的查定总结和试验，共研究了200多个项目，进行了2000多次试验，取得了15000多个科学数据，对汾酒厂代代相传、口倒口、手传手的操作经验，进行了较系统的整理，初步揭示了汾酒的一些生产规律。汾酒用曲是低温曲的典型代表，采用大麦、豌豆制成，对清茬曲、后火曲、红心曲分别进行阐述，还对低温大曲常见病害如不生霉、受风、受火、生心、皮厚与白砂眼及反火生曲等做了详细介绍。汾酒的酿造传统工艺采用清蒸二次清、地缸、固态分离发酵法，狠抓原料粉碎度、高温润糁条件、蒸糁要求、入缸条件、地缸发酵、回糁发酵、回醅发酵、回糟发酵等传统工艺操作，总结出“前缓、中挺、后缓落”的发酵规律。

上述浓香、酱香、清香型（泸州老窖、茅台、汾酒）三个试点工作，为全国技艺的普及和发展提供了极其宝贵的资料，发挥了巨大的社会效益。

6. 其他香型白酒的总结

20世纪80年代以后对其他香型的白酒，如西凤、董酒、白云边、玉冰烧、四特酒和景芝白干的传统工艺、微生物特征及酒中微量成分分别进行了不同程度的总结。

（1）西凤酒　独特工艺是采用续楂老六甑发酵方法，坚持开水施量，偏高温入池；土窖发酵，每年更换一次窖底和窖皮泥；发酵只有11～14d；中高温制曲，制曲最高品温为58～60℃；酒海贮存等。

（2）董酒　采用独特的大、小曲工艺；制曲时添加中药；窖泥用白泥、石灰、洋桃藤汁配制而成，呈碱性；独创的串香工艺。

（3）白云边酒　是兼香型的代表，在生产技术上以浓香型及酱香型的某些典型工艺混用为其特点，以高粱为原料，用小麦制高温曲；从投料开始至第七轮次大多采用酱香型酒操作法，到第八轮次时，改用仿浓香型大曲酒工艺；还对酿酒微生物及香味成分特征进行了研究。

（4）四特酒　对工艺、微生物、微量香味成分等方面都进行了较系统的总结，酿酒以整粒大米为原料；大曲由面粉、麦麸、酒糟混合制成，使曲中微生物别具特点；成品酒中乳酸乙酯高，其量多于乙酸乙酯、己酸乙酯，正丙醇含量高达100～250mg/100mL，乳酸高达100～170mg/100mL，形成“三型俱备犹不靠”。

（5）景芝白干　1965年轻工部组织临沂试点时，提出了景芝白酒为赶超目标，并对芝麻香的香气成分进行了初步研究；1980年以“芝麻香型景芝白干酒的研究”为题，山东省第一轻工业厅、山东大学生物系协作进行研究，景芝酒厂负责微生物方面工作，通过“产、学、研”三结合，对景芝白干酒上述三个方面进行了较深入的研究，为景芝白干酒确定为“芝麻香型”提供了科学依据。

（6）豉香型玉冰烧酒　是广东珠江三角洲的地方性传统产品，为当地居民和南洋侨胞所嗜爱。该酒酿造以大米为原料，酒饼（小曲）浓醪发酵，液态釜式蒸馏至含酒精30%～32%vol，再以肥猪肉酝浸贮存而成。自20世纪80年代开始，由传统手工操作逐步改用连续蒸饭机、晾饭机、大罐糖化发酵及大罐浸肉陈酿、勾调。玉冰烧酒的香味成分中，壬二酸二乙酯、辛二酸二乙酯及α－蒎烯是其特征成分。

三、改进工艺，不断探索

1964年轻工业部专列十年规划项目，对我国白酒的几个典型代表——茅台、汾酒、泸州特曲进行深入的专题研究。

1. 泸州老窖酒厂

1964年四川省食品研究所承担了轻工部重大项目“泸州大曲酒酿造过程中微生物性状、有效菌株生化活动及原有生产工艺的总结与提高”，并与中科院西南生物研究所和泸州曲酒厂共同协作，组织了宜宾、成都、绵竹、万县、邛崃等省内名酒厂的技术人员，对泸州大曲酒开展了科学研究，对“入窖发酵条件与生产质量的关系”“减曲、减粮发酵”“合理润料、蒸粮”等工艺进行了深入探讨，对入窖条件中水分、淀粉、酸度、温度、用糠量等都有明确的数据；证实了热季生产减粮、减曲的作用；润料时间应为40～50min、上甑时间不少于40min，蒸粮时间为60～70min。这些传统工艺之精髓至今仍被许多酒厂遵循。

2. 酱香型大曲酒

对“高温堆积”进行深入研究，证明若物料不予堆积，则入窖发酵时酸度上升快，出酒率低，蒸出的酒杂味重；若物料经堆积后再入窖发酵，则酒醅升温慢，出酒率高，蒸出的酒具有酱香和醇甜味。堆积时应注意物料含氧量及水分；掌握收堆温度及时上堆，堆积最高品温控制在45～50℃。研究了酱香型大曲酒酿造，窖内不同层次的酒醅所产的酒风格差异甚大，各轮次的酒分酱香、醇甜、窖底香3种原型酒，并分别贮存。

3. 山西汾酒厂

汾酒新产原酒有大楂、二楂之分，红糁经蒸、晾、拌曲、入缸发酵，出醅蒸馏即为大楂酒；所得醅糟经冷散、拌曲，再入缸发酵，蒸馏取得为二楂酒。成品酒质量的好坏取决于大楂、二楂酒。生产班组要在操作工艺、管理上采取措施，控制大楂产量在270～300kg、二楂在180～200kg（以投料1100kg计），质量才比较稳定。

四、选育菌种，广泛应用

自20世纪60年代起我国就对酿酒微生物进行了研究和应用工作，特别是80年代成绩尤为突出，大力促进了酿酒业的发展。中国微生物学会等于1981年和1988年分别在江苏双沟和山东泰安召开了全国酒曲微生物学术讨论会，对推动我国酿酒微生物研究和发展起了重要作用。

（一）大曲微生物研究与应用

对大曲微生物分离、选育和应用，全国各名优酒厂如茅台、泸州、汾酒、西凤、洋河、双沟、沱牌、白云边、景芝、四特等及大专院校、科研单位都做了大量工作。

1957～1960 年对茅台酒曲、酒醅进行了微生物分离鉴定，确认茅台酒曲中芽孢杆菌最多，鉴定的 17 株枯草芽孢杆菌中有 5 株产生黑色素，用此菌制曲也生成茅台酒曲的香味。茅台试点还对堆积糟醅中的微生物进行了检验，证实高温堆积相当于二次制曲，堆积糟中的微生物主要是来自麦曲、晾堂、空气等，其微生物绝大多数是酵母。

20 世纪 80 年代初贵州轻科所从茅台曲中分离出菌株 95 株，其中细菌 47 株、霉菌 29 株、酵母 19 株，认为嗜热芽孢杆菌是茅台酒生产的有益菌类，它与其他菌起着重要而复杂的作用。利用茅台酒酿造过程中分离出的芽孢杆菌，再混入河内白曲、拟内孢霉、红曲霉、根霉、异常汉逊酵母、球拟酵母、假丝酵母等制曲，生产麸曲酱香型白酒，如迎春酒、黔春酒等被评为国家优质酒，这是微生物研究的重要成果。

20 世纪 60 年代汾酒试点对汾酒大曲的微生物进行了检测，发现汾酒曲中曲块表面根霉居多；犁头霉在大曲中含量最多；另有少许黄曲霉、黑曲霉和毛霉；红曲霉在清茬曲中较多；曲中有较多乳酸菌，乙酸菌较少。将选育出的 11 种有效微生物制成麸曲，生产出六曲香酒，被评为国家优质酒。

1964 年中科院西南生物所与四川省食品研究所、泸州曲酒厂合作，从泸曲中分离出酵母和霉菌 253 株，选取其中 32 株菌分别制成麸曲和液体曲（酵母），投入生产，减少大曲用量，试验窖的酒保持了泸州大曲酒特有的风味。

1983 年中科院成都生物所在四川汉源酒厂，采用“强化菌优质曲”“人工厌氧菌强化窖”两项微生物技术，收到明显效果。1985 年，四川省食品发酵工业研究设计院与仙潭酒厂合作，再次对浓香型大曲制曲过程中的微生物进行研究，发现微生物的主要来源及曲坯培养过程中的变化规律。1986 年该院与沱牌曲酒厂等合作，对浓香型曲酒酿造过程中产酯酵母的生态分布进行了系统研究，并选育出产酯量达 700mg/100mL 以上的产酯酵母，并在清香、浓香型酒生产中推广应用，效果显著。

（二）酿造发酵过程中微生物的研究

茅台试点曾对茅台酒窖内发酵糟的微生物进行了研究，发现窖内发酵糟微生物的变化相当复杂，开始酵母很多，以后慢慢减少，但发酵糟在堆积期间若感染大量细菌，则下窖后细菌显著增加。1965 年泸州试点项目中，对泸州大曲酒发酵过程中的微生物进行连续三排检测，了解粮糟在发酵过程微生物类群的变化规律，入窖后第三天酵母达到最高峰，以后逐渐下降，霉菌封窖后数量急剧下降，到发酵中期数量回升，出窖前数量又减少，而细菌则在整个发酵过程中变化幅度较小。对汾酒、洋河、双沟、宝丰等在酿酒发酵过程中微生物的变化也都做过实地查定，证实微生物的变化与香型、地区、季节、工艺、发酵温度等关系很大。

（三）酿酒功能菌的选育应用

1. 根霉的选育及应用

从事工业微生物研究的前辈方心芳与乐华爱于 1959 年提出：小曲的根霉是八百年来培养的良种，可分四川型与上海型，糖化力都很强，即 AS3. 852、AS3. 868 从四川小曲样中获得，AS3. 866、AS3. 867 从上海小曲样中获得。这两类根霉都有很强的糖化力，都具有糖化和酒精发酵的功能。上海型根霉在发酵过程中产酸能力强，适于酿造薯类原料；川黔型根霉产酸很少，适于高粱原料发酵。这些优良菌种数十年来都在全国推广应用。

近年，江苏洋河酒厂与江南大学生物工程学院合作，从洋河大曲中分离到一株华根霉（R92），可发酵产酯化酶，经选育后，己酸乙酯合成酶的活力高，同时具有高酸、高酒精度下高产己酸乙酯的能力，对稳定和提高新型白酒口感十分有效。应用 R92 华根霉 6%，己酸 8%，黄水 35%，曲粉 6%，食用酒精 20% 以下，酒尾 10%，人工窖泥 10%，酒糟 5%，发酵酯化 60d，经特殊工艺脱水浓缩而成的特殊调味酒，微量成分十分丰富，是很好的调味酒。

2. 利用微生物自动鉴定系统分析酿酒功能菌

近年来一些名酒企业和科研机构，购置了微生物自动分析系统，对酿酒功能菌进行鉴定，该系统到现在已经能鉴定包括细菌、酵母、丝状真菌在内的近 2000 种微生物。内蒙古农业大学生物工程学院、中国食品发酵工业研究院、新疆大学生命科学与技术学院从牛栏山酒厂红曲中分离到一株细菌，采用 Biolog 微生物自动分析系统鉴定为地衣芽孢杆菌。地衣芽孢杆菌在白酒发酵过程中具有较高的分解蛋白质能力，产生浓郁酱香物质 5 - 羟基麦芽酚，是白酒发酵中一种较重要的菌种。微生物自动分析系统在酿酒工业中应用，为研究中国白酒发酵机理、风味物质的形成，增加了新的手段。

3. 太空酒曲功能菌的研究

利用返回式空间飞行器，将微生物送入太空，在地面难以模拟的空间环境下，促使菌种的基因发生变异，取得地面上无法获得的诱变效果，并且在返回地面后进行培育、筛选得到生产性能优良的微生物菌种，应用于生产。陕西喜登科技股份有限公司白水杜康生产基地的酿酒曲药搭载神舟 4 号飞船（简称太空酒曲），于 2003 年 1 月 5 日返地，中科院成都生物所对其中功能菌进行了分离、选育及生物学特征方面的研究，并与原生产中使用的曲药进行对比。发现曲药经太空诱变育种后，其功能菌的活性发生了很大改变，根霉和黑曲霉的糖化酶、液化酶活性均比未上太空对照菌株高出 2 ~3 倍，黑曲霉的蛋白酶活性也提高了 1 ~2 倍。但未见该研究在白酒生产中实际应用的效果报道。

4. 酯化酶的进一步研究

20 世纪 90 年代，许多单位对红曲酯化酶进行了大量的研究，并应用于生产。此后，酿酒工作者对其他具有酯化能力的菌种从多方面进行了探讨。江南大学研究了华根霉对己酸的酯化，四川理工学院研究了黄曲霉对己酸的酯化。他们从泸州老窖“久香”牌大曲中分离得到 1 株产己酸乙酯酯化霉的黄曲霉，在液体发酵培养基中，36℃、150r/min 恒温振荡培养 72h，发酵液酶活可达 6. 75U/mL。对该菌株产酯化酶的培养条件进行了研究，以黄豆粉为氮源，淀粉为碳源，初始 pH6. 0，36℃培养 72h，酶活可达 9. 16U/mL。该项菌株应用于生产，未见进一步报道。

5. 芝麻香型白酒和浓香型白酒微生物的研究

芝麻香型白酒是在传统酱香型白酒基础上的创新与发展，由于用曲和工艺的独特，酒醅中微生物菌群亦独具特点。江南大学生物工程学院教育部工业生物技术重点实验室等对浓香型白酒窖池发酵的全过程跟踪取样，借助于 PCR - 变性梯度凝胶电泳（DGGE）和 16S rRNA 基因文库两种方法，对比研究了江苏地区浓香型和芝麻香型白酒酒醅在发酵过程中的微生物菌群结构。研究发现，白酒的品质不仅与生产工艺相关，还与地理环境、水质、气候和粮食等因素密不可分。不同地域、不同生产工艺都会导致发酵过程中微生物菌群结构的演变从而产生差异，利用基于16S rRNA基因的PCR－DGGE和构建克隆文库技术分析了江苏北部某酒厂浓香型和芝麻香型白酒窖池酒醅在发酵过程中原核生物的菌群结构和变化规律，与四川某浓香型白酒发酵窖池中糟醅样品的DGGE分析结果比较，发现四川浓香型白酒酿造、入窖发酵一周后，酒醅中微生物多样性就已急剧减少，仅观察到一条明显的电泳条带，这种现象一直到发酵结束；而江苏窖池酒醅发酵近1个月后细菌群落才出现这种情况。这可能与入池发酵温度有关，四川18℃入窖，微生物繁殖速度较快，氧气被迅速消耗，致好氧细菌逐渐消亡；而苏北入窖温度仅12℃，氧气消耗、微生物繁殖和消亡都较慢，到发酵后期才出现相类似的现象。同时，通过16S rRNA基因克隆文库的测序和比对，不仅鉴定出在白酒曲药和酒醅的研究中尚未报道的细菌属，而且显示出不同地区同一种香型白酒中微生物区系存在巨大差异。同一地区不同香型酒醅中微生物的群落有很大不同。运用PCR－DGGE基因指纹图谱技术分析白酒曲药和酒醅中的微生物群落结构，研究传统食品发酵功能微生物的生态特征与规律，将其与传统的菌种分离鉴定和白酒固态发酵检测等手段相结合，对判断和鉴定白酒生产中与特征风味物质相关的关键微生物、指导生产工艺改进，具有重要的理论和实践意义。

四川大学食品工程系与生物工程系合作，利用基于16S rDNA的克隆分析技术，对发酵60d的浓香型白酒窖池糟醅中原核微生物多样性的分析发现，糟醅中分布的原核微生物既有细菌又有古菌，其在系统发育树图上分成7个分枝：低G＋C（摩尔百分数）革兰阳性菌、高G＋C（摩尔百分数）革兰阳性放线菌、革兰阴性拟杆菌群、革兰阴性变形杆菌群、革兰阳性纤毛菌群、TM7门和产甲烷古细菌群。这些菌群数量多，分类上分布广，具有复杂的代谢多样性，能生成多种活性物质及降解复杂有机物，其代谢产物在窖池特定的环境下通过复杂的生理生化反应，能形成浓香型白酒的特征风味因子。

综合利用分子生物学分析方法以及常规菌类分离鉴定方法，加强对固态法发酵白酒酒醅微生物菌系分析，特别是对一些尚未报道的酿酒微生物菌株的系统发育和生理特性认识，对深入研究酿酒微生物的分布特征和形成规律，以及在白酒风味形成上的作用具有重要的理论指导意义。

6. 白酒微生物资源的发掘与应用

中国科学院成都生物研究所多年来开展了白酒工业微生物资源的发掘与应用。

（1）利用甲醇的生丝微菌的发现与分离，可降低白酒中甲醇的含量。

（2）分离了高乙醇浓度特殊环境中甲烷氧化菌。

（3）从浓香型老窖中分离出一株产甲烷杆菌，开发出甲烷细菌与己酸菌共酵的二元发酵技术。

（4）从泸州老窖泥中分离出产己酸的细菌，应用于人工培窖。

（5）杂醇油利用菌的发现与分离，为酒精工业降低杂醇油提供了新途径。

（6）从郎酒高温曲中分离得到一株嗜热芽孢杆菌（地衣芽孢杆菌），该菌在90℃高温时具有强的活性，糊精化淀粉作用温度高达100℃，产酶条件pH4.5～10.0。

（7）从泸酒麦曲中分离出一株红曲霉，用于制强化曲。

五、大曲性能、质量鉴别、贮存变化及曲虫治理

（一）大曲理化指标与微生物检测

茅台试点对五粮液曲、古井曲、全兴曲、茅台曲、汾酒曲、董酒酒饼等进行了分析，对成曲成分做了常规测定，包括水分、酸度、糖化力、液化力、酸性蛋白酶、发酵力、酯化酶、酯分解率，并用纸上层析法测定了氨基酸。20 世纪 90 年代初商业部酿造研究所也对名优酒厂使用的大曲粉做了系统测定，除理化项目外，还测定了其中的酵母、霉菌和细菌数量。90 年代初辽宁食品所研究了大曲中游离氨基酸含量与白酒质量的关系，发现大曲中游离氨基酸含量以茅台曲最高，浓香型酒曲其次，汾酒曲含量最低。

（二）大曲质量鉴别方法创新

1. 大曲质量标准体系设置的研究

大曲是中国白酒使用的糖化发酵剂，是一种以生料小麦（或配伍大麦、豌豆）为原料，自然网罗制曲环境中的微生物接种发酵，微生物在曲坯中彼消此长，自然积温转化并风干而成的一种多酶多菌多物质的微生物生态制品，具有糖化发酵增香的作用。传统大曲质量判定标准指标中，主要指标是糖化力、液化力、发酵力和感官鉴定等。这些标准指标中，存在一些缺陷。

（1）指标之间设置有交叉重叠，如发酵力与糖化力、液化力三者，都试图反应大曲在固态白酒发酵体系内“淀粉→乙醇”的生化作用。

（2）单纯一个指标作用不明，它是将大曲假设为单一微生物菌体或单一酶制剂，忽视了“混种”“多酶”和曲药入窖后复活、繁殖和进一步酶代谢的过程。

（3）感官判定，因人而异，差别很大，而且权重高达 60%。

泸州老窖沈才洪等，从泸州老窖曲酒生产实际，研究了大曲质量标准体系设置，提出以曲药酯化力反映曲药的酯化能力，以产酒量反映曲药的酒化力，以氨态氮和淀粉消耗率为大曲生香力的特征指标，以曲块体积质量作为大曲的理化特征指标。通过研究，拟用运动的观点、量化的指标来重新确立大曲质量判定标准体系。指标设置为：①生化指标，酒化力、酯化力、生香力分别占 30%、20%、15%，共计 65%；②理化指标，曲块体积质量、水分、酸度分别占 15%、5%、5% 共计 25%；③感官指标，香味、外观、断面、皮张分别占 4%、2%、2%、2%，共计 10%。这项研究成果，为我国大曲质量标准指标的制定，提供了有价值的依据。

2. 代谢指纹技术在曲药分析中的应用

我国传统大曲的制曲是生料培养，自然接种，其菌种来自原料、水、制曲环境，经培养，微生物盛衰交替，优胜劣汰。成曲中微生物群系复杂，而具体某一菌群究竟包括哪些种、属，它们在酿酒中的作用如何等，尚知之甚少。曲药微生物群系构成的复杂性给传统白酒酿造的研究带来了极大的困难。剑南春集团徐占成等，使用 Biolog Microplate 对大曲进行微生物群系分析。研究发现，代谢指纹技术运用于曲药的分析研究，不仅可以较为准确地刻画曲药的性质，对不同种类、来源、性质的曲药进行较为有效地区分与归类，而且还可以分析出某种具体因素对曲药微生物群系造成的具体影响。代谢指纹技术为人们更多地了解曲药性质，进行曲药检验、曲药研究、工艺控制及改革等提供了一种新的有效手段。

3. 对传统大曲功用的新认识

泸州老窖沈才洪等对传统大曲的功用，如曲定酒型、投粮作用、曲块皮张厚薄、曲块断面杂菌与有害菌、曲药的贮存、曲药用量、产酒能力及出酒率等固态发酵白酒生产中对大曲质量存在的传统认识，结合相关试验，进行了新的解释。

（1）“曲定酒型”业界存在一种观点　高温曲酿造酱香型白酒、中温曲酿造浓香型白酒、低温曲酿造清香型白酒。事实上，先有曲，后有大曲酒，并且由于水土、气候、土壤、空气、生物链等自然环境条件以及酿酒原料、工艺等因素的差异，从而酿造出不同风味的白酒。现代科学证明，白酒香型并不取决于制曲工艺，更与制曲品温的高低没有必然的正相关性，只与酿造工艺密切相关，大曲只是酿造工艺的一个重要元素。事实上，现在不少各香型的白酒，都使用“混曲”，使酒体更加丰满、幽雅。

（2）大曲是否起投粮作用　许多教科书或技术文献在介绍白酒酿造中大曲的作用时，基本上都认为大曲除产酒、生香外，还起到投粮作用。实验室研究表明，将大曲直接加水发湿后密封发酵，相当于大曲以生淀粉的形式进入糟醅体系的当排发酵，最终结果是只能产酸而不产酒，说明大曲生淀粉不能被酵母菌利用生成乙醇；而将大曲加水发湿后蒸熟、晾冷，再加入大曲密封发酵，类似上排残留下来的大曲淀粉进入第二排糟醅体系发酵，最终结果是生成的乙醇含量也处于较低水平，说明大曲淀粉在制曲过程中产生了变性，可糊化性能大大减弱，淀粉不能正常糊化，也就不能进一步正常降解为乙醇，况且在上排就以生淀粉形式消耗掉一部分，残留到第二排的淀粉数量就少之又少了。从这个意义上来说，在酿酒生产上，要合理应用大曲，发挥其主体功能及控制生产成本。

（3）对曲块皮张厚薄与曲表毛霉的认识　大曲的皮张是指曲块表面菌丝不密集的部分，一般把曲块断面水圈（风火圈）以外部分都形象地称为曲药的皮张。水圈的形成是因为曲坯表层水分散发较快，霉菌菌丝生长不密集，没有形成正常的菌丝通道，曲心部分的水分以水蒸气形式由内层向曲表排泄过程中，高温蒸汽在曲表内层骤冷形成炭化作用。通常情况下，人工踩曲，能把浆提到表层，赋予曲坯表层较丰富的营养，并增强了保湿功能，霉菌菌丝生长较好，曲坯里面的水分能正常通过菌丝通道向外排出，因而皮张较薄；而机械压曲，谈不上提浆，曲表缺乏营养优势，保湿性能也较差，如后期工艺管理未能跟上，皮张就相对较厚。为解决机械曲块皮张问题，曲坯就要控制在低温、潮湿的条件下培养发酵，这样“水毛”就自然率先滋生，表现出较好的穿衣状态，增加了表层保湿性能，促进了霉菌菌丝在表层较好生长，并形成正常排气散温通道，使曲心发酵均匀。毛霉具有较强的蛋白质降解能力，对形成曲香有好处。泸州老窖将曲皮与曲心进行剥离并单独用于酿酒，曲皮酿造的原酒仅理化指标与曲心酿造的原酒无明显差异，而口感上还略优于曲心酿造的原酒。

（4）曲块断面杂菌与有害菌　传统意义上的曲块断面杂菌及有害菌主要表现为：青霉菌斑、红曲霉菌斑、黄曲霉菌斑、黑曲霉菌斑等，往往都是在曲坯温度降到室温后，曲坯内的水分仍然较高，此时为杂菌形成优势菌落提供了较适宜的条件。业内人士认为，青霉菌是造成酒中带霉、苦味的重要原因。沈才洪等认为曲块的青霉菌斑一般仅占曲块总质量的1%左右，而大曲在酿酒生产中用量为20%左右，粮糟比为1∶5左右，因此，即使每块大曲都长有这样的青霉菌斑，在糟醅体系中的比例也只能达到0.03%，是无法与其他有益大曲微生物比拟的，况且长青霉菌斑的曲块还只是少数，在酿酒发酵体系中绝对形成不了主流。曲块中的杂菌也是如此，除非曲药质量出现重大质量问题，才能导致酿造出现质量事故。这是对青霉菌的一个新认识。该厂曾用传统感官优级曲与普通级曲（皮张厚或断面有异杂菌等现象的曲块）单独酿酒，其原酒口感趋于一致。

通过对大曲功用的再认识，要树立对大曲的认识观念，并进行深入研究；大曲的研究离不开酿造这一大发酵环境；传统固态法白酒要保持典型风格，大曲是无可替代的，但大曲制造工艺、大曲的功能、功用则要不断创新和发掘。

（三）大曲贮存过程中的变化及曲虫的治理

20世纪80年代以来，国内很多名优酒厂都开展了大曲贮存过程中质量变化的研究，发现曲块在贮存中，随着贮存期的延长，其微生物数量及酶活力均有下降趋势，特别是酵母数量及发酵力下降明显，用于酿酒，其酒的总酸、总酯及乙酸乙酯含量亦随贮存期的延长而有所下降，但贮存期在1年以上的陈曲，则严重影响出酒率。故认为曲块贮存以3~6个月为宜。

大曲生虫已成为酒厂头痛的问题，生虫多的曲子不但曲损耗大，生化指标下降，且曲虫到处飞，扰乱了工人生产和生活。经酿酒企业与相关院所研究，发现曲虫多达10余种，以土耳其扁盗谷、咖啡豆象、药材甲和黄斑露尾甲为主。可采取曲库改造、计划用曲、曲库管理、杀虫剂触杀、吸虫器捕杀、厌氧闷杀等措施进行治理。

六、百年老窖，奥秘初揭

20世纪60年代茅台试点采用纸上层析测定出茅台窖底香的主体是己酸乙酯，同时它又是浓香型酒的主体香气。60年代开始，中国科学院西南生物研究所、四川省食品研究所、四川大学、山东大学、原天津轻院、原无锡轻院、内蒙古轻工研究所、广西轻工业研究所、黑龙江轻工业研究所以及许多名优酒厂都先后对浓香型酒酿造的窖池、窖泥、窖内外微生物做了不同深度的研究，取得了可喜的成果。

（一）窖泥微生物的研究逐步深入

1. 老窖菌群结构与生态分布及功能菌的选育

中科院成都生物所与泸州曲酒厂、五粮液酒厂自20世纪60年代起就对浓香型名酒发酵微生物、发酵机理进行了长期的研究。在老窖的菌群结构与生态分布、泸型酒生香功能菌的发酵、老窖的己酸与甲烷菌的相互关系等方面，取得了许多宝贵的资料，找出了新、老窖泥的差异及酒质不同的原因，并将许多重要成果应用于生产。70年代内蒙古轻工业研究所曾搜集了国内一些名优白酒厂的窖泥，从中分离出己酸菌（内蒙30#），应用于液态白酒及浓香型酒生产，取得了明显效果。辽宁大学生物系分离的梭状芽孢杆菌（己酸菌）应用于生产。1979年从沈阳老龙口酒厂窖泥中筛选出己酸菌L－Ⅱ号菌种，产己酸稳定在120~150mg/100mL。

在窖泥功能菌与产酯菌共酵生产应用方面，1986年四川省食品发酵工业研究设计院与泸州曲酒厂合作，通过半年连续三排试验，酒质可提高1~2个等级。

2. 窖泥微生物群落的研究及其应用

四川大学、泸州老窖胡承、应鸿等在2004年研究中认为，窖泥微生态系统是由厌氧异氧菌、甲烷菌、己酸菌、乳酸菌、硫酸盐还原菌和硝酸盐还原菌等多种微生物组成的微生物共生群落系统。在该微生物群落中随窖池层次分布顺序的不同和窖泥化学生态的不同，菌类菌种呈现明显区别。浓香型白酒的固态发酵过程就是一个典型的微生物群落的演替过程和各菌种间的共生、共酵、代谢调控过程。该项过程不但对微生态群落中的菌种演替具有反馈抑制作用，而且直接影响白酒的产量和质量。研究和应用微生物生态学理论，对人工窖泥培养和提高酒质具有指导意义。

3. 利用乳球菌延缓窖池老化

由于受气候、环境及生产原料、生产工艺的制约，人工老窖在应用一段时间后，窖泥中微生物失活、老化、死亡现象严重，同时由于酒醅在发酵过程中产生大量乳酸及其酯类，经长时间聚集，容易生成乳酸钙，使窖泥中的功能菌减少，造成窖泥板结、老化，有白色乳酸钙析出，并且造成有益功能菌难以进入酒醅。为延缓窖泥老化及减轻老化程度，许多厂应用添加活性窖泥功能菌液、强化窖池保养等措施，以延缓窖池老化。但在北方不少厂成效并不理想。江苏洋河酒厂陈翔、王亚庆从窖泥中分离出1株最新菌株L-乳球菌，经近5年的潜心试验，证明L-乳球菌能利用酒醅中的乳酸，抑制乳酸乙酯的生成，同时提高其他酸与乙醇的酯化作用，促进其他酯类的生成。另外，将L-乳球菌加入到人工老窖泥中，使酒醅发酵产生的乳酸不致渗入窖壁，抑制乳酸钙的生成，使窖池老化程度延缓5年以上。L-乳球菌属细菌类，为混合菌株，来自窖泥，无芽孢，适宜在厌氧环境中生长，最适生长温度为30~32℃，pH为4.5~5.0，其代谢产物为琥珀酸和丙酸。将培养好的L-乳酸菌液与己酸菌液按相应比例加入到人工老窖池中，可减少乳酸和乳酸钙的生成，从而延缓窖泥老化时间。使用L-乳球菌液养窖的窖池，优质酒率可增加4%~19%，己酸乙酯高100mg/100mL，乳酸乙酯下降40~80mg/100mL。

4. 窖泥中乳酸菌的分离鉴定

浓香型白酒生产的原酒中，普遍存在乳酸乙酯偏高的现象。乳酸及其酯类偏高，原因较多，但曲药和窖泥是其关键。以前，对窖泥中的乳酸菌研究较少。2005年黑龙江大学生命科学院王葳、赵辉等对浓香型白酒窖泥中的乳酸菌进行了分离和鉴定，得到3株不同的乳酸菌，分别是玉米乳酸菌、戊糖乳酸菌、乳酸片球菌，并对这3株乳酸菌的产酸特性进行了分析，得到最佳产酸条件：最适温度37℃，最适时间为72h，最适pH5.0。窖泥中乳酸菌的研究，为人工培窖如何减少和抑制乳酸菌的数量并控制其生长繁殖提供了参考依据。

（二）人工培窖配方的研究

自20世纪60年代百年老窖成分的揭秘和窖泥微生物研究的不断深入，人工培窖配方全国各地进行了广泛的研究，百花齐放，各有高招。培养窖泥原料的选择总的原则是根据窖泥微生物生长发育所需进行配伍，要因地制宜合理选择和搭配。

（三）窖泥成分和窖泥老化的研究

20世纪80年代中科院成都生物所对窖泥中的氨基酸、无机物及微量元素和白色团块及白色结晶物等进行了系统的研究，发现百年老窖泥中氨基酸含量比土壤中高数倍至数十倍，其氨基酸含量随窖池上、中、下层的次序而增加。百年老窖比一般曲酒窖和人工老窖无机及微量元素要高，特别是锌、锰、钙、镁、钼、钛等；一般人工培窖中有效磷偏高，为百年老窖的2.7~9.8倍，值得注意。窖泥中白色团块和白色晶体会使己酸菌和窖泥混合菌产酸下降，会使己酸和丁酸比例失调。

80年代以来，为防止窖泥老化，许多酒厂与科研单位、大专院校共同研究，不论在理论上或实践上都取得了丰硕成果，主张采用黄浆水、液体窖泥并适当补加 N、P、K 等微量元素来养护窖泥，可有效防治窖泥老化。

七、提高质量，技术创新

（一）三大香型传承创新发展

20 世纪 80 年代以来，白酒行业在继承传统工艺的基础上，运用现代科技，对工艺进行了不少改革，在提高质量方面取得了许多重要成果。下面分香型做简要介绍。

1. 浓香型

1985 年四川省食品发酵工业研究设计院在进行“提高泸型酒名优酒比率的研究”项目中，对不同窖龄、不同等级、不同窖容、不同工艺条件、不同发酵周期的 20 多个窖泥进行了广泛细致的查定，了解酿造过程中己酸乙酯的生成条件，为提高酒质、制定措施提供了科学依据。泸州曲酒厂在“原窖法”的基础上，吸取了“跑窖法”和“老五甑”法的精华，创造出原窖分层酿制工艺“六分法”，取得良好的经济效益。20 世纪 60 年代五粮液酒厂创造了“双轮底”发酵和醇酸酯化技术，采用窖内、外酯化技术，大大提高了浓香型酒的质量。此外，夹泥发酵、加泥发酵、酯化酶的应用、黄水酯化等提高酒质的技术，都取得良好的效果。在防止夏季降质减产（掉排）、“增己降乳”等方面亦取得很好的成效。

2. 酱香型

20 世纪 90 年代初，古蔺郎酒厂在长期生产实践中，发现酱香型曲酒的质量与用曲量、酸度、水分、温度、粮食糊化、辅料用量等入窖条件与产品质量有密切关系，总结出“四高一长”是提高酱香型曲酒质量的技术关键。

3. 清香型

20 世纪 80 年代始，相关酒厂和单位总结出适温制曲、细致操作、严格管理，提高曲药质量；严格工艺、低温发酵；采用产酯菌和降乳菌解决“增乙降乳”；延长发酵期等提高清香型曲酒质量的有效措施。

此外，在提高其他香型白酒质量方面，如董酒、白云边、西凤酒、四特酒、景芝白干等亦有不少新技术措施。

（二）改进设备提高效率

我国传统的白酒生产设备十分简陋，从原料的粉碎、制曲、酵母、酿酒、贮存到灌装几乎都是手工操作。解放后，由于国家的重视多次组织机械化试点。至 20 世纪 80 年代，白酒生产普遍从直火蒸馏改为蒸汽蒸馏；从人工打、提、排水改为自来水；粉碎用电动机械；出入窖用行车；摊晾用晾糟机；甑桶用不锈钢活动甑；冷凝用不锈钢冷凝器；勾兑用大型不锈钢罐；计量用仪表；输酒用酒泵；全自动洗瓶包装；空气搅拌；不锈钢大罐（池）贮存等。这些措施大大降低了劳动强度，使白酒生产向现代化企业迈进。

（三）对蒸馏甑桶的研究和改革

1. 对甑桶支撑板（甑箅）结构的改进

甑桶蒸馏设备从天锅演变到今天的不锈钢甑桶，蒸汽供热，到管式冷凝接酒设备，活动甑底半自动卸料，已越来越多地采用现代化的技术装置，大大减轻了劳动强度，提高了效率，而甑箅也从竹箅改为不锈钢多孔筛板。但从目前的使用操作情况来看，多孔筛板的这种结构却存在着一定缺陷，不同程度地影响着甑桶蒸馏操作，它存在漏料、沟流、死角等缺陷。贵州大学工学院何峥等认为，可对多孔甑桶支撑板的开孔率、锥形侧吹型支撑板、开孔的分布等参数进行科学分析和改造设计，减少酒损，降低成本，提高蒸馏效率和出酒率。

2. 甑盖形状对蒸馏效果的影响

中国固态法白酒蒸馏采用二元冷却方式，进行固液分离。所谓二元冷却，是指汽上升到甑盖后，不能直接完成冷凝相变，而另需一冷却器辅助加以完成的蒸馏过程。在二元冷却系统中，酒汽完成冷凝相变需要经过一个较长的汽流输送路径和汽流分割过程，酒汽脱离糟面后，在一定容积热强度的空间内汇聚流动，会对蒸馏质量产生消极影响，改变酒液汽化后的空腔容积，饱和酒汽在空腔内的运动状态随之发生变化，而甑盖形状又是影响空腔容积的关键因素。因此，甑盖形状不可避免地对蒸馏质量产生影响。

甑桶蒸馏主要有锥形盖和平盖。锥形盖的外观是一个圆锥体，锥顶开的出汽口和输汽管相连接。盖的材质为木质和不锈钢等。锥高 50cm 左右，保温效果较差，当上升的饱和酒汽到达甑盖后，便会部分冷凝回流，回流液一部分落入糟面，一部分沿甑盖下滑进入水封槽（或围边）和甑周边区域。平形盖（近似平形）是锥形盖在锥高趋于零时的极限情况，采用厚柏木或外衬不锈钢木板制成，保温效果好，但仍会有部分酒汽冷凝回流。与锥形盖所不同的是，回流液在重力作用下绝大部分垂直落入糟面，极少进入水封槽和甑的周边区域。将两种不同形状的甑盖加以比较，有相同点也有不同点。相同点是，两者都有边界效应，都部分冷凝回流。不同点是，锥形盖有倾角作用，平顶盖没有；由于倾角作用，锥形盖之回流液绝大多数进入水封槽和甑的周边区域，平顶盖无倾角，回流液在重力作用下垂直落入糟面；酒汽到达锥形盖后，运动方向变化小，平形盖改变酒汽运动方向大；锥形盖之空腔内涡旋现象小，有序流动快，酒汽滞留时间短，平形盖之空腔内涡旋现象强烈，有序流动慢，酒气滞留时间长；锥形盖对分子网络的破坏作用小，平形盖对分子网络的破坏作用大。

江苏新沂酒厂张雷、高传强曾用两种盖进行生产试验，结果是平形盖蒸馏所得的酒中，已酸乙酯多乳酸乙酯少，说明采用平形盖甑优于锥形盖甑。为了减少酒汽回流液在锥形盖中沿甑盖滑入水封槽，许多厂已在锥形盖中采取有效措施，即在甑盖距水封槽适当位置加一防酒液下滑的装置，便可大量减少酒汽进入水封槽或围边的机会。

3. 顶冷式蒸馏甑

现时通用的甑桶结构是在旧时的“天锅”甑基础上改变过来的。“天锅”甑最大的优点是酒及香味成分随蒸汽流上升脱离母糟后，很短的行程便得到冷凝收集，分离空间很小，雾沫夹带成分（尤其是高沸点成分）能充分进入酒中。外置列管式（或薄板式）冷凝器蒸馏甑，冷凝效果好，流酒温度易控制，减少了酒精、醛类等物质的损耗，但由于必须采用过汽管弯筒连接甑桶与冷却器，使酒路增长，蒸汽行进途径长而曲折，高沸点香味成分被雾沫夹带进入酒中变得十分困难，加上高出甑盖面的导汽管与弯筒不能有效地保持温度，离开醅面的高沸点香味物质在被蒸汽艰难地拖带上升时很快又被冷凝而回落，由液相转为气相，又恢复为液相。由于高沸点物质的缺少，故原酒后味较短、陈味差，缺乏醇厚的绵长。四川陈昌贵、陈咏欣吸收天锅甑与外置冷凝蒸馏的优点，取长补短，研究出一种新型顶冷式蒸馏甑，甑盖与冷凝器合为一体，没有了导汽管和弯筒，蒸汽在上升很短距离后即被迅速冷凝，增强了雾沫夹带作用，高沸点香味物质较易地很快冷凝进入酒体中。

同时，冷却效果好，流酒温度可控制，低沸点物质损失少。生产实践证明，顶冷式蒸馏提馏效果优于外置列管式甑，酸、酯类物质提取明显增多，新酒味减少。顶冷式蒸馏甑采用杠杆式移动甑盖装置，操作轻便灵活。蒸粮时可控制甑内蒸汽汽压，增压、减压均可调控。这是传统蒸馏设备的重大改革。

（四）香型融合与新香型的确认

中国传统固态法白酒分为酱香、清香、浓香三大基本香型，米香型和与此相关的豉香型酒不在此列。兼香型、凤香型、特香型、馥郁型、老白干型、芝麻香型都是以三大基本香型为母体，以一种、两种或两种以上的香型，将制曲、酿酒工艺加以融合，结合当地地域、环境加以创新，形成自己独特的工艺，衍生出多种香型。以三大基本香型为基础，各香型之间相互学习、借鉴已普遍进行，有的是用多种香型酒组合、勾调，如清香、浓香、酱香组合，清香型酒可用大曲清香、麸曲清香或小曲清香组合，凤香型、特香型、芝麻香型、董香型、米香型等与浓香型组合，都有产品问世。

1. 香型融合的典型范例

（1）芝麻香型　此香型 1995 年制定了行业标准，2007 年成为国家标准（GB/T 20824—2007）。芝麻香型白酒采用高、中温曲混合使用；纯种曲与大曲并用；原料配比独特（以高粱为主，配以麸皮、小麦或玉米等）；酿酒工艺是高温润料或高温隔夜蒸料、高温堆积、高温发酵、高淀粉浓度；窖池以水泥、砖或条石砌成，全泥底；长期发酵，二次蒸馏；分楂摘酒；长期贮存等。许多工艺融合了酱、浓、清的典型工艺，使芝麻香型酒风格独特，别具一格。

（2）馥郁型（酒鬼酒）　此酒香型暂未有国标，但其香型已在鉴定会上被专家认可。酒鬼酒酿造工艺集清香型小曲酒和浓香型大曲酒工艺为一体，多粮颗粒原料、小曲培菌糖化、大曲配醅发酵、泥窖提质增香、粮醅清蒸清烧、洞穴贮存陈酿而成。生产酒鬼酒，在完成小曲培菌糖化工序后，转入大曲浓香型酿造发酵工艺，在入窖糟的排列上，沿用了小曲酒的方法，即窖面和窖底均为不投粮的糟醅，中间为三个大楂，底醅采用双轮底发酵增香蒸取调味酒，这部分的酒醅组成和浓香型不一样，所产的酒可能是产生酱（陈）香味的又一来源。大楂酒醅所投的粮食配料都经过了蒸熟及二次制曲的培菌工序，因此入窖时微生物数量及种类、理化分析结果都和浓香型大曲酒完全不同，估计酵母菌中产膜酵母较多，使发酵后的产品中乙酸乙酯含量高。采用人工培窖技术，必然使酒中有相当的己酸乙酯，形成酒中己酸乙酯与乙酸乙酯含量近乎平行的独特量比关系。酒鬼酒是融合清香、浓香和部分酱香工艺的产品，以致酒质优美，芳香馥郁，独具一格。

（3）凤兼浓酒　为了适应市场的变化，西凤酒厂和太白酒厂在凤香型酒土暗窖固态发酵、混蒸混烧老五甑工艺的基础上，通过技术创新，融合了浓香型酒的部分生产工艺特点，生产出凤兼浓酒。该酒采用多粮制曲、多粮酿酒、中高温制曲、人工培窖、延长发酵周期、连续生产、酒海陶坛交替贮存等，融合了浓香型和凤香型酒的典型工艺，使该酒香气馥郁，凤浓协调，绵甜柔和，余味悠长。

此外，兼香型酒中的浓兼酱、酱兼浓、清兼酱和市场上许多未标香型（企业标准）的畅销产品，都是香型融合的好产品。

2. 香型融合在浓香型酒中的应用

（1）一香为主，多香并举　从生产规模和市场影响力来看，“浓、清、酱”三大基本香型仍是主体，但在产品、工艺、风格、口感等方面，都不同程度地与时俱进。大型名酒企业以传统优势香型为主，开发其他香型，如泸州老窖兼并酱香型酒厂，茅台、汾酒、郎酒建浓香型酒车间，沱牌、剑南春建酱香型酒车间等，许多大、中型酒厂都是“一香为主，多香并举”，产品你中有我，我中有你，优势互补，形成独特的风格。

（2）高温堆积 高温堆积，二次制曲是酱香型酒的典型工艺，现在许多浓香型酒都在应用。如宜宾叙府酒业，在多粮浓香型工艺中进行高温堆积，堆积时严格注意堆积高度、堆积时间，尽可能地增加糟醅与空气接触的面积，同时注意糟醅堆积的疏松度。并且在堆积过程中注意翻拌，尽量为微生物的二次自然接种创造条件。从高温堆积发酵和未堆积发酵的原酒的香味物质对比来看，前者的乙醛含量要高 0.6833g/L，乙缩醛含量高 0.888g/L，乙酸乙酯高 4.616g/L，醋鎓含量高 0.6833g/L，乳酸乙酯高 1.433g/L，总酸高 1.894g/L，异戊醇也比对照高；而对照窖己酸乙酯、己酸比试验窖显著要高。口感比较差异更明显，堆积后生产的原酒口感更加细腻、丰满、幽雅，后味酱香非常突出，有明显芝麻香，原酒风格得到明显改善。

（3）循环下沙 为避免热季高温，影响主体精华发酵，泸州老窖采用循环下沙工艺，在热季让其在窖内发酵期达三个月以上，酒体香味成分更加丰富。使用循环下沙工艺与传统浓香型酒酿造工艺比较，以第 4 轮为例，其出窖糟醅升酸幅度提高 66%。原酒口感酱香细腻、酒质香浓、口味醇厚、酒体丰满，质量明显优于对照样。

香型融合是提高产品质量、档次和开发新产品的有效技术措施。

八、成分剖析，贮存勾兑

（一）白酒的人工陈酿

如何采用人工陈酿、缩短白酒贮存期，以节省投资、减少酒损、加快资金周转和提高经济效益，各白酒企业、科研单位及大专院校数十年来都进行了科研和生产实践，如采用高频电场法、磁处理法、超声波法、臭氧法、微波法、机械振荡法、冷冻法、温差处理法、激光照射法、红外线照射法、紫外线照射法、等离子处理法、^{60}Co 辐照法、高压处理法、太阳能法、膜过滤法、树脂吸附法、非生物催化法、酶添加法、微生物菌体处理法等多种方法处理白酒，意图缩短贮存期，但取得实用效果者均未见后续报道。

（二）白酒成分剖析

中国传统固态发酵法白酒，香味成分十分复杂，20 世纪 60 年代始历经纸层析、柱层析、气相色谱、气质联用等手段，至 80 年代末已检测出白酒中香味成分 300 余种，为白酒香型的确定、国标的制定、提高酒质、改进工艺、固液结合质量的提高等提供了较充分的科学依据，推动了生产发展。

（三）白酒香型风格的确定

从 1979 年第二届全国评酒会开始，白酒评比按香型、生产工艺和糖化发酵剂分别编组，进行评比。由于各试点工艺的查定总结、白酒香味成分的剖析，从感官品评到理化成分确定了白酒的五大香型，即酱香型、浓香型、清香型、米香型及其他香型。20 世纪 80 年代以来，其他香型中又分为凤香型、药香型、兼香型、特香型、豉香型和芝麻香型 6 种。在第三届评酒会上统一了几种香型描述的述语。在此基础上，国家于 1989 年在广泛征求意见的基础上先后制定了浓香型、清香型、米香型白酒的国家标准，使白酒质量标准化。1994～1996 年又分别制定了凤香型、豉香型白酒的国标和芝麻香型、特香型及液态法白酒的行业标准。

（四）白酒特性的研究

利用现代设备和技术，对中国白酒的特性和风味物质的构成，近年来进行了卓有成效的研究。

1. 白酒胶体特性的研究

多年来，研究中国白酒的特性，往往是从微量成分以分子、离子或它们有聚合体分散于乙醇－水体系出发的，忽视了它是具有胶体溶液的特性。四川理工学院、泸州老窖公司将白酒通过滤纸与半透膜对比试验、电泳现象、浊度测定、电导率测定、电子探针扫描等试验，证实白酒酒体具有较高的电离度（电导率），表明尚有真溶液的物理特性，但试验已证明它具有布朗运动、丁达尔现象、电动现象中的电泳与聚结不稳定性现象等溶胶的一般特性，以及在微观形态下酒体颗粒的尺寸在胶体状态范围内，故认为中国白酒属于一种胶体溶液。他们还研究了白酒中胶粒的形成及白酒中的金属离子对白酒质量的影响。研究结果表明，在不同贮存期内白酒中金属离子的变化存在明显的差异；基酒不同，金属离子的变化也不同，对白酒质量的影响也不同；铜、铁离子有去除新酒味的作用，可增加酒的老熟感。

2. 白酒风味物质的研究

白酒微量成分的检测，经历纸层析、柱层析、气相色谱、液相色谱、气质联用色谱、气液联用色谱等手段，已发现白酒中微量成分 1400 余种，包括醇类、酸类、酯类、氨基酸类、羟基化合物、缩醛、含氮化合物、含硫化合物、呋喃类化合物、酚类等。近年来，真空浓缩技术、液相萃取、正相色谱分离技术、固相微萃取、DC/O 和 AEDA 技术已经开始被用于白酒香味成分的研究。应用 GC/O 和固相微萃取技术，在中国白酒中已发现了近 90 种的香味化合物。2006 年，范文来等人应用液相萃取从浓香型白酒中将风味物质萃取出来，然后，应用正相色谱分离技术，将香味化合物按极性分离，再运用 GC－MS 结合 GC/O 的方法，采用双柱定性，分析中国白酒中的呈香物质。应用该法一次性可以分析白酒中的呈香化合物 92 个，一次性可检测出白酒中的微量成分达 200 种以上。应用现代检测设备和技术，剖析中国白酒中的风味物质，弄清它们对白酒的作用，对推动中国白酒的发展具有重大意义。

3. 白酒指纹图谱

白酒指纹图谱技术，就是将白酒气相色谱分析图谱作为白酒的一个质量指标进行定义和研究，以达到白酒勾兑工艺更有依据、更高效，白酒标准更科学、更能表征白酒个性化的目的。刘炯光等认为要建立白酒指纹图谱至少需满足四个条件。

（1）色谱分析柱能分离出足够多的微量组分。

（2）分析稳定性好。

（3）分析时间不能太长。

（4）指纹图谱相似度的比对技术。

在白酒勾兑中使用白酒指纹图谱有两方面的作用：一是建立原酒及调味酒指纹图谱；二是建立目标酒样指纹图谱。根据图谱，按缺啥补啥的原则选取原酒和调味酒，对其进行多次组合，形成多个小样，对小样色谱图谱与标样图谱对照，再组合、再比对，直到满意为止。图谱对比时要与评酒员品评相结合，以相互印证。若印证失败，则说明指纹图谱未能全面反映出白酒的各种组分，还需进一步改进色谱分析技术。应用指纹图谱做白酒质量标准，可使产品质量更稳定，还可进行产品真伪鉴别。

4. 白酒微观形态探讨

利用扫描探针显微镜的 AEM 功能，对几种优质浓香型成品白酒的微观形态做了探讨。从 AEM 扫描图可以看到浓香型成品白酒中的呈香呈味物质成分呈近似圆球状的颗粒形态，并且大小分布错落有致。吴士业选取 52% vol 泸州特曲、39% vol 五粮液、52% vol 剑南春（均为市售）及 50% vol 无水乙醇溶液，利用扫描探针显微镜 AEM 功能进行扫描，发现这些浓香型酒中有大分子聚集体，即溶胶，这就是扫描图中的颗粒形态。同时发现，不同优质白酒所含有的呈香呈味物质化学成分不同，特别是主体香型物质化学成分有较大差别，所以优质成品白酒的微观形态在颗粒大小、分布状态等方面呈现各自的特征。

汤秀华等提出一种基于微观形态的白酒鉴定方法，以白酒显微形态图像信息为桥梁，将白酒内在的、微观的变化规律和特点同白酒宏观的酒质级别关联起来，利用白酒的显微形态信息从微观上把握白酒的分级。

（五）各级评酒，推动技术进步

新中国成立以来，1952—1989 年进行了五次全国性的评酒会。每次评酒活动不仅推动了生产和技术的发展，也起到了指导消费的作用，因此每届评酒的结果都显示了不同历史时期酒类生产的发展趋势和质量水平。至第五届全国评酒会，共评出全国名酒 17 种，其中浓香型占 9 个，酱香型占 3 个，清香型占 3 个，其他香型占 2 个；评出优质酒 54 种，涵盖各个香型。此外，各省、市、自治区也分别进行几届评酒，评选出地方名优白酒。白酒的评比促进了生产和地方经济的发展。

（六）勾调技艺的发展

白酒的勾兑调味本来在生产实践中早已应用，最原始的勾兑是茅台酒厂，酱香型酒的 8 次发酵、7 次蒸馏，浓香型酒不同窖池、不同季节、不同糟别产酒，清香型的大楂、二楂酒，要统一成品酒质量都必须进行组合，这就是初始的勾兑。至 20 世纪 80 年代，原轻工业部在成都举办首届浓香型白酒勾兑技术培训班，对全国白酒行业开展尝评勾兑工作，提高产品质量起到很大的推动作用。勾兑技艺从传统的用酒勾酒，到加入香料、调味液勾兑，发展到固液结合，充分利用固态法发酵产白酒的副产物，技艺更精，勾兑的产品也越来越好。勾兑技术还应用到饮料、果露酒等生产中。

（七）白酒贮存中变化的研究

1. 浓香型原酒贮存期的变化

泸州老窖张宿义、张良等以泸州老窖不同贮存时间的原酒为酒样，对不同档次贮存半年、1 年、2 年、3 年、5 年的原酒进行检测。发现原酒在贮存半年至 1 年时，其羟基化合物（醛、酮类）呈下降趋势，之后随贮存时间的延长，又逐渐增加；醇类在贮存中有的下降有的上升，但趋势都不明显；有机酸在贮存 1 ~ 2 年内呈下降趋势，后开始上升，5 年后总酸大体趋于平衡；酯类在贮存期均呈下降趋势，有的减幅较大，有的减幅较小，3 年后基酒的酯类变化不大，酸酯逐渐趋于平衡。原酒贮存期变化的研究，为原酒较适贮存期的制定提供了依据。

2. 低度白酒贮存中的变化

20世纪90年代中期四川省食品发酵工业研究设计院与宜宾五粮液酒厂、古蔺郎酒厂和射洪沱牌酒厂合作，开展对低度曲酒贮存期变化的研究，共定量出酯类30种、酸类11种、醇类24种、醛酮类5种，取得19800多个数据。每隔3个月分析一次，同时结合感官尝评，从中发现了一些规律性的东西，初步掌握了降度酒和低度曲酒在贮存中微量成分的变化，了解到口感变化的原因。发现曲酒（包括浓香、酱香型）在贮存1年后，酒精含量略有降低，但变化不明显；低度酒的总酸量比降度酒总酸量增幅较大，且随时间的延长而增加；酯类在贮存中普遍降低，变化最大的是低沸点酯类（以己酸乙酯为最），高沸点酯类变化微小；醇类普遍呈上升趋势，但总的变化不大；乙醛含量降低，乙缩醛含量增加。说明低度白酒贮存中酯类水解是必然反应。

20世纪90年代初五粮液酒厂唐万裕等运用毛细管，辅以填充柱，分析了1972～1992年出厂的五粮液、老陈调味酒、合格酒、尖庄酒等共60个样，发现新、老酒微量成分差异大。老酒色谱图中多一个二乙氧基甲烷峰，而新酒色谱图在该处是平滑直线，一般5年内的酒无此峰，随着酒龄的增加，二乙氧基甲烷的含量逐渐增加。

近年沱牌曲酒厂、泸州老窖等研究都证明白酒贮存中酯类减少、酸类增加的规律，特点是低度酒和降度酒变化更明显。

3. 不同容器的贮酒效果

研究结果表明，不锈钢罐老熟比陶坛慢；在1年内，总酸随贮存时间的延长而下降，而总酯的含量则随之上升，后又发生水解反应，直到平衡；电导率随贮存期的延长而下降，3个月后趋于稳定，之后变化不明显；1，1－二乙氧基异戊烷和1，2－丙二醇随贮存期的延长而增加，有人认为这两项指标可作为新酒老熟的重要指标。陶坛与不锈钢罐贮存同一个酒、同一贮存期，陶坛效果好于不锈钢。

（八）固液结合，节粮增效

固液结合白酒在市场上占的比例越来越大，各厂利用酒厂副产物，酒醅、黄水、酒头、酒尾、窖泥、香醅等及技术上的优势，加之食用酒精、酒用香料质量和人工调配技艺的不断提高，固液结合白酒已占主导地位。据资料，1987年时全国白酒产量中固液各半，20世纪90年代后期已达70%以上。通过多年实践人们已认识到固液结合生产白酒有许多好处：①液态白酒出酒率高，节粮降耗；②有效解决固态法白酒中的“杂味”；③可根据市场需要灵活调整口味，不受香型束缚；④降低成本，增加效益；⑤产量、规模随意调整；⑥减少资金积压，缩短资金周转期。

九、倡导低度，利国利民

进入21世纪，随着人们生活质量的提高，饮酒与健康成为热门话题，颇受关注。最近几年有关中国白酒的功能性成分及其对人体的生理功能，许多酿酒工作者和医学专家进行了初步的研究。据许多资料报道，中国白酒的醇类、低分子有机酸及其酯类、高级脂肪酸及其酯类、酚类化合物、吡嗪类化合物、多元醇、微量元素、氨基酸、内酯类化合物等功能性成分，对人体健康有好处，只要科学饮酒，适量饮酒，合理饮酒，会起到舒筋活血、增进食欲的作用。

中国名优白酒中微量香气、风味物质的生成与酿酒原料、制曲酿酒工艺、发酵设备、贮酒容器、酿造加浆用水等密切相关。过去许多书籍和文献中对白酒中酸、酯、醇、醛、酮等物质来源的认识，仅是从单一微生物的角度来研究，虽然对微量成分的种类和作用认识不断加深，检测的成分也从几十种发展到1000余种，发现对人体健康有益的成分由10余种增加到100余种，但仅是初步认识。实际上中国传统固态法白酒是混种发酵，参与发酵的微生物种类、数量、盛衰交替、相互作用远远没有搞清楚；微量成分之间的相互配伍、相互影响，进入人体后的代谢途径，与单一物质有何不同等更是空白。随着研究的逐步深入，对白酒香气、风味物质和对人体健康有益的成分会不断发现。

国家从既有利于人民健康又能降低单位产品的耗粮出发，早在20世纪70年代中期就提出要积极发展40%vol以下的低度白酒。为鼓励企业生产，引导消费，于1979年第三届全国评酒会上，在首次参评的4个低度酒样中，评选出一个低度的国家优质酒。几年后，低度白酒发展缓慢，产量很小，品种单调。1987年国家一委三部在贵阳会议上，进一步明确我国酿酒工业必须坚持“优质、低度、多品种、低消耗”的发展方向，逐步实现“四个转变”。此后，低度白酒迅速发展，品种增多，香型齐全。1989年全国第五届评酒会，规定参评酒样必须在55%vol以下，参评低度白酒样品达128个，14个被命名为国家名酒，26种低度白酒命名为国家优质酒。低度白酒在销售中所占比例越来越大，低度白酒出现的“浑浊、味淡”通过同行共同努力，已完满解决。

20世纪90年代中期，白酒产量一度达到800多万千升，其中白酒低度化是不可忽视的因素，一是低度白酒生产技术相对成熟，质量不再是难题，在不增加生产班次的情况下，1kL 60%vol的白酒可以生产38%vol的白酒1.58kL，同时，随着市场需求的变化，原来认为不能搞或者不宜搞的香型、品牌也相继开发推广低度白酒，香型的融合更为低度白酒增添了后劲。随着国家宏观调控政策的出台，竞争加剧，一些企业把低度白酒开发、适应市场需求，作为寻求突破的主要手段之一。据统计，白酒总产量中40%vol以下占总量的36%，40.1%~50%vol占50%，50.1%vol以上的高度酒只占14%，60%vol以上的高度酒甚少，产品结构趋向合理。可见，低度、中度白酒已成市场的主流。白酒的降度、低度化已为我国广大消费者接受、习惯并喜爱。

低度白酒由于乙醇含量的减少，水的增加，许多化学反应要产生新的平衡，有合成与水解、氧化与还原、缔合与离解、凝胶与溶胶等各类反应。为了延缓低度白酒水解，酿酒工作者进行了大量的研究，使用高质量的原酒作基酒、高酸高酯基酒、添加阿拉伯胶、酒体稳定加速器和自然澄清等技术，取得了一定的效果。

十、国标的制定和修订

（一）白酒国标制定的历程

20世纪80年代初，全国食品发酵标准化中心负责组织制定了当时已确认的3个香型的部颁标准，即《浓香型白酒及其试验方法》（QB 850—1983）、《清香型白酒及其试验方法》（QB 941—1984）、《米香型白酒及其试验方法》（QB 942—1984）。在此标准中除规定了感官、理化和卫生要求外，还规定了浓香型白酒中己酸乙酯的含量，清香型白酒中乙酸乙酯的含量，并且分别建立了己酸乙酯和乙酸乙酯的气相色谱分析方法。标准颁布实施后，推动了浓香型、清香型、米香型白酒技术的进步和发展，由于在标准中规定了气相色谱分析法，于是，气相色谱在白酒分析中的应用得到迅速的推广，为白酒香味成分的发现和定性定量起到重要的推动作用。80年代末，根据白酒行业的发展和需要，标准中心负责组织分别制定了白酒产品、分析方法、检验规则、食用酒精和饮料酒标签等17项国家标准，即GB/T 10781.1～3—1989《浓香型白酒》《清香型白酒》《米香型白酒》、GB 10343—2002《食用酒精》、GB 10344—1989《饮料酒标签标准》、GB/T 10345.1—1989《白酒试验方法总则》、GB/T 10346—1989《白酒检验规则》。上述国标发布实施后，企业采用先进的分析手段除对最终产品进行检验外，还扩大应用到生产过程控制、制曲控制、贮存勾兑等诸多领域，保证和稳定了产品质量。随后除气相色谱仪外，质谱仪、液相色谱仪等先进检测设备亦逐步在白酒生产中应用。

20世纪90年代，随着白酒工业的不断发展，根据确立白酒新香型的原则，由酿酒协会组织论证后又确定了凤香型、豉香型、芝麻香型、特香型、浓酱兼香型、老白干香型等6个香型白酒。随后，由标准中心申报立项，负责先后组织制定了凤香型、豉香型、芝麻香型、特香型、浓酱兼香型、老白干香型白酒的国家标准或行业标准，各香型白酒的特征成分含量有了规定的指标，并建立了相应的气相色谱分析方法。另外，还制定了液态白酒行业标准。

进入21世纪，我国白酒工业发生了巨大变化，无论是高、低度酒结构的调整，产品质量的提高，还是包装装璜、技术装备和分析水平，都取得明显的进步。然而，随着生产和消费的发展与变化，有些国标（或行标）标龄太长，某些指标滞后，内容需要修改和调整。因此，由标准中心组织对浓香型白酒、低度浓香型白酒、清香型白酒、低度清香型白酒、米香型白酒、低度米香型白酒、饮料酒标签标准、白酒分析方法、白酒检验规则、食用酒精等国家标准进行了修订。GB/T 10781.1～3—2006《浓香型白酒》《清香型白酒》《米香型白酒》；GB/T 10346—2006《白酒检验规则和标志、包装、运输、贮存》已于2006年7月18日发布，由于企业准备不及，上述标准延至2008年1月1日实施。凤香型白酒新国标（GB/T 14867—2007）、豉香型白酒新国标（GB/T 16289—2007）、液态法白酒国标（GB/T 20821—2007）、固液法白酒国标（GB/T 20822—2007）、特香型白酒国标（GB/T 20823—2007）、芝麻香型白酒国标（GB/T 20824—2007）、老白干香型白酒国标（GB/T 20825—2007）也已于2007年1月19日发布，于2007年7月1日起实施；此外，食用酒精新国标（GB 10343—2002）已于2002年9月1日起实施；白酒分析方法新国标（GB/T 10345—2007）也已于2007年1月2日发布，2007年10月1日起实施。GB/T 23547—2009《浓酱兼香型白酒》、GB/T 26760—2011《酱香型白酒》、GB/T 15109—2008《白酒工业术语》、GB/T 23544—2009《白酒企业良好生产规范》、GB 2757—2012《食品安全国家标准　蒸馏酒及其配制酒》、GB 14881—2013《食品安全国家标准　食品生产通用卫生规范》、GB/T 17204—2008《饮料酒分类》等均已陆续公布并实施。

（二）新国标与原国标的差异

1. 范围

新国标规定了××香型白酒的术语和定义、产品分类、要求、分析方法、检验规则和标志、包装、运输、贮存。新标准适用于××检验与销售。原国标的范围只规定了香型的技术要求，未含新标准的上述内容。

2. 引用标准

原国标只引用了 GB 10345—2007《白酒分析方法》、GB 2757—2012《食品安全国家标准　蒸馏酒及其配制酒》两个标准；新国标在规范性引用文件中，共引用了 7 个相关标准的规定，并构成该产品标准的一部分内容，引用的标准均未注明标准的年代号，使用标准的各方应以标准的最新版本为准。

3. 术语和定义

新国标对各香型白酒的术语和定义更详细、准确。如对浓香型白酒、清香型白酒、米香型白酒，新国标旨在保护民族传统产品的质量特色和信誉，保护好民族瑰宝，故此 3 个标准只针对按传统固态（或半固态）发酵工艺酿制的白酒产品，并规定不得添加食用酒精和非白酒发酵产生的呈香呈味物质，而固液法、液态法白酒不在此列。

4. 产品分类

原标准将高度酒和低度酒分开，一个香型两个标准；新标准则按产品的酒度分高度酒（41% vol ~ 68% vol）和低度酒（25% vol ~ 40% vol），一个香型只有一个标准。

5. 要求

（1）感官要求中加上一条　当酒温低于 10℃ 以下时，允许出现白色絮状沉淀物质或失光，10℃ 以上应逐渐恢复正常。这个规定是结合中国传统固态（或半固态）发酵白酒的特色而制定，更切合生产实际。

（2）理化要求　酒度以“% vol”表示，符合国际标准；总酸只规定了下限，总酯下限做了适当调整；特征指标（己酸乙酯、乙酸乙酯、乳酸乙酯、β - 苯乙醇等）根据市场变化，对下限做适当调整。

（3）卫生要求　2006 年标准修改中将“杂醇油”指标取消。

（4）净含量　原标准中没有。第 75 号令规定，采用体积表示的包装商品，净含量为 300 ~ 500mL 的允许短缺量为 3%，净含量为 500 ~ 1000mL 的允许短缺量为 15mL。

6. 分析方法、感官要求、理化要求检验

按 GB/T 10345 执行。原标准检验方法采用 GB 10345. 1 ~ 8；新标准 GB/T 10345—2007 代替 GB 10345. 1 ~ 8；由强制性标准改为推荐性标准。

“白酒分析方法”系列国标，在内容上做了不少修改。其余净含量的检验、检验规则和标志、包装、运输、贮存、标签要求等也有新的规定。

十一、发展循环经济，促进行业持续发展

发展循环经济是落实科学发展观，实现经济增长方式根本性转变的一项重大战略决策。2006 年 6 月 25 日中国酿酒协会组织的“全国白酒产业循环经济经验交流会”在宜宾五粮液集团公司召开，国家发改委、中国酿酒协会以及茅台、汾酒、郎酒、宋河、洋河、古井贡等全国白酒 50 强企业参加了会议，交流了发展循环经济的经验。会议指出了酿酒行业发展循环经济的特点与优势，讨论了酿酒行业发展循环经济的必要性和可行性。

酿酒行业通过 10 余年的努力，在副产物综合利用、发展循环经济方面做出了显著成绩。主要措施是：采用先进工艺和现代技术降低粮耗，提高出酒率；将丢糟二次发酵，利用其残余淀粉；利用超临界 CO_2 从黄水、底锅水中萃取酒用呈香呈味物质；利用黄水提取乳酸、养窖、制窖泥；蒸馏冷却水和洗瓶水循环综合利用；丢糟燃烧后制成白炭黑；底锅

水、污水沼气发酵，并用沼气燃烧锅炉；应用PET包装技术与设备，降低资源消耗；创新“生态工业产业园区”等。以上均取得良好的经济效益、社会效益和环保效益，逐步实现人与自然、人与社会的和谐发展。

清洁生产是我国工业可持续发展的一项重要战略，也是实现我国污染控制重点由末端治理向生产全过程控制转变的重大措施。2007年国家环境保护局制定了白酒制造业清洁生产的行业标准，考虑到白酒制造业产品香型多、工艺复杂的特点，此标准根据不同香型分别给出相应的清洁生产技术标准数据。白酒的清洁生产指标分为六类，即资源能源利用指标、产品指标、污染物产生指标（末端处理前），生产工艺与装备要求、废物回收利用指标和环境管理要求，白酒制造业清洁生产标准的制定，促使企业从源头削减污染，提高资源利用率，减少或者避免生产、服务和产品使用过程中污染物的产生和排放，以减轻或者消除对人类健康和环境的污染。

十二、重视科研，培养人才

为配合酿酒事业发展，我国不少大专院校、中专、技校陆续设立了相关专业，如江南大学、北京工商大学、陕西科技大学、天津科技大学、四川理工学院等专门设置了发酵工程专业，一些综合性大学也设立了生物工程系，使我国酿酒技术队伍逐年扩大。轻工业联合会、国家食品协会及省、市、自治区均举办多种形式的技术培训班，为酿酒技艺的传承、发展与职工队伍素质的提高，发挥了巨大的作用。

数十年来，从中央到地方都先后设立了有关酿酒、发酵工程的研究（院）所，许多酒厂也建立了自己的科研机构，取得了许多有实用价值的研究成果，如糖化酶、活性干酵母、人工培窖、微机架式制曲、醇酸酯化、微机勾兑、低度白酒生产、固液结合等，不胜枚举。这些成果应用到生产中，对整个酿酒事业的发展、增加财政收入都发挥了重要的作用。一些地方还建立了国家职业技能鉴定所，专门对酿酒企业的职工进行培训和技能考核鉴定，更加重视职工队伍的培养。

近10年来，虽然国家对白酒科研经费投入较少，但名酒大型企业、科研院所、大专院校利用自筹资金或各种渠道争取的支持，从未间断白酒行业的科学研究和技改工作，并取得了如上所述的许多重大成绩。2007年3月，中国酿酒协会提出了“中国白酒169计划”。该计划是由中国酿酒协会牵头，院校为攻关主体，相关企业共同参与的一个联合体，是国家提倡的产、学、研合作的新模式。“中国白酒169计划”是建国以来中国白酒行业规模最大的科研项目，研究范围广、技术构成复杂的项目。该项目着重在中国白酒健康成分、白酒特征香味物质、贮存对白酒品质的影响、重要呈香呈味物质形成机理、白酒香味物质阈值测定及白酒年份等六个方面进行研究。此计划的实施，将推动白酒科研向深度发展。

白酒业人才培训逐年增加，除专业院校培养本科生、研究生外，近年来更加重视对生产第一线工人的培训，各地成立了国家职业技能鉴定所（站），培训和审定了一大批高级工人、技师和高级技师。白酒工业这一民族传统产业将后继有人。

以上综述仅是将手头资料加以汇集、整理。白酒行业与其他行业一样，以科学发展观为指导，生产技艺传承、创新、发展，与时俱进。

第一章　三大基本香型白酒传统工艺

第一节　浓香型白酒生产工艺

一、川酒技艺早期的研究

1. 方心芳先生早期在川的工作

方心芳先生是我国工业微生物的开拓者、酒界权威，他是终生研究酿酒并获得中国科学院院士荣誉的工业微生物学家，为我国酿酒工业做出了重大贡献。

方心芳在川期间，带领“黄海化学工业研究社”，对川酒技艺（四川泸州大曲酒和四川小曲酒）开展了研究。1939 年，方心芳在范旭东的支持下，创办了《黄海发酵与菌学特辑》，这是我国创办的第一个发酵微生物学术期刊，它从 1939～1951 年期间坚持出版了 12 卷，72 期，共刊载近 300 篇论文。这对学术交流和普及科学技术知识起到了很好的作用。

1949 年年底，方心芳由四川五通桥迁家于北京，在位于北京芳家园的“黄海”任研究员兼副社长，并领导该社的发酵研究室。1952 年 1 月“黄海”由重工业部接管；1953 年 2 月发酵研究室并入中国科学院的菌种保藏委员会。

2. 中央重庆工业试验所

据《中国科技史料》载，1930 年 7 月中央工业试验所正式成立，该所最初隶属于工商部，1930 年 12 月因工商部撤销，遂改隶属实业部。以南京水西门外原江南造币厂旧址为所址。该所起初内设化学与机械两组，化学组设分析、酿造、纤维及窑业四个试验室，陈驹声任酿造室主任。1937 年，该所奉命西迁在重庆选址。1938 年年初，实业部改为经济部，该所亦奉命改隶。西迁后最先借用北碚西部科学院址办公，在重庆市上南区马路 194 号设立总办事处，并陆续在北碚、盘溪等处购地建房，以为各试验室和实验工厂使用。1945 年 9 月，该所奉命还都。但为配合西南工业建设需要，特设置西南区办事处。1947 年，经济部为划一工业试验机构，适应全国各地工业建设需要，设立了北平工业试验所、兰州工业试验所、重庆工业试验所，分别负责推进各地方性工业试验工作。至 1948 年，该所形成了拥有 26 个试验室，7 个试验工厂，在册人员达 230 多人（不完全统计）的极具规模的科研机构。

1951 年重庆工业试验所更名为西南工业部重庆试验所，从事川酒研究的前辈陈茂椿教授，当时在该所糖酒组任副主任，这是后话。

中央工业试验所于 1932 年设立酿造试验室，从事各项有关酿造与发酵的研究。该所内迁后，其历年开展的研究与试验项目有：酒精作燃料；发酵菌类研究（包括曲菌、毛霉、根霉、青霉、柠檬酸霉、酵母菌、红曲霉、细菌等）；酱油速酿等。其中酒精制造包括糖蜜制酒精、淀粉制酒精、动力酒精的试验与研究。1938 年夏，该所专门成立了攻关小组，由顾毓珍负责，先后有庞芳柏、傅天乔、郭益达、黄彬文、方景依、陈家仁、秦为仁等参加试验，利用氯化钙脱水，成功地制造出高浓度酒精（98%vol以上），以替代汽油作燃料。

该所在工业研究与技术改进方面，凡获得有相当的成果且对工业界确有贡献的，都撰写论文与报告并刊行于世。《工业中心》月刊自1932年8月创刊，先后发行65期，刊载论文与报告600余篇。对川酒研究的论文和报告，尚待查证。

3. 泸州大曲酒的研究

由方心芳主持的黄海化学研究社，李祖铭先生于20世纪40年代曾对泸州大曲酒酒曲微生物和酿造工艺进行了研究。这是笔者查阅资料所见的科技人员对泸州大曲研究的最早记载。

（1）大曲微生物研究

①菌种分离：采用“扁平分离”、稀释分离法，25～35℃培养2～3d后，将单株菌落挑至斜面试管中，单独培养备用。

②形态观察：取分得的菌体，于显微镜下观察，共有三大类。

a. 固体培养基上生长旺盛，此类有两种，一为先白而后黄（A_1），一为先白而后黑（A_2）。两种菌丝均有节，且异常分明，其顶部膨大呈一球囊，囊外生许多酒瓶样的小枝，每一小枝上一串圆状孢子，此性状似曲霉属的一般性质，应是黄曲霉和黑曲霉。

b. 固体培养基上生长亦旺，菌丛灰白色，菌丝无隔膜，每菌丝顶端膨大为一圆球囊，为根霉属。

c. 另一类菌体为单细胞，以出芽繁殖，于固体培养基上，菌落光滑，如凝固脂肪，此为酵母类，共有两种（Y_1、Y_2）。

③生理试验

a. 对分离的两株酵母进行了菌落形态、细胞形状、细胞大小、最适生长温度、发酵产酒力等进行测定，并与该所保藏的菌株进行比较。

b. 对分离的黄曲霉、黑曲霉进行了菌落形态、分生芽孢的大小、糖化力等进行了测定。

（2）泸县大曲酒之调查　1948年4月初，李祖铭先生应泸县天成生主人郭龙先生邀请，到天成生、温永盛曲酒厂（现国宝窖池所在地）做实地调查，对泸县大曲酒生产技艺和装备进行写实，并整理出报告。

①设备梗概

a. 蒸馏锅灶

天锅：平锅熟铁制，泸县有厂专造，重约百余斤，直径约二尺八寸，深四、五寸。

底锅：普通铁锅，直径约二尺五寸。

蒸酒瓶：柏木制成，约高三尺五寸，直径二尺八寸，在甑的一方侧面开一圆孔，接酒管由此通过。

接酒管：锡制，管的一端膨大成盘状，盘约六寸，中央有一孔，与锡管相通，酒液从中央孔经锡管流入酒篓中。

酒篓：竹编成，内外涂以油纸，与一般酒厂搬运酒的篓子相同。

糟袋：即围边，布制成的长袋，中塞酒糟与谷壳，置于天锅与蒸酒甑之间。

搅拌器：动物毛制的长毛形毛刷，安置长木柄，作搅动冷凝锅水用。

假底：即甑箅，竹制，承载酒糟，隔绝酒糟与水。

b. 地窖：在厂房内地上挖宽三至四尺，长六至七尺，深四至五尺的窖子数个，一家厂至少有两个以上。

c. 制曲设备

曲房：一般曲酒厂都没有特建的曲房，以建筑普通的木质方形仓作为曲房，此仓与贮粮仓相同，其大小长六至七尺，宽四至五尺，高五至六尺。

拌曲台：长方形木板，约长五尺、宽二尺、厚二寸。

曲模：木制，长方形，约长八寸，宽五寸，厚二寸。

石磨：以坚石制成，直径约二尺，用以磨碎原料与麦曲，使用黄牛为动力。

凉冷场：在厂房内，以黄土筑成一块地坝，面积约十四平方尺，此场为凉冷秕子与拌曲的处所。

翻板：木制，后称木掀，板长约一尺五寸、宽八寸，柄长三尺左右，此板用以翻拌秕子与拌曲。

竹篮：竹编成，作搬运秕子入窖内与运出酒醅蒸馏用。

注：1 丈 =10 尺 =355 厘米，1 尺 =10 寸 =35.5 厘米，1 寸 =10 分 =3.55 厘米。（历史资料如此，当时度、量、衡与现代换算资料介绍不一，现提供一个做参考）

②酿造步骤

a. 原料：大曲酒的主要原料为小麦、高粱、麦曲三种，也有用绿豆的，其中混合绿豆为原料酿的酒，名为绿豆曲酒，其配合份量：高粱与小麦之比为2∶1，高粱与绿豆之比为10∶1，普通一个窖每次需添加新原料八石（折合新量二十四市石），麦曲粉一石（折合新量三市石）左右。

曲酒用水，水质良否与酒质关系很大，不能用盐水、碱水、臭水，一般酒厂都用江水。

b. 制曲：大曲原料为小麦，也有加少许高粱的（为小麦的1/10 左右），大概每制一次曲需用原料五六斗（合新量 15 ~ 18 市斗）。其制曲时期，每年约有差异，普通每年在农历三月下旬开始，八月下旬终止，制得之曲为一年之用。

制法：先将原料磨碎后，加温水混匀，以不粘器具为度，立即将拌匀的麦粉纳入曲模子内，用脚踏紧成砖块状，同时另一部分工人把砖状麦曲块搬运到曲房中，曲房地板上垫一层稻草，一块一块地交互垒积，四五层，顶上覆盖稻草一层，用以保温，在第三日曲块发高热，表面生长白色菌丝，此时将曲块上下调换一次（翻曲），以后每调换一次增加一层，如此经过 40 日左右，菌体十分发育，曲块充分干燥，即可出曲，贮藏干燥处备用。

制曲设备和工艺的描述，可见与现时设备和工艺有诸多不同，可惜未对培菌温度做记录。曲块入房时，即置“四五层”，“第三日发高热”，培养的应不是低温曲。

c. 发酵与蒸馏：泸县曲酒系固态法发酵而成，其法：先将小麦、高粱磨碎，同时开窖取出窖中发酵完毕的酒醪，置于蒸酒灶中蒸馏取酒，窖中酒醪（糟）共分为三层，即枯糟、糟食（粮糟）、红糟等。蒸馏次序，先蒸枯糟（面糟），取尽酒后，此糟即丢弃，用作饲料；粮食层（粮糟）分为两份，取 1/5 份蒸尽酒后，置于凉冷场凉冷，一般酒师凭经验，以手试探，感觉秕子温热时（25 ~ 28℃），即可拌入曲粉（约占秕子的 1/12）；此秕子用作次窖的红糟，纳入窖底层，其余4/5份混以磨碎的原料（即小麦、高粱），置于甑中蒸馏约1.5h，醪中酒分完全蒸出，新原料也达适宜熟度，立即由甑中取出，散布于凉冷场，直到如前感觉醅子温热，加入定量曲粉（约为秕子的1/10）拌匀，纳入窖中，位于红糟层上，即粮食层，最后蒸馏红糟，酒取尽后，将此糟置于凉冷场，其品温仍如前时，拌入少量曲粉（约为醅子1/14），纳入窖中，作枯糟层，此时在枯糟层上垫一层谷壳，其中涂一层泥土，作成丘状，再于泥土表面上堆积谷壳一层。据酒师说：在窖顶复以泥土与谷壳的目的，藉以隔绝空气，可防止有害菌的侵入，以免窖中醅子的腐败。

醅子入窖发酵大概经过一个月，再如前取出酒醪蒸馏与新添原料，如此继续不断发酵与蒸馏，老窖曲酒名字由此而来。

将窖中的醪取出后，窖底剩下的水，名为黄水，含酸量很浓，一般酒厂都抛弃无用，也有用作醋的原料，据说重庆方面有厂在泸县专收此水作醋的原料。

泸县曲酒产量，以气候寒热而差异，普通以农历十月至四月产量最多，名为旺月，五月至九月间产量较弱，名为枯月，在旺月大概每石（新量三市石）原料可产曲酒120～130斤，枯月每石原料可产曲酒100～105斤。

泸县曲酒工艺与设备的调查记载与现今泸州曲酒工艺操作与设备已诸多演变，传统工艺有许多创新和发展。但此段记载，有不少仍值得借鉴。

注：1石=120斤=70800克，1斤=16两=590克，1两=10钱=36.9克，1石=2斛，1斛=5斗=50000毫升，1斗=10升=10000毫升，1升=10合=1000毫升。

4. 四川小曲酒的研究

（1）酒曲微生物的研究　1938～1940年黄海化学工业研究社高盘铭在方心芳指导下，对四川小曲微生物进行了研究，重点对内江米曲、内江糠曲、四川小麦粉曲、青神米曲中的酵母菌进行了分离与试验。

①酵母分离：增殖培养基，红糖15g、尿5mL、乳酸（25%）4mL，加水至100mL，配好后，分装20试管，杀菌3次。

增殖纯化培养：取曲子内部一点，置上述培养液中，保温25～30℃，24～48h后，即有CO_2生出，生CO_2后又24h，用铁针接入另一管中，24～36h后同法再接，如此共10次，则内中细菌大致已无，再用平面分离法分离。

平面分离培养基：红糖10g、琼脂1.5g、硫酸铵（6%）1mL、麦芽汁10mL，加水至100mL。

用划线法分离。

②酵母试验：对分离至纯的五株酵母进行菌落形态、细胞外形及大小、发酵力、生孢子试验等研究。在蔗糖中发酵力，以内江酒曲中分离的酵母较强，25℃发酵5d，产CO_2平均数为4.03g（失重）；在麦芽汁中发酵力，以青神酒曲中分离的酵母较强，28℃发酵4d，产CO_2平均数为3.55g（失重）。

（2）犍为烧酒　1940年国立中央技艺专科学校（乐山技专）温天时先生对犍为烧酒（小曲酒）进行了调查，较详细地记录了小曲酒生产发酵、蒸馏、出酒率、税收及管理等内容，对了解20世纪40年代川酒技艺与概况会有帮助。

①工艺流程：如图1－1所示。

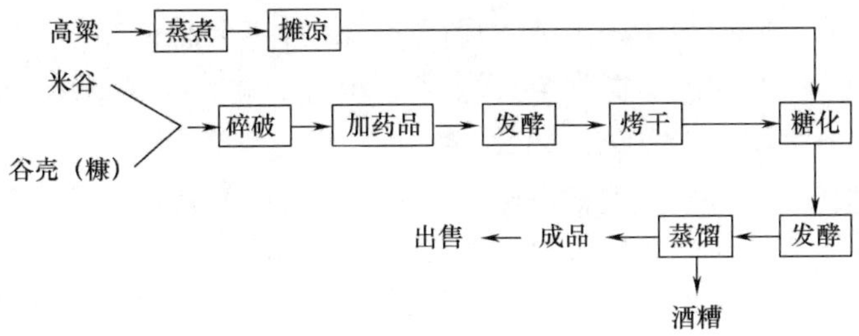

图1-1　犍为烧酒工艺流程

②制曲：原料是米谷、谷壳（糠）与水混合后，再加上甘草、陈皮、水红花等物。

先将米、谷壳碾碎，加上甘草、陈皮、肉桂、水红花等数十种药品（也有100种以上）用水混合，制成饼形。置稻草坑上，每隔24h翻一次，6d后拿出置干燥器内，待干后即成。其成品之好坏完全以经验测之，以生长毛者不好，发黑者更坏，如发青包已无酿酒之价值，以发白色者为上等品，若带香气则更好。

③原料处理与蒸煮：犍为高粱酒原料的处理与其他地方的不同点：①不破碎；②不加水浸。故与华北之烧锅及其所用器具亦不相同。例如，东北、唐山、汾阳均为高粱酒的盛产地带，大多以磨碎法与大曲制成，而犍为烧锅所用的高粱不但不磨碎，用曲量也特别少。

酒师取生高粱170~175kg，在锅内煮至七八成熟（即以手或小刀将高粱粒破为二，中心现出很小的白点），取出放冷水内洗，洗过再捞出上甑蒸，蒸熟后温热6~7h。取出置扬冷场上，至25℃左右，加酒药1~1.5kg。拌均，装箱。

④糖化发酵：装箱后，待其渐渐行糖化作用，约10h后温度上升，原料上面盖以竹席，竹席上面再盖以稻草，待20h后，温度升高至45℃，即以木锨翻之，使温度下降至35℃左右，取出置扬冷场上，至20℃左右时，掺入已蒸过酒之糟（配糟），即行装桶，行发酵作用，在装桶时，并不压踏，装桶后上面以竹席盖之，在盖席以前有时加水（多少以发酵原料干湿为度），普通350斤高粱加40~50斤水，于上面涂泥约寸许，以后则行发酵工作，待24h即有气泡声音，24h后声音更响，4~5d后则声音渐渐减少，同时酒糟下降之程度与声音成正比，大约酒糟下沉约1寸（3.33cm），即停止发酵。在停止发酵时从桶下侧面放出酒醪，第二天蒸馏。

⑤蒸馏：当时我国烧酒蒸馏器分两种，一为普通式，另一为锡壶式。冀、鲁、东北各地多用锡壶式，犍为用的是普通式。

蒸馏器全体分为灶、沸水锅（地锅）、甑、箅、冷云盘、承酒匙各部。灶建筑在地下，添煤时一人站在灶口外，将地平面的煤加入灶内。沸水锅口略与地平面齐，口径约4尺，深尺许，上口与甑接触（分两种，一用木制，一用石砌）。甑上是云盘，云盘上是天锅，天锅内放冷水，以凝结酒。天锅下面有酒匙，以盛所凝之酒。

⑥原料与出酒量：原料与出酒量在营业上至关重要，亦即烧锅家所最注意之点，也就是他们最不愿意公开的地方，所以只有估其大概：普通每个烧锅有发酵桶5个，每日蒸高粱170~175kg，出酒60~65kg（40%~60%vol），糟约300斤。

由上述计算，当时四川小曲酒出酒率只有35%~37%，出酒率与现代相比，差距较大。

⑦税收及管理：税收由川康乐山征收局征收。每月每个桶9.75元，故每家烧锅有桶5个，每月则出酒税48.75元。而犍为全县烧锅约70家，每个可征3412.5元，即每年可收税金40950元。如有漏税者处10倍以上罚金。

犍为因糟房众多，设有酒业公会组织。该会定名为犍为县酿酒同业公会，凡酿造者均得参加，内有主席1人，对内负监督糟房的出品，对外负责社会各方面的交涉，主席下面设总务、文书两股，另有监察委员若干人，每月开常务会议一次，检查该月的出品及对外推销的情形，以求改良与进步。

（3）乐山烧酒酿造　1940年8月黄海化学工业研究社谢光蘧、韩士泝、温天时等对乐山烧酒做了数月之调查，对当时之川酒酿造技艺及装备做了较详细的记载。

①酿造技艺及装备

a. 原料：玉米及大麦，大麦为裸麦与小麦的混种。

b. 设备：全厂面积不过五、六平方丈（1丈=10尺=355厘米，1尺=10寸=35.5厘米，1寸=10分=3.55厘米），主要设备有以下几种。

蒸酒锅灶：兼蒸煮原料用。

天锅：锡制，重百余斤，直径240cm，深39cm。天锅有用铁锅代替的，但铁锅须先以嫩石磨光，然后新涂抹桐油，再用火燃之，复以桐油涂抹，如是反复数次，至发亮为止。若用久失去光亮，宜再以嫩石磨去油渍，再以先法处理。

底锅：铁制，口径162cm。

天甑：木制，高78cm，上部直径78cm，下部直径104cm。

酒桌：红石砌成，圆形，直径180cm。

云盘：坚木制，直径180cm，厚5cm，为空心圆板，中空处直径104cm。

糟袋：为布制，成长袋，中塞谷糠，置于酒桌与云盘之间。

天锅座子：为连接天锅与天甑之物，其锡与木质之间，用桐油石灰涂塞。

牛尾巴：由天锅底部通一锡管，穿过天锅座，为酒流出口。

炉火隔、烟道、火门等。

曲箱：箱为木制，长方形，长260cm，宽138cm，高27cm。

篾簟：长约300cm，宽150cm，为拌曲扬冷之用。

发酵桶：木制，圆形，高110cm，直径139cm，可容500kg醅子。

篾箕：竹编，为搬运酒醅之用。

②酿造技艺：

a. 原料蒸煮：取大麦（或玉米、高粱）入沸水中煮，约0.5h，捞起，投入大桶冷水中，将锅中煮水放去，加上甑箅，即将冷却后之原料捞起入甑，焚煤蒸2~3h即可，其适度以手捏之，白肉易现时为止，本法不加碾碎。

b. 制曲：原料蒸毕，取出撒于篾簟上，时时用木锨翻拌，冷至插手只感微温为止，以温度表试，25℃左右，然后撒曲粉（原为方块状，打碎磨之），以木锨拌匀。充分拌匀后，始入曲箱，此工作多在午前10时许完毕。冬季曲箱周围用棕褥保温，箱底铺稻草，稻草上撒上谷糠，然后铺篾簟，箱上再铺以厚棕。夏季则无需保温，箱底只一层篾簟而已。这里“制曲”是指做糖化箱。

入箱后7h，品温升至28℃左右，自后渐渐上升，至24h，麦粒之裂口遍生白衣，是菌类繁殖的象征，同时有糖化及发酵的作用，时以手插入，感觉微温（约40℃），则应下桶。如以手紧握，有甜味液体渗透而出，是为良醐。

c. 发酵：将以上制成的曲（糖化糟），撒于扬冷场，凉至28℃左右，则移入发酵桶，淋以冷水，每桶需水约25kg，冬季则淋热水，此谓之“温做”，“干做”则不淋水。

入桶后，盖以篾篁，封以湿泥约2cm厚，以后蒸发干时，复需润湿，泥封后经24h，则发生气体，由泥的空隙而放出，响声甚大，温度至35℃左右，经2～3d后，乃渐消弭，醅子沉下1cm左右，温度37～40℃，至4～5天后，醅子更见低落，温度降至38℃，至6～7天后，温度降至34℃，8天后便可蒸馏（俗称七生八熟）。有贮藏至数月之久者，但须注意湿润封泥。

d. 蒸馏：蒸馏时，先由发酵桶底放出酒醐（黄水），以作甑底水，酒醐流毕，取出桶面的封泥，以铲将醅子取入箕中，然后轻撒于甑箅上，6～7cm厚时待蒸汽冲出（见汽上甑），再添撒一层，以后逢汽透出处，则撒上醅，以少以稀为添醅秘诀，若醅子压紧，则出酒不齐。每甑馏一桶，约有500kg醅，撒完，将湿糟袋，妥置甑口（俗称酒卓），将天锅抬上压紧，按上出酒管（俗称牛尾巴），盛冷水入天锅，时时搅动，促进水对流，如水太热则连换冷水。

出酒时常测酒花，以一碗盛酒，以另一碗盛水，以水注入酒中，以花大小不易消灭者为标准，而决定掺水多少，其浓度约在69%vol。

酒用瓦坛装，坛口封以麻布，涂以猪血石灰，干后可久藏。小坛约盛20kg，大者可盛200kg左右。

烤酒后的余糟，留下1/3～1/2为掺入新醅用，剩者作饲料。

③糖化发酵之物质消长：这是川法小曲酒发酵期间变化的较早记载，具体见表1－1。

表1－1　　糖化发酵物质变化

日期（糖化后）	室温/℃	品温/℃	干燥物/(g/100g)	溶解物/(g/100g)	酒精/(mL/100g)	酸度/(g/100g)	外观
1天	23.5	33	46.0	14	/	/	裂口处有白衣，有酒味
2天	25	35	28.8	7.5	5	0.5941	桶内响声甚大
3天	25	40	29.8	2.1	7	0.605	醅子下沉1cm
4天	24	39	29.2	1.1	7.5	0.627	醅子下沉1.5cm，声音变小
5天	21	38	29.0	0.5	9	0.66	醅子下沉6cm，无声音
6天	25.5	36	29.8	痕量	10	0.7425	无变化
7天	23.5	34	29.9	0	10	0.776	无变化
8天	24	30	/	/	10	0.82	无变化

注：第1天为醅料入箱后24h样；第2天为入桶后24h样，其余均为桶内醅子。

依上所得结果，应在第7天蒸馏，因夏季气温高，发酵快，“七生八熟”不可一概而论。

④生产成本与出酒率：据20次调查，见表1－2。

表 1-2　　生产消耗物料与得率

次数	原料/（市斗）	酒曲/（市斤）	烧酒/（市斤）	浓度（15℃，vol%）	浓度（15℃质量分数）/%	煤炭/（市斤）	纯酒精/（市斤）
1	42	4	124	61.0	53.0	460	66.0
2	42	4	120	61.3	53.1	450	63.8
3	42	4	132	58.9	50.3	458	66.0
4	42	4	140	56.8	48.9	459	68.5
5	42	4	132	57.6	49.0	467	64.6
6	42	4	132	57.8	49.1	467	64.7
7	42	4	134	58.5	50.3	482	67.5
总数	3939.6 市斤（每斗 13.4 市斤）	28	914（平均 130.6）			3243	461.1（平均 65.9）

注：1 市斤 =500 克，酒精浓度当时是在 15℃测定。

从当时来看，与北方高粱酒比较，四川小曲酒具有用曲量少（仅为 0.7%）、出酒率高等优点，并指出若选择糖化力强的霉菌和产酒力强的酵母，则出酒率可提高。

5. 五通桥酒厂之调查

1940 年 4 月乐山技专李大德、温天时等在五通桥竹根滩对永丰酒厂和春盛铨酒厂进行了实地调查。

（1）永丰酒厂

①原料

a. 高粱：白壳高粱，粒大丰满，黏滞性甚大，产自本地及泸州一带；红壳高粱，粒小且色赤褐，性脆，产自成都一带，出酒率较高。

b. 酒曲：为犍为酒曲，米作，状若白蜡，饼厚约 0.8 寸，直径 4 寸许。

c. 水：岷江水，浊时要澄清。

②制造程序

a. 高粱的浸泡及蒸煮：取高粱 1 石陶净，倾入石缸浸泡（石缸高约 2 尺左右，直径 5~6 尺），沸水浸泡，10~12h（破碎无粉粒）取出，蒸 3h 左右。

b. 拌曲：将浸蒸后的高粱移入木框（其高 1.2 尺、宽 4 尺、长 8 尺左右），冷至 20~30℃，均匀撒入研细的曲粉（每石高粱用酒曲 3 斤，先拌两斤，再以 1 斤撒于表面），然后上盖竹席或草帘等物以保温，约 1 日左右，便生白色之菌丛，酒糟变甜。糖化箱时间随气温而变。

c. 发酵菌：将糖化糟，配以 2.5 倍配糟，装入发酵桶（桶为圆形，高约 3 尺，直径 6~7 尺），再加入热水 1 担（约 120 市斤），水温随气温而定，盛好后盖上篾席，并以湿泥土密封，只开一孔，以排出 CO_2，从 CO_2 逸出的高度（吹口），判断发酵优劣，桶底有孔以放出酾水，约 200 斤，发酵 5 天。

注：1 丈 =10 尺 =355 厘米，1 尺 =10 寸 =35.5 厘米，1 寸 =10 分 =3.55 厘米，1 斤 =16 两 =590 克，1 两 =10 钱 =36.9 克。

d. 蒸馏：第五天将醐水倾入铁锅内，放箅子于锅上，撒以糠壳，再取发酵毕之醅子5斗倾于甑内之箅上，加上锡锅而蒸馏之。酒头、尾酒下次重蒸。酒加水至50%vol出售。

（2）春盛铨酒厂　与永丰号做法大半相同。

高粱来自成都、泸县、宜宾等地，每日用高粱1石（约42斤）；酒药来自邛崃，形状椭圆，大小与犍为酒曲约等，发酵力较强，其外观粉粒甚细，附有稻草，表面凹坳处，生有绿色的霉菌。

其余工艺与永丰号基本相同。煮酒工人谓之烤酒匠，初至作坊担水之役随烤匠学习工作，数年能知煮料、下曲、验酒糟的温度、封桶烤酒诸法，即可充烤匠。

犍为的烧酒除江津白沙松溉酒外无有能及之者，故本地用户外，屏山、马边、宜宾、乐山、雅安所属诸场镇畅销，成都亦有运销者，每年约产200余万斤。

二、浓香型白酒制曲工艺

（一）大曲概述

大曲呈砖状，曲块较大，每块重3～4kg，制成后需贮存至少三个月才能使用。因其块形较大，因而得名大曲。大曲也被称为砖曲。

大曲一般采用小麦、大麦和豌豆等为原料，经粉碎拌水后压制成砖块状的曲坯，人工控制一定的温度和湿度，让自然界中的各种微生物在上面生长而制成。大曲采用生料制曲。有利于保存原料本身含有的水解酶类。小麦及大麦中的淀粉酶类等较丰富。制曲过程中由原料中的各种组分生成的某些物质，是白酒中一些特殊香味成分的前体。例如，大麦与豌豆是香兰素及香兰酸的来源，能赋予成曲良好的清香味。

四川、贵州一带以小麦为原料。而北方大部分地区以大麦和豌豆混用为多。江淮一带则三者并用。例如，茅台酒、五粮液采用纯小麦曲；泸州特曲酒及全兴大曲酒的制曲原料为小麦加3%～5%的高粱粉；洋河大曲酒、双沟大曲酒、口子酒等使用小麦、大麦、豌豆曲。

由于大曲是自然培养而成的，所以含有霉菌、酵母、细菌等复杂的微生物群。因而，它既是酿制白酒的糖化剂，也是发酵剂，可协调地进行平行复式发酵。许多厂在制大曲时，接入少量的曲种进行培养。

制曲的温度至关重要，它不仅决定了曲的各种功能，而且是大曲分类的标准。通常按制曲的温度可分为三大类——高温曲、中温曲和低温曲。凡制曲的最高品温为65～68℃，甚至更高者，称为高温曲，适于酿制酱香酒；制曲的最高品温为50～60℃者称为中温曲，60～62℃称为偏高中温曲，适用于酿制浓香型酒；制曲最高品温为40～50℃为低温曲，适于清香型酒生产。

大曲的糖化力和发酵力均较低。一般情况下，中温大曲糖化力较高，霉菌数量较多；高温大曲蛋白酶活力较高，细菌占绝对优势，尤其以耐高温的芽孢杆菌居多，曲块呈褐色，具有较强的酱香气味，但其糖化力和发酵力都较低。

大曲酒的香味成分与制曲的原料量及原料成分密切相关，因此用曲量很大。例如，茅台酒的用曲量约为原料重的100%，泸州大曲酒的用曲量为原料的18%～22%。

大曲中的微生物极为丰富，是多种微生物群的混合体系。在制曲和酿酒过程中，这些微生物的生长与繁殖，形成了种类繁多的代谢产物，进而赋予各种大曲酒独特的风格与特色，这是其他酒曲所不能相比的，也是我国名优白酒中大曲酒占绝大多数的原因所在。

1. 大曲的功能

（1）糖化发酵剂　大曲是大曲酒酿造中的糖化发酵剂，其中含有多种微生物菌系和各种酿酒酶系。大曲中与酿酒有关的酶系主要有淀粉酶（包括 α - 淀粉酶、β - 淀粉酶和糖化型淀粉酶）、蛋白酶、纤维素酶和酯化酶等。其中淀粉酶将淀粉分解成可发酵性糖；蛋白酶分解原料中的部分蛋白质，并对淀粉酶有协同作用；纤维素酶可水解原料中的少量纤维素为可发酵性糖，从而提高原料出酒率；酯化酶则催化酸醇结合成酯。大曲中的微生物包括细菌、霉菌、酵母菌和少量的放线菌，但在大曲酒发酵过程中起主要作用的是酵母菌和专性厌氧或兼性厌氧的细菌。

（2）生香剂　在大曲制造过程中，微生物的代谢产物和原料的分解产物，直接或间接地构成了酒的风味物质，使白酒具有各种不同的独特风味，因此，大曲还是生香剂。不同的大曲制作工艺所用的原料和所网罗的微生物群系有所不同，成品大曲中风味物质或风味前体物质的种类和含量也就不同，从而影响大曲白酒的香味成分和风格，所以各种名优白酒都有其各自的制曲工艺和特点。

（3）投粮作用　众所周知，大曲中的残余淀粉含量较高，大多在50%以上。这些淀粉在大曲酒的酿造过程中将被糖化发酵成酒。在大曲酒生产中，清香型酒的大曲用量为原粮的20%左右，浓香型酒为20% ~25%，酱香型酒达100%以上，因此在计算大曲酒的淀粉出酒率时应把大曲中所含的淀粉列入其中。近年，泸州老窖沈才洪等研究，认为大曲在培养过程中淀粉已变性，试验表明大曲的淀粉经加曲发酵不产酒（或产酒甚少），故大曲的“投粮作用”也许应有新的认识。

2. 大曲培养的特点

（1）生料制曲　生料制曲是大曲特征之一。原料经适当粉碎、拌水后直接制曲，一方面可保存原料中所含有的水解酶类，如小麦中含有丰富的 β - 淀粉酶，可水解淀粉成可发酵性糖，有利于大曲培养前期微生物的生长；另一方面生料上的微生物菌群适合于大曲制作的需要，如生料上的某些菌可产生酸性蛋白酶，可以分解原料中的蛋白质为氨基酸，从而有利于大曲培养过程中微生物的生长和风味前体物质的形成。

（2）自然网罗微生物　大曲是靠网罗自然界的各种微生物在上面生长而制成的。大曲中的微生物来源于原料、水和周围环境。大曲制造是一个微生物选择培养的过程。首先，要求制作原料含有丰富的碳水化合物（主要是淀粉）、蛋白质及适量的无机盐等，能够提供酿酒有益微生物生长所需的营养成分；其次，在培养过程中要控制适宜的温度、湿度和通风等条件，使之有利于酿酒有益微生物的生长，从而形成各大曲所特有的微生物群系、酿酒酶系和香味前体物质。

（3）季节性强　大曲培养的另一个特点是季节性强。在不同的季节里，自然界中微生物菌群的分布存在着明显的差异，一般是春秋季酵母多、夏季霉菌多、冬季细菌多。在春末夏初至中秋节前后是制曲的合适时间，一方面，在这段时间内，环境中的微生物含量较多；另一方面，气温和湿度都比较高，易于控制大曲培养所需的高温高湿条件。自20世纪80年代以来，由于制曲技术的不断提高，在不同的季节同样可以制出质量优良的大曲，关键在于控制好不同菌群所要求的最适条件。

（4）堆积培养　堆积培养是大曲培养的共同特点。根据工艺和产品特点的需要，通过堆积培养和翻曲来调节和控制各阶段的品温，借以控制微生物的种类、代谢和生长繁殖。大曲的堆积形式通常有“井”形和“品”形两种。“井”形易排潮，“品”形易保温，在实际生产中应根据环境温度和湿度等具体情况选择合适的形式。

（5）培养周期长　从开始制作到成曲进库一般为 40～60 天，然后还需贮存 3 个月以上方可投入使用。整个制作周期长达 5 个月，这也是其功能独特的一个重要因素。

3. 大曲的产品特点

（1）菌酶的共生共效　大曲最突出的特点，则要算菌酶的共生共效现象。由于菌种繁多，酶系复杂。故在大曲培养中产生了丰富的物质，大曲的这些优越性是其他曲种无法替代的。

（2）“一高两低”　大曲虽然具有成分众多，并“菌酶共用”等优越性，但“一高两低”又是它明显的不足。“一高两低”为“残余淀粉高，酶活力低，出酒率低”。

（二）制曲工艺基本知识

1. 曲坯制作

（1）制作前的准备

①将踩曲场、器具等清洗干净。

②将曲房打扫干净，关闭门窗，对曲房进行消毒灭菌。

③将车间、曲房外四周清洁干净，不得堆放生活、生产垃圾。

④曲房的灭菌：$1m^3$ 曲房，用硫磺 5g 和 30%～35% 甲醛 5mL。将硫磺点燃，并用酒精灯加热蒸发皿中的甲醛，关闭所有门、窗，使其慢慢全部挥发。密闭 12h 后，打开门窗，换入新鲜空气。如果只用硫磺杀菌，每立方米用量约 10g。

⑤清洁和灭菌工作要认真负责，不能有死角。

（2）曲坯制作过程　我国白酒种类很多，曲药的制作也有较大区别。现以浓香型制曲生产为例。

曲坯制作包括润麦、粉碎、加水拌和、压制成型、接运曲五道工序。

①润麦：润麦时间 2～4h，润麦水量 3%～8%，润麦后小麦表面收汗，内心带硬，口咬不粘牙，尚有干脆响声。

②粉碎：小麦粉碎后的感官标准是“烂心不烂皮”的梅花瓣。

③加水拌料：清洁拌料容器（绞笼），原料粉碎后迅速加水拌和，同时加入一定量的老曲粉（有些厂不加），控制水温，麦料吃水透而匀，手捏成团不黏，鲜曲含水 35%～38%（因香型不同而异）。

④成型：成型有人工踩曲和机制成型两种。人工踩曲是将醅料一次性装入曲模，首先用脚掌从中心踩一遍，再用脚跟沿边踩一遍，要求“紧、干、光”。上面完成后将曲箱翻转，再将下面踩一遍，完毕又翻转至原踩的面重复踩一遍，即完成一块曲坯。机制成型时间保持在 15s 以上，曲坯四角整齐，不缺边掉角，松紧一致。

⑤接运曲：成型后曲坯晾置不超过 30min，转接轻放，适量运送。

小麦粉碎前用热水润料，使麦皮吸收一部分水，并具有一定的延展性，即粉碎后，麦皮呈片状，以保证曲坯一定的通透性；心部呈粉状，可增加微生物的利用面积。

在拌和前，所有踩曲场、拌料锅、曲箱等，均须打扫清洁，以防止或减少有害杂菌的污染。现在一般使用机械拌料（绞笼）。先清洁拌料容器，在加水拌和时，可以加入 3%

的老曲粉，并随时调整润麦水量及水温，最终鲜曲含水量适量。拌和时若加水过多，则曲坯升温快，容易生长絮状的毛霉和黑曲霉；而加水过少，则容易使曲坯过早干涸，微生物不能充分生长繁殖。

2. 培养大曲

大曲的培养是网罗自然环境中的微生物，在水分、温度、pH、氧气等不断变化的条件下，经几十天的富集培养形成多菌系和多酶系的复合发酵制品。在大曲培养过程中，生酸微生物不断进行有机酸代谢并积累有机酸，使大曲微生物始终处在一个不断变化的有机酸发酵环境中；同时培养温度从25～30℃（曲坯入室时的初始温度）上升到顶温60℃左右，而后又回落到40℃左右，整个培曲过程遵循“前缓、中挺、后缓落”的发酵规律，即大曲的培菌，生香转化主要在40℃～60℃～40℃这一温度变化区域内进行，因而大曲中富集有很多耐高温微生物。

基本操作点介绍如下。

（1）曲坯入房后，在曲坯上覆盖好谷草（帘），并按要求在谷草（帘）洒水，夏季洒凉水，冬季洒热水。安曲完毕后关好门窗。

（2）当曲坯品温达到一定温度时，取开谷草（帘），进行翻曲、排潮等工艺操作。完毕后又重新盖上谷草之类的覆盖物，关闭门窗，进入第二阶段的发酵。

（3）当曲坯进入高温阶段后，要求顶点温度要够，其间须注重排潮。一般在曲坯堆积后（5层）3天，即可达到顶点温度。以开启门窗为手段排潮，必须排出水分和CO_2，送进O_2。每次排潮时间不能超过40min。

（4）当曲坯培养进入后火排潮生香期（后缓落）时，品温仍在40℃以上时，可按翻曲程序翻第3次曲而进入后火生香期。除垒堆曲块层数多2层（7～9层）外，其余要求和操作同其他各次翻曲。

（5）打拢即将曲块翻转过来集中而不留距离，并保持常温，注意曲堆不要受外界气温干扰。其方法同前，但层数增加为9～11层。

（6）打拢收堆后，经15～30天，曲即可入库贮存。

3. 大曲贮存

大曲通过贮存可以让大曲中无芽孢的生酸细菌，在干燥环境中优胜劣汰（被淘汰掉），从而使大曲的微生物得到纯化。通过贮存可以弱化大曲微生物及霉的生命代谢活动，同时促进大曲进一步的“老熟”形成更丰富的特殊曲香味。

（1）成曲的贮存

①曲入室前，先将库房打扫干净，施药除虫。

②将曲坯横放，层层堆砌十层左右。

③完毕将谷草或草席覆盖于上。

④在门牌上注明入库时间及曲坯数量。

（2）其他曲贮存

①曲入室前，先将库房打扫干净，施药除虫。

②将曲用麻袋（或其他袋子）装好，扎实，层层堆放整齐。

③库房要求清洁、干燥、通气，防止吸潮。

（三）大曲制作的一般工艺

大曲制作工艺目前仍以“八大名酒”为前提来区分。如按形状区分则只有“平板曲”和“包包曲”；而原料却有 4 种，即小麦、大麦、豌豆、高粱。本节大曲生产工艺不以香型、曲状来区分，只以“掌握原料标准、了解环节作用”为主要内容来介绍。

1. 制坯及入室工序

（1）润麦　润麦须掌握润麦的水量、水温和时间三项条件。一般应遵守“水少温高时间短，水大温低时间长”的原则。用水量视其所采用的原料而定，一般都按粮水比 100:（3～8）计；时间不超过 2～4h 为好。如果考虑原料的吸水性，则润麦的时间应适当缩短，并且应减少水量，提高水温，一般遇此情况，时间控制在 2h 即可。润麦的水温夏天保持在 60℃左右（南方夏季用常温水），冬天以 60～70℃为宜。

润麦时在操作上要翻造堆积。翻造旨在使每粒粮食都均匀地吸收水分，要求水洒匀，翻造匀。

润麦后的标准是表面收汗，内心带硬，口咬不粘牙，尚有干脆响声。如不收汗，说明水温低；如咬之无声，则说明用水过多或时间过长，即通常所说的“发粑了”。

（2）粉碎　为了破坏植物组织以及使淀粉释放而采用的机械加工的方法称为粉碎。因此粉碎的目的十分明确：释出淀粉，吸收水分，增大黏性。

粉碎的方式由最初的“石磨”改为现在的“电磨”。无论粉碎方式如何，其粉碎物料的粗细标准不会变。粉碎前应在磨机上端放上隔筛，以阻止硬、大杂物损伤磨辊。

由于原料的不同，各自的粉碎标准也不同。但主料小麦的粉碎度却是一致的。

事实上，仍以感官来判定小麦的粉碎度。小麦粉碎后的感官标准是：“烂心不烂皮”“梅花瓣”。小麦的粉碎度对大曲的发酵和大曲的质量有很大的影响。若粉碎过细，则曲粉吸水强，透气性差，由于曲粉黏着紧，发酵时水分不易挥发，顶点品温难以达到，曲坯生酸多。霉菌和酵母菌在透气（氧分）不足、水分大的环境中极不易代谢，因此让细菌占绝对优势，且在顶点品温达不到时水分挥发难，容易造成“窝水曲”。另一种情况是“粉细水大坯变形”，即曲坯变形后影响入房后的摆放和堆积，使曲坯倒伏，造成“水毛”（毛霉）大量滋生。此种曲质量不会高，一般都在二级曲以下。所以，粉碎不可太细。

粉碎过粗时，曲料吸水差，黏着力不强，曲坯易掉边缺角，表面粗糙，表层裂缝较多，穿衣不好，发酵时水分挥发快，热曲时间短，中挺不足，后火无力。此种曲粗糙无衣，曲熟皮厚，香单、色黄，属二级曲以下。因而粗粉也不利。

无论是何种粉碎设备，都有粉碎度的调节方式。最初的石磨子是以石圆磨中的孔跟扦以竹扦的粗细来控制原料的流量，也即在转速不变的前提下以流量的多少来调节粉碎度；现在使用的钢磨是以标尺来调节粉碎度的。有经验的曲师一般用手接一些小麦即可判断出粉碎度。应该承认的是石磨子的“梅花瓣”与钢磨子的“梅花瓣”在程度上有区别。石磨可以完全做到“烂心不烂皮”；而钢磨由于原料通过压碎的时间较短，则难以达到要求，麦皮上附着的粉子较多，或是“心皮同烂”。因此，采用钢磨时，润麦水分、温度、时间是关键的因素。务必掌握好。

（3）拌料　拌料主要包括配料和拌料方式两个环节。配料是指小麦、水、老曲和辅料的比例。拌料方式有手工拌料和机械拌料两种。不管采用哪种拌料方式，都是以曲坯的成型或含水量为其标准的。

手工拌料是两人对立，以每锅30kg麦粉加老曲、水均匀地拌和。一般时间在1.5min，曲料含水量在38%左右，标准是“手捏成团不粘手”。手工拌料的特点是操作复杂，体力劳动强度大，但易控制。

机械拌料时，要待曲料落入箱时才能判定拌料是否合适。其特点是操作简单，但控制难度较人工大些。拌料的标准与人工拌料相同，只是含水量一般在36%左右。

拌料用水的温度以“清明前后用冷水，霜降前后用热水”为原则。热水温度控制在60℃以内较好。如水温过高则会加速淀粉糊化或在拌料时淀粉糊化，发酵期过早地生成酸、糖并被消耗掉，造成大曲发酵不良，并且大曲的成型也差，俗语为“烫浆”了；但如果水温太低（特别是冬天），则会给大曲的发酵造成困难，低温曲坯中的微生物不活跃，繁殖代谢缓慢，曲坯不升温，无法进行正常的物质交换。所以掌握好用水的温度是拌料中的一个重要因素。

拌料的目的就是使原料粉子均匀地吃足水分，含水量的多少取决于大曲原料自身。

由于制曲工艺的不同（如人工拌、踩和机械拌压），其曲坯含水量也不尽相同。很显然，人工拌、踩的曲坯含水量肯定大于机械操作的曲坯。制曲并非不要求曲坯增大含水量，而实际情况是一旦增大拌料用水量，压坯时几乎就溃不成型。

因香型的不同，对大曲制作的工艺要求也不同，特别是发酵周期不同和品温控制不同，其曲坯含水量也不同。

从大曲发酵规律及微生物对水分需要的角度来看水分与制曲的关系：重水分曲（水分在40%以上）在发酵时排出的水分多，CO_2也多，这样就会终止曲中代谢或降低代谢的速度，减少产物积累的总量，特别是顶点温度来得快。由于水分大的关系，成品曲生酸量多，除有机酸和柠檬酸、草酸、乳酸等外，pH也随之增高。一般重水分曲的酸度都在1.5以上，而常规水量（38%左右）的酸度则不会超过1。重水分曲的特点是“外观雅，曲心正，糖化力不高，酸度大”，故有“曲好看力不佳”之说。

从微生物对水分的需求来看，一般规律是细菌>酵母菌>霉菌。细菌嗜好在高温大水环境中生长，发酵阶段的大火期以细菌占绝对优势，而细菌在有足够水分的条件下，在发芽期和迟滞期明显增长，曲温超过40℃以上时基本不再繁殖生长。从培养基上的试验表明，霉菌的生长发育水分以35%左右最佳。酵母菌不喜大水，低温（32℃）期酵母菌需水量为30%~35%。

多数厂家在拌料时都加有曲种，即优选出的陈曲，以起到接种的作用。

（4）成型　成型有机制的压制成型，又有人工的踩制成型。机械成型又分一次成型和多次成型。另按曲坯成型的形式有“平板曲”和“包包曲”之分。现分别介绍如下。

机制成型也是一个发展过程。最初的机制曲是没有间断的连续长条曲坯，用人工将其切断。以后进一步发展到单独成型且机型较多，有多次成型的。机械化制曲毫无疑问适合于大生产，速度快，成型好，产量高，不费力。但缺点也很明显，提浆不多就是其突出的弱点；另一点是拌料时间短、麦粉吃水时间不长、曲料不滋润等，均有待完善。

成型的曲坯要求是一致的，“表面光滑，无生粉点现象，不掉边缺角，四周紧中心稍松，富有弹性，无明显裂痕”现象等。

“包包曲”是五粮液酒厂的传统曲。现在不少酒厂大曲也由“平板曲”改为“包包曲”。

（5）曲坯入室　曲坯入室（房）后，安放的形式有斗形、人字形、一字形三种。

斗形是较为广泛采用的一种，也是最早使用的一种。即每4块为一个方向，曲端对准另一组的侧面，均匀地排列。4组16块为一斗。五粮液曲块入房是竖排挨放，间距以“包包”处不接触另一块曲为限。

斗形和人字形较为费事，但可以使曲坯的温度和水分均匀，可任意安放，每斗大约0.6m^2。三种形式的曲间、行间距离是相同的，不能相互倒靠（包包曲除外）。根据季节的不同，对曲间距离有不同要求，一般冬天为1.5～2cm，夏天在2～3cm。曲间距离有保温、保湿、挥发水分、热量散失等调节功能，需要时，应将其收拢和拉开。

曲坯入房后，应在曲坯上面盖上草帘、谷草之类的覆盖物。为了增大环境湿度，根据季节情况可按每100块曲洒7～10kg水的量洒水，并根据季节确定水的温度。原则上用什么水制曲就洒什么水，但冬天气温太低时，可以80℃以上热水洒上，借以提高环境温度和增大湿度，夏天太热时，洒上清水可以降低或调节曲坯温度，当湿度大时，温度不至于直接将曲坯表面的水分吸干挥发，以水作为导体降温是可行的。洒水时应注意不能洒“竹筒水”，要均匀地铺洒于覆盖物上，如无覆盖物，可向地面和墙壁适当洒水。

曲坯入室要注意进门处少安2～3排，以便人进室检查及翻曲，完毕后将门窗关闭。制曲有“四边操作法”，即边安边盖边洒边关，同时要做记录。此时曲坯进入发酵阶段。

2. 培菌管理

（1）低温培菌期（前缓）

目的：让霉菌、酵母菌等大量生长繁殖。

时间：3～5d。

品温：30～40℃，相对湿度高于90%。

控制方法：关启门窗或取走遮盖物、翻曲。

由于低温高湿特别适宜微生物生长，所以入房后24h微生物便开始发育。24～48h是大曲“穿衣”的关键时刻。所谓“穿衣”（上霉），就是大曲表面生长针头大小的白色圆点的现象。穿衣的菌类对大曲并不十分重要，甚至无用或有弊的也无妨，但它却是微生物生长繁殖旺盛与否的反映，且“穿衣”后这些菌的菌丝布满曲表，形成一张有力的保护网，充分保证了曲坯皮张的厚薄程度。若穿衣好，则皮张薄，反之则厚。应该说，这些菌在大曲质量的保证上起到了很好的作用。

由于霉菌的生长温度较低，所以低温期间霉菌和酵母菌均大量生长。培菌就是培养以霉菌为主的有益菌，并生成大量的酶，最终给大曲的多种功能打下基础。

低温培菌要求曲坯品温的上升要缓慢，即“前缓”。在夏天最热阶段，品温难以控制。如气温在30℃以上时，曲坯入房也就达到了培养的温度。此时要“缓”，要采取措施适当加大曲坯水分，或将水冷冻处理（10～15℃）以降低室内温度，将曲坯上覆盖的谷草（帘）加厚，并加大洒水量等，以控制或延长“前缓”过程，不至于影响下一轮的培养。

在低温阶段翻曲有两种情形：一是按工艺规定时间，如48h原地翻一遍，或72h翻一次；二是以曲坯的培养过程为依据进行翻曲。这些依据是：①曲坯品温是否达标（含湿度）；②前缓时间是否够；③曲坯的干硬度；④取样分析数据。用一句话可概括翻曲的上述原则：“定温定时看表里”。

一般来说，曲不宜勤翻，因每翻一次曲都是对曲坯（堆）的一次降温过程（俗称“闪火”）。有些厂家规定翻曲不开门窗，也就是为了保持现有的曲坯（堆）品温不变。但事实上办不到。曲坯培养讲究“多热少凉”和“不闪火”，因为如霉菌之类的微生物，当温度超过40℃时则生长停止，降下温度则又可复活继续生长繁殖，但复活时间较长，在10h以上，因而一旦曲坯“闪火”，会直接影响主要菌的生长，其产品质量可想而知。

翻曲的方法是：取开谷草（帘），将曲垒堆，将底翻面，硬度大的放在下面，四周翻中间，每层之间楞放，上块曲对准下层空隙，形成“品”字形，视不同情况留出适宜的曲间距离。再重新盖上谷草之类的覆盖物，关闭门窗，进入第二阶段的发酵。

（2）高温转化期（中挺）

目的：让已大量生产的菌代谢，转化成香味物质。

品温：55～65℃，相对湿度大于90%。

时间：5～7d。

操作方法：开门窗排潮。

经过低温阶段，以霉菌为主的微生物生长繁殖已达到了顶峰，各种功能已基本形成。特别是能够分解蛋白质之类的功能菌、酶在进入高温后，利用原料中的养料形成酒体香味的前驱物质的能力已经具备。前面讲到的大曲中氨基酸的形成就是借助高温下，由菌、酶作用而生成的。因此，高温阶段要求顶点温度要够，且时间要长，特别是热曲时间内绝不能闪失，其间须注重排潮。

由低温（40℃）进入高温时，曲堆温度每天以5～10℃的幅度上升，一般在曲坯堆积后（5层）3天，即可达到顶点温度。在这期间曲坯散发出大量水分和CO_2，绝大多数微生物停止生长，以孢子的形式休眠下来，在曲坯内部进行着物质的交换过程。

试验表明：曲室中如CO_2含量超过1%时，除对菌的增殖有碍外，酶的活力也下降。为了保证菌、酶的功能不损失，必须排出水和CO_2，送氧气以供呼吸，故以开启门窗为手段的排潮可以达到此效果。由于各种菌对氧气的吸收程度不同，因而可根据工艺上实际所需来决定通风排潮的时间和次数。如曲霉在通风条件好时（吸氧量大）产生柠檬酸和草酸，厌氧时则生成大量的乳酸，其中根霉产乳酸较多。所以，排潮送氧应作为大曲生产的必不可少的操作技术。排潮时间应在每24h之间隔4h一次，每次排潮时间不能超过40min。

随着水分的挥发，曲中物质的形成，此时曲堆品温开始下降，当曲块含水量在20%以内时，就开始进入后火生香期。

（3）后火排潮生香期（后缓落）

目的：以后火促进曲心少量多余的水分挥发和香味物质的呈现。

品温：不低于45℃开始，然后逐渐下降，相对湿度小于80%。

时间：9～12d。

操作：继续保温、垒堆。

后火生香也是根据不同香型大曲来管理的。但不管怎样，后火不可过小，不然曲心水分挥发不出，会导致“软心”，严重的会成窝水曲，直接影响质量。

当高温转化后，品温仍在40℃以上时，可按翻曲程序翻第3次曲而进入后火生香期。

除垒堆曲块层数多2层（7～9层外），其余要求和操作同其他各次翻曲。视具体情况曲间距离稍拢一些，目的在于保温。因为此时曲块尚有5%～8%的水分需要排出，所以保温很重要。一般讲“后火不足，曲无香”。

所谓后火生香并非此时大曲才生成香味物质，而是高温转化以后的香味物质在此阶段呈现而已。这也要求保温得当与否，否则“煮熟的鸡都会飞”，反而会影响曲质。如果曲心少量的水分在无保温措施下挥发不出来，则细菌会借机繁殖，争夺已成熟的营养物质，引起曲质变差，呈现的大曲是：“曲软霉酸，色黑起层，无香无力”。

若后火期间品温能保持5d不降，则已达到要求。即使是降温，也要注意不可太快，控制缓慢下降，所以此阶段称为“后缓落”。当时间达到要求和品温降至常温（30℃左右）时，可进入下一轮的“收拢”养曲阶段。此时应进入第4次翻曲。

（4）收拢　收拢即将曲块翻转过来集中而不留距离，并保持常温，只需注意曲堆不要受外界气温干扰即可。其方法同前，但层数可增加为9～11层。经8～16d后，曲即可入库贮存。

3. 各种废料和残次品的处理

（1）制坯的废料　制坯中的废料主要是撒落在生产场地的各种物料，将其清扫干净，再用于生产，既减少了原料的损耗，又减轻了废物的处理，节约了生产成本。

（2）曲坯废料

①入曲室后的湿曲坯，由于操作不当等原因，导致曲坯变形、断裂等，将其收回到制坯成型工序重新成型，以减少损失。

②培养成熟后的较干曲坯（发酵正常的曲坯），发生曲坯形状损坏，如果只是缺边少角，仍旧照好曲坯一样继续培养、使用；如果烂成小块状，可将其收在一边单独培养，收拢保存、使用。

③在培养过程中，如果发现发酵不正常的曲坯（病害曲坯），要按实际情况分别处理。例如，曲表呈现较多的黑色或黄褐色斑点，甚至整个曲表均呈黄褐色，应将其选开，单独培养，在生产上与其他好曲混用或加大用曲量；曲坯感染青霉，应将感染曲块立即选出，不用于生产，但可用作饲料；其他病害曲，应单独培养、保存，作生产上的次品用。

（四）制曲的技术关键

大曲的培养实质上就是通过控制温度、湿度、空气、微生物种类等因素来控制微生物在大曲上的生长。因此，必须采取翻曲和适时调节曲房内的温度、湿度以及更换房内空气等措施，以控制曲坯升温和水分的散失，使有益微生物得以良好生长。大曲的质量是由大曲的发酵情况决定的，而发酵情况的重要标志则是大曲发酵过程中品温的变化情况。经过千百年来的实践，总结出一条大曲发酵的温度变化准则，即“前缓、中挺、后缓落”。

由于大曲中的微生物是自然接种，故形成了一个以霉菌、酵母菌、细菌为主体的混合体系。它们之间相互作用，彼此消长，并在不同培菌阶段占主导地位。最终大曲成为各种有益微生物的大本营，并在干燥条件下处于休眠状态，其活性得以保存。

大曲的培养过程中，初期的培养状况尤为重要。曲坯入房安置好后，曲坯升温的快慢，视季节及室温的高低而异。以浓香型酒曲（中温曲）为例，一般曲坯入房后，有益微生物不能充分生长（表1－3）。

表 1－3　　某浓香型名酒厂大曲培菌过程原始记录

天数	翻曲/次	室温/℃	品温/℃	曲心温/℃	湿度/%	水分/%	失重/%
1		22		31.3	89		
2	1	24.5	34	40.7	98	40	4.9
3		25.5	30	37.1	90		
4		23.5	38	42	98		
5	2	23	39	44	89	30	11.8
6		21.5	44.5	48	93		
7		22	36	52.4	78		
8	3	26.5	40	52.1	80	28	11.8
9		25.5	43.5	51	76		
10		23.5	42	47.4	74		
11		23	40	49.9	79		
12	4	26.5	40	46	80	20	6.4
13		25	35	42.5	80		
14		24	32.5	36.2	79		
15		25	28	33	89		
16		19	29	26.4	88		
17	5	18	26	26	82	17.8	0.3
18		17	23.5	24.9	81		
19		17	23	23.9	87		
20		17	22.5	23.6	87		
21	堆曲	18.5	23.5	23.3	87	15.4	0.1
22		17.5	21.5	22.4	82		
23		18	21	23.5	82		
24		17	22.5	21.9	77		
25		17	24.5	23.7	88		
26		17.5	34.5	34.5	88		
27		17	31	29.2	88		
28		16.5	30	26.8	88		
29	入库	15.5	26	24.7	87	14.2	0

注：20 世纪 60 年代查定数据，供参考。

根据原始记录，绘制出制曲培菌过程温度、湿度变化曲线图（图 1－2，图 1－3）。

大曲的制作、培菌条件的控制等因酒的香型不同差异较大。例如，酱香型酒制的是高温曲，培菌最高温度达 68℃以上；清香型酒制的是低温曲，培菌最高温度只有 45℃左右。对不同大曲制作培菌条件的控制如下。

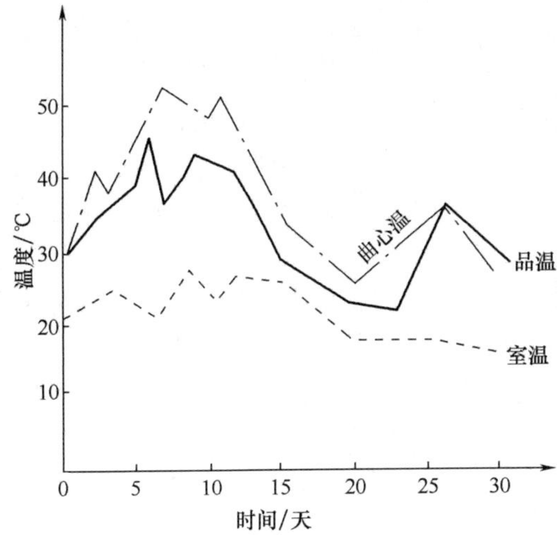

图1-2　大曲培菌温度变化曲线

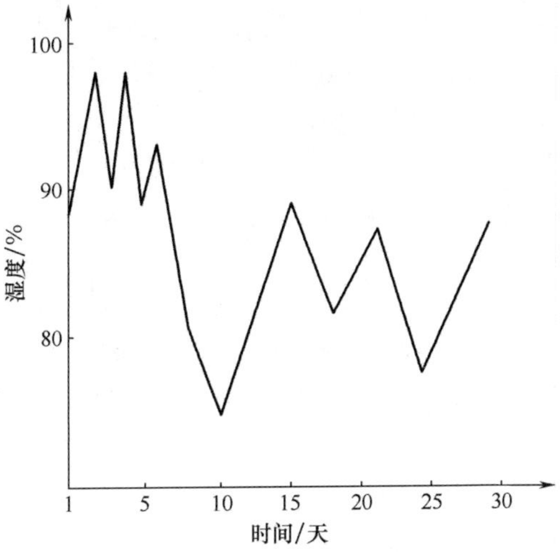

图1-3　大曲培菌湿度变化曲线

1. 酱香型酒曲（高温曲）的条件控制

曲坯入房培养7d左右，曲堆品温达61~64℃，以后温度相对稳定。若下层曲块发热，即可进行翻曲。掌握第1次翻曲的时机及品温很重要，一般第1次翻曲的时间夏季为曲坯入室后的5~7d，冬季为8~10d，翻曲时品温为65~68℃。例如，曲块品温升至63℃，室温为33~35℃，再经2~3d，霉衣即可长成，随即进行翻曲。若翻曲过早，则下层曲块有生麦气味；翻曲过迟，会使曲块变黑。第1次翻曲后，曲温骤然下降至50℃以下，经1~2d，品温又回升，通常6~7d可接近于第1次翻曲的温度。例如，室温38~40℃，品温上升至55~60℃时，即可进行第2次翻曲。这时曲块表面已较干燥，可将曲块间的稻草全部除去。为使曲块成熟并干燥，可增大行间距，并将曲块竖直堆积。第2次翻曲后，曲块品温一般下降7~12℃。经7~9d，曲块品温又逐渐回升至55℃，同时曲心水分也慢慢挥发。以后品温渐降，约在第2次翻曲后15d，可稍开门窗，以利曲块干燥。当曲块品温接近于室温时，曲块含水量可降至15%以下。自曲坯入室算起，夏天经40~45d、冬季约50d，即可揭去覆盖曲堆顶的稻草，进行拆曲。转入贮仓存放3~4个月即为成曲。如果在拆曲时发现底层曲块水分较高、曲块较重，应另行放置，促其干燥。

2. 清香型酒曲（低温曲）的条件控制

曲坯侧放成行，曲块的间距为5cm，因季节而异，行距为1~1.5cm，层与层之间放置苇秆或竹竿。共放3层，使成品字形。初入室的曲坯应排放，稍风干后盖上席子或麻袋，夏季可洒些凉水。曲坯入室完毕，应将门窗关闭。曲坯入室约1d，即开始“生衣”，表面呈现白色的霉菌菌丝斑点。应控制品温缓升，夏季约培养36h、冬季约72h，品温可升至38~39℃，这时曲块表面出现根霉菌丝和拟内孢霉的粉状霉点，以及比针头稍大些的乳白色或乳黄色的酵母菌落。若品温已升至预定要求，但曲块表面霉还未长好，则可揭开部分席片进行散热，并应注意保潮。可将上霉时间适当延长几小时，使霉菌长好。

品温高达38~39℃时，应打开曲室的门窗，并揭去覆盖物，进行第1次翻曲。即将曲块上下、内外调换位置，并增加曲层及曲块间距，以降低曲块的水分及温度，使表面菌丛不过厚，并得以干燥。上述操作后即为晾霉，晾霉期为 2 ~ 3d，每天翻曲 1 次，第 1 次翻曲由 3 层增至 4 层，第 2 次翻曲增至 5 层。晾霉期的起始品温为 28 ~ 32℃，终止时的品温为 22 ~ 27℃。晾霉阶段不应有较大的对流风，以免曲皮干裂。晾霉后，曲块表面已不粘手，即可封闭门窗进入潮火阶段。约在曲坯入室后第 5 ~ 6d 起，曲块开始升温，待品温升至 36 ~ 38℃时，可进行翻曲，抽去苇秆，由 5 层增至 6 层，曲块的排列方式为人字形，曲块间距可增至 6cm。以后每天或隔天翻曲 1 次，第 2 次为 6 层翻成 7 层，再翻曲时层数不变。

潮火期为 4 ~ 6d，每天放潮 2 次，昼夜窗户两封两启，品温两起两落，品温由 38℃渐升为 45 ~ 46℃。潮火期结束后，曲块断面有 2/3 的水分区已消除，曲室潮度下降。

大火期为 7 ~ 8d，菌丝由曲块表面向里生长，水分及热量继续由里向外散发，应开闭门窗调节品温，最高品温为 44 ~ 46℃，最低为 28 ~ 30℃。最初 3d 每天最高品温达44 ~ 46℃，每天翻曲 1 次，并晾曲降温至 32 ~ 34℃，热、晾时间基本相等，翻曲方法同潮火期，但中间留火道，即够 1 人侧行的空道，仅一端可通行。后 3 ~ 4d，因曲心水分已较少，可隔天翻曲 1 次，适当多热少晾，例如，热曲 7h，晾曲 5h。大火期结束时，已有 50% ~ 70% 的曲块成熟。大火期结束后，曲坯断面只有宽度约 1cm 的水分线，曲心尚有余热。

后火期为 3 ~ 6d，品温由 44 ~ 46℃逐渐下降至 32 ~ 33℃，曲心尚有余热。后火期品温每天约下降 1℃，注意多热少晾，例如，热曲 7 ~ 8h，晾曲 4 ~ 5h，每 2 ~ 3d 翻曲 1 次，不留火道。后火期结束时，还有 10% ~ 20% 的曲块中心部分尚有余水，宜用温热驱散。注意多热少晾，保持热曲品温 32 ~ 34℃，晾曲品温 28 ~ 31℃。晾曲时开窗不宜过大，以利曲心余水挤出。养曲期为 3 ~ 4d。

同一香型不同企业都有自己独特的工艺。详细资料请参看《中国酒曲》（黄平主编，中国轻工业出版社 2000 年 7 月出版）、《白酒工人培训教程》（李大和主编，中国轻工业出版社 1999 年 6 月出版）。制曲培菌条件的控制，因地理位置、气候、季节、本厂的工艺等差异，变化甚大，应根据本厂实际，结合名优酒厂制曲经验制定自己的制曲工艺条件。

（五）大曲的感官检查与质量标准

大曲在曲酒酿造中作用十分重要，素有“曲为酒骨”之称。然而，大曲生产技术发展至今，对于大曲质量的判断、鉴评方法及术语没有较为统一的标准（规定），长久以来主要是靠实践经验，用习惯用语对曲质优劣进行评定，而各厂根据自身的实践所制定的判别曲质优劣的方法，参数也有差异，这就给同行业相比较带来诸多不便。众所周知，酿酒生产所涉及的微生物十分繁杂，目前的科技水平尚不能完全控制有关酿酒微生物对酿酒生产的作用，而且由于外界环境的差异（气候、地域等）、生产工艺、香型等诸多因素的差异，使得对大曲质量的评判有一定的灵活性。这是目前大曲没有统一判别标准的重要原因之一。

下面介绍泸州老窖股份有限公司（原泸州曲酒厂）和沱牌曲酒厂对浓香型大曲的质量标准及鉴曲方法（适用于成品曲质量鉴评），供参考。

1. 质量标准

（1）泸州老窖酒厂大曲质量标准　分为感官标准和理化指标，总分 100 分。其中感官标准占鉴评总分的 60%，理化指标占鉴评总分的 40%。各以 100 分计。

感官质量标准（100分），其中风格40分、外观20分、断面40分。

风格即大曲风格：曲香扑鼻，味浓纯正，皮薄心熟，色正泡气。

外观即大曲外表：色泽灰白色，上霉均匀，无裂口。

断面即大曲折断面：泡气，香味正，色泽正，皮张薄。

具体打分标准如下。

①风格独特完整，40分；风格独特欠完整，30分；风格独特不完整，20分。

②外观：灰白色，带微黄无异色，上霉均匀无裂口，20分；灰白色带微黄，少许异色，上霉较好，少许裂口，10分。

③断面：浓香泡气色正，皮张厚小于0.1cm，40分；浓香色正欠泡气，皮张厚小于0.15cm，30分；浓香有异色，味不正，皮张厚小于0.2cm，20分。

④不合格标准：生心皮厚，粗而无衣，色杂而味馊霉。其中生心指内心不熟或窝水等不正常状态；味指气味。

大曲理化指标（100分）分为水分、酸度、淀粉、酶活力、发酵力。其中以淀粉、发酵力占主要。其中酶活力又分为糖化力和液化力两个指标，各占15分。各指标具体分值如下：酸度10分，淀粉30分，水分10分，酶活力30分，发酵力20分。

各等级大曲的理化标准见表1－4。

表1－4　各等级大曲的理化标准

项目等级	酸度	淀粉含量/%	水分/%	酶活力/（U/g）		发酵力	积分
				糖化力	液化力		
一级	≤1	≤67	≤13	300～600	≥1	≥1.0	90分以上
二级	≤1	≤57	≤13	500～800	≥0.8	≥0.68	80分以上
三级	≤1.5	≤57	≤13	<500或>800	≥0.6	≥0.38	60分以上
不合格	以感官作为唯一标准，青霉菌斑大于10%，酸度大于1.5，60分以下						

注：酸度为1g曲耗用0.1mol/L NaoH的体积（mL）；发酵力（以CO_2计）的单位是g/（g干曲·72h）；糖化力单位为mg葡萄糖/（g干曲·h）；液化力单位为g淀粉/（g干曲·h）。

（2）沱牌曲酒厂大曲质量标准　曲药使用前，随机抽样（每间房取10块）进行质量鉴定。感官鉴定实行100分制，理化指标按评分标准给分。评定时去掉最高分和最低分，综合平均分在80分以上者为一等曲；70～79分为二等曲；60～69分为三等曲；60分以下为不合格产品。并将此作为制曲工人工资分配的依据。三等品和等外品不能投入酿酒车间使用。

该厂大曲的感官及理化评分标准见表1－5、表1－6。

表1－5　沱牌大曲感官质量评分标准

项目	等级	指标要求	额定分
外表面	1	灰白色斑点，菌丛均匀	10
	2	灰白色斑点，菌丛不均匀，无其他颜色	8
	3	未穿衣，有絮状灰黑色菌丝或少许其他颜色	5

续表

项目	等级	指标要求	额定分
1/2 断面处	1	整齐，泡气，呈灰白色，有黄红斑点，菌丝丰富	30
	2	大部分为灰白色，菌丝生长良好，泡气	20
	3	有黑圈、黑点、青霉等	10
皮厚	1	≤0.15cm	20
	2	0.15～0.20（含0.20）cm	15
	3	>0.20cm	10
香味	1	曲香味浓烈，带甜香（若带酸或霉味减5分）	40
	2	曲香味较浓烈，微带甜香（带酸或霉味减5分）	30
	3	曲香味较淡，不带甜香（带酸或霉味减5分）	20

表1－6　　沱牌大曲理化数据评分标准

项目	单位	评分标准		项目	单位	评分标准	
		数据范围	得分			数据范围	得分
发酵力（以 CO_2 计）	g/（g曲·72h）	≥20	+5	液化力	g/（g曲·h）	≥1.5	+5
		15～20	0			0.8～1.0	0
		<15	−5			<0.8	−5
糖化力	mg/（g曲·h）	500～800	0	酸度	度	≤1.0	+5
		>800	+5			1.0～2.0	0
		<500	−5			>2.0	−5
水分	%	≤15	0				
		>15	−5				

注：本标准由沱牌曲酒厂生产技术科制定，1992年1月起实行。

（3）五粮液酒厂大曲质量标准　见表1－7。

表1－7　　五粮液酒曲质量标准

等级	感官标准	理化指标
优质曲	曲香纯正，气味浓郁，断面整齐，结构基本一致，皮薄心厚，一片猪油白色，间有浅黄色，兼有少量（<8%）黑色、异色	糖化力700以上； 发酵力200以上； 水分，热季13%以下， 冬季15%以下
合格曲	曲香较纯正，气味较浓郁，无厚皮生心，猪油白色在55%以上，淡灰色、浅黄色、黑色和异色在20%以下	糖化力600以上； 发酵力150以上； 水分，热季13%以下， 冬季15%以下

续表

等级	感官标准	理化指标
次曲	有异香、异臭气味，皮厚生心，风火圈占断面2/3以上	糖化力600以上； 发酵力150以上； 水分，热季13%以下， 冬季15%以下

注：糖化力单位为mg/（g曲·h）；发酵力单位为mL/（g曲·72h）。

2. 大曲鉴评方法

大曲鉴评主要指入库、出库大曲的感官质量鉴评。

（1）人员组成　包括四部分：大曲生产车间质量负责人或工艺员；厂生产技术部门；厂质量检验部门；鉴曲人员5~7人。

（2）取样方法　大曲鉴评取样以曲块为单位，方法与入（出）库曲的取样方法相同。

（3）鉴评程序　将所取曲样密码编号依次鉴定，公开鉴评。

（4）鉴评存档　程序为：表格记录，标准打分，结果汇总，综合评定，统一存档。

（六）曲的贮存及变化

泸型大曲贮存不到3个月的为生曲，3个月以上的为陈曲。贮存期对生曲质量影响很大，时间短，曲香淡，生酸菌多，酿造效果差；陈曲香味好，酒质醇和。为探索合理的贮存期，四川泸州市酿酒研究所姚万春等对此做了研究。

不同贮存期陈曲中微生物种群变化见表1－8。

表1－8　不同贮存期陈曲中微生物种群变化　　单位：个/g

项目	3个月	6个月	9个月	12个月
微生物总数	5.27×10^6	6.12×10^6	9.60×10^5	3.82×10^5
细菌数	3.49×10^5	4.95×10^4	5.45×10^4	4.72×10^4
芽孢菌数	5.52×10^4	4.73×10^4	5.17×10^4	4.15×10^4
霉菌数	4.01×10^5	3.03×10^5	3.92×10^5	2.52×10^5
酵母数	4.48×10^6	5.73×10^6	4.86×10^5	4.19×10^4

表1－8结果表明，泸型陈曲微生物群体随贮存期延长而减少。但贮存期6个月以内，酵母数量变化不明显，仍占曲中微生物群体的主导地位。6个月以后酵母繁殖代谢受到抑制而大量死亡。醋酸菌和部分产酸菌在贮存过程中不断死亡，细菌数量也不断减少，6个月以后，大曲中的细菌数量基本稳定，与同期芽孢菌数接近，说明贮存6个月的陈曲中细菌以芽孢菌为主。芽孢菌和霉菌能产生抗逆性强的休眠体，以适应不良环境，所以数量变化不大。

在贮存过程中酸度变化情况，以3~6个月为期分别对曲的水分、酸度、淀粉含量进行检测，结果见表1－9。

表 1－9　　曲的水分、酸度、淀粉指标变化

贮存期/月	水分/%	酸度	淀粉含量/%
3	14.22	0.90	68.00
6	12.89	0.76	67.34
9	12.09	0.71	67.47
12	12.09	0.74	64.29

表 1－9 表明，酸度在 3～6 个月之内减少，这正是生酸菌不断死亡的结果，6 个月以后趋于稳定，泸曲要贮存半年才干燥完全。淀粉含量在 3～9 月之间变化不大，超过 9 个月损失明显。

贮存过程中糖化酶、液化酶、蛋白酶和发酵力这 4 种酶活力随贮存期延长均有降低。发酵力在 3～6 个月之间明显降低，其余变化不明显，这正好与酵母数量测定结果相符合，说明曲药发酵主要靠酵母菌完成；糖化力 3 个月时最高，以后基本稳定，分析原因可能是 3 个月以前与小麦本身酶活力较强有关，以后逐渐失活，到 6 个月时酶活力基本丧失，这时曲药的糖化作用主要决定于霉菌和高温细菌分泌的糖化酶；液化酶变化不明显；蛋白酶是耐热芽孢杆菌产生的，其酶活力较稳定。

不同贮存期陈曲酿酒的试验结果见表 1－10。泸型陈曲贮存一年，其出酒率接近，差异不大。从酒质看，总酸、总酯含量随贮存期延长而呈降低趋势。其中四大酯含量可能受窖泥影响，变化无规律。但贮存期长者，酒质口感更醇和。从以上试验结果看，建议泸曲最好贮存 3～6 个月。

表 1－10　　不同贮存期陈曲酿酒理化指标

项目	3 个月	6 个月	9 个月	12 个月
出酒率/%	33.45	33.75	32.22	32.46
总酸/（g/L）	0.9460	0.9088	0.8632	0.6913
总酯/（g/L）	4.092	3.869	3.772	3.764
己酸乙酯/（g/L）	1.4032	1.3024	1.3569	1.4542
乳酸乙酯/（g/L）	1.5941	1.4985	1.4028	1.2980
乙酸乙酯/（g/L）	1.0857	1.0067	1.0523	0.9872
丁酸乙酯/（g/L）	0.2614	0.2894	0.2179	0.2434

（七）浓香型制曲工艺参数

浓香型曲酒的大曲种类按制曲工艺可分为低温曲、中温曲和中偏高温曲。按原料不同可分为小麦曲及小麦、大麦、豌豆曲两大类。由于各厂大都有自己传统的操作规程，所以具体配方及工艺有所不同，但基本上大同小异。表 1－11 列举数例。

表1-11　　浓香型白酒大曲原料配比及最高品温

酒名	小麦/%	大麦/%	豌豆/%	高粱/%	大曲粉/%	制曲最高品温/℃
五粮液	100	—	—	—	—	60~66
泸州大曲	90~97	—	—	3	—	53~62
全兴大曲	95	—	—	4	1	55~60
古井贡	70	20	10	—	—	50以上
洋河大曲	50	40	10	—	—	56~60
剑南春	80~85	15~20	—	—	—	55~65
口子酒	60	30	10	—	—	56

注：表列数据为传统工艺；20世纪90年代后，不少名优酒厂配料、曲形，特别是制曲最高品温都有所调整。

制曲工艺参数以五粮液制曲为例。

（1）润料　小麦等原料粉碎前加5%左右65~67℃的热水润料，边加水边翻拌，拌和均匀；收拢堆积润料30min以上，以小麦表面柔润收汗为宜。

（2）粉碎　要求麦粉烂心不烂皮，成梅花瓣，过20目筛，细粉占30%左右。可根据季节的不同适当调节。

（3）拌料　要求热季用冷水，冬季用40~50℃热水拌料，拌和3次，拌匀，无灰色、疙瘩。曲坯入房水分控制为38%~40%。

（4）成型

①人工曲：每人持曲盒1个，先打湿，将曲料装入盒内，压紧，再用脚掌从两头往中间踩，踩出包包（这是五粮液酒曲的显著特点）。然后用脚后跟沿四边踩2遍，要求踩紧、踩光，提出浆子，特别是四周要踩紧。包包不得有裂缝，曲坯表面要光滑，不得缺角缺边。曲坯控制为5~6kg。

②机制曲：润料和拌料与人工曲要求相同。机制压曲上料要均匀，控制每块压曲时间不少于12s，曲坯成型松紧一致，厚薄均匀，表面光滑整齐，不得缺边掉角。入房水分控制为36%。

（5）入房置曲　机制曲不晾汗，曲块压好后即入房安放。踩好的曲坯排列于曲场一边晾汗，收汗时间最长不超过3h，最短不低于0.5h。为了不使曲坯表面干裂，影响穿衣，造成厚皮，应将已收汗的曲坯分几次迅速转入曲房安放。在安曲地面要先铺稻壳3cm左右厚。曲坯安放要求端正整齐，边安放边盖草帘，曲坯之间要有一指间距，靠墙处留出10cm空隙。曲坯安满后插上温度计，以便检查品温。关闭好门窗，使曲房保持一定的温度和湿度。

（6）培菌管理　曲质好坏决定于入室后的培菌管理，特别是第1次翻曲的前几天，如管理不当，发生病症，以后难以挽救。曲坯升温快慢视季节、室温而定，可根据发酵情况适当调节温度、湿度，定时更换空气，控制曲坯升温，给有益微生物繁殖创造良好的条件。每天应做好定时记录和以下几方面的工作。

①保温控温：若曲坯入房温度为10~20℃，则入房后的最初7d品温保持在50℃以内；若入房温度在20~30℃，则入房后的最初5d品温保持在50℃以内；入房温度在30℃

以上的，最初 3d 品温保持在 50℃以内。

②放潮：曲坯入房后最初几天，品温上升快，水分排出多，曲房内充满潮气，应及时开门窗放潮，否则回滴在曲坯上即长杂菌。

③翻曲：曲块表面水分蒸发后，逐渐变硬，在进房后 3 ~ 7d，翻第 1 次曲（热季 3 ~ 4d，冬季 6 ~ 7d）。以后隔 3 ~ 4d 再行翻曲，要求每房曲翻 4 ~ 5 次。一般翻第 1 次曲后，进入高温期，控制温度在 60℃以内。

④堆烧：曲块翻 2 次后，堆至 4 ~ 5 层，围盖草帘保温，促使品温保持在 55 ~ 60℃以内，以免品温急剧下降，产生生心、窝水等弊病。

⑤收拢：曲块培养半个月左右后，大部分水已蒸发，品温逐渐下降，可进行最后一次翻曲，把曲块靠拢，不留间隙，堆至 5 ~ 6 层。目的是保持后火缓慢下降，促使曲块发酵成熟。控制温度在 40 ~ 50℃范围内逐渐下降。

（7）入库管理　曲块培养至 30 天左右，视其情况，可提前或推后出房、入库贮存。要求：贮存于通风干燥的曲库内；堆码整齐，层次较好，曲之间要有一定的通气空隙，有利于保证曲质；经常检查通风设备是否完好，曲块是否受潮，严防反潮发烧，生长杂菌，危害曲质。

（八）名优酒厂大曲的质量

名优酒厂大曲粉的测定结果见表 1 - 12 和表 1 - 13。

表 1 - 12　　名优酒厂大曲粉测定结果

编号	水分/%	酸度（乳酸计）	糖化力	液化力	蛋白酶（pH3）	发酵力	升酸幅度	酯化酶活	酯分解率/%	酵母菌数	霉菌数	细菌数
1	12	1.50	240	1.51	108.99	0.9	0.412	0.385	42.16	73.86	85.23	410.23
2	13.0	2.06	300	1.19	113.02	0.7	0.515	0.455	39.27	102.27	85.23	307.96
3	13.5	1.24	1620	11.7	56.51	2.5	0.258	0.645	21.16	164.77	96.59	495.46
4	12	1.24	780	5.46	76.69	2.5	0.299	0.669	27.31	170.46	107.95	822.73
5	13	0.75	520	5.8	67.71	1.6	0.4	0.48	35.91	245.6	99.1	437.6
6	13	0.6	1260	3.9	43.99	1.5	0.37	0.469	38.1	153.1	79.61	455.7
7	13.5	0.82	1500	11.43	22.83	4.2	0.618	0.645	32.41	221.59	193.18	553.41
8	13	0.60	1680	4.7	57.98	6.6	0.24	0.287	26.1	221	134	165
9	13	1.05	1260	8.82	35.42	3.76	0.43	0.61	35.4	116.9	147.7	491.1
10	12	0.72	1590	8.07	40.41	5.4	0.43	0.577	34	159.1	162.5	442.05
11（中温）	12	0.7	760	5.05	69.42	2.23	0.325	0.42	20.1	103.4	157.4	567.7
12（高温）	12	1.8	240	1.89	90.12	0.59	0.325	0.25	27.2	75.56	89.1	407.5
13（中温）	16	0.95	980	5.65	53.57	1.89	0.4	0.55	35.1	124.6	187.3	514.5
14（高温）	12	1.55	420	2.82	74.44	0.9	0.35	0.46	28.4	77.7	141.6	436.5

注：酸度指 1g 大曲耗用 0.1mol/L NaOH 的体积（mL）；糖化力单位为 mg 葡萄糖/（g 干曲 · h）；发酵力单位为 g/（g 干曲 · 72h）；液化力单位为 g 淀粉/（g 干曲 · h）；酯化酶活单位为力 U/g 干曲；酵母菌数、霉菌数、细菌数的单位为 $\times 10^4$ 个/g。

表 1－13　　名优酒厂生产用大曲粉测定结果

项目	酱香	浓香	清香	凤型	兼香（中温）	兼香（高温）
水分/%	12.5	18.88	13.17	12	14	12
酸度（乳酸计）	1.83	0.96	0.82	0.72	0.83	1.68
糖化力	270	1045	1480	1590	870	330
液化力	1.35	6.75	8.32	8.07	5.35	2.26
蛋白酶 pH3	111.0	61.23	38.74	40.41	61.50	82.28
发酵力	0.8	2.03	4.85	5.4	2.06	0.75
升酸幅度	0.464	0.33	0.43	0.43	0.363	0.34
酯化酶活	0.42	0.567	0.63	0.577	0.49	0.36
酯分解率/%	40.72	30.6	31.3	34	27.6	27.8
酵母数/（$\times 10^4$个/g）	88.7	183.48	186.53	159.1	113.95	76.63
霉菌数/（$\times 10^4$个/g）	85.23	95.81	158.29	162.5	172.35	115.35
细菌数/（$\times 10^4$个/g）	359	550	403	442.05	541.6	422
样品数	2	4	3	1	2	2

注：酸度、糖化力、液化力、发酵力、酯化酶活单位，均同表 1－12。

（九）制曲过程中微生物消长情况

微生物在制曲培菌过程中的消长大致可分为 4 个阶段，培菌温度在各阶段也相应地变化。

（1）适应期　入房 1～3d，富集于曲块中的微生物菌株，其细胞内的各种酶系开始逐渐适应曲块的培养环境，此时的微生物数量增加不多，但其细胞体积增大，原生质变得更加均匀，贮藏物质逐渐被消耗，代谢机能非常活跃。此时，释放出大量热能，使曲块品温迅速上升，以致培菌前期升温很快。

（2）增殖期　在培菌 3～15d，曲块中的微生物经过第一阶段，已适应其环境，就以最快的速度进行繁殖。如大曲中的细菌是单细胞生物，以分裂方式繁殖，群体细胞以几何倍数增长；酵母菌和霉菌的繁殖方式与细菌不同，繁殖速度不如细菌，增加的数目也没有细菌多。此过程中微生物繁殖代谢十分旺盛，释放的热能使曲块品温进一步升高。

（3）平衡期　培曲 15d 左右，微生物总数达到最高，不再增加。这是因为微生物必需的营养物质逐渐耗尽，同时微生物新陈代谢产物的形成（如有机酸等）和积累（如酸度升高）及曲块品温升高，加上水分逐渐减少，大大地抑制了微生物的生长，繁殖率迅速降低，并与死亡率基本达到平衡。反过来，新陈代谢、繁殖率的降低，使释放热能大大减少，在曲块品温达到最高后，由于曲块得不到足够的热量，使品温开始下降。此时，微生物细胞的原生质内开始累积贮存物质，如糖原、异染颗粒和脂肪，大多数芽孢细菌在这个阶段形成芽孢。

（4）衰退期　15d 以后至出房，微生物死亡率渐高于繁殖率，死亡的细胞数较新生的多，活菌数逐渐减少，新陈代谢减弱，释放的热能进一步减少，使曲块品温进一步降低。在此期间，微生物细胞内颗粒更加明显，出现液泡，而且细胞呈多种形态，包括畸形和退化形，部分菌体本身被产生的酶和代谢产物的作用而自溶死亡。

表1－14为制曲培菌过程中微生物变化的情况。当然由于测定方法、采集时间等多种因素不同，所测出的微生物数量并非是绝对值，仅仅是相对比较值。但笔者认为，只有在数量上占有一定比例的微生物类型，在天然发酵中所起的作用才可能较为显著。

表1－14　制曲培菌过程中微生物的变化　单位：万个/g

培菌时间	细菌	酵母菌	霉菌	总菌数
入房当天	330	0.13	0.65	330.78
入房1天	61.5	4.33	0.67	66.5
入房2天	161.67	238.67	10.67	411.01
入房3天	225	806.67	30	1061.67
入房5天	3800	1566.7	110	5476.7
入房7天	4100	1733.3	133.3	5966.6
入房9天	3033.3	2166.7	1033.3	6233.3
入房15天	9750	750	300	10800
入房20天	4100	4050	200	8350
出房入库	1595	403.5	2015	4013.5

四川省食品发酵工业研究设计院曾对浓香型曲酒制曲过程中产酯酵母的分布情况，进行了系统的研究，对“四季曲”和“伏曲”做了广泛的检测（表1－15、表1－16），认为制曲过程中酵母菌的主要来源是种曲、环境及覆盖材料。曲块中产酒酵母在夏季数量较少，而产酯酵母却较多，因此“伏曲”的香味在正常情况下比其他季节踩制的曲子要好一些。但夏季踩制的大曲，因产酒酵母数量相对较少，以致发酵力较低，若单独使用会使出酒率偏低。所以，应考虑各季节曲混合使用，这样对酒质和出酒率都有好处。

表1－15　“四季曲”培菌过程中酵母消长情况　单位：万个/g

项目	入房曲	1天	3天	5天	7天	9天	15天	20天	出房入库
总数	25000	87000	76000	30000	23000	45000	40000	28000	20000
假丝酵母数	0.3	—	600	1500	1100	1500	530	300	190

表1－16　“伏曲”培菌过程中酵母消长情况　单位；万个/g

项目	入房曲	1天	3天	5天	7天	9天	15天	20天	40天
微生物总数	1288	8405	30380	11159	9005	1598	500	840	29800
酵母数	136	1200	3560	1100	700	250	120	440	350

通过对制曲过程中各种微生物消长情况的检定，找出改进工艺的科学依据，这是提高酒曲质量的重要措施。

（十）曲的病害及曲虫的防治

1. 曲的病害及处理方法

曲中微生物来自原料、空气、器具、覆盖物及制曲用水等，故其种类复杂，优劣共存。虽然在工艺上严格控制温度、湿度、水分，使之达到适于有益微生物繁殖的条件，但有害菌的生长也属难免。所以，在制曲过程中，若控制不当，极易发生病害。下面介绍几种常见的病害与处理方法。

（1）不生霉　曲坯入房后2～3d，仍未见表面生出白斑菌丛，即称为不生霉或不生衣。这是由于温度过低，曲表面水分蒸发过甚所造成的。这时应加盖草垫或麻袋，再喷40℃的热水，至曲块表面润湿为止。然后关好门窗，使其发热上霉。

（2）受风　曲坯表面干燥，不长菌，内生红心。这是因为对着门窗的曲受风吹，失去表面水分，红曲霉在中心曲繁殖所造成的。因此，应经常变换曲块位置来加以调节。同时于门窗的直对处，应挡以席子、草帘等物，以防风吹。此病害在春秋季节最易发生，因此，在该季节应当特别注意。

（3）受火　曲块入房后的干火阶段，是菌类繁殖最旺盛时期，此时曲体温度较高，若温度调节不当，或因管理疏忽，使品温过高，则曲的内部炭化，呈褐色，酶活力降低。此时应特别注意温度，将曲块的距离加宽，逐步降低曲的品温（温度不可大起大落），使曲逐渐成熟。

（4）生心　曲中微生物在发育后半期，由于温度降低，以致不能继续生长繁殖，造成生心。俗话说："前火不可过大，后火不可过小"，其原因就在这里。这是因为前期微生物繁殖旺盛，温度极易增高，有利于有害菌的繁殖；后期微生物繁殖力渐弱，水分也渐少，温度极易降低，有益微生物不能充分生长，曲中养分也未被充分利用，故出现局部为生曲的现象。因此，在制曲过程中，应经常检查，如果生心发现得早，可把曲块距离拉近一些，把生心较重的曲块放到上层，周围加盖草垫，并提高室温，促进微生物生长，或许可以挽救。如果发现太迟，内部已经干燥，则无法医治。

（5）皮厚及白砂眼　这是晾霉时间过长，曲体表面干燥，里面反起火来才关门窗所造成的。究其原因，是因为曲体太热，而又未随时放热，因此，曲块内部温度太高而形成暗灰色，并长黄、褐圈等病症。防止的方法是，晾霉时间不能过长，以曲体大部分发硬不粘手为原则，并保持曲块一定的水分和温度，以利微生物繁殖，逐渐由外往里生长，达到内外一致。

（6）反火生热　制成的曲不可放在潮湿或日光直射的地方，否则曲块容易反火生热，生长杂菌。因此，成曲应放在干燥通风的地方，并经常检查。

2. 曲虫的防治

曲虫是指危害酿酒用曲的害虫。"曲虫"这一称谓是酿酒行业特有的，但这一名称所涉及的害虫并非是酒厂独有的、仅仅危害酿酒大曲的，而是普遍地存在于自然界中。从其分类来讲，绝大多数种类属于有害昆虫，少数种类属于有害螨类。

酿酒大曲的主要原料是小麦和豌豆，故大曲在培制和贮存过程中，毋庸置疑地会遭受害虫的危害。

（1）曲虫发生的特点

①种类多：危害酿酒大曲的害虫究竟有多少种，至今尚未有权威性的研究报道，有关

材料表明有 20 余种。

②繁殖快，发生量大　以常见的黄斑露尾甲为例，它在曲房条件下，从卵发育至成虫平均周期仅为 13. 9d，在室内单雌产卵量 351 ~ 1244 粒，平均 753. 5 粒。而土耳其扁谷盗发育周期平均为 33. 1d。曲房和曲库丰富的食料，适宜而稳定的环境，加之曲虫生活周期短、繁殖力强，使酒厂曲虫发生量很大。据 1989 年陕西西凤酒厂系统调查，在曲虫发生高峰期，曲房内曲糠中黄斑露尾甲幼虫的数量达 183 头/10g；处于培曲阶段的曲房中，曲块表面平均有土耳其扁谷盗成虫 735 头/块，最多的达 5652 头/块，曲库贮藏曲块表面平均有土耳其扁谷盗成虫 124 头/块，最多的达 753 头/块。

③危害严重　曲虫危害大曲，不仅因为它取食曲料，而且一些曲虫还可以取食大曲微生物，即取食大曲酵母和霉菌类，直接造成大曲重量减轻、质量下降；同时，曲虫也可危害大曲原料和其他酿酒原料，造成原料重量损失，发霉腐烂，品质变劣；其次，在曲虫发生盛期，由于成虫漫天飞舞，使曲房及其周围淹没在曲虫的海洋中，波及全厂，严重影响环境卫生，成为酒厂一大公害。

（2）酒曲害虫发生的规律　曲虫种类繁多、分布广，形态及生活习性差异显著，不同曲虫世代数及世代时间又各不相同，因此，欲进行曲虫的防治，必须从曲虫的发生规律入手，才能在生产上采取安全、经济、有效的防治措施，达到控制曲虫的目的。

①曲虫的种类：曲虫的种类很多。其中，发生量最大、危害最严重的优势种群是土耳其扁谷盗、咖啡豆象、黄斑露尾甲、药材甲四种。土耳其扁谷盗、药材甲、咖啡豆象常在曲堆表面和缝隙、墙壁表面及墙角、窗台等处活动，黄斑露尾甲喜在阴暗潮湿处活动。

②主要曲虫年发量的变化：曲虫年发量的变化与曲虫世代有关。土耳其扁谷盗一年发生 3 ~ 4 代；咖啡豆象一年 3 代；药材甲一年 2 ~ 3 代。世代明显重叠，形成种群发生高峰。4 月底至 10 月初为成虫活动高峰期。曲虫不同，各自活动发生的高峰期也不同。4 月底至 5 月中旬为药材甲成虫大量形成时期，这是全年成虫活动的第一个高峰；曲虫年活动的第二个高峰为 6 月下旬至 9 月下旬，其中 6 月下旬至 7 月上旬为土耳其扁谷盗活动的高峰期，7 月下旬至 9 月下旬，为咖啡豆象活动的高峰期。曲虫，尤其是咖啡豆象，其高峰期的形成与温度、湿度有关。咖啡豆象多发生在多雨、高温季节，8 月中下旬达到高峰，若雨季提前或推迟，其高峰期随之发生变化。

③曲虫昼夜活动规律：曲虫的飞翔、取食、交配等活动均随昼夜变化有节律地变化。经过长期大量观察发现，大多数曲虫为日出性昆虫，上午 9：00 曲库内曲虫开始飞舞；13：00 ~ 21：00 为活动旺盛期；15：00 ~ 17：00 为活动高峰期；21：00 以后，活动减弱，至次日 8：00 前为活动低潮期。

④群集性：群集性是曲虫个体高密度地聚集在一起的一种活动行为。土耳其扁谷盗、药材甲等曲虫在活动旺盛期，常聚集在曲堆表面或曲库内外墙壁上，飞行于曲库门前或窗台，数量很大。曲量越大，越容易群集。不同种之间也有群集性，土耳其扁谷盗、药材甲等也常聚集在一起活动。

⑤食性和趋性：大多数曲虫以曲料淀粉质和曲霉菌丝为食物来源，对曲香、光、湿等有正趋性，大多数曲虫对热表现为负趋性。曲虫食性和趋性见表 1 - 17。

表 1－17　　曲虫食性和趋性

虫种	曲料	菌丝	曲香	趋光性	趋热性	趋湿性
土耳其扁谷盗	+	+	+	+	−	+
咖啡豆象	+	+	+	+	−	+
药材甲	+	+	+	+	−	+
黄斑露尾甲	+	+	+	+	−	+

⑥曲虫对曲块的危害：曲虫对曲块危害较为普遍。以宋河酒厂为例，虫蛀严重的曲块，千疮百孔，虫眼密布，糖化力仅有 500～600mg 葡萄糖/（g 干曲 · h），霉菌、酵母、细菌总数下降 8%～10%，已很难闻到正常大曲的曲香。曲重平均损失率为 9%～12%，加之因曲虫危害造成曲质下降，经济损失就更为严重。

（3）酒曲虫害的综合治理

①综合防治技术流程图：如图 1－4 所示。

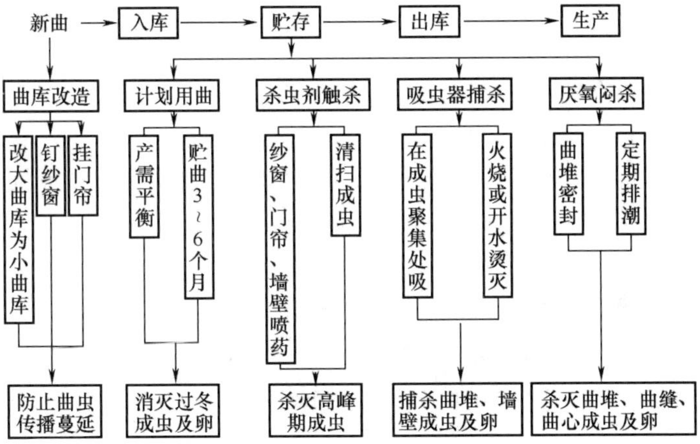

图 1－4　综合防治技术流程

②综合防治技术措施

a. 曲库改造：改大曲库为小曲库，每库贮存量 120～150t 为宜。新曲库所有的窗做成双层纱窗，里层纱 40 目，外层为普通纱，窗外配上防雨窗檐，曲库挂麻袋门帘，曲房门窗也依此改造。

b. 计划用曲：每年的生产量不要超过实际用曲量太多，要保持生产量与用曲量适当比例。曲块入库后，贮存期一般为 3～6 个月。需贮存过冬的曲，应安排 9 月下旬以后生产的曲。过冬的曲最好在次年 4 月下旬前用完，如用不完，则应将每个曲堆表面 1～3 层曲先在 4 月下旬以前用完，这样就可大量消灭越冬曲虫及虫卵，减少当年危害。

c. 曲库管理：新曲入库当天即关闭门窗，防止曲虫飞入。通风或降温时，可于每天晚上曲虫活动低潮期（21：00）后打开门窗，并与次日上午 10：00 前关闭。曲出完后应彻底清扫，做到用完一间清扫一间。

d. 杀虫剂触杀：将数种药物按比例混合，配制成杀虫剂，再稀释到 600～800 倍，从

4 月下旬开始到 9 月底，每天或隔天在曲库外或纱窗、门帘上喷药。将麻袋钉在墙壁窗台下喷药效果更好。喷药后的次日清扫。喷药时间为每天下午 15：00～17：00，清扫时间为次日上午 8：00～9：00。4 月下旬至 5 月中旬主要防治药材甲，6 月下旬至 7 月上旬主要防治土耳其扁谷盗，7 月下旬至 9 月下旬主要防治咖啡豆象。

e. 吸虫器捕杀：吸虫器是采用气流负压原理“吸虫”。吸虫器由聚气吸嘴、导气筒、电机、收集器等部件组成。操作时，让聚气吸嘴在曲堆表面或曲库墙壁曲虫聚集处，做往复移动，曲虫及虫卵便被吸入收集器内，打开收集器，将曲虫倒出，然后用火或开水烫灭。吸虫器对咖啡豆象等个体较大的成虫捕捉效果更好。

f. 厌氧闷杀：对大曲库虫还可采用一定技术措施进行厌氧闷杀。即在曲块入库两个月后，待曲块水分降至 13% 以下时，用塑料布隔离法密封，然后，借助于大曲微生物的呼吸作用（或人工抽气方式），造成曲虫因缺氧而死亡。此法可消灭大量成虫及虫卵。同时，对曲库中常发生的鼠害也有一定的防治效果。

曲虫的完全控制需要一个过程。由于受技术条件等因素的限制，对曲虫的发生规律及防治的研究还不深入，如曲虫的生长发育条件及限制因子、曲虫的生物防治、贮曲新技术等，都有待于今后不断完善。

（十一）名优酒厂制曲工艺实例

实例 1：泸州老窖制曲

1. 制曲工艺流程

小麦→润麦→磨碎→加辅料→加水→拌料→压坯→运曲→安曲→培菌发酵→发酵管理→翻曲→转化发酵→发酵管理→入库贮存→粉碎→曲粉。

2. 小麦进料

（1）计量小麦毛重　用地磅秤称量车和小麦的质量。

（2）合格小麦下车　原料检测后转移到指定堆放点。尽量避免小麦过多地撒落在地上。

（3）计量小麦皮重　用地磅秤称量空车与麻袋（编织袋）的质量，即小麦的皮重。

（4）计算小麦净重　小麦毛重减去小麦皮重。

（5）小麦包件开包　解开封装麻袋的绳子。

（6）倒小麦进振动除杂机　将开包的小麦送到振动除杂机处，倒进振动除杂机进料口。

（7）振动除杂　将小麦提升到振动除杂机的除杂装置上，进行振动除杂。

（8）净小麦流入提升机　除去杂质后的小麦送入提升机。

（9）提升小麦　提升机提升小麦并送入分流管道，到达润麦点。

（10）收集杂质　用编织袋收集分离出的杂质。

（11）计量杂质　用磅秤称量杂质。

（12）计算实收小麦净重　小麦净质量减去杂质的质量。

3. 曲坯制作

（1）润麦

①加热润麦水：泵抽水到润麦处的润麦热水罐内，将水加热到标准温度，待用。润麦水温夏季不低于 80℃，冬季水温不低于 85℃。润麦水没有达到规定温度会造成小麦吃水不好，影响润麦效果。

②测量水温：读取温度表数值，准确记录温度表读数。经常校正温度表。

③感官检测小麦：看色泽，闻气味，牙咬或手捏感觉小麦的干湿程度。正常的小麦色泽金黄，无异味，水分小于13.5%。必须杜绝带异味等不正常小麦作原料，否则将极大地影响成品曲质量。

④调节润麦水流量：通过控制阀门的旋转度调节润麦水流量。润麦水流量不宜过大。

⑤润麦：开启润麦水开关，调节润麦水量大小。润麦水用量为原料量的1%～2%。小麦由管道输送到润麦点即开始喷水。尽量喷洒均匀，水分过大或过小都会影响磨碎的质量，进而影响曲坯的成型。小麦在输送过程中如流速不均，可敲击输送通道，使其畅通。

⑥铁锨翻造小麦：喷水同时，两人面对面用铁锨翻造已润湿的小麦，并把润湿的小麦从润麦点铲开堆积在旁边。翻造均匀，有利于小麦水分均匀吸收，使得磨碎时易达到“烂心不烂皮”的效果。操作要领：两人以润麦点为中心相对而站，此操作是一个重复的动作，掌握要领可减轻劳动强度。

⑦小麦收堆：用铁锨将润湿后的小麦打散，收拢成堆。收堆时注意留出投料口的位置，便于物料投入，也要有利于润麦过程的进行。小麦收堆有利于小麦吃水均匀。

⑧小麦吃水（发麦）：水分自然渗透麦皮的过程。润麦时间8～24h。润麦后水分应达到（14±1)%。

⑨检验润麦质量：尽量保证润麦的均匀，防止过硬或过软的小麦，如上述情况大量出现，需及时处理。过硬，磨碎时粉碎度过大，应重新进行润麦操作或延长润麦时间；过软，磨碎时不易粉碎，应视情况舍弃不用。

（2）粉碎

①粉碎机开机检查：a. 检查电动机、地线、电器线路有无松动脱落；b. 检查防护罩、磨粉机内有无异物；c. 检查链轮、轴承、油盒润滑油油面；d. 手动三角带，检查飞轮与电动机的连接情况是否灵活可靠；e. 关上隔粮板，将机内剩余粮食或异物排除，将磨辊离开；f. 合上电源，推上减压补偿启动器，按启动按钮，开启粉碎机，当空车运行2～3min后，听机械传动部分和机内声音是否正常，如有机械故障，应立即维修，确保一切正常后才能开机。

②调节粉碎机：用塞尺调整磨辊间隙。

③开启粉碎：起转双磨辊，观察小麦粉碎情况，然后，通过微调调整磨辊间隙。

④掀麦投料：润好的小麦用铁锨铲到投料口。掀麦投料人员根据粉碎操作人员反馈的信息调整掀麦速度。

⑤小麦粉碎：取隔粮板，开料粉碎。粉碎度适中有利于曲坯形成合适的微氧环境，促进曲坯发酵；淀粉释出并吸收水分，黏性增大。

⑥麦粉检验：化验室检验麦粉是否达到规定粉碎度，同时将结果反馈到生产线。粉碎度以未通过20目孔筛40%～55%为标准，不出现“跑子”现象。粉碎度过大或过小都将对以后曲坯的培菌造成影响。

⑦记录粉碎信息：记录小麦批次、粉碎日期、感官现象。

（3）加水拌料

①加热拌料水：冬季用25～40℃的热水，夏季用常温自来水。根据环境温度调节拌料

水温度。

②测量水温：读取温度计水温。经常对温度计进行校正。

③调节水温：用热水和冷水混合来调节水温。调高温度，多进热水，少进冷水；反之则相反。

④记录水温：对水温进行记录。

⑤检查开启搅拌设备：a. 搅拌设备即螺旋输送器，检查各紧固件、连接件是否完整、牢固，电器及安全防护设施是否安全，是否按标准加注润滑油，检查机内杂物是否已清除；b. 设备启动后，应空车运行 5 ~ 10min，待设备运行正常后，方可加料，并应保持送料均匀，不得超负荷运行。

设备运行过程中，操作人员应耳听、眼观、手摸，了解设备运行状况，如发现异常，立即停机，切断电源，通知维修人员排除故障；如遇满载紧急停机，再启动时，为避免损坏机件，应将机内物料清除，点动开机，确认无异常后方可正式开机；为保证曲块质量，压缩时间已调定，操作者不得任意调整时间继电器。

⑥检查开启加料设备：加料设备包括小麦加料设备和固化剂落料器。应检查固化剂落料器的电动机是否转动以及是否漏料，并且在开启小麦加料设备以后观察小麦下料是否均匀，否则进行调节。下料不均影响到曲坯的成型，不利于曲块微氧环境的形成。

⑦检查开启延时设备：a. 延时设备即延时输送器，检查各紧固件、连接件是否完整、牢固，电器及安全防护设施是否安全，击碎叶片有无变形、弯折现象，是否按标准加注润滑油（脂），检查机内杂物是否已清除；b. 合闸后，缓慢调节控制器，转速表指针调至 1200 ~ 1300r/min 为宜，空车运行 5 ~ 10min 后方可加料，并应保持送料均匀，不得超负荷运行。

设备运行过程中，操作人员应耳听、眼观、手摸，了解设备运行状况，重点观察击碎叶片有无形变、弯折，发现有形变应立即停机并切断电源，通知维修人员，并协助维修人员校正或更换，严禁带病运行；如遇满载紧急停机，再启动时，为避免损坏机件，应将机内物料清除，点动开机，确认无异常后即可正式开机。

⑧麦粉输送：小麦经粉碎后，由贮料桶出料口流下，经过螺旋输送器和延时输送器运输。

⑨感官检测麦粉粗细度：观察小麦粗细度，过粗或过细都须及时反映给粉碎操作人员。

⑩调节麦粉流量：a. 流量的调节主要通过安装在出料口处的调节阀来实现；b. 当发现出口处麦粉流量不均匀时，用专用工具将出口处堵塞的麦粉疏通；c. 当贮料桶发生堵塞时，用木锤敲击侧面，使小麦粉输送通畅，若还没有通畅则打开贮料桶后面的观察孔，用专用工具撬至通畅。

根据成型情况来调节麦粉流量。麦粉流量需均匀，流量过大，麦粉相对吃水就小，吃水不够，将影响霉菌的生长，进而影响到曲坯穿衣；流量过小，麦粉相对吃水就大，吃水大，曲坯易长“水毛”。“水毛”属毛霉菌，其滋生的孢子易造成曲表呈现黑色。

⑪开启搅拌水：开启两个阀门，均不为全开。一个阀门起到备用的作用。

⑫调节水量：通过手动调节阀门与水管之间的夹角来实现水量的调节。随时注意小麦粉吃水状态以及曲坯成型状态。

⑬向小麦粉加水：开启搅拌装置的同时加水系统开始运行。机器运行过程中注意喷头的运行状态。

⑭螺旋搅拌小麦粉：由螺旋输送器上的螺旋搅拌器搅拌小麦粉和水，使之融为一体。

⑮拌料检测：拌料过程中需经常对拌料状态进行检验，并根据拌料结果进行调整。一般通过感官进行检测。鲜曲坯含水量应在36%～40%，拌料好坏直接影响曲坯成型的好坏。拌料的一般标准是：水量适中，手捏成团而不粘手。

⑯调节小麦粉水分：根据小麦粉是否达到成团而不粘手来调节小麦粉水分。水分过大，关小拌料水；水分过小，一是增大螺旋输送器上的拌料水，二是通过附加水管在延时输送器上二次补水。

麦粉成团但粘手，说明水分过大。在高温多水条件下，有利于蛋白质分解和糖的裂解，这些蛋白质、糖分解后产生的加热香气物质如吡嗪类化合物，与在高温条件下小麦中的氨基酸和糖分发生褐变反应——羰氨反应，使得曲表呈现较多黑色或黄褐色斑点，且此种曲糖化力低。麦粉手捏不成团（散），说明水分过小。原因可是拌料过程加水过少，或培菌前期升温过猛，水分蒸发很快，曲坯出现裂口。此时杂菌极易进入曲坯内部，在适宜条件下大量繁殖，影响曲质。

⑰小麦粉输送：通过螺旋输送器和延时输送器运输。发现有堵塞状态时，应用稻壳或长铁铲将其疏通。

⑱小麦粉吸水：经过一段时间的自然吸水过程，小麦粉进入液压压曲机。

⑲记录物料信息：记下搅拌小麦粉的量及在此过程中出现的问题。

（4）制坯

①检查开启制坯机：制坯机即液压压曲机，开机前应使机上及周围均无障碍物，各导轨及滑动表面清洁无污物，加好润滑油，然后接通调整回路，手动检查是否正常，最后接通自动循环；设备启动后，一切正常后方可开始压制曲块。

②小麦粉进模：小麦粉堵塞，将堵塞的小麦粉铲到后面去，使其慢慢均匀；延时输送器前端的小麦粉不足，则将延时输送器后端的小麦粉铲到前端去，直到其均匀为止。进料要均匀；小麦粉进模状态直接影响成型状态，进料不均匀会产生大量回沙，增加成本。

③压制曲坯：由液压压曲机将拌和好的小麦粉压制成规则形状，一般为立方体。不同的模型压制不同形状的曲坯。曲坯压制成四角整齐、松紧一致、表面光滑的状态，易于微氧环境的形成，利于微生物生长和发酵。压紧时间为5～6s。浓香型大曲成型规格为长（34±1）cm，宽（24±1）cm，厚（6.5～8.5）cm。

④顶出曲坯：用机械将曲坯从模具中顶出。在曲坯顶出过程中，模具内粘有的小麦粉需立即清除。清除前先停机，再用铁筒撑住液压压曲机，用小铁铲将粘在模具上面的小麦粉除去。粘在模具上的小麦粉，将影响曲坯的成型，而曲坯表面不光滑直接影响后期的发酵。

⑤推送曲坯：成型的曲坯被推送到送坯板上。机器在运行过程中出现问题，立即关机，组织维修。当送坯板上黏着过多的小麦粉时，立即关机，清理掉黏着的小麦粉。

⑥记录不合格曲坯信息：对当天压制不合格曲坯（缺角掉边、松紧不一）进行记录。

⑦不合格曲坯及小麦粉反馈再制：将不合格曲坯以及收集的散落麦粉放入螺旋输送器

进行二次拌料。不合格曲坯需掰成小块后再入螺旋输送器。

⑧记录制坯信息：记录制坯数量，出现的问题及其解决办法。制坯状态及问题要明白，就数量而言可为产率的计算提供数据，就出现的问题来说，可为以后遇到类似的问题提供解决依据。

4. 曲坯转移

（1）接曲

①接曲坯：曲坯由机器压制成型后，由人工取下曲块，并对曲坯进行感官检验，做出相应调整。曲坯成型后，操作人员双手将曲块两侧面夹紧并向里拉，托起曲坯，双手夹住曲坯转身将其竖直轻放到平板车上；曲坯检验，应随时注意曲坯的成型状态，特别是水分状态；回沙处理，不合格的曲坯回到搅拌器进行搅拌后二次压制；随时保持压曲机周围清洁（机械上散落的物料用刷子刷，地下附着的物料用专用小铲去除）。

开机后先压制的几块曲坯因为曲坯水分配料未稳定，不合格，要进行回沙处理；在接曲过程中，要轻接轻放，保持曲坯完好无损；回沙时注意每次投的量，防止溢出料斗；如下料量跟不上，应立即手动停止压曲机工作，待下料合适再开机，否则压制的曲坯不紧实；曲坯检验时随时对曲坯进行感官判定，见表 1－18，以便适时做出调整。

质量好的曲坯：表面光滑，结合紧密，呈浅黄白色；手按有一定弹性且有明显黏性，立置后不发生塌陷。如发现不合格曲坯应根据情况立即通知拌料或粉碎管理人员，及时对粉碎度、加水量做出调整，并收集不合格曲坯进行二次压制。

表 1－18　　曲坯感官判定项目

现象	成型曲坯感官现象	对曲坯的影响
水分过大	1. 轻按则出现很明显凹痕，且无明显弹性； 2. 立置出现明显垮塌，有明显粘手感	1. 易于生长杂菌； 2. 细菌大量繁殖，易引起酸败，曲坯升温快，造成原料损失，从而降低成品曲的质量
水分过小	1. 表面不光滑，手按无明显粘手感； 2. 有物料脱落现象，曲坯易散	1. 曲坯黏合差，增加碎曲数量： 2. 曲坯干得过快，使有益菌无充分繁殖的机会，影响成品曲质量
粉碎度过大	曲坯不饱满、成型不规则，不紧实	1. 曲坯过于黏稠，水分、热量不易散失； 2. 微生物繁殖时通气不好，培养后易引起酸败及烧曲现象
粉碎度过小	曲坯表面粗糙，曲体黏连性较差	曲坯空隙大，水分易蒸发，热量散失快，使曲坯过早干涸和裂口，影响微生物繁殖

②堆码曲坯：接曲坯后，需整齐堆码在平板车上，一列堆码完后再堆码另一列，一车放置曲坯为 30～35 块。堆码整齐。

（2）曲坯运送

①覆盖曲坯（夏季）：用湿麻袋盖在平板车的曲坯上，保证每块曲坯都被罩住。覆盖曲坯，可减少曲坯在运输过程中水分过多散失，有利于培菌发酵。

②运送曲坯：由操作人员手推平板车，一般一次推两车，底楼直接推到培菌房，二楼及以上楼层用电梯运输。电梯一次可装载4～6辆小平板车曲坯。运输过程中应保证曲坯的完整性。

5. 入培菌房培菌

（1）安曲

①打扫培菌房：安曲前将要使用的培菌房进行打扫，将稻草（或草帘）、稻壳、草垫等用具进行清理，待用。确保培菌房内无霉烂异杂物。

②铺垫稻壳：在培菌房地面铺垫稻壳，使得曲坯与空气的接触面更大，有利于曲坯微生物的生长，也不容易烧曲。

③曲坯运送：推车人员用平板车将堆码好的曲坯送入培菌房。在不影响安曲的前提下，尽量将平板车推到靠近安曲点的位置，以便安曲人员操作。

④曲坯下车：用平板车将曲坯运到培菌房后，将曲坯从车上取下准备安曲。安地面曲、架子曲时，通常一次下两块曲。曲坯下车时从上往下拿，轻拿轻放。

⑤安放曲坯：曲坯下车后，曲坯需按一定方法以及次序安放。一般以两块为单位安曲。抱起两块曲坯后，在手中调节好方向，轻放于稻草（或草帘）上，块与块间的间隔为一根手指的距离，只安一层。每室安24～26排，每排平板曲安22～30块。（中间留出过道的位置），以过道为中心分为两个区域。曲间距以2～3cm为宜。包裹曲坯时稻草（或草帘）缺口处应朝下，防止稻草（或草帘）脱落。

⑥盖稻草（或草帘）：安曲完成后，盖上稻草（或草帘）。可一边安曲一边盖稻草（或草帘）。临门窗处安曲后盖两层稻草（或草帘），其余盖一层。

⑦曲坯计数：用每排块数乘上排数就是该培菌房的总曲块数。一般地面曲每间培菌房为730块，架子曲为2100块。具体块数根据培菌房大小调节。

⑧插温度计：取两支温度计，一支插到曲心，另一支插到曲块之间缝隙处。

⑨关闭门窗：各项工作完成后，方可关门窗。

⑩记录安曲信息：记录安曲的时间、曲块数、曲的类型、麦号，以及安曲责任人的姓名。

（2）培菌发酵　曲坯入培菌房安放完毕之后，关闭门窗后即进入培菌期。温湿度通过对培菌房门窗开闭以及曲坯覆盖物的揭盖进行调节。培菌发酵的好坏直接影响到后阶段的发酵状态，进而影响到成品曲的质量。其关键控制点是对温度的控制。培菌时间一般为15d左右。

①发酵温度测试：打开门直接读取温度计上的度数。

②发酵温度记录：将读取的温度记下。如实填写数据，并要求曲坯品温保持在65℃以下。

③培菌检验：由专门的化验人员进行培菌检验。

④调节门窗：根据发酵曲坯的温度及湿度来调节门窗开闭。温度过高开启门窗，温度过低则关闭门窗。夏季可一直开启门窗，根据培菌温度控制开启门窗的幅度；冬季可间断开启门窗，夜间必须关闭。调节门窗后应每隔一段时间读取温度，根据温度再调节。

（3）翻曲　在培菌发酵期后，需对曲坯进行翻曲处理。

①打扫培菌房：翻曲前将要使用的培菌房进行打扫。将稻草（或草帘）、稻壳、草垫

等用具进行清理，待用。确保培菌房内无霉烂异杂物。

②安放稻壳：在培菌房地面安放稻壳，使得曲坯与空气的接触面更大，有利于曲坯微生物的生长，也不容易烧曲。

③开启门窗：打开需要翻曲的培菌房的门窗，使空气流通。

④揭开稻草（或草帘）：待空气流通后，揭开覆盖曲坯的稻草（或草帘）。

⑤发酵曲坯上车：在地面曲翻曲时，每次捡两块，分开后堆放在平板车上（架子曲与之相同）。轻拿轻放。

⑥发酵曲坯堆放：两人操作。将发酵曲坯堆放在平板车上，一次堆放两块。在平板车上放三排曲坯，其中有两排之间要有较大的距离间隔，并在有扶手的一侧倾斜着放置一排曲坯。在间隔空隙内竖直放上一排曲坯，在此排靠车前缘的地方横放两块曲坯。在第一排的基础上，放置第二排，依次类推，排与排之间要交叉排列。堆码时硬的发酵曲坯放在平板车边上整齐排好，软的放在中间。

⑦运送发酵曲坯：将平板车推出培菌房，经过道推送到目的培菌房。推出培菌房时，手不能放在车把手两侧，以免手被门框擦伤；在进入培菌房时，需一次用力将平板车推进去，防止小车在门口倾斜处倒退，造成翻车事故。

⑧发酵曲坯下车：戴上手套操作，一次捡两块曲，两个人操作。先捡上面，后捡下面，先捡中间，后捡四周。

⑨堆码曲坯：将平板车上的曲坯依次堆放起来。硬度大的翻下面、小的翻上面；底层垫稻壳，其余每层垫曲杆。培菌房内堆码的层数一般在 8 ~ 11 层，从窗户到门，堆码层数先由少到多，中间保持层数不变，最后由多变少。

⑩安放曲杆：每层垫 2 ~ 3 根曲杆。曲杆主要起到平衡曲块的作用，更有利于曲块的进一步排潮。

⑪盖草垫：翻曲时在堆砌的曲坯顶部及周围都盖上草垫，冬季在顶部的草垫上还要盖一层稻草（或草帘）。靠近门窗的曲块需盖 3 ~ 4 层草垫。

⑫插温度计：温度计插到曲块之间的缝隙处。

⑬关闭门窗：一切工作都做好后即关闭门窗。

⑭记录翻曲信息：记录所翻曲块的数量、翻曲时间、大曲类型及翻曲责任人。

（4）转化发酵　翻曲后曲坯品温上升，曲坯逐渐干燥，直至进入曲块贮存。

①发酵温度测试：打开培菌房门直接读取温度计上的读数。曲坯顶温为 55 ~ 65℃。

②发酵温度记录：将读取的温度记下。

③转化发酵质量检验：由化验人员进行转化发酵质量检验。

④调节门窗开闭：根据温度变化情况开闭门窗进行调节，温度过高开启门窗，温度过低则关闭门窗。创造良好的环境，有利用于微生物的生长与曲坯的排潮。

⑤开启门窗排潮：如发现培菌房内的湿度过大，则开启门窗，使其通风，可达到排潮的作用。

⑥加减覆盖物：若培菌房温度达不到转化发酵所需的温度，则加覆盖物，可加盖草垫；如培菌房温度超过转化发酵所需的温度，就减些覆盖的草垫。注意温度变化，及时加减覆盖物。冬天靠门窗处盖 3 ~ 4 层草垫，曲室中间可盖 1 层；夏季靠门窗处盖 2 层草垫，曲室中间不盖。

6. 入库贮存

①清扫库房：翻曲前将要使用的库房进行打扫，将稻草（或草帘）、稻壳、草垫等用具进行清理，待用。确保房内无霉烂异杂物。

②垫稻壳：在打扫干净的地面上垫稻壳。

③成品曲块上车：曲块上车即刻堆码，两人操作，每人每次堆码两块。把完整的曲块放在平板车边上整齐排好，缺边掉角或者曲渣放在中间。

④成品曲块搬运：两个人同推一辆平板车，将装满曲坯的平板车推到库房。动作要稳，两人配合好，以免翻车，影响工作效率。

⑤成品曲块下车：戴上手套操作，一次从平板车上捡两块曲，两个人操作。先捡上面，后捡下面，先捡中间，后捡四周。

⑥成品曲块堆码：底层垫稻壳，层与层间垫 2～3 根曲杆。

⑦成品曲块盖草垫：在堆砌的曲坯顶部及周围都盖上草垫。夏天靠近门窗处盖两层，中间一般不盖，如温度较低可以盖一层。

⑧关闭门窗：打扫门口，关闭门窗。

⑨成品曲块贮存管理：观察成品曲块的温度、湿度，调节门窗的开闭。进入贮存期的曲坯含水量不超过 14%，贮曲时间以不超过 3 个月为宜。

7. 成品曲粉碎

①粉碎机检查：揭开粉碎机机壳，搬动转子，检查锤刀、套管销钉、筛片、风机，一切正常后方可开启粉碎机。

②开启粉碎机：盖好机壳，旋紧螺栓，清扫场地，调好进料门，拴好接料袋，揿起动按钮，待运转稳定，无异常响动后方可进料粉碎。手指不可接近，更不能进入投料口，不能用金属件推料（可用木竹片）。为防止物料中有铁屑、钉，可在投料槽内固定一块磁铁，避免对机械造成损坏。

③成品曲块上车：揭开库房中覆盖在曲坯上的草垫，抽出曲杆，将成品曲捡到斗车里，先将斗车口整齐堆码，再依次向里堆码，避免翻车，影响生产效率。

④成品曲块运输：用斗车运输曲块，防止翻车或者损伤身体。

⑤成品曲块投料：将成品曲块投入粉碎机。

⑥成品曲块粉碎：通过粉碎机粉碎为曲粉。

⑦粉碎度感官检验：检验曲块粉碎度是否达到标准要求，未通过 20 目孔筛占 70% 左右。

⑧曲粉包装：操作者戴口罩，用编织袋罩住成品曲粉出料口，放于台秤上，打开阀门，流料。当曲粉要流到指定质量前关闭阀门，再慢慢开启阀门进行微调，达到标准质量后，关闭阀门。

⑨曲粉计量：根据实际需要调节每袋的质量。每袋质量误差不超过 0.5kg。

⑩曲粉打包：拧住编织袋口，用麻绳打活结，便于打开取曲粉。

⑪袋装曲粉上车：将袋装曲转移到出货车辆上。一般用传送带进行传送，两人操作。

⑫记录成品曲块粉碎信息：记录粉碎吨数、曲块库房号。

⑬记录成品曲块发放信息：记录成品曲块发放的吨数。

实例2：五粮液酒制曲工艺

1. 工艺流程

五粮液酒制曲工艺如图1－5所示。

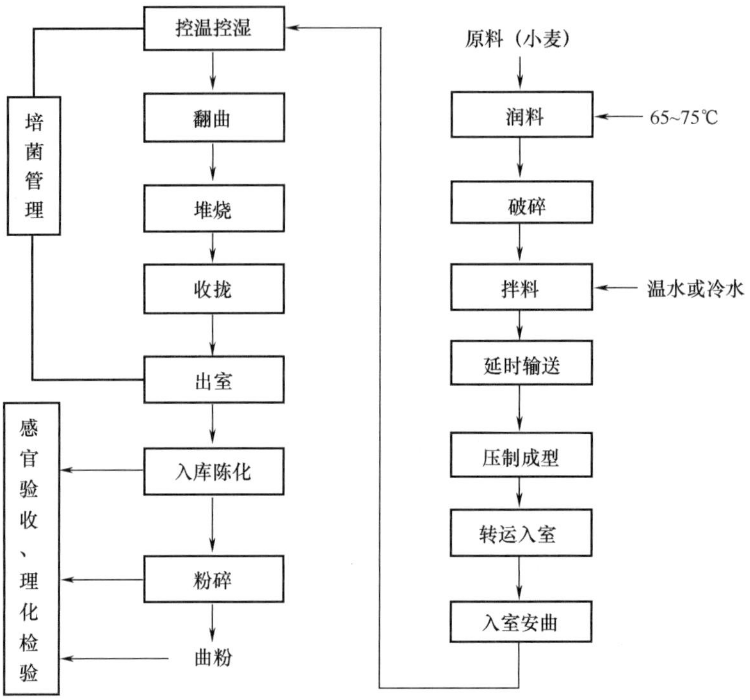

图1－5　五粮液酒工艺流程

2. 工艺参数

①润料：收汗，口嚼不粘牙，润后小麦含水量14%～16%。

②破碎：小麦烂心不烂皮，成栀子花瓣；通过20目筛细粉冷季（35±3）%，热季（39±3）%。

③拌料：麦粉含水量38%～40%。

④机制成型：用手指压表面富有弹性；曲胚质量5～6kg/块，曲胚含水量38%～40%。

⑤入室安曲：曲胚间留一指宽（1～2cm）间隙，曲胚与墙壁之间留不小于10cm的空隙。

⑥培菌："中挺"时间5～7d，品温（59±1）℃；最后一次翻曲品温35～40℃。

⑦出房曲周期：冷季32～35d，热季30～32d；水分（14±1）%。

⑧入库陈化时间：3～6个月。

⑨粉碎：使用曲粉水分不高于12%。优级：糖化力不低于600，发酵力不低于200；合格：糖化力不低于500，发酵力不低于150。过20目孔筛细粉冷季不高于30%～35%，热季不高于25%～30%。

3. 原料检验

技术指标见表1－19。

表 1－19　　制曲小麦工艺标准

感官指标		理化指标				
色泽气味	颗粒形状	不完整/g	体积质量/(g/L)	水分/%	淀粉/%	杂质/%
淡黄色、白色、褐色，具小麦固有的综合色泽和气味，不能有异杂味（熏仓味、霉臭味等）	坚实、饱满、均匀、皮薄	≤6	≥790	≤12.5	≥65	≤0.3

4. 润料

技术指标：润料时间 30～60min；润料水温 65～75℃；润料水量 3%～6%（润后小麦含水量 14%～16%）；润料后表面收汗、口嚼不粘牙。

工艺要求：从工艺仓流入生产线的小麦必须符合工艺指标方可润料。润小麦以表面柔润，口嚼无清脆声响、不粘牙为度。

注意事项：根据小麦品种、含水量和当天气温的具体情况，在技术指标内合理调控润料时水量、水温；已堆润的小麦，当天必须破碎完。

5. 破碎

主要装备：破碎机、20 目筛。

技术指标：破碎小麦烂心不烂皮，成栀子花瓣；麦粉中不能有整粒或半粒小麦；过 20 目孔筛细粉，冷季（35±3）%；热季（39±3）%。

工艺要求：调整磨辊间距，直至麦粉符合烂心不烂皮、成栀子花瓣为止。修复磨棍齿面，使之达到破碎要求。

注意事项：麦粉必须符合工艺要求才能继续破碎，流入下道拌料工序。粗细度视当时气温、曲坯入室的楼层等具体情况，在技术指标内适当调整。

6. 拌料

技术指标：拌料均匀，无灰包、疙瘩，无干麦粉，用手捏成团而又不粘手。拌料水温：冬季温水，夏季冷水。麦粉含水量：38%～40%。

工艺要求：麦粉与水彻底拌和均匀。拌料水量依据当天环境温度情况在工艺范围内调节。

注意事项：用水量不宜太大，否则曲坯容易变形、倾斜；用水量太小，升温快，曲坯表面过早干燥，不“上衣”。地面清扫干净，不能有卫生死角、油污积水和异臭气味。冬季、夏季拌料水温，以入室品温确定。

7. 压制成型

主要装备：压曲机。

技术指标：机制曲上料要均匀，曲坯成型松紧度基本一致，厚薄均匀，表面光滑，基本无裂纹（包包上无裂纹），富有弹性；不缺边掉角，表面无干粉。曲坯质量：5～6kg/块。曲坯含水量：38%～40%。

工艺要求：符合工艺要求的曲坯侧立放置于推车上，不合格的曲坯必须及时返工处理；手推车上放置一层坯（四角除外），用湿麻袋反搭盖；被污染（油污、异臭味）的麦粉不准压制成曲坯；适度调整压曲机压力和时间，使之满足曲坯成型的要求。

注意事项：压曲机压制成型的速度必须与输送带上麦粉堆润的时间要求一致（同步）；曲坯表面有裂缝、干粉等现象，应立即停机，调整压曲机及增加水分含量。

8. 转运入室

技术指标：保持曲坯成型时的含水量（38% ~40%），表面无干裂、干粉现象。

工艺要求：压制成型的曲坯装满一车后，立即转运入培菌室安放。用湿麻袋搭盖的曲坯，必须运送到培菌室内才可揭开。

注意事项：手推车和湿麻袋必须保持清洁，不能生长霉菌。

9. 入室安曲

主要装备：培菌室。

技术指标：培菌室门窗完好无损，既能够保温保湿，又能排出潮气。必须安放整齐，前后不能倒伏或紧靠，无干裂现象。入室曲坯间左右留一指宽（1 ~2cm）间隙，曲坯与墙壁之间留不小于10cm 的空隙。

工艺要求：培菌室内地面糠壳厚度6 ~8cm，麻袋、草帘和糠壳，无结块、霉变、异味。边安曲坯边搭盖草帘。原始记录必须及时、准确、规范。

注意事项：培菌室门窗要求完好无损，否则不能安放曲坯；在培菌室门内靠左侧适当位置（开门时冷空气不直接影响）的曲坯上插入温度计，以利于检查品温；曲坯安放完毕，关闭门窗，保温保湿。

10. 培菌

工艺要求：依据曲坯发酵情况，通过适当地开（闭）门、窗的方式，调节温度、湿度，排出潮气，给有益微生物创造良好条件。

注意事项：培菌过程必须做到“前缓、中挺、后缓落”。按规定时间（早、中、晚）4 ~6 次/d，检查各培菌室内发酵升温情况并真实记录。天气骤然变化时，采取有效措施加强控温控湿。曲坯入室温度30℃以上时，应该洒适量（不能形成珠往下滴）冷水于草帘和糠壳上，增加培菌室内的湿度。

（1）控温控湿

技术指标：曲坯入室温度10 ~20℃，前7d 曲坯品温不高于50℃；曲坯入室温度20 ~30℃，前5d 曲坯品温不高于50℃；曲坯入室温度30℃以上时，前3d 曲坯品温不高于50℃。

工艺要求：同培菌。

注意事项：①曲坯入室后第1 ~2d 内不得进行“排潮”；入室前几天（第2 ~3d 以上），品温上升快，水分排出多，培菌室潮气大，必须开窗排潮。②开窗排潮时间不宜过长（特别是在冬季），否则微生物生长繁殖受到影响。③每隔4h 检查各培菌室内发酵升温情况，发现异常情况采取措施加以解决，并做好记录。不能解决的问题必须及时向车间和有关部门报告（电话或书面），同时，做好协作准备工作。④如果在夏季，拌料水冷却后，可按技术指标第二点试行。

（2）翻曲

技术指标：第一次翻曲时间3 ~7d（热季3 ~5d，冷季5 ~7d）。第一次翻曲品温以40℃左右为宜，堆码2 ~3 层。

工艺要求：

①根据曲坯发酵情况，在技术指标内决定翻曲时间和堆码层次。

②翻曲时，先揭开草帘，然后底翻面，四周的翻到中间，硬度大的放在下层。

③视不同楼层、气温，留出适当的曲间距离，又重新盖上草帘（门窗及四周可部分搭盖麻袋），关闭门窗，进入“中挺期”的发酵。

④翻曲之日，只能检查品温，不能“排潮”。

注意事项：

①翻第一次曲后，要求品温缓慢上升（开闭门窗调节），不得猛升猛降，防止产生风火圈或脱层曲。

②翻曲次数不得少于3次，5支温度计（4个角及中间）温差不得超过5℃。

③翻曲后，曲坯必须整齐，无倒伏。

④翻曲之日在记录上做“△”符号示意。

（3）堆烧（中挺）

技术指标：中挺品温（59±1）℃；中挺时间5～7d。

工艺要求：

①堆烧（中挺）时，曲坯之间留约3cm的间距，品温控制在58～60℃为宜。

②若堆烧过程超过59℃，必须开窗调节。

③适时开窗，更换空气，调节温度。

注意事项：

①堆烧后搭盖草帘（门窗及四周可部分搭盖麻袋）保温，避免品温急剧下降。

②当曲坯四周与中间温度相差大于等于5℃时，应采取“四周曲坯往中间提放”的措施，确保曲坯“中挺期”的品温和时间达到要求。

（4）收拢（后期）

技术指标：收拢品温35～40℃。

工艺要求：

①收拢即最后一次翻曲，把曲坯靠拢，不留间隙，堆至5～6层。

②收拢后必须搭盖草帘、麻袋保温。

注意事项：

①收拢前（最后一次翻曲）曲坯品温应控制在35～40℃；

②保持后火缓慢下降，防止产生黑心曲、窝水曲等。

11. 验收

技术指标：出房曲周期，冷季32～35d，热季30～32d。

出房曲质量标准：见表1－20。

12. 出室

工艺要求：成曲块出室后，培菌室内应保持空气流通；培菌室内明显破碎小曲块应清扫出室；草帘堆放整齐。

注意事项：验收后的成曲块必须在2日内出室入库陈化；成曲块出室过程中注意安全，严格按安全规程操作；手推车在楼层通道运行时，要注意防止损坏培菌室，若有损坏及时修复。

表 1－20　出房曲质量标准

质量等级	感官指标	理化指标		
		水分/%	糖化力/[mg 葡萄糖/(g·h)]	发酵力/[mL CO_2/(g·72h)]
一级曲	曲香纯正、气味浓郁；“穿衣”良好，断面整齐，菌丝粗壮紧密；以猪油白色或乳白色为主，兼有少量（≤8%）黄色、红色、黑色菌斑（直径不大于10mm），其他异色少于2%	14±1	热季≥600 冷季≥700	≥200
二级曲	曲香纯正、气味浓郁；断面整齐，曲皮厚度不大于4mm，无生心；以猪油白色或乳白色为主，淡灰色、浅黄色、红色、黑色、异色等在20%以下		热季≥500 冷季≥600	≥150
三级曲	有异臭气味；皮厚大于4mm，生心，窝水，脱层，风火圈占2/3以上		热季＜600 冷季＜700	＜150

13. 入库陈化

主要装备：曲库。

技术指标：曲库通风良好，防潮、防雨、避晒；三级曲（异常成曲）分库贮存堆放。陈化时间3～6个月。

工艺要求：曲块堆码整齐，层次较好，曲块之间留有间隙，以利通风透气；破碎曲块堆放在曲库一角，不能混夹；加强对曲库温度（常温）、湿度（70%左右）的控制和曲虫的治理；库房标识内容包括数量、质量（感官指标和理化指标），数据填写做到及时、真实、清楚。

注意事项：防止曲块陈化中受潮发烧，杜绝二次产菌，保证曲的质量；经常检查库曲陈化情况，发现异常立即采取措施解决。

14. 粉碎

技术指标：细粉过20目孔筛，热季25%～30%，冷季30%～35%。

工艺要求：三级曲块（皮厚、生心、窝水、脱层、风火圈占2/3以上）单独粉碎，用于酿酒车间丢（红）糟生产。

注意事项：陈化曲贮存期必须达3个月才可粉碎，最长不超过6个月；曲粉不宜过粗（也不宜过细），否则不利于糖化（发酵），可随季节变化调节；不准一次粉碎过多曲粉贮存，粉碎后的曲粉应在24h内由酿酒车间使用。

15. 曲粉检验

技术标准：见表1－21。

工艺要求：按要求填写《曲粉质量检验单》，及时报送有关部门；袋装曲粉必须符合保质、保量和无破裂、撒落的要求；有异味的曲粉，不得发往酿酒车间。

注意事项：生产过程必须贯彻落实“优质、高产、低耗、均衡、安全”的十字方针；曲粉检验执行公司分析方法标准。

表 1－21　　曲粉检验技术标准

质量等级	感官指标（色泽气味）	理化指标		
		水分/%	糖化力/[mg 葡萄糖/（g·h）]	发酵力/[mL CO_2/（g·72h）]
优质曲粉	浅黄色，兼有少量（≤8%）淡灰色、黑色、异色	≤12	≥600	≥200
合格曲粉	浅黄色，兼有少量（≤15%）淡灰色、黑色、异色		≥500	≥150

三、浓香型白酒三种典型的生产工艺

（一）基本特点

浓香型大曲酒，是大曲酒中的一朵奇葩。自全国第一届评酒会后，把泸州老窖作为浓香型大曲酒的典型代表，因此，在酿酒界又称浓香型大曲酒为泸型酒。该酒窖香浓郁，绵软甘洌，香味协调，尾净余长。这体现了整个浓香型大曲酒的酒体特征。

浓香型大曲酒酿造的基本特点，可归纳为几句话，即以高粱等为制酒原料，优质小麦、大麦、豌豆混合配料，培制中、高温曲，泥窖固态发酵，采用续糟（或楂）配料，混蒸混烧，量质摘酒，原度酒贮存，精心勾兑。最能体现浓香型大曲酒酿造工艺特点，而有别于其他诸种香型白酒工艺特点的三句话，即“泥窖固态发酵，采用续糟（或楂）配料，混蒸混烧”。现做如下简要阐述。

泥窖，用泥料制作的窖池。窖池与缸、桶功能一样，是一种发酵设备，仅作为蓄积糟醅进行发酵的容器。但浓香型大曲酒的各种呈香呈味的香味成分多与泥窖有关。故泥窖固态发酵是其酿造工艺特点之一。

在各种类型、不同香型的大曲酒生产中，配料方法不尽相同，而浓香型大曲酒生产在工艺上，则采取续糟配料。所谓续糟配料，就是在原出窖糟醅中，按每一甑投入一定数量的酿酒原料高粱与一定数量的填充辅料糠壳，拌和均匀进行蒸煮。每轮发酵结束，均如此操作。这样，一个窖池的发酵糟醅，连续不断，周而复始，一边添入新料，同时排出部分旧料。如此循环不断使用的糟醅，在浓香型大曲酒生产中人们又称它为“万年糟”。这样的配料方法，又是其特点之二。

所谓混蒸混烧，是指在将要进行蒸馏取酒的糟醅中按比例加入原料、辅料，通过人工操作上甑将物料装入甑桶，调整好火力，做到首先缓火蒸馏取酒，然后加大火力进一步糊化高粱原料。在同一蒸馏甑桶内，采取先以取酒为主，后以蒸粮为主的工艺方法，这是浓香型大曲酒酿造的工艺特点之三。

浓香型大曲酒生产从酿酒原料淀粉等物质的分解，到乙醇等成分的生成，均是在多种微生物的共同参与、作用下，经过极其复杂的糖化、发酵过程而完成的。依据淀粉成糖、糖成酒的基本原理，以及固态法酿造特点可把整个糖化发酵过程划分为三个阶段。

用下列图示可表示浓香型大曲酒的三个不同发酵段：

1. 主发酵期

淀粉→糖→酒精（边糖化、边发酵），温度缓慢上升，产生二氧化碳。

2. 生酸

乳酸、醋酸大量生成；温度稳定。

3. 产香味期

酯类生成，尤其是己酸乙酯、乙酸乙酯、乳酸乙酯、丁酸乙酯的生成及芳香族化合物等的产生；温度下降，达到稳定。

（二）生产工艺的基本类型

1. 工艺类型

以四川省为代表的浓香型大曲酒是我国特有的传统产品之一，历史久远，风格独特，在国内外享有盛名。在工艺上，有其自己的特点，但在具体操作上，又大致可分为三大类：以四川酒为代表的原窖法工艺，跑窖法工艺，以苏、鲁、皖、豫一带为代表的老五甑法工艺。

①原窖法工艺：原窖法工艺又称原窖分层堆糟法。采用该工艺类型生产浓香型大曲酒的厂家，著名的有泸州老窖、成都全兴大曲酒等。

所谓原窖分层堆糟，就是指本窖的发酵糟醅经过加原辅料后，再经蒸煮糊化、打量水、摊晾下曲后仍然放回到原来的窖池内密封发酵。发酵完毕，在出窖时，窖内糟醅必须分层次进行堆放，不能乱堆。一个窖内的糟醅分为上、中、下三个层次，实践证明下层糟醅最优，中层次之，上层较差。万年糟的使用应依照留优去劣的原则，如果不进行分层堆糟，就达不到这个原则要求。

具体做法是，开窖后首先去掉覆盖于窖面上的丢糟，依次将母糟运至堆糟坝，堆放面积一般为15~25m^2，高1.5m左右。在全窖糟醅取出约3/5时，要滴黄水数小时，然后再取运，按层次堆放，最后将剩余部分全部取运完。这样按层次取运和堆放糟醅的操作，使堆糟坝堆放的糟醅与窖内原有的糟醅位置恰恰相反。

一个窖的糟取运完毕后，又开始该窖的又一轮生产。在配料使用糟醅时，则首先使用的是底部的下层糟醅，最后不加原料的红糟则使用的是上层糟醅。全窖糟醅依然放入原窖进行密封发酵。

以上所述的方法，就称为原窖分层堆糟法。其工艺特点为：糟醅分层堆放，除底糟、面糟外，各层糟混合使用、蒸馏。摊晾下曲后的糟醅仍然回入原窖进行发酵。

原窖分层堆糟法，其具体操作工艺流程如图1-6所示。

②跑窖法工艺：跑窖法工艺又称跑窖分层蒸馏法工艺。使用该工艺类型生产的，以四川宜宾五粮液最为著名。

所谓跑窖，就是在生产时先有一个空着的窖池，然后把另一个窖内已经发酵完成的糟醅取出，通过加原料、辅料、蒸馏取酒、糊化、打量水、摊晾冷却、下曲粉后，装入预先准备好的空窖池中，而不再将发酵糟醅装回原窖。全部发酵糟蒸馏完毕后，这个窖池就成了一个空窖，而原来的空窖则盛满了入窖糟醅，再密封发酵。依此类推的方法称为跑窖法。跑窖不用堆糟坝，窖内的发酵糟醅可逐甑逐甑地取出进行蒸馏（而不是上、中、下三个层次的发酵糟醅混合蒸馏），故称为分层蒸馏。在白酒界称这种工艺类型为跑窖分层蒸馏法。

由于跑窖没有堆糟坝，窖内的发酵糟是蒸一甑运一甑，这就自然形成了分层蒸馏，因此，跑窖法不失为一种特殊的工艺操作法。其流程如图1-7所示。

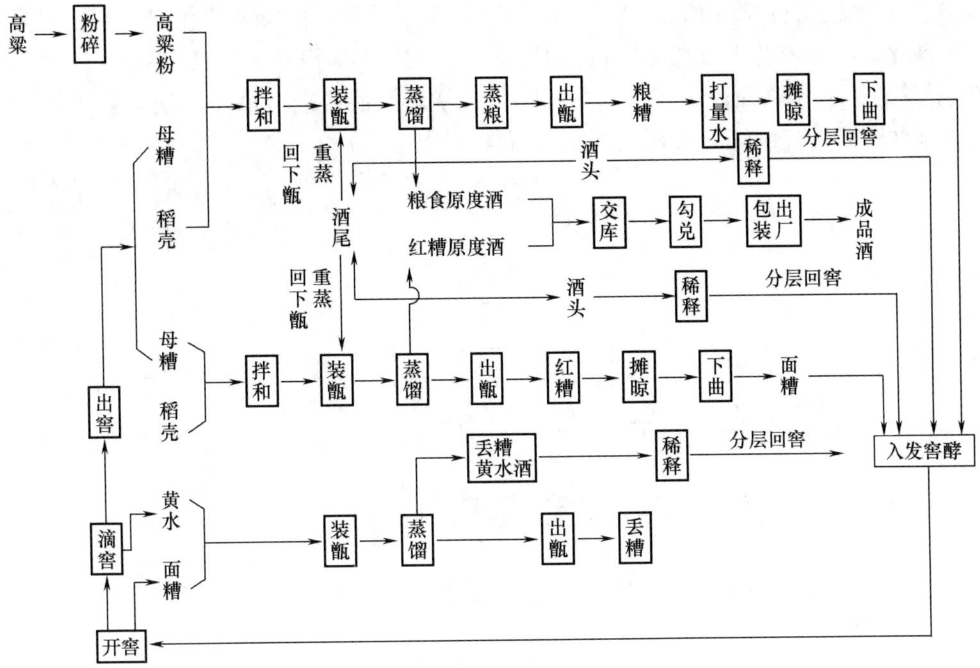

图 1－6　原窖分层堆糟法的工艺流程

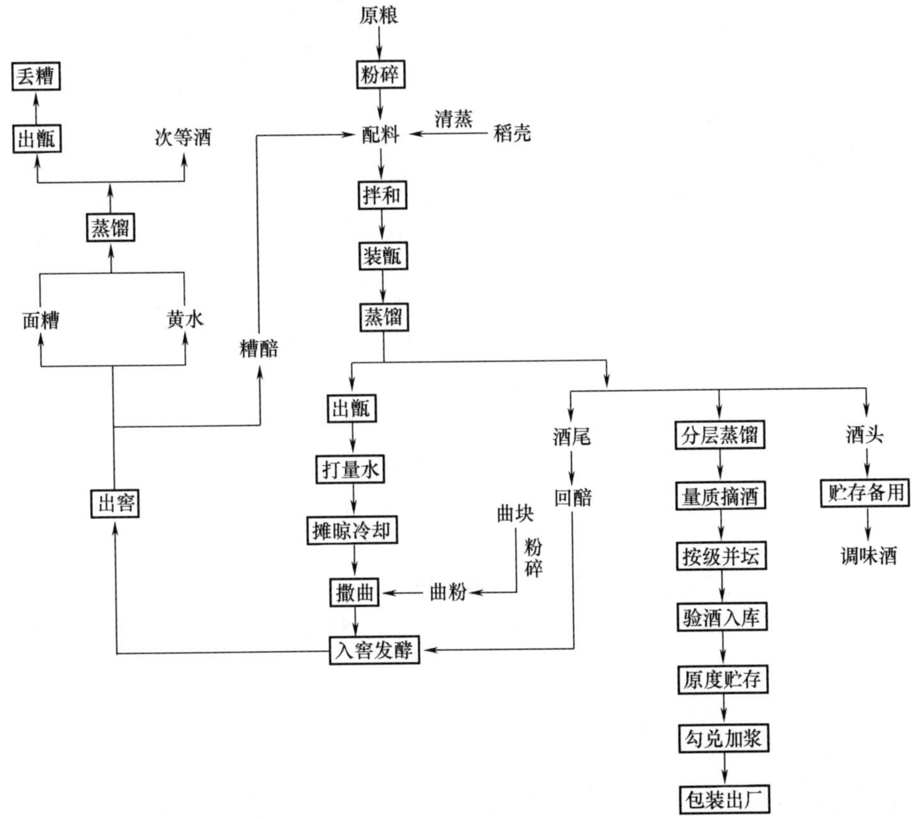

图 1－7　跑窖分层蒸馏法的工艺流程

③老五甑法工艺：所谓混烧老五甑法工艺，是原料与出窖的香醅在同一甑桶同时蒸馏和蒸煮糊化，在窖内有4甑发酵材料，即大楂、二楂、小楂和回糟。出窖加入新原料分成5甑进行蒸馏，其中4甑入窖发酵，另一甑为丢糟。该混烧老五甑法工艺，是传统形成而沿袭下来而得名的。混烧老五甑法的工艺流程如图1－8所示。

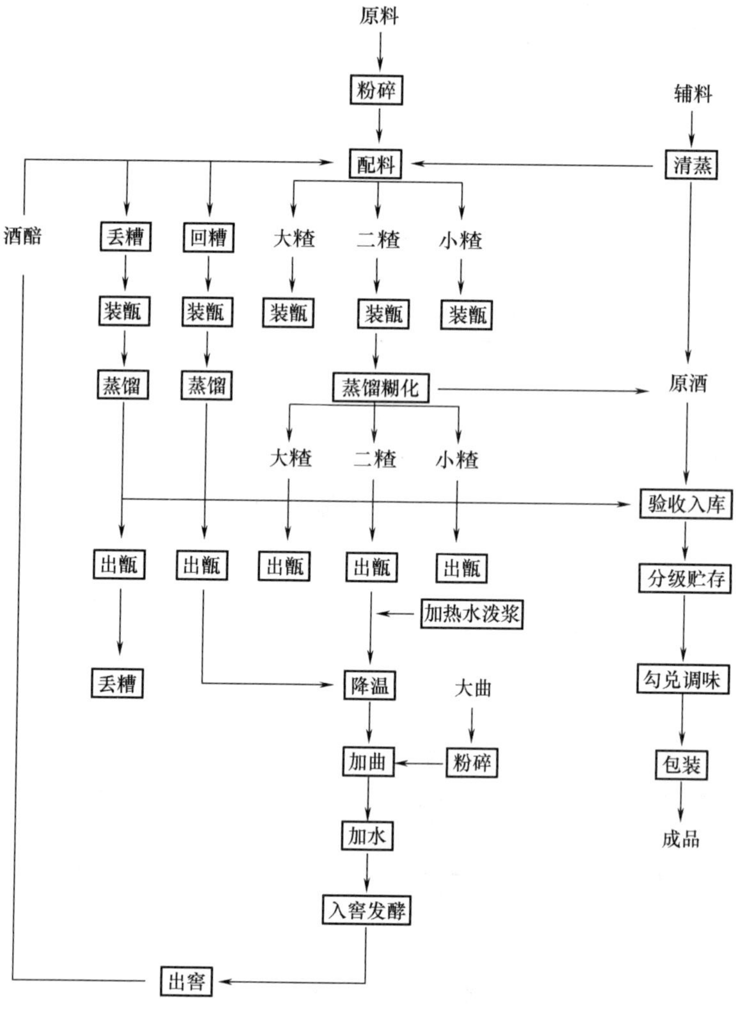

图1－8　混烧老五甑法的工艺流程

这是苏、皖、鲁、豫等省生产的名、优质浓香型大曲酒的典型生产工艺。原料经粉碎、辅料经清蒸处理后进行配料，将原料按比例分配于大楂、二楂和小楂中，回糟为上排的小楂经发酵、蒸馏后的酒醅，不加新原料。回糟经发酵、蒸馏后为丢糟。各甑发酵材料，经蒸馏出原酒，再验收入库、贮存、勾兑和调味，达到产品标准，包装为成品。

2. 浓香型大曲酒三种不同工艺类型的差异

（1）原窖法工艺的优缺点

①入窖糟醅的质量基本一致，甑与甑之间产酒质量比较稳定。

②糠壳、水分等配料，甑与甑间的使用量有规律性，易于掌握入窖糟醅的酸度、淀粉

含量，糟醅含水量基本一致。

③有利于微生物的驯养和发酵。因为微生物长期生活在一个基本相同的环境里。糟醅经过滴窖、分层堆糟后，能保持入窖糟醅的一致，并装入在同一个窖池里，这样糟醅中和窖池中微生物的营养成分、环境条件变化不大，使生长繁殖顺利地进行，从而提高了其作用能力，克服了微生物不适应或重新适应新环境的困难。

④有利于“丢面留底”措施的实施。即每一排均把窖上少许质量较差的粮食糟醅堆放在堆糟坝的一角，蒸成面糟（红糟），窖中、下层的糟醅继续蒸成粮糟入窖，这对提高糟醅质量、提高酒质均有积极作用。

⑤有利于总结经验与教训。开窖后与入窖前可以对糟醅、黄水等情况进行充分讨论与分析，找出上排配料、操作、入窖条件中影响产量与质量的各种因素，再来确定本排操作应该采取的措施，摸索出每一个窖池的性质和规律。这样可为扩大生产、搞好科学管理打下良好的基础。

⑥操作上劳动强度大，糟醅酒精挥发损失量大，不利于分层蒸馏。

（2）跑窖法工艺的优缺点

①有利于调整酸度和提高酒质。跑窖操作一般都是窖上层的发酵糟醅通过蒸煮后，变成窖下层的粮糟或者红糟（回醅），这样可以降低入窖糟醅的酸度（因为窖下层的糟醅在发酵后酸度大，而窖上面的糟醅则酸度小）。在入窖时，原来窖上层酸度小的糟醅在蒸煮后成了粮食糟醅装在窖的底层，而原来底层酸度大的糟醅则放在窖的上层，甚至将原来底层酸度大的糟醅蒸成红糟（回醅），最后成扔糟丢掉。这样反复进行，可以调节和降低糟醅酸度，有利于酸的代谢作用，避免乳酸一类不挥发酸在糟醅中积存，同时给乙酸、丁酸等挥发酸的生成创造了条件，所以产品质量较好。因为窖上层发酵糟醅含水量小，酸度也小，而窖下层的糟醅含水量大，酸度也大，这两种糟醅在窖内每排（轮）交换一次位置，反复循环，有利于调节糟醅的水分与酸度，所以在稳定糟醅含水量与酸度上起到极大的作用。

②操作上，劳动强度较小，糟醅中酒精挥发损失小。跑窖操作是起一甑蒸一甑，从而减少了在堆糟坝堆放时造成的酒精挥发。

③有利于分层蒸馏、量质摘酒、分级并坛等提高酒质的措施的实施。窖下层发酵糟醅所产酒质都优于上层发酵糟醅所产酒质，跑窖工艺是将窖内发酵糟醅一层一层（即一甑一甑）地分开进行蒸馏，所以这一操作方法称为跑窖分层蒸馏法，它给量质摘酒、分级并坛创造了良好的条件。

分层蒸馏各层糟醅产酒的主要成分分析结果见表 1 – 22。

表 1 – 22　　分层蒸馏各层糟醅产酒的主要成分分析结果

项目	酒精含量/%	总酸含量/（g/L）	总酯含量/（g/L）	总醛含量/（g/L）	备注
上层	68.1	0.432	2.430	0.326	
中层	74.5	0.432	3.440	0.337	五粮液酒厂分析
下层	70.0	1.010	5.630	0.355	

④该工艺配料、配糠、量水用量不稳定，也不一致，无规律。因为分层蒸馏每一甑酒

醅的含水量、酸度也均不一致，故给操作配料带来了一定的困难。

⑤不利于培养糟醅。部分质量优的窖底醅料被挤掉了，故这种方法不适合发酵周期较短的窖池，而只适应发酵周期长的窖。

⑥要克服糟醅水分不均匀的缺点，解决的方法是加冷水润料拌料。若窖上层的糟醅含水量不足，则粮粉吃水不透，会影响糊化效率。每甑糟醅加水多少，应根据该糟醅的水分含量而定，一般差一个百分点含水量的，应加18kg水（甑桶容积为1.3m^3左右），也有加冷酒尾的。总之，以确保粮粉吃足水分为准。加水的方法，有直接加到粮粉上拌和均匀后再与糟醅拌和的，也有加水到糟醅再与粮粉共同拌和的。其目的均为使粮粉充分吸水，利于糊化。

（3）老五甑法工艺的优缺点

①窖池体积小，容糟醅量不多，糟醅接触窖泥面积大，有利于培养糟醅，提高酒的质量。

②劳动生产率高。因窖池小，甑桶大，投粮量多，粮醅比为1∶（4～4.5），入窖淀粉含量高（17%～19%），所以产量大。如果每班4人，每班投粮700～750kg，蒸馏糟醅5甑，产酒250～350kg，生产时间7h左右。它比其他两法的劳动生产率高1/4左右。

③老五甑操作法，原料粉碎较粗，辅料糠壳用量小，按粮食比为12%～15%，比其他操作法的用量都小。

④此法操作上还有一个明显的特点，即不打黄水坑，不滴窖。

⑤糟醅含水量大，拌和前糟醅（大楂、二楂）含水量一般在62%左右，加料拌和后，水分为53%左右，不利于己酸乙酯等醇溶性香味成分的提取，而乳酸乙酯等水溶性香味成分易于馏出，这对浓香型白酒质量有一定影响，应注意这个问题的解决。

⑥老五甑操作法是一天起蒸一个窖，一班人完成，有利于班组管理，如果生产上出现了差错也容易查找原因。

通过对浓香型大曲酒生产三种不同工艺类型的初步分析，可知它们之间存在着差异，有各自的优缺点，应注意扬长避短。

三种操作法各自特点为：原窖法、跑窖法窖大甑小，淀粉含量低，发酵周期长；老五甑法则窖小甑大，淀粉含量高，有利于养楂挤醅，发酵周期短，水分大，不滴窖。跑窖法面糟（红糟）集中在一个窖内发酵，该窖称为回楂窖或挤醅窖，不像其他两法将面糟放在本窖的上面或底部。

四、几种浓香型名酒生产工艺

（一）泸州老窖酒的发酵工艺参数控制

窖池发酵情况直接影响着产品质量，发酵是否正常受到入窖条件的影响和制约。发酵工艺参数的控制主要集中在对糠壳、水分、温度、淀粉浓度、酸度、曲药等因素的控制。

1. 糠壳

（1）糠壳的作用

①利于滴窖。糠壳使母糟中有适宜的空隙，故使黄水能下沉窖底。

②糠壳能起到降低母糟的酸度、淀粉浓度、水分含量的作用，以满足发酵所需条件，促进微生物生长、代谢活动。

③保证蒸馏效率和糊化程度。糠壳能增强酒糟的骨力，增大粮糟中各物质间的界面关系，使之在蒸酒时不压汽、不夹花，蒸粮不起疙瘩、糊化彻底，为发酵创造有利条件。

④调节窖内空气，糠壳使窖内发酵糟中有适量的空气，利于酵母生长繁殖，建立起优势，使糖化发酵正常，并且升温正常。但糠壳不宜过多，过多则空气多，会形成好气发酵，严重影响产品质量。

（2）糠壳使用的注意事项

①糠壳的质量应是新鲜、无霉烂变质、金黄色的粗糠。

②注意容积和质量相结合，由于糠壳粗细有时不同，而糠壳粗细的相对密度不一致、容积不一致，在使用细糠时，不能单考虑其质量，而应着重考虑其容量与粗糠相同。

③坚持熟糠配料。因为生糠中含有多缩戊糖和果胶质，在蒸馏和发酵中能生成糠醛和甲醇等有害物质而影响酒质，并且生糠中杂菌多，还有生糠味、霉味，所以在工艺上要求将生糠进行清蒸处理，使之成为熟糠方可投入生产。

（3）糠壳与产酒的关系　糠大酒味糙辣且淡薄，糠少酒味醇甜，香味长。糠大易操作，且产量有保证，拌料、滴窖、蒸馏都较容易进行。要注意糠少母糟中包含的水分就大，滴窖、拌料、蒸馏都不易掌握，在这种情况下，操作不当就会影响出酒率，但如其他条件适合，操作细致得当，产质就会好。用糠要求做到使酒糟柔熟不腻、疏松不糙。在保证酒糟不腻的情况下，尽量少用糠，以提高产品质量。糠壳用量一般为20%～25%。

在生产中用糠量过多的现象常在淡季、平季产生，造成窖内发酵升温快而猛，主发酵期过短，只有2～3d（淀粉变糖变酒这阶段称主发酵期。时间一般在10～15d，即封窖到升温达最高点这一时间内）。其现象一般是：母糟现硬、现糙，上干下湿，上层糟在窖内倒烧；黄水黑清，下沉快，味酸而不涩，也不甜；下排入窖粮糟不起悬，不起“爪爪”，量水易流失，不保水。

生产中用糠量过少一般在旺季，而酒糟现腻。其现象一般是：发酵升温缓慢，最终温度低，甚至不升温，无吹口或吹口差等；发酵糟死板，跌头小；母糟腻，黄水黏，滴不出；蒸馏时穿烟慢，夹花吊尾，出甑后粮糟现软，无骨力。

2. 水分

（1）量水　所谓量水就是打入粮糟中一定数量的90℃以上的热水。其作用如下。

①稀释酸度：量水的加进，稀释了粮糟的酸度，并促进了粮糟中酸的挥发，从而降低了入窖酸度。

②保证发酵用水：使粮糟吃足水分，提供微生物生长、代谢所需的水分，以保证发酵正常进行。

③调节窖内温度：水分蒸发时需要热能，从而降低了窖内温度，以利微生物在适当的温度下进行代谢活动。

④降低入窖粮糟的淀粉浓度，有利于酵母菌的发酵作用。

⑤促进新陈代谢：由于去掉了发酵后的黄水，加入了新鲜的水分，可以促进必要的新陈代谢，提高酒糟的活力。

⑥可以增加粮糟的表面水分，以便使曲粉吸水，使曲药中的微生物及酶的活力增强，提高曲药的糖化发酵能力。

⑦起渠道作用：打入粮糟中的量水，经过翻动使粮糟的表面水分和淀粉中的溶胀水分

连结起来，从而使有益微生物通过表面进入淀粉内部，促进淀粉的糖化和发酵。

正常量水范围为60%～100%（对粮重百分比）。正常酒糟含水范围：入窖酒糟含水量为52%～55%，出窖母糟含水量为58%～62%。

量水的使用除了前面讲的原则外还应注意以下问题：量水必须90℃以上（最好是沸水），打完量水必须翻糟，水温高和翻糟都会促使粮糟中的淀粉把量水吸收进去。否则，会形成粮糟表面水分过多，于发酵不利；量水用量一般不应超过100%（对粮），如果母糟含水量不够，可在润粮时加水；量水应清洁卫生，严禁煤油、汽油、香皂等污染；打量水时应细致操作，以免烫伤。

量水与产量、质量的关系：水大产量高，水小质量好；水大易操作，水小操作困难，但如果操作细致，配料适当，产、质量均佳。所以在正常生产情况下，应尽量用水小，即做到入窖水分低。

生产中水分过小的现象：粮糟入窖后，升温快、幅度高；发酵终止后，母糟现干、现硬，易倒烧，黄水少；出窖母糟含水量小，润粮困难，粮粉吃不透，不转色，糊化不好，出甑后，不柔熟；入窖粮糟干沙，不起悬；酵母菌生长繁殖差，数量不足。

生产中水分过大的现象：入窖粮糟升温缓，但升温幅度大，顶点温度高，可达15～16℃，产量还可以；发酵糟中微生物、杂菌生长繁殖快，数量多，生酸大，黄水酸而不涩；产酒香味差，味淡薄，质量不好。

（2）黄水　黄水是发酵后产生的黄色液体，北方称为黄浆水。

通过滴窖，把黄水舀出来。滴窖在酿酒生产上有着特殊的意义，它可以降低母糟中的酸度（特别是可以降低乳酸和乳酸乙酯等水溶性不挥发性酸酯的含量，相应地增加酒中己酸乙酯等挥发性酸酯的含量），减少水分和一些不利于发酵的阻碍物质，可以在配料上减少糠壳用量，利于蒸馏，利于加进新鲜水分。所以滴窖是工艺上的一个重要技术措施，它能达到均衡生产的目的，千万不要忽视。

黄水的作用如下。

①一定数量的黄水，可以抑制杂菌生长，保护发酵糟免受其侵害，使窖内糟子不发生倒烧现象。

②黄水酸大可促进酯化反应，使酯的含量增加。

③为窖泥微生物提供丰富的营养物质。黄水中含有酸、酯、醇、醛、蛋白质、糖等，都是窖泥微生物所需的良好营养成分。因此，黄水可加速窖泥老熟，从而提高酒质。

3. 温度

在泸州老窖酒生产中，温度占有重要的地位。温度与发酵有密切的关系，温度过高，会影响酵母菌等微生物的活力，阻碍发酵，故在生产中要尽可能地把温度控制在适宜范围内，使发酵顺利进行。酿酒生产中经常使用的有关温度的术语有：地温、室温、入窖温度、升温幅度、发酵顶点温度、窖体温等。

（1）温度的作用　可提供有益微生物生长繁殖及代谢活动所需要的适宜条件。酒糟中，酒中微量成分的生成和相互间的转化都需要一定的温度，如蒸粮使淀粉糊化、发酵促使淀粉生成葡萄糖等。

（2）正常的入窖温度和升温幅度　正常的入窖温度是18～20℃。这是因为酵母菌的适宜生长温度是28℃，最适发酵温度是32℃，18～20℃入窖温度虽然不是酵母菌最适生长和最适发酵温度范围，但在较低温度条件下酵母菌生长缓慢，菌体健壮，具有较大的活力和持久的发酵能力，使发酵完全彻底，提高产量。并且在发酵过程中，蛋白质、脂肪、果胶等分解较少，因而酒中杂醇油、醛等物质含量较少，酒质纯正、质量较好。固体发酵的特点是温度无法控制，在主发酵期，温度逐日上升，如在30℃左右入窖（即高温入窖），糖化发酵加快，温度猛升，酵母菌体不健壮，易衰老死亡，发酵不彻底，持续时间短，多余糖分可被杂菌利用生酸。且在高温下，杂质含量高，酒质不纯，出现苦味或燥辣。

正常的升温幅度为15℃左右。每天发酵升温1～2℃，时间7～15d为正常。否则就不正常。

工艺上规定入窖温度的原则：以地温为依据确定入窖温度，地温在20℃以下时，入窖温度可控制在18～20℃；地温在20℃以上时，入窖温度可控制低于地温1～2℃。

（3）入窖温度低（18～20℃）的优点

①发酵升温缓慢，主发酵期长达10～15d，发酵完全，出酒率高且质量好。

②可以抑制杂菌生长繁殖。低温不利于杂菌生长而有利于酵母菌的繁殖，由此可以抑制杂菌的生长，到30～32℃时发酵已基本完成，乳酸菌、醋酸菌受到抑制。

③生酸幅度小。减少糖分、酒精的损失，而且母糟正常，有利于下排生产。

④入窖温低，发酵顶点温度不高，只达32℃左右，加之升温缓慢，吹口清凉有力而不猛，酒精和挥发性香味物质损失少。

⑤杂质生成量少，如甲醇、杂醇油等，而醇甜物质生成较多，利于酒质的提高。

（4）入窖温度高的缺点

①发酵升温快猛，主发酵期短，只有5d左右。发酵不完全，出酒率低，质量差。

②有利于杂菌生长繁殖。在高温情况下，有害杂菌同有益菌同时生长，竞争消耗淀粉。随着发酵的进行，温度上升越高，达33℃以上时，有害杂菌的活力增强，而酵母菌的活力减小，影响糖变酒。而杂菌大量消耗糖分、酒精，产酸多，这样的损失无法挽回。入窖温度低，如果操作不当而少产酒，淀粉还存在于母糟中，下排可挽回，而如果不产酒，残淀又不高，就无法挽回了。

③生酸幅度大。杂菌在高温下大量繁殖，消耗淀粉等营养物质，生酸大，使母糟带病，给下排生产带来困难。

④杂质生成多。原料中的五碳糖、果胶质、蛋白质、单宁在高温发酵情况下，加速分解成甲醇、糠醛、杂醇油等，而严重影响酒质。

⑤生成糖多、酒精少。即糖化好、酒化差，酵母菌发酵能力钝化，但霉菌的糖化力加速，把大量淀粉变成糖，而酵母菌不能利用或利用不完全，反而给杂菌提供了充足的营养。温度高的黄水黑清而甜，母糟黑硬。

⑥由于升温猛，吹口猛，CO_2多，生成的酒精会随CO_2跑掉，温度高的窖能闻到酒精味。开窖冲劲大的母糟，产量、质量都不好。

（5）生产中入窖温度过高过低的一些现象

①生产中入窖温度过高，母糟黑硬、酸度大，冲头大（酒气味大），黄水清、黑，现甜、酸而不涩，酒味燥辣、淡薄，香气短。

②生产中温度过低，发酵初期升温缓慢，有时2～3d不升温，主发酵期太长，有的长

达1个月左右，母糟颜色嫩，黄水黏，现花，产酒甜味重、香味差，产量、质量都不好。

4. 淀粉

（1）淀粉的作用　具有降低母糟酸度和水分的作用，加入粮粉拌和后可降低母糟水分10%，降低酸度1/6；提供微生物的营养成分和提供发酵所需温度，是窖内升温的主要来源；是母糟新陈代谢循环的主要物质之一。

（2）正常酒糟的淀粉含量和粮糟比　泸州老窖酒生产中，正常入窖粮糟的淀粉含量为18%～22%，正常母糟残余淀粉含量9%～13%。

（3）使用淀粉（投粮）时应注意的问题　原料要求饱满，无霉变虫蛀，含水分不超过13%。要保证润粮时间，让粮粉吃透水分，蒸粮保证60～70min，但又不超过70min。粮粉粗细度要适宜，过细要增大用糠量，过粗不易糊化。

（4）入窖淀粉含量与产量、质量的关系　入窖淀粉含量高一点，糟子肉实肥大，含有益成分丰富，产酒浓香、醇，但粮耗高一点；相反糟子瘦纤，含有益成分少一点，产酒香气不浓，单调带糙，但粮耗要低一点，出酒率高些。由于质量是企业的生命，所以现在主张入窖淀粉偏高一点为好。见表1－23。

表1－23　入窖淀粉含量与粮耗的关系

每甑投粮/kg	入窖温度/℃	入窖淀粉/%	用曲量/%	发酵最高温度/℃	升温幅度/℃	出窖淀粉/%	粮耗/（kg/100kg）
120	22.5	16.32	19.23	35	12.5	8.06	216.3
130	22	17.26	20	38	16	8.70	226.11
110	23	15.29	19.13	35.5	12.5	8.07	238.88
120	23	16.46	19.58	38	15.5	9.86	244.89

5. 酸度

酸度是指酒糟中的含酸量。在窖池发酵过程中，总是有一定量的有机酸类物质形成。它们的形成主要是细菌代谢作用的结果，如葡萄糖在醋酸菌的作用下生成醋酸，葡萄糖在乳酸菌的作用下生成乳酸。此外，在一些生化反应中，一些物质也可能变成酸类物质。如乙醇、乙醛也可以氧化成醋酸，一些低级酸也可以合成高级酸。随着发酵的继续进行，酸类物质与其他物质反应还可生成其他香味物质，如在发酵后期，酸、醇起酯化反应可生成酯类物质。例如，己酸和乙醇反应可生成己酸乙酯。所以酸是形成泸州老窖酒香味成分的前体物质，其本身也是酒中的一种重要的呈味物质。所以母糟中酸度低时，产酒不浓香，味单调。但酸度过高会抑制有益微生物（主要是酵母菌）的生长和代谢活动，从而使发酵受阻，严重影响产量、质量。所以，必须从正反两个方面深刻地认识它，从而在生产中有效地利用它。

（1）酸的作用　有利于糊化和糖化作用，酸有助于将淀粉水解成葡萄糖；适宜的酸度可以抑制杂茵生长繁殖，而有利于酵母菌生长；提供有益微生物的营养和生成酒中各种风味物质；酯化作用，酸是酯的前驱物质，有什么样的酸，才能产生什么样的酯，各种酯的产生都离不开酸。

（2）正常粮糟的适宜酸度范围

入窖粮糟适宜酸度范围：冬季1.5～1.8；夏季1.5～1.9。

出窖母糟适宜酸度范围：冬季2.5～3.0；夏季3.0～3.5。

要特别注意控制入窖酸度，因为除入窖酸度外，在发酵中还要生酸，增大酸度，而酵母菌的耐酸能力则有限，因此，入窖酸度不宜过大。

（3）调节适宜酸度的原则　入窖温度高低不同（即气温高低、季节不同）时调酸的原则为，入窖温度高，酸可稍高，以酸抑制杂菌，达到以酸抑酸；入窖温度低时，酸可低一点。对产质有不同要求的调酸原则为，侧重产量，入窖酸度可低一点；侧重质量，入窖酸度可稍高一点。入窖粮糟淀粉含量高低不同的调酸原则为，入窖粮糟淀粉含量高，酸宜小；入窖粮糟淀粉含量低，酸宜高。发酵周期不同的调酸原则为，发酵周期长，入窖酸度可稍高；发酵期短，入窖酸度可调低点。

（4）生产过程中酒糟酸度变化规律　发酵期在45～60d，发酵升酸幅度在1.5左右为正常。出窖到入窖的降酸应在1.5左右，其降酸过程是：滴窖降低酸度0.5左右，加粮加糠可降低酸度0.6左右，蒸酒蒸粮阶段可降低酸度0.4（每流7.5kg酒可降低0.1的酸度）。此外打量水、摊晾也有降酸的作用。

（5）窖内升酸过大的原因　高温入窖，杂菌生长繁殖快造成生酸过大；糠大，糟糙，造成窖内空气多，好气性细菌大量生长，升温高、升酸高；窖池管理不善，空气渗入，杂菌作用加强，生酸大；入窖水分大，杂菌易于生长，生酸会大；量水温度过低，入窖粮糟表面水分被杂菌利用造成生酸大；清洁卫生差，酒糟感染杂菌，易于生酸；入窖酒糟酸度过低，热季在1.5以下，冬季在1.2以下，抑制不住杂菌生长，升酸幅度很高。

（6）酸度过大的危害　入窖酸高，酵母菌生长繁殖差，酶活力降低，发酵不能正常进行，造成粮耗高、质量差、产酒少的现象；发酵后期杂菌繁殖，淀粉和糖分损失大；出窖母糟酸度大，不仅大量损失淀粉、糖分，而且给下排配料带来很大困难；酸度大对设备的腐蚀增大，缩短了设备使用寿命，并且使酒中重金属等杂质含量增加，超过卫生指标，从而严重影响酒质。

（7）调节（降低或升高）酸度的技术措施

①低温入窖：酸越大，越要坚持低温入窖，低温入窖是降酸的主要措施。

②搞好清洁卫生工作：加强窖池管理、残糟回蒸等，都是控制杂菌繁殖的有效措施，可以确保升酸幅度不高。

③加强滴窖：黄水黏不好滴时，可加酒尾滴窖。

④串酒蒸馏降酸：在蒸馏时，在底锅中加入一般曲酒，可降低糟醅中的酸度。

⑤加青霉素控制酸度：1g粮糟可加0.5个单位的青霉素。1甑可加50万个单位，这样可控制升酸幅度在1.5左右。这是因为酵母菌、霉菌属真核生物，而细菌是原核生物，青霉素对酵母菌、霉菌无杀伤力，却可以杀死细菌，从而降低酸度。

⑥淡季（热季）采取减粮措施可以降低出窖酸度，在进入旺季（冬季）的前一排则采取加粮措施以稀释酸度，以保证转排快。

⑦红糟打底也是降低母糟酸度的措施：热季用红糟作底糟，丢掉，红糟作底糟利于滴窖，因而可降低母糟酸度。

⑧缩短发酸期可以降低母糟酸度，延长发酵期可提高母糟酸度。

⑨加强双轮底糟的降酸工作。将双轮底分散蒸馏入窖，既可降低酸度，又可提高整窖母糟风格。

⑩在入窖时或发酵中期加入生香酵母菌液，可以抑制酒糟生酸，这样升酸幅度在1.2以内，对质量也有一定好处。新窖母糟酸低时，在发酵中期，采取回灌老窖黄水的措施，人为地提高发酵糟的酸度，可以抑制杂菌生长繁殖，减少本身的升酸幅度，并且利于酯化作用。

（8）生产中酸度过高过低的现象

①入窖酸度过高的现象：窖内不升温，不来吹，15d左右取糟分析，糖分高、淀粉高，酒精含量少。对于这种情况，应提前开窖，根据母糟淀粉含量，减少投粮，可挽回并使酸度转入正常。

入窖酸度偏大的另一种现象是：糟子发硬、含糖高、黄水甜，产质也不好。

发酵时间太长会引起酸大，其出窖母糟红烧、黄水有悬，产质均不错，尤其是质量好，但如果不采取有效降酸措施，下排就会减产。

②入窖酸度过低的现象：入窖酸度低，产量较高，质量差。

表1－24为入窖温度、酸度与出窖酸度、粮耗的关系。

表1－24　入窖温度、酸度与出窖酸度、粮耗的关系

入窖温度/℃	入窖酸度	出窖酸度	粮耗/kg	原料出酒率/%
13～14.5	1.7	2.7	188.8	52.97
16.5～17.5	1.8	3.1	200.3	49.93
22.5～23.5	2.2	3.3	216.3	46.23
27	2.3	3.5	221.9	45.07

6. 曲药

泸州老窖酒生产所用的曲一般为传统大曲，由天然接种，自然发酵，多菌种混合培养而成。以制曲发酵所控制最高品温不同分为三种类型。

高温曲：品温最高达68℃以上。以茅台酒为代表，主要用来生产酱香型大曲酒。

中温曲：品温最高不超过52℃。以汾酒为代表，主要用于生产清香型大曲酒。

中高温曲：品温在56～62℃。它介于中温曲与高温曲发酵所控制的温度之间，最高品温不超过62℃，所以称为中高温曲。以泸州老窖为代表的浓香型白酒均用中高温曲。

泸州老窖酒生产上所使用的曲药，是发酵成熟并经3个月贮存后的大曲块经粉碎而成的曲粉，曲药是一种习惯上的名称。

（1）曲药的作用　提供有益微生物。参与酿造泸州老窖酒的有益微生物主要来源于曲。据化验分析，1g入窖酒糟中，活酵母数为2.8×10^{7}个左右，其中60%是曲药提供的。

起投粮、增加淀粉含量的作用。曲药中含淀粉一般在57%～58%，这些淀粉经二次发酵能产一部分酒，这种二次发酵酒，香味特殊，是构成泸州老窖酒独特风格不可缺少的一部分。

具有增香作用。曲药中含有较丰富的蛋白质、氨基酸、芳香族化合物，它们在发酵过程中，通过微生物或温度的作用而生成微量的芳香物质，增加了酒的特殊香味，而使浓香型大曲酒酒质更加醇美。

正常入窖粮糟适宜的用曲范围：粮糟比1∶(4～5)，用曲占投粮的20%左右。

(2) 曲药使用时应注意的问题 计量准确，撒曲或下曲要均匀；曲药入窖后要求转色，即接近粮糟颜色，因此要求注意水分和加强翻拌。要使用新鲜的曲药；先打先用，最好不要贮存，生霉变色的曲药决不能使用。

(3) 用曲过多过少的一些现象 用曲过多，发酵时造成升温快，升温高，产酒带苦带涩，这就是常说的“曲大酒苦”。

用曲量过少，出酒率低，质量不好，酒味淡薄，不浓香，原度酒的酒度不高。

对以上糠、水、温、酸、淀、曲6项参数的控制，在实际生产中，不是一项一项割裂开的，而是一个有机的整体，它们整体地表现在入窖粮糟上，构成有利有益微生物生长繁殖并适合其代谢活动的培养基。各季入窖条件和原料配比见表1－25。

表1－25 各季入窖条件和原料配比

项目	旺季 12，1，2，3，4，5月	平季 6，10，11月	淡季 7，8，9月	说明
地温	20℃以下	20～25℃以下	26℃以下	
稻壳/%	20～22	19～21	17～19	按投粮百分比
量水/%	60～65	65～70	65～75	按投粮百分比
母糟/%	480	560	580	按投粮百分比
入窖温度/℃	13℃或高于地温1～2℃	平地温或高于地温1℃	低于地温1～3℃	
酸度	1.0～1.4	1.3～1.6	1.5～1.7	
淀粉/%	16～17	15～17	15～16	
水分/%	53～54	53～55	54～55	
出窖酸度	2.5～2.8	2.6～3.0	3.0～3.2	
淀粉/%	6～7.5	7～8.5	7.5～9	
水分/%	57～60	59～60	59～60	

(二) 五粮液酒酿造工艺

“跑窖循环，续糟发酵；分层起糟，分层入窖；量质摘酒，按质并坛”是五粮液独特的工艺。好的产品是靠工艺、技术参数和相应的设备，由人工精心操作完成的。五粮液生产的“跑窖循环，续糟发酵”是该厂的传统工艺。此工艺使糟醅在一个大环境中驯化，对调整糟醅结构大有好处；“分层起糟，分层入窖”工艺是典型的精心操作，对好坏糟醅发酵后产的酒质便于区分蒸馏，为五粮液原酒质量的稳定起到重要的作用。

所以，独特的生态环境、酿酒原料和酿酒生产工艺是酿造优质五粮液酒的前提条件。

1. 原料和辅料

(1) 原料

①五种粮食感官及理化标准

宜宾五粮液股份有限公司企业标准：高粱（摘要，见表1－26，表1－27）。

表 1－26　感官要求（高粱）

项目	感官要求
色泽	具有高粱固有的颜色和光泽
气味	具有高粱正常的气味，无霉味及其他异杂味
金属物质	无

表 1－27　理化指标（高粱）

项目	技术指标	项目		技术指标
体积质量/（g/L）	≥720	害虫密度/（头/kg）		≤2
不完善粒/%	≤3.0	水分/%		≤13.5
虫破粒/%	≤5.0	淀粉（干基）	总淀粉（干基）/%	≥75
带壳粒/%	≤5.0		其中：支链淀粉/%	≥85
杂质/%	≤1.0	品温与环境温度差值/℃		<5

卫生指标：高粱卫生指标按 GB 2715—2005《粮食卫生标准》规定执行。

宜宾五粮液股份有限公司企业标准：大米（摘要，见表 1－28、表 1－29）

表 1－28　感官要求（大米）

项目	感官要求
色泽	具有大米固有的颜色和光泽
气味	具有大米正常的气味，无霉味及其他异杂味
金属物质	无
加工精度	背沟有皮，粒面留皮不超过 1/3 的占 75% 以上

表 1－29　理化指标（大米）

项目		技术指标	项目	技术指标
不完善粒/%		≤6.0	黄粒米/%	≤2.0
杂质	总量/%	≤0.40	害虫密度/［头/kg（包）］	≤2
	糠粉/%	≤0.20	互混/%	≤5.0
	带壳稗粒/（粒/kg）	≤70	水分/%	≤14.0
	稻谷粒/（粒/kg）	≤16	总淀粉（干基）/%	≥77
小碎米/%		≤2.5	品温与环境温度差值/℃	<5

卫生指标：大米卫生指标按 GB 2715—2005《粮食卫生标准》规定执行。

宜宾五粮液股份有限公司企业标准：糯米（摘要，见表 1－30、表 1－31）。

表 1－30　　感官要求（糯米）

项目	感官要求
色泽	具有糯米固有的颜色和光泽
气味	具有糯米正常的气味，无霉味及其他异杂味
金属物质	无
加工精度	背沟有皮，粒面留皮不超过 1/3 的占 75% 以上

表 1－31　　理化指标（糯米）

<table>
<tr><th colspan="2">项目</th><th>技术指标</th><th colspan="3">项目</th><th>技术指标</th></tr>
<tr><td colspan="2">不完善粒/%</td><td>≤6.0</td><td rowspan="3">互混</td><td colspan="2">糯米互混/%</td><td>≤5.0</td></tr>
<tr><td rowspan="4">杂质</td><td>总量/%</td><td>≤0.40</td><td colspan="2">小碎米互混/%</td><td>≤15.0</td></tr>
<tr><td>糠粉/%</td><td>≤0.20</td><td colspan="2">籼粳互混/%</td><td>≤10.0</td></tr>
<tr><td>带壳稗粒/（粒/kg）</td><td>≤70</td><td colspan="3">水分/%</td><td>≤14.0</td></tr>
<tr><td>稻谷粒/（粒/kg）</td><td>≤16</td><td rowspan="3">淀粉</td><td colspan="2">总淀粉（干基）/%</td><td>≥77</td></tr>
<tr><td colspan="2">小碎米/%</td><td>≤2.5</td><td rowspan="2">其中：支链淀粉</td><td>籼糯/%</td><td>≥95</td></tr>
<tr><td colspan="2">黄粒米/%</td><td>≤2.0</td><td>粳糯/%</td><td>≥98</td></tr>
<tr><td colspan="2">害虫密度/［头/kg（包）］</td><td>≤2</td><td colspan="3">品温与环境温度差值/℃</td><td><5</td></tr>
</table>

卫生指标：糯米卫生指标按 GB 2715—2005《粮食卫生标准》规定执行。

宜宾五粮液股份有限公司企业标准：小麦（摘要，见表 1－32、表 1－33）。

表 1－32　　感官要求（小麦）

项目	感官要求
色泽	具有小麦固有的颜色和光泽
气味	具有小麦正常的气味，无霉味及其他异杂味
金属物质	无

表 1－33　　理化指标（小麦）

项目	技术指标	项目	技术指标
体积质量/（g/L）	≥750	害虫密度/（头/kg）	≤2
不完善粒/%	≤4.0	水分/%	≤12.5
虫破粒/%	≤3.0	总淀粉（干基）/%	≥75
赤霉病粒/%	≤4.0	品温与环境温度差值/℃	<5
杂质/%	≤1.0		

卫生指标：小麦卫生指标按 GB 2715—2005《粮食卫生标准》规定执行。

宜宾五粮液股份有限公司企业标准：玉米（摘要，见表 1－34、表 1－35）。

表 1－34　感官要求（玉米）

项目	感官要求
色泽	具有玉米固有的颜色和光泽
气味	具有玉米正常的气味，无霉味及其他异杂味
金属物质	无

表 1－35　理化指标（玉米）

项目		技术指标	项目	技术指标
体积质量/（g/L）		≥685	害虫密度/（头/kg）	≤2
不完善粒	总量/%	≤5.0	水分/%	≤14.0
	其中：生霉粒/%	≤2.0	总淀粉（干基）/%	≥75
杂质/%		≤1.0	品温与环境温度差值/℃	<5

卫生指标：玉米卫生指标按 GB 2715—2005《粮食卫生标准》规定执行。

②粉碎

a. 配料程序：配料过程由微机系统按配方比例（高粱 36%、大米 22%、糯米 18%、小麦 16%、玉米 8%）完成。

b. 粉碎后混合粮粉：混合粮粉粗细度标准为细粉不大于 8%，其中高粱、大米、糯米、小麦粉碎度为四、六、八瓣，玉米粉碎颗粒不得有大于整粒的 1/4，除糯米（籼米）整粒不得多于 20 粒/0.5kg 外，其余粮食无整粒。

（2）辅料　宜宾五粮液股份有限公司企业标准：谷壳（摘要，见表 1－36）。

表 1－36　感官和质量要求（谷壳）

项目	质量要求
霉变	无霉变
颗粒形状	2～4 瓣
骨力	手握糠壳坚挺，无明显松软感觉
色泽	黄色、正常，无其他异色
气味	具有谷壳特有的正常气味，无其他异杂味
杂质	≤0.5%
水分	≤14.0%
粗细度（细粉）	≤10.0%

2. 酿酒工艺

（1）工艺流程图　如图 1－9 所示。

（2）操作工艺

①原料处理：酿制浓香型大曲酒的原料，须粉碎后使用，目的是增加原料受热面，有利于淀粉颗粒的吸水膨胀、糊化，并增加粮粉与酶的接触面，为糖化发酵创造良好条件。

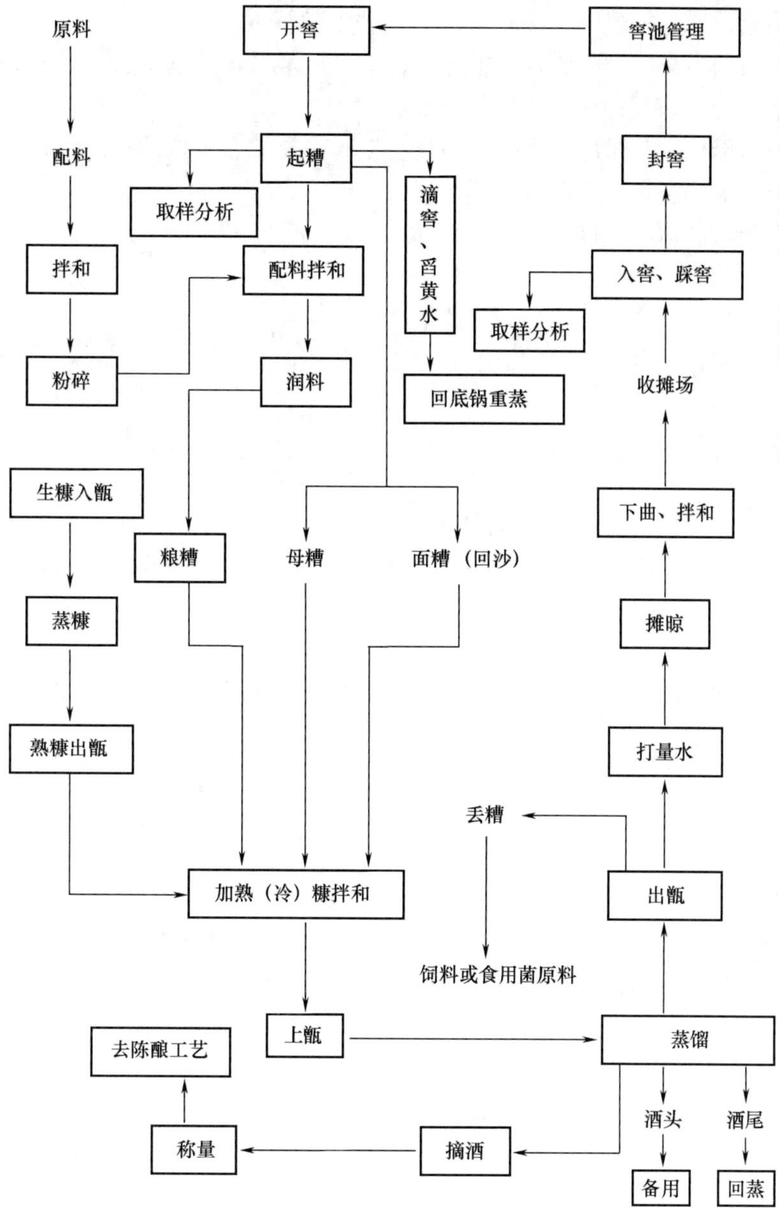

图 1－9　五粮液酒酿造工艺流程

为了增加大曲与粮粉的接触面，曲药也必须进行粉碎，以未通过 20 目筛的粗粉大于 80% 为指标。使用辊式粉碎机。高粱粉碎度为四、六、八瓣，粮粉能通过 20 目孔筛的细粉不超过 20%，整粒不许有。

稻壳是酿造大曲酒的优良填充剂，使用前应清蒸 30min 以上，以消除异味及生糠味等，蒸后摊开，晾干备用，熟糠含水量小于 13%。

②开窖

剥窖皮：将封窖泥剥开取出，放入踩泥池中。

起面糟：严格区分面糟与母糟，用铁铲将面糟铲至推车中，运到堆糟坝（或晾堂上）

堆成圆堆，拍紧，撒上一层熟（冷）稻壳，防止酒精挥发。

起母糟：根据当日应做甑数将母糟分层连续起至堆糟场分别堆放，拍光并撒上一薄层熟（冷）糠，起至底窖糟时，安上梯子下窖。

每起完一甑母糟，及时清扫窖壁；整口窖池起完糟醅后，再清扫窖池；当日所用母糟起好后，窖池上搭盖塑料布，以减少挥发损失。

滴窖：将剩余酒糟起在窖另一侧，开始滴窖。每隔 3h 舀黄水一次。舀得的黄水可回底锅串蒸或作其他用。

开窖鉴定：每出一个窖，由车间主任带队，召集有关人员对该窖的黄水、母糟进行鉴定，结合分析数据，分析母糟发酵情况、黄水的好坏，确定下排的配料、入窖温度及操作措施。

③配料拌和：根据开窖鉴定结果和窖别、甑别、粮糟比决定配料，一般粮粉与母糟比以 1:(4.5 ~5)（视季节及具体情况定），稻壳 25% 左右。

上甑前 1h 前拌和，第一甑可半小时前拌和。配好料并拌和 2 次，要求配料准确、稳定。拌和后，粮粉应无堆、团现象，拌和完撒上一层熟稻壳，上甑前 15min 左右再拌和 1 次，收堆。

④润料：润粮时间 60 ~75min，粮粉转色。底层湿糟醅，可适当缩短润粮时间。

⑤加熟糠拌和：加糠量（以混合粮粉质量计）23% ~27% 。拌和均匀，糠壳无堆、团现象（拌和 2 ~3 次）。

⑥上甑

上甑蒸汽压力：0.03 ~0.05MPa。

上甑至穿烟盖盘时间：≥35min。

上甑要轻撒匀铺，探汽上甑。汽压均匀。

⑦蒸馏摘酒：要求缓火流酒、大火蒸馏。熟粮标准为内无生心，糊化彻底，熟而不黏。摘取酒头量 0.5kg 左右。蒸汽压力，流酒时不大于 0.03MPa，蒸粮时不大于 0.05MPa。流酒速度 2 ~2.5kg/min。流酒温度 20 ~30℃。流酒至出甑时间不少于 40min。酒尾单独接取，备下甑重蒸或作其他用。

面糟与母糟分开蒸，其酒也分别贮存。

⑧出甑：出甑前先关汽阀，用行车将活动甑吊至凉糟床正上方，打开甑底将糟醅放下。面糟蒸酒后作为丢糟，可用作饲料或食用菌原料等。

⑨打量水：量水温度 95 ~ 100℃ （不低于 95℃）。量水用量（以混合粮粉质量计）75% ~90% 。堆焖（打量水以后）时间 3 ~8min。

⑩摊晾：在晾床（晾糟棚）上摊晾，摊晾时间不少于 30min。摊晾温度，地温在 20℃以下时，16 ~20℃；地温在 20℃以上时，平地温。翻划各 2 次以上。

⑪下曲、拌和：曲药用量（以混合粮粉质量计）20% 。下曲温度（摊晾调整后的温度），地温在 20℃以下时，16 ~20℃；地温在 20℃以上时，平地温。要求拌和均匀，曲粉无堆、团现象。所用曲药不能贮存太久，当日用当日运。

⑫收摊场：曲粉拌和均匀后，用铁锨迅速将糟醅铲入糟醅吊斗中，立即清扫凉糟床及周围地面糟醅，并将其铲入吊斗中，行车将糟醅吊斗运至窖池上方。

⑬入窖踩窖：入窖温度，地温在 20℃以下时，16 ~20℃；地温在 20℃以上时，平地

温。各点温差不高于1℃。踩窖沿四周至中间，热季一足复一足密踩，冷季可稀脚。窖池按规定装满粮糟甑数后踩紧拍光，放上隔篾，再做一甑红糟覆盖在粮糟上并踩紧拍光。

⑭封窖：将封窖泥添加新黄泥热水浸泡后踩柔熟，用专用泥吊斗将封窖泥运至窖池进行封池。封池泥厚度为15～20cm。

⑮窖池管理：封窖后15d左右必须每天清窖，避免裂口。用温度较高的热水调新鲜黄泥泥浆淋洒窖帽表面，保持窖帽滋润不干裂，不生霉。

（三）剑南春酒酿造工艺

酿造剑南春大曲酒对原料的质量要求也十分严格。因为原料质量的好坏，将直接关系到出酒率的高低和酒质的优劣。在浓香型名优白酒的生产中，原料是基础，不同原料产出的白酒，在风味上差别较大。相同的原料因品种、产地不同，其产品质量与出酒率也大不相同。因此，酿酒之前对原料的选择要特别慎重，关键是要根据酒体风味特征的设计方案来选择原料及其品种，并采取相应的技术措施，才能收到最佳的效果。其次，所选用的原料还应注意保持其稳定性，经常变动原料对酿酒生产是非常不利的。

1. 原辅材料的质量要求

酿制名优白酒多数都是以粮谷为原料。谷物中含有一定量的淀粉和纤维素。

粮谷原料一般以糯（黏）者为好，即支链淀粉含量高者为佳，如糯高粱和糯米。原料要求颗粒饱满，有较高的千粒重，原粮水分在14%以下。优质的白酒原料要求新鲜、无霉变和较少的杂质，淀粉含量较高，蛋白质含量适当，脂肪和单宁含量少，并含有多种维生素及无机元素，不得有黄曲霉毒素及农药残留物等有害成分。总之是以有利于微生物的生长、繁殖与代谢，有利于名优白酒形成明显的个性风味特征为原辅料选择标准。

2. 原辅料的加工要求

（1）原料处理　酿制大曲酒的原料，必须粉碎。其目的是要增加原料受热面积，有利于淀粉颗粒的吸水膨胀、糊化，并增加粮粉与酶的接触面积，为糖化发酵创造良好条件。原料颗粒太粗，蒸煮糊化不透，曲子作用不彻底，将许多可利用的淀粉残留在酒糟里，造成出酒率低；原料过细，虽然易蒸透，但蒸馏时易压汽，酒醅发腻（黏），易起疙瘩，这样就要加大填充料用量，给成品质量带来不良影响。由于大曲酒发酵均采用续糟法，母糟都经过多次发酵，因此，原料并不需要粉碎过细。

剑南春酒、绵竹大曲酒的原料由高粱、大米、糯米、小麦、玉米混合粉碎而成，粗细程度要求一粒粮食分成6～8瓣，能通过20目筛的细粉为（20±5）%，根据季节变化和发酵母糟所含残余淀粉的高低决定每甑原料的用量，各季入窖粮糟淀粉含量应控制在17%～20%。

（2）对曲药的处理　酿酒的大曲，形如砖状，必须经粉碎后才能使用。粉碎度以通过20孔筛的占30%左右为宜。粉碎过细，曲药中的微生物酶与淀粉接触面大，糖化发酵快，但持续力差，没有后劲；如粉碎太粗，接触面太小，微生物酶没有充分利用，糖化发酵太缓，影响出酒率。粉碎后的曲药粉要妥善放置，避免受潮霉变，保持酶的活性，一般不宜贮存太久。

（3）对糠壳的处理　糠壳是酿造剑南春大曲酒的优质填充剂。但由于糠壳中含有较多的多缩戊糖及果胶质，在酿酒过程中能产生糠醛及甲醇等物质，糠壳还带有霉味、生糠味等，因此，使用前务必对糠壳进行清蒸处理。蒸糠过程中多缩戊糖分解，产生糠醛随水蒸气挥发，生糠味、霉味也随之跑掉。

经试验证明，30min 为蒸糠最佳时间，由于多缩戊糖大大减少，糠醛等杂质在成品酒中的含量大大降低。因此，对糠壳进行清蒸处理在工艺中是比较重要的一环。

蒸糠时，必须将底锅水换掉洗净，大火（大汽）蒸，蒸到有清香味才能出甑，出甑后立即摊薄、晾干，温度降至室温，然后收拢备用，熟糠的含水量不得超过 13%。

3. 原辅料的除杂和粉碎

剑南春酒厂通常采用振动筛去除原料中的杂物，用吸式去石机除石，用永磁滚桶除铁。

原料的粉碎采用锤式粉碎机、辊式粉碎机及万能磨碎机。粉碎的方式有湿式粉碎及干式粉碎两种。

（1）制曲原料的粉碎　多粮型酒的原料粉碎要求通过 20 目筛孔的细粉占 30% ~ 35%，有的单粮型曲料粉碎能通过 40 目筛的占 50%，有的甚至高达 60%。

在原料粉碎时，一定注意粉碎的粗细度，如果原料粉碎过粗，制成的曲还不易吸水，黏性小，不好踩，不易成型。而且由于坯中物料空隙大，水分迅速蒸发，热量散失快，培曲过程中曲坯过早干裂，表面粗糙，微生物不易繁殖，曲坯上火快，成熟也快，断面生心，微生物生长不好。如果粉碎过细，则压制好的曲块黏性大，坯内空隙小，水分、热量不均易散失，霉菌易在表面上生长，引起曲的酸败，曲子升温慢，成熟也晚，出房后水分不易排尽，甚至还会造成曲坯“沤心”“鼓肚”“圈老”等现象。因此，控制大曲原料粉碎度是十分必要的。剑南春酒厂曲房按照原料比例分别粉碎，小麦要粉碎成过 20 目筛细粉占 50%，无整粒、粗细均匀；大麦应粉碎成细面，即麦皮呈片粒状，麦心粉碎成细粉状，所谓的“烂心也烂皮”的颗粒状。这样，既可利用麦皮的透气、疏松性能，又能使麦心营养成分与微生物充分接触，吸收营养，有利于微生物在大曲上生长，还能使曲料吸水性好，水分适中（一般 40%），这样好踩，曲块成型好。

（2）制酒原料的粉碎　各种原料混合粉碎的粗细度，要求一粒粮食分成 6 ~ 8 瓣，能通过 20 目筛的细粉为 20%（±5%）。单粮型酒生产用的高粱粉碎成 4 ~ 6 瓣，一般能通过 40 目筛，其中粗粉占 50%；多粮型生产的原料粉碎要求成 4、6、8 瓣，成鱼籽状，无整粒混入。玉米粉碎成颗粒，大小相当于其余四种原料，无大于 1/4 粒者混入。多粮粉混合后通过 20 目筛的细粉不超过 20%，对坚硬的黑壳高粱可适当破碎得细些。

4. 原辅料的配比

（1）粮食的科学配比　科学的配比对名酒质量与风味起着非常重要的作用。剑南春酒厂生产粮食配料为：高粱 40%，大米 25%，糯米 15%，小麦 15%，玉米 5%。为了提高质量，热天不减粮，以提高母糟的残余淀粉和入窖淀粉含量来克服酸高不升温的矛盾，达到产品既优质，又能安全度夏的目的。改变了传统的工艺措施，一般酿酒厂家都是热天减粮、加糠。1、2 季度由于气温低，出酒醇和，这与淀粉含量有一定的关系。总之一定要保持一定的残余淀粉含量，粮不能太细，母糟的残淀粉不得低于 10%，酒体才丰满浓郁。

（2）辅料糠壳使用的一般原则　优质剑南春大曲酒糠壳用量一般为 18% ~ 25%；在酿酒旺季（1 月、2 月、3 月、4 月、5 月、12 月）用糠量为 23% ~ 25%；在酿酒平季（6 月、10 月、11 月）用糠量一般为 18% ~ 20%；在酿酒淡季（7 月、8 月、9 月）用糠量一般为 20% ~ 23%。

5. 剑南春酒酿造工艺（原载《名酒新论》，徐占成著，四川科技出版社）

剑南春酒采用传统工艺与现代技术相结合的新工艺。在传统工艺的基础上，在多年研究试验中总结出了几套新工艺，如“复式新工艺”“一长二高三适当”的关键技术等，其中重点是“一长二高三适当”，是提高浓香型名优酒质量的关键技术。

（1）“一长二高三适当”的技术措施　“一长”是指发酵时间长。发酵前期 10～30d 属糖化发酵、产酒阶段，后面的时间属于酯化阶段，产生的酸和醇反应生成酯，所以时间长一点。其实质是使母糟与窖泥有更多的接触时间，这样有机酸与醇类经较长时间缓慢的发酵、富集和酯化，使剑南春的主体香己酸乙酯含量增多。经过对比试验得知：发酵 40d 酒的己酸乙酯含量是 126mg/100mL；50d 为 180mg/100mL；60d 为 200mg/100mL；120d 为 437mg/100mL。其他相应的香味成分含量也随时间的增加而增加，所以发酵 70～75d 的酒质量好，基础酒的口感好，醇甜，主体香突出。采用双轮底发酵 140～150d，时间长，酿出来的酒味道比常规发酵期的酒好得多，因此常把双轮底酒用作调味酒。

“二高”是指酸高、淀粉高。发酵时间长，产生的酸就多，出窖糟酸度达 3.5～4.0，而理论讲要 3.0 以下，实际名酒的生产中酸度要高些。有酸才能产生酯。采取提高入窖母糟酸度的办法，把入窖酸度控制在 2.0～2.4，出窖酸度达 3.6 以上。如果母糟内酸的含量少，就会导致酒味短、淡，不柔和也不谐调，稍偏高的入窖酸度，使产出酒的己酸乙酯含量平均增加了 50～80mg/100mL。在长期的生产实践中，也证实母糟内酸含量高，淀粉含量低，发酵升温困难，所产的酒少，而且杂味多，风味不典型。解决的办法就是提高入窖淀粉含量，在发酵过程中，经微生物作用随淀粉的转化而温度呈上升的特点来解决母糟酸高不升温不发酵的弊端，在相同的入窖酸度条件下，把淀粉含量控制在 19% 左右进行发酵，有利于酒中各种香味物质的生成。如果出窖母糟淀粉含量在 10%～13%，有颗粒，少部分未发酵完最好，每次不要使其发酵太完全，糟子不能太空了。如果母糟残余淀粉在 10% 以下或 7%～8%，就只能产一般曲酒，而产不出名优好酒。母糟发酵空了而且在热天又减粮，肯定在发酵中不升温，所以母糟要肥实一些，即残余淀粉要稍多一点，粮食粉碎稍粗一点，但不要整粒的，投粮也不要太多，以免酒中带生粮食味。过去一到热天为了安全度夏就实行减粮、加糠、加水。加谷壳、加水的目的是为了减酸，但酿出来的酒味淡，糟味、辅料味重。现在采取热天不减粮、不减曲、不加谷壳、不加过多的水，而采用上述方法安全度夏。

“三适当”是指水分、温度、谷壳适当。适当的水分是发酵的重要因素。入窖水分过高，也会引起糖化和发酵作用快、升温过猛，产出的酒味淡；而水分过少，会引起酒醅发干，残余淀粉高，酸度低，糟醅不柔和，影响发酵的正常进行，造成出酒率下降，酒味不好。剑南春酒厂的入窖水分控制在 53%～54%，出窖水分一般在 58%～60%，基础酒的己酸乙酯含量就高。温度是发酵正常的首要条件，如果入窖温度过高，会使发酵升温过猛，使酒醅酸过高，在增加了己酸乙酯含量的同时，也增加了醛类等成分，使酒质差，口感不好。而低温入窖，虽然对控制杂味物质的生成和提高出酒率有利，但己酸乙酯香味成分生成量也会减少。所以按照“热平地温，冷 13℃”的原则来控制入窖发酵温度，更有利于正常发酵、产酯，产出的酒浓香、醇和、无杂味，具有典型风格。根据多年的实践经验，从入窖糟的淀粉含量来控制入窖温度比较好。谷壳是良好的疏松剂和填充剂，在保证母糟疏松的前提下，应尽量减少谷壳的用量，如果谷壳多，就会导致母糟糙，将造成酒的味道单调。但谷壳用量太少，会使母糟发腻，同样影响发酵和蒸馏，而且还因谷壳含糠醛、多缩戊醛和其他邪杂味等物质，对酒的质量有很大的影响，所以在使用谷壳之前，必须敞蒸30min，其用量一般控制在原料用量的25%之内。

（2）复式新工艺　该工艺是以优质的母糟作填充剂，加入一定量的浓香型曲酒，采用复蒸技术，再次蒸馏，把残留在优质母糟中的香味成分，和曲酒中的香味物质再次进行充分的精馏，从而浓缩出来，并进行科学的分馏，从而达到增加基础酒的香味物质、提高质量和名酒合格率的目的。

因为在蒸馏中，常受到蒸馏时间、组分沸点、挥发系数大小的限制，一次性的蒸馏不能将糟子中的各种微量香味成分全部蒸馏出来，仍有不少残存在糟子中，因此采用蒸馏不同时间，改变挥发系数，将残存在母糟中的各种香味成分重新蒸馏出来，使酒中各种微量成分的含量发生量变，而重新排列组合。

采用的工艺方式有如下三种。

①将同类优质粮糟配入一定量的双轮底发酵母糟，将一定量的尾酒加入底锅水内进行精馏分类；

②以多余的双轮底糟作填充剂，加入一定量的底层糟的酒进行精馏分类；

③将已蒸馏的双轮底糟凉冷处理后，加入适量的尾酒进行精馏分类。

采用“复式新工艺”必须做到以下几点。

①严格按工艺操作是保证：必须按照曲酒生产规程操作，上甑要轻倒匀铺，缓慢蒸馏，否则不能完全达到复式目的。

②底窖糟的选择标准：在生产过程中，必须选择经过两轮发酵期的底窖糟，颜色正、味香浓、无异杂味，pH3～4，残淀适中。

③复式酒质的优劣档次：提高级数与使用的酒基质量成正比，即优质酒基复式后的质量档次上升高得多，劣质酒基复式后的质量档次上升得少。

（四）苏、鲁、豫、皖浓香型白酒生产工艺

苏、鲁、豫、皖浓香型白酒，在风格特征上与川酒有较大的差异，形成了两个不同的流派。前者是“纯浓香型”的流派，后者是“浓厚带陈”的流派。这两个流派的产生与其生产工艺密切相关。

四川浓香型大曲酒的生产工艺，采用的是“原窖分层堆糟法”、“跑窖分层蒸馏法”工艺；而中原生产的浓香型大曲酒是采用“混蒸老五甑”工艺。在发酵周期上也各有不同，前者为60～90d，后者为45～60d。

1. 从立楂到圆排转入正常生产

从投产开始，按以下生产程序进行操作（图1－10）。

第一排：又称立楂排（立排）。共两甑，分别投入新原料，配醅或糟2～3倍，加入辅料30%～40%，进行蒸煮糊化，出甑后加热水（也有加冷水的）泼浆、降温、加大曲粉、加水，入窖发酵。

第二排：共做3甑。分别按比例加入新原料，分成3甑，其中2甑为大楂和二楂，一般加入原料的80%左右，其余1甑加入原料的20%左右作为小楂。进行蒸馏和糊化，出甑后加热水泼浆、降温、加大曲粉、加水，分层入窖发酵。

第三排：共做4甑。将第二排小楂酒醅不加新原料，蒸馏出酒后做回糟入窖发酵。大

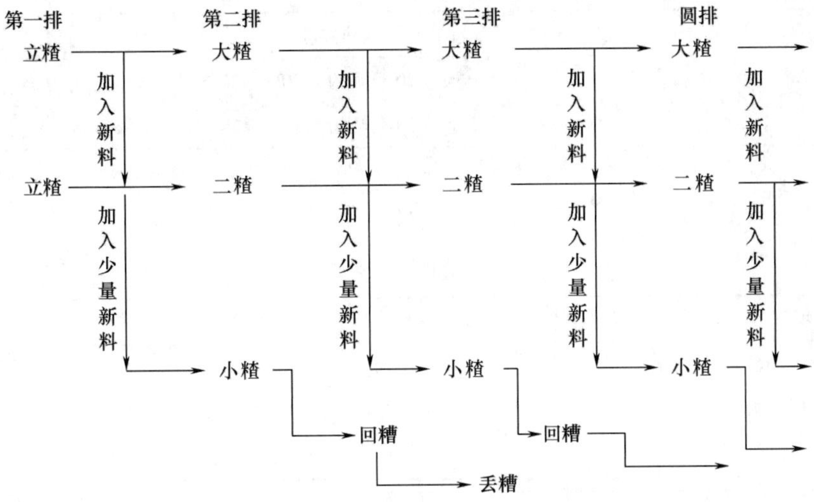

图 1 - 10　从立楂到圆排转入正常生产操作图解

楂和二楂酒醅出窖后同第二排操作，大楂和二楂以及小楂分层入窖发酵。

第四排：圆排，将第三排的回糟出窖蒸馏取酒后为丢糟。大楂、二楂和小楂酒醅出窖后同第三排操作，配成 4 甑，其中大楂、二楂、小楂和回糟分层入窖发酵。从圆排开始，按此方式循环操作，转入正常生产。

窖内各甑发酵材料的安排顺序，可因地制宜，根据各厂具体情况和季节变化，安排窖内各甑。有的把小楂放在窖底，回糟放在上顶，有的把回糟放在窖底，小楂放在上顶，各有好处。一般冬季把回糟放在窖底；夏季把回糟放在上顶，小楂放在窖底。如图 1 - 11 所示。

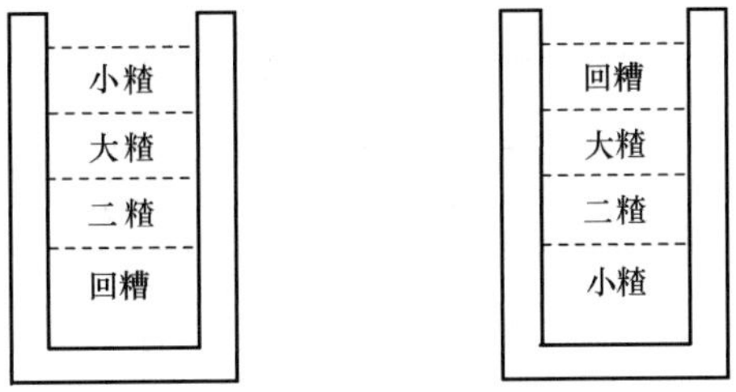

图 1 - 11　窖内各甑发酵材料排列顺序

2. 工艺参数

（1）原辅料及粉碎度的要求　见表 1 - 37 和表 1 - 38。

表 1 - 37　原辅料感官及理化要求

品名	感官要求	水分	淀粉	杂质
高粱	色泽正常，无霉变，粉碎成 6 ~ 8 瓣	15% 以下	58% 以上	无
辅料	色泽正常，干燥，无霉变，清蒸除杂	—	—	—

表 1-38　原料粉碎度要求

品名	粉碎度
高粱	通过 20 目筛的为 20% ~40%
大曲	通过 20 目筛的为 50% ~70%

（2）配料比　见表 1-39。

表 1-39　配料比要求

项目	要求
原料∶酒醅	1∶(4.5~5.0)
原料∶辅料	1∶(0.15~0.2)
原料∶大曲粉	1∶(0.20~0.26)

①各甑配料：见表 1-40。

表 1-40　各甑配料要求

项目	大楂	二楂	小楂	回糟	备注
高粱	40%	40%	40%	0	—
大曲粉	6% ~8%	6% ~8%	5% ~6%	3% ~4%	为原料质量分数
辅料	5% ~6%	5% ~6%	4% ~5%	4% ~5%	为原料质量分数

②蒸馏和糊化要求：蒸馏时，应控制流酒速度，流酒温度为 25~30℃，入库酒度为 63%vol 以上。蒸煮糊化要求熟而不黏，内无生心。糊化时间大楂、二楂、小楂分别为 70~85min、65~80min、60~75min。

（3）酒醅出入窖要求　见表 1-41。

表 1-41　酒醅出入窖理化检测

项目	水分/%	酸度/%	糖分/%	淀粉/%	含酒量/%	温度/℃
入窖糟醅	53~56	≤1.5	≤0.6	18~23	—	冬 13~18，其余略低于室温
回糟	—	—	—	—	—	28~32
出窖糟醅	58~62	1.8~3.0	≤0.5	11~14	2.0~4.0	25~38

注：此表仅供参考，各厂要求有异。

3. 操作要点

（1）出窖、配料　出窖要求严格分层出醅，各甑分开；出窖毕，清扫窖壁、窖底，用酒尾喷洒，并撒入少许曲粉，以保养窖池。严格按粮醅比、粮辅料比进行配料。粮、醅、糠充分拌匀。

（2）装甑　要求轻、松、薄、平、准，见潮撒料，不跑汽，不压汽，上汽均匀。上甑蒸汽压力不超过 0.2MPa。

（3）蒸酒、蒸粮　截头去尾，量质接酒。流酒时，蒸汽压力控制在 0.05～0.1MPa，流酒温度 25～35℃，入库酒酒度在 63% vol 以上。吊尾毕，加大汽蒸粮，要求熟而不黏，内无生心。

（4）出甑、泼热水浆　出甑酒醅在鼓风晾渣机（或床）上摊平，泼入 70～80℃的热水，使淀粉颗粒充分吸收水分。

（5）降温、加曲、加水　泼热水浆后，迅速翻醅，用扫帚打散疙瘩，开鼓风机降温，适温时撒曲粉和洒水，用扬冷机打一遍，要求水、曲均匀，温度适宜。

（6）入窖发酵　每甑入窖要分清，并用少量稻壳分隔。泥封厚 8～10cm，盖上薄膜，冬季保温，可加盖 4～6 包稻壳。管好窖皮，不能裂口和长霉。搞好清洁卫生。

第二节　酱香型白酒生产工艺

一、酱香型白酒制曲工艺

（一）制曲工艺

用小麦制曲，称为麦曲，一般认为“伏曲”质量好。通过生产实践，只要生产设备和操作技术到位，其他季节同样可生产好曲。常说“看酒必先看曲”，即酒好必须曲好，这有一定的科学道理。

制曲工艺要点介绍如下。

1. 原料

小麦原料质量好，要求颗粒饱满，干燥，无霉变和虫蛀。粉碎适当，粗粉为 65%，细粉 35%，感官检查无粗块，以手摸不糙手为宜。拌曲用水要清洁，其用水量为小麦粉量的 37%～40%。

2. 踩制曲坯

踩制曲坯前，要加曲母粉，为 3%～5%，有利于提高麦曲的质量。曲坯较大，中部凸起，称为包包曲。过去是人工踩曲，现多改为机械制成，要求曲坯平整光滑，以四周紧中心较松为宜。

3. 入房培养

曲坯“收汗”后，入房培养，掌握好堆积品温。随着微生物的生长繁殖和代谢活动，产生大量热，培养 6～7d，品温上升至 61～64℃，即进行第一次翻曲，可闻到轻微的曲香和酱香；再经 8～10d，品温又复上升，则进行第二次翻曲，曲坯香气要比第一次翻曲浓些，并有酱香。大约经过 40d 出房。

4. 入库贮存

干曲坯放置 8～10d，待水分降至 15% 以下，运至曲库贮存 3 个月为成品曲。

经检测，好曲为黄褐色，具有浓厚的酱香和曲香；曲块干，表皮薄，无霉臭等气味；以细菌为主的传统大曲，制曲过程中芽孢杆菌最多，属高温酒曲，有氨态氮含量高和糖化力低等特点。

（二）茅台酒、郎酒制曲工艺要点

影响酱香型酒曲药质量的因素甚多，主要是制曲温度高低和培菌管理。制曲温度高低

适当，曲药质量好；反之，曲药质量差。

由表1－42、表1－43可见，重水分曲，第1次翻曲温度并不高，但第2次翻曲前温度升高很多，第3次翻曲后仍有55℃左右；轻水分曲，整个培菌过程温度都不太高，且温度下降快，后火不好。对照曲升温较快，以后温度逐渐下降。

表1－42　茅台酒在不同制曲条件下成品曲外观和化学成分比较

曲样	外观	香味	水分/%	酸度	糖化力/［mg葡萄糖/（g·h）］
重水分曲	黑色和深褐色曲较多，白曲较少	酱香好，带糊香	10.0	2.0	109.44
轻水分曲	白曲占一半，黑曲很少	曲香淡，曲色不匀，部分带霉味	10.0	2.0	300.00
只翻一次曲	黑曲比例较大，与重水分曲相似	酱香好，糊苦味较重	11.5	1.8	127.20

表1－43　郎酒在不同制曲条件下成品曲外观和化学成分比较

曲样	温度/℃	成曲外观	成曲香味	糖化力/［mg葡萄糖/（g·h）］
重水分曲	第1次翻曲52～55，第2次翻曲65～70，第3次翻曲55左右	黑色和深褐色，几乎没有白色曲	酱香好，带焦煳香	159.44
轻水分曲	第1次翻曲50～55，第2次翻曲60～56，第3次翻曲46左右	白色较多，黑、黄曲很少	曲色不匀，曲香淡，大部分无酱香，部分带霉酸味	300以上
对照曲	第1次翻曲62～65，第2次翻曲68～62，第3次翻曲50左右	黑色、黑褐色和黄曲较多，白曲很少	酱香、曲香味均好	230～280

从曲药质量来看，重水分曲尽管黑曲多、酱香好、带焦煳香，但糖化力低，在生产中必然加大用曲量。这种曲若少量使用可使酒产生愉快的焦香；若用量大，成品酒煳味重，并带橘苦味，影响酒的风格质量。

轻水分曲自始至终温度没有超过60℃，实际是中温曲，没有酱香或酱香很弱，糖化力高。这种曲在生产中不易掌握工艺条件，若按常规加曲，则出窖糟残糖高，酸度高，产酒很少，甚至不产酒，产出的酒甜味、涩味大，酱香差。要使生产正常，就要减少曲药用量，减曲的结果是酒酱香不突出，带浓香味。所以，轻水分曲对酱香型曲酒风格质量影响很大。

对照曲与生产中用的曲几乎一样，此种曲不但酱香好，曲香也好。生产中用这种曲，酒酱香突出，风格典型，酒质好。

上述情况说明：酱香型酒曲药质量好坏取决于制曲温度，制曲温度高而适当，曲药质量好，反之曲药质量差；曲药升温幅度高低与制曲加水量有密切关系，制曲水分重，升温幅度大（与气温、季节有关），反之升温幅度小。总之，要因时因地制宜，调节制曲水分和管理，有效地控制制曲升温幅度，确保曲药质量。

曲药质量好，产酒酱香突出，风格典型，质量好；曲药质量差，产酒风格不典型，酒质也差。制曲温度达不到65℃以上，曲药酱香、曲香均差。因此，高温制曲是提高酱香型酒风格质量的基础。

为什么制曲水分多少与温度高低有密切关系呢？原因分析如下。

①高温多水条件很适合耐高温细菌的生长繁殖，特别是耐高温的嗜热芽孢杆菌，它们自始至终存在于整个过程并占绝对优势，尤其是制曲的高温阶段，而这个阶段正是酱香形成期。这些细菌具有较强的蛋白质分解力和水解淀粉的能力，并能利用葡萄糖产酸和氧化酸。它们的代谢产物在高温下发生的热化学反应生成的香味物质，与酱香物质有密切关系。

②在高温多水条件下，有利于蛋白质的热分解和糖的裂解。这些蛋白质、糖分解后产生加热香气如吡嗪化合物（原轻工业部发酵研究所曾在茅台酒中检出加热香气物质四甲基吡嗪）。另外，在高温条件下，小麦中的氨基酸和糖分不可避免地发生褐变反应——羰氨反应，这种反应也需要在较高温度下进行，温度越高，反应越强烈，颜色也越深。其反应的褐变物呋喃类化合物，程度不同地带有酱香味。

二、酱香型白酒酿造工艺

酱香型白酒的风味特殊，最大原因是酿制方法特殊，为我国奇特的酿酒法。按照传统习惯，每年5月端午开始踩曲，9月重阳投料（下沙）酿酒，结合了我国南方农业生产季节。此段时期小麦和高粱等新原料上市，更有适合制曲酿酒的气温，有利于微生物生长繁殖。所谓“重阳酿酒满缸香”，是历史经验的总结。

酱香型白酒的生产工艺特点，除原料粉碎粗、用曲量大、酿酒温度高、1年1个生产周期外，最重要的特点：一是高温制曲，这是产生酱香的重要原因；二是采用堆积发酵法，以便网罗和培养微生物；第三是高温发酵、高温流酒和长期陈酿，这是形成酱香风格的关键。

1. 酿酒工艺流程

茅台酒的酿造工艺流程如图1－12所示。

2. 酿酒工艺操作

（1）原料、大曲及其粉碎

①原料粉碎：高粱在投料前处理备用。高粱经粉碎后称为“沙”，开始投料为“生沙”，其中碎粒占20%，整粒占80%，即粉碎度为二八成；第2次投料为“糙沙”，其粉碎度为三七成，即碎粒占30%，整粒为70%。但每粒高粱要经粉碎机压过较好，不让有“跑籽”，这样有利于蒸料糊化。不同季节的“生沙”和“糙沙”的粉碎度见表1－44。

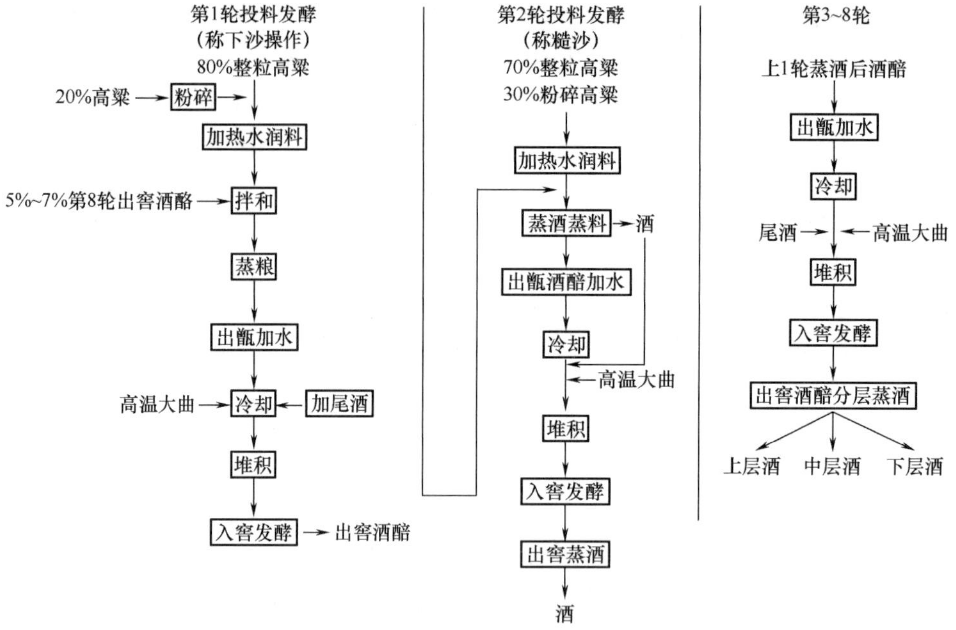

图 1-12　茅台酒的酿造工艺流程

表 1-44　高粱原料的粉碎度　单位:%

品名	生沙原料			糙沙原料		
	夏季	冬季	平均	夏季	冬季	平均
碎粒	20.40	16.20	18.30	34.90	32.88	33.89
整粒	75.40	75.40	75.40	59.12	61.12	60.12
种壳	3.40	8.00	5.70	5.38	5.52	5.44
杂粮	0.80	0.40	0.60	0.60	0.52	0.55

从表 1-44 看出，高粱的粉碎度符合酿酒工艺要求。茅台酒用带壳高粱为原料，其中种壳为 5% 左右，在操作中起到疏松作用。

②麦曲粉碎：麦曲先用木锤或排牙滚碎机打碎成颗粒状，然后用滚筒磨粉机磨细，连续进行 2 次，使成粉末。麦曲的细度是越细越好，这样熟沙容易被黏附，有利于糖化发酵作用。

表 1-45 是麦曲粉碎度的测定结果。从表中看出，麦曲的粉碎度，夏季应较细，冬季要粗些。

表 1-45　麦曲的粉碎度　单位:%

铜筛规格	夏季	冬季	铜筛规格	夏季	冬季
未通过 20 目孔筛	3.20	18.20	未通过 100 目孔筛	6.25	4.50
未通过 40 目孔筛	23.55	27.62	未通过 120 目孔筛	4.40	3.53
未通过 60 目孔筛	17.85	12.55	通过 120 目孔筛	37.95	29.20
未通过 80 目孔筛	6.80	4.40			

（2）下沙操作

①润粮（发水）：每甑称取粉碎高粱（生沙）后，放于甑边的晾堂上，用90℃以上热水润粮，此步骤称发水。发水量视原料干湿和季节气候而定，水温要高，淀粉粒吸收水分快，表皮易“收汗”。发水时用木锨边泼边糙，使其吸水均匀，堆积2～2.5h，再进行第2次发水，发水方法与第一次同。共计发水量占粮食质量的42%～48%，堆积7～9h。发水时应避免淋浆流失，要求均匀一致。每次生沙发水，开始润粮两甑，使用1甑。

②配料（糙母糟）：生沙上甑以前，必须添加母糟，又称“发酵糟”，即未经蒸酒的酒醅。每甑加母糟约为原粮质量的8%。母糟是第6、7轮的发酵糟，添加时用木锨翻糙2～3次，使拌和均匀，不结团块。

添加母糟的作用：母糟中含酒精及芳香成分，可调节生沙的气味；母糟中含有较高酸度，可增加生沙的酸度，有利于糊化和发酵；母糟中还有残余的淀粉和糖分，可供酿酒微生物生长繁殖（表1－46）。

表1－46　　母糟化学成分

项目	水分/%	淀粉/%	糖分/%	酸度	酒精（55%vol）
六轮糟	59.7	13.8	2.64	3.09	6.90
七轮糟	61.95	10.84	0.77	3.54	4.83

③蒸粮（蒸生沙）：每次上甑前，先在甑箅上撒稻壳约1kg，待上汽后用簸箕装甑，见汽就装。将生沙轻匀地装入甑内，一定要保持疏松，使上汽均匀，并使甑内生沙四周高，中心低，呈底锅形。装甑约1h，圆汽后加盖以大火进行蒸粮。

蒸粮时间视高粱品种、干湿程度和火力大小而定，一般蒸2～3h约有七成熟，其余二至三成为硬心或白心，不宜过熟，即可出甑。出甑熟沙要带香气，“收汗”利落。

④泼量水：将蒸好的熟沙从甑内取出，堆于晾堂，用冷却器的热水或专门冲的沸水（称为“量水”）泼入熟沙堆上，边泼边翻糙，翻糙共计3次，使其均匀。量水的功用是使熟沙保持一定的水分，促进糖化发酵的正常进行。量水用量为原粮的10%～12%，水质要清洁，水温要高，达90℃左右，以便钝化水中的杂菌，也有利于淀粉粒更快吸水，达到适当的含水量。

⑤摊晾：熟沙泼量水后，摊于晾堂上，翻铲成行，使其降低温度。必要时用电风扇吹凉，可缩短摊晾时间。但电风扇的位置应经常移动，不可直接吹摊晾的熟沙，避免降温不均匀。

⑥洒酒尾：当熟沙摊晾到适宜温度，收拢成堆，用喷壶洒入次品酒，主要是丢糟酒，或酒尾（酒精30%vol），边洒酒边翻糙，使其拌和均匀。

洒酒尾的目的：由于熟沙撒曲后暴露在空气中进行堆积，洒酒尾可抑制有害微生物的繁殖，促进淀粉酶和酒化酶的活力，以利糖化发酵和产生香味物质。

⑦撒曲：熟沙品温降至30～35℃时，开始撒麦曲粉，占原粮的10%～12%。撒曲量要根据麦曲质量和季节气温而定，冬季多用，夏季少用。撒曲时不要高扬，以防麦曲粉飞扬损失，并翻拌均匀，使熟沙都黏有麦曲粉。

⑧堆积：堆积是酱香型酒特殊而重要的工艺步骤，主要是网罗筛选微生物，起到培菌

增香的作用。堆积前先测醅料的品温，然后收堆，收堆温度约30℃。第一次收堆前，先在堆积地面上撒麦曲粉2.5kg，以中心向外堆积。因堆积可使“熟沙”暴露在空气中，使麦曲中的微生物繁殖，因此堆积起了培菌作用，有利于糖化发酵产生酱香味。堆积时间必须结合季节、气候和收堆温度来掌握。要求堆成圆形，冬季堆高，夏季堆矮，堆积时间为2~4d。熟糟堆积时间要长，待顶部堆积品温达45~50℃，用手插入堆积糟内感到热手，即可下窖发酵。堆积糟过嫩或过老都不好，如堆积糟过嫩，则产酒的香味不好；若堆积糟过老，则产酒风味不甜、糙辣、冲鼻或带酸苦等气味。

⑨烧窖：酱香型白酒的发酵窖称为酒窖，大小不一，老的酒窖长2.7m、宽2.0m、深2.6m，容积为14.04m^3。窖用方块石和黏土砌成，外面再涂以黏土，窖底有排水沟，上面以红土筑成，每窖可投高粱850.0kg。新建大窖长3.8m、宽2.2m、深3.0m，容积为25.08m^3，用砂条石砌成，窖底同样有排水沟，以红土筑成，每窖可投高粱11000~12000kg。

堆积糟下窖前要用木柴烧窖。烧窖目的是消灭窖内杂菌，提高窖内温度，并通过烧窖除去窖内在1年最后一轮发酵时产生的枯糟气味。烧窖木柴多少，应根据窖池大小、新旧程度、闲置时间和干湿情况等来决定，一般每个酒窖用木柴50~100kg，烧窖时间为1~2.5h。若系新建窖或长期停用窖可用木柴1000kg左右，烧窖在24h以上。烧完后的窖池待窖内温度稍降，就要扫净窖内灰烬，再用少量丢糟撒入窖底，随即扫除丢糟，将堆积糟下窖。

⑩下窖、发酵：堆积糟下窖前，用喷壶盛含酒精30%vol的酒尾15kg，喷洒于窖底和窖壁四周，再撒麦曲粉15~20kg（称为底曲）。下窖时将堆积糟从一头用扒锹拌和，使其上、中、下各部稍加混合，再用簸箕或手推车倒入窖内。每下2~3甑堆积糟后，用喷壶洒酒尾1次，边下边洒，窖底宜少，逐渐由下而上加大酒尾用量，一般生沙操作的酒尾用量占原粮3%左右。下窖操作时间宜短，防止杂菌感染，避免酒尾挥发，保持发酵温度正常。

堆积糟下窖完毕，将表面扒平，用木板轻轻压紧，撒薄薄的一层稻壳；再加两甑盖糟，用稀泥封窖，稀泥厚度在8cm以上。封窖用泥，每轮开始常需用新泥，整个大周期中途可加换一次。若原来的窖泥不臭，仍可继续使用或掺入新泥使用，要拌得柔和。泼盖糟和封泥的水，以清洁的冷水为佳。

堆积糟下窖后，在隔绝空气的条件下进行厌气性发酵。要有专人负责管理，每天用泥板抹光窖的封泥，不让开口裂缝，否则空气进入窖内，发酵糟易长霉结成团块，这种现象称为“烧包、烧籽”，这对产品质量有很大影响。

发酵时间最短为30d，称为1个小生产周期，发酵温度在35~43℃。生沙操作中堆积糟和发酵糟成分的变化见表1-47。

表1-47　生沙操作中堆积糟和发酵糟成分的变化

项目	时间/天	品温/℃	水分/%	淀粉/%	糖分/%	酸度	酒精（55%vol）
堆积糟	1	31	40.00	39.14	0.93	0.32	—
	2	35	40.38	38.10	1.10	0.48	0.51
	3	37	41.55	37.40	1.24	0.63	0.88

续表

项目	时间/天	品温/℃	水分/%	淀粉/%	糖分/%	酸度	酒精（55% vol）
发酵糟	封窖	35	42.87	35.72	1.30	0.90	1.69
	1	37	45.29	35.70	0.91	1.23	2.03
	3	40	45.31	35.17	1.31	1.42	2.46
	5	40.5	45.40	34.85	1.71	1.55	2.88
	7	43	45.40	34.25	2.56	1.69	2.96
	9	42	45.42	34.12	2.46	1.69	2.99
	12	41	45.75	34.00	3.14	1.69	3.02
	15	41	46.28	33.88	3.07	1.83	3.24
	18	41	46.55	33.72	4.04	1.88	3.72
	21	40	47.48	33.72	3.70	1.93	4.00
	25	40	47.48	33.23	5.08	1.98	4.12
	开窖	40	47.40	32.60	4.87	2.08	5.11

（3）糙沙操作

①润粮：待第一轮下窖发酵1个月后，立即进行第2次投料，称为“糙沙”。每甑称取粉碎度为三七成的高粱，按处理生沙的比例计算用水，进行润粮，其操作与生沙操作相同。糙沙与生沙操作相同。糙沙与生沙原料各占一半。

②开窖：将封窖泥挖除，运至泥坑池内，再挖盖糟，运往丢糟处。扫净发酵糟上面的盖糟和泥块，每次在窖内起半甑发酵糟，与润好的新料拌和，共翻拌3次，使其混合均匀，再上甑蒸酒、蒸粮。

③蒸酒、蒸粮：糙沙上甑与生沙方法相同，上甑时间为55～62min，装满甑后盖甑盖，接通冷却器蒸酒，开始火力不宜过大，蒸出的酒不多，有生涩味，称为“生沙酒”，可作次品酒回窖发酵用。蒸完酒后即进行蒸粮，蒸粮时间长达4～5h，蒸过的粮食，其质量要求达到柔熟为好（表1－48）。

表1－48　出甑熟沙、糙沙糟成分比较

季节	水分/%	糊精/%	淀粉/%	酸度
熟夏季	44.05	4.09	39.15	0.34
沙冬季	45.20	9.24	38.21	0.36
糙夏季	45.06	11.75	37.88	0.84
沙冬季	47.36	10.01	35.99	0.98

④堆积和发酵：蒸粮结束后，即可进行出甑、泼量水、摊晾、撒曲和堆积等工序。其工艺条件与生沙操作相同，然后下窖发酵。糙沙操作是将生沙的发酵糟，1窖分成2窖蒸酒、蒸粮。下窖若下到原用酒窖，就不用再烧窖了，唯开窖起糟时，待起到窖底最末一甑发酵糟时，要同时准备好下窖的堆积糟，避免窖底暴露空气过久，影响产品质量。

糙沙堆积和发酵过程中，水分和酸度均有规律地逐渐增长，但增长幅度较生沙操作时大。其淀粉含量随堆积和发酵时间延长而逐渐下降，糖分则较显著地逐渐增加，这可能是由于堆积和发酵时温度高而使酵母菌减少，糖分未被利用。酒精含量也逐渐增长，堆积时的酒精含量占开窖酒精含量的30% ~50%。

（4）熟糟操作　茅台酒的生产，每年每窖只投2次新料，即生沙1次，糙沙1次。随后6个轮次不再投新料，只是将发酵糟（酒醅）反复蒸酒、出甑摊晾、撒曲堆积和下窖发酵，称为熟糟操作。其具体操作如下。

①开窖蒸酒：开窖起糟与糙沙操作相同，唯起糟不可过多，采取随起随蒸，1窖多甑的方法蒸酒。待起至窖底时留下1甑，并准备好上轮的堆积糟，出糟后立即将堆积糟下窖。一般从第4轮开始，蒸酒要加入少许清蒸稻壳，称为熟稻壳，随后的轮次逐渐增加稻壳用量，但每甑不得超过粮质量的1.5% ~1.8%，即每甑用量为7.5 ~9kg。流酒温度一般较高，量质摘酒，边摘边尝，凡带色，有生糠、酸涩、苦辣或其他不正常气味的酒，一律作酒尾回窖发酵用并截头去尾。蒸酒时间为16 ~36min，追酒尾时间8 ~16min，出甑糟尚含有酒精，但其含量不足2%。

②摊晾撒曲：蒸酒出甑后，迅速将酒糟摊晾。为避免杂菌污染，应尽量缩短摊晾时间，待品温降至35℃，开始撒曲。根据不同轮次，每甑撒麦曲粉25 ~45kg，翻拌均匀，收拢进行堆积。撒曲用量所占粮的质量比为：生沙11%，糙沙18%，3、4轮13%，5轮11%，6轮7%，7轮6%，8轮5%，总用曲量为粮质量的84% ~87%。根据各厂的具体情况，其用量稍有不同。

③堆积：起堆时，前两甑品温为34 ~36℃，其余收堆温度28 ~32℃。堆积操作与生沙、糙沙基本相同，但堆积时间较长，一般为78 ~96h。堆积时必须注意堆积位置、高矮和温度等，要求堆积糟疏松而含有较多空气，均匀一致。待堆积糟品温达40 ~50℃时，手摸表层已有热的感觉。堆积时要求品温不出面，面上有土层硬壳，可闻到带甜的酒香气味，此时即可下窖发酵。

④下窖发酵：发酵酒窖一般使用原窖，下窖前每次用酒尾泼窖。根据不同轮次，酒尾从15kg减少至5kg。底曲用量约15kg。熟糟操作与前述相同。堆积糟下窖时洒酒尾的用量多少不一，视上轮产酒好坏、堆积糟干湿而定，常用酒尾调节。除最后一轮丢糟酒不洒或少洒酒尾外，其他轮次由多到少，从20kg减少至15kg。下窖时用稀泥密封，严禁踩窖。防止封窖泥有裂缝现象，每轮发酵时间为30 ~33d。

⑤上甑蒸酒：上甑操作与产酒质量关系相当密切。操作必须细致，做到疏松均匀，不压汽，不跑汽，缓慢蒸酒，流酒温度高，高时可达40℃以上。摘酒是根据流酒的香味和酒精含量相结合，一般入库酒的酒精含量为54% ~57%。从蒸出酒的质量看，第2轮的糙沙酒稍带生涩味；第3、4、5轮酒称为“大回酒”，质量较好；第6轮酒又称“小回酒”；第7、8轮分别为“枯糟酒”和“丢糟酒”，稍带枯糟和焦苦味，丢糟酒也作酒尾回窖发酵用。

酒窖中发酵糟因所处部位不同，所产酒的质量和风味常有差异，可分酱香、醇甜和窖底香3种单型酒。酱香酒是决定香型的关键。酱香酒在窖池中部和窖顶发酵糟产生较多；窖底香酒由窖底靠近窖泥的发酵糟所产生；位于窖池中部的发酵糟，一般不产生酱香或窖底香的酒，就为醇甜型酒，此种单型酒产量较多。窖内不同层次发酵糟蒸馏酒的口感见表 1 –49。

表 1 –49　　不同层次发酵糟蒸馏酒的口感

酒样名称	酒质口感评语
上层糟的酒	酱香突出，微带曲香，稍杂，风格好
中层糟的酒	具有浓厚香气，略带酱香，入口绵甜
下层糟的酒	窖香浓郁，并带有明显的酱香

蒸酒时可根据窖内不同层次的发酵糟，分别进行上甑蒸酒，按质摘酒，分开装坛。经感官鉴定后，按香型入库，于传统陶坛中贮存，一般需要贮存 3 年以上，称为陈酿。

3. 酿酒病害及其处理法

酱香型酒酿制过程中，因配料水分不当、操作不细致、发酵管理不善等，容易引起发酵过程不正常，而影响酒的产量、质量。

（1）发酵糟中水分不足　如配料时水分过少，不利于蒸粮糊化；水分过多对发酵和蒸馏也有影响；若在生沙和糙沙操作中翻拌不匀，水分流失，易造成原料吸水不匀；若水温过低，附于原料表面，淀粉粒不能充分吸收，影响糊化。因此发酵糟中水分不足，不仅影响产酒量，而且酒味带生涩，甚至酒色带青、冲鼻辣眼等。遇到此情况，可在入窖糟中泼入适量酒尾。

（2）酒带酸味　如果操作不细致，醅料水分过多，或堆积温度过高，易引起细菌大量繁殖，使发酵糟产酸多，酒带酸味。窖池漏水，也会使酒带酸味（表 1 –50）。

表 1 –50　　正常的和带酸味发酵糟成分比较

项目	水分/%	淀粉/%	糖分/%	酸度	酒精/% vol	备注
正常	52. 9	29. 44	7. 26	2. 35	7. 60	—
不正常	43. 3	30. 56	—	2. 53	5. 93	细菌丛生，杆菌较多

遇到此情况，蒸馏时多截头去尾，大气冲酸。

（3）发酵糟“烧包”　封窖时盖糟和稀泥封得太薄，窖池管理差，封窖泥裂口，杂菌入侵，糟醅结饼，发酵糟“烧包”。此现象常发生在发酵后期，窖顶发酵品温可达 45℃以上。这种发酵糟可达 2 ~3 甑，蒸出的酒带黄色，其产量、质量都差。应将盖糟加厚至 15cm，封窖泥厚 10cm 以上，则可防止“烧包”。

（4）发酵糟带泥臭　窖底漏水，杂菌大量繁殖；封窖泥混入糟醅中，使发酵糟带泥臭。应采取相应措施。

（5）堆积糟“皮来心不来”　堆积糟表层升温，内部不升温，称为“皮来心不来”，是因在操作中撒曲和收堆温度不一致，或因麦曲粉碎较粗，翻拌不匀，在春夏季易发生。遇到此情况，可适当延长堆积时间，下窖时泼适量热酒尾，或拌入出甑热糟，以提高发酵温度，使发酵正常。

第三节　清香型白酒生产工艺

一、清香型白酒制曲工艺

（一）大曲制曲工艺

以汾酒制曲为例。

1. 汾酒大曲术语

（1）伏曲　指夏秋接近伏天踩制的大曲，称为伏曲。汾酒大曲在历史上是利用夏季气温高，相对湿度较大，制曲温湿度容易控制，此时伏曲最好。

（2）清茬曲　清茬曲是汾酒大曲品种之一，以外观光滑、断面呈青白且稍带黄色、气味清香、无其他异味而得名。清茬曲在制造时的品温，常较其他两种大曲为低，因此糖化酶活力较高。

（3）后火曲　后火曲是20世纪60年代发展的大曲品种，在制造过程中较清茬曲的潮火和大火期温度掌握要高，最高为46～48℃。后火期断面内外颜色一致，常为浅青黄色，少带火红心或二道眉。后火曲在生产上使用，据经验认为此曲在前期发酵缓慢，主发酵后期容易保持温度。

（4）红心曲　红心曲是汾酒大曲品种之一。在制造时前期升温缓慢，后期温度达45～47℃（在16～17d），维持2～4d，然后骤然下降温度，则成曲断面外观为青白色，中间呈红色，具有酱香和炒豌豆香味。

（5）上霉　上霉是制曲的第一阶段，让曲坯表面生长白色斑点称为上霉，俗称“生衣”。此斑点主要为拟内孢霉，有利于保持曲坯的水分。

（6）晾霉　晾霉是制曲的第二阶段，因微生物生长繁殖，品温逐渐升高，为了降低温度而得名。晾霉降温可以减弱曲坯表面霉菌的继续生长，否则曲坯皮厚，内部水分不易排出，影响大曲的质量。

（7）潮火　潮火的“潮”是指湿度大，“火”即是温度。潮火期最高温度可达48℃。潮火期是高温排水，可使曲坯酶活性增强而利用碳源，有利于通风。

（8）干火　干火又称“大火”，实际较潮火期略低，一般干火期温度为44～45℃。这时耐温较低的微生物遭到淘汰。

（9）后火　后火是制曲的最后一阶段，实际是“干火”期的延续，最高温度在35～38℃。

（10）贮曲　踩制成的汾酒大曲，生产上要求存放一段时间才能使用，称为贮曲。贮曲可使出房成曲自然干燥，活菌株大量减少。

（11）晾红心　清茬曲在制曲过程中，因后火降温低（27～30℃），或低温时间延续较长，容易出现晾红心，即大曲断面中心出现粉红色。晾红心主要是微生物红曲霉菌分泌出色素，使曲块呈粉红色。

（12）火红心　大曲中火红心多数出现在红心曲，其他两种曲有时也出现。一般火红心是因制曲过程中温度较高（40～45℃），延续时间较长，升温幅度又过大时产生的。断面中心为棕黄色及火红色，以黄曲霉为主，和少量的红曲霉结合。

（13）金黄一道线　这种现象出现在红心曲中较多，其原因与火红心相似，主要是在高温升降幅度较小时而出现一道金黄色的直线，称为金黄一道线。它主要是犁头霉、根霉和少许黄曲霉等生长形成的。

（14）二道眉　汾酒大曲在制造过程中，若大火温度过高，排出水分又受外部曲层影响就产生两道棕黑色的线条，称为二道眉，多产生于高温曲和清茬曲中，带有酱味。二道眉的微生物以犁头霉为主，根霉和黄曲霉次之，红曲霉较少。

（15）单耳、双耳　大曲在干火初期温度较高，延续时间较长，容易出现单耳或双耳。三种汾酒大曲中均能找到，即曲断面有一个或两个棕黄色圈或点。单耳、双耳的微生物以耐高温的犁头霉为主，根霉及黄曲霉等次之，不耐温的酵母及细菌较少。

（16）烧心　大曲在后火期温度过高，容易产生烧心，常出现于高温曲及清茬曲。烧心呈黑色，带酱味及辛辣味，有不愉快的臭气。烧心的微生物为芽孢杆菌、乳酸菌和酵母等，通常霉菌较少。

2. 汾酒大曲生产工艺规程和操作要领

（1）大曲原料配比　大麦60%，豌豆40%，分别称重，按质量比例混合均匀。

（2）配好的料粉碎后，用分样筛分级称重检测，要求每500g曲料过80目筛的细粉为70～130g。

（3）机械制曲块时曲料中加水量为48%～50%，拌和到无生面，无疙瘩，松散，软硬均匀。拌好的曲料用制曲机压成厚薄一致，四面光滑，软硬一致（用手指捏成团为适宜），水分37%～41%，平整均匀，四角饱满无缺的曲坯。每块曲坯湿重3.25～3.5kg，规格为270mm×170mm×（58±2）mm。

（4）清茬曲

①入房排列：曲块入房前，清扫干净曲房，地上铺满一层谷糠，备好苇席苇秆。压好的曲块入房排列成一层，上撒一层谷糠，衬上8～10根苇秆。曲块间距（3～5）cm±1cm，行距（1.5±1）cm，一般排2～5层，每房3200～4200块曲，热季排少些，冷季排多些。铺曲完毕，开窗6h左右，将曲堆四周和上部用苇席盖好，保持室温25～30℃，以利上霉。

②上霉：曲块入房后经2～4d表面生出白色小斑点，此时室温保持在30～35℃，品温在36～38℃。一般到曲块表面生长的菌落面积达90%左右，白色斑点成片时，上霉即告完成。

适宜的上霉程度是"一撒白芝麻点"，即霉点以生长汉逊酵母、假丝酵母、拟内孢霉为主。须控制曲块表面生长过多的根霉气生菌丝，特别要控制犁头霉等"水毛"菌的生长。

上霉斑点的多少，与湿度和温度有关。若水分挥发过快，则斑点生长过少；若水分不易挥发，则斑点生长过多。上霉最适温度为30～35℃，上霉期间温度不能超过40℃。以揭盖席控温。

待放潮至曲块表面不粘手时，即可关窗进行第一次翻曲，曲块由2层增至3层，上层翻至下层，下层翻至上层。同一块曲要翻转180^0。曲间距6～7cm，行间距不变；排列方式由平行形变成品字形。

③晾霉：上霉后进行第一次翻曲后，加大曲块间距，水分逐渐挥发，不使曲块发黏，

即为晾霉，要求曲块手摸不黏、利落。一般隔日翻曲一次，保持温度一致，即可关窗起火。晾霉期夏季为2d，冬季为3d。

④潮火：潮火期是各种微生物生长繁殖的最盛期，是培养大曲的关键时期。这时湿度大，品温高达45～48℃，要注意灵活开小窗放潮，隔日或每日翻曲，曲块由3层翻4层，4层翻至5层，除掉苇秆，曲块成人字形，并加大曲间距离。品温降至37～40℃关窗保温，品温回升至45～47℃适当开窗放潮。潮火后期保持品温40～44℃，每日放潮1～2次，窗户可开大些。品温降至34～37℃时，关窗保温。曲块可由4层渐加至7层，间距适当加大。当翻最后一次曲时将曲块分成两部分，中间留70cm宽的走道，即火道，当曲心发透、酸味减少，嗅到干火味时进入大火期。潮火期一般4～5d。

⑤干火（大火）：曲块入房经10～12d的培养进入大火阶段，此时各种微生物的生长已逐渐伸至曲块内部，曲表干硬部分加厚，内部水分不易散发。要求品温和曲心温度不高于45℃左右，以防烧心。大火前期限品温43～44℃，以后逐渐降低，最低温度在29～32℃以上，经7～8d，曲心湿的部分逐日缩小，出现曲香味，即进入后火期。后火期一般4～5d，进入养曲阶段，应保持品温平衡，养曲一般经过4～5d。

（5）红心曲

①入房排列：同清茬曲。

②上霉：与清茬曲基本相同。

③晾霉：上霉后放潮气，不大晾，没有明显的晾霉期，曲块很快就进入潮火期。

④潮火：起潮火1～2d，品温就达46～48℃，要每日或隔日翻曲一次。10～12d时，拉苇子后品温在40～43℃，培养15d左右时，品温高达47～48℃，保持3～4d即出红心，随后品温逐渐下降，应保持在41～42℃。

⑤干火：干火期一般4～5d，品温可由41～43℃升至44～47℃。此阶段应注意天窗的关开。

⑥后火：后火时红心已大部分出现，品温由40℃左右逐渐降至37～38℃，养曲2～3d即为成曲。

（6）高温曲（后火曲）

①入房排列：同清茬曲。

②上霉：同清茬曲。

③晾霉：同清茬曲。

④潮火：保温起潮后品温升至45～47℃，开窗放潮到品温40℃左右，一般每日放潮1～2次。翻曲操作同清茬曲。4～5d潮火后，曲心温度升至46～48℃，进入大火。

⑤大火：大火期初始品温在40℃左右。大火期应隔日翻曲，品温保持略高于清茬曲，当品温升高缓慢时，转入后火。

⑥后火：后火阶段品温保持在33～34℃，高不超过37～38℃，低不降至30～31℃下，4～5d，品温降至30～31℃即为成曲。

（7）汾酒三种大曲的差异

①培制工艺的主要差异：清茬曲热曲时的最高品温为44～46℃；晾曲时的降低极限为27～30℃。属于小热小晾，每次调节温度时，热曲时间稍长于晾曲时间。后火曲的上霉和晾霉操作同清茬曲。但从潮火到大火阶段结束，最高品温可达47～48℃，即潮火末期及大

火期的最高品温比清茬曲高 1 ~ 2℃，最高时甚至可达 49℃，而且在此温度下持续 5 ~ 7d，故为后火曲；各阶段的晾曲品温也比清茬曲高 2 ~ 3℃，即晾曲降低极限为 30 ~ 32℃，属于大热中晾。红心曲则品温持续上升，直至进入后火期才逐渐降温，而且降温速度也没有清茬曲及后火曲大，时间也稍短一些。从起潮火到大火阶段结束，最高品温为 45 ~ 47℃，晾曲降低极限为 34 ~ 38℃，属于中热小晾。

②微生物数量的差异：清茬曲的酵母数和霉菌数均高于后火曲，更高于红心曲，清茬曲的霉菌数将近于红心曲的 3 倍；但清茬曲的细菌数仅分别为后火曲及红心曲的 58% 和 38%。这与培曲的品温有关。但取样分析发现，红心曲的酿酒酵母数多于后火曲和清茬曲，而后火曲的汉逊酵母数则远多于红心曲和清茬曲。

（8）贮曲　曲出房后，送入贮曲房排成人字形交叉，垛高十三层，曲间留有适当空隙，以利通风，防止养曲中返潮、起火、生长黑霉。三种曲分别贮存，贮存 3 ~ 6 个月为陈曲。

贮存过程中，要经常检查贮存情况，防止返火、返潮、大曲变质等现象发生，一旦发现，应立即采取相应措施。

（9）感官鉴定　成曲出房后，由质量检验部门曲师等技术人员，按规定进行抽样评验。从曲中间打断，观察断面颜色，嗅曲气味，按感官指标，分级计算，确定优劣，并对照工艺规程执行情况，找出曲质差异的原因。

3. 成曲质量标准

大曲的感官质量评定，主要是根据各厂对用曲提出的质量要求来进行；同时也应当根据化验数据，糖化力、蛋白质分解力、发酵力等来检验，不能单纯以化验指标作为大曲质量优劣的依据。

（1）大曲的外观质量

①外表颜色：一般低、中温曲的外表应有灰白色的斑点或菌丝，不应光滑无衣或成絮状的灰黑色菌。光滑无衣，是曲料搅和时加水不足或在踩曲场上放置过久，入房后水分散失太快，在未生衣前，坯表面已经干涸，微生物不能正常生长繁殖所致；絮状的灰黑色菌丝，是曲坯靠拢，水分不易蒸发和水分过重，翻曲又不及时造成的。

②曲皮厚度：曲皮越薄越好。曲皮过厚是由于入室后升温过猛，水分蒸发太快；或踩好后的曲坯在室内搁置过久，使表面水分蒸发过多；或曲粉太粗，不能保持表面必需的水分，致使微生物不能正常生长繁殖，因而皮张很厚。

③大曲的香味：将曲块折断后用鼻嗅，凡具有清香、曲香、炒豆香、酱香、豉香的，都属香味较正的大曲。不应有酸、馊、臭及其他异杂味。

（2）大曲的断面　因各厂的传统习惯，曲酒的质量风格不同，要求也不同。一般来说，曲的横断面都要有菌丝生长，且全为白色（或黄白、淡褐），不应有其他颜色掺杂在内。

反火曲：成曲贮存于室内，有时会发生倒烧现象，曲心渐呈黄色，使曲变坏。

窝水曲：由于曲坯互相靠拢，以及后火太小，水分不易蒸发所致。

曲心长灰黑毛：由于在培菌过程中，后火小，因而不能及时追出过多的水分。在这种湿度大、温度较低的环境，有利于毛霉的生长。

在制造中火曲时，有些地方片面追求曲的茬口清亮，因而在培养工艺上不敢大胆用火。在中火曲中，茬口不清亮的曲，化验糖化力和发酵力未必不高。所以，外观检查曲的质量时，不要单纯追求茬口是否清亮。

（3）大曲的化学成分和生化性能　大曲是一种粗酶制剂，为复合酶体系。全部酶系载荷于原料及附生于原料的微生物，原料及生长于原料上的微生物是所有酶系的载体，有良好的酶活性。大曲中含有多种酶系，与酿酒生产有关的有糖化酶、液化酶、蛋白酶、酒化酶等，这 4 种酶是鉴定大曲质量优劣的重要理化指标。

①糖化酶活力：又称糖化力，是鉴定大曲中糖化酶将可溶性淀粉转化为葡萄糖的能力的指标。通常情况下，它指 1g 绝干曲，在 35℃、pH4.6 的条件下，1h 内分解可溶性淀粉为葡萄糖的量（mg）。糖化力的单位为 mg 葡萄糖/（g 曲·h）。

②液化酶活力：又称液化力或糊精分解力，是鉴定大曲中液化型淀粉酶分解可溶性淀粉为无色糊精的能力的指标。一般它指 1g 绝干曲，在 60℃、pH6.0 的条件下，1h 分解可溶性淀粉的量（g）。液化力的单位为 g 淀粉/（g 曲·h）。

③蛋白酶活力：又称蛋白质分解力。蛋白酶分解蛋白质为消化蛋白、氨基酸，经发酵后形成酒中的微量成分。蛋白酶活力是鉴定大曲中蛋白酶分解蛋白质能力的指标。一般蛋白酶活力指的是 100g 绝干曲，在 40℃和 pH 一定的条件下，1h 分解蛋白质（干酪素）的量（g）。蛋白质分解力的单位为 P·U，即 g 蛋白质/（100g 曲·h）。

④酒化酶活力：又称发酵力，是鉴定大曲中酒化酶发酵淀粉生成酒精和二氧化碳的能力的指标。一般发酵力指的是 1g 绝干曲，在 25℃的条件下，发酵一定量的糖液，经过 48h，产生二氧化碳（发酵液失重）的量（g）。发酵力的单位为 gCO_2/（g 曲·48h）。

鉴定大曲质量时，除测定上述 4 种酶活力外，一般还要测定大曲的水分、酸度、淀粉含量等，必要时还要测定大曲中的微生物种类和数量。

以汾酒大曲为例说明，成曲评定办法及标准。

经过多年的生产实践总结和完善，制定出了一套切合实际的汾酒大曲的成曲评定的办法，其主要内容介绍如下。

（1）成立专业评曲小组　为了确保大曲生产的质量，提高操作人员的工艺技术水平，组建专业评曲小组（科），目的是对生产出的大曲进行外观质量评定，确定大曲外观质量优劣。理化指标由检验科检验。

（2）评定方法

①感官评定：采取出房前抽样评定。每房抽样 50 块，抽样点 10 个以上（抽样点的位置由评曲小组决定）。各大曲车间要在出房的前一天通知评曲组。

②理化评定：由评曲组取样并编号送检验科化验，化验结果及时报评曲组。

③开房评定：制曲班组人员不得在场，以免干扰评曲人员的工作。

④评曲人员评定时执行的标准：三种大曲的评定标准，如下介绍。

（3）三种大曲评定标准

①清茬曲

a. 优质曲：曲块表面为芝麻霉，并分布均匀，占表面的 60%～80%，不能有夹皮。断面茬口为青白色，一茬到底，无其他颜色掺杂，气味清香。凉红心面积应小于豌豆大。

b. 合格曲：曲块表面为芝麻霉，并分布均匀，夹皮周边不得超过 1cm。断面茬口为青白色或灰黄色，一茬到底，无其他颜色掺杂，气味清香。红心曲不超过总量的 20%，每超

3 块，扣除其中优质曲一块。合格曲应占总量的 96%。

c. 次曲：有生心、烧心、严重黑圈、异味、冲辣、辛酸味。夹皮每块曲断面周边超过 1cm。

②红心曲

a. 优质曲：曲块表面为芝麻霉，并分布均匀，占表面的 60% ~80%，不能有夹皮。断面周边为青白色，中间呈一道红、点红的高粱糁红色。单耳红心不得小于豌豆大，“一道红”不得宽于 1cm。具有典型的曲香味。不得出现鼓肚红心。

b. 合格曲：曲块表面为芝麻霉，并分布均匀，夹皮周边不超过 1cm。断面周边灰黄色，中间呈一道红、点红或二道眉曲，具有曲香味。其他茬口的曲不能超过总量的 20%，每超过 3 块，扣除其优质曲一块。优质曲、合格曲占总量的 96%。

c. 次曲：有生心、烧心、严重黑圈、异味、冲辣、辛酸味，夹皮每块曲断面周边超过 1cm。

③高温曲

a. 优质曲：曲块表面为芝麻霉，并分布均匀，占表面的 60% ~80%，不能有夹皮。断面茬口为灰黄色和五花茬口，具有典型的曲香或炒豌豆香味。

b. 合格曲：曲块表面为芝麻霉，并分布均匀，夹皮周边不超过 1cm。断面呈灰黄色或五花茬口，具有曲香或炒豌豆香味。红心曲可占总量 35%，每超 3 块扣除优质曲一块，优质曲合格曲占总量的 96%。

c. 次曲：有生心、烧心、严重黑圈，异味、冲辣、辛酸味，夹皮每块曲断面周边超过 1cm。

注：每房曲的架外底曲不得超过 45 块，每超过 3 块扣除合格率 1%。

4. 汾酒大曲成品曲理化指标

水分 13% 以下；糖化力（700 ± 150）mg 葡萄糖/（g 曲・/h）以上；液化力 0.6g 淀粉/（g 曲・h）以上；发酵力（二氧化碳）在 8gCO_2/（g 曲・48h）以上。

（二）小曲制曲工艺

1. 小曲简介

小曲酿制在我国具有悠久的历史，由于配料与酿制工艺的不同，各具特色，品种多样。按添加中草药与否可分为药小曲与无药小曲；按用途可分为甜酒曲与白酒曲；按主要原料可分为粮曲（全部大米粉）与糠曲（全部米糠或多量米糠，小量米粉）；按地区可分为四川药曲、汕头糠曲、厦门白曲与绍兴酒药等；按形状可分为酒曲丸、酒曲饼及散曲等。

传统小曲是用米粉（米糠）为原料，添加少量中草药并接种曲母，人工控制培养温度制成的。因为颗粒比大曲小，故称小曲。小曲的制造为我国劳动人民创造性利用微生物独特发酵工艺的具体体现。小曲中所含的微生物，主要有根霉、毛霉和酵母等。就微生物的培养来说，是一种自然选育培养。在原料的处理和配用中草药料上，能给有效微生物提供有利的繁殖条件，且一般采用经过长期自然培养的种曲进行接种。

用中药制曲是传统小曲的特色，据考证，我国早在晋朝就开始应用中药制曲了。据研究，酒曲中的大部分中草药有促进微生物繁殖生长及增加白酒香味的作用，但也有一些中药作用机理不明显，有的反而有害。近代的生产实践证明，少用药或不用药，也能制得质量较好的小曲，也可酿出好酒，如从四川邛崃的米曲到重庆永川的无药糠曲，由添加几十味中药到不添加中草药，既节省了药材，也节约了粮食，降低了成本。在当时的小曲酒生产中，这两种传统的小曲制作方法曾经为小曲白酒的历史做出了重大贡献，这些方法代代相传，经过了长期人工的筛选，保存了我国小曲的优良菌种，为现代小曲纯种培养提供了分离优良菌种的材料和原料配方改革的基础。

2. 根霉曲简介

江津酒厂采用根霉曲。根霉曲是采用纯培养技术，将根霉与酵母在麸皮上分开培养后再混合汇兑而成的。

根霉曲与传统小曲相比具有如下优点：①以麸皮代替米粉，可节约大量粮食；②不用中草药材，降低了成本；③使用纯培养的优良根霉，采用科学灭菌技术，曲中有益微生物占绝对优势，杂菌难以入侵为害；④用浅盘制曲法生产工效高，操作技术容易统一；⑤曲料与空气接触良好，根霉生长繁殖迅速、均匀，制曲周期大大缩短，仅需48h左右；⑥产品曲质量比较稳定，出酒率高。

3. 纯种根霉培养要点

（1）试管菌种（一级种）的培养

试管菌种的培养极为重要，生产上习惯把它称为一级种。根霉同样具备微生物容易变异的特点，往往因频繁移接，培养基不适应而造成试管菌种变异。为解决这一问题，适应大生产的需要，用麸皮制成麸皮试管培养基，对稳定根霉曲质量起到良好的作用。但在分离选育菌种时还是离不开斜面试管培养基。

（2）三角瓶扩大培养（二级种）

①流程：麸皮→加水润料→装瓶→高压灭菌→降温→接种→培养→摇瓶→扣瓶→出瓶→干燥→三角瓶种子（二级种）。

②润料与接种：称取麸皮，加水60%～70%充分拌匀，装入500mL或1000mL三角瓶中，装料厚度约10mm，塞好棉塞，于0.12MPa蒸汽高压灭菌40min，灭菌完毕，待冷至30～35℃，以无菌操作，从根霉试管中接入菌种。

③培养与烘干：将已接种的三角瓶移入28～30℃培养箱中保温培养，到达36h左右，一般菌种菌丝已经生长穿透培养基，进行扣瓶，继续培养12h出瓶、烘干，烘干温度40～45℃。

（3）根霉曲的扩大生产

根霉曲推广后的一段时间内，生产根霉曲的厂家都采用木质曲盘制曲（浅盘制曲），后来又有厂家用帘子制曲和通风制曲。通风制曲应该说是根霉曲生产技术的进步，它的特点是产量大、劳动强度低、设备要求高、技术要求严格，适合于大厂生产；浅盘设备简单，投资少，技术要求不高，适用于小厂生产。论曲的质量，浅盘曲容易控制，发生污染时容易发现，且往往只限于局部；而通风制曲环境及设备不易消毒，发生污染时杂菌蔓延很快，往往连续多批报废，曲池四周温度也不易完全控制。所以为了保证质量，目前很多厂仍采用浅盘制曲，将浅盘种子作为大批产品。

①浅盘培养

a. 工艺流程：麸皮→加水润料→上甑→蒸料→出甑→降温→接种→装盒→培养→烘干→成品曲。

b. 操作要点

润料：麸皮加水 55% ~60%，用扬麸机拌匀。润料用水多少，由气候、季节、生产方式、设备条件而定。为保证孢子数量，切忌用水量少。

蒸料：蒸料的目的不仅是为了糊化麸皮内淀粉，更重要的是要杀死料内杂菌。蒸料时间穿汽后常压蒸 1.5 ~2.0h。

接种：将蒸好的麸皮，经扬麸机降温至冬季 35 ~37℃，夏季接近室温即可接种。接种量一般为 0.3% 左右，接种量大，培养时繁殖速度快，品温上升较猛：接种量小，则繁殖速度较慢，一般夏天接种偏少，冬季较多。拌和均匀后，装入曲盘进曲室培养。

培养：接种后曲盘叠成柱形，室温控制在 28 ~30℃进行培养。视根霉不同阶段的生长繁殖情况，调节温度，控制湿度，采用柱形、十字形、品字形或 X 形等各种不同的形状，使根霉在 30 ~37℃生长繁殖。培养 20h 左右，根霉菌丝已将麸皮连接成块状，即行扣盒，扣盒后继续培养至品温接近室温时出曲烘干。

烘干：根霉曲烘干一般分两个阶段进行。前期烘干时因曲子含水较多，微生物对热的抵抗力较差，温度不宜过高，温度为 35 ~40℃；随着水分蒸发，根霉对热的抵抗力逐渐增加，后期烘干温度可控制在 40 ~45℃。切忌温高，排湿过快。

粉碎：烘干的根霉经粉碎入库。粉碎能使根霉的孢子囊破碎，释放出孢子来，以提高根霉的使用效能。因为根霉的繁殖是依靠孢子来进行的。

②通风制曲大批生产：通风制曲是现代先进制曲方法，具有节省厂房面积、节约木材与劳动力、提高设备利用率等特点。但必须在不停电或少停电的地方建曲药厂。

润料、蒸料、接种：与浅盘制曲同（略）。

入池：将已拌菌种麸料，充分拌均匀后，用无菌簸箕撮入灭菌后的通风培菌池内，刮平曲料，装料厚度一般为 22 ~26cm，搭一层白布保温，插上温度表，进行静止培养。

通风培菌：培菌室温保持在 30℃左右，品温保持 30 ~31℃为宜。培菌过程中，6 ~8h 菌丝开始发芽，品温有所上升，开始间接通风。待品温上升到 35℃时，便开始连续通风，使曲料品温保持在 32 ~34℃。培菌 17 ~18h 后，菌丝开始大量繁殖，原料中的营养物质已大量消耗，根霉菌的生长繁殖使品温上升很快，注意连续通风培菌。由于麸皮料中加有稻壳，只有采取强行通风降温，品温才能控制在 35 ~36℃。

培菌过程中，曲料中的菌丝布满成熟结饼，成熟菌丝大部分已倒，38 ~40h 即可停止培菌。用消毒后的小锄头，将培菌池中的曲料挖翻打散，用灭菌后的簸箕端出，入扬麸机打散，运入烘干房烘干。

烘干粉碎：与浅盘制曲同。

③帘子制曲大批生产：帘子制曲设备原由竹料编成床式，再固定 2 ~3 层竹篦垫，放上竹席培菌。现改为用钢管 5 根，排成五角形并焊接好，以次白布做成 10 ~12 层为帘子，培菌料放于帘子上培菌。这是一种旧式制曲方法，下部分受热温度高，上部分受热不够温度低，整个培菌菌丝生长不均，所制出的根霉酒曲质量较差。

帘子制曲润料、蒸料、接种、烘干、粉碎等工序与浅盘、通风制曲一样，只是培菌方法有所区别。

培菌：将接种后的麸料，用无菌簸箕撮上钢架上帘子，将曲料铺平刮匀，厚度 3 ~4cm。曲料入帘完毕，用2cm 厚的泡沫垫子围着帘子架，以保曲料湿度。在 8 ~15h 后，菌丝生长，这时揭去围的泡沫垫，室温控制在30℃左右，保培菌温30℃。培菌18～20h，曲面布满菌丝。20～22h后，成熟菌丝大部分已倒，开始将帘子上结饼曲料翻面。曲料升温到35～36℃时，开门窗、天窗排潮，以排出二氧化碳，便于新鲜空气入培菌室，使菌丝生长老熟。排潮过程中，还将曲饼切成鸡蛋大，用竹块犁成行子。一般培菌38～40h后出曲。

4. 固体酵母培养要点

（1）一级试管培养　酵母液体培养基通常采用麦芽汁糖液培养基。用大米（玉米粉）500g，加水3000～3500mL，煮成糊状，凉至60℃，加麦芽500g，搅匀保温55～60℃，糖化4～6h过滤即成。其浓度7～8°Bé。每只试管装10mL糖液，无菌条件下接入1～2环斜面试管原种，摇匀后置28～30℃培养箱，培养24h左右，液面冒出大量CO_2即成。

（2）三角瓶菌种培养　每只1000mL的三角瓶，装糖液700mL，0.12MPa灭菌30min，待冷至30～35℃，接入一级试管酵母菌种，移入28～30℃培养箱，培养24h即成。有的厂三角瓶菌种培养分两次扩大，将一级试管酵母菌种接到150mL三角瓶中培养16h，再转入1000mL三角瓶培养12h。

（3）卡氏罐培养　卡氏罐接种培养的方法与三角瓶基本相同，只是糖液糖度为6°Bé。酵母液体扩大培养的量，视投料量来定，控制在5%～10%，可用三角瓶，也可用卡氏罐扩大。

（4）酒精活性干酵母活化液　酒精活性干酵母在根霉曲中应用效果也很好。但直接活化后加在纯根霉中，由于酵母在固体中不能蔓延，无法繁殖到整个培养箱中，达不到效果。最好的方法是将活性干酵母活化后，作为酵母菌种进行大批培养。方法是：配制含糖4%的糖液，在38～40℃时加入原料量3/10000的干酵母，糖液量为干酵母的50倍，在30～35℃活化4h，作为固体酵母培养的酵母菌种。

（5）固体酵母的生产——酵母的扩大生产　麸皮80%，米糠20%，加水量为总投料的60%，用扬麸机拌匀，上甑蒸1.5h出甑摊凉，待曲料冷至34～35℃，接入5%～10%的卡氏罐（三角瓶）酵母菌种或活性干酵母活化液和0.3%的根霉种子（利用根霉糖化淀粉的作用，给酵母的生长繁殖提供糖分），拌匀装入曲盘，移入温室培养，室温控制在28～30℃，视不同阶段的繁殖生长情况，调节品温和控制温度，采用柱状、X形、品字形、大十字形进行培养。在培养到18h和30h左右要翻拌一次，对酵母的翻拌很重要，酵母繁殖生长需要大量氧气，放出CO_2，翻拌操作能排除曲料中的CO_2，补充氧气，调节温度，使酵母能繁殖到整个曲料中去，以提高酵母质量。酵母培养成熟后进入烘干室进行烘干，烘干温度40℃左右，烘干后粉碎入库。

5. 汇兑混合

根霉曲系将固体酵母按一定比例配入纯根霉中而成的，其具有糖化和发酵作用。根霉中配酵母的多少，视工艺、发酵周期、气温、季节变化、配糟质量、水分而定。通常成品根霉曲中配（1.0～1.5）$\times 10^8$个/g曲，混匀即可。

6. 根霉曲生产中常见的污染菌及其防治

毛霉、犁头霉及根霉这三者是毛霉科中的三兄弟，外观相似，根霉似棉花，毛霉似猫毛，犁头霉近似于根霉。它们的菌丝都可无限地向四周蔓延。三者的主要区别为：①根霉有匍匐菌丝，由匍匐菌丝生出假根，与假根相对，向上生出一簇孢囊梗，顶端形成孢子囊；②毛霉无匍匐菌丝及假根；③犁头霉菌丝似根霉，但孢囊梗散生在匍匐菌丝中间，同时假根并不对生。毛霉、犁头霉污染的来源主要为空气，酒厂里的粮食、大曲及周围的环境中有许多毛霉及犁头霉，其孢子随风飘扬，成为不速之客来到曲子上。主要的防止措施为选好曲房的位置，要远离酿酒车间、大曲房、粮库及其他污染源。

枯草杆菌属芽孢杆菌，在生产过程中，只要在曲房或烘房中闻到一股浓烈的馊臭味，就可以确定为大量枯草杆菌污染。枯草杆菌主要来源于原料，酒厂的空气中为数也不少，一方面要加强培养基原料的消毒，另一方面还要控制制曲条件。原料蒸透，可以杀死枯草杆菌营养体及一部分芽孢。残留在麦麸培养基中的芽孢要千方百计地不使其繁殖，主要的措施是控制制曲条件。培养前期品温必须严格控制在30℃以下，有利于根霉生长而不利于枯草杆菌繁殖；同时根霉生长过程会产酸，破坏了枯草杆菌正常繁殖的pH。根霉在培养基中大量繁殖后，枯草杆菌就难以繁殖了。在制曲过程中，一旦发现枯草杆菌大量污染，就要对曲房、烘房及曲盒进行严格的消毒。

在根霉曲中发现的念珠霉其特点为孢子呈瓜子形，菌丝常成束。念珠菌可以在曲房中出现，也可以在烘房中出现，如果在曲子上闻到一股带甜的花香味，曲子表面发白，手指一摸会粘上一层白粉，是念珠霉污染。

念珠霉污染的原因开始可能是来自麦麸，润料时麦麸飞扬所致。一旦开始污染，由于念珠霉的孢子很轻，到处飞扬，从一个曲房到另一个曲房，从烘房到曲房，从曲房到烘房，形成恶性循环，致使有的厂经数月还不能消除念珠霉的污染。故一旦发生污染，就要全面停产，彻底消毒。少量念珠霉污染不影响出酒率，大量污染时会使出酒率有所降低。

曲霉在自然界分布极广，几乎在一切类型的基质上都能出现。在根霉曲上发现的曲霉主要有黑曲霉及黄曲霉，污染黑曲霉或黄曲霉时会在麦麸培养基表面看到分散的丝绒状深黑色或黄绿色菌落斑点，在培养基中的细丝较浓，颜色发白。

一般曲霉不会形成大面积的污染，对小曲白酒威胁不大。曲霉多来自麦麸、粮食或大曲，经空气飞扬而来。防止曲霉污染的方法，除了改善环境条件外，一旦发现曲霉污染，立即进行清除，不使曲霉孢子到处飞扬。

7. 小曲白酒曲药新技术

（1）“固－液－固”培养新工艺　扩大培养工艺流程为：菌种→固体试管（一级种）→固体三角瓶（二级种）→液态种子罐（三级种）→固态浅盘或曲池（四级种）。此工艺采用液、固相结合的培养方法，一级、二级、三级种可做到纯粹培养，这样可保证种子不受杂菌污染，四级种虽然不能做到完全的纯粹培养，但由于是营养菌丝体接种，没有固体种子接种时的孢子萌发期，因而适应期很短，接种后根霉迅速生长，抗杂菌能力增强，培养周期缩短，产品质量提高。用菌丝体培养的报道很多，关于酿酒根霉菌丝与孢子的关系可比喻为果树中枝条和果核的关系，用果树的枝条压条接枝，可以保持果子甘甜的特性，而用其果核繁殖果树，果子容易变酸，具有多变性。根霉是单细胞多核体，根霉孢子具有多个核，孢子的发芽实际上是核发的芽，所以有时尽管分离培养是单个孢子，但长出来的却不完全一样，有甜型也有酸型，这就给菌种带来多变性和不稳定性。所以用菌丝分离移接根霉，就容易保持根霉原有的甜型特性，防止菌种变异。

（2）根霉曲配方改进　根据对成品曲的分析，麦麸的营养物质大大过剩，培养后的成品曲残余糖分过多，既是一种原料的浪费，又影响曲药的保质期。将配料改为麸皮60%左右，谷壳粉40%左右，经大生产试验，成品曲色好，菌丝多而健壮，糖化率高，残淀少，节约成本23%以上。具有降低原料成本、增加曲料的疏松度、减少成品曲残淀含量、使新配方生产的曲药产品质量达到或超过传统配方曲药，而且能够延长根霉曲的保质期的优点。

（3）使用酒精活性干酵母　通过复水活化后，将酒精活性干酵母直接扩大培养为配制根霉曲所需的固体干酵母，改进了传统三级扩大培养固体干酵母的繁琐工艺操作，缩短了培养时间，减少了杂菌污染。

（4）添加产酯酵母　在根霉酒曲中添加产酯酵母，以提高小曲酒中酯的含量。但添加产酯酵母必须注意以下几个问题。

①产酯酵母只有在氧气存在的条件下才能生物催化合成酯类，不是一般认为的醇与有机酸的化学反应（酯化反应），故用产酯酵母酿酒时，其产酯作用主要发生在培养菌箱中，而不是在发酵窖池中。

②在酒曲中添加产酯酵母的量要控制好，不能过多。过多往往会使酒中酯类过多，香气不谐调；同时，产酯酵母在箱中大量繁殖，消耗了粮食，会影响出酒率。

③产酯酵母的菌种要选好，可采用单株，也可采用多株。如采用不当，反会画蛇添足。如过去有的酒厂采用某单一菌种，酿出的酒有一股浓烈的香蕉水味，难以入口。

8. 江津酒厂根霉曲企业标准

（1）感官指标

①外观：呈颗粒状或粉末状，颜色呈近似麦麸的浅褐色，色质均匀一致、无杂色，具有根霉曲特有的曲香，无霉杂味。

②试饭：饭面菌丝均匀，无杂霉斑点，饭粒松软绒透、汁液清亮、口感酸甜适宜，无异味，具有醪糟特有的香甜味。

（2）镜检指标

①根霉形态：菌丝多而粗壮，厚膜孢子收缩较好，呈褐色，色泽金黄或淡黄。

②酵母形态：菌体健壮均匀。

③酵母细胞数：$8\times10^{7}\sim1.2\times10^{8}$个/g。

（3）理化指标　见表1-51。

表1-51　根霉曲企业标准

项目	指标
水分/%	≤11
试饭糖分（以葡萄糖计）/（g/100g）	≥25
试饭酸度（以消耗0.1mol/L NaOH计）/（mL/g）	≤0.40
糖化发酵率/%	≥70

二、大曲清香型白酒酿造工艺

汾酒是清香型白酒的典型，它以产地山西省汾阳县而得名。距今已有1400余年历史。

1. 大曲清香型白酒酿制的特点、流程及要诀

（1）酿制特点

①采用传统的“清蒸二次清”法：所谓清蒸即一次性投料的碎高粱单独进行蒸煮。二

次清是指原料蒸煮、冷却后加曲 2 次，发酵 2 次，蒸馏 2 次，即扔糟作饲料。也可将糟添加麸曲另行发酵，蒸馏得到质量优于普通白酒的成品作为一般白酒出售。

②采用地缸固态发酵：陶缸口与地平齐，用石板作盖。

③小米糠作辅料：经清蒸的小米糠加于第一次发酵好的酒醅中，进行蒸馏。

（2）工艺流程　如图 1－13 所示。

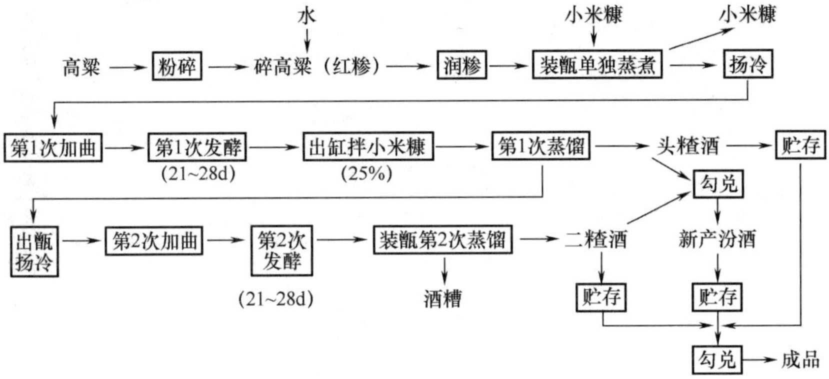

图 1－13　清香型酒生产工艺流程

（3）技术要诀

①人必得其精：操作者不仅要有熟练的技能，而且要懂得为什么要这样做，并能在保证和提高产品质量、提高经济效益的前提下通过必要的试验，合理地改进工艺和设备。

②水必得其甘：这里的“甘”字可作“甜水”解释，以区别于咸水；也可理解为“好水”，以区别于水质不良的水。

③曲必得其时：即使用“伏曲”，最宜于 7～8 月间制曲。

④粮必得其实：指采用粒大而坚实的“一把抓”高粱。

⑤器必得其洁：以免污染有害杂菌。

⑥缸必得其湿：即材料入缸时，上部水分可稍大些，温度可稍低些。因为发酵过程中水分会下沉，而热气则自下往上升，这样可使缸内酒醅发酵一致。酒醅中水分的多寡与品温升降及出酒率有关。也可理解为缸的湿度已饱和，不再吸收酒而使酒损失了。另外，缸湿也易于保温，并促进香味生成。因此，在汾酒发酵室内，每年夏季都要在缸旁的土地上扎孔灌水。

⑦火必得其缓：即蒸粮宜大火，蒸酒宜小火。这样可使原料充分糊化，以利于糖化和发酵。采用小火蒸出的酒质量较好，高沸点的杂质随酒精等带出的量相对少些，所得的酒温度也低些，减少了挥发损失。

“缓”字还可理解为发酵或蒸馏的温度波动不宜过急过大，要缓慢升降，这样对微生物生长、发酵及蒸馏均有利，可避免串甑、跑汽等现象发生。

⑧其他四诀：即工必得其细，拌必得其准，管必得其严，勾贮必得其适。

2. 高粱和曲的粉碎

（1）高粱粉碎　高粱要碾碎成 4～8 瓣，细粉不超过 20%。

（2）曲的粉碎　用于头糌的曲稍粗，要求粉碎至大者如豌豆，小者如绿豆，能通过

1.2mm 筛孔的细粉不超过 55%；二楂用曲稍细，要求大者如绿豆，小者如小米粒，能通过 1.2mm 筛孔的细粉为 70% ~75%。

高粱与曲的粉碎度要按季节恰当地掌握好，夏季应稍粗，冬季可适当细些。

3. 润糁

（1）较低温的润糁（传统工艺）

①润糁过程：每班投红糁 1000 ~1100kg，堆成碗形，加水拌匀后堆积润料，用麻袋或芦席盖住。期间每隔 3 ~4h 翻拌一次，使原料润透，并可防止浆水流失。若第 1 次、第 2 次翻拌时发现糁皮干燥，可适当加点温水。

②润糁条件：见表 1 -52。

表 1 -52　　传统润糁条件

项目	春季	夏季	秋季	冬季
加水量/%	60 ~65	60 ~65	60 ~65	60 ~65
水温/℃	—	28 ~32	—	50 ~60
堆积温度/℃	20 ~30	25 ~28	25 ~30	27 ~32
润糁时间/h	14 ~18	14 ~18	14 ~18	14 ~18

（2）高温润糁

①高温润糁的好处：采用高温润糁时，吸水量大，吸水速度快，水分不仅附着于淀粉颗粒表面，且能渗入其内部；发酵材料入缸时不淋浆而发酵时升温较缓慢，因而成品酒较绵甜；高温润糁促使果胶分解成甲醇，以便在蒸煮时排除，相对降低了成品酒中的甲醇含量。因而高温润糁是提高产品质量的措施之一。

②高温润糁操作：润糁用水的温度，夏季为 75 ~80℃，冬季为 80 ~90℃。加水量为原料量的 55% ~62%。原料加水拌匀后堆积润料，堆上应加覆盖物。堆积时间为 18 ~20h，在冬季品温能升至 42 ~45℃，夏季达 47 ~52℃。中间应翻动 2 ~3 次。若发现翻拌时糁皮干燥，可补加原料量 2% ~3% 的水。

在堆积过程中，一些侵入原料中的野生菌进行繁殖和发酵，生成某些芳香和口味成分，对增进成品酒的回甜有一定的作用。

（3）润糁指标　润糁的好坏与糊化等有密切关系。如用拇指与食指能搓开，成粉无硬心，说明已润透，否则还需适当延长堆积时间，直至完全润透。

4. 蒸糁（糊化）

原料与辅料清蒸可避免其不良气味进入成品酒中。

（1）蒸煮过程　上述润好的糁分 2 甑进行蒸煮。蒸煮容器为能移动的活甑桶。先将底锅水煮沸后，再用簸箕将糁撒入甑内，要求料层匀而平，冒汽均匀。约需 40min 装完料。待蒸汽上匀（圆汽）后，再用 60℃以上热水 15kg 泼在料层表面，称为加焖头量，再在糁上面覆盖辅料一起清蒸。这时要保证火力旺盛，维持 5 ~10min，使原、辅料中的不良气味逸散出去。然后用芦席加盖，用大火蒸 60 ~80min。初蒸时的品温为 98 ~99℃，最终可达 105℃。清蒸的辅料用于蒸馏，要当天用完。

（2）蒸煮指标　糁要糊化透彻，熟而不黏，内无生心，有糁的香味，无异味。

5. 加水、扬冷

（1）加水　将糊化后的糁取出堆成长方形，立即泼入原料量30%～40%、温度为18～21℃的井水，也可用同量的开水代替冷水。加水量因季节而异，见表1－53。

表1－53　糊化后的泼水量

季节	春季	夏季	秋季	冬季
泼水量/%	35～38	35～40	30～35	30～35

（2）扬冷　加水后立即打碎团块，翻拌均匀，停放5～10min，使水渗入。然后用人工翻拌高扬几遍，或用扬糁机通风扬晾，使糁吸收部分氧气。若在冬季，品温应降至20～30℃，夏季应尽可能降至室温。

6. 下曲、入缸

（1）下曲　散冷后的糁立即堆成长方形。由入缸温度决定下曲温度，将一定量的曲粉撒于糁表面，翻匀。翻拌操作必须在品温降至入缸温度前完成。下曲温度及加曲量可参见表1－54。

（2）入缸

①缸的准备：缸的间距为10～24cm，1100kg原料占大缸8个或小缸16个。缸在使用前，应用清水洗净。对新的缸和盖，用清水洗净后，还需以7.5kg开水加60g花椒制成的浓度为0.4%的花椒水洗净备用。

②入缸温度：与黄酒等其他酒类酿造一样，入缸品温是决定发酵成败、提高产品质量的关键之一。但入缸品温不能孤立地确定，应按季节、加水量、下曲温度、加曲量以及缸温等加以调节。若气温较高或加曲量较大，加水量较多，则不宜采用较高的入缸温度，反之亦然。入缸温度以10～16℃为宜，但实际上由于气温的影响难以掌握得很准。通常要求夏季品温越低越好，应比气温低1～2℃。加曲量及加水量也不宜变化太大。汾酒酒醅的含水量比一般白酒酒醅低，但若过低，则糖化和发酵不完全；水分过高，则成品酒口味寡淡。入缸条件见表1－54。

表1－54　入缸条件

项目	春季	夏季	秋季	冬季
糁加水量/%	35～38	35～40	30～35	30～35
曲粮比例/%	9～11	9～11	9～11	9～11
下曲温度/℃	20～22	20～25	23～25	25～30
入缸温度/℃	13～17	17～26	17～20	13～17

在一般情况下，刚空出的缸，当天就进新料。若空缸放置几天，由于缸温下降，应根据实际情况，将入缸温度适当提高一些。

③盖料与加盖：入缸后，缸顶用石板盖严，再用清蒸后的小米糠封口，盖上还可用稻壳保温。

④头糙成分：新入缸的物料，称为头糙，其成分见表1－55。由表可见，汾酒头糙的

成分不同于一般白酒，因为汾酒酿造没有采用“糠大、水大、短期发酵”的工艺。

表 1 – 55　　头楂成分

项目	含量	项目	含量
水分/%	52.8 ~ 56.0	淀粉含量/%	31.58 ~ 37.06
酸度	0.13 ~ 0.2058	糖分/%	0.91 ~ 1.1

7. 发酵

传统工艺的发酵期为21d，为增进成品酒的芳香醇和感，可延长到28d。整个发酵过程分前期、中期和后期3个阶段。

（1）发酵温度及管理

①温度变化及异常发酵的处理：对酒醅的发酵温度，应掌握所谓“前缓升、中挺足、后缓落”的规律，即前期温度缓慢上升，中期保持相当天数的较高品温，后期品温则渐渐下降。

发酵前期：第1 ~ 7d，品温平稳地升至28℃左右。若入缸时品温高、曲子粉碎过细、用曲量过大，或不注意卫生，则品温会很快上升至30℃左右，称为前火猛或早上火，会导致酵母过早衰老而发酵过早停止，产酒少，酒性烈。对这种情况，应压紧酒醅，严封缸口，以减缓发酵速度，并在下次操作中调整工艺条件。

发酵中期：即主发酵阶段，共10d左右，温度控制在27 ~ 30℃。通常最高品温为29 ~ 32℃，有时最高达35℃。这阶段的品温升至最高点后，又慢慢下降2 ~ 3℃。若发酵品温过早过快下降，则发酵不完全，出酒率低且酒质较差。有时品温稍降后又回升，形成“反火”，这是由于好气性细菌作用所致，应封严缸口予以挽救。

发酵后期：工人称此为副发酵期，为11 ~ 12d。由于霉菌逐渐减少，酵母菌渐渐死亡，发酵几乎停止，因此，最后品温降至24℃后基本上不再变化。若该阶段品温下降过快，酵母发酵过早停止，则不利于酯化反应；若品温不下降，说明细菌等仍在繁殖和生酸，并产生其他有害物质。另外，在出缸时品温偏高，也会增加酒精挥发量。造成上述现象的原因是封缸不严和忽视卫生工作。尤其在夏天，发酸现象更易发生，其补救措施是严封缸口，压紧酒醅。

②温度管理措施

测温：第1 ~ 12d内，每隔1d检查1次品温。根据这段时间的测温结果，基本上可判断发酵的正常与否。

保温：在夏季，对未入新料的空缸，在其周围地面上扎眼灌入凉水，而冬天则在投料后的缸盖上铺25 ~ 27cm厚的麦秸保温。

（2）发酵过程的成分变化

①水分：由于发酵过程中淀粉和蛋白质等被微生物分解成各种产物，所以酒醅的水分相对平稳地上升，由初期的52%最高可增至70%左右。

②淀粉：发酵初期，由于酒醅中酒精含量尚较低，霉菌的淀粉酶类的作用发挥较好，因此第3 ~ 7d内酒醅的淀粉含量下降最快，以后就平稳地减少。

③糖分：由于汾酒醅进行平行复式发酵，因此糖分的变化规律受糖化和发酵速度的双

重制约，尤其在头4d内，主要是微生物繁殖而消耗部分糖，这是以糖化作用为主的初始发酵阶段。

④酸度：酸度在发酵前期增长速度较快，发酵中期则由于酵母菌的旺盛发酵而抑制了产酸菌的作用，因而酸度上升较慢。而至发酵后期，酸度增长速度又稍快起来，这与发酵作用的基本停滞有关。

⑤酒精含量：在入缸后的2~10d，酒精含量迅速增加。在发酵期酒精含量最高可达12%以上。发酵后期基本上不生成酒精，而由于酯化作用等消耗部分酒精，但出缸时酒醅的酒精含量，很少比发酵中期的最高酒精含量低过1%的。

⑥酒醅的感官检查

色泽：成熟的酒醅不应发暗，应呈紫红色，用手挤出的汁呈肉红色。

香气：未启缸盖，能闻到类似苹果的香气，表明发酵良好。

尝味：入缸后3~4d的酒醅有甜味，但若7d后仍有甜味，说明品温偏低，入缸前的操作有问题。酒醅应逐渐由甜变成微苦，最后变成苦涩味。

手感：用手握酒醅有不硬、不黏的疏松感。

8. 出缸，蒸馏

（1）出缸拌糠　将成熟醪取出，拌入原料量22.5%的小米糠，或拌入稻壳∶小米为3∶1的混合辅料。若加糠量过大，成品酒呈糠味；而用糠量过小，装甑时易压汽，蒸酒时酒尾长。

（2）装甑、蒸馏

①操作过程：蒸馏的甑与蒸粮相同。装甑时要做到“轻、松、薄、匀、缓”，材料要“二干一湿”，蒸汽要“二小一大”，并以缓汽蒸酒、大汽追尾为原则。

先将锅底水烧开，再在甑底铺上帘子，并撒上一薄层糠。接着装入3~6cm加糠量较多而较干的酒醅，把上次的酒尾从甑边倒回锅中，这时蒸汽要小些。在打底的基础上，再装入加辅料较少而较湿的酒醅，这时蒸汽可大些。装至最上层时，材料要干些，蒸汽也要小些。装满1甑需50~60min。装完甑后，盖上盖盘，接上含锡量为96%~99%的纯锡（或食品级不锈钢）冷凝器，进行缓汽蒸馏，流酒速度控制为3~4kg/min，流酒温度最好控制在25~30℃。最后用大汽蒸出酒尾，直至蒸尽酒精。流酒结束后，去盖、敞口排酸10min。

②三段取的酒及其用途

酒头：每甑截取酒精含量为75%以上的酒头1~2.5kg，视成品酒的质量而定。截头过多，会使成品酒中芳香物质不足而酒味平淡；但若截头过少，则又会使醛类物质过多地混入成品酒中，而使酒味暴辣。酒头可用于回缸发酵。

中段酒：称为头楂酒，即原酒部分，其酯含量高达0.549g/100mL，总酸为0.0413g/100mL。

尾酒：酒尾中含有大量乳酸乙酯等香气成分，以及有机酸等呈味物质，所以酒尾不宜摘得过早。汾酒的质量与酒尾适当地截得高一些是分不开的。因此，酒尾的起点酒精含量至少不能低于30%。

酒尾的量可摘得多一些，其中酒精含量较高的部分在下甑蒸酒时回锅再蒸，酒精含量很低的那部分可代替水用于润料。传统的蒸馏摘酒实例见表1-56。

表 1－56　　传统蒸馏摘酒实例

蒸馏时间/min	15℃下的酒精含量/%	流酒温度/℃	三段摘酒
0～5	80.5	23	截酒头 2.5kg
5	80.5	27	头楂原酒
10	78.6	30	头楂原酒
15	77.0	32	头楂原酒
20	73.0	35	头楂原酒
25	62.9	38	头楂原酒
30	48.5	38	截酒尾
35	34.1	40	同上
40	16.6	40	同上
45	13.3	40	还可多接酒尾

9. 二楂发酵与蒸馏

为充分利用原料中的淀粉，将大楂酒醅蒸馏后的糟，摊凉撒曲后进行二次发酵，称为二楂发酵。发酵期仍为 28d，发酵、蒸馏操作大体上与大楂相似。

（1）加水、加曲　大楂酒醅蒸馏后，视糟的干湿状况，趁热泼入原料量 2%～4% 的温水，水温为 35～40℃，称为蒙头水。再将物料出甑，迅速冷至 30～38℃，加入原料量 9%～11% 的曲粉拌匀。

（2）入缸　入缸条件：淀粉 14%～20%，酸度 1.1～1.4，水分 60%～62%；入缸温度春、秋、冬季 22～28℃，夏季 18～23℃。

在清楂发酵中，通常强调“养大楂、挤二楂”。所谓“养大楂”，是因大楂是纯粮发酵，入缸物料淀粉浓度高，发酵时易生酸，所以应力求防止酒醅生酸过多；“挤二楂”是指应充分利用残余淀粉使能多产酒。因此应根据大楂的酸度等合理调整二楂的入缸品温，以保证二楂的正常发酵，多产酒、产好酒。当二楂入缸酸度在 1.6 以上时，每增加 0.1 个酸度，则入缸品温须相应地提高 1.8℃。

（3）发酵品温　入缸后第 4d，就能达到最高品温 32～34℃，并保持 2～3d；从入缸后第 7d 开始，品温缓慢下降，但到出缸时仍保持为 24～26℃，使“前缓、中挺、后缓落”。二楂发酵要求“升温幅度”至少在 8℃以上，降温幅度一般为 6～8℃。

（4）二楂发酵成熟酒醅成分　水分 58.5%～67.2%，含酒量 5.2%～5.8%，淀粉 8.8%～11%，酸度 1.9～2.8，残糖 0.31%～0.34%。

（5）二楂酒成分　总酯 0.2777g/100mL，总酸为 0.0536g/100mL。

10. 大楂酒和二楂酒产量、质量比较

按每班投料 1100kg 计，大楂酒产量在 240～400kg、二楂酒则在 100～270kg 不等，两者之间大体上为 60∶40。各季之间波动幅度较大，产品质量与产量成正比。

大楂酒和二楂酒风格特征：大楂酒，清香突出，入口醇厚，绵软回甜，爽口，回味较长，有粮香；二楂酒，清香但欠谐调，常带辅料味，入口较冲辣，后稍带苦涩，回味较长。

表 1－57 为原酒及成品酒成分比较。

表 1－57　　原酒及成品酒成分比较　　单位：mg/100mL

项目	大楂酒	二楂酒	成品酒
乙醛	10～15	35～45	25～30
乙酸乙酯	230～270	250～300	240～280
正丙醇	12～15	15～25	15～20
乙缩醛	15～20	40～50	25～40
异丁醇	14～17	14～17	14～17
异戊醇	35～45	50～60	40～55
乙酸	50～60	65～75	55～70
乳酸	8～14	8～14	8～14
乳酸乙酯	150～220	150～220	150～220
β－苯乙醇	0.6～0.9	0.5～1.10	0.7～0.9

11. 两种清蒸续楂法

有的清香型白酒的生产，采用如下的两种清蒸续楂法配料。一种是将清蒸后的熟粮与蒸酒后的醅，以 1：（4.5～5.0）的比例混合。加曲量为投料量的 15%～18%。若在夏季，可将曲粉以等量分别与熟粮及醅拌匀后再混合，入池作为粮楂发酵。剩余的醅加 5%～10% 曲粉作为回醅发酵。池的回醅与上层的粮楂用熟糠和隔箅分开，也可将几个班组的回醅集中入池发酵。另一种是将未蒸的粮粉与蒸酒后的热醅混合，粮醅比为 1：（4～4.5），焖堆 2～3h 后，蒸粮 1h。然后将加曲后的粮楂及回醅进行发酵。回醅中也可不加大曲粉而添加麸曲、酒母。回醅的入池水分可高至 60%～62%。发酵容器为瓷砖或内壁打蜡的水泥池或地缸。掌握"前缓升、中挺足、后缓落"的发酵温度管理原则。粮楂酒与回醅酒单独蒸馏、贮存，粮楂酒为高档清型白酒，回醅酒为普通白酒。

三、大曲清香型青稞酒酿造工艺

青稞又名裸大麦，是大麦品种的变种，它与大麦不同的是其籽粒与颖壳能脱离，即脱粒后不带壳。青稞耐寒性强、生长期短，生长在海拔 2000m 以上的地区，是青藏高原居民的主要食粮。青稞的有些特征与大麦相似，也有四棱、六棱之分。但青稞的形状和色泽却多种多样，有黄、褐、紫蓝、黑色和椭圆形、卵形、长形之分；青稞大多为硬质，籽粒的透明玻璃质在 70% 以上；蛋白质含量较高，在 14% 以上，而淀粉含量稍低，为 60% 左右，纤维素含量为 2% 左右。青稞酒生产常用的品种有福 8－4、南繁 3 号、昆仑 11 号等淀粉含量稍高、蛋白质含量稍低的品种。

清香型大曲青稞酒产于青海、陕西等地，有生产企业 30 余家，年产量在 2 万吨以上。青稞酒生产采用中温曲，但各厂制曲和酿酒原料不尽相同；发酵容器有瓷砖贴面池、水磨石池等；制酒大多采用"清蒸四次清"的工艺，也有用"续楂老五甑"的工艺，并采用高温堆积等措施；贮酒方式，有采用三段式的，即前期用陶缸、中期用酒海、后期用不锈钢大罐。

1. 制曲工艺

①配料：有以小麦为主，配以黑燕麦及豌豆的；也有用青稞∶小麦∶豌豆 =5∶3∶2 的；为突出青稞酒风格，现改为青稞∶豌豆 =7∶3。

②培曲：原料经粉碎（通过 60 目筛占 60%）、加水拌和（水分为 53%）、踩制成坯后，入室培养 40d，最高品温不超过 48℃，成曲贮存 3 个月后用。

2. 制酒工艺

采用“清蒸四次清”工艺，须“养大楂、保二楂、挤三楂、追四楂”。

①原料：有采用单一青稞的；也有青稞、高粱等混用的。用辊式粉碎机碎成 4 ~6 瓣。

②润料：加适量 30℃温水拌匀后，堆积 12h 左右。

③蒸料：从装完甑算起，约需 80min。要求“熟而不黏，内无生心”。

④加水、扬冷：熟料出甑，堆成长条形，泼入原料量 28% 左右的冷水，后扬冷。

⑤入池条件：大楂，淀粉 35%，水分 42%，酸度 0.2；温度，冬 20℃、春秋 15℃、夏 12℃。二楂，水分 48%，酸度 1.5；温度比大楂高 1 ~2℃。三楂，入池水分 52%；四楂，入池水分 58%。

⑥发酵期 28d 左右。采用“清蒸四次清”工艺。

养大楂：大楂为纯粮发酵，而淀粉浓度高、酸度低，青稞酒醅发黏，要低温低水分入池。原料粉碎较粗。大曲粉用量为 8% ~9%。

保二楂：大楂出池酸度已有一定，故在出池酒醅中加入适量辅料，还可加入 10% 清蒸的青稞，使二楂的入池酸度不超过 1.5。

挤三楂、追四楂：都是指在酒醅的酸度高且发黏的情况下，可适当提高入池温度和水分，尽量追酒。

3. 青稞酒感官及成分特征

清香纯正，有独特香气，有“酒酿”和似苹果香，绵甜柔和，醇厚而不腻，酒体丰满。主要成分：乙酸乙酯 270mg/100mL，乳酸乙酯 220mg/100mL，己酸乙酯 3.7mg/100mL，丁酸乙酯 5.5mg/100mL；总酸为 179.8mg/100mL，乙酸为 82.2mg/100mL，乳酸为 84.6mg/100mL，己酸为 1.68mg/100mL，丁酸为 4.36mg/100mL。特有的酯、酸含量和比例，使大曲清香型青稞酒独具一格。

四、小曲清香型白酒酿造工艺

（一）川法高粱小曲酒生产工艺

川法高粱小曲酒生产分为四个重要工序。

1. 蒸粮工序

（1）泡粮

①目的：在泡粮时，高粱吸收水，淀粉粒间的空隙被水充满，淀粉粒逐渐膨胀，使蒸煮过程中易蒸透心，糊化良好。高粱原料中，含有较多的单宁，在泡粮过程中，单宁大部分可溶于水中除去，有利于糖化和发酵。同时，高粱中的沙石杂物经泡粮后可随水流去，使原料更加干净。

②要求：吸水透心，吸水均匀。

③要点：泡水要足，泡粮搅拌后保温 73 ~ 74℃。泡粮时间，糯高粱 6 ~ 10h，粳高粱 5 ~ 7h。干发 8 ~ 10h。

④操作方法：每天蒸完酒后，洗净底锅，烧开水泡次日原料。每 100kg 原料约需泡水 165kg。泡粮时将开水迅速舀入泡粮桶内，然后将原料倒入，即先水后粮，这样可使泡粮桶内上下水温一致，使粮食受热、吸水均匀。若先粮后水，将使一部分粮食受热时间较长，一部分受热时间较短而吸水不匀，而且易成灰包，无法泡透。泡水温度 90℃以上。原料倒入泡粮桶后，用木锨或铁铲沿桶边至桶心将高粱翻一次，刮平粮面。泡粮水位应淹过粮面约 25cm，此时检查水温应在 75℃以上，随即加盖保温，待 2 ~ 3h 后揭盖检查一次，不使粮粒露出水面。经 6 ~ 10h 后放出泡水，吊至蒸粮入甑，泡后粮食每 100kg 增重至 168 ~ 170kg。

泡粮要用开水，并必须保温，促使粮食吸水，同时温度高，可杀灭原料中的杂菌并使酶作用钝化，减少淀粉变糖的损失。

泡粮用水量每天要基本固定，使泡粮搅拌后达到 73 ~ 74℃，不能过高或过低。如有高低可调节水温水量。若水温高至 74℃以上，则粮食中的部分淀粉破裂糊化，容易生浤结块。

泡粮时要翻动一次，使粮食和水混合均匀，避免产生灰包，使粮食吃水均匀一致。但不宜翻动过多，更不宜中途翻动，以免造成淀粉损失。

泡粮时间要基本固定，不能过长或过短。若泡粮时间过长，则温度下降，杂菌感染翻泡，可造成淀粉和糖分损失；时间不够，粮粒吸水不透，糊化不易彻底。

泡粮要注意保温。表 1 - 58 为不同粮食品种泡粮水温、时间控制。

表 1 - 58　　不同粮食品种泡粮水温、时间控制

粮食品种	泡粮水温/℃	泡粮时间/h
糯高粱	73 ~ 74	6 ~ 10
粳高粱	75 ~ 76	5 ~ 7，干发 8 ~ 10
玉米	78 以上	2 ~ 4，干发 5 ~ 8
小麦	65 ~ 70	4 ~ 6
稻谷	75 以内	11 ~ 12（可进行泡焖合一）

（2）蒸粮

①要求：熟粮柔熟、浤轻、收汗、水分适当，全甑均匀。出甑时化验水分含量，糯高粱 59% ~ 61%，粳高粱 60% ~ 61%。粮粒裂口率 89% 以上。

②要点：准确掌握初蒸、焖水、复蒸时间，使熟粮淀粉裂口率高，软硬合适，水分适当，全甑均匀。

③操作方法：上班时匀火（或冲蒸汽），掺好底锅水，水面离甑桥 15 ~ 16cm，安好甑桥甑箅，填好边缘缝隙，撒稻壳 1 层（2 ~ 3kg），用水泼湿扫平。待底锅烧开后即可撮粮入甑，在泡好的高粱中拌入适量的稻壳，使疏松上汽均匀，在 40 ~ 50min 内装完；再经 2 ~ 3min，蒸汽便可穿出粮面。

初蒸：装完甑 5 ~ 10min 即可圆汽，加盖初蒸，糯高粱蒸 10 ~ 15min，粳高粱蒸

16～18min。

焖水：初蒸毕，迅速将焖水从焖水筒掺入甑内（水温40～45℃），使焖水在甑内由下至上掺入，在4～6min内掺完，水量要淹过粮面6～7cm。此时，甑内下层水温60～65℃，粮面层温94～95℃。经仔细检查甑内粮粒不顶手、粑硬适当时放焖水。从焖水淹过粮面至开始放焖水为焖水时间，一般糯高粱为10min，粳高粱为16～20min。

复蒸：迅速放去焖水，加大火力蒸粮，圆汽后继续大火复蒸，糯高粱蒸约60min，粳高粱蒸80～90min。检查粮食，应是不顶手，已完全柔熟，阳水少，表面轻泫，即可出甑。出甑后检查粮食收汗、裂口率89%以上。在熟粮出甑前约10min揭盖，将工具、簸箕等敞蒸10min，利用蒸汽杀菌。蒸好的熟粮每100kg约增重至230kg，化验水分约为58%。

蒸粮时应防止塌甑和溢甑。塌甑是指穿汽不均匀或部分不穿汽。这是由于装甑时火力小、粮食倒得不均匀或甑箅未清洗干净引起的。溢甑是指底锅水沸腾后冲到甑箅上面。这是由于底锅水掺得太多或底锅水不清洁所致。此种现象发生时，甑底粮食因吸收水分过多而结成团块，致使蒸汽上升困难，影响上部粮食糊化。

粮粒入甑和放焖水后的圆汽时间火力要大，穿汽要快（要求不超过30min和15min），使上下甑受热时间差别小，吸水均匀，其他时间可用中等火力。

焖水要从焖水筒中自下而上掺入，利用温差造成挤压力，促使粮粒裂口；并且，为使熟粮淀粉裂口率高，焖水时要求粮粒多数在70～80℃温水内浸泡。实际上是上层温度高于下层。焖水时不开火门，掺焖水要快，焖水温度一般40～45℃，不宜过高。

底锅水多少，以焖水刚接触甑箅时水温在70～75℃为宜，可固定焖水温度后以增减底锅水来调节。但底锅水离甑箅最多不能少于17～20cm，以防溢甑。当底锅水量调节恰当后，每天应掌握准确，以免影响水温变化。

熟粮水分对培菌发酵有很大影响，不能过多或过少。操作条件固定（如泡粮水温、泡粮时间、初蒸时间、焖水温度等），焖水时间长短可以决定水分多少。据经验，大约延长焖水时间2min，可增加熟粮水分1%。实际操作要同时用感官掌握（手捏粑硬），最后用化验数据或称重结果来校正感官的判断。如果发现上下甑粮粒水分不匀或粮粒上软下粑时，可用放焖水的快慢调节。如果焖水后发现偏粑、偏硬，可适当缩短或延长复蒸时间。

熟粮水分多少，应视季节和配糟酸度不同稍加调节。冬天发酵温度较低时，熟粮水分在60%～61%，热天发酵温度高时应为59%～60%，以减缓发酵速度，少生酸。当配糟酸度正常时，熟粮水分60%～61%合适，如酸度偏大，可减少至59%～60%，严重时可再降1%，以减少发酵中的生酸量。

熟粮中稻壳用量多少对培菌有影响，一般用量为原料的2%（包括甑底、甑面、出甑、摊晾所用的全部稻壳）。有时因曲药性能不同，箱温上升缓急不合要求，培菌不好时，可适当增减稻壳用量进行调节。箱内使用的稻壳和蒸馏时酒糟中拌入的稻壳，必须全部清蒸过。

在蒸煮后，高粱颜色会变深，即由黄红色逐渐转变成乌红色。这是因为粮食在浸泡时由于糖化酶的活力使少量淀粉变成糖（或高粱本身所含的糖），在蒸煮过程中产生类黑素，这种物质呈褐色，致使粮食颜色加深。此外，高粱外壳中的单宁和花青素，经加热后起了变化，颜色也会加深。

表1－59为不同粮食品种蒸粮的工序控制。

表 1－59　　不同粮食品种蒸粮的工序控制

粮食品种	初蒸时间/min	焖水时间/min	复蒸时间/min
糯高粱	15～20	5～8	60～70
粳高粱	25～30	14～15	80～90
玉米	18～20	3.5～4h	90～120
小麦	10～15	15～20	120～150
稻谷	25	10（泡焖合一90～110）	60～70

2. 培菌工序

（1）出甑摊晾及撒曲收箱

①要点：短时摊晾品温匀，掌握温度曲撒匀，摊席工具须清洁，箱要疏松面要平。

②操作方法

出甑：出甑前，将晾堂打扫干净，铺好摊席（或打扫清洁通风箱），在摊席上摊少许熟糠。将熟粮撮出，均匀地低倒在摊席上，厚 6～7cm。

摊晾撒曲：出甑完，即按后出先翻的顺序翻第一次粮，用木锨依次将熟粮翻面、刮平，相隔 35～40min（室温 25～28℃），待品温冷天降至 44～45℃、热天降至 37～38℃，按先倒先翻的次序翻第二次粮。翻毕检查品温已适宜时，即可撒曲，要求弯腰低撒，均匀撒于粮面，减少曲粉飞扬损失，拌匀收拢成堆。撒曲也可分两次撒，第一次翻粮后撒头次曲，第二次翻粮后撒二次曲（表 1－60、表 1－61）。

表 1－60　　不同粮食品种用曲量参考比例

原料	热季用量/%	冷季用量/%
总范围	0.3～0.55	0.3～0.55
糯高粱	0.25～0.35	0.4
粳高粱	0.3～0.35	0.35～0.45
玉米	0.4～0.5	0.4～0.55
小麦	0.2	0.4～0.5
稻谷	0.4～0.45	0.5

表 1－61　　不同原料撒曲温度

原料	第一次/℃	第二次/℃	第三次/℃
糯高粱	40～45	35	
粳高粱	50～55	40～45	
玉米	55～60，曲 1/4	40～50，曲 2/4	35 以上，曲 1/4
小麦	50～55	40～45	
稻谷	65，曲 1/4	45，曲 2/4	36 以上，曲 1/4

若用通风箱培菌，可直接在箱内通风摊晾。其操作方法：将熟粮撮出均匀地低倒入箱

里，扒平，通风降温，待品温冷天降至38～39℃、热天降至36～37℃时，关掉风扇，撒第一次曲，撒入量为总用曲量的1/2，拌匀；待冷至冬天34～35℃、热天30～32℃（或平室温），撒第二次曲，撒入量为剩下的1/2，拌匀，扒平。此时箱温为冷天28～29℃，热天25～26℃。

收箱：收箱前先扫净底席（在底席下平铺2～3cm厚的稻壳），安上洁净的箱板，箱席上撒一层稻壳和曲粉少许，用木锨将熟粮轻轻地铲入箱内，温度较高的先收在箱边、箱角，温度较低的收在中部，收完用木锨将粮面修整匀平。粮面再撒少许稻壳和曲粉。从开始出甑至收箱毕的摊晾时间最长可达2.5h。

（2）培菌管理

①要求：霉菌、酵母菌生长正常，杂菌少；出箱感官是绒籽，有曲香，无馊、焖、酒气。尝之，味稍甜，微酸。全箱均匀。每天出箱时间基本一致，老嫩符合发酵装桶要求。

②要点：曲质好，数量合适，并严格控制培菌温度、时间和出箱老嫩，使有益菌生长适当。工具清洁，减少杂菌繁殖。主要控制指标见表1－62～表1－65。

表1－62　不同原料培菌箱厚度

原料	热季/cm	冷季/cm
糯高粱	8～10	14～15
粳高粱	9～12	15～20
玉米	10～12	13～16
小麦	6～7	7～9
稻谷	10	12

表1－63　不同原料进箱温度

原料	进箱温度/℃	箱内最低温度/℃
糯高粱	26～28	26
粳高粱	28～30	28
玉米	30～32	28
小麦	热季28～30，冷季31～33	27
稻谷	30～32	27

表1－64　各种原料培菌温度、时间

原料	培菌全期温度/℃	培菌全期时间/h	
		热季	冷季
糯高粱	32～34	22～24	24～26
粳高粱	35～36	24～25	25～26
玉米	不超过36	24～26	27～28
小麦	不超过38	22～23	24
稻谷	不超过38	22	24

表 1－65　　各种原料培菌标准

原料	培菌出箱感官指标
糯高粱	手捏培菌糟糖化液出点滴，转甜。热季转甜或小点子；冷季大点子
粳高粱	80%～90%绒子，清糊，无异杂味
玉米	口尝果酸味，清糊、绒子，香甜；手涅单粒玉米有一丝可见的糊水
小麦	60%～70%绒子，箱内绒和，麦粒呈灰色带白，香甜
稻谷	味香甜，手挤有糖液，清糊、绒子

③操作方法：收箱后，仔细检查箱内温度，热季接近室温，冬季一般为 30～31℃如品温太低应立即加盖席和草垫；若品温较高，可适当少盖或缓盖，使 5～7h 箱内品温降至 26～28℃，保持不再下降（即箱内最低温度）。经 12h 和 20h 左右分别检查品温 1 次，适当加减草垫，使冷天经 25～26h、热天经 21～22h 出箱时老嫩合适，品温达 34～35℃。

采用通风箱培养，收箱后均匀盖上 1 层配糟，其厚度视季节气温而定。经 12h 和 18～20h 左右分别检查品温 1 次，注意温度变化，控制出箱时间和温度。若冷天要注意保温（用盖配糟厚薄调节），热天注意降温，切忌骤冷骤热或过高过低。

（3）注意事项

①防止酸箱：由于杂菌感染繁殖常引起箱温上升快，培菌糟不甜，不绒籽，气味不正常。防止的办法介绍如下。

曲药质量要好，要稳定。劣质曲药中，杂菌多，易引起箱温上升快，出箱不绒籽和严重的酸箱等事故。因此，每新用一批曲药，必须先经过严格检查、试验。

做好环境卫生和清洁工作。摊晾收箱使用的端撮、木锨等洗净蒸过；潮湿的晾堂要翻整，摊席、箱席、箱板、囤撮要经常清洗，保持干燥洁净；黄水坑要加盖；排水沟要畅通，并定期用石灰水或漂白粉液杀菌，以避免杂菌蔓延传播。

采取灭菌和降温措施。杂菌大部分来源于用具和场地，尤以摊席、箱席为主。除前述清洁工作外，出甑摊晾要严格控制摊晾面积并低倒匀铺，以杀灭摊席上的杂菌。摊晾时，翻动次数不宜过多，尽量减少摊晾时间。

严格控制湿度和箱温。湿度、温度都是控制微生物生长的重要条件。控制湿度的方法是：正确掌握熟粮水分，注意冲干阳水；适时撒曲，使熟粮水蒸气在撒曲前适当挥发；箱底稻壳要勤换，以保持干燥。控制温度的方法是，严格掌握撒曲、进箱温度，使箱内的最低温度适当；调整收箱厚度和箱底稻壳、箱面加盖的厚度；热季采用收薄箱糟子盖箱等措施，适时加盖。

②注意均匀：摊晾厚薄要匀、撒曲要匀、温度要匀，否则局部温度过高或未接上菌种，会产生泫坨。箱底垫的稻壳太薄，会有冷底；收箱温度高，敞晾久了才加盖，箱面会起硬壳；箱底垫的稻壳过厚，下层培菌糟较老，收箱温度低，盖厚了，上层培菌糟较老。出箱时应细心检查，进行调整。冬季箱边散热快，应用稻壳或配糟保温，以防冷边。

③认真掌握箱的老嫩：箱的老嫩对发酵快慢影响很大，应认真加以掌握。感官鉴定方法主要是口尝有无甜味和手捏糊水多少，分为转甜箱、泡子箱、点箱子等。一般比较合适的老嫩程度常在转甜箱至小泡子箱之间。这时化验原糖为 2.5%～3.5%，糖含量为 6%～

8%，酸度为0.1～0.14，酵母细胞数（1200～1500）$\times10^4$个/g。箱老不仅霉菌多消耗了淀粉，而且糖含量多，发酵升温快，箱嫩糖量不足，发酵缓慢，都会使糟子中残余淀粉增大，生酸也多，出酒率低。为了准确掌握箱的老嫩，出箱鉴定，应考虑到熟粮水分高低的干扰，同时结合培菌期、出箱温度，并用化验和镜检结果验证。

④掌握温升：在培菌过程中，升温快慢与培菌糟的质量有密切的关系。培菌阶段主要是保证糖化菌和酵母的繁殖与生长。据生产经验，在熟粮入箱12h内，应保持一定限度的最低品温，以后每隔2h约上升1℃，至出箱时温度升至34～35℃，这样，一般培菌糟的质量都较好。

⑤箱上常见病害的防治：培养箱上常见的病害很多，主要是由于箱上的温度过高过低，冷热不均、杂菌侵入及水分多少等原因造成的。

箱底培菌糟微生物繁殖不良：这是由于箱底稻壳潮湿或稻壳层太薄，因而散热快，温度不够所致。挽救办法是在培菌糟出箱后，将箱底席洗净晒干，将箱底稻壳扒成行子，使湿气蒸发；或更换新鲜干燥的稻壳和增加厚度，并将不好的培菌糟加少许曲粉，拌和均匀后装入发酵桶（池）中部。

硬壳、锅巴、冷角、冷边、冷子及底面板：培菌箱的面、底、边、角等部培菌糟的微生物繁殖生长及糖化不良，主要原因是收箱温度过高，培菌糟在箱内敞晾时间长，箱面水分蒸发多；箱板漏风，盖草帘不严；箱底稻壳潮湿或太少，草帘潮湿或太薄；粮食未蒸好，不透心，不均匀；或加盖时间不恰当等。为了避免上述病害，须及时加盖箱席、草帘及调整箱底的稻壳厚度；在箱四周的外部或内部，用热配糟保温，或用热配糟撒于箱面上等，并将这些较差的培菌糟装在发酵桶中心。

泫坨坨：箱内有小团发生，使微生物生长不良，以致小团内仍有熟粮气味和带泫现象。是由于翻粮时，坨坨未打散或撒曲不匀所致。

烧箱不下糊：箱内温度上升过高，在出箱时既无糖化现象，又无糊水，还有怪味。主要是收箱温度过高，加盖草帘过厚过早，使细菌繁殖速度加快，霉菌及酵母菌的繁殖减缓，致使有酸臭味；情况严重时，有益微生物生长不好，使粮食发硬，液化和糖化不能正常进行，因而不下糊。挽救办法是通风降温，装桶时再加部分曲粉，并加入适量的淡酒尾，以抑制杂菌，利于发酵。

快箱：培菌箱温度上升很快，是由于室温高，收箱温度也较高，收得厚又垫得厚或加盖草帘太快等，使微生物繁殖速度快，培菌时间短，箱内有焖气，微生物数量不够，发酵不良。挽救办法是使箱内迅速散热，缓和升温速度，对培菌糟的摊晾时间可稍微延长，使焖气逸散。

酸箱：前已述及，不再重复。

接箱：冬季收箱温度过低，或加盖草帘太迟，因而培菌糟升温过慢，不能按时出箱。可揭开草帘，在箱面加盖1层热糟子，再盖上草帘，以提高箱内温度，促使霉菌和酵母菌生长。此种现象和补救办法俗称接箱。

⑥感官鉴定培菌糟的好坏：据经验，出箱培菌糟的质量，从老嫩程度来判别好坏，以出小花偏嫩箱，即培菌糟刚搭味转甜者为佳。感官检查为清香扑鼻，略带甜味而均匀一致，无酸、臭、酒味，用手捏仅在指缝间有浆液成小泡沫状。理化指标为糖分3.5%～5%，水分58%～59%，酸度0.17左右，pH6.7左右，酵母数（10～12）$\times10^5$个/g。

3. 发酵工序

要求：箱、桶（池）配合恰当，发酵快慢正常，使多变酒、少产酸，减少其他损失。

要点：根据季节准确使用配糟数量，温度合适，不长杂菌（表 1 – 66）。按室温、配糟温度估计可能达到的团烧温度；根据团烧温度、配糟酸度和熟粮水分确定箱口老嫩和培菌糟、配糟温差。正常条件见表 1 – 67。加大摊晾面积，缩短摊晾时间。踩紧桶，灵活上水。

表 1 – 66　　不同原料配糟比例

季节	糯高粱	粳高粱	玉米	小麦	稻谷
热季	1:(4.5～5)	1:(3.5～4)	1:4	1:4.5	1:4
冷季	1:4	1:(3～3.5)	1:3.5	1:4	1:3.5

表 1 – 67　　装桶条件查对表

装桶适宜条件					操作时掌握指标		
团烧温度（进桶后 3～4h 检查）/℃	热粮收箱水分/%	培菌糟原糖含量/%	混合糟酸度	最适范围	配糟酸度	100kg 原料出甑质量（原料含水 12% 计）/kg	出箱老嫩程度
27	56.9	2.6	0.81		1.26	214.1	
26	57.3	2.8	0.79		1.22	216.2	大转甜
25.5	57.5	2.9	0.78		1.20	217.3	↓
25	57.7	3.0	0.77	↓	1.18	218.3	
24.5	57.9	3.1	0.76		1.16	219.5	
24	58.1	3.2	0.75		1.14	220.5	小泡
23.5	58.3	3.3	0.74	↑	1.12	221.7	↓
23	58.5	3.4	0.73		1.10	222.8	
22.5	58.7	3.5	0.72		1.08	223.9	
22	58.9	3.6	0.71		1.06	225.1	点子
21	59.3	3.8	0.69		1.02	227.4	

注：配糟比例：冬天 1:3.5，夏天 1:3.8。

按前几甑的吹口情况，调整装桶条件。

（1）操作方法　留用配糟要按季节固定：第 1 甑装满全部留起，第 2 甑留一定深度，计算刚好够次日配糟和底面糟数量。囤撮数量根据季节、室温调节，以装桶时温度刚冷至要求为度。出甑时均匀倒在囤撮上。在装桶前，清扫净发酵桶（池）和晾堂，撒稻壳少许，摊开囤撮中的配糟，用木锨刮平。摊晾面积要适当宽些，约 50m^2。

出箱摊晾：揭开草帘、竹席，检查培菌糟。将箱板撤去，用木锨把培菌糟平铺在配糟上，要厚薄均匀，犁成行子，摊晾一定时间，收堆装桶。

装桶：先将预留的配糟 150～200kg 装入桶底作底糟（厚约 10cm），撒少许稻壳，随即装入混合糟，边装边踩紧。盖上面糟。装完，适当上热水或不上水，泥封发酵。

发酵管理：泥封后24h检查吹口，以后每隔24h清桶1次，同时检查吹口。正常情况是：头吹有力；二吹要旺，气味醇香；三吹趋于微弱，气味刺鼻；四吹以后逐渐断吹。从吹口强弱、大小、气味可判断发酵情况。

（2）注意事项

①配糟质量：配糟酸度、水分和疏松程度可以影响混合糟酸度、发酵升温、发酵快慢和酒精含量，淀粉含量对出酒率也有影响。要正常生产，配糟质量应力求稳定。因此操作时不能单纯考虑当排发酵要求，还要着重考虑对下排配糟质量的影响。正常的配糟质量大致是酸度1.10～1.18，水分67%，稻壳含量12%，淀粉含量5%～5.15%。

熟粮水分重、装桶温度和箱口老嫩配合不好、出箱和发酵温度过高时，发酵生酸常多；出箱老、发酵温度低，配糟水分常增大；当箱桶配合不当，发酵不正常，以及稻壳用量过少时，配糟会显腻。配糟淀粉在正常发酵情况时，应该是含量低的出酒多。但在实际操作中，有时出酒不多，而配糟淀粉显著减少，这应该是熟粮水分重或出箱过老、淀粉无形损失增大的结果。生产中应根据配糟质量变化情况，注意加以调整。若当排配糟质量很差、酸度大、水分重、显腻等，淀粉含量虽高也不能多留，否则会引起连续短产。

②配糟用量：发酵糟内使用配糟，是为了调节温度、酸度及酒精含量，利用残余淀粉和提高蒸馏效率，从而提高淀粉出酒率。因此，配糟的使用比例十分重要，它直接决定发酵糟的混合酸度、酒精浓度和发酵升温。用量过少，酒精含量过高，发酵温度高，阻止了发酵正常进行；用量过多，酸度大，发酵缓慢，工作量大，耗煤多。据经验，混合糟中每产酒1%时的升温系数为1.2～1.4。为了减轻劳动强度，节约煤炭，配糟用量应尽可能减少。

③配糟温度：配糟温度高低对装桶温度、发酵速度有直接影响。要求做到装桶时刚好合适，不能高，高了不易晾冷，温度不匀；更不能低，低了达不到进桶温度要求，出酒率也低。必须在头天结合天气、收箱温度，注意掌握好囤撮数量，使次日装桶时温度均匀合适。如果气候突然变化，上班时检查囤撮内糟子偏热，可踩动撮边，使糟子开口散热；倒糟子时端起撒开，用锨扬、电扇吹或扩大摊晾面积等。配糟过冷可减少配糟，缩短摊晾时间，或换一部分热糟子。出箱前配糟温度，室温10℃以下，保持24～25℃；室温23℃以上，近室温；室温23℃以下，保持23℃。

④关于装桶条件的配合：控制好底糟和面糟。发酵桶中加底糟和面糟有下列作用。其一，保证正常的糖化和发酵作用。发酵桶的底部接近地面，散热快，桶面与空气的接触面大，散热也较快，这就会使接近底面的发酵糟的温度容易下降，影响正常的糖化发酵。其二，防止酒精成分损失。在发酵过程中，由二氧化碳带出和由于温度高而自然挥发跑出的酒精，可被面糟吸收，从而减少酒精损失。其三，减少淀粉损失。使残留在配糟中的淀粉继续利用，减少淀粉损失，提高出酒率。

关于底面糟的数量和温度问题：在正常情况下，底面糟的使用量，约等于新投料经发酵蒸馏后糟子的数量，即相当于每日的丢糟数量。这样可使发酵桶的总用料数经常保持不变。根据总的用量，随季节和气温的变化，确定底面糟用量，一般底糟约占总量的2/3，面糟占1/3。底面糟的温度，冬高夏低，与混合糟保持一致。为了保证正常发酵，底面糟温度可比混合糟高2～3℃。

发酵总速度：发酵温度上升大约与发酵变酒的速度一致，速度过快或过慢都会影响产酒。发酵速度在冷热季可调整发酵时间，如 6d 或 5d，但一般不随意变动。因此，必须控制好发酵速度。影响发酵速度的因素是：团烧温度、出箱老嫩、混合糟酸度、熟粮水分等。正常的发酵速度是，5d 发酵头吹升温 10%，二吹升温 45%。头吹太快，出酒差些。

糖化发酵速度的配合问题：发酵总速度应当控制适当，糖化和发酵速度也要平衡，否则发酵不正常，都会少产酒。除熟粮水分多、原糖多，糖化速度快以外，团烧温度高，可以促进糖化，抑制发酵；酸度适宜可促进发酵。在实际操作中，主要是通过上述因素的互相约束来使糖化、发酵速度达到基本平衡的，再通过培菌糟、配糟温差尽量达到完全平衡。糖化发酵速度是否平衡，可从吹口气味检查。老工人经验，吹口气味一般为 3 种：培菌糟热，带甜气；配糟热，带糟子酸气；杂菌多，酵母衰老，带刺鼻气（可能是醛类）。正常的发酵，头吹凉悠悠的带甜香气，糟子气、刺鼻气兼而有之，都不明显；二吹猛，甜、酸气，不刺鼻，不带糟子气。若糖化发酵速度配合不好，如有时培菌糟热，糖化快，发酵跟不上，过量的糖使头吹带甜。有时配糟热，发酵快，头吹带酸味；有时箱嫩，配糟凉，酵母增殖多，糖量不足，酵母早衰；或感染杂菌，头吹刺鼻等。糖化快或发酵快都会导致生酸大，出酒率低。

根据装桶条件查对表，在实际掌握中，为了提高出酒率，进桶团烧温度要尽可能控制在 23～25℃。室温高时要接近室温，室温低时要提高配糟温度。根据酸度高低掌握熟粮水分，配糟酸度在 1.10～1.18 较合适。酸高熟粮水分轻，更高可减少配糟或多用稻壳，使本排少受损失，下排正常。酸不足加底锅水。根据熟粮水分掌握出箱老嫩，水分多时，出箱原糖可以少些；水分少时，出箱原糖要求多些。正常的箱是小泡子，原糖为 3%～3.4%。任何情况不能出老箱。此外，根据吹口气味，决定配糟温度、培菌糟与配糟温差及摊晾时间。要求团烧温度合适，吹口气味正常。

⑤严防杂菌侵入，搞好清洁卫生：缩短培菌糟摊晾时间。培菌糟摊晾最易感染杂菌，不摊晾进桶温度又太高。要缩短摊晾时间可把箱温控制低些，还要加大摊晾面积，并通风。装桶前将发酵桶四周用清水洗净，可减少杂菌感染的机会，热季尤为重要。

配糟在囤撮内摊得过薄，或倒在晾堂摊晾时间过长，杂菌感染繁殖，温度升高，糟子发倒烧，头吹猛，吹气刺鼻，出酒率低。

⑥总结操作经验，做好原始记录：记录要求真实，不能估计，要抓关键。如蒸粮操作定型后，只记初蒸时间、焖水温度等；又如装桶，要记好摊晾时间、团烧温度等；桶内发酵升温、吹口情况，每天细致记录。

小曲酒系采用续糟法酿造，配糟质量（淀粉、酸度、水分）对下排出酒有影响。因此，看出酒率高低，除本排外，还要将上排和下排结合起来比较。如有时配糟淀粉含量较多，箱老或发酵温度高，能多出点酒，但下排照样要短产。因此，必须总结经验，及时采取有效措施，才能做到连续高产、稳产。

⑦发酵桶常见病害的挽救：在发酵过程中，由于对温度高低掌握不适当和杂菌的侵染以及设备上的影响等原因，往往使发酵桶产生以下病害。

冷反烧：在装桶时，配糟摊晾过久，极易感染杂菌，以致从吹口逸出的二氧化碳气体有怪味，吹气大，现热尾。此时可由桶面灌入热水或热酒尾，以提高桶内温度和增加发酵糟酒精含量，抑制杂菌繁殖，使吹口气味逐渐恢复正常。

升温猛：由于装桶温度过高，适宜于杂菌的繁殖，以致吹口的吹气大，现热尾，有怪味，同时桶内升温快而猛。此时可由桶面灌入冷酒尾，以增加发酵糟的酒精含量，从而抑制杂菌生长繁殖；或放掉桶内黄浆水，或提前开桶蒸馏，避免糖、酒变酸的损失。根据升温过猛的现象，可在下一酢采取以下措施：选择当日较低的室温进桶；适当减少投粮，并增加配糟用量；降低配糟温度等。

升温不够：由于装桶时混合糟的温度过低，或由于冬季桶窖四周散热较快，因而桶内糖化发酵作用缓慢，桶内温度升得太慢或升温不够。此时可于一吹、二吹、三吹时从桶四周加入热水或底锅水，以提高桶内温度。遇到升温不够，下一酢可采取减少配糟用量、装夹糟桶（即在桶内四周装一层热配糟保温）、桶四周用稻草包裹、桶面加盖稻草或稻壳保温等措施。

不升温：在装桶时，温度的掌握虽较适宜，但由于利用封存已久的配糟装桶，或前排曾受病害的糟子装桶，造成桶温不上升或升温太慢。这是糟子含酸较高的原因。此种病害的补救办法是，对封存久和受病害的糟子须用焖水蒸糟法处理后才用；最好是在停桶前将配糟晒干保存，开桶时经蒸煮后作配糟用。此外，配糟温度比正常高 1～2℃。

4. 蒸馏工序

要求：截头去尾，酒精含量 63% vol 以上；不跑汽、不吊尾，损失少。

要点：黄浆水早放；底锅水要净；装甑要均匀疏松，不要装得过满；火力大且稳，出酒温度控制在 30℃；酒尾要吊净。

（1）操作方法

①放黄浆水：在放泡粮水后，即可放出发酵桶内的黄浆水，第 2d 开桶蒸馏。

②装甑：在装甑前，先洗净底锅，安好甑格甑箅，在甑箅上撒一层熟糠。同时揭去发酵桶上的封泥，刮去面糟（放在囤撮内，留到最后与底糟一并蒸馏，蒸后作丢糟处理），挖出发酵糟 2～3 撮，端放甑边，底锅水烧开后即可上甑。先上 2～3 撮发酵糟，随即倒入上酢酒头，酒尾，然后逐层取出发酵糟，边挖边上甑。要疏松均匀地旋散入甑，探汽上甑，始终保持疏松均匀和上汽平稳。待装满甑时，用木刀刮平（四周略高于中间），垫好围边。上甑毕，盖好云盘，安好过汽筒，准备接酒。

③蒸馏：盖好云盘后，检查云盘、围边、过汽筒等接口处；不能漏汽跑酒；掌握好冷凝水温度和火力均匀；截头去尾，控制好酒度，吊净酒尾。

（2）注意事项

①发酵糟过湿（特别是下层），应酌加熟糠。

②注意底锅水清洁，否则会给酒带来异味，影响酒质。

③必须探汽装甑，不能见汽装甑，否则会影响出酒率。

四川小曲酒操作，总的经验是“稳、准、匀、透、适”。即操作要稳，配料要稳；糖化发酵条件控制要准；泡、焖、蒸粮要上下吸水均匀，摊晾、发箱温度要均匀；泡粮、蒸粮要透心；温度、水分、时间、酸度要合适等。

（二）川、滇小曲酒比较

1. 小曲酒的生产工序

四川和云南小曲酒生产，都是采用整粒原料，以蒸粮、培菌、发酵、蒸馏四个工序酿制而成。

（1）蒸粮工序　此工序包括泡粮、初蒸、焖水、复蒸四个工艺过程（表1－68）。

表1－68　川、滇高粱小曲酒生产蒸粮工序比较

程序	四川小曲酒（糯高粱或粳高粱）	云南小曲酒（大花白高粱，糯）
泡粮	先水后粮，水要烧开，倒粮后搅匀，泡水淹过粮面25cm，保持水温73～74℃，糯高粱泡6～10h，粳高粱泡5～7h，干发10h。吸水透心、均匀	先用清水洗，冷水浸泡1h，放水，用70～90℃煮高粱水浸泡20～24h，次日再用清水冲净，浸后无白心
初蒸	装完甑后5～10min圆汽，加盖初蒸，糯高粱蒸10～15min；粳高粱蒸16～18min	加盖初蒸30～40min
焖水	初蒸毕，从焖水筒掺入40～45℃热水，焖水在甑内由下至上掺入，4～6min内掺完，水淹过粮面6～7cm，甑内下层水温60～65℃，面层水温94～95℃，粮粒不顶手，粑硬合适放入焖水。焖水时间糯高粱10min，粳高粱16～20min	将热水放入煮粮甑内，煮粮25～40min，及时撤水，焖粮20～30min。闷粮后，盖上甑盖，开汽冲蒸40min，关汽，冷吊至次日复蒸
复蒸	放去焖水，加大火力蒸粮，圆汽后蒸60min（糯）和80～90min（硬），粮粒不顶手，阳水少，表面轻泫，即可出甑，粮粒裂口率89%以上，出甑前敞蒸10min，工具、簸箕灭菌	将头天冷吊的高粱重蒸20～40min，冒汽后打开甑盖敞蒸，粮粒以小翻花八至九成为佳

（2）培菌工序　固态法小曲酒生产的另一个特点是箱内培菌糖化。此工序是使根霉、酵母在粮粒上发育生长，以提供淀粉变糖、由糖变酒必要的酶。

四川的经验是：熟粮水分重，箱老，出酒不多，配糟中淀粉含量减少。所以，本工序除讲究曲药质量外，严格控制熟粮水分和箱口老嫩，是培菌中减少淀粉损失的关键（表1－69）。

表1－69　川、滇高粱小曲酒生产培菌工序比较

项目	四川小曲酒	云南小曲酒
摊粮、撒曲	将熟粮撮出，低倒在凉床或摊席上，厚6～7cm；出甑完，按后出先翻的顺序翻第一次粮，待品温冷天降至44～45℃、热天降至37～38℃，按先倒先翻的次序翻第二次粮，翻毕检查品温已适宜。撒第一次曲是在翻头次粮后，撒第二次是在2次翻粮后。用曲量：冷天0.3%～0.4%；热天0.2%～0.3%。从出甑到收箱毕最长2.5h	复蒸后粮食放在凉床上，开风扇吹凉，先倒后翻，待品温降至35～40℃下第一次曲，拌匀后下第二次曲，依次进行四次下曲，保证吃曲均匀。昆明曲和贵州曲混合使用，用曲量冬0.6%，夏0.5%。摊凉、下曲操作90min内完成
培菌、管理	培菌用地箱或通风箱。撒曲毕，随即进箱培菌，进箱品温27～31℃（随气温而变），保温27～30℃，箱厚10～20cm（随气温而变）。培菌期间，注意保温和控温；12h和20h分别检查箱温1次，适当加减草垫，冷天25～26h，热天21～22h，适时出箱，品温达34～35℃。通风箱可用配糟厚薄调控箱温	培菌用地上木箱（距地面50cm左右）。拌好曲后入箱，用稻垫保温。入箱温度冷天26～28℃，热天25～27℃，培菌24h，培菌温度不超过38～40℃。糖化糟有甜香气，无酸臭，口尝微酸甜，无馊味和酒味

（3）发酵工序　配糟发酵是固态法小曲酒生产的一个重要特点。通过适当配料，以控制酒精浓度、发酵温度，并使 CO_2 易排出。配糟用量要视季节而变，控制混合糟的水分、酸度、发酵升温。箱桶配合要适当。利用熟粮水分、出箱原糖、温度、酸度来控制发酵速度，使淀粉变糖、糖变酒的速度接近平衡。尽量缩短出箱培菌糟摊晾时间，减少杂菌感染。

控制要点：根据季节准确使用配糟数量，温度合适，不长杂菌。按室温、配糟温度估计可能达到的团烧温度；根据团烧温度、配糟酸度和熟粮水分确定箱口老嫩和培菌糟、配糟温差。装桶毕，踩紧桶（表 1－70）。

表 1－70　　川、滇高粱小曲酒生产发酵工序比较

项目	四川小曲酒	云南小曲酒
发酵容器及密封方式	木桶泥底或水泥池泥底，容积根据投粮量和配糟比而定，泥封发酵	陶罐，每个装料 35kg，用塑料薄膜包裹稻草编成的塞子塞紧罐口
配糟用量	冬 1∶3.5；夏 1∶3.8	冬 1∶0.9～1.1；夏 1∶0.8
装桶（池、罐）	先将预留的配糟 150～200kg 倒入桶底作底糟（厚约 10cm），撒少许稻壳，随即装混合糟（培菌糟与配糟混合），边装边踩，盖上面糟，密封发酵	将冷却至 26～28℃ 的酒饭（糖化糟）与配糟按比例混合，装入陶罐内，不用稻壳，塞紧
发酵管理	封后 24h 检查吹口。正常情况是头吹有力；二吹要旺，气味醇香；三吹趋于微弱，气味扑鼻；四吹以后逐渐断吹。从吹口强弱、大小、气味，判断发酵情况。发酵温度最高不超过 38℃	陶罐装好后放入发酵车间，按 2～3 层堆码整齐。整个发酵过程品温不超过 35～38℃（昼夜温差大，故发酵温度较稳定）
发酵期	5～7d	30～35d

（4）蒸馏工序　云南酒厂用倒锥形木制甑，上小下大，每甑装料 250kg，因在陶罐内发酵，罐内无黄水，料醅疏散，上甑时直接从罐内倒入甑，要求探汽上甑，装甑过程需 40～50min。接酒温度 20～28℃，酒度 55% vol 以上。出酒率 65%～67%（50°）计。

四川小曲酒传统蒸馏工序是头天放出水，第 2d 开桶蒸馏，逐层取出发酵糟，边出桶（池）边上甑，均匀旋散入甑，探汽上甑。甑桶大小为 1.8～2.0m^3（视投粮而变）。甑桶材质有木、石、水泥等，近年也有用不锈钢甑。出酒率 55%～58%（57°）计。

2. 固态法小曲酒生产“五字诀、六句话”

为发扬川法小曲酒传统工艺的优点，改进工艺操作，20 世纪 80 年代，四川对固态法小曲酒生产操作推出了“五字诀”和“六句话”，它全面将小曲酒生产技术、操作工艺提到一个新的高度，在生产中取得了良好的效果，至今仍具有现实指导意义。

（1）五字诀

稳：配料要稳定。根据不同季节，不同粮食品种，通过实践确定配料，如糠壳、曲药用量、泡粮水、焖水温度、配糟用量比例，糖化糟与配糟温差等。力求稳定，不宜变动过大，如因生产条件或某个环节发生变化的时候，就要稳中求变，灵活掌握，稳而不乱，力争做到稳产、高产、高质。

准：生产所用的原料、辅料的数量及配料比例要准确；蒸料、培菌、发酵工序的有关时间、温度、水分要按最适需要掌握准确；化验数据、生产原始记录都要及时、完整、准确，作为研究生产、改进操作的可靠依据；生产中的感官鉴别要判断准确，每道工序要一环扣一环，环环扣紧；上酢桶的反映和本酢桶的实际情况要心中有数，才能真正掌握生产技术的主动权。

匀：泡粮搅拌要匀；泡水焖水粮粒吸水要匀；摊晾温度要匀；撒曲要匀；收箱厚薄要匀；糖化糟与配糟温合要匀等。

适：严格按操作规程的要求，时间要合适；水分合适；温度合适；酸度合适；箱口老嫩合适；装桶发酵条件合适等。

勤：做到八勤，即勤检查箱上培菌的变化；勤换箱底糠壳；勤洗箱板箱席（或晒席），使培菌良好；勤检查发酵升温速度和吹口变化，正确分析改进装桶配合条件，使发酵完全，产酒多；勤打扫车间内外环境卫生；勤洗工具和黄水坑，严防杂菌污染；勤检查蒸馏过程中的跑、冲现象，提高蒸馏效率；勤总结经验教训，以利再提高。

“五字诀”始终贯穿于生产操作过程中，必须十分注意，狠下工夫，切实掌握，稍有疏忽大意，就会给生产带来损失。

（2）六句话

思想要先行：要求全体企业职工树立为国家、为企业、为自己而酿酒的观念，熟悉掌握酿酒基本原理，树立科学的发展观，努力提高自身的技术水平，增强责任感。

原料是条件：传统固态法小曲酒酿造，虽是使用整粒淀粉质原料，但不同品种其淀粉组织结构不同，淀粉利用率的高低也不一样。因此，必须十分重视原料这个基本条件，认真加以鉴别。要摸清各种原料中的基本成分及其淀粉类型、比例多少；新粮和陈粮吸水快慢有差别，都应掌握，通过泡焖蒸使熟粮水分适当。根据不同原料品种的特点，采取相应措施，力争提高淀粉利用率（即出酒率）。

配糟是基础：固态法小曲酒是采用传统的续糟法生产。配糟对发酵是否完全、产酒效果好坏起着十分重要的作用。配糟在小曲酒发酵中所起的作用，包括以下几个方面。

①调节和平衡发酵速度，使产生的糖多变酒。

②调节发酵过程中所生成的酒精浓度。

③调节和提供发酵所需的酸度（较适酸度为 1. 1 ~1. 2）。

④提供发酵时所需的水分（配糟水分以 70% 左右为宜）。

⑤提供酵母产生的酒化酶系生化作用的条件和养料。

⑥利用配糟的残余淀粉，提高出酒率。

为使配糟能更好地发挥作用，就必须把配糟“养活盘活”，使其酸度、水分适宜。如果配糟黏腻、不疏松，或酸度过大，或严重感染杂菌，就要调节配糟用量，或将有严重问题的配糟丢掉，以免“倒桶”。

曲药是动力：“一曲、二火、三功夫”是历代酒师的生产实践总结。曲药称为“动力”，是因为从原料到产酒，主要是通过曲药中的有效酿酒微生物的生长繁殖，产生的酶的作用将原料中的淀粉变糖、糖变酒；如果没有曲药作为动力，人是无能为力的。曲药是动力，种子是关键，即要有好的菌种。

质量是前提：“低温醇甜香，高温苦麻辣”，这是对“低温缓慢发酵”的实践总结。适当减少曲药、稻壳用量，使用熟糠；上甑要轻撒匀铺、探汽上甑；缓火流酒；掐头去尾、看花摘酒；生产用水要符合国家饮用水标准，加浆用纯净水；成品酒要有适当贮存期。这些都是搞好质量的前提。

操作是关键：认真学习和掌握固态法小曲酒的传统操作，掌握“三减一嫩四配合”（即减少初蒸时间，减少熟粮水分，减少用曲量；出偏嫩箱；配糟比例、酸度、水分、温度的配合）的要领，努力钻研技术，运用好“稳、准、匀、适、勤”的实质，严格把好蒸粮、培菌、发酵蒸馏关，是稳产、高产的重要保证。

3. 微量成分及风味特点

四川小曲酒与云南小曲酒因原料、工艺、操作工序有许多共同点，形成风味和微量成分有众多的相似，但因气候、地域、工艺、具体控制点的差异，造成各自的风味特点（表1－71，表1－72）。

表1－71　　川、滇高粱小曲酒风味特点

项目	四川小曲酒	云南小曲酒
外观	无色透明，无悬浮物，无沉淀	无色透明，无悬浮物，无沉淀
香气	糟香舒适，醇香秀雅	醇香清雅，纯正、自然
口味	绵柔醇和，谐调爽净	醇和、谐调、爽净，回味怡畅
风格	具有四川固态法小曲酒典型风格	具本类产品典型风格

注：分别参见固态法（四川）小曲白酒，（DB51/T 1170—2010）和《云南小曲清香型白酒》（DB53/T 92—2008）。

表1－72　　川、滇高粱小曲酒微量成分比较　　单位：g/L

成分名称	四川小曲酒	云南小曲酒
乙醛	0.28～0.34	0.2～0.35
乙酸乙酯	0.55～0.75	1.2～2
异丁醇	0.40～0.55	0.18～0.34
戊酸乙酯	0.19～0.28	0.004～0.016
乙酸异戊酯	—	0.023～0.026
己酸乙酯	0～0.007	0.005～0.01
乳酸乙酯	0.15～0.25	0.14～0.3
异戊醇	1.0～1.37	0.55～0.9
乙酸	0.34～0.42	0.6～1.2
糠醛	0.015～0.056	0.007～0.026
丁酸	0.1～0.15	0.10～0.18
丁二酸二乙酯	0.0012～0.002	0.014～0.022
2－苯乙醇	0.17～0.28	0.04～0.05
乙酸/乳酯	4～5	7～8
乙酯/己酯	80～110	200～240
乙酯/乙酸	1.7～1.8	1.6～1.9

微量成分与风味的关系：云南小曲酒中乙酸乙酯含量高于四川小曲酒，故酯香更加突出（因发酵期长）；而四川小曲酒中 2 - 苯乙醇大大高于云南小曲酒，故“糟香”舒适；四川小曲酒生产中使用稻壳作疏松剂，故糠醛含量高于云南小曲酒；云南小曲酒因发酵期长，故乙酸含量高于四川小曲酒，但乙酯/乙酸基本一致。固态法小曲酒是中国蒸馏白酒的重要组成部分，它历史悠久，源远流长，采用固态糖化、固态发酵、固态蒸馏这种独特的生产工艺和设备，是中华民族传统特产食品，应倍加爱护。小曲白酒是广大农村和城镇体力劳动者的主要消费品；也是不同风味白酒融合的重要基酒；还可针对外国人的口味进行适当调整，更有利于出口外销。固态法小曲白酒在传承的基础上，贯彻科学发展观，加强科技投入，不断创新和发展，必将有更美好的未来。

（三）北方地区小曲酒生产工艺

河南宋河酒业摸索出一套适合北方地区的小曲酒生产工艺，简介如下。

1. 工艺流程

泡粮→初蒸→焖粮→复蒸→出甑摊晾→加曲→培菌→配糟→出箱→通风降温→入池发酵→蒸馏→摘酒→入库贮存。

2. 工艺操作

（1）高粱浸泡　将 80 ~ 85℃热水放入泡粮池内，倒入高粱，翻拌均匀，刮平粮面。水位要高出粮面 20 ~ 25cm，静置 6 ~ 8h，其间不宜搅动。经浸泡后的高粱含水量为48%左右，透心率（断面无白面）在 90%以上。浸泡后将池底阀门打开，将泡粮水及杂物排尽，再用清水冲洗，沥干，俗称“干发”。

（2）初蒸　将泡好的高粱装甑，开汽，刮平粮面，使全甑上汽均匀，盖盘，大汽初蒸 30min，要求初蒸高粱的透心率在 90%以上。

（3）焖粮　将水箱水温调至 40 ~ 45℃，将水放入底锅内，用水量为投料量的 2 倍，要求水高出粮面 20 ~ 25cm，进水时间为 4 ~ 5min，上层粮温 95℃，下层为 65 ~ 70℃，整个甑内的水温保持在 90℃左右，并把粮食翻拌均匀，保持 30 ~ 40min。要求高粱裂口率在 85%以上，透心率在 95%以上，含水量约为 60%。达到要求后把水放净，然后掺糠，用糠量为 3% ~ 4%，在甑内翻匀，摊平，放入底锅水。

（4）复蒸　焖水后复蒸，将投粮量 10%左右的稻壳铺于粮面（备作培菌箱底、面用），盖甑盘，大火复蒸 70min 左右。揭盖再蒸 10min，使粮食收汗。复蒸后的粮粒，水分为 58% ~ 61%，裂口率在 95%以上，无硬心。

（5）摊晾、加曲　将熟料出甑至晾床上，迅速摊平厚薄一致，开风机降温。待粮粒温度降至冬天为 40 ~ 42℃，夏天为 36 ~ 38℃时，第一次加曲，加曲量为总用曲量的 2/3，随即翻拌均匀；待温度降至 35 ~ 38℃（冬）、28 ~ 30℃（夏）时进行第二次加曲，用量为剩余部分的 2/3；将粮粒收堆，迅速移入培养箱中，把剩余的曲粉撒在入箱后熟粮面上（第三次加曲）。总用曲量为投粮量的 0.35% ~ 0.6%（随季节和气温而变）。

（6）上箱培菌　在培菌箱上先撒一层稻壳，厚薄随季节和气温而变，然后铺上竹席，撒少许熟糠，将摊晾加曲后的粮食撮入箱内，然后在箱面撒少许曲粉和熟糠，保持温度 26 ~ 28℃，培菌时间为 22 ~ 24h，此时培菌糟温度为 34 ~ 36℃。

（7）出箱入窖发酵　将配糟冷至 28℃左右，再与培菌糟混合，培菌糟∶配糟 = 1∶(4 ~ 4.5)；出箱降温，冬春入池温度为 21 ~ 23℃，夏秋为 20 ~ 23℃；入窖薄膜密封发酵 7d，做好窖池管理和记录。

（8）出池蒸馏　将上、中、下层糟分层蒸馏，池底一甑蒸酒后作丢糟。

五、二锅头酒酿造工艺

二锅头酒盛产于北方各省，因价廉物美，深受大众消费者喜爱，尤以北京“红星”、“牛栏山”二锅头著名。二锅头酒是以高粱为原料，稻皮为辅料，麸曲或糖化酶、酒母（或活性干酵母）为糖化发酵剂，并以生香酵母增香，经固态发酵、清蒸、清烧、掐头去尾、定期贮存而成。

（一）工艺流程

二锅头酒早期生产工艺流程如图 1－14 所示。

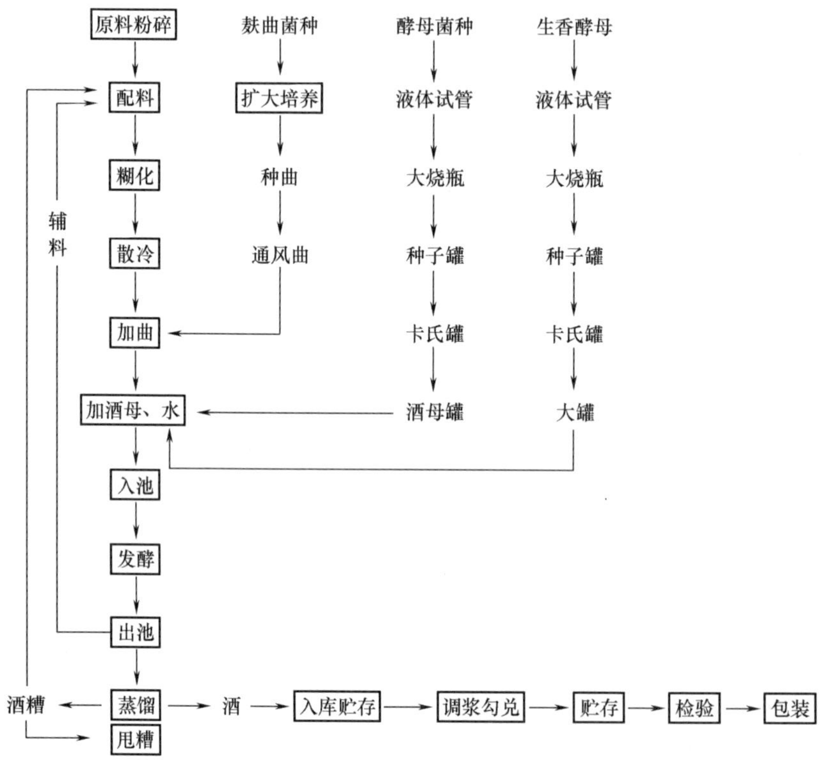

图 1－14　二锅头酒早期生产工艺流程

（二）原辅料

（1）高粱　颗粒饱满，不霉不烂，无杂质，淀粉含量 62% 以上，水分 13% 以下，粉碎细度 1.5～1.8mm。

（2）稻皮　新鲜，无霉烂，无杂质，粗粒，水分 16% 以下，使用前常压清蒸 30min。

（3）糖化发酵剂

①麸曲或液体曲（糖化酶）：采用菌种 UV－11、UV－11－48、UV－11－72、B－11、GF－9。

②麸曲质量：

外观：色浅黄，结块松散，内外一致，具有曲香味。

理化指标：水分25%～30%，酸度不高于2，糖化力2500mg葡萄糖/（g曲·h）以上。

传统二锅头酒生产是用麸曲作糖化剂，现已有不少厂改用糖化酶，也有用大曲与麸曲等结合。

③酒母：菌种K氏1308、2541。酒母质量，外观生长旺盛，气味正常；镜检菌形整齐、健壮，无空泡和变形；细胞数大于1.2×10^8个/mL，含芽孢20%～30%；酸度，升酸不超过0.3；残糖不超过原糖40%；死亡数5%以下；耗糖率30%～60%。

④生香酵母：菌种2300、1312、1342、1343、1274。生香酵母大罐质量，酸度0.6左右，细胞数$1\sim1.2\times10^8$个/mL，清香正常。

酒母和生香酵母，多用活性干酵母代替，省去了培养工序。

（三）工艺操作

1. 配料

合理配料可以促使糖化发酵完全，也是保证白酒生产的基础。原辅料等配比根据气候、季节变化而定，见表1－73。

表1－73　二锅头酒生产配料

项目	冬季	夏季
粮醅比	1:(4.5～5)	1:(5.5～6)
粮糠比	1:(0.4～0.45)	1:(0.45～0.5)
粮、酵母比	1:(0.015～0.02)	1:(0.01～0.02)
粮曲比	1:(0.1～0.12)	1:(0.08～0.12)
粮、生香酵母比	1:(0.01～0.02)	1:(0.01～0.02)

注：1. 夏季，根据糟醅酸度配料，采用降低淀粉浓度、增大粮比的措施，以控制酸度增长，保证酒醅质量，防止夏季掉排。

2. 春秋两季的配料可参考冬夏的原辅料配比适当增减，灵活掌握。

2. 蒸煮糊化

将醅子、原辅料按比例掺拌均匀，用扬糟机打一遍，不能有飞面子及五花三层，装甑要轻撒匀铺，上汽均匀，装甑蒸汽压5～8Pa，圆汽后蒸40min，使充分糊化，但不能过火，不能有生心，达到熟而不黏。

3. 扬冷降温

楂子蒸熟出甑，用扬楂机打散，迅速降温。气温在5～10℃时，楂子降到30～32℃，气温在10～15℃时，楂子降温到25～28℃；夏季气温高降至室温。

4. 加曲，加酒母、水

料醅达到适宜温度，即可加入麸曲（或糖化酶）、酒母（或活性干酵母）、水，翻拌均匀，再用扬楂机打散，入池发酵。

5. 入池条件

入池发酵条件见表1－74。

表 1－74　　入池发酵条件

季节	水分/%	酸度	淀粉/%	温度/℃
春秋	57～60	0.6～0.8	13～15	15～18
冬季	55～58	0.6～0.8	14～16	17～19
夏季	57～60	0.7～0.9	12～14	平室温

6. 发酵管理

楂子入池后要注意以下几点。

①冬季要防止池面池底的活醅受凉，将底活、面活入池温度提高 2～4℃，满池后用塑料布盖严，池面盖麻袋或用糠保温。

②楂子入池后要平池，夏季要踩池，同时测定入池温度。

③每日跟池子检查，防止翻边透气。

④发酵期 4～5d，每隔 24h 检查一次池温，结合化验数据，掌握发酵规律，指导生产。

⑤加强上下水道管理，避免因管理不善而发生淹池或泡池现象。

⑥搞好设备、工具、车间及环境卫生，定期用石灰水洗刷池子，清除地沟污垢及搞好室内外卫生。

⑦认真如实填写车间原始记录。

7. 出池蒸馏

将发酵成熟的酒醅挖出，分层出池蒸馏，出池酒醅不准加生糠，不能堆放过久或靠近甑桶，以免酒醅受热使酒精挥发。

一般出池酒醅水分 63%～65%，酸度 1～1.3，出池糖分 0.02% 以下，淀粉 7% 以下，酒精含量 5%～6%。

装甑时要求做到二勤，即手勤、眼勤，要求疏松、无疙瘩；勤看气压表和甑内醅层变化，装甑时不压汽、不跑汽、不窝汽、不穿甑、不坠甑；装甑不宜过满，以平甑为宜。盖盘后 2～3min 流酒，流酒温度 30℃ 以下，气压可控制在 5～8Pa，缓慢蒸馏，掐头去尾，入库酒度在 65.5%vol 以上。

8. 贮存

酒头、酒尾单独存放。原酒贮存 15d 以上，经检验和品尝合格，勾调后再贮存 1 周，便可过滤灌装。

第二章　不同香型白酒酿造工艺

第一节　十大香型白酒的相互关系

中国白酒是世界六大蒸馏酒之一，历史悠久，源远流长，工艺独特。白酒生产所采用的原料、地域环境、微生物区系、制曲酿酒工艺、蒸馏贮存、勾调技艺等操作的复杂性，是其他蒸馏酒无法比拟的。

一、各种香型白酒酿造工艺特点

具体介绍见表2-1。

表2-1　不同香型白酒酿造工艺特点

香型	代表产品	酿酒原料	糖化发酵剂	用曲量/%	工艺特点	发酵周期/d	发酵设备	贮酒容器
浓香	泸州老窖特曲、五粮液、剑南春、全兴大曲、沱牌曲酒、洋河、双沟、宋河、古井贡酒等	高粱或多粮	小麦或添加大麦、豌豆、高粱等培制中温偏高温大曲	18~25	混蒸续糟固态发酵法；采用“跑窖”“原窖”“老五甑”工艺；泥巴老窖、万年糟；“两高一长三适当”（即入窖淀粉高，酸度高，长期发酵，适当的水分、温度和糠壳用量）	30~90	泥巴老窖	陶坛或水泥池、金属罐
清香	汾酒、宝丰酒等	高粱	大麦和豌豆混合制成的低温大曲	9~11（清茬曲、后火曲和红心曲混用）	清蒸清楂、清蒸二次清；高温润糁（堆积），低温发酵	28	地缸或水泥池	陶坛
酱香	贵州茅台酒、四川郎酒等	高粱	小麦制高温大曲	粮:曲为1:1左右	两次投料，8轮次发酵，7次取酒；“四高两长”工艺（即高温制曲、高温堆积、高温发酵、高温流酒。发酵周期长，一年为一个大的生产周期；酒的贮存期长，三年以上）；用曲量大；按酱香、窖底香、醇甜三种典型体和不同轮次分别长期贮存	30（每一轮次）	条石窖泥底	陶坛

续表

香型	代表产品	酿酒原料	糖化发酵剂	用曲量/%	工艺特点	发酵周期/d	发酵设备	贮酒容器
米香	桂林三花酒、全州湘山酒	大米	米粉、辣蓼草混合制小曲	0.8~1.5	整粒大米为原料，固态培菌糖化；液态发酵、釜式蒸馏	7	陶缸或大罐	陶坛或金属容器
凤香	西凤酒等	高粱	大麦、豌豆制中偏高温大曲（58~60℃）	18~22	混蒸混楂老六甑工艺（窖池内有三个大楂、1个小楂、1个回活共5甑，再加1个扔糟）	12~14（现改为28~30）	土坯筑土窖，上盖窖板，每年更换窖皮和窖底	酒海
特型	江西樟树四特酒	大米或高粱加大米	面粉、麦麸、酒糟混合制中温大曲	8~10	大米与酒醅混蒸，采用续楂混蒸四甑操作法，第1甑头糟不加粮，第2、3甑为大楂、二楂，加入新料，第4甑蒸酒后作丢糟	30	红条石砌窖，水泥勾缝，窖底及封窖用泥	陶坛
芝麻香	山东景芝白干、江苏梅兰春	高粱为主，加适量麸皮（10%）、玉米等	小麦为原料制中、高温两种大曲，强化菌曲（白曲、酵母、细菌曲）	高温大曲10%，中温大曲5%，白曲、酵母为10%、5%，细菌适量	混蒸混烧，多种曲混用；高温润料、高温堆积（24h，50℃）、高淀粉入窖、偏高温发酵的“四高”工艺	30	砖池	陶坛
兼香	湖北白云边是“酱中带浓”；黑龙江玉泉酒是“浓中带酱”	高粱	小麦制高温大曲	各轮次不同，1~3轮用12%；4~7轮为8%~10%；8轮为20%	“酱中带浓”采用高温焖料，高比例用曲、高温堆积、三次下料、九轮次发酵（每轮1月）、香泥封窖等工艺。“浓中带酱”是混蒸续糟发酵60d，采用酱香、浓香分型发酵产酒，分型贮存，再勾调。也有酱浓香醅串蒸的	每轮30	水泥池，泥底，泥窖	陶坛

续表

香型	代表产品	酿酒原料	糖化发酵剂	用曲量/%	工艺特点	发酵周期/d	发酵设备	贮酒容器
药香	贵州董酒等	高粱	小曲用大米，加95味中药制成；大曲为大麦加40味中药制成	大、小曲混用，小曲用量0.4%～0.5%，大曲用量为总入窖糟量的5%左右	川法小曲酒工艺制小曲糟醅蒸馏取酒或取糟醅直接与香醅串蒸。香醅是小曲酒糟、大曲酒糟和大曲未蒸酒的香醅混合加大曲再发酵制成的	小曲酒发酵7；香醅发酵6～10个月	窖池用石灰、白泥、洋桃藤汁混合搭窖，偏碱性	陶坛
豉香	广东石湾玉冰烧酒和广东九江双蒸酒	大米	大米、黄豆、饼叶、饼泥混合制酒饼，保温25～30℃培养10d，烘干	18%～22%	采用浓醪发酵［加水比为1∶(1.3～1.4)］；釜式蒸馏，接酒至31℃左右，作为斋酒，斋酒沉淀20d左右，泵入浸肉池，肥肉酝浸30d左右，再过滤勾调	15～20	传统用埕，现改为大罐	埕、瓷砖贴面水泥池或金属罐
老白干	河北衡水老白干	高粱	小麦制中温大曲	10%左右	采用续楂混烧老五甑工艺，原发酵期短，出酒率达50%以上，贮存期为3～6个月，入库酒度高，不低于67°	12～14或28～30	地缸	陶坛
馥郁	湖南酒鬼酒、湘泉酒	高粱或多粮	小曲和大曲，小曲为根霉曲，大曲为小麦制偏高温曲	小曲0.5%～0.6%；大曲20%～22%	酿酒工艺集浓、酱、清香型工艺之所长，创造性地把清香小曲与浓香大曲巧妙结合。原料除玉米要适当粉碎外，其余为整粒，经浸泡、清蒸后，加小曲糖化，大曲发酵，清蒸、清烧，即蒸粮与蒸酒分开	45～60	泥窖	陶坛
小曲清香	传统川法小曲酒	高粱、玉米等	米粉制小曲或根霉曲	0.4%～0.6%	整粒原料，经泡粮、焖粮、蒸粮、摊凉、加曲糖化、配糟入窖发酵、固态蒸馏而成，出酒率高，贮存期短	5～7	水泥池或泥池	陶坛或金属容器

二、各种香型白酒的相互关系

中国白酒虽然香型不同，但其风格特征、香味成分和工艺特点有着密切的关系。最初认定五大香型（即清香、浓香、酱香、米香和其他香），后又确定为十种香型（即其他香型中兼香、特型、凤香、药香、豉香、芝麻香），最近又新增两个香型，即老白干香型和馥郁型，成为 12 种香型。要研究这 12 种香型白酒的成因、工艺特点、香味成分的个性、风味特征等，从而便于各香型之间的相互融合，取长补短，提高产品质量，传承创新。

许多人认为，中国白酒是分三大基本香型，以大曲为主要糖化发酵剂来说，这种说法应是“共识”。米香型因是以小曲为糖化发酵剂，故单独列出，应无异议。米香型与豉香型之间的密切关系，甚是明显，暂不细说。余下的 7 种香型，都以“浓香、清香、酱香”三大基本香型为母体，以一种、两种或两种以上的香型，将制曲、酿酒工艺加以融合，结合当地地域、环境加以创新，形成各自独特的工艺，衍生出多种香型。例如，

浓香 + 酱香→兼香型（浓中带酱或酱中带浓）；

浓香 + 清香→凤香型；

浓香 + 清香 + 酱香→特香型、馥郁型；

以清香为基础→老白干型；

以酱香为基础→芝麻香型；

清香 + 浓香→药香型。

现代社会，交通运输便利，商品大流通，促进全国各地消费习惯的变化。中国白酒原来是区域性消费，香型的融合创新，是产品走向全国的必然趋势。只要口味符合广大消费者的要求，不必拘泥于什么样的“香型”。

第二节　凤型白酒酿造工艺

一、西凤酒制曲工艺

（一）制曲原料

西凤酒制曲生产原料为大麦、豌豆，原料配比是大麦∶豌豆（质量比）为 60%∶40%。

近年来，凤型白酒企业为了改善品质，对制曲工艺进行了大胆创新，在原来配料的基础上，降低了豌豆的用量，增加了小麦用量，有的企业的原料配比甚至成为大麦∶豌豆∶小麦 = 60%∶15%∶25%。原料配比的改变，对大曲成型、曲房培养、酒的品质都会产生影响。

1. 大麦

大麦主要为大曲提供淀粉等营养物质，富含蛋白质、脂肪、纤维素等，其 α - 淀粉酶、β - 淀粉酶丰富，可为微生物生长提供碳源。大麦经过微生物分解利用可以产生香兰素和香兰酸，使大曲赋有特殊香气。

大麦理化指标要求：水分不大于 13.5%；淀粉含量不小于 55%；蛋白质含量不小于 11%；杂质不大于 1.5%。

2. 豌豆

豌豆是蛋白质的很好载体，对凤型酒中高级醇含量具有很重要的贡献，豌豆制曲可以

使酿造用大曲后劲十足，对白酒香气影响较大。豌豆分为三个品种，白色豌豆、绿色豌豆、杂色豌豆。

理化要求：水分不大于13.5%；淀粉含量不小于45%；蛋白质含量不小于25%。

3. 小麦

小麦淀粉含量较高，又含有丰富的蛋白质，可以显著改善酒质，使新产酒香气浓郁。小麦还含有大量的氨基酸和维生素，黏着力较强，是微生物最好的营养物质之一。由于黏性大、保水性好，直链淀粉含量高，容易被微生物利用，可以促使曲坯中微生物的快速生长。小麦还可以赋予新产酒一种特殊的香气。西凤酒大曲配料中，小麦配比原则上不大于25%，否则，曲坯刚性不够，微生物繁殖快，容易变形散架。小麦在使用中必须和其他原料一起润料。

理化要求：水分不大于12.5%；淀粉含量不小于60%；蛋白质含量不小于7%；杂质不大于1.5%。

4. 大麦、小麦、豌豆三种原料主要成分对比

具体见表2-2。

表2-2　大麦、小麦、豌豆三种原料主要成分对比表

项目	水分/%	淀粉/%	蛋白质/%	脂肪/%	纤维/%	灰分/%
小麦	12.8~12.9	60.8~65	7.1~9.8	2.5~2.9	1.2~1.6	1.6~3
大麦	11.5~12	60.9~62.5	11.1~12.6	2~2.9	7.1~8	3.5~4.3
豌豆	10~12.5	45~51.8	25.3~27.6	3.8~4	1.3~1.7	2.9~3.1

5. 曲粮粉碎度要求

粉碎度：通过60目筛细粉量占25%~30%。

曲粮粉碎要根据季节不断调整。夏天天气比较炎热，曲粮粉碎宜粗不宜细，否则升温过猛；冬季制曲时，曲粮要细一些。

实践证明，凤香型大曲原料粉碎度偏细，不利于内部微生物的繁殖和生长，通过适当加粗原粮细度，可以使整块大曲的内部结构发生改变，非常有利于产酯微生物的生长，加粗后，糖化力能有一定提高。另外，加入小麦后，三种原料都要加水润料，只有这样，才能保证大曲培养过程的控制，生产出优质大曲。

（二）凤曲的种类和生产特点

1. 凤曲的种类

（1）槐瓤曲：指曲坯内部黄曲霉生长旺盛，色素分泌较强，曲心内呈金黄色，且分布较广。对槐瓤曲的认识，有人认为青茬曲经过一个多月的贮存，就会变成槐瓤曲，但此说法缺乏研究数据。

（2）红心曲：指曲坯内部红曲霉生长旺盛，色素分泌较强，曲心内呈红色，且分布较广。

（3）青茬曲：曲粮粉碎度细，曲块内菌丝分布好，断面呈菌丝白色，茬口坚硬、皮薄色白。

（4）五花曲：指曲坯内部，几种微生物生长均匀，曲心内有桃红色、金黄色、浅棕色，加上菌丝白色、麦子青色，故称为五花曲。

2. 西凤酒大曲生产的特点

凤曲是酿造凤型白酒的传统发酵剂和生香剂，在制造过程中主要依靠网罗生产环境、场地和原料中的各种野生微生物，在以大麦为主的淀粉原料上进行富集生长，扩大培养，并保存了许多有益酿酒微生物和酿酒活性酶，再经风干、贮存即为生产用曲。其生产特点有以下几方面。

（1）制曲原料以大麦、豌豆为主　制曲原料要求含有丰富的碳水化合物（主要是淀粉）、蛋白质和适量无机盐等，能够供给酿酒有益微生物生长代谢所需的营养物质。由于微生物对培养基有选择性，若以淀粉为培养基，则大曲中生长的微生物就以对淀粉分解能力强的菌种为主；若以富含蛋白质的原料如黄豆、豌豆作为培养基，大曲中必然是以对蛋白质分解能力强的微生物为主。为了使凤曲具有较强的淀粉水解能力和适量的蛋白质分解能力，丰富酶系和提供香味前体物质，使成品曲具有良好的曲香味和清香味，凤曲采用大麦为主配以适量的豌豆作为制曲原料。有的也添加10%左右的小麦配合制曲。

（2）生料制曲　制曲用生原料，主要是有利于保存原料中所含有的丰富水解酶类，如α-淀粉酶、β-淀粉酶等。这些酶的存在有利于微生物在曲坯上生长繁殖，也有利于大曲酿酒过程中淀粉的糖化作用。

（3）自然接种　凤曲是一种古老的曲种，巧妙地将生产环境、场地和原料中的野生微生物网罗到曲坯上，人为创造适宜的培养条件，即自然接种，人工培养、选育有益微生物菌种，最后在大曲内聚积许多优势菌种和丰富的活性酶系及发酵前体物质，并为发酵提供营养成分。

（4）中高温制曲　凤曲属于中高温制曲，制曲顶点温度大多控制在58～60℃，且要求维持3d以上。由于采用高温制曲工艺，细菌生长占绝对优势，许多耐高温细菌利用曲坯中的蛋白质分解产生大量的有机酸、氨基酸，这些成分进而被分解合成，形成呈香呈味物质和发酵前体物质，使凤酒别具一格。

凤曲生产的制曲原料、入房排列、翻曲方式以及利用曲房窗户开启程度来调节曲温渐升渐降的工艺特点与清香型大曲相同，但其培养控制工艺条件则不一样；采用酱香型大曲部分高温培曲和浓香型大曲拢火升温中高温制曲增加曲香的优点，但制曲原料与之不同。凤曲集清香型大曲和浓香型大曲的特点于一体，独创一派，具有清新、浓郁的曲香。凤曲一般分青茬曲、槐瓤曲和红心曲3种，各具特点，使用时按一定比例合理搭配应用。

（三）制曲工艺

凤曲制曲工艺流程如图2-1所示。

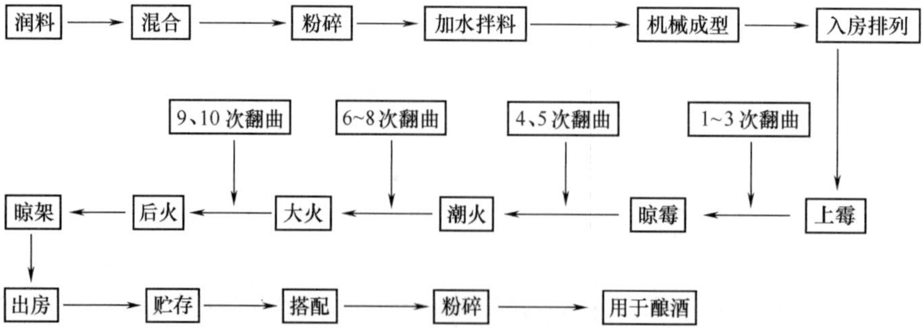

图2-1　凤曲制曲工艺流程

工艺要求介绍如下。

1. 润料

加水量6%～10%，润料水温60～80℃，润料时间6～8h。润料时必须均匀翻倒，保证时间。润料的原则如下。

①合理掌握润料的基本条件，水温、时间、加水量。水少温高时间短，水多温低时间长。

②润料方式以喷洒为宜。

③中间要翻倒均匀，防止温度骤升。润料标准：粮食颗粒表面收汗，内心较硬，口咬不黏，仍有清脆响声为佳。

2. 混合配料

要求混合均匀，配比准确。

3. 粉碎

小麦应当心烂皮不烂，粉状物较少，大麦、豌豆混合均匀，粉碎度符合标准。

4. 加水搅拌

加水量不宜过大，要严格控制加水量，曲坯水分保持在38%～42%，冬季加水量宜小，夏季可适当多加。加水水温要合适，一般不超过28℃。

手握混合好的原料，应当成团，但不出水，要求混合搅拌均匀，无生心、无疙瘩。

5. 机制成型

制曲机原理相当于制砖机，采用液压传动，在压制部分，用弹簧调节压力大小，由此可以确定曲坯成型时的物料压力，使曲坯均匀一致。

曲坯成型的要求：①入模物料质量要相等，流量要均匀。②成型后，四角饱满，六面平整光滑，薄厚一致，水分适宜，软硬适中。③无生心，无疙瘩，无掉角，无裂纹。

西凤大曲规格为：新制曲坯长245mm，宽155mm，高75mm，湿坯重3.5～4kg。

6. 入房排列

凤曲曲房面积一般较大，约为7m×9m，60m^2，每个曲房可放置曲块4300～5000块。

曲房结构比较特殊，地面用建筑砖块平铺，砖块之间用细土填充，曲房墙壁用泥巴糊抹，曲房净高约5m，用芦席简单吊顶，芦席上铺设30cm厚的谷糠或稻壳，以利于吸水，减缓快速排潮。曲房大门采用推拉门以保温。窗户为纵轴左右旋转，以利于通风而又不让空气直接对流。在转轴窗外，加设上连接（合页）木板，可在外窗台上支起木板，以利于小规模排潮需要。

在曲坯入房前，要打扫曲房卫生，保持合适的温度与湿度，备好谷糠、竹竿、麻袋、芦席等物品。要在地面撒上一层谷糠，以防止曲坯与地面粘连。

曲坯排列：由一边开始，在地面上撒上谷糠，曲坯纵向侧立放置，排列方式如图2－2。

排列间距要求冬密夏疏。冬季：曲胚间距1.5～2.0cm，行距2.5～3.0cm；夏季：曲胚间距2.0～2.5cm，行距3.0～3.5cm。

每房曲胚数量：冬季4300～4900块，夏季4200～4500块。

操作要求：入房曲坯共垛三层，每层之间用细竹竿隔开。行距间距均匀，合理规划每行曲坯数量，曲坯要上下左右排放整齐，摆正，曲坯间要平行，不可以横七竖八。

曲坯入房排列完成后，可在表面喷洒强化大曲菌种培养液，约15min后给曲坯盖上湿

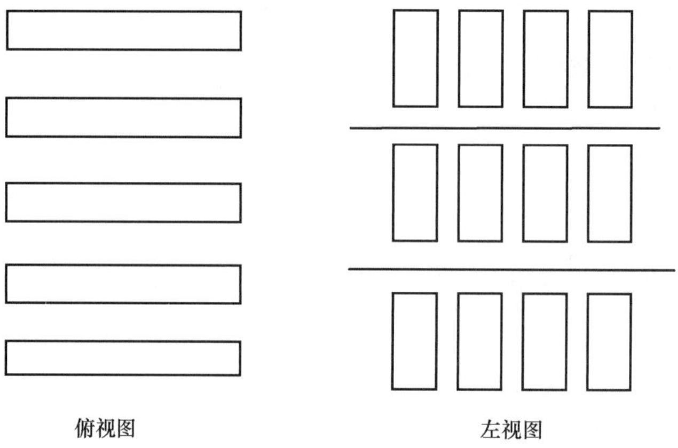

图2-2　曲坯排列方式

润过的芦席，周围用湿润过的麻袋围严实，然后封房培养。

7. 上霉

风曲讲究上霉，要求成品曲块表面“霉子”要好，其实就是在曲块表面布满酵母、霉菌菌落。大曲培养成熟后，曲皮表面呈白色。上霉是微生物初步生长的过程。曲坯入房后，微生物开始在表面繁殖生长，然后随着水分的挥发和利用，逐步向曲坯内部蔓延，所谓上霉就是指这一过程。

上霉时间：夏季24~36h，冬季60~72h。

上霉要求：曲坯表面菌落占总面积80%以上并均匀分布。

要根据上霉状况决定第一次翻曲时间。

8. 晾霉

上霉完成后，要及时进行第一次翻曲，通过翻曲和通风控制曲坯表面水分，抑制微生物生长。所谓晾，就是指通风控水，一般在品温升到35~38℃时进行，可以连续晾3d，控制好排潮、通风量、通风时间，根据上霉状况控制翻曲次数。尽量减少翻曲次数，以免曲皮过干。

晾霉目的：控制曲坯表面水分并抑制微生物过快生长。

晾霉要求：晾霉时间、次数因上霉状况而定。晾霉要及时，掌握好时机和时间。严格控制通风量，上霉良好应当大开窗，加强通风；若上霉不好，应当小开窗，减少通风量。防止空气直接对流，不能产生干皮和裂纹。晾霉要及时，若时间太迟，则微生物菌丝生长太厚，使曲皮起皱，曲坯内水分挥发受到影响；若晾霉过早，则菌丝稀少，影响升温。

前三次翻曲要求：从晾霉开始连续翻曲3次。将曲坯本身翻转，上下层对调，冷热对调，软硬对调。

第1次翻曲：上下翻转，排列放置同入房时，层数不变（图2-3）。

第2次翻曲：上下翻转，冷热翻转，里外翻转，曲距2cm，适当靠近，曲块堆放呈品字形，码放层数增加为4层（图2-4）。

第3次翻曲：上下翻转，冷热翻转，里外翻转，放净潮气，曲距相对缩小，码放4层。曲块堆放仍呈品字形。

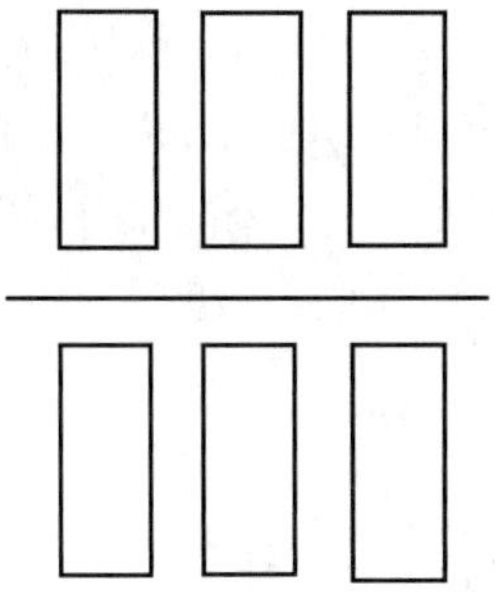

图2－3　第1次翻曲

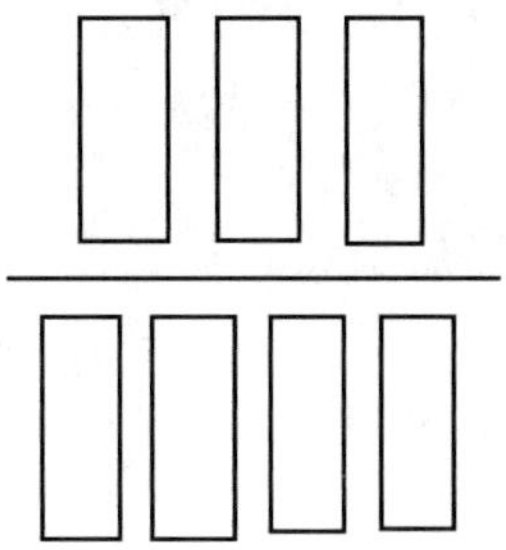

图2－4　第2次翻曲

9. 潮火

晾霉结束后，要保湿保温，促使微生物向曲坯内部蔓延。从这时开始，品温要持续上升，曲坯升温很快，水分大量蒸发，曲房内温湿度迅速提高，所以此阶段又称为潮火阶段。潮火期4～5d，曲心品温控制在42～45℃，在此期间，每隔一日翻曲一次。

第4次翻曲：第3次翻曲后，约经48h后，品温可以达到40～42℃时，即可进行第4次翻曲。第4次翻曲方法、码放形式同第3次翻曲。

第5次翻曲：上次翻曲经过48h后，品温可以达到48～50℃时，进行第5次翻曲。第5次翻曲与清糠扫霉同时进行。清糠扫霉就是用笤帚，将曲坯表面的谷糠和重霉扫掉，打扫地面谷糠，然后将曲坯码放成5层，码放方式为品字形。将曲间距调整为6～7cm，行间距为4～5cm。要注意关好门窗，防止冷风直吹。

清糠扫霉要求：扫净地面，竹竿铺底，刷净谷糠、重霉、浮霉，面面俱到。清糠扫霉的时间，一般都在曲坯入房后第8～10d。

10. 大火

经过8～10d的培养和翻转、通风，曲坯表面的微生物生长和繁殖已经停止，微生物转向曲坯内部繁殖和生长，曲坯形状开始转向由大到小。这个时候，关键是要给曲坯充足的氧气，促使内部微生物很快生长，在第10d以前，曲坯品温最高约升到50℃左右，而最关键的升温在此之后。第5次翻曲后，曲间距、行距加大，散热较好，曲坯水分要在大火期尽可能多排。第5次翻曲后，每隔48h翻曲一次。共约3次翻曲的目的就是为了控制曲坯品温缓慢上升，保证形成酿酒生产需要的前期物质，和必要的淀粉酶、蛋白酶等，这个粗糖化发酵剂才能发挥作用。通过第6～8次翻曲控制，品温逐渐升高，从50℃升高至58～60℃，并在这个温度上维持3d以上时间，这是制造凤曲的关键。

11. 后火

品温升到顶点后，维持3d以上的时间，品温开始缓慢下降，标志着进入后火期。后火期是大曲进一步成熟的时期，微生物生存条件恶化，有的微生物开始产生芽孢，霉菌开始产生孢子囊，微生物的菌体开始断裂、分解，酿酒生产的前体物质开始积聚。这时候，曲坯自身的发热能力下降，需要缩小曲间距和行距，通过自身热量，使内部水分很快散发出来。紧缩曲距就是挤火或收火，需要进行第9次翻曲。

关于收火，有两种收法。

①分次收：当品温由60℃降至50℃时开始收火，进行第9次翻曲，缩小曲坯行间距，曲间距调整为2cm，行距为3cm。当品温继续下降到40℃，进行第10次翻曲，曲间距调整为1cm，行距为2cm。盖上干燥的芦席，周围用干燥的麻袋围严并关闭窗户，保温养曲。

②一次收：当品温下降到35℃以下时，进行第9次翻曲，缩小曲行间距，行距、间距均调整为1cm，然后盖上芦席，围上麻袋，关上门窗，保温养曲。此后不再进行翻曲、排潮。

12. 晾架

曲坯品温自然下降至室温，一般需要一周左右的时间，这时，开门开窗，除去覆盖物、保温材料，放净潮气，将曲块码放为9～10层进行通风晾曲，一周后出房。

曲坏入房管理有三个关键：上霉关、大火关、收火关。最关键的是大火关，这个时候，曲坯行间距不好掌握，曲坯容易出现发酵异常，要格外小心。曲坯升温要坚持前火稳、中火挺、后火紧的原则。

二、西凤酒生产工艺

（一）西凤酒的原辅材料

1. 质量要求

西凤酒生产用原料高粱要求颗粒饱满，大小均匀，壳少，色亮，无霉变，无虫蛀。水分不高于14%，淀粉含量不低于61%，夹杂物少于1%。

西凤酒制曲用大麦要求颗粒饱满，色泽好，皮薄，新鲜，无霉变，无虫蛀。水分不高于13%，淀粉含量不低于55%，蛋白质不低于11%，杂物不高于2%。

西凤酒制曲用豌豆要求颗粒饱满，无虫蛀，有光泽，无霉变，无杂味。水分不高于13%，淀粉含量大于45%，蛋白质不低于25%。

西凤酒生产用辅料传统为高粱壳，现大多改为稻皮，起到调节酒醅疏松度、水分、含氧量以及调节酸度、温度、淀粉浓度等作用。要求稻皮色淡黄，新鲜干燥，无杂物，无异味，无霉变。水分低于12%。

2. 原辅料的除杂和粉碎

（1）原粮粉碎工艺流程　如图2－5所示。

入仓的合格原粮，经过气流输送，传输到离心卸料器，经过加料器进入振动筛。一般设有两级以上振动筛，逐级筛选。然后进入永磁滚筒，除掉金属物。最后经排料斗进入粉磨机粉碎。粉碎后的原料通过风管经离心卸料器进入粮粉仓，经过计量，用汽车运到车间。粮食筛选后的杂质通过管道输出到地面。可根据原料情况设计两台以上粉磨机。曲粮粉碎首先要经过配料器进行配料，然后进入粉碎工序。为了使原料混合均匀，通常要设计较长的绞龙。根据需要，曲粮搭配前，要经过润粮程序，并要保证润料时间，以便于曲坯的成型。

（2）酿酒原料的粉碎度要求　和浓香型白酒生产相比，西凤酒生产所用高粱的粉碎度较细。要求粉碎为六、八瓣，或通过100目标准筛的细粉量占35%～45%。大曲粉碎要求粉碎为麦仁粒，即小麦颗粒大小或通过100目标准筛的细粉量占25%～30%

3. 原辅料的清蒸

西凤酒工艺确定，酿酒用高粱和稻壳都必须清蒸，清蒸时间不得少于1h。其目的介绍

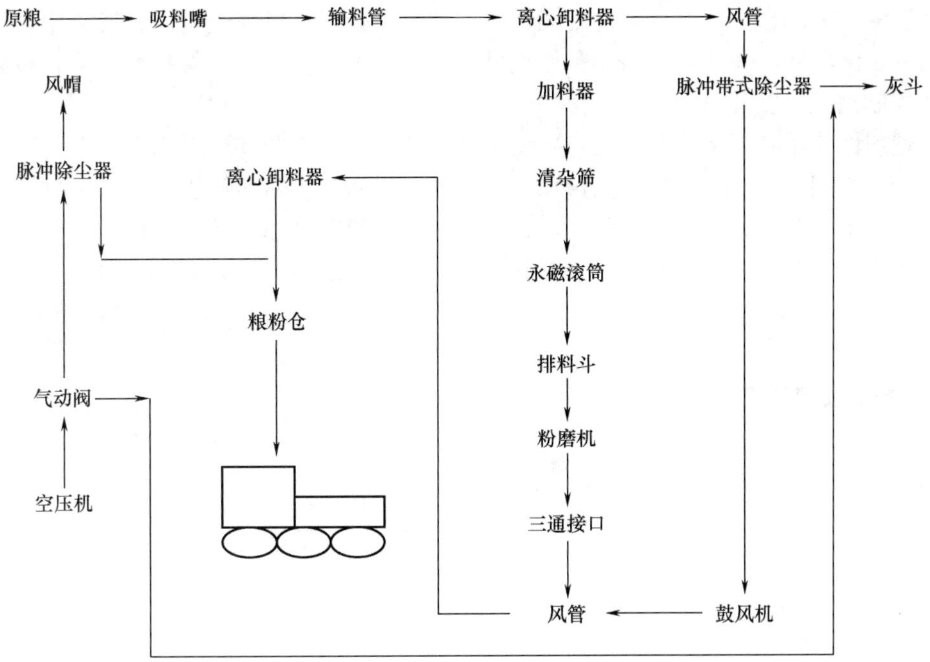

图2－5　原粮粉碎工艺流程

如下。

（1）去除异味、糠味、霉味。带壳的原辅料本身就是很好的吸附剂，在粮食运输过程中，环节很多，要经过多次贩运，粮食包装多为麻袋或聚乙烯材料，也都是好的吸附剂。因此，为了防止原辅料从流通环节带来的异味，必须经过清蒸的方法加以去除。糠味是原辅料自身带有的不愉快气息，经常会随着使用进入酒中，使新产酒带有糠味，所以必须清蒸。原辅料中的霉味是不可避免的，特别是水分比较大的原辅料，均可能使霉菌大量繁殖，通过清蒸也可以去除大部分。

（2）原辅料杀菌。原辅料往往来自全国各地，而各地的气候和微生物环境各不相同，为了使投入生产的原辅料生物特性一致，必须经过高温蒸汽杀菌，使投入生产的微生物环境相一致，这样，才便于控制工艺过程。

（3）软化、吸收一定量的水分、去除原料的坚硬外皮，破坏粮食颗粒紧密的生物结构，以便于被微生物利用。

高粱清蒸：每天在蒸馏生产结束后，将甑锅放在底锅上，在甑底撒上辅料，将甑底小孔堵住，然后将粉碎好的高粱，缓慢装入锅内，盖上甑盖，开大蒸汽，汽圆后，蒸1h，然后用天车提起甑，将粮食倒在操作场，打散即可。

辅料清蒸：蒸完粮食后，将甑放在底锅上，将辅料小心装入甑内，敞开甑口，开大蒸汽，蒸1h以上，然后将蒸好的辅料倒在操作场一端。

辅料在西凤酒中的作用：①淀粉分散剂；②溶解氧提供者；③发酵产物附着者；④水分、温度、酸度控制者；⑤甑锅内酒醅支撑者。

辅料在西凤酒生产上具有二重性：①辅料是粮食淀粉的分散剂，也是酒醅的支撑物。由于辅料的存在，酒醅疏松，所以，辅料量提高，可以有效增加酒醅疏松性，酒醅疏松可以提高酒醅中氧的含量，对发酵前期菌种生长大有好处，可以促进升温，使微生物生长旺盛，酒醅发酵活跃。②增加辅料用量，调低了淀粉浓度，使酒醅的保水性下降，可以阻碍发酵，控制酒醅过度升温。

对辅料的使用必须坚持以下几点：①必须坚持清蒸。②合理辅料用量，多了影响酒的口感，少了影响发酵，使酒醅升温过猛，导致酸度提高。③辅料使用要结合上排酒醅发酵状况进行。上排升温高、酸度大的酒醅，需要多加辅料，以便于降低酸度、调节淀粉；上排升温不好、发酵出酒率低时要多加辅料，调节淀粉浓度；上排升温好、酸度大也要多加辅料；上排水分较大的，本排也要适当提高用量。辅料是淀粉、水分、酸度的有效调节剂。

（二）西凤酒生产工艺

1. 工艺流程

西凤酒生产工艺流程如图 2 –6 所示。

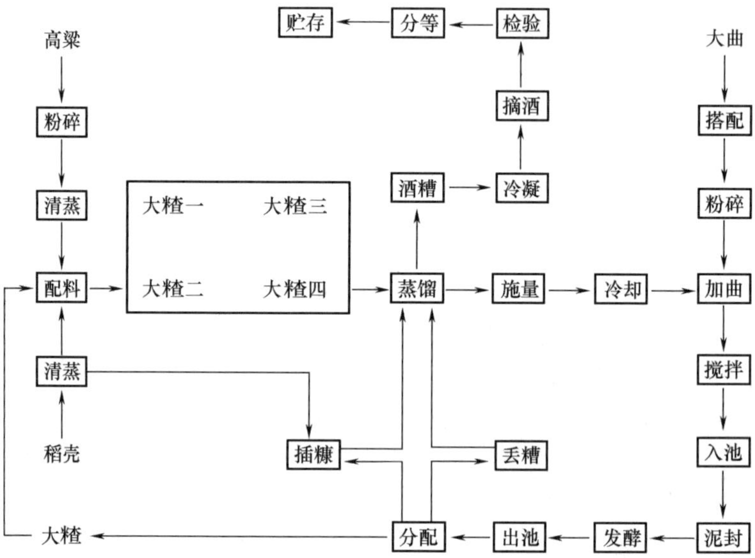

图 2 –6　西凤酒生产工艺流程

2. 窖池填充

图 2 –7 为窖池填充示意。

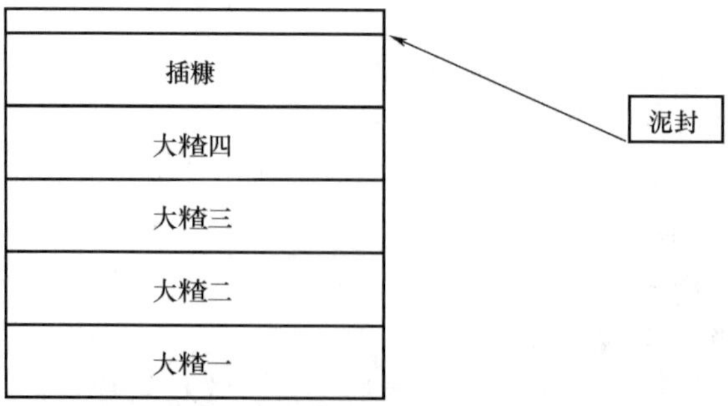

图 2 –7　窖池填充示意

3. 生产工艺过程

凤型酒生产分立、破、顶、圆、插、挑 6 个阶段。

（1）立窖　即第一轮生产。窖池经过维修，糊上新泥，进行第一轮生产。特点是首轮发酵生产，只有三甑大茬，没有插糠（回茬）、酒糟，不出酒。

传统的立窖生产，总共蒸三甑大茬，加曲入窖，这一过程称为立窖。由于是新粮、新曲、新稻壳，没有已经发酵好的酒醅，所以只有蒸煮过程没有出酒。操作办法是：将需要配料的高粱、稻壳充分混合、拌匀，围成围堰状，然后向其中加入煮沸后的开水约 1t 余，让粮食和辅料充分吸收，不使水流出，焖 24h，然后倒翻混合均匀，用甑锅蒸 1.5h，蒸透粮粒。用天车将甑提到晾床上方，打开甑底开关，使蒸熟的糟醅落在晾床上，用铁锨捣开，摊薄，加入开量水 80 ~ 100 桶，开启晾床下风机和晾床上搅拌机，搅拌均匀，不使糟醅与晾床粘连，将大茬打散，当品温降到 20 ~ 30℃时，关闭鼓风机，加入准备好的大曲，翻倒均匀，然后开启搅拌机再次搅匀，关机。4 个人在四角，两人一组分别将晾床上的茬醅收堆，在晾床两头收成两堆，收好后，扫净茬醅。然后，两个人一组，将两头的茬醅堆再收成一堆，收堆时，将热醅和凉醅混匀。收好后，由化验员用点温仪在大茬堆上四面和中间测温，平均后符合入池条件时，用天车将大茬醅运到窖池中，用人工铲平、踩实。三甑大茬醅全部入池后，在大茬醅上撒上稻壳，将和泥车中和好的窖泥覆在上面，泥厚不小于 5cm。窖泥覆好后，盖上窖板。由于窖池多为长方形，窖板通常为两块，厚度为 5 ~ 7cm，用天车吊到窖顶后，人工按住放下。西凤酒生产的发酵酒醅不鼓出窖面。

“晾床”是与地面相平的带有均匀小孔的铸铁板组合成的操作床，宽 3.5 ~ 4m，长约 6m，下面为架空梯形坡道，外端安装有鼓风机和外界联结。

“量水”，也称焖量水，是甑锅底下的开水，由于甑底下部分是一口锅，故称底锅，底锅上沿比地面低 20 ~ 30cm，所以要在铁桶上安装上约 2m 长的木把，以便于从锅内提出开水。

“两堆合一堆”是西凤酒的特殊工艺，指晾床操作的要求。在晾床两端分别收堆成两堆，然后将两堆收成一堆，主要目的是为了混合均匀。

工艺参数如下。

投粮：1000 ~ 1100kg。

投曲：占投粮的 20%，约 220kg。

辅料：600kg 左右，约占投粮量 55%。

酒糟：500 ~ 700kg。

焖量水：150 ~ 180 桶（每桶 7kg）。

入池水分：54% ~ 64%。

入池温度：15 ~ 20℃。

入池酸度：0.5 ~ 0.7。

（2）破窖　破窖就是第一次出酒的过程。特点是：只入池四甑大茬，没有插糠（回茬）、第二轮发酵，首次出酒，不出酒糟。立窖酒醅经过一轮发酵以后，淀粉被微生物充分利用，产生了乙醇，破窖就是将第一次发酵的酒醅挖出，再续粮生产的过程。

3 甑立窖酒醅发酵成熟后，挖出已经不足三甑，所以要混上清蒸后的新粮和稻壳重新配料，变成四甑酒醅入窖发酵。工艺参数如下。

投粮：900kg。

投曲：180kg，占投粮量的20%。

辅料：225kg，约占投粮的25%。

量水：每甑15～30桶，视出池水分和发酵情况确定。

入池水分：54%～60%。

入池温度：15～19℃。

入池酸度：0.8～1.2。

破窖是第二轮生产期，即第二排。这一排，由于茬醅已经过一个月左右的发酵，出池酒醅含乙醇和其他发酵物，续上新粮后，在蒸煮糊化的同时也馏酒，这时生产的酒称为破窖酒。破窖酒酯类物质含量低，酸度也较小，是凤型酒勾兑的重要调味酒。蒸完酒以后继续大汽蒸馏约1h，使粮粒蒸透。晾床操作同立窖。

（3）顶窖　是将入池四甑茬醅变为五甑的过程。特点是入池四甑大茬，一甑插糠（回茬），第三轮发酵，第二次出酒，没有丢糟。也是第三个发酵期即第三排。破窖酒醅经过一轮发酵后，酒醅经过发酵已经不足四甑，挖出酒醅，取约1/4酒醅，放在一边，不加粮，只加辅料，留作回茬；剩余3/4酒醅续入新粮和辅料（稻壳），继续变成四甑茬醅，进行混蒸混烧。蒸馏完酒以后，将酒收集成65%vol（酒度），然后检验分等入库贮存。顶窖酒比较特殊，也要单独存放，作为重要调味酒。蒸完酒以后要继续大汽蒸馏约1h，使粮粒蒸透。在晾床上操作同立窖操作，蒸馏时先蒸馏大茬，依次入池，逐层踩平，最后再蒸馏插糠（回茬）。在大茬最上面的一层表面，顺窖池方向放上两根木棍，与放在最上层的插糠（回茬）区分，最后封泥、盖窖板。此轮入池时，只有五甑茬醅，故没有丢糟。

工艺参数如下。

投粮：900kg。

投曲：180kg，占投粮量的20%。

辅料：135kg，占投粮量的15%。

量水：每甑20～30桶，视出池水分情况和上轮发酵情况确定。

入池温度：15～25℃。

入池水分：55%～59%。

入池酸度：1.0～1.3。

“插糠”是指不加粮的入池酒醅，经过一轮发酵蒸馏后作为酒糟抛掉。

（4）圆窖　是指第四轮发酵过程。特点是：正常发酵阶段，入池四甑大茬，一甑插糠（回茬），蒸馏后丢掉一甑酒糟。一个窖池操作，要蒸馏六甑工作量。第三轮发酵后，窖池内已经有五甑茬醅，四甑大茬和一甑插糠（回茬）。由于插糠（回茬）在最上面，先挖出，加辅料混合均匀蒸馏后将糟醅丢掉作为酒糟。剩余四甑酒醅先挖出约1/4，加入辅料，堆在一边，准备作为插糠；剩余3/4大茬酒醅，加入新粮和辅料，变成四甑大茬酒醅，蒸馏、蒸煮糊化，蒸完酒以后，再蒸约1h，将粮蒸透。第一甑，蒸发酵后的回茬，蒸完酒扔掉酒糟；第二至第五甑为大茬，将大茬在晾床上操作完成后，依次入池，踩平，第四甑大茬上面放上隔离木棍以示区分；最后，蒸插糠（本轮回茬），蒸完后，在晾床上操作，加曲入池放在最上面，踩平，封泥，盖上窖板。晾床操作和馏酒办法同破窖。

工艺参数如下。

投粮：900kg。

投曲：180kg，占投粮量的20%。

辅料：135kg，占投粮量的15%。

量水：每甑25~30桶，视出池酒醅含水量及上轮发酵情况而定。

入池水分：55%~59%。

入池温度：15~25℃。

入池酸度：1.2~1.6。

圆，就是圆满的意思，表示进入正常发酵阶段。在圆窖阶段，要进行若干排，直到需要结束生产时，才开始进入下一阶段。圆窖生产，就是西凤酒生产的基本形态。

（5）插窖　当气温等条件不适应酿酒或到了一个生产周期后，约在来年的五月份，开始考虑结束本年度生产。这是西凤酒的一个特点，经过近一年的生产，窖底和窖壁的窖泥中己酸菌、乳酸菌大量繁殖，造成凤型新产酒中己酸乙酯和乳酸乙酯的含量大大增加，超过了凤型酒的限值，必须铲掉老窖泥，敷上新泥，以保持西凤酒的特点。插窖的特点是倒数第二排生产，不投入粮食，只蒸馏取酒，然后经过晾床操作，加上大曲，进行最后一轮发酵。

工艺参数如下。

投粮：0kg。

投曲：125kg。

辅料：250kg。

量水：25~30桶，淀粉含量低，不宜过大。

入池水分：55%~57%。

晾床操作和馏酒办法同上。插窖酒是西凤酒重要的调味酒，需要单独存放。

（6）挑窖　最后一轮生产。插窖酒醅经过一轮发酵后，挖出并和辅料混合均匀，装甑蒸馏，馏完酒后，将糟醅全部扔掉，不再有入池操作。特点是：最后一轮生产过程，只蒸馏酒，不加粮、不加曲，只加辅料，没有晾床操作。

工艺参数如下。

投粮：0kg。

投曲：0kg。

辅料：135kg。

挑窖酒是西凤酒的重要调味酒，需要单独保存。馏酒办法同上。

西凤酒生产周期中，立窖、破窖、顶窖、插窖、挑窖只有一排，从立窖到圆窖，窖池内的酒醅由三甑逐步增加为五甑，工作量由三甑增加到六甑，从圆窖到挑窖，窖池内的酒醅由五甑逐步变为零甑，工作量由六甑逐步变为四甑。生产周期曲线是一条钟形曲线，在最高点是一个平台，在这个平台上，凤型酒的圆窖生产要进行若干排。为什么圆窖排数不确定呢？主要和插窖与季节和气温等生产条件有关，每一个生产年度不尽相同。

4. 配料

配料是酿酒操作的关键环节。主要控制淀粉浓度、酸度，淀粉浓度最为重要。配料时，要确定好粮醅比，一般为1∶(4.5~5)，入池淀粉以16%~18%为宜。

（1）工艺方案的设计　一般工艺方案基本确定，只需要计算一个变量，如加辅料量、加水量等。

①掌握原料和辅料的物理化学性质（以实测为准）：高粱含淀粉60%～65%；高粱含水分13%～15%；稻壳含水分11%～13%；大曲含淀粉48%～50%；大曲含水分10%～13%；酒醅残余淀粉7%～10%。

②计算各种组分的干物质淀粉含量。

③确定各组分含水量。

④计算一个生产单元大茬的总质量，通常与甑容有关。

⑤确定合理的淀粉浓度：16%～17%的淀粉含量。

⑥物料衡算。

（2）确定窖容与甑容的关系。总甑量不能大于窖容，必须小于或等于总甑容。

（3）确定每个工作单元的种类，如大茬、小茬、回茬。

（4）确定操作工艺的顺序和阶段。

（5）以混合均匀为工作核心，但对已经发酵成熟的酒醅，在配料时尽可能很快完成，以免酒精挥发影响出酒率。

5. 蒸馏

（1）蒸馏的目的

①分离、提取：乙醇的挥发系数较低，在高温下很快变成气体。所以，蒸馏时，首先馏出的组分为甲醇、乙醇及一些低级醇和低级酯，在后馏分中含有较多的高级醇、高级脂肪酸酯和较难挥发的其他物质。

②蒸煮糊化：续茬法生产的好处就是一边分离酒，一边蒸煮粮食，通过糊化，长链淀粉很快裂解变成糊精，蛋白质变性、分解，便于微生物利用。

③使发酵底物充分吸足水分，为下一步生产打下基础。

（2）蒸馏的要求

①中低温馏酒：这是凤型白酒和其他白酒不同的地方。原则上，流酒温度在20～25℃，降低流酒温度，可以排除凤型白酒不需要的高沸点物质，保持凤型白酒高醇低酯的特性。

②控制好流量：新酒从冷凝器流出的抛物线横截面直径约和筷杆相同。

③开始开大蒸汽量，等开始出酒时将阀门关小，出酒结束后，开大阀门蒸煮糊化。若流酒时阀门开得过大，就会导致蒸馏甑内发生雾沫夹带，使酒的品质发生变化，甚至出现穿甑，使酒精化为乌有；若阀门开得过小，会导致高酒度馏分减少，产生蒸馏损失。

（3）装甑要求　装甑操作要做到轻、松、薄、匀、缓，蒸汽两小一大，材料两干一湿。两干一湿是指装甑打底时，可适当多加稻壳，此后可少加稻壳，到收口时，再多加一些稻壳。蒸汽阀门在开始时要开小一些，中间酒醅在甑内有一定的厚度，这时，要适当开大，到收口时，蒸汽已基本透过甑内酒醅，这时，关小蒸汽阀门，盖上甑盖后进行缓火蒸馏。

出池酒醅经过配料后，要分几次装入甑内蒸馏。装甑是凤型白酒生产的关键工序，通常由该酿酒班组的副组长和一名酿酒工来操作。装甑好坏既影响产量也影响质量。

①由于甑（也称甑锅）放在底锅上面，底锅通常在坑内，锅底紧贴地面，底锅周围用

水泥固定，底锅比地面低 30cm 左右。在底锅中有一个多孔蒸汽输入器，深入到锅下部 10～20cm，锅内的水要淹没蒸汽输入器，用蒸汽将水烧开。所以在操作前，必须在锅内注入足够的水淹没蒸汽输入器，并使水面距离甑底约 30cm 以上。

②甑底是中轴合页式多孔不锈钢板，加好水以后，将甑放置在底锅上，然后在甑内撒上稻壳，以防泄露。

③开启蒸汽阀门，将底锅水打开，使沸腾。然后将蒸汽关小。

④用簸箕或铁锨，将混合好的酒醅一点一点撒装在甑内，尽可能装得疏松。

装法有两种：a. 见汽装，即装上一层后，看甑内酒醅，什么地方往上轻微冒汽，用簸箕或铁锨将酒醅往哪里撒装。b. 见湿装，看什么地方的酒醅轻微变湿，酒醅就撒向哪里。

⑤收口：酒醅快装满时，注意使甑周围慢慢高出甑心酒醅，形成小围堰状。目的是为了提高蒸馏效率。

⑥连接：盖上甑盖，在甑沿水槽中注满水，在甑顶连接水槽中和冷凝器顶部连接水槽中注满水，将过气管两端分别放在水槽中。然后将蒸汽阀门开大一些，操作工进入接酒准备。

（4）摘酒要求

①摘酒酒度一般为 65% vol。

②首先，摘酒头。由于酒头酒度较高、低沸点物质含量高，所以要单独摘取。一般酒头 3～5L。

③控制好流酒温度，用丫丫舀取刚流出的酒，观察泡沫，酒度高时，酒花比较大，随着酒度的降低，泡沫越来越小，泡沫的直径逐步缩小，当泡沫重新回到大泡沫时，说明水花出来了，再接取两笼酒梢，以便于再次分离提取酒精。

④掐头去尾。意思是摘酒时先选取酒度较高的酒头另外贮存，酒尾酸度高，乳酸乙酯含量也高，要及时截取，不得无限度放入正常摘取的酒中。

⑤摘酒看度法。摘取 65% vol 酒看度法：用疙瘩在酒笼中取混合均匀的原度酒三壶，再取一壶自来水，都倒入花壶中，充分摇晃混合，左手拿花苞，右手高举花壶 40～50cm，使花壶中的酒成抛物线状流入花苞中，观察泡沫大小。

摘取 60% vol 酒看度法：用疙瘩在酒笼中取混合均匀的原度酒四壶，再取一壶自来水，都倒入混酒器。充分摇晃混合，左手拿花苞，右手高举花壶 40～50cm，使花壶中的酒成抛线状流入花苞中，观察泡沫大小。

如果酒花（泡沫）很大，快速消失，说明酒度不够标准，需要加入前馏分；若酒花较大，消失慢，说明酒度高，可以多加后馏分。

摘酒看度法是利用酒的表面张力比水的表面张力大的原理，经过长期观察总结出的简便判断酒度的方法。手艺好的酿酒技师，对酒度的掌握可以控制到半度以内。

摘酒容器示意如图 2－8 所示。

（5）入库　运酒车通常是在平板车上卧放 450kg 的柱形不锈钢容器，在上侧面正中间设有直径 35～40cm 的圆形口，上有密封盖板。传统的凤型酒生产，拉酒车是一个平板车，上面放置的是卧式小酒海，一侧上面开有进酒口。小酒海是荆条酒笼结构形式，做法和酒海制作法相同。

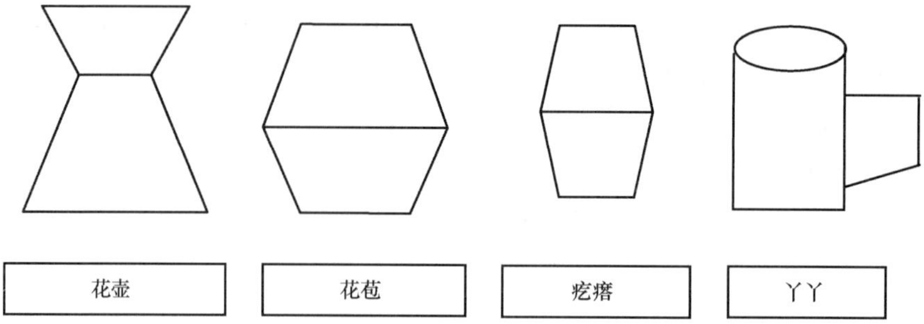

图2-8　摘酒容器示意

酒醅蒸馏结束后，立即去掉连接甑锅与冷凝器的天排，开大蒸汽蒸煮糊化约1h，到时间后用天车将甑锅整体提起，提升到晾床一端上方，打开甑底一边篦子，使一半酒醅掉在晾床一端，另一半在另外一边上方打开放下。然后将甑锅提升到配料场一边，卡好甑底篦子。

在晾床工提完开量后，蒸馏操作工很快往底锅内注入自来水至规定要求，小小开启蒸汽阀门，将甑锅放置在底锅上，在锅内撒上稻壳，又一次开始装甑。

大汽排酸的重要性：俗话说"烧酒没法，蒸到细插"，说的是白酒生产没有更好的办法，只有坚持蒸煮糊化时间，细化操作才是唯一的出路。酒醅经过一个多月的发酵，产生了许多副产品，如酸、醛、醇、酯等，在蒸馏过程中好多东西因为甑锅压力和温度的原因不能被分离，这些物质有许多是阻碍大曲中微生物发酵的因子，通过大汽蒸煮，可以使一些对发酵不利的物质排出，从而有利于微生物生长；另外延长蒸煮糊化时间本身也可以促使微生物很快生长和繁殖，所以，有经验的酿酒技师都选择大汽排酸。通过排酸，使酒醅酸度适宜，促进微生物发酵。

6. 晾床操作

酒醅倒在晾床上以后，几名晾床操作工很快拿起量桶，按照工艺要求，提取底锅内的开量（水），倒在晾床上的酒醅堆上；然后，4 名晾床操作工各站一角，用铁锨将酒醅散开，特别要将紧邻晾床箅子的结块酒醅翻起来；然后开启鼓风机鼓风冷却，搅拌机往复搅拌一遍；温度符合要求的25～35℃时，关闭搅拌机和鼓风机，用簸箕将备好的大曲粉按照用量要求加在散开的酒醅中，尽可能将大曲粉撒匀，然后再开启搅拌机搅拌一遍；搅匀后4 个人各站一角，按照两堆和一堆的操作办法将酒醅收为两堆，然后再合收为一堆。车间化验员测试将入池的酒醅温度并取样后，用天车将酒醅移入窖池中，按层铲平踩实。

（1）晾床操作的要求

①提量要准：经过蒸馏的酒醅其含水量是比较恒定的，所以，量水可以决定酒醅入池水分大小，故提量要准确，不能偷工减料。通常量水的多少由上排加量水量和发酵后酒醅水分状况及发酵升温与出酒率情况确定。量水温度不能低于90℃，不可以一边提量一边往底锅内注水。

所谓热潮窖是指上排入池温度高、水分大，酒醅发酵升温猛，出池酒醅颜色深，酒的芳香大，但出酒率较低，馏酒表现是酒梢子长。对这样的窖池要降温减量，量水量和上排相比要减少。若发酵正常，不属于热潮窖就保持量水量。

凉潮窖是指上排操作中入池温度低，水分较大，这样的窖池出酒率较好，但酒的香气不足，水分消耗较小，不宜增加量水。

凉干窖是指上排入池温度低，水分也小，发酵较正常，酒的质量好，但出酒率较低。要根据情况适当增加量水。

加量水多少还要根据摘酒酒度的变化进行调整。当降低摘酒酒度时，蒸出的酒梢较多，故要适当增加量水；同样当升高摘酒酒度时，酒梢留量有限，故要适当减少量水。

②翻拌要匀：晾床操作主要是混合、搅拌的过程，无论是量水、大曲粉都要拌匀，特别是温度要均匀，不能一边高一边低。

③要坚持两堆合一堆：两堆合一堆是凤型酒晾床操作的经典经验，坚持好可以使配料更匀。

④控制温度要准：加曲温度不能过高，否则大曲会失去作用，当品温降到25～35℃时才可以加曲。温度太低，在窖池内发酵升温慢，不利于升温；温度太高，会使大曲失去效力。

⑤入池水分要桶数、握把、化验相结合：对水分的量要按照量水桶数来控制；也可以同时用握把的方法加以确定，即将酒醅握在手内，使劲捏一下，手指缝不能有水流出为好；水分大小最终要通过化验来确定。如果当天化验水分偏大，明天操作就少加量水；如果当天化验水分偏小，明天操作就适当增加量水。

⑥抹碎疙瘩：为了使固态物相互混合均匀，抹碎疙瘩是非常必要的。凤型酒工艺要求是疙瘩直径不能大于2cm。

堆积虽然不是晾床操作的原则性要求，但堆积对西凤酒的贡献不可小视。通过适当的堆积，对大曲中微生物的活化很有好处。堆积可以使微生物在有氧状态下迅速繁殖，等于缩短了在窖池中的前发酵期，既可以提高产量又可以提高质量。有经验的酿酒技师在晾床操作上不紧不慢，其心里实际上掌控着酒醅的发酵进度，值得年轻人学习和借鉴。

为了防止漏过晾床箅子的酒醅在晾床下酸败，必须每班清理晾床底下的酒醅，和匀后入池。

乳酸乙酯等高沸点物质在底锅（蒸馏釜）中存留较多，在蒸馏过程中，甑内的酒醅有时也会掉入底锅，故底锅中也含有淀粉颗粒，是富营养的物质，为了使下班生产不受影响，必须每班上班前，清理底锅水，将其倒掉。

（2）出池酒醅发酵状况判断

色：颜色深，说明温度高，窖池较热；颜色浅，色发黄，说明是凉窖。

味：酒醅香气过大，说明发酵温度高，为热窖；反之，为凉窖。

焖气：酒醅入池后看窖池内CO_2积聚量。可点燃一张纸，投入窖内，立即熄灭，说明发酵升温快，如果按规律提前升温，说明窖热；如果火熄灭很慢，说明发酵异常，升温慢。

酒醅塌陷情况：酒醅下陷多，说明发酵状况好；少则发酵不好或升温差。

品尝：品新产酒，香气大，后味长，必定是热窖；后味淡、短、甜，必为凉窖。

看出窖时，窖底酒醅扯下的黄水黏度，黄水发黏，必为热窖，黄水淡必为凉窖。

通过以上对上排酒醅发酵状况的判断和出酒率情况，完全可以判断出酒醅的“热凉”，初步决定本排的量水增加还是减少。

这些技巧，一般酿酒工很难掌握。对凤香型酒生产操作而言，热窖是比较可怕的，热窖做一排可以影响几排，所以，入池温度不宜过高。

（3）热拥法　传统的凤香型酿酒生产对入池条件的控制采用热拥法操作。热拥法是指入池水分58%以上，入池温度25℃以上。热拥法的最大好处是可以优化入池微生物条件，使一些细菌不能很快繁殖，集中了霉菌和酵母菌的优势，出酒率较好，酯含量低。热拥法是凤香型白酒的最传统工艺。

近年来随着对凤香型酒工艺的认识的改变，热拥法不被酿酒企业所继承和发扬。原因一是出酒率低，调整期长；二是酒的香气比较杂乱，不能很好地保持稳定的风格。

7. 封窖发酵

酒醅入池后，必须封窖。西凤酒生产要求必须用窖泥封窖。

①土质：当地的黄黏土，土质细腻、颜色一致，白中带黄，不得含有沙子和杂质。不得使用再生土。

②窖泥含水量：43%～45%。

③可以适当加一些铡过的麦草，长度不大于1.5cm。

④泥封厚度：不小于3cm。

⑤上泥前，要在酒醅上面撒上1cm厚的稻壳，封好后，表面要抹光滑，不能有缝隙。

品温可以很好地判断入池酒醅的发酵状况。西凤酒发酵温度变化有自己的规律，一般入池第2～3d开始升温，到第7d左右升到最高点，然后还是平稳过渡，并在第10d左右开始缓慢下降，到出池时，品温降到25℃左右。在延长发酵期以后，凤香型白酒发酵品温变化规律也发生了改变。

由近几年凤香型白酒的发酵温度变化曲线来看，入池温度趋向15～17℃，顶温有下降的趋势，由原来的37～39℃变为35～38℃，西凤酒的出酒率有了明显的提高，优等品率在长发酵期的培育下逐步提高，总酯含量提高。

在白酒发酵过程中，每个车间都要建立重点窖，每天取样测定酒醅品温、淀粉浓度、还原糖、酒精含量、酸度等变化，对酿酒生产起到了非常重要的作用。

西凤酒厂还建立了窖池档案，对每个窖每排的出入池条件进行了详细的记录，包括天气、湿度、入池淀粉、水分、酸度、配料比、出酒率、质量等进行了记载，对分析酿酒生产规律起到了很好的作用。

（三）西凤酒贮存工艺

经过分段摘酒，酿酒生产班组已经基本控制了当班酒的质量。酿酒班组将酒头和新产酒分开交到酒库贮存。

西凤酒生产工艺规定新产酒必须经过3年以上的时间贮存才能用于勾兑生产。

1. 酒海的制备

酒海是凤香型酒的专用贮存工具，它由藤条编织而成，藤条内表面裱糊白棉布和麻纸，内壁用鸡蛋清、菜籽油、蜂蜡打光，用于贮存凤香型白酒。酒海是凤香型酒的专用贮存设备，每个酒海可以贮存白酒5t，它赋予凤香型酒一种特殊的香味，是有别于其他白酒的重要特性。所谓没有大酒海就没有凤香型酒，道理就在于此。在我国一个人的酒量大，人们常夸奖其为海量，这个词正是源于凤香型酒，意思是说，当一个人能喝完一个酒海中一万斤的酒时，这个人就是海量。

（1）藤条的选择　在陕西秦岭山区，盛产一种叫度儿条的藤条，枝干较细，弹性好，韧性也好，是编织大酒海的绝佳材料。

（2）备料　藤条：选择木质细而软、光滑、无虫蛀、韧性好的新鲜度儿条，直径10mm左右，粗细一致，长1m以上。

麻纸：要求薄厚一致、颜色一致、清亮、无重页、无杂质的纸张。

血料：新鲜的猪血，备用。

（3）将较粗的藤条和细条分开存放，粗条用刀划开，分成2~3个，然后10~20kg一捆，浸入水中，浸泡24h以上。

（4）将竹子破成与藤条相当的竹篦，刮去毛刺，打捆，浸入水中24h以上。

（5）编制

打底：首先将备好的竹篦截成3m左右，5个一排，顺20排左右，横30排左右，交错编织成边长为5~6cm的方块状。排的时候注意酒海底部大小，为4~5m^2。酒海底部编好后，要进行严格测量，保证底面积大小，当底部密实、均匀、大小合适时，就可以编织侧面了。

编织柱体：用8~10根藤条插住底面，并编织为一体，使编制体的方向与底面垂直。当过渡层达到10cm以上时，基本使竹篦与藤条交接完毕，在4个角分别用竹竿架住，至18~20cm时开始交叉，每三根藤条为一组编织，当高度达25~30cm以上时，再打交叉。如此反复共交叉6~7次。

每编织5~8cm，用木棍轻打四周，使编织条密实、规范。当编织到2m左右时，开始收口。留口沿10cm左右，口径60~75cm，最后使酒海高度达到2~2.2m，容积可以达到5.5~6.0t。

（6）整形　编织完成后，用洒水壶在酒海上方洒水，使整个酒海湿润。编织师傅进入酒海内部，用竹刀将高低不平、长短不一的藤条和竹条头截掉。

用麻绳将酒海四周上下左右绑起来，再用木棍将酒海整形成规范的形状，再次截掉内外高低不平、长短不一的藤条头，准备裱糊。

（7）裱糊　制胶：将已经有些凝固的猪血放在一个大盆内，用干净的稻草使劲搓揉，使猪血成液体状，仔细过滤，加入0.5%~0.9%的石灰粉末（冬天较多，夏天较少），再加入特制秘方材料，充分搅拌，每隔一刻钟左右搅拌一次，使其成胶水状。若胶质过硬，在搅拌时适当加入10%~30%的水，再搅拌直至成胶。

填充：用新鲜豆腐填充酒海内部的缝隙，使内壁基本平整。

制裱糊纸：在一块木板上，将麻纸两张叠加放置，在上面刷上血胶，然后再叠加上一张裱糊，三张粘在一起，然后再在表面涂上血胶，开始在填充好豆腐的内壁粘上麻纸，用松软的柔性板（如软塑料或透明橡胶）压实麻纸，使每张麻纸完全贴实，麻纸接茬要错开搭压。整个裱糊完成后，待干燥，然后再裱糊第二大层。第一大层完成后要用刷子使劲刷内壁，即使有的纸有一些破损也不要紧。裱糊到10层以上时，用纯白棉布裱糊一层，以后裱糊的麻纸先要用钉刷使劲刷20~30余下，再用毛刷刷30多下，使每一层密实、贴紧，干燥后敲打不能有吱吱声，否则要返工。到第20层、30层、40层时分别用白棉布裱糊，裱糊时，将白棉布剪成和麻纸同样大小，错开裱糊。裱糊到45层左右时，用两张麻纸夹一层白棉布裱糊。当裱糊到50层以上时，在血胶中要加入鸡蛋清，每千克血料要加蛋清0.2kg以上。总共裱糊约50层以上，其中麻纸120～130张，白棉布20层。

内壁处理：待裱糊层完全干燥后，内表面涂满鸡蛋清，然后再涂上血胶，共3次。完全干燥后，将菜子油和蜂蜡按照8：3的比例，先将菜子油加热，然后放入蜂蜡，融化后，用干净的白棉布在内壁涂三次，风干后基本就可以使用了。

（8）酒海安置　一般在哪个库房放酒海，就在哪个库房就近加工。由于酒海比较软，不宜经常挪动，通常是按照酒海底部大小，搭好底座，在四周和中间用砖块围成正方形，垫高20～30cm，在上面放置厚3～5cm的木板，然后，在模板上垫一层2～3cm厚的稻草糠或米糠，将酒海小心地放在上面。

（9）固定　酒海壁受力有限，所以要在四周用原木做一个固定支架将酒海围起来，至少要有3层横板连接。现在也有用薄铁板裁成条状，沿周长方向围起，再将铁条与支架连接起来，支架一般用原木较好。

（10）首次注酒　首次注酒比较危险，一般分3次注酒，第一次，在其中装1/3的白酒，第二次1/3，第三次1/3。分三次的目的是为了不使酒海变形扩张，从而导致受力不均。注满酒以后，用6张麻纸，3张一裱糊，分两层糊住酒海口，封紧。最后在麻纸封口上盖上小棉被和防油布或草盖。

草盖：是用稻草或麦草编织而成的圆形草垫，厚5～10cm，直径30～70cm。

2. 西凤酒的分级

新产酒入库前首先要进行测度。测度一般用酒度计测量，其原理是相对密度法。在酒罐中混合取样，然后将酒样倒入量筒中，在量筒中放入酒度计和温度计，测出酒度以后按照温度情况，换算成20℃时的酒度。若酒度大于或等于规定酒度（一般为65%vol），就开始计量，并取样留作品评和理化分析；若小于规定酒度，就退回重新处理。

符合酒度要求的酒样，经过当班专业评酒员品评后，分出优等品、一等品和不合格品，满分40～50分。在品评的同时，对样酒要进行气相色谱或液相色谱分析，按照指标打分。分值为两项分数累计为90分以上时为优等品，80～89分为一等品（表2-3、表2-4）。不合格品是有邪杂味的酒。

表2-3　　新产酒理化指标打分表　　单位：mg/100mL

项目	指标	得分	指标	得分	指标	得分	指标	得分
酒度/%vol	64.5	10	64	8	63.5	5	63	3
乙酸乙酯	160	20	130	18	100	16	100	14
乳酸乙酯	170	14	190	12	210	10	210	8
己酸乙酯	60	16	55	14	50	12	50	10
合计		60		52		43		35

表2-4　　新产酒感官品评打分表

项目	标准分	优等品	一等品	二等品	不合格品
色	2	无色、清亮透明	无色、清亮透明	无色、清亮透明	无色、清亮透明

续表

项目	标准分	优等品	一等品	二等品	不合格品
香	8	香气较纯正，具有乙酸乙酯和己酸乙酯的复合香气	香气较纯正，具有乙酸乙酯和己酸乙酯的复合香气	香气较纯正，具有乙酸乙酯和己酸乙酯的复合香气	低于二等品
味	25	醇香谐调，甘润挺爽，味长尾净，余香悠长	醇香谐调，甘润挺爽，味长尾净，余香悠长	较谐调，有余香	低于二等品
格	5	具有凤香型酒典型风格	具有凤香型酒独特风格	具有凤香型酒风格	低于二等品

通过打分评出等级，然后按照等级泵入酒海贮存。只要是同一个等级，即使不是同一个生产车间的酒，都泵入同一酒海。

一个酒海装满后，在酒海外边挂上标签，标明生产日期、班组、数量、等级、酒的类别（破窖、顶窖、圆窖、插窖、挑窖）等信息。在达到勾兑条件后，一个勾兑单元就是一个酒海，一个配方中，必须将一个酒海的酒用完。用完后的酒海没有标签，这也是可以泵入新酒的标志。

3. 贮存的原则

①按照西凤酒 6 个不同生产阶段最少分 6 类贮存，它们是破窖酒、顶窖酒、圆窖酒、插窖酒、挑窖酒、酒头酒、调味酒、双轮底酒、串香酒等。

②先进先出，后进后出。酒的贮存期不可以过长，否则香气变化比较大，酒度也会发生变化。

③低温保存。一般贮存温度要保持在 5～20℃以内。温度过高会使酒的挥发加剧，库耗就会加大；温度过低，酒的缔合作用会较慢，影响老熟时间。在建设酒库时要考虑保温问题。

④库区要有防火隔离墙，要加强密封，尽量减少白酒与空气的接触。

⑤台账、标示卡片要一致，有酒挂卡，无酒撤卡。

⑥每半年清点一次数量，并对酒海进行彻底普查。

⑦每年进行一次全检，主要普查库中白酒的微量成分，及时掌握酒质的变化。感官品评由库管人员和专检员进行。

⑧对即将投入成品生产的库存酒，应当在正式勾兑前，加水降度到一定度数，贮存 3 个月以上。实践证明，先降后勾可以减少勾兑周期，保证成品酒的品质。

⑨不可以不经过试验就擅自使用老熟设备、除浊设备、酒质改善剂及不明成分的添加物。

⑩对酒海要经常检查，防止虫蛀，发现漏酒要立刻腾空，并对酒海加以维修。要保持库内卫生，不得有大量灰尘。

第三节 兼香型白酒酿造工艺

一、白云边酒制曲工艺

白云边酒生产采取高温曲和中温曲分开制曲、混合使用的方式进行，形成了其特有的制曲工艺体系。

（一）高温制曲

白云边酒高温曲以纯小麦为原料，经高温培养而成，最高温度控制在65℃。

在高温制曲过程中要使用大量的稻草，它的作用是保温和保潮，同时也是微生物的重要来源，因此对稻草有严格的要求。稻草的挑选，要求新鲜，无霉烂，生长过程中无病虫害危害。

1. 工艺流程

小麦→润麦→粉碎→加母曲、水拌料→踩曲→晾曲→培菌→摘草→质量检验→入库贮存。

2. 高温曲工艺操作要点

（1）润麦　小麦经除杂处理后，加3%～5%的热水拌匀，水温控制在60℃左右，让小麦均匀吸水。润麦时间保持在2～3h。润麦的主要目的是让小麦表皮吸收少量水分，使之在粉碎过程中被磨成片状。

（2）粉碎　将润好的小麦用辊式粉碎机进行粉碎，要严格控制粉碎度，麦皮要磨成“梅花瓣”状，通过20目筛的细粉控制在40%～45%。小麦磨碎的粗细与培菌效果和成曲质量关系密切。高温大曲在培菌过程中要保持足够的水分，让微生物旺盛繁殖，积累温度。如果粉碎过粗，制成的曲坯疏松，水分容易蒸发，热量散失快，微生物的生长繁殖受到影响，导致曲坯来火猛，后火不足，成品曲难以成熟；粉碎过细，曲坯容易黏结，不易透气，水分热量难以散失，使曲坯长时间处于高湿高温状态，不仅会使曲坯严重变形，而且容易导致曲坯酸败，成品曲中黑色曲比例过大，质量下降。

（3）拌料　将母曲、水和粉碎好的麦粉均匀混合。要求准确配料，充分搅拌，保证拌和好的曲料均匀、无干粉、无疙瘩，手握成团而不粘手。

母曲是从上一年度发酵正常的优质成品曲中挑选出来的，单独存放，严防虫蛀，单独粉碎备用。母曲有接种功能，用量一般在5%左右，根据季节适当调节。

加水控制在原料量的38%～42%。加水量是影响培菌发酵的重要因素，应严格加以控制。加水量过大，曲坯不易成型，或踩制过紧，使晾曲时间过长，入房后，升温猛，散热难，形成“窝水曲”；加水量过小，曲坯不易粘合，入房后，难以保持水分和温度，造成裂口和干皮，微生物不能正常生长和繁殖，成品曲酱味不足，质量差。

（4）踩曲　将拌和好的曲料定量加入曲盒中踩制。踩制时，先用脚跟从中心踩起，再用脚掌沿四边踩几遍。一面踩好后翻转过来踩另一面。要求曲坯四角饱满，棱角分明，表面平整光滑，厚薄均匀一致，无裂纹。拌和好的曲料要一次性踩完，不要留在场地上，以防酸败变质。

（5）晾曲　刚踩制成型的曲坯还不能达到搬运的强度，也不能承受较大的压力，需要在踩曲场地放置一段时间。具体操作是将曲坯踩制成型后平放在场地上，稍后侧立放置，以挥发掉部分水分，使曲坯表面收汗，强度增加。晾曲时间一定要恰当掌握。晾曲时间过长，曲坯表面水分过度挥发，不利于微生物在表皮生长繁殖。

（6）入房堆曲　将曲坯运至曲房按一定的摆放要求堆码。先将曲房打扫干净，在地面铺上12cm左右厚的稻草（有些厂家铺稻壳，不利于保温），然后将曲坯侧立排列，曲坯间用稻草隔开，曲间距2～3cm，排满一层后，在上面铺上一层12cm厚的稻草，再排列第二层，依次排列到4层为止，成为一行。接着排第二、第三等若干行，每房最后留两行位置，用于翻曲倒曲。

稻草的主要作用是保温，同时也是微生物的来源之一。曲坯的各个面均与稻草接触，完全处于稻草之中，这不能不说是高温大曲生产中的一大特点。

（7）培菌　每房堆曲结束后，在曲堆上面覆盖12cm厚的稻草，并在稻草上均匀洒水，关闭门窗，调节通气孔，保温保潮培菌。

①第一次翻曲：在适宜的温度、湿度条件下，曲坯上的微生物开始生长繁殖，产生热量，使曲坯品温逐渐上升。夏季经6d左右，冬季经8d左右，曲坯内部温度上升到65℃，曲房内的湿度也会接近和达到饱和，此时，曲坯表面布满菌丝，这是霉菌和酵母大量繁殖的结果。应及时进行第一次翻曲。翻曲时应将上、下层，内、外行的曲坯位置对调，以均匀调节曲坯各部位的温度，使微生物在整个曲坯上均匀生长，成熟一致。翻曲过程中，对湿度太大的稻草应予以更换。第一次翻曲时的温度不宜超过65℃，也不应低于63℃。掌握好第一次翻曲的时机非常重要，要根据季节和环境条件的变化综合判断和分析。一般应考虑季节、曲房多点温度、曲坯内部温度、培菌时间、曲坯表面菌丝生长情况、曲坯感官特征等因素，适时进行第一次翻曲。翻曲过早，曲坯温度偏低，制成的成品曲白色曲多，酱味不足；翻曲过迟，曲坯温度过高，曲坯变形，黑曲多，有煳味，影响白酒发酵，影响产品质量。

②第二次翻曲：经第一次翻曲后，由于散发大量的水分和热量，曲坯品温降到50℃以下。2d后品温又开始回升。约经7～9d，曲坯品温又回升到58～60℃，即可进行第二次翻曲。两次翻曲后，品温先下降，后又缓慢回升，但回升的幅度明显变小。主要是经过前期的高温堆积后，霉菌、酵母大量死亡，曲坯水分减小，高温细菌的繁殖也受到抑制，无力再将温度升到前次的高度。以后品温开始平稳下降，直到与室温相同。

（8）摘草　从入房开始，经过45d左右的培养，品温逐渐降至室温，曲坯基本干燥，即可把稻草摘去。要求把粘附在曲坯表面的稻草清除干净，把曲块整齐地堆放在曲房，进一步排出水分，让品温完全降至室温，曲坯成熟。

（9）质量检验　成品质量检验分感官检验和理化检验两个方面。

①感官要求：有较浓郁的酱香味，无其他异杂味，曲块表面颜色，黄色占60%，白色占30%，黑色占10%，断面要求皮薄，黄色无生心。

②理化指标：见表2－5。

表2－5　高温曲理化指标

项目	指标
水分/%	≤14
酸度	1.2～2.0

续表

项目	指标
糖化力/（U/g）	180～350
液化力/（U/g）	1.5～2.5
发酵力/（g/100g）	1.5～2.0

（10）入库贮存　将成品曲运至贮曲库贮存3～4个月后，用于酿酒。曲库要求防潮、防虫、通风，并按先进先出的原则投入使用，避免贮存时间过长影响发酵效果。

3. 制曲问题讨论

（1）高温曲并不是温度越高越好　从目前的生产实践来看，浓香型、兼香型、酱香型白酒生产厂家，制曲温度都有提高的趋势，其目的是使酒味丰满，增加后味，完善酒体风格，作用是比较明显的。但高温大曲的特点是随着制曲品温升高，导致最终成曲糖化力、液化力低，酸度、酸性蛋白酶高，酵母菌严重不足，影响发酵，势必使出酒率降低。白酒生产出酒率与产品质量是平行关系，只有出酒率高，产品质量才有保证。因为白酒中的许多香味成分是醇溶性的，如果酒醅中的酒精含量低，在蒸馏时必然有许多醇溶性的香味物质蒸不出来而残存于酒糟中，结果势必影响酒的质量。

制曲温度过高，除了发酵动力不足外，还容易使酒的糊苦味加重，酒色发黄。成品酒常带有的焦煳味主要来自高温大曲。因此，高温制曲，并不是温度越高越好。高温曲的最高温度不宜超过68℃，中温曲的最高温度不宜超过58℃。

（2）高温制曲与美拉德反应　美拉德反应是氨基化合物和还原糖化合物之间发生的反应，广泛存在于食品加工和食品长期贮存过程中，是形成食品香味的主要反应之一。该反应生成多种醛、酮、醇及呋喃、吡喃、吡啶、噻吩、吡咯、吡嗪等杂环化合物。白酒中特别是酱香型白酒和兼香型白酒中含有较多的杂环化合物，应与美拉德反应有密切关系。美拉德反应的底物是还原糖和氨基酸，其反应的影响因素包括温度、时间、湿度、pH、底物浓度和性质等。高温制曲为美拉德反应提供了有利条件。

高温大曲的主要原料是小麦。小麦淀粉含量高，富含面筋等营养成分，含氨基酸20多种，维生素含量也很丰富。小麦蛋白质的组分以麦胶蛋白和麦谷蛋白为主。小麦中的碳水化合物，除淀粉外，还有少量的蔗糖、葡萄糖、果糖等，以及少量的糊精，非常适宜各类微生物生长繁殖。这些皆是美拉德反应的物质基础。

高温制曲的前发酵阶段，由于温度、水分适宜，霉菌和酵母大量繁殖，各种酶的活力也较强，曲坯中的还原糖和氨基酸的含量不断上升，美拉德反应的底物浓度高，有利于反应的进行。随着发酵时间延长，曲坯品温逐渐上升到65℃，淀粉和蛋白质的分解进一步加剧，曲坯中的氨基酸、多肽、糖类大为增加。有资料介绍，美拉德反应的最佳条件为pH5.0～8.0，还原糖和氨基酸含量要在6%以下，维生素B_1 0.5%以下，反应速度随温度升高而加快。高温制曲正好满足了这些条件，美拉德反应速度加快，并形成大量的香味物质。

高温制曲达到最高温度68℃以后，霉菌、酵母大量死亡。高温细菌，主要是芽孢杆菌则生长旺盛，产生较多的蛋白水解酶，并将小麦中的蛋白质分解为大量的游离氨基酸，为美拉德反应提供了足量的前驱物质。有试验表明，地衣芽孢杆菌对美拉德反应有催化作用。这说明美拉德反应与高温细菌的发酵及代谢的酶系有关。因此，普遍认为高温制曲培养了高温细菌，高温细菌促进了美拉德反应。

高温制曲过程中，如果曲坯水分过大，踩制过紧，在培菌过程中翻曲不及时，曲坯长时间处于高温高湿状态，导致成曲变黑，有焦煳味。推测黑曲是美拉德反应过度的结果。在高温高湿条件下，淀粉与蛋白质过度分解，糖分过高，反应时间过长，出现焦糖化。黑曲过多，不仅成曲质量差，而且会给白酒带来焦苦味。高温大曲应该尽量控制黑曲的比例，一般要控制在10%以内。因此在高温制曲过程中，要通过合理调节温度和湿度，控制美拉德反应，以得到最理想的反应结果。

（3）高温制曲中的水分控制问题　水是微生物生长所需要的重要物质。它虽然不是微生物的营养物质，但它在微生物的生长中起着重要的作用。水是微生物细胞的重要组成成分，占生活细胞总量的90%左右，机体内的一系列生理生化反应都离不开水，营养物质的吸收与代谢产物的分泌都是通过水来完成的。同时由于水的比热高，又是良好的导体，因此能有效地吸收代谢过程中放出的热，并将吸收的热迅速地散发出去，避免导致胞内温度陡然升高，故能有效控制胞内温度的变化。水是影响制曲的关键因素。

高温制曲，由于要在高温高湿的条件下培养微生物，因此需要比中温制曲和低温制曲更多的水分。水分控制要注意两个环节，一是要保证有足够的水添加到曲料中去，二是要掌握水分在曲坯中的保留时间和变化的幅度。

水是通过两次加到曲料中去的。一次是粉碎前的润麦，虽然增加量不大，但小麦表皮通过吸收水分而变软，有利于粉碎。第二次是在拌料时加水，加水量为原料的38%～42%，这是控制的重点。传统制曲是手工拌料，料和水分别用定量的容器计量，但很不准确，水分波动幅度大。现在采用机器拌料，加水量可以精确控制。季节不同，空气温度、湿度不同，水分吸收和挥发的速度不同，要注意调整。

（二）中温制曲

白云边酒中温曲是以纯小麦为原料，经中温培养而成。最高培养温度为55℃。

1. 工艺流程

小麦→润麦→磨碎→加水拌料→踩曲→晾曲→入房排列→挂衣→前火→中火→后火→拢火→质量检验→入库贮存。

2. 中温曲工艺操作要点

润麦、磨碎、拌料、踩曲、晾曲等操作要点与高温大曲大体相同。只是在拌料时，只加水，不加母曲。加水量比高温曲略少。

（1）入房排列　把曲房打扫干净，在地面上撒一层新鲜稻壳。将曲坯顺序侧立，排满一行后，再排第二行至若干行，只排一层。曲间距、行距2～3cm。排满一房后，在曲坯上面盖上草帘，均匀洒上水，以保温保潮。要注意洒水不宜过多，防止水渗到曲坯上。操作完毕，关上门窗，保温培菌。

（2）挂衣　即指曲坯上长霉。在适宜的温度、湿度下，微生物迅速生长繁殖。第1d，曲坯表面出现白色斑点和菌丝体。2～3d后，曲心温度升到40℃左右，曲坯表面80%～90%布满白色菌丝体，闻有甜香气，应揭开草帘，进行第一次翻曲。翻曲时，原来着地的一侧翻朝上，四周的转向中间，排列2层，硬度大的曲坯排在底层。每房翻完后继续保温保潮培菌。

（3）前火　第一次翻曲后，品温逐渐上升。要注意开关门窗以调节温度和湿度，避免大幅升温和降温。约经 2d，当曲心温度升至 50℃时，进行第二次翻曲。要求上下层对调，中间与周边对调，并根据曲坯软硬程度逐步加高层数。

（4）中火　第二次翻曲后，曲坯层数进一步加高，在保温保潮的条件下，品温又一路上升。经过前期的培养，微生物大量繁殖，处于生长的旺盛期，进入中期发酵，放出大量的热能，曲心温度升至最高控制温度 55℃。此时应及时开启门窗降温排潮，防止温度进一步升高，并及时进行第三次翻曲，开始并房，并加高层次，保持温度平稳变化。

（5）后火　经过中火以后，曲坯水分大部分散失，微生物生长繁殖受到抑制，品温缓慢下降，可视曲坯水分情况再进行 2～3 次翻曲。后火要保持一定的温度，让曲心水分继续排出，俗称“挤水分”。如果品温过低，曲心水分散发不出来，可导致曲心有酸臭味，长黑毛，出现生心等异常发酵情况。因此，中温曲生产，在品温控制上要做到“前稳、中挺、后缓落”。

（6）拢火　后火期过后，品温逐渐下降，曲心水分降至 16% 左右，曲坯基本成熟，即进行拢火。将曲坯侧立靠拢排列，不留间隔，一般叠至 6～7 层。拢火后，利用曲坯的余温将曲心水分进一步排出，使最后含水量达到 13%，曲坯成熟，培菌结束。

从入房算起，约需 1 个月的时间，即可出房。

（7）质量检验

①感官要求：曲香纯正、气味浓郁，表面有均匀一致的白色斑点或菌丝，断面整齐呈灰白色，有生长良好的白色菌丝，皮薄心厚，无异色。

②理化指标：见表 2－6。

表 2－6　中温曲理化指标

项目	指标
水分/%	≤13
酸度	≤1.2
糖化力/（U/g）	≥650
液化力/（U/g）	≥5
发酵力/（g/100g）	2.0～2.5

（8）入库贮存　将质量检验后的成品曲运到干燥通风防虫的曲库贮存 3 个月左右，再用于酿酒生产。

二、兼香型白酒生产工艺

（一）白云边酒酿酒工艺

1. 工艺特点

以高粱为原料，多次投料，6 轮堆积，清蒸清烧和混蒸续糟相结合，9 轮操作，7 次取酒，泥窖发酵。

2. 工艺流程

白云边酒酿造工艺流程如图 2－9 所示。

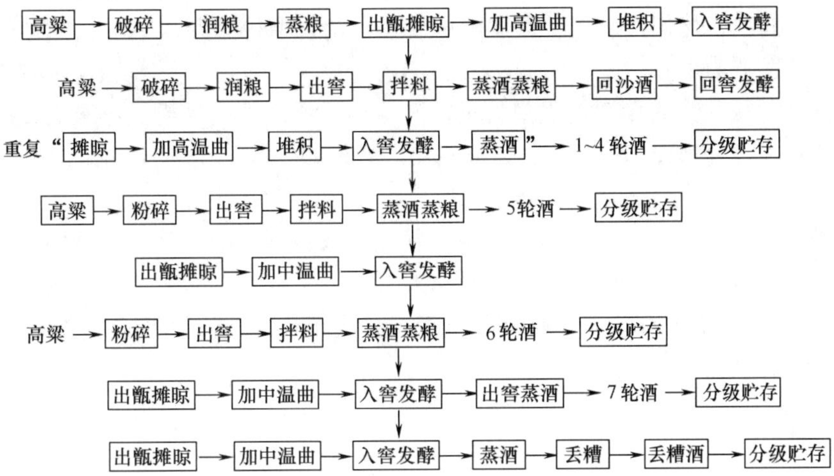

图2-9　白云边酒酿造工艺流程

3. 操作要点

（1）第1次投料　每年9月开始投料，进入新一年度的生产周期。第1次投料时间为15个工作日，投料量占全年投料总量的40%。将高粱破碎，要求80%的整粒，20%破碎成2~4瓣，运至操作场地，用占投料量45%的95℃以上的热水将高粱均匀润湿，收成方堆，放置8~9h，让其充分吸水后，加入10%上年度留下来的末轮酒醅拌匀上甑蒸粮。蒸粮时间控制在100min左右，要求蒸匀、蒸熟，以无生心为度，不要蒸得过透。将蒸好的粮食出甑，适当补充量水，在晾堂上扬冷至30℃或平室温，下高温曲，拌和均匀后，运至堆积场地收成圆锥形堆，堆积2~3d。要求堆体四周同步升温，待堆温升至55~60℃时，开堆入窖发酵1个月。入窖时，要喷洒2%~3%上年度的末轮酒尾，以调节酸度和增加香味成分。科学利用酒尾，是提高白云边酒质量的有效措施。

（2）第2次投料　第2次投料时间为30个工作日。投料量占全年投料总量的40%，日投料量为第1次日投料量的一半。将高粱破碎，要求70%的整粒，30%破碎成3~4瓣，用占投料量48%的95℃以上的热水将高粱均匀润湿，收成方堆，放置9h。开窖取等量上轮发酵好的酒醅拌和均匀，上甑混蒸混烧。

出甑、摊晾、下曲、堆积、入窖发酵与上轮相同。

（3）第3轮操作　将上轮发酵1个月的酒醅取出蒸酒，得到第1轮（次）酒。按酒醅在窖中的位置，分成上、中、下3层，分层取酒，分层分级入库。根据酒醅情况，在上甑时可以适当添加经彻底清蒸后的辅料。蒸完酒后，出甑摊晾至40℃，下高温曲，拌和均匀，运至堆积场地收成圆锥形堆，要求酒醅从堆顶均匀往下滑落，确保收堆温度的一致性。经3d左右的堆积，堆温达到50℃，即可开堆入窖发酵，发酵时间为1个月。

（4）第4~6轮操作　重复第3轮操作过程，分别取得2、3、4轮酒。这几轮操作，时至冬季，热量损失快，下曲温度不能太低，堆积要注意保温。视升温情况，合理掌握堆积时间。随着酒醅的黏性增加，要适当增加稻壳的用量，避免酒醅成团。保证曲粉与糟醅均匀接触，有利于发酵。

(5) 第7轮操作　在本轮操作时要加入新料。本轮总投料占全年总投料量的10%。将高粱粉碎，润粮，均匀拌入出窖的酒醅中混蒸混烧，取得第5次酒。出甑摊晾，下中温曲，直接入窖发酵1个月。

(6) 第8轮操作　将第7轮发酵好的酒醅取出，添加新高粱粉混蒸混烧，取得第6次酒。蒸完酒后出甑摊晾，下中温曲入窖发酵1个月。本轮总投料量占全年总投料量的10%。

(7) 第9轮操作　本轮不加新料，取丢糟酒。取完酒后即行丢糟。另外留一部分不取酒，放在窖中继续发酵，用作下年度生产用母糟。

(8) 大生产周期为10个月，每年9月投料，次年6月结束，每轮发酵时间为1个月。

4. 各轮次主要参数

见表2-7。

表2-7　发酵工艺参数控制

轮次	用曲量/%	辅料用量/%	堆积温度/%	入窖水分/%	入窖酸度	发酵周期/d
1	10	—	54~59	39~41	0.3~0.6	30
2	12	—	52~57	41~43	0.5~0.7	30
3	14	1.5	46~51	43~45	1.0~1.3	30
4	14	2.5	43~48	45~47	1.2~1.6	30
5	12	3.5	42~47	46~48	1.0~1.6	30
6	11	4	42~47	48~50	1.4~1.6	30
7	8	3	—	50~52	1.5~1.8	30
8	6	3	—	52~54	1.8~2.0	30
9	4	3	—	52~55	2.0~2.5	30

5. 问题讨论

(1) 高温堆积的作用　高温堆积是白云边酒生产的重要工序。堆积质量的好坏直接影响半成品酒的产量和质量，并对白云边酒风格的形成有重大影响。分析得知，高温曲中酵母和霉菌数量极少，以高温细菌为主，曲的糖化力和发酵力较弱，依靠它自身的力量不足以完成发酵过程，必须以适当的途径进行扩大培养和引入酵母菌等酿酒微生物。高温堆积正好解决了这个问题。在堆积过程中，高温曲中的微生物处于适宜条件下，由休眠状态转入生长繁殖状态，并进入对数生长期，微生物数量迅速增加。同时富集了生产场地、空气、操作工具等环境中的微生物，它们在堆积过程中迅速生长繁殖，为糖化和发酵提供了足够的动力，其效果相当于进行了一次中温制曲，并起到了先行糖化的作用。堆积2~4d后，堆表面可见白色菌丝，酒醅酱味浓郁，并有香甜气味。用手插入堆中，可以感觉到较高的温度，足见微生物生长繁殖之旺盛。在堆里边，由于空气相对稀薄，微生物生长繁殖受到抑制，温度变化不大。因此在测定堆温时，应以四周和顶部离堆表面20cm左右深处的堆温为准。在第1轮和第2轮堆积时，由于环境温度较高，酒醅较为疏松，堆积温度上升较快，堆积顶温较高，以后几轮则逐渐下降。

（2）窖池的结构　白云边酒生产窖池的设计充分考虑了酱浓结合的特点。将窖壁下部1/3用黄泥垒成，上部2/3用砖砌成，窖底用优质窖泥铺满。这样的窖池结构比全泥窖要好。为保持窖泥的水分，要十分注意保养。在生产过程中，用双轮底发酵提高己酸乙酯含量。

（3）酒醅酸度与发酵的关系　白云边酒总酸含量较高，这与工艺上高温曲、高温堆积、酒醅酸度有直接关系。酒醅发酵需要适当的酸度，因为微生物和糖化发酵的各种酶系总是在适宜的酸度条件下生长繁殖才最好，酶的活力才最高，积累的代谢产物才最多。白云边酒的酒醅酸度比浓香型要大，生产中大量使用酒尾也是原因之一。实践证明，酸度偏高的酒醅，发酵质量好，酒质也好，产酒也多。酸度对白云边酒发酵的影响，对产品风格形成的作用值得深入研究。

（4）关于高温曲与中温曲结合使用的问题　高温曲的糖化力、发酵力低，生产上必须通过堆积来解决这个问题。而中温曲的糖化力和发酵力比高温曲要高，也可以弥补高温曲的不足。人们在生产实践中，探索出了高温曲和中温曲结合使用的方法，收到了良好的效果。试验了两种方法，一种是将高温曲与中温曲按比例混合后，在堆积前加入，经堆积培养后入窖发酵。另一种方法是从第3次操作开始，堆积用高温曲，在入窖时加入2%～3%的中温曲，与高温曲协同发酵。实践证明，两种方法都比不加中温曲效果要好，第二种方法优于第一种方法。单从酒醅的酒精含量进行比较，第二种方法比第一种方法提高8%左右，比不加中温曲提高10%左右。全轮次综合出酒率提高5%左右。高温曲与中温曲的结合使用，是浓酱兼香型白云边酒生产的特点之一。但高温曲与中温曲怎样协同作用，给发酵过程带来哪些变化，值得深入研究。

（5）丢糟的芳香　白云边酒经过多次投料，9轮发酵，高比例用曲，积累了大量的芳香物质。但随着发酵轮次的增加，到最后几轮，酒的煳味也增大了，影响酒质。取完第7次酒后，酒糟只好全部丢掉。丢糟除了串香以外，残留在丢糟中的芳香物质好像没有其他办法可以利用。人们在用白云边酒丢糟作饲料时发现，将丢糟烘干时放出沁人心脾的芳香，真让人陶醉。这是些什么样的物质？如此芬芳？究竟有多少进入到了酒中？能不能把丢糟烘干时产生的气体导入酒中？这几个问题还有待研究。

6. 白云边原酒贮存

酿造各班组将当天生产的原酒，按上、中、下层分开并入中转酒库陶坛，并由各班评酒委员自行分级。每周由技术质量部组织公司评酒委员对各班组的酒样进行密码品尝、分级。原酒分为优级、一级、二级和不合格4个级别。对初步判断为优级的酒样送色谱室进行色谱分析，将品尝和分析结果结合起来进行综合判定，最终确定级别。全部样品级别确定后，随即计量，分级、分轮、分层入贮存库陶坛密封贮存。陶坛规格有500kg和1000kg两种。对每批入库的原酒要建立档案，用计算机进行管理。最低贮存时间为3年。

（二）中国玉泉酒酿酒工艺

1. 工艺特点

采用两步法生产，即浓香基础酒与酱香基础酒分型发酵、分型陈酿，精心勾调，浓酱酒调配而成。

浓香型工艺采用人工老窖，以高粱为原料，小麦制中温曲，混蒸混烧，发酵45d。为稳定和提高产品质量，采取清蒸辅料、养窖泥盖、己酸液增香、双轮底工艺、高度摘酒、增己降乳等技术措施，使其达到优质酒以上水平。

酱香型酒生产工艺如下。

①根据北方气候选择最佳季节投料，采用6轮发酵酱香大曲酒工艺。

②提高大曲用量，前6轮发酵采用高温大曲，使用量为100%，6轮后转为中温大曲。

③前6轮整粮一次投料，在水泥池中按大曲酱香酒生产工艺操作，每轮发酵25d。

④6轮后继续投料，转入泥窖中续糟老五甑混烧，按浓香型工艺操作，发酵45d。

此外，在投料时增加部分麸皮用量，强化高温大曲质量。在浓香型酒生产时，采取综合措施，使乳酸乙酯与己酸乙酯之比值小于1；在酱香型酒生产时，使乙酸乙酯与乳酸乙酯之比值大于1。同时还有浓香型酒的生产班和酱、浓分型发酵，酒醅按比例同甑混蒸的试验班。

2. 工艺流程

玉泉酒酿造工艺如图2-10所示。

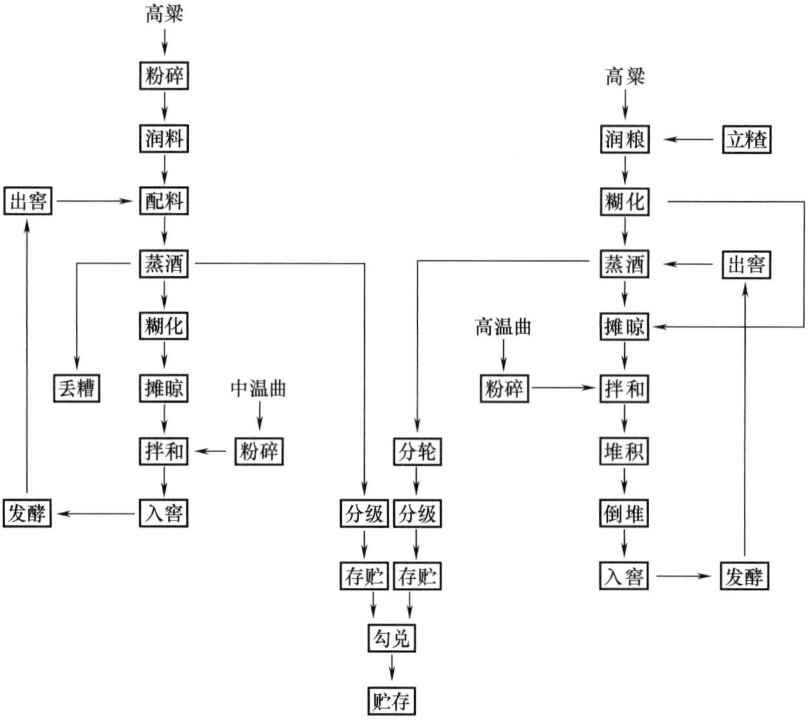

图2-10　玉泉酒酿造工艺

3. 工艺操作要点

（1）浓香型基酒工艺操作要点

①原、辅料处理：高粱要求颗粒饱满，无霉烂，无杂质，淀粉含量在58%~60%，水分14%~16%。粉碎细度以通过0.7~0.9mm筛孔为宜，高粱粉中无整粒。稻壳要求新鲜、干净，呈金黄色，无霉烂、无杂质。使用前必须清蒸，大汽蒸30min，摊晾收堆备用。大曲要求糖化力750mg葡萄糖/（g·h）以上，发酵力在2g/100g以上，粉碎细度以通过1.5~1.8mm筛孔为宜。

②配料：根据窖容、甑容、季节和发酵期等综合因素来确定原料分配情况，要合理配出大茬、二茬及回糟。春、秋、冬季稻壳用量 20%，夏季用量 25%。粮醅比为 1∶(4～4.5)。

③工艺操作：按浓香型传统操作严格执行。

（2）酱香型基酒工艺操作要点

①立茬：每年 4 月投料。生产前采用酒精烧窖杀菌，以去除部分枯糟味，并提高窖内温度。烧完窖用少量丢糟垫底，洒次品酒，再撒少量高温曲粉。

高粱要先泡粮，水温 85℃以上，水面要高于高粱，浸泡 4～5h。泡毕入甑蒸粮 1h，三成带硬心或白心即可出甑，摊晾，加曲 12%，拌匀后运至堆积室堆积。一般 24h 堆顶温度可达 50℃，倒堆入窖发酵，入窖温度 30℃以上，发酵 30d。

②第 2～6 轮操作：按酱香型基本操作执行。加曲量按轮次变更逐渐调整，6 轮总用曲量为投粮的 100%。每轮均要堆积、倒堆。

③第 7 轮操作：采用串蒸工艺操作，装甑前在底锅倒入部分 30% vol 以下的酒，以提高酒质。酒醅蒸后丢掉。

（3）玉泉酒的浓香、酱香酒生产与白云边酒的区别

①根据北方气候特点，每年 4 月立楂，10 月丢糟。

②为 6 轮发酵，每轮发酵 25d。

③强化高温大曲质量。

④改变原料配比，提高堆积质量。

⑤在浓香工艺中，采用“增己降乳”措施。

⑥清蒸工艺与续茬工艺相结合。

⑦采用浓、酱香醅串蒸。

⑧浓、酱基酒有不同贮存期。

⑨根据市场变化调整浓、酱酒比例。

⑩泥窖和水泥窖并用。

（三）多粮兼香型酒生产工艺

采用多种粮食，混蒸续糟泥窖发酵，偏高温包包曲与高温包包曲混合使用，粮糟比为 1∶(3.5～5)，堆积发酵，堆高 1.2～1.8m，堆积最高品温 55℃，发酵品温为 30～45℃，发酵期为 60～90d。这是浓酱兼香型酒生产技术的创新。

1. 工艺流程

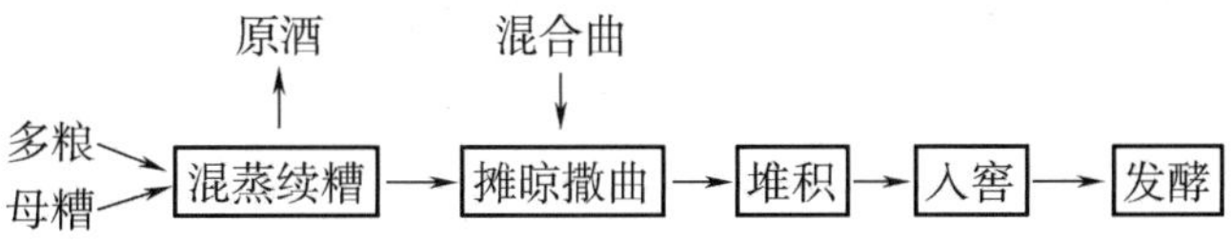

2. 工艺操作

①制曲最高品温：偏高温包包曲 60～63℃；高温包包曲 64～72℃。

②配料：高粱 36%、大米 22%、玉米 8%、小麦 16%、糯米 18%，混合使用。每甑投粮 200kg，粮糟比为 1∶(3.5～4.8)；总用曲量 23%。

③不同季节工艺要求：见表2－8。

表2－8　多粮兼香型酒生产工艺要求

项目	热季（5～10月）	冷季（11～次年4月）
粮糟比	1∶4.8	1∶3.5
偏高温曲∶高温曲	1∶0.3	1∶0.7
堆积高度/m	1.2	1.8
堆积品温/℃	53	43
堆积时间/d	3～5	视堆温而定
入窖温度/℃	34	34
跑窖方法	半跑半不跑	半跑半不跑
发酵顶温/℃	43	31～32
发酵天数/d	65～70	85～90

第四节　特型酒酿造工艺

一、四特酒制曲工艺

（一）四特酒制曲的原料及特点

四特酒大曲原料系面粉、麦麸、酒糟按一定比例混拌，是白酒生产中独一无二的，其质量的好坏直接影响大曲质量。

1. 面粉

它是四特大曲的主要原料之一，其质量标准是：色泽正常、无霉变、无结块、无杂质；淀粉不低于62%，水分不高于14%。

2. 麦麸

麦麸是四特大曲的主要原料之一，其质量标准是：色泽正常、无霉变、无结块、无杂质；粗灰分小于6%，水分不高于14%。

3. 酒糟

实际上是丢糟，要求香味纯正。大曲生产中用丢糟作原料的优点是：改善了大曲的酸碱度，酒糟呈酸性，能抑制一些有害杂菌的生长；改善了大曲的疏松状况，增加了大曲的透气性，有利于酿酒有益微生物的生长；再次堆积发酵酒糟的掺入，人为地接种了酿造四特酒特有的微生物，提高了四特酒大曲的质量。

（二）四特酒制曲生产工艺

1. 四特酒制曲工艺流程

水
↓
原料配比→拌料→下料→装盒→打曲→检曲→送曲→入房摆曲→翻曲（培菌）→出房→入库贮存→成品曲

2. 操作流程

制曲工艺中原辅材料的配比：面粉∶麦麸∶丢糟，冬季43∶46∶11、夏季42∶47∶10。

拌料：冬春班产5.5t，夏秋班产5t，配料准确，翻拌均匀，无团块。

加水：加水要根据原料质量和气候情况控制在冬春36%～38%，夏秋38%～40%，达到成型好，手捏成团不散，不粘手，不干，不湿，适合发酵为度。

下料装盒：曲模内空22cm×13cm×9cm。下料要求均匀，以保证装盒合格，曲规格21cm×12cm×（7～8）cm。

打曲：经曲模打出的曲，应面光，棱条清晰，不崩边角，有一定硬度，不粘手，指压有弹性，无软陷现象。车间一般班产16车，3200块左右。

送曲入房：要求曲坯上车整齐，不翻烂，对不合格曲应重新压制。

入房摆曲：摆曲前应在地面铺一层1～2cm厚的稻壳，使曲不接触地面。夏秋季节摆单坯，冬春摆双坯，曲与曲之间有一定的间隙，每平方米摆40块左右，双坯摆80块左右。入房后冬春盖干稻草保湿，夏秋盖稻草保潮。

翻曲：曲坯入房要保持发酵良好，按时做好曲坯的保潮、排潮、保温、散热工作，曲坯培养必须经过上霉、晾霉、潮火、大火、后火五个阶段，其发酵品温、室温及湿度要求按表2－9控制。

表2－9　培菌品温、室温及湿度控制表

培养阶段	翻房	室温/℃	品温/℃	湿度/%
长霉、晾霉	—	21～30	38～39	93～99
潮火	第一次（2～4）层	27～32	42～44	90～98
大火	第二次（3～5）层	29～32	45～52	85～90
后火	第三次（5～6）层	28～31	46～55	80～90
养曲	出房	32	28～30	75～80

出房：养曲完成，视曲质发酵好后（要求20～28d以上），打开曲块，要求内无积湿，长霉好，水分低于16.0%。

入库贮存：入库曲根据曲质分别堆放，留有间隙，防止受潮返火，长青霉菌。贮存三个月以上方能使用。

3. 新型糖化发酵剂的开发

（1）配料的变化：减少20%的面粉，增加20%经粉碎的豌豆，配比如下。其他制曲工艺与四特大曲生产工艺一致。

新原料配比：豌豆∶面粉∶麦麸∶丢糟，冬春季为7∶36∶46∶11；夏秋季为6∶36∶47∶10。

（2）架子曲：入房培养时，采用三层木架子摆放曲坯，由原来的摆放两层变为六层，无需翻房，其他制曲工艺与原大曲生产工艺一致。

二、特型酒生产工艺

特型酒以江西四特酒为代表。

（1）四特酒的风格及技术特点　四特酒在色、香、味、体方面的典型感官特征是：酒色清亮，酒香芬芳，酒味纯正，酒体柔和。它既清淡，又浓郁；既幽雅，又舒适；在口感上给人以醇和、绵甜、圆润、无邪杂味之感。

四特酒典型风格的形成是由原料、大曲、窖池等特定条件所决定的。它的独特之处在于：整粒大米为原料，大曲面麸加酒糟，红褚条石垒酒窖，三型具备犹不靠（三型指酱香型、浓香型、清香型）。

①独特的酿酒原料（整粒精大米）：四特酒选用当地盛产的优质大米为原料。这种精大米富含淀粉、植物性蛋白质、维生素等多种营养成分，是酿酒的良好原料。米香型白酒虽以大米为原料，但用半固态发酵法；四川文君酒则采用不脱壳的谷粒（黄谷）作原料；而四特酒采用整粒精大米，不经粉碎、浸泡，直接与酒醅混蒸，使精大米的固有香味也带入酒中，丰富了四特酒的香味成分。用去壳的精大米为原料可以避免带入不良的糠味。辅料谷壳要单独清蒸，以除去糠醛的杂味，直至闻到米香，才取出扬冷备用，操作十分考究。

②独特的大曲原料配比：四特酒大曲的原料配比在所有白酒生产中是独一无二的。选用酒糟作大曲原料有三大好处：改善了大曲的酸碱度，能抑制一些有害杂菌的生长；改善了大曲的疏松状况，增加了大曲的透气性，大大有利于酿酒有益微生物的生长；再次堆积发酵酒糟的掺入，人为地接种了酿造四特酒的特有微生物，大大提高了四特酒大曲的质量。这种独特的大曲自然孕育出四特酒独特的典型风格。

③独特的发酵窖池：四特酒的发酵窖池用江西的特产——红褚条石砌成，水泥勾缝，仅在窖底及封窖用泥。据测定，红褚条石质地疏松，空隙极多，吸水性强。这种亦泥亦石、非泥非石的窖壁，为有益微生物的繁衍创造了独特的环境，这也是形成四特酒典型风格的原因之一。

（2）四特酒的生产工艺　四特酒具有“清、香、醇、纯”的风格，在制曲及发酵原料和发酵容器方面都有独到之处。

①制曲：四特酒所用的大曲，其原料配比在所有白酒中是独一无二的，即面粉为35%～40%，麦麸为40%～50%，酒糟（以干燥计）为15%～20%。

②制酒：采用续楂混蒸四甑操作法，具体生产操作介绍如下。

a. 原辅料准备：由7人组成的班组，每班蒸4甑。使用高粱粉为600kg，中碎米为630kg，其成品酒的质量比原来只使用大米时更好。稻皮用量为65%左右。

高粱的粉碎度要求均匀一致，不应有整粒。稻皮要求新鲜干燥，呈金黄色，不应发霉或水湿。每次使用前需清蒸30min。

b. 开窖起糟：先将封窖的泥土铲在旁边窖的表面，揭去塑料布，打扫干净，用铁铲依次起酒醅，俗称“打窖”。每窖酒醅为25～27车，每车约190kg。

c. 配料：每班使用原料及大曲粉等，应在上班前领取送至车间，上班后起糟和配料上甑分工配合进行。第一甑不加新原料，称为“头糟”。将6～7车发酵好的酒醅陆续运至甑旁，加入稻壳59kg拌匀。第2、3甑加入新原料，称为大楂、二楂。两甑共用酒醅12～13车，稻壳120～177kg。先将新原料置于甑旁，酒醅运至新原料一旁，把新原料铲入酒醅中拌和，表面盖上稻壳。待起糟操作结束后，再拌和1～2次。最后一甑酒醅称为“尾糟”，蒸馏后即丢糟。先在甑的后面撒一层稻壳，将酒醅倒在上面，再盖上稻壳。这一甑酒醅为6～7车，稻壳177kg左右。

d. 混蒸：将甑内打扫干净，用水冲洗，再用汽冲。有时可用铁铲将箅敲几下，以利于上汽均匀。再放走底锅水后，塞住放水孔。先在甑箅上撒少量稻皮，装上一薄层酒醅后再开汽。采用见汽上甑法，做到轻倒旋撒，穿汽一致。上甑时间约30min。上甑时宜开大汽，流酒时汽应小些，在蒸酒过程中必须防止塌甑、跑汽等现象发生。每甑蒸酒时约20min。蒸料时间为40～50min，视原料品种、颗粒粗细及水分大小等而定。蒸料宜开大汽。摘酒时要量质截取酒头，每甑摘除酒头为0.25～1kg，单独贮存或放入尾酒中，除一部分用于回窖再发酵外，其余回底锅重蒸。

e. 摊晾、撒曲、加浆：头糟出甑，用车运至晾场撒开，开动电扇降温。待全甑出完，用木锨将糟扬冷至30℃左右，即可撒曲粉。撒曲量为30kg之余。曲粉要低撒于糟的表面。撒曲后再开电扇，并翻扬1～2次。在室温为18～20℃的冬季，品温达24℃左右时，即可收拢成堆，运送下窖。大楂、二楂出甑时，必须无白色的生心。运至晾场，泼上90℃以上的浆水360kg，使物料入窖时的水分保持在57%～60%，以二楂的水分多于大楂为宜。如果加浆水过少，则不能满足发酵的需要；但加浆水过量会使酒醅升温猛、升酸快而产生热潮现象，造成酒醅发黏，给发酵与蒸馏带来困难，最终致使成品酒香气不浓、口味平淡。泼浆水后，立即开电扇，将楂摊开，并扬楂4～5遍，达撒曲品温时，撒入曲粉约100kg。其余操作同头糟。最后一甑尾糟蒸酒后的酒糟作为饲料。

f. 入窖发酵：发酵窖用当地的红条石砌成，仅在窖底及封窖时用泥。可选用质地细腻、绵软、无夹沙及黏土的黄土自制人工老窖。先将黄土晒干、砸细后，加大曲粉、尾酒、黄浆水拌匀。先将大曲粉加于黄土中，翻拌2次，再加尾酒和黄浆水，踩匀后，堆积发酵1个月，然后填于窖底，其厚度为30～50cm。

下窖时应铺平踩紧，并以竹块作标记，将各甑的酒醅隔开。另外，应分次在大楂、二楂中泼入酒精25%vol～30%vol的酒头和酒尾，回酒量也不宜过多，最好不超过2%，以免妨碍正常发酵和影响出酒率。如果能将5%～10%的成熟酒醅回入大楂、二楂中，进行回醅发酵，效果较好。下窖结束后，盖好塑料布，用泥土封好后进行发酵1个月。为提高酒质，发酵期还可适当延长。发酵温度以不超过40℃为宜，温度曲线以“前缓、中挺、后缓落”为好。

g. 成品酒贮存：每甑摘酒2～3坛，每坛为20～30kg。由组长及上甑人检查，无苦辣或其他怪味者，即可送酒库称重、量度，分别贮存。

三、特型酒调味酒生产

1. 富含己酸乙酯调味酒生产

采用人工培养的窖泥作窖壁和窖底，壁泥厚5cm以上，窖底厚15cm以上。初装时窖底加大曲粉15～20kg、30%vol酒尾20kg、糟醅50kg，拌匀铺平，再正常操作入窖，用人工培养的窖泥封顶。每次起窖后用窖池培养液淋洒。

2. 酸高酯高调味酒生产

酸高酯高调味酒发酵工艺与特香型基酒发酵工艺一致，发酵期为60～90d，取酒单独存放3年以上，做调味酒使用。

第五节　老白干酒酿造工艺

一、衡水老白干制曲工艺

衡水老白干酒采用纯小麦制曲，分地面曲和架子曲两种。

1. 工艺流程

小麦→润麦→粉碎→加水→和面→曲坯成型→卧曲→培养→成品曲→贮存。

2. 工艺操作

（1）小麦粉碎　用辊式粉碎机一次性粉碎，要求通过2.0mm筛的物料占60%～65%，粗细一致，心烂皮不烂，成梅花瓣。

（2）曲坯成型　加水和面，成曲含水量为33%～37%，拌匀后装模压制成型，湿曲每块重2.8kg左右。

（3）入室排列

①架子曲：在架子上摆放均匀，块距2～2.5cm，行距4cm，要求不歪、不斜、不粘连。卧曲完，清扫干净，地面墙壁喷水保潮，封闭门窗。

②地面曲：曲房地面先铺一层麦秸，曲块依次排列，间距2～3cm。排好一层后，在上面放2～3根竹竿，以免上下曲块粘连，再放第二层依次排满。曲坯排好3～4排后，在曲坯上撒一层湿麦秸，盖席。卧曲毕四周围上湿麻袋，插好温度计，封闭门窗。

（4）曲坯培养

培养特征：自然培养，堆积升温，季节性强，易培养，周期长，菌酶共存。

培养分为长霉、晾霉、前火（潮火）、中火、后火等阶段。

①上霉（又叫挂衣）：即让曲坯表面长满白色霉斑，温度以28～43℃为宜，控制缓慢升温，使曲坯长霉良好。

②晾霉：由于上霉期间微生物生长繁殖，产生大量热量和CO_2，曲坯中水分向外挥发，曲室门窗关闭，呼吸困难，此时要根据上霉情况来决定晾霉时间，加速曲坯内部微生物繁殖，适时翻曲。

③潮火：晾霉结束即入潮火期。此期是湿度大、温度高的培养阶段，应及时调节温度，要求曲坯升温起得来，降温止得住，以适应微生物生长繁殖。地面曲此期间要进行倒曲。

④中火：也称干火或大火。因曲中水分在前火期大部分被排除，曲室内湿度减少、温度高，期间微生物生长繁殖旺盛，应适时翻曲，并加大间距和行距。

⑤后火：此阶段曲坯上温缓慢降温快，要保证曲心水分继续蒸发。地面曲在后火期要倒曲，缩小间距和行距（表2－10）。

表2－10　　大曲培养各阶段温度控制

项目	入房	上霉	晾霉	潮火	中火	后火
曲温/℃	10～38	28～43	不低于36	32～58	27～58	15以上
室温/℃	10～38	20～48	不低于20	25～48	25～50	15以上

二、衡水老白干酿酒原辅料

1. 原辅材料的质量要求

(1) 制酒原料——高粱的一般质量要求

品种：本地产糯高粱、东北杂交高粱。

外观：颗粒饱满，籽粒新鲜有光泽，无霉变，无虫蛀，气味正常，干净，少高粱帽、尘土、砖石颗粒等杂质。

(2) 制酒辅料——稻皮的一般质量要求

品种：新鲜稻皮。

外观：色泽金黄，新鲜有光泽，干透蓬松，少有烂糠，无霉变，无虫蛀，无霉味或其他杂质气味，干净，少尘土、砖石颗粒等杂质。

2. 原辅材料的加工要求

粉碎后的高粱粉外观要求：4、6、8 瓣儿，不得有整粒粮出现。细度要求：通过1.2mm 筛孔的细粉占 25% ~35%，冬季稍细，夏季稍粗。

3. 特殊工艺对原辅材料的要求

(1) 压排发酵对高粱粉碎的要求　老白干酒压排发酵，分夏季高气温度夏压排和延长发酵期压排。两种压排发酵，对高粱的粉碎要求是：粒度较粗，细面较少。

(2) 特殊调味酒的生产对原辅材料的要求　根据所生产特殊调味酒的不同要求，依据发酵原理，可采用不同的原料，也可配以麦麸、豌豆或其他杂粮用于酿制特殊调味酒。

4. 原辅材料的清蒸或混蒸

老白干酒的辅料采用清蒸的方法，酿酒主料——高粱采用混蒸的方法进行糊化。

清蒸辅料：在操作的上场，设有清蒸辅料（稻皮）的专用甑桶。工艺要求，辅料装入后，敞口大汽清蒸 45min，以排除辅料中的异杂味。

混蒸原料：粉碎后的高粱，经润料后，和出缸的酒醅及清蒸好的辅料进行配醅（配料）混合。之后装甑，开汽蒸馏出酒，边蒸酒边糊化，在蒸酒的同时，完成了蒸料过程。这样的工艺过程，又称老五甑工艺。

混蒸料的操作要求：配醅（配料）要准确，装甑要轻、松、匀、薄、准、平；要求蒸馏、糊化时间不少于 45min。

三、衡水老白干酒酿造工艺

1. 衡水老白干酒发酵设备

衡水老白干酒的发酵设备，一为地缸或贴瓷砖发酵池，二为水泥池，三为封盖物料。

(1) 老白干香型酒采用地缸为发酵设备。有的厂家，采用贴瓷砖的发酵池。在地缸发酵的工艺中，均配有水泥池发酵设备，用于回活酒醅的发酵。

地缸的尺寸为：高 80cm，口沿直径 80cm，容积为 180 ~240L。或根据不同投料量，决定发酵容器的大小。

地缸埋入地下，缸口沿间距为 10 ~15cm，原则为能满足料车碾轧通过。地缸排列口沿留出的地面，以水泥打抹平，形成缸花。

(2) 地缸发酵工艺，每个酿酒班有 35 个或 40 个地缸，根据回活酒的发酵期不同，每班组配有 7～10 个水泥发酵池。

（3）地缸以及回活用的水泥发酵池，均先用塑料布封盖，再用麻袋被、苇席封盖压平、压实。冬季可加盖棉被保温。

衡水老白干发酵容器的设计应遵循以下原则。

①形式：均采用地下容器，地埋缸和地下水泥池，容器口沿与下场操作地面平齐，便于操作。

②材质：均采用质地坚硬、内壁表面光洁的发酵容器。材料以含有金属离子的陶瓷为最佳，便于清理、擦洗，洁净卫生，避免泥土或其他有杂菌的东西粘染。这是老白干酒特色产生的根本原因之一。

③容积：发酵容器的尺寸，相对于浓香、酱香等香型的发酵池，均为较小容积的容器。地缸以 180～240L 常见，水泥池 $2m^3$。采用瓷砖面水泥池的厂家，发酵池也较小，在 $8m^3$ 以下（老五甑工艺，甑桶也较小）。小的发酵容器，使发酵过程中的热量不易于富集，可防止升温过高。

④封盖材料：老白干酒采用光洁表面、易于清理简便易行的封盖材料。如用食用级塑料布封盖，避免泥土杂物的污染。

⑤密封：发酵容器的周边，要有平齐的地面，如地缸与缸口平齐的缸花，水泥池周边平齐的池埂，便于用塑料布封盖时，挥发出的微量水汽，使塑料布与缸花、池埂贴紧，形成巧妙的水封。

⑥与甑桶容积的配合：发酵容器的大小，地缸的多少，要与甑桶相匹配。要按每班次的投料量，依配料工艺参数中的比例，计算出发酵物料的总体积，这一总体积，正好能装满所有的地缸或发酵池，出池后经配醅，刚好用五甑活蒸完。

2. 发酵设备的使用（操作规程）

（1）出缸操作（下场操作）

①掀盖：老五甑工艺每班 35 个或 40 个缸，整体一块盖缸材料。挖一排缸掀开一排，其余用塑料布盖住，以防酒精挥发。

②挖缸：出缸前必须把缸花上一切杂物清理干净，并将发霉的醅子清理掉。清出物作为固体废物集中堆放于门前指定位置，避免造成环境二次污染。出缸时，分层挖缸，缸头、缸底各 10～15cm 左右配醅成回活，缸腰配成大楂。挖完缸后及时将散落在席上的酒醅抖落清除。出缸要快，以减少醅中酒精和香味成分的损失。

③装车：不能装太满，边沿拍实，运送途中避免撒落，如有撒落，尽快收起扫净。

④清缸：出缸要净，把缸内的酒醅出完后，将缸内清理干净，不留余醅。

（2）入缸操作（下场操作）

①倒酒醅：入缸时，小车不能装得太满，以免撒落，如有撒落及时扫净，避免污染。翻车倒物料时要小心，注意不要砸碰坏缸沿，车轱轳不要掉下去。入缸酒醅要分配均匀，不得有不满缸现象。

②撒稻皮、白灰：夏季压排要求缸底垫 3～5cm 厚稻皮，缸头撒一薄层稻皮，另外要求缸花薄撒一层白灰粉。

③踩缸：入缸时随入随用脚踩，要求分层踩实。

④清缸花：倒在缸花上的酒醅要及时清扫入缸内，缸花上不允许堆放酒醅。

（3）做缸

①做缸帽：缸帽做成平圆锥形，缸帽堆高适中，一般高出缸口沿5cm左右。缸帽用抹子拍实抹平。

②做缸沿：缸沿口一圈，要用抹子压紧一遍，并使酒醅低于口沿2cm。

③做缸花：用小笤帚和抹子仔细把缸花上的余料清扫干净，粘住的酒醅用抹子刮干净。

（4）封缸　最下层用完好无破损的塑料布封缸（必要时上层可多加两层），上盖麻袋被，然后用两层苇席压紧、盖严。冬季可以视气温情况，麻袋被上加盖棉被保温。

3. 衡水老白干发酵工艺

衡水老白干酿酒工艺特点为：老五甑混蒸混烧，续楂法生产工艺。

（1）老五甑生产工艺流程　如图2－11所示。

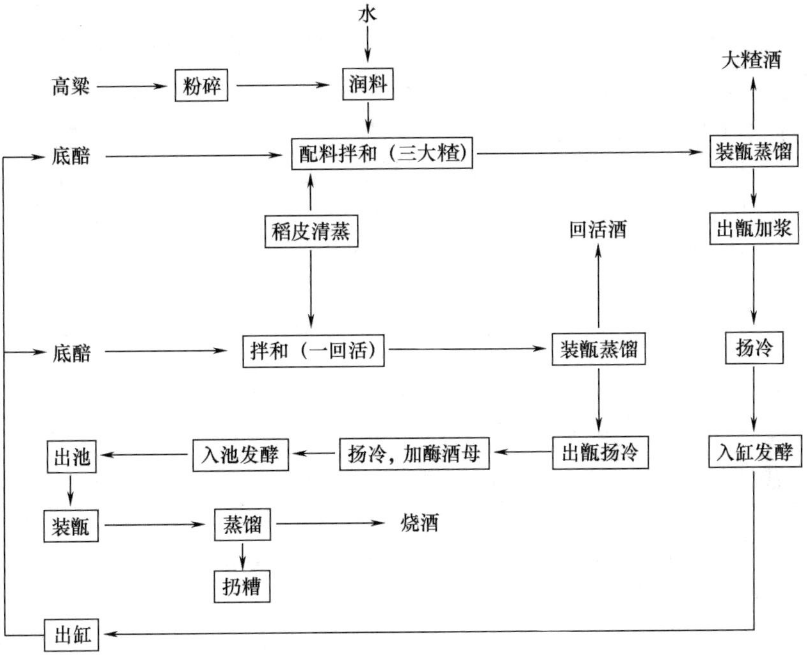

图2－11　老五甑生产工艺流程

（2）发酵工艺参数控制　见表2－11、表2－12。

表2－11　　入缸工艺条件

项目	夏	春秋冬	备注
水分/%	53.0～56.0	53.0～57.0	自然温度高于22℃时入缸温度低于自然温度
温度/℃	低于自然温度	15～22	
酸度	0.70～2.50		
淀粉/%	20～22		

注：季节界定按节气的立春、立夏、立秋、立冬之日。

表 2-12　夏季压排入缸工艺条件

项目	5 月工艺条件
水分/%	52.0～56.0
温度/℃	低于自然温度基础上尽量低
酸度	1.30～2.50
淀粉/%	18～20

发酵期：30d 以上。

①入缸条件的调控措施：春、秋、冬季，入缸水分、酸度偏高，夏季调低；春、秋季低温入缸，冬季适当提高，夏季尽量降低；夏季可采用大汽排酸，多甩醅子，减粮、减淀粉、减曲等措施降低入池酸度，减缓发酵升温速度。

②入缸发酵前的操作：

a. 出甑前要检查晾床竹竿是否有破损现象，运转是否正常，并及时修复。

b. 从甑中捣出的酒醅放置晾床头部，视干湿情况加浆，加浆量为投料量的 60%～70%，使粮醅充分吸收水分（夏季压排不需要加浆）。在晾床上的醅子薄厚要求均匀一致后，开始吹风降温，温度下降至 30℃以下（夏季压排降到自然温度）时加曲、搅拌。

c. 吹风降温加曲：曲要均分成三堆，预先与降到适宜温度的新鲜醅子掺拌好后再均匀撒入，以避免曲面飞扬、污染环境。每甑活拌一次。晾床风道上的醅子必须一甑一清，防止发霉的醅子掺入酒醅。

③操作注意事项：

a. 入缸发酵的醅子其温度、水分、酸度、淀粉都必须达到入缸条件的要求。入缸温度要保持均匀。

b. 入缸时，小车不能装得太满，以免撒落，如有撒落及时扫净，避免污染。入缸后用脚踩实，要随入随踩随做缸，然后用抹了拍紧，视醅干湿度浇缸头，缸帽高度适中，一般 5cm 左右，用塑料布封严，盖上麻袋、席子保温。入缸酒醅不得有不满缸现象，不允许前边有大帽后边有空缸现象。

c. 夏季压排要求缸底垫 3～5cm 厚稻皮，缸头撒一薄层稻皮，另外要求缸花薄撒一层白灰粉。

（3）发酵温度的控制　老白干酒生产工艺中，发酵温度均掌握“前缓升、中挺、后缓落”的原则。

发酵温度变化是检查酒醅发酵是否正常的最简便的方法。管理应围绕这一中心予以调节。冬季寒冷季节入缸后塑料布上须盖麻袋被、棉被以保温。若入缸品温高，曲子粉碎过细，用曲量过大或不注意卫生等原因，而导致品温很快上升到顶温，即前火猛，则会使酵母提前衰老而停止发酵，造成升酸高、产酒少而酒味烈的后果。在夏季气温高时，会经常出现这种现象，以致掉排。

（4）发酵过程中的成分变化　水分由入缸初的 55%左右逐步增加到 65%左右。由于淀粉在被微生物糖化发酵成酒精时副产大量水分，陶缸又无渗漏，因此都积存于酒醅内。水分的增长多少与生成酒精成正比。淀粉逐步减少，在入缸后第 3～7d 内下降最快，与酒精生成成反比关系。主发酵期结束后，两者降升趋于平稳状态。在进入第 3d 主发酵期之前，糖化作用较强，故糖分最高，随后糖分逐步下降，在后发酵期基本平稳。酸度除在主发酵期间，由于酵母菌旺盛发酵产酒时升幅较小外，在入缸初始及后发酵期均呈增长快的趋势。应注意后期生酸的控制，才能保持比较高的出酒率。

（5）酒醅的感官和理化检查

①发酵过程中的感官检验：酿酒操作中，对发酵出入缸条件，以及酒醅的发酵情况，从前是全凭酿酒师傅的经验来判断的。所以酿酒师傅讲究眼观、手摸、脚踢、鼻子闻。通过这样的感官观察，就能判断出水分、酸度、温度、淀粉含量、糊化程度、发酵是否正常等工艺条件。

酒醅颜色：正常发酵的出缸酒醅，颜色发红，手攥有“骨力”，用力攥指缝有液滴挤出。如果酒醅“见风发黑”，闻有酸味，手攥发“死”，则发酵不正常。酿酒师傅用舌尖尝一下滴出的液滴或嚼一小口酒醅，能判断出酸度大小，酒含量的大小，产酒多少。

蒸煮糊化效果：用手指捻蒸后的粮食破碎颗粒，一捻就烂，光滑无硬芯、无生芯为好。否则为蒸煮不透。

入缸水分、温度凭手攥的感觉和冷热的感觉，依据个人丰富的经验加以判断。

淀粉含量、用糠量可以根据配好的醅子粮食、稻皮混杂的密度大致判断。

经过长期的实践，已摸索出了一些感官检查酒醅质量的方法。

a. 色泽：成熟的酒醅应呈紫红色，不发暗。用手挤出的浆水呈肉红色。

b. 香气：未启缸盖，能闻到类似苹果的乙酸乙酯香气，表明发酵良好。

c. 尝味：入缸后 3 ~4d 酒醅有甜味，若 7d 后仍有甜味则发酵不正常。醅子应逐渐由甜变略苦，最后变成苦涩味。

d. 手感：手握酒醅有不硬、不黏的疏松感。

e. 走缸：发酵酒醅随发酵作用的进行而逐渐下沉，下沉越多，则出酒也越多。一般正常情况可下沉缸深的 1/5 ~1/4。

②发酵过程中的理化检验：发酵过程中的理化检验，包括以下几个方面。

a. 出入池化验：出入池的水分、酸度、酒度、淀粉含量、残糖。

b. 大曲生化指标：大曲糖化力、液化力、发酵力、蛋白酶活力、酯化酶活力等。

上述理化指标的化验数据，是利用现代生物技术对酿酒发酵情况的一种描述和反映，相对于感官检验判断，据有量化、数据化、客观、准确、标准统一等优点，是酿酒生产中必不可少的。

酿酒师必须会看化验报告表，读懂化验表，掌握化验数据的规律，依靠和应用化验表来判断发酵是否正常，哪里出现了问题，并能及时根据出入池化验数据，调整配料，采取相应的操作措施，纠正发酵异常，多出酒，出好酒。

4. 衡水老白干酒的风格形成

中国白酒既带有历史、文化的特色，也带有不同区域的、气候水土的、人文地理的深深烙印。比如茅台酒的异地不可复制，比如四川省多以浓香酒为主（适宜浓香型酒窖泥的湿润气候、地理条件），北方多以清香型、老白干香型、二锅头为主。不同的地理气候环境，造就了中国白酒众多的香型和不同的风格特色，成就了中国白酒的繁荣和色彩纷呈，也显示了中国白酒神秘莫测的一面。

老白干酒独特的风格成因，与当地气候、水土环境相关，还与其生产工艺、原材料等因素密切相关。主要有以下几个方面的因素。

（1）自然地理气候条件　衡水市位于华北平原，河北省东南部，与山东省接壤。地理位置为东经115°，北纬37°，属大陆季风气候区，四季分明，冷暖干湿变化较大。境内水系发达，有华北名珠衡水湖，流经河流有滏阳河、滏阳新河、潴龙河、滹沱河、索泸河、清凉江等。衡水属河北冲积平原，土地肥沃，物产丰富，是小麦、玉米、高粱等农作物的主产区。衡水城区地下水贮量丰富，水质清纯、甘甜，硬度极低，永久硬度在0.78mmol/L以下，为酿酒用软水，水中主要含有K、Na等金属离子，Ca、Mg离子含量极微，是酿造酒的最佳用水。

（2）微生物环境　衡水老白干酒酿造中的微生物，主要来自于大曲，也从酿酒环境中带入一部分。大曲中的微生物采自于制曲车间的自然环境，经培养富集于大曲内（表2-13）。

表2-13　老白干酒大曲中微生物种类及数量

微生物种类	酵母菌	霉菌	细菌	放线菌
数量/（$\times 10^2$ 个/g干曲）	42.45	305.1	26.607	10.833

老白干大曲入房培养初期，酵母菌以球拟酵母占优势；5d后，假丝酵母一统天下；10d后，又出现一定比例的球拟酵母和红酵母；之后，酵母迅速减少，成曲中以假丝酵母和球拟酵母占优势一点。入房初期，霉菌以毛霉、根霉占多数；5d后毛霉独占优势；之后出现一定数量的假黑粉霉；20d后黄曲霉和红曲霉出现，之后，黄曲霉逐渐增加。成品曲中以毛霉和黄曲霉为主，根霉次之，红曲霉和青霉有少量分布。细菌中有欧文菌属、沙雷菌属、棒杆菌属、芽孢杆菌属、假单胞杆菌属和葡萄球菌属，丰富的细菌种类，使老白干酒的口感更显醇厚和丰满。

老白干大曲中，酒精酵母种类少，但数量多，产酯酵母种类多但数量少。这是老白干酒出酒率高、香气复杂的原因。

（3）制曲原料和酿酒原料　衡水老白干酒的制曲原料采用纯小麦，酿酒主料采用纯高粱，而不是像其他香型白酒，用几种粮食制曲或几种粮食配合作酿酒原料。这种单一的原料结构，与老白干口感的清爽、甘洌有关。

（4）发酵容器　见表2-14。

表2-14　中国白酒11大香型的发酵设备总结

序号	香型	发酵容器	发酵容器尺寸	封池方法
1	浓香型	泥窖池	长方形，8~10m^3	老泥封窖
2	清香型	地埋缸	125kg、62.5kg	石盖糠封
3	米香型	地上缸	15~25kg大缸	石盖
4	酱香型	方石黏土砂石窖	长方形，14m^3、25m^3	泥封
5	药香型	石灰白泥窖	2~3万斤大窖、1600斤小窖	泥封
6	凤香型	土坯筑土窖	长方形，10~12m^3	盖窖板
7	兼香型	砖窖泥底	长方形，21m^3	泥封

续表

序号	香型	发酵容器	发酵容器尺寸	封池方法
8	豉香型	坛子		泥封
9	特香型	红褚石窖		泥封
10	芝麻香型	砖窖		泥封
11	老白干香型	地埋缸和水泥池	180/240L 地缸，$2m^3$ 池子	苇席、塑料布、棉被

从表2-14可以看出，老白干香型酒的发酵设备与其他10个香型酒都不一样，因此产生了与其他10个香型不同的香味特色。

衡水老白干酒的发酵设备与清香型汾酒类似，均是采用地埋缸。这样的发酵容器，适合于北方的气候特点。北方的气候环境特点是：季节分明，温差大，气候干燥。地埋缸保温保湿性能好，正好克服了上述不利条件，有利于正常发酵。这样的发酵设备，形成了老白干酒的香型特色，也使其出酒率高于其他香型酒。加上在水泥池中进行回活酒的发酵，使残余淀粉更充分地加以利用，进一步提高了出酒率。

衡水老白干酒采用地缸为发酵容器，塑料布封缸，干净卫生，防止杂菌感染。微生物主要来自于大曲中，酿酒环境中带入极少量的微生物。这是形成其主体香——清冽甘爽的主要原因。

（5）酿酒工艺操作　衡水老白干酒的酿酒工艺操作，与上述几个方面的因素相配合，相得益彰，形成了古老的老白干酿酒工艺技法。这是老白干酒成型的最重要因素。

衡水老白干的工艺特色，可总结为：混蒸混烧、老五甑续茬法。酿制的基酒以清、洌、醇、厚、挺为主要特点。不同的基础酒，调配勾兑形成各种口味特色的花色品种。

（6）贮存与勾兑　衡水老白干基酒按分级标准鉴定后分别贮存。各级别基酒有相应的贮存期标准要求。达到贮存期的基酒方可用于勾兑。还有一些长期贮存的基酒，如一些特殊的调味酒、大宗基酒，要求贮存期几年、十几年、二十几年不等。这是老白干口感醇、绵特色形成的原因。老白干成品酒的成型，依靠科学地勾兑，合理地调配组合，精细地调香调味，最后形成了各档次各有特点的老白干香型成品酒。

5. 调味酒发酵工艺方案

（1）压排　延长发酵期，使酒醅产酯产香。压排的酒醅单独蒸馏，蒸出的酒作为高酸或高酯的调味酒，单独贮存。

衡水老白干酒一般根据气温情况，7月中下旬进行伏季停产压排。压排前要充分做好准备工作，在入缸时即对入缸工艺参数进行调整，操作上也要采取相应措施。主要措施有：降低入缸淀粉（减料）；降酸；降温；适量减曲；踩缸踩实。

压排后的措施为：蒸馏时要尽量排酸；必要时可以多甩醅子。

（2）高温曲、强化大曲酿酒　酿酒时使用或部分使用高温大曲，单独发酵蒸馏，以制得带有陈香味的调味酒。高温曲的培曲温度为55～58℃。使用高温曲时，适当提高用曲比例1%～2%，并配合适当延长发酵期，以制得效果更好的调味酒。

利用纯菌种接种到大曲中，制得强化大曲。利用强化大曲酿酒，利用其较强的生物活性，制得具有特殊香味的调味酒。

（3）高温堆集工艺　是在酒醅入缸前，将酒醅堆集到一定温度，再冷却入缸的工艺，以制得香味复杂、幽雅香、酸高的调味酒。酒醅吹凉后（控制在25℃左右），加曲后将醅子收堆堆积。高温堆积根据季节为1～2d，堆积内温度达到30～32℃，摊开冷却到入缸温度，再入缸发酵。一般采用这样的方法，以春秋季为宜。

（4）其他方法　利用黄水、底锅水、酒尾等酿酒的残余物，进行多种形式的发酵，制得各种功能的调味酒。利用纯菌种接种，强化培养发酵，制得调味液等。比如，黄水加酒尾加大曲粉，盛在陶瓷坛中，在自然条件下长期发酵，可制得具有特殊风味的调味液。

四、衡水老白干酒蒸煮、蒸馏

1. 装甑蒸馏操作技术（上场操作）

（1）装甑前的准备工作

①清底锅，换底锅水，要掌握好水位，保证底锅水没过汽圈。

②检查底锅圈是否严密，检查箅子，检查冷却水及冷却器情况。

③将酒醅拌匀，消灭疙瘩，保证酒醅松散。

（2）装甑操作

①操作要领：按“轻、松、匀、薄、准、平”操作，注意压边养心。

轻：装甑动作要轻快，落醅要轻；松：酒醅要疏松，落到甑内酒醅疏松；匀：撒料要均匀，酒醅上汽要均匀；薄：撒料要薄，铺撒面积要大；准：上汽盖料要准确，指哪儿撒到哪儿；平：甑内表面酒醅要平整，上汽要平齐。

②装甑要求：两人装甑，酒醅到甑桶要慢，撒出的酒醅成扇面。

③根据操作经验，看酒醅的干湿程度，蒸汽大小，采用探汽撒料。用食指、中指和无名指斜插入酒醅表层，摸清上汽情况，做到尽量不压汽，不亮汽。

（3）装甑酒醅及装甑用汽要求　对酒醅要求“两干一湿”，蒸汽要求“两小一大”。为打好整甑活的基础，装甑打底时，酒醅中适当多掺些稻皮，酒醅疏松，利于酒醅撒匀，使蒸汽均匀上升。这时用汽量小些，可减少酒的损失。

底子已经打好，能均匀上汽时，可以装已经拌好稻皮（用量较少）的酒醅。这时酒醅比较湿，且料层越来越厚，压力较大，上汽阻力渐大，汽量应随之适当增大，以免压汽。

装至顶层时，甑桶内汽路基本畅通，这时酒醅中多掺些稻皮使酒醅疏松，在减轻上汽阻力的同时，关小汽门。放慢装甑速度，抓紧时间对甑桶内的上汽状况做必要调整，保证上汽均匀，也有利于缓火蒸馏。用汽切不可忽大忽小。

（4）蒸馏操作　蒸馏过程中要掌握“缓汽蒸馏，大汽追尾”“慢流酒，快流梢”的原则，流酒温度不得超过32℃，流酒速度控制在5kg/min左右。目的是使低沸点杂味物质尽量排出，减少有益香味成分的挥发，避免带入过多的高沸点物质，使酒味粗糙不醇和。流酒到中后期时，应适当加大汽量，以免醅下塌。蒸馏至酒花断了以后，应当及时加大汽量，追尽酒尾。大汽追尾可以追尽酒醅中的酒精及香味成分，排出有机酸、高级醇等高沸点成分及其他阻碍下排发酵的物质，以保证下排生产和提高质量，还可以促进粮食糊化。最后，梢子流尽以后吊起过汽筒，大汽排酸10～15min，可以认为是大汽追尾的延续。

2. 不同馏分与酒度的关系

衡水老白干酒采用传统的甑桶蒸馏，蒸馏的“酒流”不同段，酒度不同。从下酒开始，按着流酒时间，摘取“酒流”的不同段，分成5个馏分（表2－15）。

表2－15　酒度与馏分的关系

馏分序号	起止时间/min	起止酒度/% vol	酒液			酒液外观
			数量/kg	温度/℃	酒度/% vol	
1	0～2	75.8	2.0	17.5	70.6	透明
2	2～11	75.8～63.8	15.5	18.0	70.3	透明
3	11～22	63.8～48.1	15.3	18.5	55.9	透明
4	22～32	48.1～26.6	15.0	20.0	37.2	浑浊有油
5	32～43	26.6～0.3	14.3	22.5	18.1	浑浊有油

3. 各类香味物质与馏分的关系

老白干酒蒸馏过程中，香味物质和酒精被一同蒸馏出来。蒸馏出的各类香味物质，在不同的馏分里含量不同。

①甲醇、乙醛：沸点低，相对于酒精的挥发系数 $K'>1$，富集于酒头。

②甲酸乙酯、乙酸乙酯：相对于酒精的挥发系数 $K'>1$，富集于酒头。

③杂醇油（以异戊醇为主）：相对于酒精的挥发系数 $K'>1$，富集于酒头。

④总酯：以乙酸乙酯和乳酸乙酯为主，酒流的前流中含量较高。

⑤总酸：前酒流含量多，中段酒含量较少，酒尾中含量较高。

⑥总醛：在前酒流中含量不断下降，后期略有下降。含量相对变化不大。

4. 老白干酒的蒸煮、蒸馏特色

老白干酒由于是固态发酵，物料以固态的形式，采用甑桶，蒸料和蒸酒同时进行的混蒸法进行。

老白干的发酵工艺带有清香型工艺的特点，而蒸馏工艺又带有混蒸酒的特点，因此，老白干香型的口感和风味特点，带有两种工艺的共有特性，既有清洌、挺爽的风格，还具有醇厚、回味悠长的特点。

老白干酒的风格特点，与固态蒸馏酒的方式密切相关。尤其是高度传统产品67°老白干，更是这种蒸馏酒的方法，把装甑、冷凝、掐酒等操作娴熟运用到极致才能达到的结果。

五、衡水老白干酒贮存

1. 贮存工艺要求

（1）老白干酒的贮存工艺　如图2－12所示。

（2）工艺要求

①原酒分级贮存。

②同类型同级别原酒并坛贮存。

③特殊调味酒单独贮存。

④原酒贮存建立标识和档案。

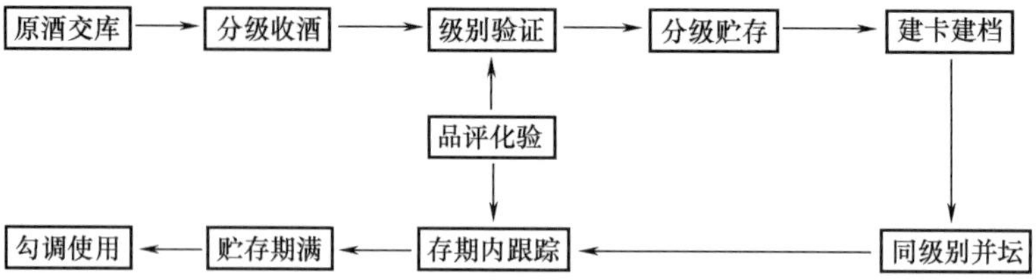

图2-12　衡水老白干酒的贮存工艺

⑤原酒在贮存期内要定期鉴定。

2. 贮存设备种类及操作规程

（1）老白干酒的贮存设备有两大类　一为陶瓷酒坛，规格有500kg和1000kg；二为不锈钢贮罐，有40t、60t、100t、200t等规格。不同厂家，可根据不同的产能，匹配相应的贮酒容器、设备。

（2）贮存设备操作规程　老白干香型原酒分优级酒、一级酒、二级酒。二级酒可直接入大罐贮存，优级酒、一级酒先在陶坛内贮存一年以上，再分级并入大罐贮存。

将同级原酒用不锈钢酒泵通过输酒管道打入陶瓷坛内，用塑料布和棉垫（将棉垫放入双层塑料布中）封好坛口，再压上坛盖。将酒名、级别、生产日期、操作者等相关内容填入卡片，将卡片插在坛盖上。贮存一年后，通过理化分析和感官品评，重新确定基酒级别，将同级酒通过酒泵和管道打入不锈钢罐内继续贮存到期。

3. 衡水老白干原酒验收标准

表2-16　衡水老白干原酒验收标准

理化要求 \ 级别	优级	一级	二级
总酸/（g/L）	≥0.6	≥0.5	≥0.4
总酯/（g/L）	≥3.2	≥2.8	≥2.5
乳酸乙酯/（mg/100mL）	≥300	≥200	≥120
乳酯/乙酯	≥0.8	≥0.8	≥0.8
卫生指标	符合GB 2757—2012	符合GB 2757—2012	符合GB 2757—2012
品评要求	无色透明，香气较大，放香较清、较正，味较醇厚，微丰满，落口较干净，味长，有回甜	无色透明，放香一般，香味较正，香气稍小，味较醇厚，稍杂，落口略有杂味，后味稍短	色泽不清，有失光等，异杂味大，香气不正，味杂、苦，异味大等

4. 酒库档案管理

（1）容器标识卡　贮酒容器的标识卡，其内容一般有：入库时间、质量、酒度、等级、使用时间等。挂在贮酒器的明显、方便位置，并随时保持其清楚、整洁，随时方便更换、查看。还要做到每容器必标，不得存在未标容器。在标识使用过程中，要注意因容器中的酒利用后对标识内容进行修改，以免发生错误。

（2）贮酒台账的管理　贮酒台账可以采用纸质或电子文档形式，格式以记录清楚、方便查找为原则。要特别注意以下几点。

①每一个容器内的基酒，要附上其化验、色谱数据报告单和品评报告单等，作为基酒的资料信息，要便于查询和检索。

②不同时期的鉴定资料，要随即更新。

（3）设计原酒入库管理档案　原酒库的原酒档案要有现场标识卡、台账和评语（特点）、化验数据等内容。

现场标识卡的样式见表2－17。

表2－17　　原酒贮存卡

名称		等级		质量/kg	
酒度		入库时间		质量/kg	
总酸/（g/L）		使用时间		质量/kg	
总酯/（g/L）		原始质量/kg		管理人员	

原酒贮存台账式样见表2－18。

表2－18　　原酒贮存台账

名称		原始数量		等级	
评语					日期
原始评语					
中期鉴定评语1					
中期鉴定评语2					
中期鉴定评语3					
中期鉴定评语4					
数量变化					
用量	存量	用途描述		管理员签字	

附：理化、色谱检验报告。

第六节　芝麻香型白酒酿造工艺

芝麻香型白酒以山东景芝白干和江苏梅兰春为代表，因其风味香气具有类似烘烤芝麻香而得名，酒味醇厚，酒体爽净，后味有焦香感。酿酒工艺特点是合理配料，多种微生物高温发酵，缓慢蒸馏，贮存成型。

现以特级景芝白干为例介绍于下。

特级景芝白干酒工艺是在总结景芝白干传统工艺和大量科研工作的基础上，不断补充完善而形成的。其工艺要点为：高粱原料加适量麸皮；混蒸混烧；高温曲、中温曲、强化菌混合使用；高温堆积，砖池发酵；缓汽蒸馏，量质摘酒，分级入库，长期贮存，精心勾兑。

一、景芝白干酒制曲工艺

（1）麦曲　采用纯小麦为原料，或小麦、大麦、豌豆混合制曲，比例为6∶3∶1或7∶2∶1。粉碎要求为心烂皮不烂的梅花瓣，曲坯入房水分37%～39%，应用框架发酵新工艺。做两种曲，高温曲培菌最高温度65℃以上，中温曲50～55℃，培菌期30d。

（2）强化菌曲　包括白曲、生香酵母和细菌，扩大培养采用麸皮为原料。

（3）白曲　采用河内白曲菌种，固体三级培养。

（4）酵母　采用5株菌种，在三角瓶之前为单独培养，扩大为混合培养。

（5）细菌　采用本厂研究芝麻香微生物中获得的21株细菌，每3株为1组培养，扩大时混合培养。

二、景芝白干酒酿造工艺

（1）原辅料处理　高粱粉碎成4～6瓣，无整粒，通过20目筛者不超过20%。配料前用原料量20%～30%的水润料、拌匀。麦曲粉碎通过20目筛者占60%以上。辅料为稻壳，用前清蒸30min。

（2）出池配料　分层出池，分楂配料，料醅比为1∶(4～4.5)，3甑楂、1甑酒醅，不加新料，只加曲，作为下排的回糟（也有部分池子采用双轮底工艺生产丰满醇厚的调味酒）。配料要求均匀一致。

（3）蒸馏糊化　缓汽装甑，时间不少于25min。缓汽蒸馏，流酒速度不大于4kg/min，流酒温度25～30℃，摘头去尾，量质摘酒，分级入库。流完酒在甑的上部蒸麸皮，数量为原料量的10%。料要蒸透，要求熟而不黏，内无生心。

（4）加浆出甑　加浆水温70～80℃，边出甑边加浆，使加浆均匀。

（5）通风晾楂、补浆、降温、加曲　将糟摊平，补充所需水分，开动风机、打糟机，通风降温，达到温度后加曲，拌匀。用曲量，高中温曲分别为10%、5%；白曲、酵母为10%、5%；细菌适量。

（6）堆积　要求方正平坦，高40～50cm，堆积始温20～25℃，堆积最高温度为50℃，中间翻堆1次，堆积时间24h。

（7）入池　堆积到一定温度，摊晾到25～30℃，入池发酵，时间1个月。

（8）贮存勾兑　分级贮存，贮存时间1～5年。勾兑选用贮存1～2年、酒体醇厚、香气谐调、后尾爽净的基础酒，调以贮存时间较长（3～5年）的陈酒及芝麻香典型性突出的调味酒，先勾小样，品评合格，再勾大样。口味要求芝麻香纯正，绵柔醇和，甘爽谐调，余味舒畅，具芝麻香白酒的特有风格。

芝麻香型白酒是在生产实践中发展起来的。在全国现有的12种香型白酒中，芝麻香型白酒属新中国成立后自主创新的三个香型白酒之一，是在20世纪50年代后期由山东景芝酒厂首先发现并提出的。经过约半个世纪艰苦卓绝的研究与探索，其香味成分和发酵成香机理逐渐明朗，生产工艺逐渐成熟，产品质量稳定，风格典型，在白酒中独树一帜，自成一体，闻名全国。其代表产品为山东景芝酒业股份有限公司生产的景芝神酿酒（在景芝白干酒的基础上创新）。景芝神酿酒的工艺要点为：清蒸续茬，泥底砖窖，大麸结合，多微共酵，三高一长（高氮配料、高温堆集、高温发酵、长期贮存），精心勾调。其风格特点为：清净典雅，醇和细腻，芝麻香幽雅醇正。目前，芝麻香型白酒在山东、江苏、黑龙江、吉林等地区均有生产，其中，山东的景芝、趵突泉、扳倒井、水浒、泰山等企业已有一定的规模。

景芝神酿酒的生产原料包括酿酒、制曲、原料。传统的酿酒原料以高粱为主，添加适量的小麦、麸皮。近年来，在传统酿酒的原料的基础上，增加大米（包括糯米）、玉米、小米等原料，生产多粮型芝麻香白酒。制曲原料分为大曲原料和多微麸曲原料。大曲原料多用纯小麦，多微曲用麸皮为原料。

景芝神酿酒的主要工艺特点之一，是高氮配料。所谓高氮配料，就是配料时除采用高粱外，还辅以适量的小麦、麸皮等。因麸皮中含有丰富的蛋白质，它的添加可以提高发酵材料中的碳氮比。这与清香型白酒和浓香型白酒都有明显的区别。酱香型白酒总的粮曲比为1∶1.1，原料中麸皮的成分也较多。景芝神酿酒的生产采用麸皮培养的河内白曲、生香酵母、细菌，三者的使用最终使麸皮总量达到投料量的30%以上。在多粮型芝麻香白酒生产中还添加了适量的大米和小米等，这是因为大米的酸性蛋白质含量相对较高，在酸性条件下，它的添加能够提高蛋白质的利用率；而小米中蛋氨酸、半胱氨酸等含硫氨基酸较多，它们是杂环化合物生成的前体物质，在生化反应中产生强烈的风味，是芝麻香风味形成的重要成分。

景芝神酿酒的工艺特点还有“清蒸清烧，续茬发酵”“大麸结合，多微共酵”“高温堆积，高温发酵”。生产工艺中还吸取了清香型白酒中的高温润料工艺，采用了清香型白酒生产中的清蒸清烧工艺，确保了酒质的爽净感。景芝神酿酒所使用的糖化发酵剂之种类为各香型之冠，既有大曲又有麸曲，既有自然培养的糖化发酵剂，也有纯种培养的麸曲，而且是多菌种结合，这是芝麻香型白酒的独特之处。高温堆积、高温发酵工艺是酱香型白酒的工艺特点，芝麻香型酒采用此工艺，也是通过高温堆积进行二次制曲，以增加耐高温的生香酵母、嗜热芽孢杆菌、地衣芽孢杆菌等。而这些耐高温的细菌可产生大量的液化酶、蛋白酶，可以分解淀粉和蛋白质产生还原糖和氨基酸。堆积时间和温度各厂有所不同，一般堆积48h左右，温度达到40～45℃。高温发酵是指入窖后发酵温度较浓香、清香偏高，一般可达40℃以上，而且维持3d以上，这样的发酵温度才有利于芝麻香型白酒香味物质的形成。发酵时间一般为30～45d。

第七节　药香型酒酿造工艺

药香型曲酒以董酒为代表。董酒因产于贵州省遵义市北郊的董公寺而得名。

一、董酒的生产工艺及成品酒特点

1. 生产工艺独特

（1）国家名酒几乎都采用大曲酿造工艺，而董酒酿造是大曲、小曲混用，扩大了微生物的类群，利用大曲、小曲的优点，使出酒与增香互补。

（2）董酒的大曲、小曲均采用传统方法生产，共加 130 余味中草药，为董酒提供舒适的药香，并利用中草药对制曲制酒微生物起促进或抑制作用。

（3）特制窖泥　窖泥用石灰、白泥、洋桃藤泡汁拌和而成，偏碱性，适于细菌繁殖。

（4）工艺过程独特　以整粒糯高粱为原料。先采用小曲酒酿制法取得小曲酒醅，大曲制香醅，蒸酒时在甑的下层装小曲酒醅，上层装香醅，进行串蒸。

（5）小曲酒醅发酵只有 7d 左右，而大曲、大窖制香醅，发酵期是 10 个月以上。

2. 成品酒特点

（1）风味特点　兼有小曲酒和大曲酒的风格。使大曲酒的浓郁芬芳和小曲酒醇和绵甜的特点融为一体；大曲与小曲中均配有品种繁多的中药材，使成品酒有令人愉悦的药香；除药香外，董酒的香气主要来自香醅，使董酒具有持久的窖底香，回味中略带爽口的微酸味。

（2）成分特点　近年来，有人将曲中所用药材的呈香分为浓郁、清雅、舒适及淡雅 4 种药香，并对董酒香气成分的含量做了研究，其结果可归纳为具有“四高两低”的特点。

四高：一为高级醇含量较高，主要指正丙醇和仲丁醇；二是总酸含量高，为其他名白酒总酸含量的 2 ~ 3 倍，尤以丁酸含量高，为其主要特征；三是丁酸乙酯含量高，为其他名白酒的 3 ~ 5 倍；四是醇酯比大于 1。

两低：一是乳酸乙酯含量低，为其他名白酒的 1/3 ~ 1/2；二是酯酸比小于 1，其他名白酒都大于 1。

二、董酒的酿造工艺

1. 工艺流程

董酒的酿造工艺流程如图 2 – 13 所示。

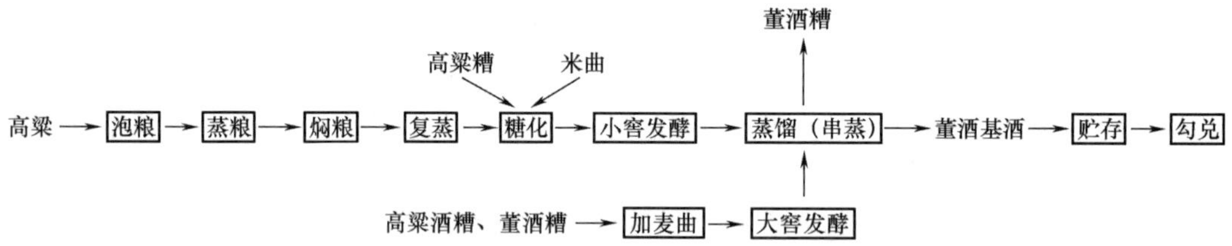

图 2 – 13　董酒的酿造工艺流程

2. 小曲酒醅的制作

（1）高粱蒸煮　取整粒高粱 375kg，用 90℃ 热水浸泡 8h。基本沥干后，入甑蒸煮，待圆汽后干蒸 40min。再用 50℃ 左右的温水焖粮，继续加温至 95℃ 左右，糯高粱焖 5 ~ 10min，粳高粱焖 30 ~ 60min。放水后用大汽蒸煮，待圆汽后再蒸 2h。最后，打开甑盖冲阳水，蒸煮 20min。

（2）培菌、糖化　先在培菌箱底铺一层 2 ~ 3cm 厚的配糟，再在上面撒一层稻壳，然后用扬楂机将预先摊晾的熟高粱打入箱内，并鼓风吹冷至加曲温度（夏天约为 35℃，冬天为 40℃左右）。添加小曲量为高粱的 0.4% ~ 0.5%，分 2 次加入。每次加曲后用耙拌匀，不要翻动底层的配糟。然后把物料摊平，在周边用木锨插成一条宽约18cm的沟，在沟内填满热配糟，以保温。培菌起始温度夏天为28℃左右，冬天约为34℃。糯高粱培菌时间为26h左右，粳高粱约需32h。出箱时，糯高粱品温以不超过40℃、粳高粱不超过42℃为宜。

（3）入窖发酵 将上述培养好的秕子加入900kg配糟，即高粱∶配糟=1∶2.4。加糟后迅速翻匀，夏天吹冷至品温越低越好，冬天为28～30℃，此时即可入窖。入窖后，每窖加热水120kg，夏天水温为45℃左右，冬天约为65℃。然后踩紧表面及周边，再用塑料薄膜或泥封窖后发酵6～7d即可。期间最高品温不超过40℃。

3. 香醅制备（下大窖）

（1）下窖 秕子下窖前，先将窖打扫干净，并铲除窖壁的青霉等杂菌，称清窖。取隔天蒸酒后的小曲酒糟750kg、大曲酒糟350kg、大窖发酵好后未蒸酒的香醅350kg，加麦曲粉75kg，拌匀后即可下窖。尚有小曲酒糟∶大曲酒糟∶香醅=4∶4∶2或5∶3∶2，加曲量为上述加量的50%等的配方。

（2）发酵 夏天下窖后，当天将秕耙平、踩紧；冬天则先将秕在晾堂或窖内堆积培菌1d，第2d再将入窖后的秕耙平、踩紧。以后，每2～3d泼1次酒，每窖大约共泼60%vol小曲酒550kg。一个大窖需12～14d才能下满，下秕量为15000～20000kg。窖下满后，用拌有黄泥的稀煤封窖。发酵6～10个月结束。

（3）串香蒸酒 取上述小曲酒醅350kg，拌入5kg左右稻壳后装甑。再以稻壳相隔，将香醅装于上层。香醅也可视其干湿状况加入适量稻壳。蒸酒时要截头去尾，如酒头麻苦味重，应摘除1.5～2.5kg。取中流部分作为原酒。

（4）贮存 原酒经品尝分级后入库贮存。每罐酒均挂有卡片。贮存半年以上再勾兑、包装后出厂。

第八节 馥郁香酒酿造工艺

馥郁香型酒是2000年后提出的，尚无国家标准。以湖南酒鬼酒、湘泉酒为代表。

一、酒鬼酒的独特地理优势

中国白酒的产品质量风格除受生产原料、生产设备和生产工艺等因素影响外，与生产地域的气候、环境、土壤、水质、微生物区系等更是息息相关。

1. 气候与地域

酒鬼酒厂地处武陵山区，西北高、东西低。湘西属亚热带湿润季风气候，空气湿润，气候温和，四季分明，冬不太冷，夏无炎热，热量充足，雨水集中，降雨充沛，具有山区立体气候特点。年平均气温15～17℃，年平均降雨量1300～1500mm，无霜期250～280天，平均海拔800～1200m。

湘西地区土地以海相沉积石灰岩分布最广，具有土壤肥力高、矿物质含量丰富、胶质好等得天独厚的自然条件，特别适合于酿酒原料的种植。

2. 特定的微生物区系

酒鬼酒的酿制和中国其他固态发酵白酒一样，都属于开放式自然发酵，在酿酒的每个环节，都离不开环境微生物的参与。因此，环境微生物的多少与优劣，决定着酒的风格和产品质量。

酒鬼酒公司地处武陵山脉的喇叭山谷，整个厂区呈“U”形，三面环山，门口是一条由山间溪水汇成的浪头河，这样一个有山、有水、有树的环境，为微生物的生长、繁衍提供了良好的微生态区域。

3. 原生态的水资源

酒鬼酒生产用的是原生态水。其泉水经过山体中层岩石的过滤而流出，水体干净无杂质；其二是矿物质含量丰富；其三是产生泉水的山体都处于半原始状态，几乎没有受到工农业污染。此泉水清澈透明、口尝微甜、呈微酸性、酸度适宜，能促进微生物的繁殖，有利于糖化和发酵，含有人体所需的多种微量元素，是品质甚佳的天然矿泉水。

在酒鬼酒的生产工艺中，有一个泡粮洗粮工序，通过洗泡，一方面除去了粮食上的杂质，使酿出的酒更醇和干净；另一方面，水中的各种矿物成分进到粮食里，为微生物的生长繁殖和发酵提供了营养。在酒的组合勾调过程中，用经过物理过滤处理的矿泉水作勾调用水，能使酒质更加醇甜、甘洌。

4. 优质黄壤是建窖的好材料

酒鬼酒在武陵喇叭山脚下，由于地形特殊，这里的黄壤土由于长期受到雨水的侵蚀和淋育，一方面将不利的钙离子、铁离子流失，避免了在发酵过程中产生的乳酸与之结合生成结晶从而导致窖泥的板结，另一方面又将大量有机质带入泥中，增加了营养成分，从而形成了铁、钙元素含量低，质地细腻，黏度适宜，持水性强，pH 在 6.0 左右，富含营养，特别适合己酸菌等功能菌生长繁殖的优质土壤。

5. 得天独厚的洞藏条件

湘西由于喀斯特的面貌发达，溶洞分布范围广，为酒的洞藏提供了先决条件。酒鬼酒用于藏酒的洞为我国著名的风景名胜——奇梁洞。以“奇、幽、峻、秀、险”著称全国的奇梁洞，欣赏价值较高，有“奇梁归来不看洞”之说。

酒洞藏于奇梁洞内，据说老熟效果特好，这是由洞的特殊环境决定的。洞内空气流通，对酒中不利成分的挥发有促进作用；洞中含氧丰富，有利于酒体氧化、还原作用的进行；洞内常年近乎恒温恒湿，有利于酒体各分子间的缔合，促进酒的老熟。

二、酒鬼酒的生产工艺

1. 工艺特色

酒鬼酒的生产，传承了湘西悠久的民间传统酿酒技艺，采用多种粮食、多种微生物、多种工艺的融合，形成了具有鲜明个性的独特生产工艺。

其工艺可以概括为：以优质高粱、大米、糯米、小麦、玉米为原料，以根霉曲和中高温大曲为糖化发酵剂，采用区域范围内的三眼泉水和地下水为酿造、加浆用水，采用多粮整颗粒原料（玉米粉碎）、粮醅清蒸清烧、根霉曲多粮糖化、大曲续糟发酵、窖泥提质增香、天然洞藏贮存、精心组合勾兑。

酒鬼酒的主要工艺特色介绍如下。

（1）多种粮食酿制　酒鬼酒的生产采用五种粮食发酵，即高粱、大米、糯米、小麦、玉米，并且在行业内第一家采用小曲多粮糖化生产技术。

（2）多种酿酒工艺　酒鬼酒的生产，既包括小曲酒生产工艺，还包括大曲酒生产工艺和清蒸清烧生产工艺。

（3）多区系微生物发酵　多种工艺带来了多种微生物区系，酒鬼酒发酵过程中有环境微生物、大曲微生物、小曲微生物、窖泥微生物等共同作用，这些不同类群的微生物对酒鬼酒馥郁香味的形成起到了决定作用。

2. 工艺流程

酒鬼酒的生产工艺流程如图2－14所示。

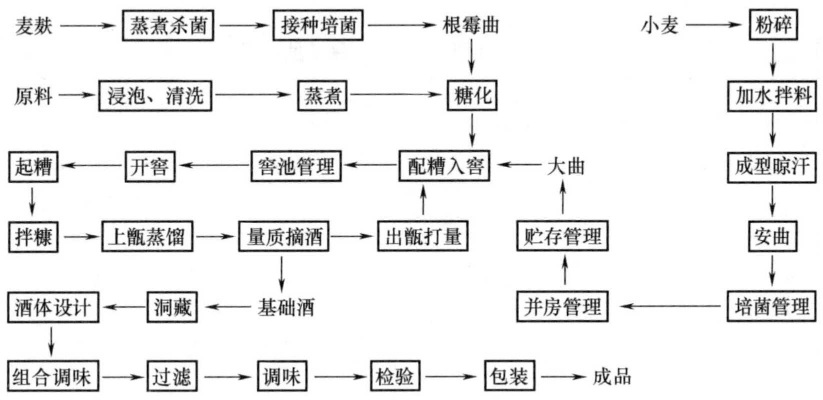

图2－14　酒鬼酒的生产工艺流程

三、酒鬼酒的操作规程要求

1. 多粮颗粒原料，温水浸泡，原料清蒸

（1）合理配料　采用五粮配方，以高粱为主，其余为大米、糯米、小麦、玉米。除玉米要求粉碎成能通过2.0mm筛孔的占3/4外，其他原料均为整粒使用。

（2）泡料　高粱必须用温水完全浸泡18～24h；糯米、大米和小麦要求浸泡2～3h，再沥干表面水分，利于打喷；玉米用40～60℃温水浸泡4～6h，要求润料充分、均匀，不流水。

（3）原料清蒸　滤干水的高粱，圆汽清蒸20min，打第一次喷，即边打散料块，边喷水（使高粱受水均匀）；再蒸40min后打第二次喷；然后，先后加进小麦、糯米、大米、玉米，铺在高粱上，可进行再次打喷。要求90%以上开花，原料干爽，熟而不黏，内无生心。

2. 小曲培菌糖化

将蒸好的原料出甑平铺于晾床上，翻拌吹晾至28～32℃，均匀撒上0.5%～0.6%根霉曲，再翻拌均匀，打晾到规定温度，入糖化箱培菌糖化。糖化要求：清香味甜，不流汁，无霉变和异杂味。小曲培菌糖化相当于二次制曲，经测定，培菌后酵母菌平均增加190倍，细菌平均增加200倍。

3. 大曲配醅发酵，泥窖增香

将经过蒸馏的酒醅出甑放置于晾床摊晾至接近入窖温度时，加入经培菌后的料醅，撒入20%~22%的大曲粉，翻拌均匀，低温入泥窖发酵，发酵期为50d左右。

酒鬼酒大曲以小麦为制曲原料，制曲最高温度为57~62℃。中偏高温培曲有利于耐高温芽孢菌的生长，大曲液化力高，曲香明显。酒曲的微生物群系有细菌、酵母菌、芽孢菌和放线菌及霉菌，其中霉菌主要有毛霉、黄曲霉、犁头霉和黑曲霉，毛霉占45%、黄曲霉35%、犁头霉占15.5%、黑曲霉占4.2%。

酒鬼酒的优质泥窖有效成分含量丰富、比例协调，非常适合窖泥功能菌的生长繁殖（表2-19）。泥窖发酵对酒鬼酒起到了很好的调节和增香作用，使其具有浓郁的复合香气。

表2-19　　酒鬼酒窖泥有效成分分析结果

项目	pH	水分/%	氨态氮/（mg/100g干土）	有效磷/（mg/100g干土）	腐殖质/%
数值	6.9	39.5	278.6	185.4	12.4

4. 清蒸清烧

酒鬼酒使用的是清蒸清烧工艺，即蒸粮与蒸酒彻底分开，这一点与老五甑操作法有着本质上的不同。原料通过清蒸和培菌，使发酵微生物的群体发生了巨大变化，进而影响到产品的风格特征。同时单独馏酒也有效排除了因混合蒸烧而带来的生料味，使酒体更加干净。蒸馏时严格执行分糙装甑、截头去尾、分级接酒、按质入库贮存。

四、酒鬼酒的质量特色

1. 酒鬼酒的风格特征

设计酒体的三个原则：明确馥郁香型的内涵为两香为兼，多香为馥郁，只有在一个酒体中能体现三种及以上香气才能称馥郁香型；酒体风格体现和谐平衡，形成馥郁香气；在味感上不同的时段能够感觉出不同的香气，即在一口之间，能品到三种香，“前浓、中清、后酱”。

专家从色、香、味、格四个方面给予酒鬼酒风格的综合评定为“色清透明、诸香馥郁、入口绵甜、醇厚丰满、香味协调、回味悠长，具有馥郁香型的典型风格”。

2. 酒鬼酒的微量组分特征

（1）酒鬼酒己酸乙酯和乙酸乙酯含量突出，两者呈平行的量比关系。酒鬼酒中总酯含量较高，己酸乙酯和乙酸乙酯相对较突出，含量达100~170mg/100mL以上，两者含量相当接近，基本呈平行的量比关系（一般是乙酸乙酯还略高于己酸乙酯），其比例为己酸乙酯∶乙酸乙酯=1.00∶1.14。乳酸乙酯含量一般在53~72mg/100mL，丁酸乙酯为16~29mg/100mL。四大酯的比例关系为己酸乙酯∶乙酸乙酯∶乳酸乙酯∶丁酸乙酯=1.00∶1.14∶0.57∶0.19（表2-20）。酒鬼酒丁酸乙酯含量较高。一般浓香型酒己酸乙酯∶丁酸乙酯为10∶1，但这次用于对比分析的泸州老窖特曲和剑南春均接近20∶1，说明丁酸乙酯含量明显下降。而酒鬼酒己酸乙酯∶丁酸乙酯为（5~8）∶1。己酸乙酯是浓香白酒的主体香气成分，在各种酯类中占有绝对优势，占总酯的40%左右，四大酯的含量中，己酸乙酯>乳酸乙酯>乙酸乙酯>丁酸乙酯，而酒鬼酒是乙酸乙酯>己酸乙酯>乳酸乙酯>丁酸乙酯，两者截然不同。乙酸乙酯是清香型白酒的主体香，其含量要明显高于其他香型酒，绝对含量在 180～310mg/100mL，占总酯的 55% 以上。但清香型白酒里己酸乙酯、丁酸乙酯的含量都很微量（表 2－21）。

酒鬼酒中己酸乙酯和乙酸乙酯在酯类物质中的突出地位和特殊的平行量比关系，在中国现有的各大香型白酒中是绝无仅有的；四大乙酯的含量及量比与浓、清、四川小曲酒有很大差别，说明酒鬼酒用小曲工艺而非清香小曲酒，用大曲工艺而又不同于浓香大曲酒，形成了自己的独特风格。

表 2－20　　酒鬼酒主要酯类含量及量比关系

酯类	一般范围/（mg/100mL）	量比关系（以己酸乙酯为基准）
乙酸乙酯	95～174	1.14
己酸乙酯	87～140	1.00
乳酸乙酯	53～72	0.57
丁酸乙酯	16～29	0.19
甲酸乙酯	2～6	0.03
庚酸乙酯	1.4～2.3	0.02
辛酸乙酯	0.8～1.9	0.01

表 2－21　　酒鬼酒与某些香型酒中主要酯类分析结果　　单位：mg/100mL

酒名	己酸乙酯	乙酸乙酯	丁酸乙酯	辛酸乙酯	乳酸乙酯	总计
泸州老窖	172.9	114.4	15.5	4.8	133.1	440.7
汾酒	2.2	305.9	—	—	261.6	569.7
四川小曲	15	36.8	10.8	—	10.3	63.9
酒鬼酒	107.3	122.3	20.5	1.34	61.5	312.9

（2）酒鬼酒有机酸含量高　表 2－22、表 2－23 分析数据表明，酒鬼酒有机酸含量较高，总量达到 200mg/100mL 以上，除低于酱香酒外，远高于浓香、清香和四川小曲酒。其中己酸和乙酸占总酸量的 70%，乳酸占 19%，丁酸为 7%。几大酸类物质的比例关系虽与浓香型大致相同，都是乙酸＞己酸＞乳酸＞丁酸，但乙酸和己酸的绝对含量是浓香型酒的 2 倍以上，而清香型、四川小曲酒中，有机酸种类单一，与酒鬼酒丰富的有机酸相比更有明显的差别。

表 2－22　　酒鬼酒中主要有机酸的含量及量比关系

酸类	含量范围/（mg/100mL）	量比（以己酸为基准）
乙酸	70～120	1.83
己酸	41～65	1.00
乳酸	31～46	0.80
丁酸	11.4～17.4	0.29
丙酸	3.4～5.8	0.08

续表

酸类	含量范围/（mg/100mL）	量比（以己酸为基准）
异戊酸	1.2～2.1	0.04
异丁酸	1.0～1.5	0.02
庚酸	0.7～1.0	0.02
辛酸	0.4～0.8	0.01

表2－23　酒鬼酒与某些香型酒的酸类分析结果　单位：mg/100mL

酸类	泸州老窖	汾酒	四川小曲	酒鬼酒
乙酸	41	94.5	36.1	91.9
己酸	27.5	0.2	0.78	50.2
乳酸	22.6	28.4	5.29	40.1
丁酸	12.2	0.9	6.82	14.7
甲酸	2.7	1.8	1.08	—
丙酸	—	0.6	—	3.96
异戊酸	—	—	—	1.75
异丁酸	0.68	—	—	1.22
庚酸	—	—	—	0.86
辛酸	0.58	—	—	0.6
总计	107.26	126.4	50.07	205.29

（3）酒鬼酒中高级醇（异戊醇、正丙醇、正丁醇、异丁醇）含量适中　酒鬼酒高级醇含量适中，总量一般在110～140mg/100mL，高于浓香、清香型白酒，低于小曲清香（表2－24、表2－25）。含量最高的是异戊醇，在40mg/100mL左右；其次是正丙醇，达25～50mg/100mL，低于酱香、药香和特香型白酒，但超过工艺上相对接近的浓香、清香和四川小曲白酒。正丙醇有着良好的呈香感，虽然醇类的香味阈值较高，在与大量酯类共存的情况下，它难以左右白酒香气，但正丙醇良好的呈香感，其清雅的香气与酯香复合，很好地衬托出酒鬼酒馥郁幽雅的风格特征。正己醇是一种甜味物质，酒鬼酒口感绵甜与其较高的正己醇含量有关。

表2－24　酒鬼酒与某些香型酒中高级醇的分析结果　单位：mg/100mL

醇类	泸州老窖	汾酒	四川小曲	酒鬼酒
异戊醇	31.9	54.6	117.81	38.0
正丙醇	17.4	9.5	31.24	30.0
异丁醇	11.9	11.6	45.09	17.9
正丁醇	7.3	1.1	3.45	13.7
仲丁醇	4.2	3.3	9.17	7.4

续表

醇类	泸州老窖	汾酒	四川小曲	酒鬼酒
正己醇	6.3	—	—	4.4
正戊醇	1.5	—	—	1.3
总计	80.5	80.1	206.76	112.7

表 2－25　　酒鬼酒中主要高级醇的含量及量比关系

醇类	含量范围/（mg/100mL）	量比关系（以异戊醇为基准）
异戊醇	34～44	1.00
正丙醇	26～48	0.79
异丁醇	17～20	0.47
正丁醇	10～18	0.36
仲丁醇	6～10	0.19
正己醇	3.6～5.7	0.12
正戊醇	1.0～1.4	0.03

（4）酒鬼酒乙缩醛含量较高　酒鬼酒中羰基类化合物含量较高，总量达 76.8mg/100mL 左右。其中乙醛和乙缩醛占总醛的 88%，乙醛∶乙缩醛 = 1.00∶1.21（表 2－26、表 2－27），与浓香型白酒相近，高于清香和四川小曲白酒。乙醛和乙缩醛是白酒中必不可少的重要组成成分，它们的主要功能表现为对白酒香气的平衡和协调作用。

表 2－26　　酒鬼酒中醛类含量及量比关系

项目	乙缩醛	乙醛	糠醛	总计
含量范围/（mg/100mL）	21～77	19～62	1.3～4.8	41～144
量比关系（以乙醛为基准）	1.12	1.00	0.09	

表 2－27　　酒鬼酒与某些香型酒中的醛类分析　　单位：mg/100mL

酒名	乙缩醛	乙醛	糠醛	总计
泸州老窖	41.5	26.0	0.7	68.2
汾酒	51.4	14.0	0.4	65.8
四川小曲	9.87	12.8	1.49	24.2
酒鬼酒	37.3	30.8	2.8	70.9

通过对酒鬼酒中主要特征香味物质的分析，确定其总酸∶总酯∶总醇∶总醛为 1∶1.58∶0.72∶0.36，与其他香型酒种相比有着显然不同（表 2－28）。酒鬼酒正是以相对突出的乙酸乙酯、己酸乙酯含量及近乎平行的量比关系，较高的有机酸、乙缩醛和适量的高级醇等特点构成了其谐调而独特的香味，形成了别具一格的风格特征。

表 2-28　　酒鬼酒与某些香型酒中的酸、酯、醇、醛总体概况

酒名	总酸/（mg/100mL）	总酯/（mg/100mL）	总醇/（mg/100mL）	总醛/（mg/100mL）	酸∶酯∶醇∶醛
泸州老窖	102.0	461.0	93.4	99.0	1∶4.52∶0.92∶0.97
汾酒	124.0	570.0	80.0	65.8	1∶4.60∶0.65∶0.53
四川小曲	50.07	63.9	206.76	24.14	1∶1.28∶4.13∶0.48
酒鬼酒	209.2	330.4	150.08	75.04	1∶1.58∶0.72∶0.36

第九节　米香型酒酿造工艺

米香型酒以广西三花酒为代表。其风味质量要求是“蜜香清雅、入口绵柔、落口爽净、口味怡畅”。香气成分乳酸乙酯和乙酸乙酯含量最多，前者又多于后者，并含有较多量的高级醇和β-苯乙醇。其酿酒工艺特点是以大米为原料，小曲固态堆积先行培菌糖化后，加水进行半固态发酵、蒸馏。

一、米香型酒的制曲工艺

1. 原料配比

（1）大米粉　100kg，其中75kg用于制坯，25kg细粉做裹粉。

（2）草药　只用一种香药草，用量为13%。草药是桂林特产的辣蓼草，经烘干磨粉后使用。

（3）曲母　挑选上年优质酒丸为种曲，用量为坯粉的2%，裹粉的4%。

（4）加水　55%～60%。

2. 制作方法

（1）浸米　大米浸渍时间夏季为2～3h，冬天为6h左右，然后沥干备用。

（2）粉碎　先用石臼捣碎，再用粉碎机粉碎，用细筛筛出细粉做裹粉用。

（3）制坯　每批用米粉15kg，加香药草粉1.95kg，曲母300g，水约9kg混合，制成饼状团，再在制坯架上压平，用刀切成约$2cm^3$的小粒，用竹筛旋转成圆形的曲坯粒。

（4）裹粉　将约5kg细粉加入0.2kg曲母粉混合均匀，先撒少部分裹粉于簸箕，并第一次洒水于坯上，将坯倒入簸箕中旋转成圆形后，再撒曲母，使其裹上一层粉，再洒水，再裹，直至细粉用完为止。总洒水量为0.5kg。成型后将圆坯分装于小竹筛内摊平，入曲室培养。坯含水分46%。

（5）培菌

①前期：室温在28～31℃，待霉菌丝倒下，酒药表面起白泡时，可将盖在表面的空簸箕掀开。这时品温为33～34℃，最高不超过37℃。

②中期：培养以后进入中期，根霉菌等菌开始大量繁殖，这个阶段约需24h，室温控制在28～30℃，品温不超过35℃。

③后期：需48h。菌基本成熟，水分逐渐减少，品温下降，已成曲。在烘房内40～

45℃，一天即可烘干。

3. 成曲质量要求

感官：曲粒表面白色或淡黄色，质地疏松，有酒丸曲香。

化验：糖化力以每100kg大米产58%vol酒在60kg以上（间接测定法），水分12%以下，总酸为0.6以下。

二、三花酒的生产工艺

三花酒得名是沿用摇动酒液的方法，以观察起泡的多少及持泡时间长短来鉴定其质量，起泡多、香花（泡）细、堆花久称为三花，或视起泡有大、中、小三层为三花。

三花酒采用漓江上游水为酿造用水，使用陶缸培菌糖化后，再发酵5~7d，然后蒸酒。原酒贮存于象鼻山岩洞中。

1. 浸米、蒸煮

（1）浸米　大米浸泡20min后，用清水淋洗干净并沥干。

（2）蒸煮　大米入甑，待圆汽后在常压下初蒸15~20min；然后第1次泼入约为大米量60%的热水，并上下翻倒几次，上盖待圆汽后再蒸15~20min；再进行第2次泼水，水量为大米40%左右，翻匀、加盖上汽后再蒸20min。要求饭粒熟而不黏，出饭率应夏天低冬天高，粳质米要求扬冷后的出饭率为215%~240%，饭粒含水量为60%~63%。

2. 扬冷、拌曲

将米饭打散、扬冷后，即可拌曲。加曲条件见表2-29。

表2-29　加曲条件

室温/℃	加曲温度/℃	原料用曲量/%
10以下	38~40	1.5
15~20	34~36	1.2
20~25	31~33	1.0
25以上	28~31	0.8

3. 入缸固态培菌糖化

每缸投入米饭量折合大米为15~20kg，饭层厚度为10~13cm，即夏薄冬厚。在饭层中央挖一个呈喇叭形的穴，以利于通气及平衡品温。待品温下降至32~34℃时，用簸箕加盖，并根据气温做好保温或降温工作。

通常在入缸后，夏天为5~8h、冬天为10~12h，品温开始上升。夏天经16~20h，品温升至38~42℃，冬天需24~26h才升至34~37℃。这时可闻到香味，饭层高度下降，并有糖化液流入穴内，糖化率达70%~80%。这时应立即加水。若过早加水，则由于酶系形成不充分，会影响出酒率；如果延长培菌糖化时间，则出酒率也较低，且成品酒酸度过高而风味差。

4. 半固态发酵

培菌糖化后，根据室温、品温及水温，加入原料量120%~125%的水，使品温为34~37℃。在正常情况下，加水拌匀后的酒醅，其糖分为9%~10%，总酸不超过0.7，酒精体积分数为2%～3%。然后，每个饭缸转入2个醅缸，用塑料布封口，并做好保温或降温工作。发酵期为5～7d。成熟醅的酒精含量11%vol～12%vol，总酸为0.8～1.2，残糖在0.5%以下。

5. 蒸馏

成熟酒醅转入蒸馏锅或蒸馏釜（其构造参见《白酒酿造培训教程》"蒸馏设备"），两者的操作要求基本相同。

每个蒸馏锅装5缸酒醅，再加入上一锅的酒头及酒尾，上盖、封好锅边、连接过汽筒及冷凝器后，开始蒸馏。火力要均匀，以免焦醅或跑糟，影响酒质。冷凝器上面的水温不能超过55℃。先摘除酒头0.5～2.5kg。酒头呈黄色并有焦气和杂味等现象时，应将酒头接至合格为止。再接中馏酒。待混合酒精含量为58%vol时，接为酒尾。

6. 原酒贮存

① 原酒质量指标

感官指标：无色透明，口味佳美、醇厚、回甜。

理化指标：见表2－30。

表2－30　　三花酒理化指标

项目	酒精/%	总酸/%	总醛/%	杂醇油/%	浑浊度	铅含量/(mg/L)	总酯/%	甲醇/%	总固形物/%
指标	58	0.06～0.10	≤0.01	≤0.15	≤50度	≤1	≥0.12	≤0.05	≤0.01

②贮存：合格酒贮存于缸内。用石灰拌纸筋封好缸口后，贮存1年以上，再化验、勾兑后出厂。

三、长乐烧的生产工艺

长乐烧产于广东省原名为长乐县的五华县，是酒精含量为55%vol的米香型白酒。

1. 原料和小曲

①原料：酿酒原料为新鲜洁净的糙米。

②小曲：白曲：结块紧且有弹性，香味正常，无异杂色；糖化率15%～20%，出酒率95%以上（以酒精含量40%vol计）。

酒饼：无杂色，香味正常。出酒率90%以上。

酒饼原料配比：干米粉15kg，加大青叶4%～5%，白泥5%，中药粉1.5%，麦皮少量或不加，加水量50%～55%，接种量2%～2.5%。其中中药配方为桂皮、丁香、薄荷、香茄、元茴、川茴、细辛、川椒、甘松、川乌、砂姜、皂角、荜发、麦芽、白椒和甘草。

2. 制酒过程

（1）蒸饭　取清水约35kg，煮沸后加入糙米25kg，待水干后即起饭。锅底的饭干另加水2.5kg，煮沸后并入饭中，贮于饭缸内并加盖。待煮完4锅后，一起入甑，从圆汽到蒸饭结束，约1h。要求饭粒黄而不焦，熟而不黏。

（2）摊晾、接种　夏天的接种品温与气温持平或高出1℃，冬天为32～36℃。夏天的接种量为2.0%～2.4%，冬天为2.4%～2.8%，其中酒饼为0.8%～1.2%，其余为白曲。

分 2 次接种，3 次翻拌。每 50kg 大米的物料装瓮 12 ~ 14 个。

（3）发酵

①转盖：瓮进醅室后 20 ~ 24h，夏天品温升至 36 ~ 37℃，冬天为 38 ~ 39℃时，去掉原来加盖的麻袋，改为在瓮口放一只碗。在冬季为保温可加盖几层麻袋。

②加水：培菌糖化 40 ~ 48h 后，品温降为 30 ~ 32℃，开始有糖化液。这时即可加水，加水量夏天为 115% ~ 120%，冬天为 120% ~ 125%。冬天用温水，夏天用凉水，允许放入 0.01% 的氯化钠。

③翻醅：加水后的次日，将整块酒醅底面倒翻。

④封醅：夏天翻醅后即可封醅，冬天在翻醅后第 2 天封醅，即用塑料薄膜及橡胶带将瓮口封闭。冬天也可将 50kg 原料的酒醅转入大缸中进行封醅发酵。发酵期夏天为 12 ~ 15d，冬天为 15 ~ 25d。

（4）蒸馏　流酒温度夏天不超过 45℃，冬天不高于 40℃。截取酒头量为 0.25kg，连同酒精含量 45% vol 以下的酒尾，一起入下一锅复蒸。

四、全州湘山酒

该酒产于广西全州县湘山酒厂，是酒精含量为 58% vol 的米香型白酒。

采用湘江清洁流水为酿造用水，以当地产的大米为原料。糖化发酵剂由全州药曲分离的微生物、福建厦门白曲的纯种根霉，以及米酒酵母培养而成。制酒工艺与三花酒相似，即培菌糖化 24h 左右，发酵期为 6 天。原酒经半年以上贮存后，勾兑出厂。

第十节　豉香型酒酿造工艺

豉香型酒以广东佛山玉冰烧、南海九江双蒸为代表。

一、九江双蒸酒制曲工艺

（一）饼丸制造工艺流程

九江双蒸酒饼丸制造工艺流程见图 2 - 15。

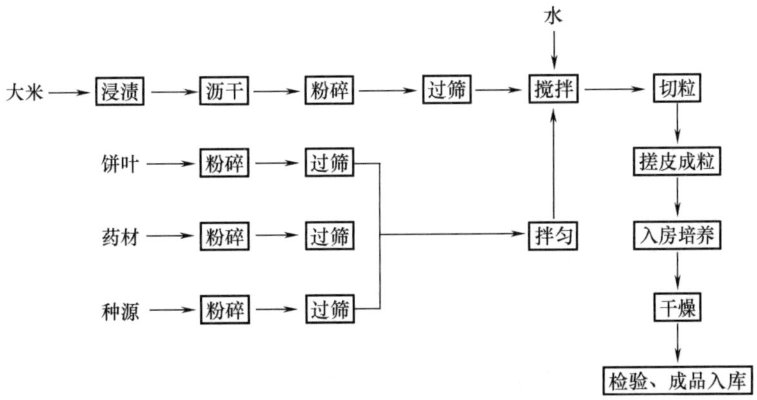

图 2 - 15　九江双蒸酒饼丸制造工艺流程

原料大米要浸过米面，浸泡时间冬季3～4h，夏季1～2h，沥干，后用0.5mm规格筛网粉碎机打米粉。米粉与各种辅料要搅拌均匀。做好的饼丸放在疏筛上时，饼丸的密度以饼间稍有空隙为准。

入房培养后，保温保湿，控制前期相对湿度达90%以上，把房温控制在31～34℃。经过11～17h培养，根据菌丝生产情况，及时揭盖。

揭盖要求：饼丸表面生长满根霉气生菌丝；饼丸色泽乳黄；饼丸表皮有小“突起”，但不能过大，有眉心皱纹；饼心温度达34～38℃；有饼丸的香味，无馊臭味，无酸味，无酒精味。

品温复升到36～40℃时，培养时间达18～21h后，转房。培养到23～27h要翻筛，使根霉菌丝向饼丸生长。这个时期根霉、酵母生长旺盛，呼吸发热，品温上升，排出水分，此时要严格控制品温，最高不超过42℃，并注意排湿，不要长出黑毛或孢子。之后饼丸进行干燥处理，要求在烘房36～40℃干燥18～24h后，晾冷。

完成一个周期的生产后，对培养房及附属设施用漂白粉和福尔马林进行彻底的清洁灭菌工作。

（二）酒饼的制造工艺流程

图2－16为酒饼的制造工艺流程。

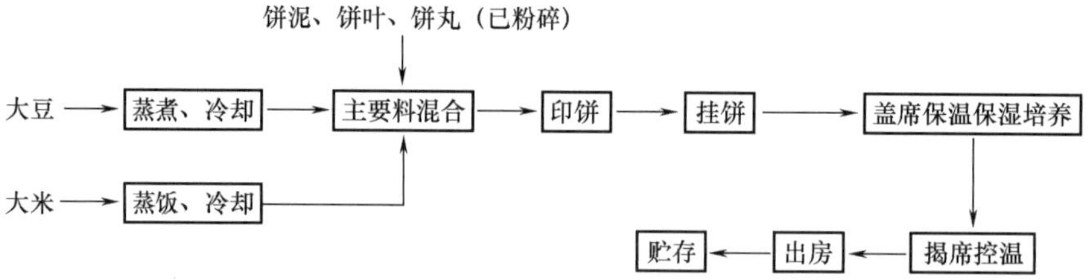

图2－16　酒饼的制造工艺流程

酒饼培养中，各类微生物在原料中生长繁殖。如在培养的第二天，酒饼的“穿衣”，就是霉菌繁殖的结果。由于霉菌能分泌细胞外的淀粉酶、蛋白酶等，所以在酒饼中最先生长繁殖，之后便是酵母、细菌类的生长。

微生物菌系的变化与种源及培养条件有密切的关系。不同的种源，其霉菌的种类、数量、活性不同。例如，有的种源青霉比较多，而根霉相对少一些。酵母、细菌也一样。如果种源中醋酸杆菌多，有可能造成酒饼中醋酸杆菌也多。所以，要根据发酵的情况来选择种源。

酒饼培养过程中，是菌系、酶系、物系的变化。微生物在原料中生长繁殖，分泌各种各样的酶，包括蛋白酶、糖化酶、淀粉酶、脂肪酶等。还引起培养原料的变化，合成了各种各样的香味成分及其前驱物质，构成了曲的特殊香味。

（三）小曲大酒饼生产

1. 原料配方

大豆：10kg，要求新鲜，饱满，无虫蛀、霉烂和变质。

大米：50kg，以糙米为好。

曲种：0.5kg，要求白色略带微黄，指弹有空响，无黑心，菌丝多而粗壮整齐，闻之有甜香味，无酸臭或其他杂味。配料前磨成粉状。

曲药配方：串珠叶或山橘叶4.5kg，桂皮0.5kg（共5kg），用前烘干磨碎。

填充料：白坭20kg。

水：40～42.5kg。

2. 工艺流程

小曲大酒饼生产工艺流程如图2－17所示。

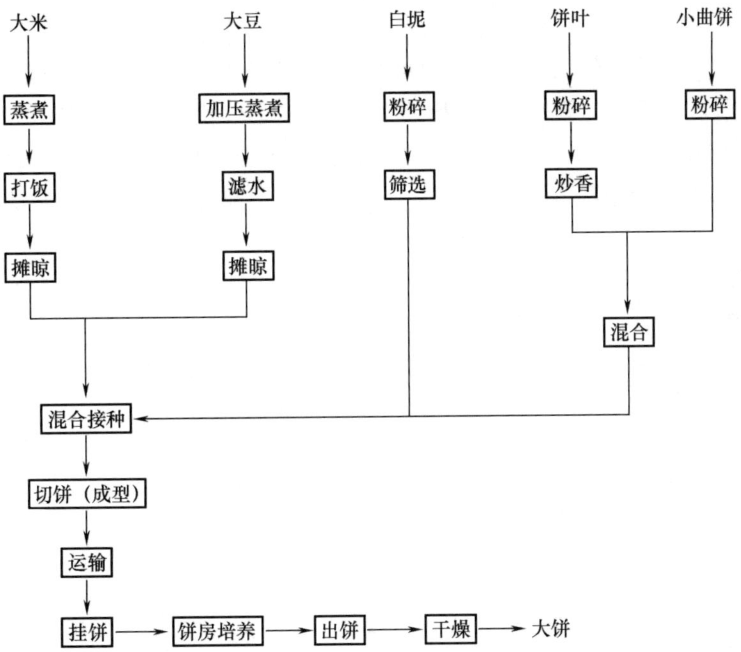

图2－17　小曲大酒饼生产工艺流程

蒸熟的米饭、大豆冷却到接种品温时，按配料比例依次加入饼种、饼叶、饼坭，将饭铲入接料斗（或起堆）。小曲饼种加种量为2%左右。搅拌均匀后送入压饼和切饼，切饼时要保持饼块厚薄均匀，边脚整齐，长短统一（25～27cm）。

小饼粉接种温度视天气情况控制见表2－31。

表2－31　　小饼粉接种温度

室温/℃	接种品温/℃
10以下	40～45
10～15	38～40
15～20	35～38
20以上	30～35

酒饼叶等辅料在粉碎前、大酒饼的配料在成型前须进行除铁处理，以防在后面工序打

坏酒饼粉碎机的刀片或弹出伤人。酒饼配料中大米、黄豆不用粉碎，酒饼叶粉碎成小片状，其他均碎成粉状。

酒饼坯入房后，按照先进先挂、间距冬近夏远的原则，保证饼坯垂直、不弯曲、不黏连，行距、层距整齐。经培养6～7d后，酒饼色白，表里色泽一致，菌丝生长粗壮，分布均匀，味清香略有甜味，饼无霉烂，即可出房。酒饼出房后即进入干燥房，在50℃以下干燥36h左右，即可入仓备用。

（四）菌种的分离与选育

对九江双蒸酒的大酒饼、小曲种所含有益酿酒的微生物进行菌种分离分析，其步骤和结果参考如下。

（1）各取10g粉碎好的大酒饼、小曲种倒入装有100mL无菌水及小玻璃珠的三角瓶中打散，振荡摇匀，按10倍稀释法稀释至10^{-7}。在超静工作台上取10^{-5}、10^{-6}、10^{-7}倍的稀释液各0.1mL均匀涂布于豆芽汁培养基平板和pH7.5的营养琼脂平板上，分别置于30℃和36℃恒温培养箱中培养，并对分离出的菌落进行显微镜检，取得对酒饼中微生物的初步认识，确定下一步分析的合理稀释梯度和涂布量。

（2）各取10g粉碎好的大酒饼、小曲种倒入装有100mL无菌水及小玻璃珠的三角瓶中打散，振荡摇匀，按10倍稀释法稀释至10^{-6}。在超静工作台上取10^{-4}、10^{-5}、10^{-6}倍的稀释液各1mL均匀涂布于麦芽汁培养基平板和pH7.5的营养琼脂平板上，分别置于30℃和36℃恒温培养箱中培养，其统计的各菌种数量见表2－32。

表2－32　1mL稀释菌液涂布培养结果　　单位：个/g曲粉

项目	产酒酵母	假丝酵母	根霉	黄曲霉
小曲种	1.5×10^{7}	1.3×10^{7}	1.5×10^{5}	2×10^{6}
大酒饼	5.5×10^{6}	9×10^{6}	2×10^{6}	3×10^{6}

（3）在超静工作台上取10^{-4}、10^{-5}、10^{-6}倍的稀释液各0.5mL，与46℃培养基、醋酸菌培养基、乳酸菌培养基在平板培养皿中混合均匀，置于脱氧环境中恒温培养，分离出球状和短杆状产酸菌各1株，均为革兰阳性菌，数量均约为2×10^{6}个/g。

二、豉香型酒生产工艺

豉香型白酒以广东石湾酒厂生产的特醇米酒为代表，其风味质量要求是“玉洁冰清、豉香独特、醇和甘滑、余味爽净”。香气成分中的壬二酸二乙酯、辛二酸二乙酯、α－蒎烯是其特征成分。酿酒工艺特点是以大米为原料，小曲半固态发酵，蒸馏至酒精含量32%vol，再经肥猪肉浸泡贮存而得产品。

玉冰烧即肉冰烧。该酒产于广东珠江三角洲。其香气由米酒的基础香及浸泡肥猪肉形成的被称之为豉香的主体香组成，所说的豉香味即类似豆豉的香味。

玉冰烧的工艺及酒精含量，有4个明显特点。一是虽使用俗称为大酒饼的小曲，但如前所述，其糖化与发酵的方式不同于一般小曲酒；二是发酵期比一般小曲酒长，为15～20d；三是用米酒浸泡肥猪肉的最后一道工序是形成典型香的关键；四是蒸馏后的混合酒精含量为31%～32%。

它以大米为原料，蒸煮、冷却后加入适量水及20% ~22%的大曲饼，在28℃左右半固态下发酵约20d后，酒精含量达12% vol ~14% vol；蒸馏得31 ~32℃的酒，俗称斋酒；转入俗称为埕的多年浸泡酒肉的陈年肉缸，并加入经加工的一定量肥猪肉浸泡30d；再过滤、勾兑后即为成品酒。

1. 传统生产工艺

（1）蒸饭 使用水泥锅蒸饭，每锅先加水110 ~115kg。通蒸汽煮沸后，倒入大米100kg。加盖煮沸时即行翻拌，并关闭蒸汽阀。待米粒吸足水分，开小汽焖20min。要求饭粒熟透、无白心。

（2）摊晾、拌曲 用铁铲将米饭装入松饭机，打松后摊于饭床，或用传送带鼓风摊床降温。夏天晾至品温35℃以下，冬天为40℃左右后，拌入曲粉。曲粉用量为大米的18% ~22%。然后将物料收集成堆。

（3）入坛（埕）发酵 入坛前先将坛洗净，每坛注入清水6.5 ~7kg。再装入5kg大米的饭，封闭坛口，入发酵室进行发酵。室温应控制在26 ~36℃，并注意控制品温，特别是前3d的品温，应在36℃以下，最高也不能超过40℃。发酵期夏天为15d，冬天为20d。

（4）蒸酒 使用改良式蒸馏甑蒸酒，每甑进250kg大米的醪。蒸取的酒头及酒尾入下一锅进行复蒸。

（5）肉埕陈酿 将蒸取的中馏酒装入肉埕（坛），每坛装20kg，并加入2kg肥猪肉浸泡3个月后，把酒倒入大缸或大池中，自然沉淀20d以上。坛中剩余肥猪肉可加新酒再浸。

（6）压滤包装 待缸或池中酒液澄清后，取样化验及勾兑。在认定合格时，除去液面油脂，将中间部分的澄清酒液泵入压滤机过滤后，包装出厂。

近年来已试用容量为50t的发酵罐发酵，投料量为10t大米，用曲量为大米的20%，大米加水量为140%。发酵品温控制在28 ~34℃。室温在20℃以下时可不冷却发酵醪。而出酒率高于传统的坛内发酵。成品酒仍可保存原有的玉冰烧风格。

2. 机械化生产工艺

（1）大米蒸煮

①预煮：蒸煮过程用卧式连续蒸饭机来完成。当米粒用输送装置送到主机后，即洒上65 ~80℃热水（或冷水），然后用0.1 ~0.25MPa蒸汽加热，让米粒充分吸水膨胀，吸水率20% ~25%。

②主煮：随着筛带运行的带动，米粒随之移动，继续喷洒水和蒸汽，淀粉继续吸水膨胀，随着温度升高，淀粉网状结构发生变化。

③后熟：再喷洒热水和蒸汽，使米粒充分糊化，饭粒爽身。松饭冷却，用打饭机打散饭团，使其疏松透气，鼓风迅速冷至适温。蒸饭时间30 ~45min。

（2）加曲 米饭冷却后用加酒饼机加入20%（对原料）的酒饼粉，机械拌匀，用输送带送入发酵罐。

（3）糖化发酵 从蒸饭机出来的加入酒饼的米饭，不经固体糖化阶段，随即加入对原料大米为1∶（1.4 ~1.6）的清水，控制发酵温度在28 ~35℃，发酵期13 ~18d，成熟醪酒度达10% vol ~14% vol。做好发酵期间的温度、发酵现象等记录，搞好清洁卫生。

发酵罐为不锈钢制，容量为10 ~50t不等，罐中安装出醪管、水管、冷却管、蒸汽管和测温装置等。每 1m^3 的醪液需冷却面积 1.3～1.4m^2，可利用罐外淋水冷却，效果更佳。

（4）蒸馏　用釜式蒸馏器，直径为 1.5m，体积为 40.6m^3。开始加热，约 20min 后出酒，不截酒头，一直蒸至 30%vol～38%vol，再继续蒸至 5%vol 作酒尾。蒸馏时间约 2h。

根据国标和企标，如指标不合格，可在蒸馏操作中加以控制。如总酸过高，可把酒度接高点，再兑水降度；如杂醇油过高，可截去部分酒头；总醛过多也可用此法。

（5）酝浸与勾兑

①肥肉的处理：购回的肥猪肉要新鲜膘厚，除去瘦肉和猪皮，切成长方条块，中间划几道浅沟。用蒸汽煮至刚熟，摊晾后放入 40%vol 米酒中去腥陈化 1 月，然后取出放入斋酒池。浸肉过程要防止肥肉与空气接触，以免产生油臭或油哈味。

②酝浸陈化

斋酒酝浸期：刚蒸出的米酒浑浊而且辛辣味重、刺喉，要静置一段时间才浸肉。斋酒池中一般放入酒量 1/4 的新猪肉，静置 10～20d，便可分离表面油质及酒脚，使酒基本澄清和初步醇化。

陈肉酝浸期：这是酝浸工艺中的重要一环，有三个作用。一是肥肉中微量的可溶性蛋白质能凝聚酒中微粒，使酒迅速澄清；二是少量脂肪酸溶解于酒中，加速醇化，使酒柔滑；三是肉脂肪缓慢降解，生成脂肪酸与米酒中的各种醇类化合物及芳香酯（如二元酸二乙酯等），这种酯类与米酒本身的香气成分互相衬托，形成突出的豉香，使酒的风味别具一格。酝浸陈化约 1 个月，肉与酒比例约为 1∶4。为适合更多消费者的口味，浸肉时间和肉酒比现有所调整，油哈味减少。

澄清：经酝浸工艺后，利用自然沉降的重力作用，酒中的微粒静置沉淀，并继续陈化。此段时间 7～10d。

③勾兑调味：对不同时期的新旧酒和风格有别的酒按适当比例勾兑调味，勾兑时旧酒比例一般为 1%～2%。

3. 成品酒质量指标

（1）感官指标

①外观：澄清、透明；无色或呈淡黄色；无悬浮物及沉淀物。

②香气：醇香，具有豉味玉冰烧特有的豉香气味。

③滋味：入口醇滑，无苦涩味及其他怪杂味。

（2）成分指标　见表 2－33。

表 2－33　玉冰烧成分指标

项目	总酸/%	总酯/%	总醛/%	氨基酸/%	甲醇/%	高级醇/%	固形物/%	铅含量/(mg/L)	氰化物含量/(mg/L)
坛装（酒度 29.5%vol） 瓶装（酒度 30.6%vol）	≤0.08	≥0.15	≤0.01	≥0.002	≤0.06	≤0.2	≤0.02	≤1	≤0.5

据报道，在尚未浸泡肥猪肉的斋酒中，酸、酯、醛及固形物的含量比其他半固态发酵

的白酒约低 50%。而高级醇含量较多，其绝对量为香气成分之首，成为基础香的主要组分。这与白兰地、威士忌等蒸馏原酒相似，而与以乙酯类为香气主要组分的白酒显然不同。其中 β - 苯乙醇的含量高达 7.1mg/100mL，相当于以往认为含量最多的三花酒的 1 倍以上，居我国白酒之冠。但是，斋酒经浸肉后形成了玉冰烧的典型豉香，期间在香气成分上发生了较大的变化，在斋酒中原有的 23 种高级醇、酯类变化不大或稍有下降；减少以至消失的有癸酸、十四酸、十六酸、亚油酸、油酸、十八酸乙酯等 7 种，其中原来含量较多的十六酸乙酯几乎消失；明显增加的有庚醇、己酸乙酯、壬酸乙酯、辛二酸乙酯、壬二酸乙酯等 9 种，这些成分可能是形成豉香的主要组分，它们是脂肪氧化的产物和进一步乙酯化的结果。另外，还发现了白酒的新组分如 α - 蒎烯，庚二酸、壬二酸等成分。

三、豉香型酒独特风格的成因

豉香型白酒是我国广东珠江三角洲具有悠久历史的地方性传统产品，它以“玉洁冰清、豉香独特、醇和甘滑、余味爽净”的独特风格而深受粤、港、澳及南洋华侨所喜爱，历年出口量均达万吨，居我国白酒出口量之首。豉香型白酒因是地域性传统产品，深入研究者不多，它的生产工艺、技术对产品独特风格的作用及关系，尚有不少问题难以说清。笔者有幸近年对该酒有较多的接触，对豉香型白酒独特风格的成因有肤浅的认识。

1. 糖化发酵剂

生产豉香型白酒使用的糖化发酵剂是酒饼，它由米饭、黄豆、酒饼叶、饼丸、饼泥等原料制成。以米饭作酒饼，有利于对微生物的驯化，使在发酵时对大米饭的作用更加适应；黄豆煮烂加入制酒饼原料中，培养蛋白质分解力较强的微生物，通过对黄豆的酶解，可形成“豉香”的重要物质；酒饼叶是酒中香味成分不可缺少的部分，豉香型白酒制曲使用的酒饼叶与米香型白酒制曲使用的辣蓼草不同，故对酒香味的影响也不同。广东制曲使用的 3 种酒饼叶，都有特殊的香味，且香气浓郁，对斋酒和成品酒的风味有显著的作用；饼丸是酒饼的主要种源，其质量好坏会对酒饼质量有重要影响，故厂家历来都十分重视饼丸；饼泥是填充剂，有利于菌丝的穿透。

酒饼中的微生物主要是根霉、曲霉、酵母和细菌。以根霉为主，特别是米根霉和华根霉，这两种根霉之间的比例随季节而变。米根霉糖化力强，产酸力高，可产相当数量的L-乳酸及丁烯二酸等。根霉缺乏蛋白酶，对氮源要求较高，制酒饼时，在米饭中加入熟黄豆，可为根霉提供有机氮，促进根霉的繁殖生长。酒饼中的细菌主要是乳酸菌和醋酸菌，通过适当时间的贮存，细菌会显著减少，即“陈曲”比“新曲”发酵时可减少产酸。

2. 发酵工艺

小曲酒的生产，其工艺可分为两种。一种是先培菌糖化后再发酵，即将熟粮（米饭、高粱、玉米等）以固态培菌糖化 20 ~ 24h 后，再加水或不加水转入半固态或固态发酵，因而用曲量在 3% 以下，发酵期只有 5 ~ 7d；另一种工艺是加曲量为 18% ~ 22%，加水使其成半固态，边糖化边发酵，发酵期 15 ~ 20d。豉香型白酒就采用后一种工艺。虽几经改革，但传统工艺仍得以保留。近几十年，为提高大米的利用率（即出酒率）和扩大生产规模，发酵容器从小埕、大缸、小罐到大罐，容积从 20kg 到 50t；投料量从每埕 5kg 到每罐 10t；发酵加水量从 130% ~ 140% 到 200% ~ 220%；运用现代生物技术使出酒率从 110% ~ 120% 提高到 150% ~ 160%；操作从人工到半机械化。一系列的技术进步，使豉香型白酒传统工艺的精华更发扬光大。

发酵过程中，大米饭、酒饼在微生物及酶的作用下，在半固态发酵（或称浓醪发酵）状态下产生的物质，对豉香型白酒的风味有重要影响。

3. 蒸馏方式

豉香型白酒采用釜式蒸馏设备进行蒸馏。由于蒸馏设备的特点及控制最终酒度较低（30% vol ~32% vol），使豉香型白酒具有与其他香型白酒显著不同的成分特征（表2-34）。

表2-34　豉香型白酒与其他香型白酒某些香味成分比较　单位：mg/L

组分	酱香型	浓香型	清香型	米香型	豉香型
β-苯乙醇	21.8 ~22.7	1.9 ~11.5	4.6 ~9.2	31.5 ~43.6	20.0 ~127.5
甘油	9.1 ~10.4	—	2.1 ~2.9	—	2.7 ~407.2
乳酸乙酯	953.3 ~1302	750.7 ~1803	995 ~1290	837 ~2003	48.8 ~1564
乙酸乙酯	228.1 ~2437.5	259.8 ~1589	1397 ~2337	211 ~318	86 ~456

豉香型白酒属于半固态发酵的低度白酒，这特殊的发酵工艺决定了豉香型白酒的酸、酯含量远比固态法的酱香、浓香、清香低，但其高级醇的含量多，其绝对量占香气成分之首，成为基础香的主要成分。总醇占微量成分总量的35% ~45%，这一点与米香型白酒极为相似，这说明豉香型白酒的基础香与米香型白酒有一定的内在联系。豉香型白酒与米香型白酒一样，酯类中占主要比例的是乳酸乙酯和乙酸乙酯，两者占了总含量的95%以上。但豉香型白酒乳酸乙酯与乙酸乙酯的量比关系又与其他香型白酒有区别，从分析数据来看，乳酸乙酯与乙酸乙酯之比，浓香型为0.9 ~1.5，酱香型为0.4 ~0.6，清香型为0.4 ~0.7，米香型为4 ~9，而豉香型一般都在2 ~5，这又是豉香型白酒的特征之一。

由于蒸馏时的拖带，并控制低酒度（即酒尾量增加），故酒中β-苯乙醇、甘油等高沸点物质增多，远远高于其他香型白酒。豉香型白酒中的β-苯乙醇是米香型白酒中的2倍，但成品酒或斋酒中却感觉不出“蜜香”或“玫瑰香”，是因“饼叶”的“霸道”或“豉香、肉味”的掩盖所致。

4. 浸肉工艺

蒸馏出来的酒叫斋酒，经10d左右的沉淀（斋酒期），去除表面油质，将酒流入浸肉池（埕、缸），酝浸20 ~30d，然后抽出酒液、陈酿、掺兑、过滤。这一系列工艺过程，是豉香型白酒独特风格形成的最重要部分。

新蒸馏出来的酒浑浊不清且辛辣味重，刺喉，与米香型酒相似，但饼叶味重，“米酿香”不如米香型。经肥肉酝浸后，酒体逐步达到清亮透明，且由于吸附了斋酒中的辛辣异味，使酒体陈化和醇化。斋酒若不经浸肉处理，即使贮存半年以上，仍然浑浊不清，新酒味和斋酒味变化不大；但浸肉20d左右，酒体便可变清，且斋酒味和新酒味便可消失，使酒体醇化，这是浸肉工艺绝妙之处。与其他香型白酒比较，它的贮存期大大缩短。浸肉期间，随着浸肉时间的延长，肥肉脂肪缓慢降解，生成的脂肪酸与酒中的各种醇结合而生成芳香酯。豉香型白酒中3种二元酸乙酯就是浸肉效果的特征表现（表2-35）。

表 2－35　　斋酒与浸肉后成品酒中 3 种二元酸乙酯比较　　单位：mg/L

酒名	庚二酸二乙酯	辛二酸二乙酯	壬二酸二乙酯
斋酒	0～0.47	0.1～1.4	0.1～0.7
成品酒	0.57～0.736	1.61～1.7	1.12～1.49

豉香型白酒中还有两种特征成分，其中苯甲醇首次从豉香型白酒中检出，呈杏仁味，它与 β－苯乙醇的玫瑰蜜香互相衬托，这两种物质对保持豉香型白酒的独特风格具有不可取代的作用（表 2－36）。

表 2－36　　豉香型白酒与其他香型白酒中苯甲醇含量比较　　单位：mg/L

项目	酱香型白酒	清香型白酒	米香型白酒	豉香型白酒
苯甲醇含量	0.5～0.7	0.1～0.3	0.1～0.7	1.0～4.8

3－甲硫基丙醇是由酒饼中的黄豆含有的丰富的蛋氨酸，经制大酒饼和发酵过程复杂的微生物作用而生成的，在豉香型白酒中的含量达 0.2～2.0mg/L，居我国白酒之首。它的阈值很低，在浓度很低时就具有强烈的肉或肉汤样的香气和味道，它在豉香型白酒中的作用不容忽视。

豉香型白酒生产中的浸肉工艺在我国白酒生产工艺中独树一帜。整个浸肉过程的变化应该说认识还比较肤浅，还有待深入探讨。

5. 传统豉香型白酒独特风格的思考

豉香型白酒具有悠久的历史，其独特的风格百年来在珠江三角洲消费者中世代沿袭，成为传统的地方特产，拥有广大的消费群体。但是，随着社会的进步、科技的发展和人们生活习惯的改变，许多“传统食品”为了适应市场，已在悄然变化，豉香型白酒也不例外。依笔者浅见，可在某些方面加以改革。

（1）制曲原料　豉香型白酒传统使用大米、黄豆、饼叶、饼泥、饼丸作原料，如前所述，它们的作用各不相同。据观察和了解，随着口味的变化，一些人对“豉味”和“饼叶味”要求“淡化”，故制酒饼的黄豆，特别是饼叶可否做适当调整。

（2）酒饼中的微生物及酒饼用量　据了解，广东酒饼中的霉菌以根霉为主，曲霉其次。根霉具有糖化和发酵作用，也产生部分乳酸。斋酒中的乳酸普遍较高，高的竟达 2000mg/L 以上，与乙酸乙酯的比例极不协调，造成酒体苦涩、粗糙。这与酒饼中或发酵时感染的乳酸菌较多关系甚密。故应对酒饼（饼丸）中的有效微生物进行分离选育，择选优者进行“强化制曲”，并加入“生香酵母”，以改变斋酒中乳酸乙酯与乙酸乙酯的比例。另外，酒饼用量完全可以从 20% 以上做较大幅度的减少。实践证明，只要工艺得当，严格操作和管理，“减曲”不会影响出酒率，而且酒质还会提高。

（3）采用多粮发酵　誉满中外的“五粮液”，是取 5 种粮食的精华，酿造的酒“诸味协调，恰到好处”，不能说与多粮酿造无关。豉香型白酒传统采用大米为原料，“大米酿酒净”是其特点，但口味较淡薄。若采用多粮发酵（如加入糯米、黑米、玉米、薏米、高粱等），可使酒的口味更加丰富。

（4）调味酒的制作　豉香型白酒用的调味酒与其他香型白酒的差异甚大，它在发酵和蒸馏工序没有特殊制作，只是浸肉量或浸肉时间不同，或离肉后贮存时间加长，即“老酒”。“老酒”的作用是减少大基酒中的新酒味，增加醇滑感。调味酒种类少，不像曲酒那样与基酒有明显区别，及在调味中显著的作用，是豉香型白酒企业应该考虑的问题。

（5）浸肉时间和浸肉量　肥肉酝浸在豉香型白酒中有明显的陈化、醇化、澄清作用，是其他香型白酒贮存无法比拟的。但酝浸时的肉用量和浸肉时间，应根据消费者口味的变化做适当的调整。实际上现今市场上的豉香型白酒，其“肉味”和“豉味”已经“淡化”了。

（6）调整产品结构，开发新产品　豉香型白酒在广东珠江三角洲有很深的群众基础，有广大的消费群体，应在巩固已有市场的前提下，根据企业自身的条件，针对市场研发新产品。创新是企业发展的必由之路。

第三章　传统工艺的传承与发展

第一节　浓香型白酒传统工艺浅释

浓香型大曲酒是我国珍贵的民族遗产，在世界酒林中独树一帜，以五粮液、泸州老窖、剑南春为代表的浓香型大曲酒誉满神州，它以“醇香浓郁，甘洌清爽，饮后尤香，回味悠长”的优美风韵而蜚声中外，饮者甚众。据报导，国家统计局统计，2003 年全国白酒总产量为 330 多万吨，浓香型白酒占 70% 以上，近年来市场销售的白酒，大概也是这个比例，可见该酒在消费者中的魅力。浓香型大曲酒酿造，千百年来，世代相传，积累了丰富的经验，其传统操作有许多独到之处，混蒸续糟发酵、母糟润粮、熟糠拌料、轻撒匀铺、探汽上甑、缓火流酒、大火蒸粮、量质摘酒、高温量水、适当用曲、低温入窖、缓慢发酵、滴窖勤舀、加回减糠、回酒发酵、醇酸酯化、控制窖帽、泥封发酵等都是传世之作，内涵丰富，道理深刻。20 世纪 50 年代泸州的写实和 60 年代泸州、五粮液的查定总结，对许多行之有效的传统操作，进行了初步系统的阐述，使这些传统操作在全国得以普及和推广，并加以创新。

近年来，酿酒行业新老交替，为使浓香型曲酒传统操作技术得以继承和发展，笔者在 50 余年科研、生产实践中，长期与名优酒厂老师傅促膝交谈，虚心请教，受益匪浅，现将学习心得，加以科学的总结，以祈使传统操作技术之精华得以继承，承前启后，创新发展，使浓香型大曲酒酿造技艺和传统操作代代相传，并运用现代科学技术加以创新和发展。

一、混蒸续糟发酵法

固态法白酒酿造分清蒸和混蒸两种方法。浓香型大曲酒传统采用混蒸续糟法生产，那么，“清蒸”和“混蒸”有什么不同呢？

“清蒸清楂”“清蒸混楂”“混蒸混楂”是白酒酿造的 3 个重要的配料工艺。曲酒生产要根据本产品的香型和质量风格特点，选择适合于本产品特点的配料操作方法。

（1）清蒸清楂　特点是突出“清”字，一清到底。在操作上要注意楂子清、醅子清、醅子和楂子要严格分开，不能混杂。也就是说，本工艺操作是采取原料清蒸、辅料清蒸、清楂发酵、清蒸流酒，并要求清洁卫生严格，清字到底。本法主要用于清香型曲酒的生产。

（2）清蒸混楂　混楂又称续楂，即粮食与酒醅混合配料，酒醅先蒸酒，后配粮，混合发酵，称为“清蒸混楂”。本法的优点是，既保持了清香型白酒清香纯正的质量特色，又保持了混楂发酵的清香浓郁、口味醇厚的特点。

（3）混蒸混楂　是将发酵好的酒醅，与原粮按比例混合，一边蒸酒，一边蒸粮，出甑后，经冷却、加曲、加酒母，混楂发酵。本法有利于提高出酒率。

浓香型大曲酒生产采用“混蒸混楂、续糟发酵法”工艺，即取发酵好的酒醅（母糟）与粮粉、稻壳按比例混合，边蒸粮边出酒，出甑后经打量水、摊凉、撒曲后入窖，混楂发酵。因为酒醅连续使用，故又称“万年糟”，谓之“续糟发酵”。“混蒸混烧”是将粮粉与酒醅混合，粮粉可从酒醅中吸取水分和有机酸，给蒸粮糊化提供有利条件，混烧可将“饭香”带入酒中，并增加酒的“回甜”（表3－1）。

表3－1　清烧与混烧酒质比较　单位：mg/L

项　目	第一次		第二次	
	混　烧	清　烧	混　烧	清　烧
酒度/vol %	60	60	60	60
总酸	850	740	827	610
总酯	1970	1940	2876	2104
总醛	340	430	332	285
杂醇油	1120	1430	844	665
甲醇	190	180	248	177
糠醛	28	310	17.4	15.5
尝评结果	30.3	27.7	30.66	29.44

注：1957年泸州试点查定数据（内部资料）。

续糟发酵，即母糟连续循环使用，淀粉多次利用，可提高出酒率；“万年糟”有利于生香前体物质的积聚，对提高酒质作用甚大。

二、原辅料处理

酿制浓香型大曲酒的原料，必须粉碎，其目的是要增加原料受热面，有利于淀粉颗粒的吸水膨胀、糊化，并增加粮粉与酶的接触面，为糖化发酵创造良好条件。原料颗粒太粗，蒸煮糊化不透，曲子作用不彻底，将许多可利用的淀粉残留在酒糟里，造成出酒率低；原料过细，虽然易蒸熟，但蒸馏时易压气，酒醅发腻（黏），易起疙瘩，这样就要加大填充料用量，给成品质量带来不良影响。由于浓香型大曲酒均采用续糟法，母糟都经过多次发酵，因此，原料并不需要粉碎过细。

为了增加曲子与粮粉的接触面，曲块要进行粉碎，一般控制曲粉热季适当放粗，冬季适当加细。当然，原料与大曲的粉碎度各厂因原料（单粮与多粮）、工艺，其要求也不尽相同，现以四川某名酒厂为例，其粉碎度见表3－2，供参考。

表3－2　高粱与麦曲的粉碎度　单位:%

原料	未通过筛孔						通过120目
	20	40	60	80	100	120	
高粱粉	35.1	29	14.23	12.33	7.36	1.23	0.75
曲粉	51.03	20.6	8.63	5.23	9.23	2.4	2.48

稻壳是酿造浓香型大曲酒的优良填充剂，要求粒粗。但稻壳中含有果胶质和多缩戊醣等，在发酵和蒸煮过程中能生成甲醇、糠醛等有害物质。为了驱除稻壳中的霉味、生糠味及减少上述杂质，各厂都使用熟糠。安徽省濉溪酒厂对不同清蒸时间的稻壳进行了测定，结果见表3-3。

表3-3　稻壳不同清蒸时间的多缩戊醣含量

蒸糠时间/min	0	30	60	90
多缩戊醣含量/%	0.4575	0.1367	0.1137	0.0992

稻壳清蒸一般要求圆汽后蒸30min，嗅其蒸汽没有怪味、霉味、生糠味后，即可出甑，然后摊开、晾干备用。

稻壳清蒸，没有很高的技术要求，但有的厂确实太马虎：①只蒸十多分钟甚至只有几分钟即出甑，霉味、糠腥味、异杂味未除去。有的厂糠壳保管不善，日晒雨淋，鸟粪鼠屎狼籍，清蒸又不彻底，将异杂味带入酒中。②下班前将稻壳倒入甑内，蒸汽开一点点，让其蒸一夜，稻壳上水、变软，如何有“骨力”？③稻壳不是现蒸现用，蒸后又堆存，再次生霉变味。

三、开窖鉴定

浓香型大曲酒生产，开窖后在滴窖期间要进行“开窖鉴定”，就是对该窖的母糟、黄浆水，用“一看、二闻（嗅）、三尝”的感官方法进行技术鉴定。以前是老师傅（班头）根据经验自行判断，现在是车间主任、班组长召集当班人员对黄水、母糟，结合化验数据进行开窖鉴定，总结上排配料和入窖条件的优缺点，根据母糟（酒醅）发酵情况和黄水的色、味，确定下排配料和入窖条件这是四川名酒厂传统采用的方法，对保证酒的产量和质量有十分重要的作用。

开窖鉴定过程就像老中医给人看病的过程，先是“摸脉”，即查看当排发酵温度记录，升温快慢，最高温升到多少，升到最高温要几天，温度挺住的天数，窖温下降情况，“窖跌”情况等；然后是看“排泄物”，即看母糟和黄水。最后判断是否有病，有什么病，才能“对症下药”（确定下排配料和入窖条件），并“药到病除”（使母糟保持活力，产质量稳定）。

下面将四川某名酒厂对母糟、黄水感官鉴定的方法介绍如后，供参考。

1. 母糟的鉴定

（1）母糟疏松泡气，肉头好有骨力，颗头大，红烧（即呈深猪肝色）。鼻嗅有酒香和酯香。黄浆水透亮，悬丝长，口尝酸味小，涩味大。

这种情况，本排母糟产、质量都较正常。这是因为上排配料恰当，而且入窖条件也较适宜，窖池管理也搞得较好，母糟做到“柔熟不腻，疏松不燥”，发酵良好。下排应稳定配料，细致操作，才能保证酒的产量和质量。

（2）母糟发酵基本正常，疏松泡气有骨力，呈猪肝色，鼻嗅有酒香。黄浆水透明清亮，悬丝长，呈金黄色，口尝有酸涩味。这种情况母糟产的酒，香气较弱，有回味，酒质比前一种情况略差，但出酒率较高。

（3）母糟显粑（软），没有骨力，酒香也差。黄水黏性大，呈色黄中带白，有甜味，酸、涩味少。这种黄水不易滴出。此种母糟因发酵不正常，故酒的产量少，质量也差。

这种情况一般发生在冬、春季，有时夏季也会发生。这是由于连续几排的配料中，稻壳用量少，量水多，造成母糟显粑，没有骨力。粮糟入窖后不能正常糖化发酵，造成出窖糟残余淀粉高。尤其是黄水中含糊精、淀粉、果胶等物质。使黄水白粘酽浓，不易滴出。解决的办法是，下排加糠减水，使母糟疏松，并注意入窖温度。要通过连续几排的努力，才能使母糟逐步恢复正常。

（4）母糟显糙，没有肉头，黄水较清，悬头小，酸涩味少。这是因为连续几排配料不当，糠大、水多、母糟残淀少，显糙，保不住黄水。这种情况，出酒率稍高，但酒味较淡，缺乏浓厚感。下排配料应考虑加粮减糠，适当减少量水用量，并注意入窖温度，以使母糟逐步恢复正常。

（5）母糟显腻，没有骨力，颗头小。黄水浑浊不清，黏性也大。这是因为连续几排配料不当，糠少水大，造成母糟显腻，残淀较高。下排配料时，可考虑加糠减水，以恢复母糟骨力，使发酵达到正常。

2. 从黄水的味道判断母糟发酵情况

（1）黄浆水现酸味，如果黄浆水现酸味，涩味少，说明上排粮糟入窖温度过高，并受醋酸菌、乳酸菌等产酸菌的感染，抑制了酵母的繁殖活动，因而母糟残余淀粉较高，有的还原糖还未被利用。这种情况，一般出酒率较低，质量也较差。

（2）黄浆水现甜味，黄浆水较酽，黏性大，以甜味为主，酸涩味不足，这是入窖粮糟淀粉糖化发酵不完全，使一部分可发酵性糖残留在母糟和黄浆水中。此外，若粮食糊化不彻底，造成糖化发酵不良，也会使黄浆水带甜味。这种情况，一般出酒率都较低。

（3）黄浆水现苦味，如果黄浆水明显带苦味，说明用曲量太大，而且量水用量不足，造成粮糟入窖后因水分不足而“干烧”，就会使黄浆水带苦味。另外，若窖池管理不善，窖皮裂口，粮糟霉烂，杂菌大量繁殖，也会给黄浆水带来苦味。这种情况，母糟产酒质量低劣，出酒率也低。

（4）黄浆水现馊味，如果黄浆水现馊味，说明酿酒车间清洁卫生太差，连续把晾堂上残余的粮糟扫入窖内。有的车间用冷水冲洗晾堂后，把残留的粮糟也扫入窖内，造成杂菌大量感染，也会引起馊味。此外，若量水温度过低（冷水尤甚），水分不能被淀粉颗粒充分吸收，引起发酵不良，也是一个重要的原因。这种母糟产的酒，质量甚差。

（5）黄浆水现涩味，母糟发酵正常的黄浆水，应以涩味为主，酸味适中，不带甜味。这是上排粮糟配料比例适宜、操作细致、糖化发酵好的标志。这种母糟产酒质量好，出酒率高。

在开窖鉴定中，用嗅觉和味觉器官来分辨母糟和黄浆水的气味，从而分析判断发酵优劣，用以指导生产，是一个快速、简便而有效的方法，在生产实践中起着重要的作用。各厂因地理位置、气候条件、原料配比、操作工艺不尽相同，对母糟、黄浆水的感官鉴别指标应有差异，要善于观察、总结，积累经验，才能准确判断，“对症下药”。

四、配　　料

酿造浓香型大曲酒的主要原料是高粱、小麦、大米、糯米、大麦、玉米、豌豆等。制曲原料均以小麦为主，也有添加部分大麦、豌豆的。因制曲原料、微生物区系、菌落中微生物数量和种类及其比例不同，加之操作工艺的差异，以至对酒的风格的影响不容忽视。酿酒原料配比，传统以来就分两种，一种是用纯高粱（最好是糯高粱），现习惯称为“单粮型”；另一种是以适当配比，传统为“杂粮”酒，现习惯称为“多粮型”。“单粮型”和“多粮型”因原料及配比上的显著不同，必然造成酒质和风格上的差异。

（1）　酿造浓香型大曲酒原料的特点（表3－4）。

表3－4　　生产浓香型酒主要原料成分比较　　单位：%

原料名称	水分	淀粉	粗脂肪	粗纤维	粗蛋白	灰分	单宁
北方粳型红、白高粱	11～13	56～64	1.6～4.3	1.6～2.8	7～12	2.2	0.08～0.5
四川糯高粱（泸州）	12～14	61.31	4.32	1.84	8.41	1.47	0.16～1.4
四川永川糯高粱	11～13	60.03	4.06	1.64	6.74	1.75	0.29～1.43
小麦	9～14	60～74	1.7～4.0	1.2～2.7	8～12	0.4～2.6	—
大米（粳）	12～13	72～74	0.1～0.3	1.5～1.8	7～9	0.4～1.2	—
糯米	12～13	73.0	1.4～2.5	0.4～0.6	5.0～8.0	0.8～0.9	—
玉米	11～17	62～72	2.7～5.3	1.5～3.5	10～12	1.5～2.6	—
荞麦	11～13	60.7	2.3	11.5	9.9	2.7	—

高粱品种类型繁多，其籽粒品质因品种和栽培条件不同，变化幅度较大。对酿制白酒，各厂对淀粉结构的看法不一，清香型酒厂（如汾酒厂）认为直链淀粉含量高的非糯型高粱品种较好；浓、酱香型酒厂（如茅台、川酒）认为糯高粱品种出酒率高，酒质好。四川五粮液、泸州老窖特曲、剑南春等传统都使用地产糯高粱。不同品种高粱淀粉结构差异较大（表3－5）。

表3－5　　不同类型高粱淀粉结构比较　　单位：%

高粱品种	品种数	总淀粉	直链淀粉	支链淀粉
北方粳型红粒种	37	63.18	24.21	75.79
北方粳型白粒种	50	62.80	28.52	71.48
四川糯型黄、褐、红粒种	134	62.64	5.58	94.42
四川粳型黄、褐、红粒种	38	61.50	20.95	79.05

高粱中淀粉含量较高，淀粉越高产酒越多。从淀粉的结构来看，粳型高粱的直链淀粉与支链淀粉之比近于1∶3，糯型高粱则为1∶17，差异极大。四川酒界认为（从实践中得知）支链淀粉高的原料，除出酒率高外，与酒质密切相关，其作用、产物、机理尚不清楚，有待探讨。

①小麦：淀粉含量高，含氨基酸20多种，特别含有较多的维生素，还有钾、磷、钙、镁、硫等矿物元素，黏着力较强，是各类酿酒微生物繁殖、产酶的优良天然物料，常用于制曲和酿酒。

②大米：大米有粳米与糯米之分，粳米与糯米从成分上看，区别不大，主要是淀粉结

构上的差异。糯米淀粉结构疏松，利于糊化，但若蒸煮不当而太黏，则发酵温度难以控制。大米在混蒸混烧的曲酒酿造中，蒸酒蒸粮时，可将饭的香味成分带至酒中，使酒质爽净。糯米质软，蒸煮后黏性大，故在多粮型酒中均与其他原料配合使用，使酿成的酒具有甘甜味。

③玉米：玉米有黄玉米和白玉米、糯玉米和粳玉米之分。酿酒用的玉米一般是糯玉米。玉米中含有较多的植酸，可发酵成环己六醇和磷酸，磷酸也能促进甘油等多元醇的生成。多元醇具有明显的甜味。故酿酒配料时适当加入玉米，可增加酒的醇甜味。

采用多种原料酿酒，取各种粮食之精华，酿出的酒醇甜、浓厚、口感丰富，故现在不少“单粮”型酒厂也改用“多粮型”，以适应市场。

（2）酿酒原料配比　为了发挥各种酿酒原料的优势，四川“五粮液”“剑南春”“万县太白酒”等传统都用多粮酿制（表3－6）。

表3－6　“多粮”酿酒原料配比　单位：%

酒名	高粱	小麦	玉米	糯米	大米	荞麦
五粮液	36	16	8	18	22	
剑南春	40	15	5	20	20	
万县太白酒	50		10	15	15	10

虽然都采用“多粮”酿造，但因配比、地域、微生物区系、操作工艺、勾调技术等的差异，各酒厂又具自己独特的风格。

五、润料、拌和

浓香型大曲酒采用混蒸续糟发酵法酿制。在蒸酒蒸粮前，用钉耙在堆糟坝挖出约够一甑的母糟，或用抱斗从窖内取出约够一甑的母糟，堆于靠近甑边的晾堂上。倒入粮粉，随即拌和两次。要求拌散、和匀，消灭疙瘩、灰包。和毕，撒上已过称的熟糠，将糟子盖好。此一操作、堆积过程称为“润料”。上甑前10～15min进行第二次拌和，把稻壳、粮粉、母糟三者拌匀，收堆，准备上甑。

润料是使粮粉从母糟中吸取一些水分和有机酸，以利糊化。各厂因工艺操作不尽相同，润料时间也长短不一。1965年，我院承担了轻工业部项目：“泸州老窖大曲酒微生物性状、生化活动及原有工艺的总结与提高”，在研究中，对润料时间的长短与糊化率的关系，进行了系统的测定（表3－7）。

表3－7　不同润料时间对比试验

试验次数	序号	润料时间/min	蒸煮时间/min	上甑时间/min	酒醅		出甑粮糟				糊化率/%
					酸度	水分/%	酸度	水分/%	总糖/%	可溶性碳水化合物/%	
1	01	0	75	40	3.4	60.8	2.7	—	15.19	5.25	34.56
	02	40	75	42	3.4	60.8	2.7	—	14.88	5.63	37.80
	03	70	75	33	3.4	60.8	2.6	—	15.10	6.13	40.56

续表

试验次数	序号	润料时间/min	蒸煮时间/min	上甑时间/min	酒醅		出甑粮糟				糊化率/%
					酸度	水分/%	酸度	水分/%	总糖/%	可溶性碳水化合物/%	
2	04	0	70	30	3.4	61.2	2.6	54.1	14.62	5.63	38.47
	05	40	70	35	3.4	61.2	2.6	54.6	14.29	5.69	39.80
	06	70	70	35	3.4	61.2	2.6	54.9	13.98	5.75	44.13
3	07	0	75	49	3.5	61.4	2.6	55.0	14.42	6.38	37.27
	08	40	75	40	3.5	61.4	2.4	53.1	16.40	6.88	41.92
	09	50	75	38	3.5	61.4	2.5	53.7	15.98	6.63	41.46
	10	70	75	39	3.5	61.4	2.5	54.9	15.25	6.38	41.86

由表3－7可知：①润料时间越长，糊化率越高。润料40min和50min均比不润料的糊化率高1%～3%。②润料40min和50min的糊化率基本一致。③在固定上甑人、粮粉、酒醅、稻壳比例和固定蒸粮时间的条件下，上甑时间越长，糊化率越高。

总之，润料时间越长，糊化率越高。但在实际操作中润料时间不可能太长，一般以润料40～50min为宜。笔者发现，在"润料"操作中存在以下问题：

（1）润料时，将母糟、淀粉、稻壳同时拌和，有些粮粉装入稻壳的"窝窝"中，不能直接从母糟中吸取水分和酸，这些干粉不易蒸熟。

（2）润料时间过长，有些一上班就起糟拌粮上甑，头一甑没有润料，影响糊化，常发现"生心"；而另外几甑也开始润料，在晾堂堆积时间长达5～6h，粮粉吸足水分和酸，并变软，甚至"发倒烧"，蒸酒蒸粮后，增加黏性，采用多粮尤甚，只好加大糠壳用量，增加了酒中的异杂味。

（3）加水润粮，有些厂沿用生产大路白酒操作方法，加水润料，每天下班时将第二天要用的粮粉加水（有的还用温水）润粮。加水润粮对酒质影响更大，其一，加水润粮后再与母糟、糠壳拌合上甑蒸馏，降低了母糟中酒精含量，不利于已酸乙酯及其他香味物质的提取；其二，加水润粮时间长达10多个小时，粮粉吸足水分变软，酒醅黏度增加（或称发腻），势必增加辅料（填充料）用量，酒质下降，发酵升温猛，又影响下排酒质，造成"恶性循环"；其三，遇上热天，气温高，润粮过夜，粮粉变馊带酸，异杂味全部带入酒中，酒的味道可想而知。

在配料润粮时会遇到部分出窖母糟由于上排操作和配料上的原因，使粮糟发酵不良，母糟保不住水分而现干、糙，没有足够的水分润粮，若遇到这种情况，可考虑采取下述技术措施：

①黄水润粮：在入窖糟酸度不超过2.0的前提下，可缩短这种母糟的滴窖时间，以增加母糟含水量，并可用本窖黄水泼在母糟上，拌和均匀，随即倒入粮粉，翻拌均匀后收堆润粮。

②酒尾润粮：视母糟干燥程度，采用二道酒尾水15～20kg，均匀泼洒在粮糟上，翻拌后润粮。酒尾中可适当加入黄水，以提高母糟酸度。

③打烟水：在抬盘出甑时若发现由于粮粉没有润好而糊化不完全时，可在出甑前10min将90℃以上的热水20～30kg泼于甑桶内的粮糟上，这就是打烟水。然后翻拌一次，盖上云盘（甑盖），再蒸一段时间。出甑后打量水时，扣除打烟水重量。

六、蒸馏操作

“生香靠发酵，提香靠蒸馏”，因此，认真细致的蒸馏操作是丰产又丰收的关键。酒醅蒸馏主要是提取酒精及香味物质，并蒸入一定量的水，也混入一些微量物质，与此同时还排出了由固形物及高沸点物质与水等组成的酒糟。另外，从汽相排出一些低沸点杂质，如二氧化碳、乙醛、硫化氢、游离氨等。在分离的同时，对酒精及香味成分起到了浓缩作用。将酒醅中4%～6%酒精浓缩到50%～70%，其他香味物质也增加了浓度，从而使白酒保持应有的酒精量并具有特殊的芳香。

蒸馏操作的要求：拌料均匀，轻撒匀铺，探汽上甑，边高中低，缓火蒸酒，大火蒸粮。蒸馏操作好的，可将酒醅中80%的香味物质转移到酒中；蒸酒操作粗糙，酒和芳香成分的提取损失就大，严重时损失近一半。

（1）蒸馏时糟醅的含水量　若出窖糟醅的含水量为61%，通过加粮润料，糟醅、粮粉、糠壳混合后，水分若减少10%，即上甑糟醅之水分只有51%左右，这种情况有利于酒精、己酸乙酯和其他香味成分的提取；若滴窖不净或入窖量水用量过多，上甑糟醅水分超过51%，己酸乙酯的提取量减少10%～20%，酒精的提取受影响，这种情况不但造成酒中己酸乙酯含量下降，而且乳酸乙酯含量增加，从而造成已、乳比例失调，影响酒质。

（2）上甑技巧　上甑技巧非常重要，凡严格按工艺操作上甑的，可以多出酒，降低粮耗，而且酒质好。我们1960年代在泸州酒厂顶丰恒小组查定，测定蒸馏效率，取同一窖上、中、下层均匀的母糟，称重，拌入粮粉润料，盖上糠壳，上甑前拌匀，取样测定含酒量。同样的糟醅，同样的粮、糟、糠比，不同的人上甑，烧火、接酒，结果老师傅上甑，认真细致、轻撒匀铺，“回马上甑”，火力也控制得好，比一般师傅每甑多出3～4kg酒，酒质也高一个等级（即老师傅接的是头曲，一般师傅接的是二曲）。可见上甑技巧的重要性。可是，有些厂是两三个人用铲子一起上甑。轻一铲重一铲，糟子在甑内呈“鸡屎堆”，一些地方已经穿汽，另一些地方还是冷的，穿汽不匀，造成“夹花流酒”，接出来的酒高达70度，酒中仍带“尾子（酒稍）味”，对酒质造成严重影响。

（3）上平甑还是上“窝窝甑”（即边高中低）　曲酒蒸馏的酒甑都呈“花盆状”，即上大下小，这主要是考虑酒醅在甑桶蒸馏时，蒸汽的纵向扩散作用（包括涡流扩散和纵向分子扩散）和边界效应的关系，酒糟颗粒与甑桶黏着力小于酒糟颗粒本身的黏着力，因此阻力也小，蒸汽易沿甑边上升。若上平甑，甑边上汽较快，甑心上汽较慢，造成来汽不匀，上凹甑（即边高中低）则可克服蒸汽的纵向扩散和边界效应，做到上汽均匀。所以一般控制甑边的酒醅比中间高出2～4cm。

（4）上甑时间　上甑时间与上甑时火力或蒸汽大小密切相关。曲酒中的芳香成分十分复杂，有数百种之多，其沸点相差极为悬殊，低的只有几十摄氏度，高的近300℃。在甑桶中各种物质相互混溶在一起，沸点也发生变化。形成特有的蒸发系数，各种香味成分相伴馏出。如果缓慢蒸馏，酒精在甑桶内最大限度地浓缩，并有较长的保留时间，其中溶解的香味成分就增多。反之，大汽快蒸，上甑时间短，酒精快速流出，酒醅中即使高产已酸乙酯及其他香味物质也难丰收于酒中。实践证明，上甑时间（甑容为 $1.5m^3$ 左右）35～40min 的比上甑时间为 20min 或 50min 以上的己酸乙酯高 20% 左右。而且大火快蒸，因酒精浓度迅速下降，乳酸乙酯却大量馏出，使香味成分失调，酒质下降。

七、量质摘酒

大曲酒蒸馏是采用混蒸间歇式蒸馏。在蒸馏过程中，酒精浓度不断变化，馏出的酒其酒精度随着酒糟中酒精成分的减少而不断降低。但是温度不断上升，而使酒内挥发性有机酸的浓度不断增加，一些高沸点物质也不断增长。

通过对蒸馏过程中，不同馏分中微量成分的测定，可以了解到酒中微量成分在整个蒸馏过程中的变化（表 3－8）。

表 3－8　　蒸馏过程中成分的变化　　单位：g/100mL

流酒时间/min	酒度/%vol	总酸	总酯	总醛	甲醇	杂醇油	感官品评
0	62.4	0.1541	3.80	0.0156	0.08	1.0	酯香味浓，刺鼻
5	71.8	0.0940	0.860	0.0148	0.08	0.6	酯香味浓，稍麻口
10	70.3	0.0911	0.464	0.0141	0.06	0.4	酒香纯正，入口顺，回甜
15	69.3	0.0927	0.447	0.0123	0.04	0.35	醇正，入口香，回味长
20	8.3	0.0954	0.449	0.0111	0.045	0.20	醇正，稍淡味，带甜
25	59.4	0.1293	0.451	0.0127	0.05	0.2	醇和，稍淡，带酸
30	45.6	0.1646	0.456	0.0146	0.04	0.3	味较淡，有酒稍味，带酸

1980 年代初，四川省食品发酵工业研究设计院承担省科委重点项目："泸州大曲酒微量成分与风味关系的探讨"，对泸州和五粮液不同馏分，进行了系统的色谱检测（表 3－9）。

表 3－9　　不同馏分微量组的变化　　单位：mg/100mL

成分	泸州酒厂			五粮液酒厂			含量变化
	酒头	中馏	酒尾	酒头	中馏	酒尾	
己酸乙酯	567	334	190	574	325	76	↘
乳酯乙酯	132	253	353	134	262	397	↗
乙酸乙酯	625	195	45	610	285	30	↘
丁酸乙酯	97	40	14	26	11	11	↘
棕榈酸乙酯	37.6	5.4	3.4	24.5	14.5	4.3	↘
油酸乙酯	19.5	6.11	2.7	12.6	5.1	1.6	↘
亚油酸乙酯	26.3	7.2	3.4	11.9	5.0	4.0	↘
戊酸乙酯	24	12	5	16	9	2	↘
乙酸	36.7	51.5	60.05	50.8	55.1	59.0	↗
丙酸	0.6	0.9	1.2	1.2	1.6	2.4	↗

续表

成分	泸州酒厂			五粮液酒厂			含量变化
	酒头	中馏	酒尾	酒头	中馏	酒尾	
正丁酸	9.9	16.8	24.2	8.6	16.6	25.8	↗
乳酸	17.9	17.4	3.01	21.5	44.6	22.2	↗
己酸	18.6	31.4	49.5	31.8	69.1	28.9	↗
庚酸	0.3	0.4	0.5	0.2	0.4	0.5	↗
壬酸	0.04	0.03	0.04	0.02	0.02	0.02	→
棕榈酸	16.8	0.90	0.32	3.1	1.54	0.03	↘
亚油酸	15.3	0.70	0.20	2.9	1.2	0.04	↘
油酸	15.3	0.70	0.20	2.9	1.2	0.04	↘
甲醇	18.6	15.9	19.5	5.4	7.3	8.4	↗
正丙醇	25.7	19.8	15.3	21.7	16.2	4.4	↘
异戊醇	47.0	37.4	27.0	75.1	51.9	12.9	↘
2，3－丁二醇	3.89	2.01	2.82	4.2	2.6	0.61	↘
β－苯乙醇	0.23	0.15	0.38	0.18	0.41	1.52	↗
乙醛	130.2	50.1	14.9	166.8	42.5	9.6	↘
乙缩醛	318.4	111.7	25.5	149.9	120.7	13.2	↘
双乙酰	19.9	7.5	4.0	25.9	5.8	2.4	↘
醋酴	4.6	3.8	2.6	3.7	—	—	↘
糠醛	0.98	1.50	2.49	0.89	2.98	11.2	↗

由表3－9测定结果可以看出，酒头中含有大量的酯、酸、甲醇、醛和较高的酒精及杂醇油等物质，形成较浓的酯香味，以致刺鼻，且味杂、糙辣。因此，大曲酒蒸馏时，一般摘头0.5kg左右。因酒头中芳香成分多，可选择优者经贮存作调味酒之用。

曲酒中芳香成分众多，既有色谱骨架成分，又有复杂成分，其沸点相差极为悬殊。例如，甲醛20℃，乙醛21℃，甲醇64.7℃，甲酸100.7℃，乙醇78.30℃，乳酸乙酯118.13℃，乙酸乙酯77℃，己酸乙酯167℃，而甘油却为290℃。尽管如此，甑内气相温度在95℃以下（实测数据），然而各物质组分，均可按定比关系蒸出，在甑桶中各种物质相互溶混在一起，其沸点必然发生变化，形成特有的蒸发系数，例如，乙酸乙酯和己酸乙酯都溶于酒精蒸汽中，它们的馏出量与酒精浓度成正比，如果“缓火蒸馏”，使酒精在甑内最大限度地浓缩，并有较长的保留时间，其中溶解的上述酯类就增高。反之，大汽快蒸，酒精快速流出，酒醅中虽高产己酸乙酯，但却不能丰收于酒中。乳酸乙酯和甘油等易溶于水蒸汽中，酒精浓度较高，它们馏出量较少，酒精度降低，它们则大量馏出。有的曲酒糟味较重，后味很涩，这除了其他物质平衡失调以外，主要是双乙酰和乳酸乙酯含量过高。

量质摘酒，就是根据不同馏分微量成分含量的差异，用感官品评进行鉴定，根据酒质不同来分段接酒。通过认真的上甑操作和流酒过程中细致的品评，上层糟有时会摘到优质的“合格酒”。量质摘酒要求管甑人有较熟练的品评技术，并对流酒过程酒质的变化有较深的实践，需要不断总结，仔细分析，积累经验，才能得心应手。

八、缓火蒸酒、大火蒸粮

“缓火蒸酒，大火蒸粮”是传统操作中蒸馏工序的经验总结。“缓火蒸酒”的科学含意，前已述及，不再重复。“大火蒸粮”是指蒸煮糊化。

1. 蒸煮的作用

蒸煮的作用是利用高温使淀粉颗粒吸收水分、膨胀、破裂，并使淀粉成为溶解状态，给曲的糖化发酵作用创造条件。蒸煮还能把原料上附着的野生菌杀死，并驱除不良气味。浓香型大曲酒系用混蒸法，即蒸酒蒸粮同时进行，因此，蒸煮（馏）除起上述作用外，还可使熟粮中的“饭香”带入酒中，形成特有的风格。

淀粉是一种亲水胶体，吸收水分后能发生膨化现象，这是由于水分渗入淀粉颗粒内部，使淀粉的巨大分子链扩张，因而体积膨大，质量增加，随着温度的升高而继续膨化。在一定范围内，当淀粉颗粒的体积已增加到50～100倍时，各巨大分子间的联系削弱，从而导致淀粉颗粒的解体，此现象称为淀粉糊化。

在糊化时，淀粉结晶体的构造仅部分破坏，本来排列整齐的淀粉层变化成错综复杂的网状结构，这种网状结构是由巨大分子的胶淀粉的支链相互联系的。随着温度的继续升高，此种网状结构可断裂成更小的片断。

2. 影响糊化的因素

原料糊化的好坏与产品质量和出酒率有密切关系。影响糊化的因素很多，操作时要特别注意。

（1）原料粉碎度　酿造大曲酒的原料大多先经过粉碎，粉碎过粗或过细都不利于糊化和发酵。但浓香型大曲酒的酒醅都经过多次发酵（续糟发酵），原料并不需要过细。

（2）出窖糟的水分和酸度　粮粉在蒸煮前先经过润料，出窖酒醅中水分越大，酸度越高，粮粉吸收更加容易；母糟干燥则粮粉吸水困难。

（3）润料时间长短　淀粉在润料时吸取了酒醅中的水分，颗粒略有膨胀，为糊化提供良好条件，同时淀粉在酸性介质中比中性或碱性介质中容易糊化。润料时间越长，粮粉吸水越多，对糊化越有利。

（4）粮粉、酒醅、稻壳比例　三者适当的混合，可为蒸煮糊化创造有利条件。粮粉与酒醅配比大，吸水和酸的机会增多，适当地配以稻壳，可使穿汽均匀。

（5）上甑速度和疏松程度　上甑太快，来汽不均，粮粉预煮时间减少，影响糊化；太慢又会跑汽，影响产酒。上甑要求轻撒匀铺，探汽上甑，边高中低。

（6）底锅水量和火力大小　底锅水量的多少，直接影响蒸汽上升量，火力大小（或蒸汽的压力高低）也影响蒸汽的上升速度。蒸汽的上升速度及数量都是影响糊化的重要因素。

（7）蒸煮时间的长短　在蒸煮（馏）过程中，前期（初馏阶段）甑内酒精浓度高，而甑内温度较低，一般只有95～100℃。到后来，随着流酒时间的增长，酒精浓度逐渐降低，这时甑内温度达到102℃（吊尾阶段），可使糊化作用加剧，并将部分杂质排出。因此，摘酒完毕，加大火力既可“追酒”较完全，可加速糊化。有的厂不规定具体的蒸煮时间，只是吊尾完即中止。蒸煮时间短，起不到应有的作用，造成出酒率低，尤其对发酵期短的影响更甚。但蒸煮过度，酒醅发黏、显腻，给操作和糖化发酵带来恶果。

总之，影响糊化的因素很多。直到现在，对曲酒蒸煮糊化质量的检验尚无一套合理、准确的方法。一般根据传统操作的经验，做到“熟而不黏，内无生心”就可以了。

九、打 量 水

“打量水”是浓香型大曲酒酿造中重要操作。粮糟经蒸酒蒸粮过程虽然吸收了一定的水分，但尚不能达到入窖最适水分，因此必须进行打量水操作，以增加其水分含量，有利于正常发酵。量水温度要求不低于90℃，才能使水中杂菌钝化，同时促进淀粉细胞粒迅速吸收水分，使其进一步糊化。所以，量水温度越高越好。

量水的用量视季节不同而异。一般出甑粮糟的含水量为50%左右，打量水后，入窖粮糟的含水量应在53%左右（扣除摊凉撒曲水分损失）。老酒师的经验是夏季多点，冬季少点。一般每100kg粮粉，打量水80～90kg（各厂不一），便可达到粮糟入窖水分的要求。量水用量要根据温度、窖池、酒醅的具体情况，灵活掌握。若量水用量不足，发酵不良；用量过大，酒味淡薄。量水用量是指全窖平均数，有的厂是打平水，即上下一样；有的是底层较少，逐层增加，上层最多，即所谓“梯梯水”。这种打法有调节上下水分均衡的作用。

打量水操作，并不复杂，只要在出甑粮糟上均匀泼入90℃以上的热水便可。但笔者发现，操作中存在一些问题：

（1）量水温度不够或使用冷水　有的厂对量水温度要求不严格，只要是热水，哪怕只有40～50℃，就往粮糟里泼，北方不少厂就用冷水，其理由是北方天气寒冷，水温低，杂菌少，泼入粮糟后可缩短摊凉时间。虽知出甑粮糟温度甚高，若即泼入冷水或温热水，膨胀的淀粉颗粒迅速收缩，水分附至表面成“水沽沽”的，发酵期间这些水很快下沉，造成上、中层酒醅缺水发酵，酒醅发干，发酵不正常。

（2）在甑内打量水　为了减少工作量，很多酒厂如此。直接在甑内打量水，除不够均匀外，更重要的是增加淀粉的流失。现在许多酒厂使用的是金属甑篦，上面布满圆孔，粮糟易往底锅里掉，要出甑的粮糟经水一泼，有的甚至用水管往里冲水，增加了粮糟中淀粉的流失。笔者曾在某名酒厂实地观察，发现每甑由甑篦掉入底锅的粮糟多达8～10kg，有的还超过此数。若粮糟中含淀粉20%，每窖以10甑粮糟计，则损失淀粉16～20kg，折合成原料约为24.61～30.77kg（原料淀粉以65%计），若一个窖每年周转6次（发酵期以60d计，很多厂发酵期只有40d，此数就更大），则每个窖由此造成的原料损失为184.62kg，若全厂1000个窖池，则原粮损失达184.62吨，这个数目相当可观，若原粮以每吨1400元计（若用多粮工艺，还要高），则损失25.85万元.

十、入窖发酵条件

入窖发酵条件包括温度、酸度、水分、淀粉、稻壳用量等。

1. 入窖温度

入窖温度，四川传统操作都以地温为标准，但地温的高低又随气温的变化而异。所谓地温，系指靠近窖池阴凉干燥的地面温度。由于地温与窖池温度接近，比较稳定，当粮糟入窖后，其温度基本上与窖池温度接近，因此便于掌握，而气温则差异较大。

泸州传统的入窖温度是“热平地温冷 13（℃）”。也就是控制较低的温度入窖发酵，控制“低温缓慢发酵”，做到“前缓、中挺、后缓落”。但热季因气温较高，无法做到低温入窖发酵，只能尽量做到平地温入窖。那么，控制低温缓慢发酵有什么好处呢？

（1）有利于醇甜物质的形成　发酵温度的高低与酵母及其他微生物在窖内的繁殖情况有着密切的关系。在发酵时，酵母菌在生成酒精的同时，能产生一些以甘油为主的多元醇。多元醇生成量的多少与菌种、菌数及原料等有关，也与发酵速度、酒精成分密切相关。大曲和酒醅中的野生酵母，以及生产场地、用具上的野生耐高渗压酵母等菌类，在适宜条件下能产生较多的甘油和少量的阿拉伯醇等多元醇，这是酒内醇甜成分的一个重要来源。但他们产生这类物质与酒醅的含磷量有一定关系。浓香型大曲的酒醅中，含磷量为1%～2%，只能适应这类酵母产生多元醇之需。当发酵温度较低，发酵缓慢，窖内含氧逐渐减少时，磷氧比是缓慢增大，这时有利于多元醇的生成。若温度高，发酵速度快，糟内含氧量迅速减少，多元醇的产量也就大大地减少了。

在固态发酵中，甘油及其他多元醇的生成是很缓慢的，在酵母活动的末期产生较多。如果入窖温度高，发酵升温猛，酵母早衰，产生这类物质就少。正是由于醇甜物质生成缓慢，所以一般认为发酵期长些较好，但也不能认为发酵期越长越好，应该说是在一定范围内发酵期适当长些，醇甜物质就会多些，酒质也就更好。

酒中甜味物质还有如 α - 联酮、2，3 - 丁二醇和三羟丁酮等，这些物质是可以互相转化的。在固态发酵中，它们是酵母和细菌活动的副产物。当工艺条件适宜，酒醅成分合理并相对稳定，发酵缓慢时，就有利于这类物质的形成。

（2）有利于控制酸产酯　生产实践证明，凡是低温缓慢发酵的，升温幅度少，产酒正常。据泸州查定，比较正常的发酵酸度变化见表 3 - 10。

表 3 - 10　　较正常的发酵酸度变化

发酵天数	入窖	出窖	1	3	5	8	15	20	30	40
酸度	1.9	2.0	2.0	2.2	2.2	2.2	2.4	2.6	2.9	3.2

封窖至第 8d，含酒量达最高峰，窖内温度也升至最高点，主发酵基本结束，这时酸度为 2.2。升酸幅度仅为总升酸量的 40% 以下。低温缓慢发酵，就能在发酵的大部分过程中保持高酒度和适当的酸度。这样不仅有利于本排和下排的正常发酵，而且对产生浓香型曲酒主体香酯有一定的影响。

从已酸乙酯形成的机理可知，这个过程在窖内进行是比较缓慢的。如果发酵速度过快，窖内迅速升温，酸度也很快上升，这样就很可能出现酒量少而酸高的现象，这时乙酸乙酯的形成大幅度地增加，于是在窖的上层会出现酸和乙酸乙酯的量大于乙醇的情况。这样，产酯反应往往趋向于到丁酸乙酯为止。

$$CH_3COOC_2H_5 + C_2H_5OH \longrightarrow CH_3(CH_2)_2COOC_2H_5 + H_2O$$

只有当乙醇量大于乙酸乙酯时，反应才会继续到生成已酸乙酯：

$$CH_3(CH_2)_2COOC_2H_5 + C_2H_5OH \longrightarrow CH_3(CH_2)_4COOC_2H_5 + H_2O$$

夏季入窖温度高，发酵升温快，酸度也高，这样就会造成乙酸乙酯含量大于乙醇，酒和香味往往不如冬季的浓。

（3）有利于控制高级醇的形成　任何种类的酒，在发酵过程中都会生成不同量的高级醇。高级醇是由原料中的蛋白质或酵母细胞中的蛋白质水解为氨基酸，酵母利用了这些氨基酸（如亮氨酸、异亮氨酸）中的氨，并经脱羧后而生成的。可见，酒中高级醇的量与原料中蛋白质含量、酵母及其他微生物性状和数量有关。在相同条件下，发酵温度和速度对高级醇的生成量有较大的影响。若发酵温度高，发酵速度快，酵母在恶劣条件下，其代谢产物的高级醇量会增加，在酵母早衰的末期，高级醇会较大幅度地增长。若前火猛，发酵不正常，在缺氧条件下，一部分蛋白质被微生物分解产生甲硫醇、硫化氢等物质，使酒味冲辣带臭。

从气相色谱分析结果可知，浓香型大曲酒的醇酯比（高级醇与总酯的比值）是所有白酒中较低的一种，一般醇酯比为1∶6以上。高级醇含量过多，会使酒苦、涩、辣味增大。以江苏省洋河酒厂为例，优质洋河大曲酒和普通洋河大曲酒所用原料和大曲配方都相同，总的生产工艺也大体类似。前者发酵比后者长1个月，优质酒的高级醇不超过0.07g/100mL，而普通酒的高级醇却达到0.1～0.14g/100mL。优质酒的醇酯比为1∶8，普通酒的醇酯比为1∶2.5左右。其原因除与大曲有关（优质酒用高温曲，普通酒用低温曲）外，更重要的是优质酒的发酵温度一般都比普通酒低4～8℃，前者发酵速度慢于后者（前发酵期分别为15d和6～8d）。由此可见，发酵温度和速度对高级醇的影响更甚于发酵期延长等因素。所以，低温缓慢发酵对控制高级醇生成量，使之不致过多，以便合理地缩小醇酯比是有效的。

（4）有利于加速新窖老熟，保证老窖酒质稳定提高。人工老窖的成香效果除了取决于窖泥中己酸菌的数量和性状外，还取决于细菌繁殖活动的环境是否适宜和营养是否充足。后两个方面主要是靠发酵来满足。除了在培养窖泥时要保证质量外，还要在搭窖后给以适宜的条件，才能加速新窖老熟，并且稳定提高。窖泥内的已酸菌等功能菌，在大曲酒发酵这一特定环境下，活动比较缓慢，低温缓慢发酵是与此相适应的，如发酵速度过猛，则升酸快，已酸菌等繁殖受抑制，活动减弱，窖泥逐渐板结。实践证明，低温缓慢发酵能促使泥窖成香，相应地酒质也会逐渐提高。

（5）控制缓慢发酵　适温入窖，缓慢发酵，是酒师长期实践经验的积累。怎样才能控制缓慢发酵？可从下述几方面来考虑：

①适当提高制曲温度，使用偏高温曲；把曲子的粉碎度适当放粗，并合理控制用曲量。在正常情况下，使用高温曲比使用中温曲的发酵速度慢1～2倍以上。

②量水要用高温，一般在90℃以上，越高越好。

③使用适量的填充料。在保证粮糟疏松的前提下，尽量减少填充料用量，不使淀粉颗粒之间含水量和含氧量过多。同时，适当踩窖，排出多余空气也是控制缓慢发酵的有效措施。

④控制酸度。入窖酸度1.2～1.7（各地略有差异）有利于发酵。酸度高，发酵困难；太低往往发酵又较快。

⑤适当控制入窖粮糟淀粉含量，尤其在夏季更应严格控制。

⑥回酒发酵。在入窖粮糟中适当泼入少量低度酒（酒精含量20%），不仅可以缓和发

酵，而且可以提高酒质。

关于入窖温度与酒质的关系，20 世纪 80 年代以后也有不同论点。有人认为入窖温度适当提高，已酸乙酯生成量增加；相反，入窖温度低，已酸乙酸生成量少。例如，冬天入窖温度为 13～15℃，出酒率高，酒质醇和、绵甜，但浓香较差，也就是说杂质生成少，已酸乙酯也少；而夏季入窖温度在 25℃以上，出酒率低，酒质浓香味杂，即已酸乙酯生成量虽然有提高，但杂质生成量也随之增加。有人曾做过生产试验，结果是 13～15℃入窖比 25℃以上入窖的已酸乙酯生成量减少 20%～30%。因此，认为 18～20℃入窖，既能保证出酒率，又能使酒质浓而不杂。当然，浓香型大曲酒的质量，不能只强调已酸乙酯的含量，而是要看其他微量成分（特别是复杂成分）的量比关系。

2. 入窖酸度

在发酵过程中，除生成酒精外，也产生许多副产物，有机酸是其中之一，它是淀粉变糖，由糖变酒的必然产物。酸有挥发酸和不挥发酸。挥发酸大部分为乙酸、丁酸等，不挥发酸大部分为乳酸。乳酸菌消耗糖产生乳酸，醋酸菌消耗酒产生醋酸，其反应如下：

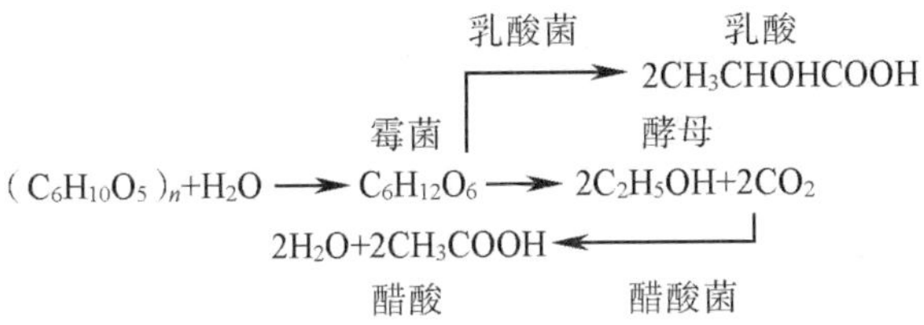

入窖酸度，历来是酒师十分重视的条件，过去没有化验，全靠酒师“一看、二闻（嗅）、三尝”，来判断母糟的酸度。入窖酸度的高低，直接影响糖化、发酵的速度和酶活力，所以发酵的酸度过高或过低均不适宜。适当的酸度，不仅有利于蒸煮糊化，而且有利于糖化和发酵。

低温缓慢发酵，前发酵期长，升温缓慢，有益微生物生长旺盛，可抑制有害微生物的生酸作用，因而出窖酸度增加不多，给下排入窖的酸度创造良好条件。据四川省某名酒厂的经验，生产上一般入窖酸度在 1.7 以下时，出窖酸度在 2.5 左右；入窖酸度在 1.8～2.0 时，出窖酸度在 3.0 左右；若入窖酸度在 2.0 以上时，则出窖酸度在 3.0 以上。夏季入窖温度高，升温猛，窖内温度很快就超过酵母最适温度（28～32℃），使它们活力下降，不能充分利用淀粉，剩余的糖分被乳酸菌所利用而生酸，导致出窖酸度高，这是夏季“倒窖”（掉排）的原因之一。20 世纪 60 年代，泸州查定证实，入窖温度、酸度和粮耗有密切关系见表 3－11。

表 3－11　　入窖温度、酸度与出窖酸度和粮耗的关系

入窖温度/℃	入窖酸度	出窖酸度	粮耗/kg	原料出酒率/%
13～14.5	1.7	2.7	188.8	52.97
16.5～17.5	1.8	3.1	200.3	49.93
22.5～23.5	2.2	3.3	216.3	46.23
27	2.3	3.5	221.9	45.07

窖内发酵糟酸度增高的原因，可从下述几方面来分析：

（1）入窖温度、酸度、淀粉含量高，发酵升温快，是生酸菌最适环境，使之繁殖加快。

（2）稻壳用量过多，窖内糟子疏松，空气较多，微生物繁殖迅速，而发酵升温快，这不仅全使酵母过早衰老，而且也有利于杂菌繁殖生酸。

（3）摊凉时间过长，感染空气及场地中的杂菌多。

（4）滴窖时间短或滴窖不勤舀，造成酒醅中黄浆水多，酸度必然增高。

（5）窖皮管理不严格而裂口，杂菌大量侵入。

（6）环境和工具卫生工作不彻底。

根据上述原因，制定相应的措施，是降低母糟酸度的有效办法。

在适宜的入窖酸度范围内，酸度低的生成己酸乙酯少，酸度大的生成己酸乙酯多。入窖酸度在1.8左右比入窖酸度在1.0左右的，可增加己酸乙酯含量30～50mg/100mL。所以，控制适宜的入窖酸度是提高己酸乙酯和降低粮耗的较好措施。

3. 入窖水分

水是窖内一切生化变化的重要物质，但过多过少均不适宜。有经验的酒师，用手抓一把糟子，稍用力一捏，就知道母糟中水分的多少，准确度还颇高。据生产实践，若水分过大，糖化发酵快，升温猛，母糟酸度大；水分过低，酒醅发干或起坨坨，窖内黄浆水少，也不能正常发酵。入窖水分小的己酸乙酯生成量多，入窖水分大的己酸乙酯生成量少，水分适当可增加己酸乙酯含量10～30mg/100mL。根据泸州的经验，较适宜的入窖水分为53%～54%，若入窖水分增大到56%以上，己酸乙酯的生成量也随之受到影响，以致酒味较淡。除了入窖水分外，量水的成分也与酒质有关，有些研究尚在试验中。

4. 入窖淀粉

淀粉在发酵过程中，除大部分变成酒精外，还产生二氧化碳和少量的酸、酯、醛、醇、酮等物质。此外，还供给微生物生长的需要。适当控制淀粉含量，与产、质量的提高有密切关系见表3－12。

表3－12　入窖淀粉含量与粮耗的关系

每甑投粮量/kg	入窖温度/℃	入窖淀粉/%	用曲量/%	发酵最高温度/℃	升温幅度/℃	出窖淀粉量/%8	粮耗/（kg/100kg）
120	22.5	16.32	19.23	35	12.5	8.06	216.30
130	22	17.62	20	38	16	8.70	226.11
110	23	15.29	19.13	35.5	12.5	8.07	238.88
120	23	16.46	19.58	38	15.5	9.86	244.89

入窖淀粉含量应随季节不同而增减。冬季气温低，入窖温度低，淀粉含量可高达18%～22%；夏季气温高，入窖温度也高，淀粉宜降到14%～16%。

据四川名酒厂的经验，在一定范围内，淀粉含量高，生成的己酸乙酯多。入窖淀粉18%～22%的比入窖淀粉15%左右的，可增加己酸乙酯含量10～30mg/100mL。故应根据出窖酒醅淀粉含量来决定粮糟比。

表3－13是四川某名酒厂各季入窖条件和原料配比，供参考。

表3－13　各季入窖条件和原料配比

项目		旺季 12～5月	平季 6～11月	淡季 7～9月	说明
地温		20℃以下	20～25℃	26℃以上	按投粮百分比
稻壳		20～22	19～21	17～19	
量水		60～65	65～70	65～75	
母糟		480	560	580	
入窖	温度/℃	13℃或高于地温1～2℃	平地温或高于地温1℃	低或平地温	
	酸度	1.0～1.4	1.3～1.6	1.5～1.8	
	淀粉/%	16～17	15～17	15～16	
	水分/%	53～54	560	54～55	
出窖	酸度	2.5～2.8	2.6～3.0	3.0～3.2	
	淀粉/%	6～7.5	7～8.5	7.5～9	
	水分/%	57～60	59～60	59～60	

5. 稻壳用量

曲酒酿造中加入稻壳，是为了增加酒醅的疏松度，以利发酵和蒸馏。但糠壳用量过多（不少厂没有具体规定，由操作人自由使用）有以下弊病：

（1）发酵时糟醅内含空气过多，窖内升温猛而高，生酸也多。

（2）糟醅太糙，保不住黄水，黄水过早下沉，上部糟醅显干，发酵不正常，己酸乙酯等香味物质生成少，酒质差。

（3）蒸馏时带来更多异杂味。因此，应严格控制稻壳用量。据经验，一般单用高粱酿酒的，糠壳用量为20%～22%；采用多粮酿酒，因大米、糯米等黏性强，糟醅易起坨坨，稻壳用量可增至23%～26%。若糟醅酸度较低，出窖酸度在2.5以下，可采用“加回减糠”的办法，即加大回醅量以减少糠壳用量，这样即能提高入窖酸度，又能减少用糠量，一举两得。

十一、滴窖勤舀

滴窖就是将酒醅中的黄浆水滴出，从而降低出窖酒醅的酸度和水分。黄浆水是怎样形成的呢？酒醅入窖后在发酵过程中，淀粉由糖变酒，同时产生二氧化碳，单位酒醅的质量相对减少，结晶水游离出来，原料中的单宁、色素、可溶性淀粉、酵母自溶物、还原糖等溶于水中沉下窖底而形成黄水。黄水成分见表3－14。

在窖内，黄浆水浸没的酒醅，水分都在62%以上，不利于蒸馏，对下排发酵造成不良影响，酸度过高，酿酒微生物生长繁殖受到抑制，不能正常发酵。滴窖，是降低下层酒醅的水分和酸度，为蒸馏操作和下排发酵创造良好条件，并避免黄水味从母糟带入酒中。

表 3-14　　黄水成分

酸度	淀粉含量/%	还原糖含量/%	酒精含量/% vol	pH	黏度/（Pa·s）	单宁及色素含量/%
5.3	1.9	0.69	8.04	3.5	4.35×10^{-3}	0.19
5.3	1.69	0.71	7.15	3.4	4.01×10^{-3}	0.16
4.8	1.46	0.36	7.04	3.6	2.42×10^{-3}	0.12
4.8	1.28	0.34	7.91	3.5	3.56×10^{-3}	0.145

滴窖操作是在开窖起母糟时，看见现黄水（或母糟较湿），即停止起窖，在窖内剩余的母糟中央或一侧挖一黄水坑滴窖。坑长、宽 70～100cm，深至窖底，随即将坑内黄浆水舀净，以后则滴出多少舀多少，每窖最少舀 4～6 次，即要做到“滴窖勤舀”。过去，老酒师为了使黄水滴净，半夜都起来舀黄水，真正做到细致操作。滴窖时间一般要求 12h 以上。现在很多厂在窖池黄水坑一侧安装一根管子，与手动压水泵连接，出窖前将黄水抽出，十分方便，大大减轻了劳动强度。

北方有的厂在建造窖池时，为了避免黄水在窖内的积聚，在窖底挖一个坑，坑底有一通道，直通窖外，这样窖内不可能存留黄浆水，即有多少就流多少。酿酒前辈周恒刚老先生，多次到四川考察，深感“黄水是个宝”，黄水对浓香型曲酒，香味成分的形成，作用甚大。根据四川的经验，凡是保不住黄水的窖池，酒的产品质量都较差。

十二、加醅减糠、回酒发酵

稻壳是优良的酿酒辅料。在配料时加入稻壳，既可稀释粮糟中的淀粉含量，又起疏松作用，这在固态发酵酒中有着重要意义。

但稻壳用量不宜过多，否则，不但直接影响酒质，而且造成窖内发酵糟淀粉颗粒之间空隙加大，发酵速度加快，也影响产量和质量。所以有的厂采用“加醅减糠”的办法，即配料时多加酒醅，少加稻壳。实践证明，这是一个保证出酒率和稳定产品质量的有效措施。“加醅减糠”工艺操作中，应注意出窖酒醅的酸度，若酸度高时，不宜采用此法，否则会影响下排出酒率。

回酒发酵，经长期生产实践证明是提高产品质量的有效措施，但回酒量不宜过多，一般每甑回酒（以酒精含量 60% 计）2.5～4kg，入窖酒醅的含量不超过 2%，否则妨碍发酵。分层回酒的方法，是用本窖的丢糟黄水酒（或质量较差的酒）加 2 倍左右的水，稀释到酒精含量为 20% 左右，每甑或隔甑泼入窖内。回酒时要窖边多泼，泼散、泼匀，并应从量水中扣除其数量。

回酒发酵可起下列作用：

（1）使入窖酒醅有一定的酒精含量，抑制产酸菌的生长繁殖。

（2）己酸发酵需要有酒精作为基质，因此回酒，特别是在窖壁上泼入，有利于己酸菌的生长繁殖。

（3）有利于酯化作用的进行。但是，若母糟发酵不正常，操作工艺和管理不当，回酒发酵作用甚微。

十三、泥 封 发 酵

装完面糟后，即将已踩柔熟的窖皮泥抬至面糟上，一面用泥掌（或铁铲）刮平抹光，厚10～15cm。以后每天清窖一次，直到窖泥表面不粘手，即可在窖皮面上盖上塑料薄膜（传统是盖稻壳），以防窖面干裂，用塑料薄膜覆盖，每天应揭开清窖一次，直至出窖，以防窖皮干裂、发霉、生虫。

封窖的目的是杜绝空气与杂菌的浸入。造成窖内厌氧环境，以抑制大部分好气菌的生酸作用；同时酵母在空气充足时，繁殖迅速，大量消耗糖分，发酵不良。在空气缺乏时，才能起到正常的缓慢发酵作用，因此严密封窖、清窖是十分必要的。

泥封发酵，认真搞好窖池管理，是浓香型大曲酒传统操作，技术性不强，但仍存在下述问题：

（1）窖皮泥质量差　有的厂反复使用窖皮泥，每次不加或少加新黄泥。以至窖皮泥很糙，泥中稻壳、丢糟甚多，造成密封不严（漏气）。

（2）窖皮泥薄　封窖泥用量太少，窖皮薄，有的只有2～3cm，极易裂口，杂菌大量侵入，上层酒糟发霉，特别是青霉，使酒带霉味并发苦。

（3）封窖后不加管理　有的厂用泥封窖皮即盖上塑料薄膜：有的厂即使是窖皮收汗后再盖薄膜，发酵数十天再也无人过问。造成窖边严重缺水而裂口，窖边糟发霉，上半截窖泥也长霉；薄膜下的窖皮泥“色彩斑斓”“小动物”满地爬，此种窖池如何出好酒？

因此，封窖泥应定期更换，要优质黄泥与老窖皮泥合理搭配：封窖泥若使用培养泥则效果更佳。封窖泥厚度应坚持起码10～15cm，四周更要加厚。封窖后，每天清窖一次，用铁铲拍紧，泥掌抹光。窖皮收汗后，每天在面上洒开水（或95℃以上热水），再用铁铲拍紧、抹光，待水汽干后，下班前用薄膜盖好，以保持水分，每天如此，直至出窖。

发酵期间，在清窖的同时，检查一次窖内温度的变化和观察吹口的变化，并详细进行记录，这一工作至少要坚持20～30d，有的厂能一直坚持到出窖。注意正确掌握发酵期间温度的变化规律，给开窖鉴定和下排配料提供科学依据。此外，还应选重点窖作全面分析检验，如水分、酸度、淀粉、还原糖、含酒量等，以积累资料，逐步掌握发酵规律，从而指导生产。

第二节　浓香型白酒工艺的创新

自20世纪50年代，国家组织有关单位在泸州开展对浓香型大曲酒总结查定以来，数十年科研院所、大专院校、名优酒厂在继承传统工艺操作的基础上，运用现代科技对传统操作加以发展和创新。

一、人工老窖的现状与发展

窖泥是浓香型大曲酒发酵不可缺少的先决条件。按四川的传统认为，50年以上的老窖才能产出特曲、头曲，20年左右的窖一般只产二曲、三曲。新搭建的窖泥用纯黄泥搭成，要经过相当长时间，泥色才由黄转乌，又逐渐变为乌白色，并由黏性绵软再变为脆硬。这个自然老熟过程一般需要20年以上的时间。老窖泥质软无黏性，泥色乌黑带灰，并出现红绿色彩，带有浓郁的窖香。窖龄越长，酒质越好。

“好窖出好酒。好酒的基础是优质窖泥、优良工艺和精心管理”，这是浓香型大曲酒生产必须遵循和认同的真理，而人工老窖泥的研究和应用就是利用各种科技手段、微生物、土酿等相关学科的成果，模拟老窖泥的老熟机理以及各种成分，尽量缩短自然老熟时间而达到优质窖泥的水平和实际效果。

（一）人工培窖

20 世纪 60 年代以来，由于国家有关部门的重视，科研单位、大专院校与名优酒厂对窖泥进行了较深入的研究，对窖泥中的理化指标，如水分、pH、氨态氮、腐殖质、有效磷、有效钾、有机酸、无机及微量元素、氨基酸等进行了系统的测定，对窖泥中的微生物，如已酸菌、丁酸菌、甲烷菌、甲烷氧化菌、放线菌、酵母菌（包括产酯酵母）等进行了卓有成效的研究。将这批研究成果综合应用于培养人工窖泥，使培养的窖泥在较短的时间内就达到相当于自然老熟 10 ~20 年窖泥的水平，可产部分优质酒。人工老窖的研究和推广应用，为浓香型大曲酒在全国各地的普及和发展，奠定了坚实的基础。

自 20 世纪 60 年代中期开始，国内不少单位对浓香型大曲酒的主体香成分进行了深入的研究，通过纸层析和气相色谱的分析，一致确认为己酸及其乙酯类是浓香型大曲酒的主体香；梭状芽孢杆菌类是产生这两种成分的主要菌类。

（二）液体窖泥的制备

液体窖泥是指将窖泥进行人工液体培养，经反复连续淘汰纯化，得一较纯的复合菌株培养液。液体窖泥是维护和改造劣质窖池必备的手段和措施，同时也是提高酒质的一种方法。

1. 丁酸菌发酵液培养

培养基：牛肉膏 1.5g，葡萄糖 3g，蛋白胨 2g，$CaCO_3$ 2g，老窖泥浸出液 100mL（取老窖泥 100g，加 85℃以上热水 150g，充分搅拌成泥浆水，自然澄清，取清液作培养基添加用水）。

培养方法：采用三级扩大培养。

将培养基约 500mL，装入烧瓶内，塞上棉塞，灭菌。冷后接入老窖泥 3% ~5%，然后加热至刚沸腾即止，急冷。此时基本上所有的营养细胞都已被杀死，只留下具有芽孢的耐热细菌，水封，至 34℃保温培养，16 ~18h 后开始产气，液封鼓泡，镜检可发现大量杆状菌和少量的大型梭状菌。

培养液成熟后，颜色黄浊，略臭，似黄浆水味，pH 变化不大，约为 4.5。菌体染色为革兰阴性，发酵液中含丁酸和己酸。

2. 己酸菌发酵液培养

培养基：$CH_3COONa \cdot 3H_2O$ 0.5%，$(NH_4)_2SO_4$ 0.05%，$K_2HPO_4 \cdot 3H_2O$ 0.04%，$MgSO_4 \cdot 7H_2O$ 0.02%，酵母膏 0.1%，自来水适量。杀菌后、接种前加入乙醇 2%，$CaCO_3$ 1%，调 pH 6.8 ~7，培养温度 32 ~34℃。培养基应尽量充满容器，造成厌氧条件，培养时间为 7d。

菌种一般采用分离纯种或老窖泥液。

在培养期间，可用显微镜检查杂菌污染情况，同时用 20% 硫酸铜溶液检测己酸的生成量。通常在接种后 1 ~3d 基本上不产己酸，4 ~6d 开始产酸，7d 后己酸含量明显增加，己酸菌生长也很旺盛，10～12d己酸量达到高峰。在逐级扩大培养中，一般1级、2级种子培养7d，大生产用己酸发酵液则适当延长到15d为好。

3. 混合培养液

制备混合培养液是大生产常用的一种方法，具有成本低廉，简单易行的特点。其培养液配方：老窖泥（接种泥）5%～10%，底层母糟15%，曲粉2%，乙醇2%（用酒头、酒尾、曲酒照折），营养盐（按照老窖泥的结构和需要，调整N、P、K等营养成分，可采用0.5%的高效复合肥，或按己酸菌培养液配方添加一半）适量，黄浆水10%，调pH 5～6，85℃以上热水调配。

工序：将酒醅、黄浆水装入麻坛内，倒入90℃以上热水（或部分热底锅水），立即封坛，待冷至50℃左右，加入曲粉、老窖泥、营养盐，调pH，加入适量的乙醇，保持乙醇含量2%～5%，并且用乙醇封面，然后封坛。保温32～34℃，培养8～10d。正常培养液应为金黄色或淡黄色，气味与老窖泥相似，有悬丝，镜检杆菌多，健壮，有极少量酵母，基本无其他杂菌。

制备液体窖泥应注意以下几个问题。

（1）合成培养基中醋酸钠和乙醇是必不可少的物质，否则己酸就不能生成。用其他的醋酸盐代替醋酸钠也可以。酵母膏含有一定的生长素，能促进己酸的合成，酵母膏的量不足或质量低劣都会影响己酸合成，其他无机盐影响不大。用酒糟浸出液（或液态法酒厂的酒糟水）作配料用水，可以取代酵母膏和无机盐。

（2）己酸菌（或窖泥）培养液有时会变黑，有的有黑色沉淀，有的出现黑色膜状物。据分析可能是由于强氧化作用，氨细菌感染引起的。

（3）培养基pH的影响。己酸菌属于变形杆菌，是梭状芽孢杆菌，它除了有己酸合成的一套酶系外，还有另一套酶系，在环境条件正常时它可以通过乙酰辅酶A的作用形成丁酰辅酶A，进而再形成己酸。但在环境改变不适于己酸菌合成己酸时，即pH过高时就会使另一套酶系产生作用，在肽酶的作用下分解蛋白质，首先脱掉氨基酸分子上的氨基，进一步产生H_2S，因而产生恶臭，并造成培养液变黑。当菌液变黑时，培养基的pH在8以上。

4. 酯化液的制作

酯化液的利用是微生物技术与传统工艺的结合，是提高酒质和培养窖泥所普遍采用的一种方法。其主要是用醇、酸在酶系的作用下脱水生成酯类。目前的生产方式大致可分为两种：自然状态的酯化（物理方法），添加催化剂酯化（生物方法）。采用最多最普遍的还是物理方法，因其简单，便于车间、班组自行调节掌握；而生物方法所需用的菌种和大规模生产模式尚未取得突破性进展。

（1）物理方法　配方为黄浆水25%，调整酒度为酒精含量5%vol～20%vol（用较好的酒调配效果更佳），大曲粉2%，己酸菌液1.5%，香醅1.5%，老窖泥2%。

没有黄浆水时可用母糟浸提液代替，取1份的底层糟，1.5倍的90℃以上热水浸泡，搅拌，30min后过滤，取滤液备用，同时根据情况添加部分己酸等物质。

将上述原料按比例放入坛中，上面用高浓度酒封面，外用用食品级塑料薄膜盖住，涂上封坛泥，pH在3.5～5.5，酯化温度保持在30～34℃，酯化时间1～3个月。

（2）生物方法

①HUT液：取25%赤霉酸（IS），35%生物素，用食用酒精溶解，取40%泛酸用蒸馏

水溶解，将上述溶液混合，稀释至3% ~7%，即得HUT液。按照黄浆水35%、酒尾（酒精含量20%）55%、大曲粉5%、酒醅2.5%、老窖泥2.5%，配好后，加黄浆水量0.01% ~0.05%的HUT液，在28 ~32℃下封闭发酵30d。泛酸在生物体内是以CoA的形式参与代谢的，而CoA是酰基的载体，在糖酯和蛋白质代谢中均起重要作用。生物素是多种羧化酶的辅酶，也是多种微生物生长所需的重要物质。

②由己酸菌三级培养成菌液：取菌种10%，己酸菌培养基8kg，用黄浆水调pH 4.6，酒头（尾）调酒精含量8%，温度30℃，发酵30d。考虑蒸馏时的提香效果，要有较高浓度的酒精存在；要保证一定的时间完成正反两方向的质量扩散（浸入、提出）。因此，利用其串香时，上甑时间应为35 ~40min。用此方法时要注意菌种的选择和加量、酒尾和黄浆水的比例、酸度的大小、酒精浓度的高低、酯化温度和时间。

现在用固定化技术生产己酸菌液已基本成熟。其基本原理就是用几组相连接的不锈钢发酵罐，将己酸菌等窖泥功能菌用海藻酸钠等物质固定在柱子里面，用微型泵或采用落差将黄浆水、酒和母糟浸提液等混合物以一定的速度和流量注入反应罐中，反应时间大约为7d，通过柱子中固定菌的生长繁殖，培养成合格的己酸菌液。因其采用较纯的菌种和较严格的厌氧条件，有利于己酸菌的生长和繁殖。这是培养和增强窖泥中己酸菌含量的较佳方法，同时其产物用于养窖和改窖都有很好的效果。用固定化技术生产出来产品的特征为：呈金黄色或清油色，有浓郁的老窖泥气味，镜检有大量健壮的梭状芽孢杆菌，色谱分析有一定量的己酸乙酯存在。

③以酯化酶为主培养酯化液：以酯化酶培养酯化液的配方是尾酒：酯化酶 =25：1，另加经高温煮沸速冷至40℃的黄浆水和糟水，在30 ~40℃下酯化14 ~15d。

（三）窖泥的培养

窖泥的培养包括窖泥原料的选择、窖泥所需的营养物质、生产工序、检验标准等几个方面，各个方面是相互依存、相互谐调的，必须要有好的培养基质、生产工艺及精心管理才能培养出优质高效的人工老窖泥。

1. 窖泥原料的选择

原料选择的原则是：根据人工培泥的理论依据，结合各种原辅料的有效成分，尽量选用酿酒生产的下脚料，减少外添加物质，以较小的投入成本换取较大效益的产出，以最佳配合缩短培泥老熟时间。

（1）黄泥、优质泥　黄泥要求黏性好，含杂质少，基本无沙石，pH为中性偏酸，晾干后粉碎使用。优质泥又称肥田泥，为去掉上表含草5cm左右后的下面15 ~20cm的泥层，要求黏性好，肥效较高，含腐殖质、氮、微生物等较多。

（2）窖皮泥　它是制作人工老窖泥的主要基质。因其长期与母糟、面糟、曲药等接触，又从空气中富集了较多的有益微生物，有一定的腐殖质（5% ~9%）和窖泥功能菌存在，同时也对环境有了一定的适应能力，故更能适应于窖泥培养。其要求为：有一定的窖皮泥香味，色泽泛黑，含糟量尽可能少，黏性较强。

如果培养人工窖泥需求量较大，窖皮泥不够时，不宜全部更换原窖皮泥，只能每轮换取1/3 ~1/2，因全新的窖皮泥至少需半年的时间才能达到使用要求，否则跟鲜泥无区别。另外，也可采用单独培养窖皮泥的办法，其具体操作为：将鲜黄泥加丢糟粉5%或粮糟10%，大曲粉2%，老窖泥2% ~5%，黄浆水5%，己酸菌培养液15%，酒头、酒尾5%，拌和均匀，控制水分在32% ~35%，堆积保温32℃，发酵1~2个月，每隔10~15d翻动一次，目的是加快泥质的氧化速度和增加酵母菌数。在第一次翻动时，将发酵泥踩柔熟，然后收堆。每次翻时可添加0.5% ~1%的曲粉。此方法同样可以作为培养优质窖泥的预备。

（3）老窖泥（接种泥）　它是制作混合菌液和提供菌源不可替代的物质，是发酵时间长且正常窖池底部泥和下半部窖壁泥。在酿酒生产中应注意这样一个细节：每次在出窖时都会有小泥块随糟一起取出，这些小泥块应及时拾取，放入一特定坛中积存起来，并在坛中加入已酸菌培养液，上面用高浓度酒封面，使已酸菌在里面生存，并大量繁殖梭状芽孢杆菌。这是一种较好的获取接种泥的方法。

另外一种培养接种泥的方法是将优质窖皮泥（气味、色泽正常）加入2%大曲粉、2%乙醇、2%母糟、10% ~20%已酸菌培养液（或5%培养基），以及乙酸钠等营养物质，拌和均匀踩至柔熟，水分控制在35% ~38%，放入窖池底部，随糟发酵2~3轮，即可成为质量较高的接种泥。因其在窖池底部与窖底、壁、母糟等不断进行微生物渗透和交换，同时下沉的黄浆水也将大量菌种和营养成分带到泥中，与之进行能量和物质交换，故使接种泥的含菌数和营养成分达到老窖泥水平。在制作接种泥时，要求选择发酵正常、无渗漏、质好量大的窖池。

（4）黄浆水　黄浆水内含有机酸、乙醇、腐殖质前体物质、酵母自溶物以及一些经驯化的生香菌类。所用黄浆水要求色泽呈金黄色或清油色，悬丝较好，酸度不宜过大，富含大量梭状芽孢杆菌，这是制作酯化液、已酸菌液、发酵液的基础物质。注意，不宜只用黄浆水和酒尾培养窖泥。

（5）大曲粉　内含大量的酵母、霉菌、细菌以及淀粉。培养窖泥初期，它对泥土起接种与升温的作用；以后曲粉中的微生物大量死亡，形成菌体自溶物，供土壤微生物使用；所含淀粉可逐渐转化为腐殖质，也为细菌所利用；同时可增加窖泥中的曲香味。

（6）活性淤泥　最好为酿酒车间、制曲车间暗沟里的淤泥，主要是车间清洗工用具上落下来的酒糟、窖泥、曲粉以及酒梢子、底锅水等物质的混合发酵产物，含有丰富的厌氧或兼性厌氧微生物——甲烷菌等。取出后，在太阳下晒干，使还原性物质氧化，以利于在后期的生产上使用。在选用淤泥时，不可泛取，要选择正常、无异臭、不带沙或含沙量少、细泥状的物质。

（7）水果发酵物　是水果经腐烂发酵后的产物。将所选用的苹果、烂梨等粉碎后，加入适量的大曲粉、黄浆水、活性淤泥、TH-AADY活化液等，放入池中或坛中发酵，使苹果、烂梨粉发酵彻底，形成有利于窖泥微生物利用的物质。这种原料可为窖泥提供部分碳源——乙醇，同时补充窖泥中植物性腐殖质以及微量元素、生长素等。但应注意采用这种原料培养成熟的窖泥使用后，有可能会增加酒中的乙酸乙酯含量，同时带来异香（指窖泥培养方法有异或不成熟）。因此，在制作窖泥时，水果发酵物应适量，宜少不宜多。

（8）肠衣发酵液　指将小肠的肠绒经长时间发酵成熟后的液体部分。其原料要求必须新鲜，将肠绒与肠衣分开，切成小段。配方为：黄浆水25kg，热底锅水或90℃以上热水50kg，肠绒25kg，酒尾（酒精25%vol）25kg，接种泥10kg，曲粉4kg，下层母糟2kg，活性淤泥5kg，磷酸氢二钾0.5kg，硫酸镁0.01kg，硫酸钠0.03kg，粮糟、乙醇适量。培养方法为：先将黄浆水与热水混合，调pH为4.5~5.5，待品温降至30~40℃将其余部分材料投入发酵坛中密封，在30~37℃的条件下培养3个月以上。也可以先将肠绒单独处理，按肠绒100kg、曲粉10kg、活性淤泥25kg、85℃以上热水200kg混合入坛发酵，使肠绒全部腐烂变成液体。用液体制作肠绒发酵液将缩短其成熟时间，效果更好。另外，在培养己酸菌液时加入1%的肠衣发酵液，将有助于己酸菌液的成熟，同时气味更浓。

肠衣发酵液成品要求为：无原料本味，无腐败臭味，有一定的老窖泥气味或酯香味，色泽淡黄。另外在接种时可添加5%~10%的己酸菌培养液。肠衣发酵液的作用为动物性腐殖质，增加窖泥中全氮的含量，以及其他有机营养成分。其弊端在于如果发酵液处理不当，易给酒中带来原料味或腐败味，影响酒糟的风格，甚至影响酒的质量。另外，因其蛋白质含量高，使用不当，会使酒中的杂醇油含量升高。因此，在考虑使用肠衣作营养物质时，要充分合理地设计发酵液配方和工艺，尽量延长成熟时间。在处理肠绒时可接种放线菌进行处理，其分解产物可为产品增加一种特殊的芳香。现在“肠衣发酵液”一般不再使用。

（9）泥炭　泥炭含有丰富的腐殖质，含量一般在30%以上，可分为草原泥炭和高山泥炭两种。草原泥炭是以腐烂草根和草茎经长年在地下腐败厌氧演变而形成的黑色泥层，它以枯草根茎为主，疏松、泡气，易粉碎和贮存。吸水和保水性能好，一般吸水在900%~2500%。高山泥炭是由烂木、树叶等演变而成的，以木质为主，干燥失水后如同煤一样坚硬，只能用机器粉碎，而且不易保存，吸水力不如草原泥炭。高山泥炭的缺点是在窖泥中使用几轮后，易发生板结现象，这需加强对窖池养护的责任心。因此，在窖泥中最好使用草原泥炭。

（10）糟　包括母糟、粮糟和丢糟粉，主要是为窖泥提供营养和疏松介质。

2. 窖泥所需的营养物质

人工培养的成熟窖泥和老窖泥一样，其最大的特点是梭状芽孢杆菌含量丰富。梭状芽孢杆菌等窖泥功能菌在窖泥中生长所需的营养物质一般认为有腐殖质、有效磷、氨态氮、乙酸、乙醇、生长素、水等。土壤肥力是通过土壤复合胶体来表现其功能的，土壤复合胶体是由微生物、有机胶体和无机胶体构成的，它有类似生物同化作用和异化作用的生理功能。在土壤复合胶体中，腐殖质起着重要的作用，土壤板结医治的方法一般为增加有机物特别是腐殖质的含量。因此，在窖泥配方设计时，要充分考虑土壤与窖泥之间的相通特性，老熟的窖泥在泥与微生物之间的水分和养分供给方面呈“稳、匀、足、适”的良好生态环境。

（1）腐殖质　窖泥腐殖质是在微生物酶的作用下形成的简单化合物和微生物代谢产物的合成物，以及有机残体或其他有机物腐殖化的过程中形成的一类特殊分子有机化合物。在其分子上含有若干羧基、酚羟基、羟基、甲氧基、甲基、醌基等能与外界进行反应的官能团。

腐殖质的形成基本上分为两个阶段：第一阶段是在有机残体分解中形成组成腐殖质分子的基本成分，如多元酚、含氧有机化合物（如肽等），一部分经矿化作用转化为最终产物CO_2、H_2S、NH_3等，同时产生再合成产物和代谢产物，如胡敏酸的组成部分多元酚氨基酸、多肽或寡糖等。第二阶段是在各种微生物群分泌的酚氧化酶的作用下，把多元酚氧化成醌，即：

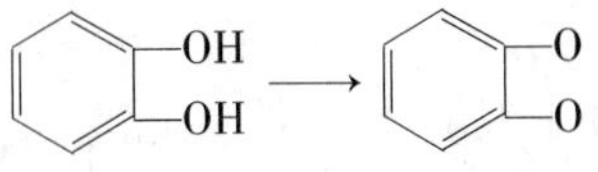

醌再进一步与含氧的有机化合物缩合形成腐殖质分子的基础，即：

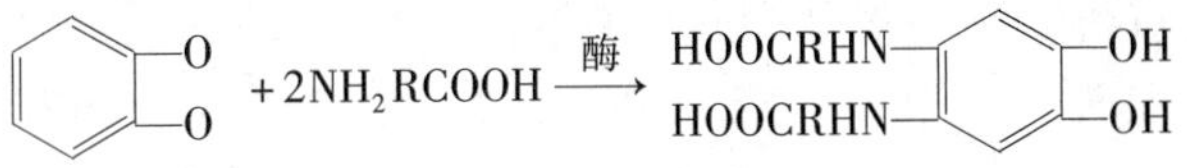

酿酒原料高粱中含大量的单宁（多元酚），是否可以变成腐殖质的前体，现未明确，但可以肯定的是二元酚可氧化成醌及腐殖质分子；木质素和碳水化合物在微生物作用下也可形成多元酚；蛋白质在蛋白酶的作用下可转化为氨基酸或肽链，缩合形成腐殖质分子。黄浆水中含大量腐殖质前体（AA）等，给窖泥腐殖质的形成提供了良好的前体物质。出窖时的多氧条件有利于有机物的分解，旺盛的微生物群为腐殖质分子的形成提供了大量的酶，因而一般窖泥中的腐殖质要比土壤中的高。

窖泥腐殖质的功能如下。

①为微生物营养元素的来源：窖泥中除可吸收的游离 NH_4^+ 的氮素以外，还有很多氮素经过分解及合成作用转化为腐殖质，保存在窖泥中。许多腐殖质成分的分解又是缓慢的，能保证微生物对养分的“稳、匀、足、适”的需要。腐殖质胶体在氧化物表面形成保护膜衣，形成不易溶解的无效磷，减少磷酸盐与 Ca、Mg、Fe、Al 等元素的结合，提高磷素的有效性。微生物所需要的 K、Ca、Mg、S、Fe 等元素，在腐殖质中也有不同程度的含量，还含有维生素 B_1、维生素 B_2和维生素 B_6、烟酸、激素、生物素、吲哚乙酸等，它们有的是微生物的营养物质，有的对微生物生长有刺激作用。

②缓冲调节作用和离子代换作用：腐殖质分子的前体物质羟基、酚式羟基、烯醇式羟基、亚氨基等使有机体带负电荷，有较强的吸收阳离子的能力，每 100g 腐殖质吸收量为 150～400mmol，比黄泥高 4～5 倍，吸收的阳离子可由另一种代换能力强的阳离子代换出来，如：

$$\text{土壤胶体} \cdot Ca^{2+} + 2H^{+} \rightleftharpoons \text{土壤胶体} \cdot 2H^{+} + Ca^{2+}$$

这种代换作用可受离子浓度的影响，如 Ca^{2+} 浓度高时，反应会按上式逆向进行。腐殖质相对分子质量大，官能团多，解离后带电量大，有机胶体分散度高，具有很大的表面吸收作用，阳离子代换量大，对窖泥营养的保持和酸度的调节有重要作用。

③保水作用：腐殖质是亲水胶体而又疏松多孔，有很强的保水作用。腐殖质含量高的窖泥吸水率可达 900%～2500%，一般土壤吸水只有 400%～600%。所以腐殖质对保持窖泥的滋润状态、发挥窖泥功能有重要作用。

（2）有效磷　磷是核酸与磷脂的成分，组成高能磷酸化合物及许多酶的活性基团。一般磷的适合浓度为 0.005～0.01mol/L。微生物主要从无机磷化合物中获得磷，磷进入细胞后即迅速同化为有机的磷酸化合物。磷酸根在能量代谢中起调节作用，在一定范围内，磷酸盐对培养基 pH 的变化有缓冲作用。磷是已酸菌大量繁殖的必需物质，磷又是参与乙醇、乙酸化合成已酸这一发酵过程的重要物质。例如，丁酸和磷酸相结合，加入乙醇，才能生成已酸。有效磷是指土壤中能被植物及时吸收利用的那一部分磷素。在人工培泥过程中，不宜加过磷酸钙和重过磷酸钙，因为它们含有游离的酸性强的 H_3PO_4、H_2SO_4，Ca^{2+} 又易与乳酸形成沉淀，可造成窖泥老化。

（3）氮（氨态氮） 微生物细胞的干物质中氮的含量仅次于磷和氧，它是构成微生物细胞中核酸和蛋白质的重要元素。凡是构成微生物细胞物质或代谢产物中氮素来源的营养物质均称为氮源。含蛋白质的有机氮源称为迟效性氮源，而无机氮源或以蛋白质的各种降解产物形式存在的有机氮源则被称为速效氮源。

在人工培泥时添加 N、P 应以 $(NH_4)_3PO_4$ 等为主，不必加入价格很高的 KH_2PO_4。氮素的添加不应加硝氮，它可在窖泥厌氧条件下发生反硝化脱氮，从而造成氮素损失。当 pH 5～8、温度为 30～35℃时，最有利于反硝化作用。土壤中的氮素转化是供给微生物以速效氮源的重要过程。控制土壤条件使有益微生物活跃，进行氮素转化中有益的过程，是控制土壤中氮素转化的基本依据。

土壤有机质为微生物提供能源，主要是碳水化合物和含氮有机物，当有机质的 C/N 等于 25∶1 时，微生物繁殖快，材料易于分解，有机质氨化分解作用所产生的氨大部分或全部供给微生物利用。一般认为 C/N 值在（8～12）∶1 范围内（相当于腐殖质的 C/N 值）最为稳定，矿化速度极缓慢，碳源和氮源能有效长久地保持于土壤中。

土壤对尿素有一定的吸附能力，尿素分子与粉粒矿物或腐殖质上的官能团以氢键的形式相结合：

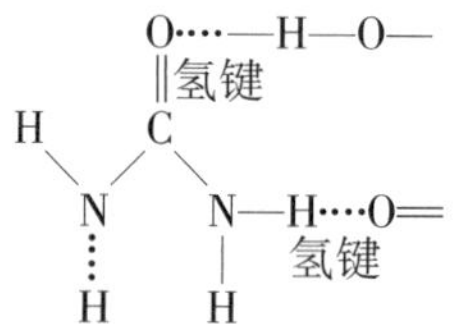

尿素在土壤中可在脲酶作用下转变为 $(NH_4)_2CO_3$：

$$CO(NH_3)_2 + 2H_2O \xrightarrow{\text{脲酶}} (NH_4)_2CO_3 + H_2$$

在 30℃时，只需分解 2d 时间就会出现氨化高峰，而氨态氮在检测时对结果影响较大，使测定结果与实际含量有较大的差别。窖泥的培养温度又以 30～35℃最好，因此，在人工培泥时添加尿素要充分考虑这些因素。如是需添加尿素或尿素型复合肥，最好是在培养时加一部分，在挂窖前再加一部分，以免氮素损失太大，或根据每轮检验结果，分批分期添加。

（4）生长素 酵母菌、细菌、霉菌等微生物，在死亡之后菌体自溶产生的一些物质，如核酸、维生素 B、生长素 H、核黄酸、乙酸等是微生物的生长素。维生素只是作为酶的活性基，需要量一般很少，其浓度范围为 1～50mg/L，甚至更低。

（5）酵母自溶物 是酵母破败自溶后的产物。它含有核糖核酸和维生素 B_1、维生素 H、维生素 B_2 和叶酸等，都是促进己酸菌繁殖的重要物质。所以己酸菌发酵时，必须有大量的酵母自溶物作营养基，才能促进发酵。当浓香型大曲酒酒厂培养窖泥需酵母自溶物时，一般自行制作，其方法为：将活性干酵母活化（2% 稀糖水，保温 30～35℃，活化 2h）繁殖后，加入已按比例配好的己酸菌培养液中，用高浓度酒（或酒精）封面，隔绝发酵容器中的氧气来源，使酵母充分利用培养液中的氧，当氧消耗到一定时间，酵母因缺氧而逐渐死亡，成为酵母自溶物。己酸菌生长需兼性厌氧，酵母消耗部分氧，正好使己酸菌生长达到较好条件，逐渐成为生长优势，而最终大量繁殖至成熟。在窖泥培养中，同样可以添加 TH－AADY 活化液，一是补充酵母自溶物，二是使窖泥彻底发酵柔熟。

（6）乙醇　主要为己酸菌等细菌提供碳源。己酸菌在酒精浓度为2%～5%都能正常生长；当酒精浓度达到12%时，维持不生长、不繁殖、不死亡的状况。人工培泥时所选用的酒头、酒尾、母糟浸出液，正是利用它们所含有的丰富的酸类物质及乙醇，为菌类生长提供营养成分。

3. 窖泥生产的工序

人工老窖泥的培养主要依据是：按照厌氧芽孢杆菌（己酸菌等窖泥功能菌）的生存条件，用人工合成的方法使窖泥更能适应微生物的生存和繁殖；合理配搭 N、P、K、腐殖质、微量金属元素、水分等营养成分，严格控制培养温度等外界因素的影响。人工培泥的方法主要有两种，即纯种培养和混合培养。所谓纯种培养就是用己酸菌培养液、酯化液、乙醇、大曲等物质与所需原辅料拌匀至柔熟，然后入池发酵，保温 32～35℃，1～3 月成熟；混合培养就是用湿料经三级堆积培养，采用纯种菌液与混合菌液，逐步增加营养成分直至窖泥成熟的方法。此工艺适合于规模较小的企业，其缺点是成熟期较长，一般需 3～4 月；其优点为可以全部采用本厂下脚料，成本较低。

（1）工艺流程

①纯种法培养：各种按比例混合的原辅料（己酸菌液、酯化液、酒头、酒尾等）→拌匀、搅拌柔熟→入池封闭发酵 1～3 月，保温 32～35℃→途中抽检 2～3 次（补充所需营养成分）→检验合格→成品。

②混合法培养：如图 3－1 所示。

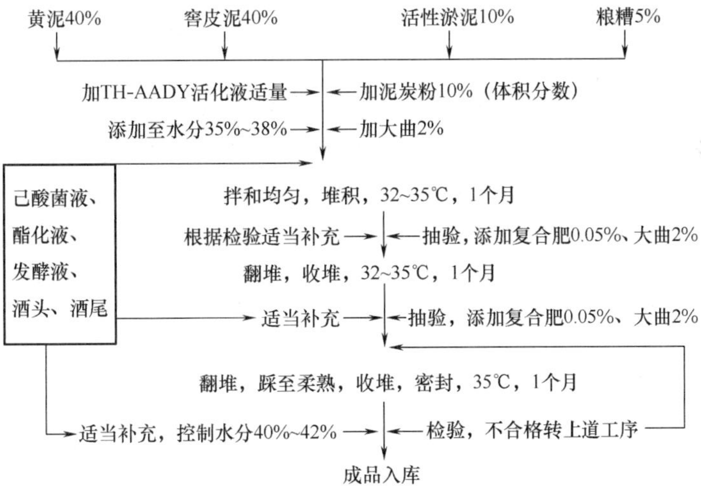

图 3－1　混合培养法培制人工老窖泥的工艺流程

（2）操作步骤

①先将鲜黄泥（干细黄泥）或优质泥、窖皮泥、活性淤泥、粮糟（丢糟粉）、泥炭等物质按比例一层一层铺好，厚度控制在 30～50cm。然后加入由酯化液、己酸菌液、发酵液、酒头、酒尾等混合的液体，拌匀、收堆（堆高约 1m），再泼入部分混合液，控制水分在 35%～38%，皮面用锹拍光，并涂抹一层黄泥浆，外再用塑料薄膜盖住，边（接）头

处用黄泥封好。插上温度计，以利观察发酵变化情况。如温度不够，用热丢糟进行覆盖升（保）温，使发酵温度在32℃以上，发酵1个月，进行常规分析，感官鉴定。在拌泥前可以泼洒2% ~5%的TH－AADY活化液，有利于泥的发酵柔熟和补充酵母自溶物。

②根据检测结果，对其进行感官综合鉴定。横截面层次清楚，各种原辅料发酵较好，有一定的气味，无霉变、酸败。补充大曲2%、复合肥0.05%、乙醇1% ~2%、混合液适量，进行翻拌，收堆，处理方法同前。控制水分在36% ~39%，32℃以上堆积发酵1个月。

③经过两轮的发酵，窖泥已基本成熟。感官上呈黑褐色，基本上无原料本色，有较明显的老窖泥气味；镜检中有较多的梭状芽孢杆菌，理化指标基本上能达到。再进行一次翻堆，其目的是将泥拌和柔熟，补充菌液及营养物质，然后收堆，表面泼一层高浓度酒，用薄膜密封，于32 ~35℃发酵1个月。

④经过3个月的发酵，窖泥已经成熟。色泽乌黑（黑褐色），无原料本色，质地均匀，断面泡气，有明显的老窖泥气味和酯香酒香，镜检含丰富、健壮的梭状芽孢杆菌。

用纯种培养的方法为：将鲜窖皮泥50%、干黄泥粉30%、大曲粉5% ~8%、粮糟（丢糟粉）1% ~1.5%、乙醇2%（也可用次酒、酒头、酒尾，保证窖泥中酒精含量为2%）、已酸菌液、酯化液、发酵液、复合肥0.05% ~0.1%等原辅料拌和均匀，水分控制在35% ~40%，用搅拌机或人工踩至柔熟，入池发酵1 ~2月，保温32 ~35℃。

在进行人工培养窖泥时要注意：泥吸收水分后的膨胀力和微生物发酵的发酵力；在窖池中发酵窖泥时，注意不要将窖泥和得过稀或过干，过稀容易将窖壁挤垮或变形，过干则不利于微生物生长，同时还要考虑挂窖时的水分；另要注意窖泥培养过程的密闭性，一般发酵正常的窖泥池同酒糟池一样可产生燃烧的气体，并且产气旺盛。

（四）人工老窖效果差的原因

人工老窖的创造和发展，对浓香型大曲酒质量的提高，其作用不容忽视也不能替代。人工培窖的配方，因地制宜，百花齐放，但也有不少地方效果不甚理想，究其原因如下。

（1）窖泥配方不合理　不少厂家所用的窖泥配方，不是根据窖泥微生物的营养需要而添加的，而是盲目地添加了大量烂水果、猪肠黏液、人畜粪便、腐臭淤泥等。这种方法不但不符合食品卫生，带来异臭异味，而且在窖泥中带来大量腐败细菌和大肠杆菌，于浓香型大曲酒发酵毫无益处。这类配方产出的酒，往往带泥臭味，苦涩异杂味重，多年不变，严重影响酒质。

有的在配方中加豆饼、花生枯、大米、高粱等，而忽视加黄浆水、酯化液、酒，这也是没有根据老窖泥中厌氧微生物的营养特性而盲目地浪费粮食，并使培窖成本无谓增加。还有的添加中草药、植物花草等，企图使窖泥带有某种特殊香味，以改善酒质，实际却适得其反。

窖泥配方中，应以酒厂副产物为主，再添加适量营养物质，这样既可驯养窖泥微生物，又可降低成本，而且效果良好。我院与古蔺县仙潭酒厂合作，采用下列配方培养窖泥：黄泥、优质泥晒干粉碎，加大曲粉10%、丢糟粉3%、混种培养液5%、大坛酯化液5%，并适量加入氮、磷、钾、腐殖质和酒头、酒尾等，密封发酵1个月以上，培养成熟的窖泥具有浓郁的老窖泥香气。

（2）微生物来源不足或不正　有的酒厂以为窖泥培养得越臭越好，于是在黄泥中加入大量臭泥。这些污泥，有的取自工厂排废水的臭水沟，有的取自屠宰场或厨房的阴沟。这类来自污泥的微生物，大多数是与酿酒无益的微生物，有的甚至是致病菌。这样培养的窖泥必然使酒质低劣，怪杂味重。

有的厂家只把黄泥、肥泥加氮肥、磷肥等堆积起来，不加或少加窖泥培养液，发酵时间又短，以致培养后的窖泥带氨臭味，没有老窖泥的特殊气味。还有的厂把黄泥、窖皮泥拌和些丢糟、底锅水、黄浆水，堆积几天就使用。这些方法都是忽视了人为接种有益菌类以及窖泥功能菌生长繁殖的必要条件，其结果是所产的酒质量均不理想。

（3）微生物种类单一　窖泥中的微生物，人们着重研究过的不外乎只有几种，己酸菌、丁酸菌研究得多一些。但窖泥微生物，应该说已知的只是少数，未知的却是多数。若培养窖泥时只用单一的己酸菌、丁酸菌，虽然对增加酒中的己酸乙酯含量有一定的作用，但其他香味成分仍然不足，酒质很不全面。故培养窖泥最好使用本厂老窖泥或名优酒厂选育的混合菌株（窖泥功能菌）作种子，这样效果更好。

（4）操作不细，管理不严　不少厂家在培养窖泥时处于靠天吃饭的自然状态，只利用热季进行突击性培养，培养场地临时将就，缺乏必要的培养工艺规程，操作粗糙、配料不匀、泥块大小不一、温度不加控制、水分干湿不匀等，这些都应引起足够的重视。

（五）窖泥质量等级判定标准

窖泥质量等级判定标准由两部分组成：一是感官鉴定；二是理化、微生物检测。表3－15、表3－16为一个指标评定标准，供酒厂参考，根据自身具体情况再行制定。

表3－15　窖泥理化、微生物指标评定表

项　目	标准范围	项　目	标准范围
水分/%	38～42	有效磷/（mg/100g干土）	150～300
氨态氮/（mg/100g干土）	110～250	细菌总数/（$\times10^8$个/g）	≥2.0
腐殖质/%	11～18	芽孢杆菌数/（$\times10^4$个/g）	≥35

表3－16　窖泥感官质量评定

项目	等级	标准要求
色泽	一	灰褐色或黑褐色，无投入原料本色
	二	黄褐色，无投入原料本色
	三	黄色或主体泥色，无其他原料本色
气味	一	香气纯正，有浓郁的老窖泥气味，略有酯香、酒香，香味持久，无其他异杂味
	二	香气正，有老窖泥气味和酯香、酒香，无其他异杂味，香较持久
	三	香气较正，无其他异杂味如酸败味、霉味、生味、腐烂味、腥臭味等
手感	一	柔熟细腻，无刺手感，断面泡气，质地泡气，均匀无杂质，明显有黏稠滋润感
	二	较柔熟细腻，刺手感较明显，断面泡气，质地泡气，均匀无杂质，有一定的黏稠感
	三	柔熟感一般，刺手感明显，断面较死板，均匀，有少许杂质，微带黏稠感

由于配方不合理，操作不当，缺乏必要的检验和标准，培养的窖泥在窖内发酵数年甚至十余年，仍可能有异臭，并出现板结老化，酒质难以提高。

（六）窖池建造

浓香型大曲酒生产与其他香型曲酒的不同之处在于使用窖泥和万年糟，需要窖泥与粮糟的有机结合，才能产出高质量的酒。建窖时需要考虑窖池形状、窖池大小、建窖材料、建窖环境等诸多因素，建窖完成的同时还需要考虑挂窖和投粮的进度。

（1）窖池形状、大小　窖池的形状和大小应根据生产需要量并最大限度地利用窖体表面积（尤其是底面积）来进行设计。

窖的容积大小是与甑桶容积相适应的。窖容又与投料量和工艺要求相关联。窖容越大，单位体积酒醅占有的窖体表面积就相对地减少。

窖的表面积与窖的长和宽之比密切相关，当两者之比为1∶1时，窖墙的总面积最小（即正方形），两者之比越大，总面积越大。为便于起窖、入窖、刨斗操作，一般长宽比在（1.6～2.0）∶1为宜。设计窖池可选取长3.5～4.0m、宽1.5～2m的比例。

窖的深度直接影响窖底面积，窖池越深，底面积越小，两者成正比关系。窖深以1.8～2.0m较合理。

在窖池形状、大小设计时应充分考虑这三者的关系和生产安排，即设计能力。各地窖形和大小不统一，有窖深达3m的，也有1.6m深的；甑容也不一样，大的在2.5m^3以上，小的只有1.0m^3多。老五甑，即使甑容较大，因甑口的因素，故窖容一般较小。窖容大小应与投粮量、粮糟比、每窖甑数（包括粮糟、红糟、双轮底糟等）配套。

（2）建窖材料及其条件　窖池的使用效果和年限与建窖材料的选择、环境条件有十分密切的关系。有好的建窖材料和外部环境，所建窖池就能延长其使用寿命，反之则一年半载就可能倒塌，同时将严重影响和制约成品产量和质量。

建窖时外部条件即环境条件的勘测尤为重要，包括当地的气候、地理、地势、地质、水位等情况。建窖一般要求在地势较高、无渗透水和保水性能较强的地方进行。对于外部条件较差的地方就应该对其做预处理，最主要的是防水处理。防水处理就是将地下水、地表水与窖池隔绝，使窖池形成一个小环境。防水处理的方法一般为：用水泥、卵石、石灰、沙等材料制建20～30cm厚的地坪，同时在四周砌上与窖（水平线）等高的隔水层，这样就能保证窖池不再发生渗透现象。在条件较好、土质优良、水位较低的地方，可直接挖窖，四周都是优质黄土，是理想的建窖环境。

建窖的材料包括两种：一种是以土、泥为主体，一种是以砖、石为主体。以泥土为主的为佳。

（3）建窖的方法　建窖的方法包括两种：一种以泥为主体，层层垒上；一种以砖、石为主体，砌成墙状，外面涂窖泥。

建窖包括窖埂和窖底两部分。现以四川某名酒厂的建窖方式为例做一介绍。

主要材料为黄泥、石灰、碎石。将几种材料按一定比例混合，加水使其达到一定的含水量，然后按照15°斜度的原则，用两板相夹，一层一层夯紧往上升。其间每隔10～15cm，加一些竹篾墙筋，以增加其黏合力和抗膨胀力。每个交换处都应重叠，表面用石板或水泥板盖上。窖底用黄泥填紧至30cm，再放人工培养窖泥。

（4）窖泥的涂抹　窖泥涂抹包括窖壁和窖底两部分。窖泥涂抹厚度要求为：窖壁10～15cm，窖底20～30cm。

搭窖时，将干湿合适的人工培养窖泥用力掷向窖壁，一块紧挨一块，直至将壁全部搭满，然后用手将泥抹平，不能有凹凸不平的地方，最后用皿子将窖壁抹光滑。窖底倒入泥后，按规定厚度踩紧、抹平、抹光。投粮前，撒部分曲粉在窖壁与窖底表面，随即将粮糟入窖。若不能及时投料，可用薄膜盖好窖池，以防水分挥发、窖泥受损和感染。空窖时间最好不超过 2 ~ 3h。

综上所述，窖池的建造关键在于材料的选择、窖池防水处理（即窖池漏水、不保水或从外部向窖池内渗透水）两个方面。还要考虑黄浆水浸泡时对筑窖材料的腐蚀程度及浸泡时能维持多长时间，搭窖时均应严格要求。

（七）窖池的保养

“养窖、护窖”是防治窖泥退化的重要手段，也是保证窖泥长期稳定和优质高产的条件。

①在糟醅入窖时，要严格控制入窖条件，不宜大起大落；在糟醅出窖时，注意不要伤窖泥。出窖后，必须把窖底、窖壁的酒醅打扫干净，并用窖泥培养液、黄水、酒尾混合物淋洒窖壁和窖底，随即撒一层曲粉，并及时投料。若不能及时入窖，需用薄膜将窖口封严，以防窖泥风干和空气、杂菌侵入。

②当窖壁（特别是上部）出现板结时，可采取在窖壁打孔灌液的方法，在灌液后立即将窖壁抹平。若板结较严重，可将板结部分窖泥刮下（2 ~ 3cm），加入培养液和营养物质及部分培养好的窖泥（增加其黏性和补充菌源）拌匀，踩柔熟，重新抹上。

③“以窖养糟”“以糟养窖”是相互关联的，只有在母糟正常的情况下，才能更好地养护窖池。每个窖不宜连续搞特殊工艺（如翻沙、延长发酵期等），更不宜长期以“丢糟保窖”，否则会影响窖泥功能菌的正常生长活动，加速窖池老化。

窖池是基础，基础不打好，再好的曲药和工艺操作都难以发挥应有的作用，这是许多厂的实践和经验教训。

（八）窖池退化的防治

在我国北方，受干燥气候和土质的影响，窖池使用一段时间后，窖池四壁表面自上而下出现白色物质，这些物质常以粉末和晶状体形式存在。这样的发酵窖池水分低，酸性大，窖泥黏度降低，手捻成散状，无一点油滑感，并伴有严重杂味。用此种窖池生产出的酒主体香成分己酸乙酯明显下降，严重影响产品质量。窖池退化的原因颇多，可以从下述诸方面进行分析。

1. 退化泥与优质泥成分比较（表 3 - 17）

退化窖池泥中的水分、N、P、K 及己酸菌含量都比正常窖池低，并且酸度大。因此，应提高退化窖池的质量，让它接近或达到优质窖池泥成分，必须缩短两者间的差别。

表 3 - 17　　退化泥与优质泥成分比较

泥样		pH	水分/%	氮含量/（mg/100g）	磷含量/（mg/kg）	钾含量/%	腐殖质含量/%	己酸菌/（$\times 10^4$个/mL）	酵母菌/（$\times 10^4$个/mL）
退化泥	1	4.0	30	27	89	0.04	4.87	123	90
	2	3.9	29	19	324	0.06	7.15	98	88
	3	4.1	26	46.2	150	0.02	5.78	56	49
优质泥		6.2	41	202.7	620	1.23	11.47	965	715

2. 窖池退化的原因

（1）白色物质成分形成的原因及其对发酵窖池的影响　北方窖池老化现象为：窖池表面起碱，板结发硬，析出大量白色碎状物质和结晶物，主要是乳酸铁和乳酸钙等乳酸盐类。

乳酸钙、乳酸铁的形成是窖泥开始退化的表征。北方地下水硬度大，带入大量钙离子；选择培养泥时，钙、铁离子过多，加之工艺粗糙、卫生条件差，乳酸大量形成；窖池又没有得到很好的保养，造成窖泥失水，于是大量生成乳酸盐类。

实践证明，乳酸钙和乳酸铁对己酸菌等窖泥功能菌有明显的毒害作用，当乳酸铁、乳酸钙含量在0.5%时，己酸菌数显著下降。在相同浓度下，乳酸铁比乳酸钙的毒害作用更大。

（2）窖池退化与pH的关系　老化窖泥一般pH偏低。pH对己酸菌数和己酸产量有很大的影响。窖泥pH不仅影响着窖泥中有机物的降解、无机物的溶解、胶体物质的凝聚与分散、氧化还原和各种微生物的活动强度，而且直接影响窖泥中多种酶参与的生化反应速率，继而影响微生物的生长代谢。

（3）窖泥退化与水分的关系　老化窖泥的水分含量偏少，使窖泥功能菌新陈代谢的产物不能及时传出细胞体外，以致大量积累，导致生长繁殖停滞而死亡。窖泥微生物所需的营养物质也需要有足够的水分溶解后，才能供给微生物的生命活动之用。北方酒厂，因受气候的影响，窖池水分蒸发快，特别是夏季，池壁严重失水形成板结，入池后酒醅中的水分难以向窖壁浸润。因此，水分是窖池退化的最关键因素。所以从工艺、窖池保养上，保证充足的水分十分必要。

（4）窖泥退化与微生物及其营养物质的关系　窖泥微生物种类繁多，这些微生物在适宜条件下生长、繁殖、代谢，合成浓香型曲酒特有的香气成分，因此，酒的质量决定于这些微生物的生命活动。若窖泥水分、营养物质等缺乏，势必影响窖泥微生物的生长繁殖，菌数急剧下降，导致窖泥退化。因此，窖池必须保持湿润，定期补充营养物质和窖泥功能菌，以保持微生物长盛不衰。

（5）窖池退化与发酵条件的关系　入窖发酵条件的控制主要是酒醅入窖温度、淀粉、酸度、水分等。

①温度：入窖温度适当，糟醅在发酵过程中就可以正常升温、正常生酸，利于养窖；若入窖温度过高，发酵不良，酸度加大，可加速窖泥老化。

②淀粉：酒醅中淀粉含量多少取决于投料量和酒醅中填充料的配合比例，适宜的淀粉含量可使发酵正常，酒醅容易保住水分，窖池也能湿润。

③酸度：入窖酸度是否正常，不但影响酒醅发酵好坏，也是防止窖池退化的重要条件。

④水分：对于北方窖池，适当加大入窖水分，不仅能使窖池保持湿润、防止老化，还可提高出酒率。

（6）窖池退化与操作环境的关系　环境中存在着大量的杂菌，工艺不细、操作马虎，极易将杂菌带入酒醅。因此，必须随时搞好操作现场的清洁卫生。发酵池要严格管理，出池后的窖池应立即用薄膜覆盖，以减少水分散发和杂菌感染。

3. 窖池退化的防治

窖池泥的退化应以防为主，针对容易促使窖泥退化的诸多因素，采取有效措施，保证人工老窖的逐渐成熟，继而成为真正的“老窖”，是人工培窖之根本。

窖池泥退化的预防，除采取上述针对性的措施外，还可辅以下列方法。

①黄浆水、尾酒、曲粉混合物喷洒养护。

②己酸菌培养液养护。

③酯化液、己酸菌液养护。

④营养物质加窖泥综合培养液养护。

各厂可根据实际情况，选择适当的技术措施，才能确保人工老窖的效果。

二、“辨症施治”在浓香型白酒生产中的应用

浓香型白酒的生产历史源远流长，数百年来，历代传承，口授心传，在生产实践中积累了丰富的经验。中医在诊断中运用望、闻、问、切四诊，“辨证施治”已有2000多年的历史。在白酒生产中，可应用四诊对曲药、窖池、操作、母糟、黄水等进行诊断，找出生产中存在的问题，“对症下药”进行治理，解决生产中的疑难，从而达到指导生产、提高产量和质量的目的。“四诊”在白酒生产中的运用，非一人之见解，是历代酒师经验的总结，具有较强的实用性，对初涉白酒行业的新兵，学习与实践会有帮助。

1. 中医诊断学中对“辨证施治”的论述

中医诊断疾病的理论与方法肇始奠基很早。春秋时期著名医家扁鹊就擅长“切脉、望色、听声、写形、言病之所在”。约成书于公元前200年的《黄帝内经》，不仅在诊断学的方法上奠定了望、闻、问、切四诊的基础，更重要的是提出诊断疾病必须结合致病的内外因素加以综合考虑。中医诊断学是在中医基础理论的指导下，研究诊察疾病，辨别证候的学问，既重视四诊等基本技能，还特别重视辨证方法与有关诊断的理论。

中医诊断中的辨证求因，就是在审察内外的方法基础上，根据病人一系列的具体证候，加以分析、综合，求得疾病的本质和症结所在，为临床治疗提供确切的依据。既然诊断要根据审察内外和辨证求因的原则进行，诊断的方法，便要求对病人做周密的观察与全面的了解。想达到这一要求，必须四诊合参。四诊就是望、闻、问、切。诊断必须要做到四者俱备，才能见病知源。再高明的医生，都不能以一诊代替四诊。疾病是复杂而多变的，证候的显现有真相也有假相。

中医诊断学的主要内容，包括四诊、八纲、辨证。下面着重介绍一下，可运用到酿酒生产中的“四诊”。

四诊：望诊，是对病人神、色、形、态、五官、舌象，以及分泌物、排泄物等进行有目的的观察，以了解病情，测知肺腑病变。闻诊，是了解病人语言、呼吸等声音及由病人体内排出的气味，以辨别内在的病情。问诊，是通过对病人或家属的询问，得知病人平时的健康状态，发病原因，病情经过，和病人平时的自觉症状等。切诊，是诊察病人的脉候和身体其他部位的情况，以测知体内体外一切变化的情况。据以上四诊合参的原则，不能以一诊代四诊，同时，症状、体征、病史的收集，一定要审察准确，不能草率从事。

中医诊断中，运用四诊进行辨证施治，是否可将此理论和方法应用到白酒酿造生产中，不妨一试。

2. “四诊”在浓香型白酒生产中的应用

（1）曲药生产

①望诊：运用视觉对曲坯（块）及曲房整体和局部进行细致地观察、分析。

a. 制曲原料配比、原料粉碎度、曲坯尺寸、曲坯水分、踩曲方法、穿衣情况及断面菌丝等。

原料配比：制曲原料配比情况不同，有单独用小麦制曲的，也有用大麦加小麦，还有用大麦、小麦加豌豆的，也有在小麦中添加高粱的。许多名酒企业，制曲原料配比均是历代传承，对产品的独特风格，其作用不可忽视。有的厂在制曲时加入少量优质曲粉，实际上是接种，使有益微生物占优势。

原料粉碎度：为有利于原料的黏合和微生物的生长繁殖，制曲原料必须粉碎。为使皮不易磨烂，原料粉碎前要先加水润料，润料水温冬热夏冷，润料加水量一般为5%～10%，时间为3～4h。粉碎的要求是“心烂皮不烂”的“梅花瓣”，即将麦子皮磨成片状，麦心磨成粉状。各厂对制曲原料粉碎度的要求也略有差异，如泸州老窖是粗粉占75%～80%，细粉占20%～25%；安徽古井贡则是粗粉占60%，细粉占40%。如果原料粉碎过细，则黏性大，曲坯内空隙小，培菌时水分和温度不易散发，曲块升温过快，使生酸菌大量繁殖，容易造成“窝心”“不透”，甚至“垮曲”现象；原料过粗时，曲坯空隙太大，水分和温度不易保持，导致曲坯过早干裂、表皮不挂衣、生心。

曲坯尺寸：曲坯外形以长方体为主。五粮液、剑南春等传统曲坯中间有突起，为“包包曲”，其余多为平板曲。曲的长、宽、厚尺寸差异不大，最小的是古井贡曲，其次是五粮液曲和泸州曲，最大的是洋河曲和双沟曲，每块重达3800g。近年资料表明，各厂曲坯尺寸、曲坯质量都有加大的趋向。

曲坯水分：曲坯中的水分除来自原料外，主要是拌料和踩曲用水。粉碎后的原料粉，含水分仅15%左右。拌料时加水量与季节、气候密切相关。川酒曲由于湿度大，加水较少，且曲坯成型后要放在晾曲场1～2h，曲坯的化验水分在36%～38%；苏皖豫一带，气候干燥，加水量较大，曲坯化验水分在38%～40%，季节与气温变化时要做适当调整。如五粮液酒厂，冬季曲坯化验水分要求36%，春秋为37%，夏季为38%。

踩曲（成型）方法：传统是人工踩制，现许多采用机械压制。人工踩曲，先观察曲料是否拌匀，有无灰包、疙瘩，随即装入曲模，要一次装够。装好后先用足掌从中心踩一遍，再用足掌沿四边踩两遍（平板曲）；而包包曲则要求足掌沿四边踩，形成“包包”，要踩紧、踩光，特别是四角更要踩紧，中间略松。川酒制曲，踩好后的曲坯要在晾曲场晾1～2h，刚一收汗立即入房。若曲坯在晾曲场置过久，曲坯表面水分蒸发过多，入房后易起厚皮，不挂衣。机械制曲，大大减轻了劳动强度，曲坯大小与人工踩制的差不多，工作效率高，曲块均匀，平整光滑。不足之处主要是不像人工踩曲那样能“提浆”，故皮张一般较厚。但通过多年摸索，在培菌工艺上采取措施，“穿衣”差的问题不难解决。

穿衣情况：曲坯入房后由于自然接种和温度、湿度的控制，适于微生物生长繁殖，在曲坯表面霉菌、酵母、细菌等都会生长。穿衣情况反映出霉菌（主要）、酵母在曲坯表面的生长繁殖状况，穿衣良好，是因踩曲水分及松紧适宜，晾汗合适，曲房温、湿度控制适宜，门窗开闭适时等。若穿衣不好，可在这几个方面找原因，对症下药。

断面菌丝：曲块断面颜色、菌丝分布等反映出酿酒有益菌的生长情况，其质量与培菌管理密切相关。曲料粉碎度、加水量、踩曲松紧度、培菌温度、湿度、翻曲、收堆等细致操作和工艺得当，断面白色为主，菌丝密布、均匀，出现红、黄斑点等，都是优质曲应有的表征；若断面带青、黑等异色，说明工艺、操作管理存在问题，应找准原因，及时解决。

b. 曲房大小、曲房结构、卧曲方式、覆盖物、贮曲房。

曲房大小：传统制曲多用小青瓦平房，砖木结构，一般曲房以 3.6m 宽，5 ~ 6m 长，约 3m 高，每间面积约为 $22m^2$。现在有些曲房面积达 $50m^2$ 以上。每 $1m^2$ 曲房可摆放曲坯约 25 块（指单层）。根据全年用曲量和制曲次数、曲房面积，即可算出所需曲房间数。

曲房结构：以砖木结构平瓦房为好，房内砌墙到屋顶，采用弧形竹席顶棚（内填稻草）；窗对开，不宜太大，门往外开，内挂麻袋门帘；地面用黄泥、炭渣、石灰按 7∶3∶1 比例混匀夯实。这种曲房造价低，有利于培菌期间温度、湿度的控制。现在，许多采用楼房制曲，是框架或砖混结构，地面最好铺一层黄泥，以利保潮，墙壁可挂草帘，顶棚加竹席夹稻草，顶棚上开气窗出汽，加以改造后，再细致管理，能产好曲。

卧曲方式：传统工艺中，川酒“平板曲”一般采用“||||☰||||”的卧曲方式，如泸州曲、沱牌曲。曲间距冬季 10mm，夏季 20 ~ 30mm，春秋 20mm。川酒“包包曲”多采用“□□□□”卧曲方式。苏皖豫一带的洋河、双沟、古井贡、宋河均采用“|||| |||| ||||”的形式卧曲，曲间距为 2 ~ 3mm，所谓“似靠非靠”。

覆盖物：为使入房曲坯保温、保潮，都以稻草、草垫、麻袋、芦席等覆盖物。覆盖物是曲块微生物的重要来源，要求无霉烂，无生虫，无异臭。若覆盖物正常可继续使用，不要每次更换。

贮曲房：贮曲房要与曲房相近，以缩短运输距离。一般出房的曲药须贮存 3 个月后才能用于生产。每平方米可贮存曲块约 350 块（各厂有异），由全年用曲量计算贮曲房面积。贮曲房结构可与曲房相同，要求通风、干燥；双扇门，水泥地面，地面最好做防潮处理以免曲块在贮存中容易受潮。

②闻诊：运用嗅觉对曲坯（块）的气味进行鉴别。

在制曲阶段，鉴别曲坯或成品曲块质量时，“曲香”是一项重要的内容。曲坯或曲块的表面，特别是断面的气味，正常的曲块应有悦人的曲香，其香气有点带“海味”的气味，也有人说是带“豆豉”的气味，是蛋白质分解的正常气味。若曲中带霉味、酸味、馊味等杂味，说明培菌管理出现问题，主要是温度、湿度控制不当，翻曲不及时造成的。曲坯在培菌阶段，若后半期温度过低，有效微生物不能继续生长繁殖，可造成生心，故“前火不可过大，后火不可过小”。若温度控制不当，曲心水分散发不出，生酸菌大量繁殖，曲子会带酸味、霉味，甚至馊味。

③问诊：询问曲房、曲库管理人员，查看曲房生产记录。如每间曲房地面铺稻壳的厚度、稻壳新鲜程度；每间曲房码曲数量、铺草厚度；洒水温度、数量；揭草时间；翻曲时间、次数；收堆码曲层数、方式；培菌时间；温度、湿度变化；培菌最高温度，达到最高温度的时间，维持较高温度的天数；门窗开闭时间、次数；贮曲时间及曲虫治理等，在生产记录中均应详细记录，以帮助诊断。

④切诊：运用感觉器官对曲坯或曲块细致观察，并结合曲的理化检验进行全面分析。

曲块（成品曲）泡气程度：优质曲药要泡气，拿到手上感觉较轻。若曲块板结，说明培菌发酵不良。采用“体积质量测定”，也是检验曲块泡气程度的方法。

曲的理化检验：曲是以小麦等为原料，自然网罗制曲环境中的微生物接种培养，多种微生物在曲坯培菌过程中彼消此长，盛衰交替，自然积温转化并风干而成的一种多酶多菌微生物制品。

原有的大曲质量判定标准，感官指标占60%，断面、皮张、外观、曲香的判别，因人而异，变数较大，难以统一。生化指标中液化力、糖化力、发酵力指标设置是借用纯种酵母及单一酶制剂的测定方法和概念，在参数指标设置方面存在着指标设置有交叉重叠、单纯一个指标作用不明、将大曲假设为单一微生物菌体或单一酶制剂等缺陷，忽视了大曲是一种典型的“多酶多菌”微生物制品，是一种“活性”物质。

泸州老窖沈才洪等在深入研究大曲原有质量标准体系的基础上，进行大量试验，提出了新的大曲质量标准体系指标的设置。其主要内容包括如下几点。

a. 大曲的主体指标：即“生化指标”，酒化力、酯化力、生香力分别占30%、20%、15%，共65%。

b. 大曲辅助指标：

理化指标：曲块的体积质量、水分、酸度分别占总分的15%、5%、5%，共25%。

感官指标：香味、外观、断面、皮张分别占4%、2%、2%、2%，共10%。

应用这个标准，根据评定，综合得分81分以上为优级曲；71～80分为一级曲；60～70分为二级曲；59分以下为不合格曲。

通过对制曲过程和成品曲的望、闻、问、切四诊，便可了解制曲整个过程存在的问题，找出影响曲质的因素，从每个环节细致分析，找出病因，对症下药，大曲质量一定会逐步提高。

（2）窖池和窖泥

①望诊：运用视觉对窖池和窖泥进行细致观察。

a. 窖池建造：包括窖池形状、窖池大小、建窖材料、建窖环境等。

b. 窖泥：自20世纪60年代人工培窖技术推广后，如今人工培养窖泥的技术已臻成熟。望诊时，要观察窖泥厚度，窖泥干湿度，窖泥的色泽、均匀、柔熟程度，有无白色结晶体，保水（能否保住黄水或窖外水能否进窖内等）情况等。

②闻诊：是运用嗅觉对窖泥进行鉴别。

分别取窖壁上、中、下层和窖底泥，对其气味进行鉴别。培养成熟的优质窖泥应有老窖泥特殊的香气，或皮蛋气味。若窖泥带酸味严重，表示窖泥在培养中杂菌（醋酸菌等）太多，或母糟酸度过大；窖泥带腐败臭，表明窖泥培养时加了烂水果、肠衣水、动物汁、蚕蛹粉、豆饼粉或阴沟泥等；窖泥带尿素味或氨味，表示培养窖泥时，加尿素太多；窖泥带异臭，表明配方中添加了不需添加的物质；窖泥带生味，表示窖泥未培养成熟或配方不合理。

③问诊：询问窖池建造和窖泥制作者，并查看相关记录。

a. 建窖情况：初到某厂的车间现场，已投产多年，看不到建窖过程，故需询问建窖情况，如地层结构、防水处理、窖底处理方法、保水情况、窖埂尺寸、建筑材料配比、筑窖方法等。

b. 窖泥：了解人工培养窖泥的配方、材料处理情况（如黄泥、肥田泥、藕塘泥是否晒干、碾细）、拌料均匀度、培养温度、培养升温情况、培养时间等。

④切诊：综合望诊、闻诊、问诊情况，结合窖泥的理化检验数据，进行细致分析，找出造成窖池和窖泥现状的主要原因，对症下药，指出解决的办法。

例如，到某厂生产车间检查窖池和窖泥现状，发现窖池完好，无蹋窖、垮窖等情况，而窖池上、中层窖壁干燥，部分裂口，指按很硬，取一窖壁泥看，颜色不均匀，有蛋白质腐败臭；窖壁下部和窖底泥因有黄水滋润，故泥质柔软，带黄水味、酸味和母糟味，稍有酒香和窖香。这种窖池和窖泥通过望、闻、问、切四诊，可从以下方面进行分析：a. 窖池是黄泥等筑成，无蹋窖、垮窖等情况，说明建窖较好；b. 窖池上、中层窖壁干燥，部分裂口，指按很硬，说明窖泥缺水，窖池在使用中可能入窖糟水分偏少，窖泥没有很好地养护；c. 窖泥颜色不均匀，有蛋白质腐败臭，说明窖泥制作时没有踩柔熟、均匀，配方中含蛋白质太多，又未充分转化；d. 窖底泥较滋润、柔软，稍有酒香和窖香，但缺乏老窖泥的特殊芳香，说明窖泥制作时可能窖泥功能菌培养不当或不足，配方要进行适当调整，培养时温度和时间不够等；e. 通过理化检验，发现培养的窖泥中水分不足，腐殖质不够，氨态氮偏高，有效磷较多。

通过具体分析，可对症下药：a. 加强窖池养护，每轮出窖后用窖泥功能菌培养液、黄水等喷淋窖壁，或在窖壁上、中部戳一些小洞，再喷灌培养液，然后抹平，在入窖前撒一些曲粉，每排坚持如此；b. 若经数排连续养护，起色不大，应考虑将上、中部窖壁窖泥剥下，重新涂上培养成熟的窖泥；c. 培养窖泥应充分重视材料处理配方、操作培养温度和时间等。

（3）酿酒生产

①望诊：运用视觉对酿酒生产操作和母糟、黄水进行细致观察。

a. 生产操作：在生产现场仔细观察酿酒生产全程操作。

起窖，包括剥窖泥、起面糟、起粮糟、滴窖时间、舀黄水次数及数量等。

剥窖皮：观察是否将窖皮泥上的面糟刮净，是否将窖皮泥从面糟上清除干净。

起面糟：观察起面糟是否彻底，堆糟情况等。

起母糟：根据工艺要求起粮糟（原窖法、跑窖法、原窖分层法、老五甑法）。

滴窖：观察黄水坑的设置是否合理；是否提前抽出黄水；按传统操作的滴窖时间、舀黄水次数和数量等，要求“滴窖勤舀”。

拌粮糠：包括观察原辅料优劣、原料配比（单粮或多粮）、原料粉碎度、粮糟比、粮糠比、拌和方式、润料时间等。

原辅料优劣：观察原辅料是否新鲜，有无霉烂、虫蛀，原料若有霉变或不够新鲜，最好不用或经清蒸处理后再用。稻壳是否清蒸好，熟糠是否带正常的香气，不应有生糠味，更不能有霉味或其他异杂味。

原料粉碎度：酿酒原料和曲药的粉碎，原则是夏粗冬细，即热季适当放粗，冬季适当变细。各厂要求不一。

原料配比：分单粮和多粮。单粮一般使用高粱，也有个别使用大米、玉米等；多粮一般使用高粱、大米、玉米、糯米、小麦等，也有加小米、荞麦的。各厂因成品酒风格各异，原料配比不必要求一致。

粮糟比、粮糠比：粮糟比一般为1∶(4.5～5.5)，糠壳用量一般为原料量的20%～25%，原则是单粮较少，多粮适当增加。

拌和、润料：观察拌和是否均匀，是否消灭灰包、疙瘩；润料粮糟堆是否盖上稻壳；润料时间是否40min以上；上甑前是否将粮、糟、糠拌和均匀。

上甑操作：观察底锅水、甑桶是否清洁，上甑汽压（或火力）、上甑技巧、上甑时间等。

上甑技巧：要求轻撒匀铺，探汽上甑，上甑时间不少于40min，盖盘后5min应开始流酒。

接酒：包括流酒速度、流酒温度、量质摘酒、各段酒的流酒时间和数量。

蒸粮：包括蒸粮时间（从盖盘到出甑）是否达到60min以上，糊化程度是否达到“熟而不黏，内无生心”。

出甑、打量水：包括打量水方法，均匀程度，量水温度，量水数量，打量水后是否堆积等。要求打量水要均匀，在甑边出甑糟堆上打，量水温度90℃以上，量水使用量视出窖糟水分、入窖糟水分和季节变化进行调整。

摊晾、撒曲：包括摊晾设备，摊晾面积、厚度，摊凉时间，撒曲方法，温度，曲药用量，均匀程度等。

摊晾设备：摊晾设备主要有晾堂、晾糟棚（鸭儿棚）、晾糟床、通风箱及晾糟机等。各厂选用有所不同，总的原则是尽量缩短摊晾时间，要求摊晾面积尽量大些，厚度薄些，以减少杂菌感染机会。

撒曲方法：要求均匀，减少飞扬损失；曲药用量每100kg粮粉下曲18～22kg，随气温、季节进行调节；下曲温度根据入窖温度、气温变化等灵活掌握，一般在冬季比地面温度高3～5℃，夏季与地温相同或高1℃。

入窖、封窖：包括入窖温度、踩窖，每窖粮糟甑数、面糟甑数，封窖泥情况、泥封厚度，管窖情况等。

入窖温度：随季节、地温而变化，若地温在10℃以下，入窖温度为16～18℃；地温在11～15℃，入窖温度为17～19℃；地温在16～20℃，入窖温度为18～22℃；地温在21～25℃，入窖温度为22～25℃；地温在25℃以上，一般是热季，入窖平地温。入窖温度测定方法，全甑糟醅入窖完，适当踩窖后，在糟面四方各插一支温度计，观察入窖温度，每支温度计读数不能相差1℃，否则就是入窖温度不均匀。

踩窖：踩窖的目的主要是减少糟醅中的空气，以延缓发酵。踩窖在热季踩密脚，冬季踩稀脚。

封窖泥：要求柔熟、黏性好，含母糟和糠壳少。泥封厚度为10～15cm，要拍紧、皿光，特别是窖边更要加厚封好。

管窖：即窖池的日常管理，要求窖皮不干裂、不长霉、不长虫。为保持窖皮泥湿润，可在每天清窖后下班前盖上一层薄膜。要设专人管窖。

b. 母糟、黄水

母糟色泽：正常的母糟应是黄褐色或猪肝色（多粮与单粮颜色有差异）。若母糟色较浅（黄中带白）、显粑（软）、显腻，表示发酵不正常。

母糟泡气、柔熟程度：母糟疏松、泡气，肉实有骨力，表示上排发酵基本正常。若母糟显糙，表明水大糠大或投粮不足；若母糟显腻，没有骨力，颗头小，表明连续几排配料不当，糠少水大，糖化发酵不正常。

黄水：犹如人的排泄物，通过仔细鉴定，可发现病情，找出病因。黄水金黄透亮（似菜油），悬丝长，表示发酵正常，母糟也正常。若黄水黄中带白或浑浊不清，母糟也显腻、显粑，表示上排配料糠少水大，糖化发酵不正常；若黄水中带黑（颜色较深）、清、悬丝少，表明上排入窖温度偏高，前期升温猛，可能是糠大水大，致母糟显糙，发酵不正常。

②闻诊：运用嗅觉和味觉对母糟、黄水进行鉴定。

母糟：糖化发酵正常，窖池中窖泥又正常，母糟应有酒香和酯香，这种母糟产量、质量较好。若母糟只有酒香，缺少酯香，表明上排量水用量偏大，黄浆水增多，这种母糟可能出酒率较高，但酒的香浓味较差；若母糟酒香、酯香都差，带酸味，表示上排母糟发酵不正常，或是糠少水大，或是升温不够等。

黄水：正常的黄水应无甜味，酸味小，涩味大。若黄水带甜味，酸、涩味少，表明母糟发酵不正常，酒的产量低、质量差；若黄水酸味重、涩味少，表示母糟发酵不正常，醋酸菌、乳酸菌大量繁殖，酒的产量、质量差。

③问诊：询问窖池管理人员，了解窖内发酵情况。

清窖情况：观察窖池是否密封完好，有无裂口，特别是窖边；窖皮泥有否长霉、生虫；窖内面糟和母糟是否生霉等。

窖池升温：察看窖池升温记录，前10d每天升温情况。要求缓慢发酵，正常的发酵有时1～3d都不升温或只升温1～2℃，以后每天升温1～2℃，10d左右升到最高温度；发酵升温14～15℃表明糖化发酵缓慢、正常。如入窖温度15～16℃，10d左右窖内温度可升到31～32℃，就比较正常，酒的产量、质量都会较好。窖池升到顶温后要“挺”10d左右，再缓慢下降，即“前缓、中挺、后缓落”。

吹口情况：检查发酵吹口是四川大曲、小曲酒生产的传统习惯。吹口是在入窖时插一竹竿，封窖后取出，此孔直通窖心，用木塞塞好出口。每天检测窖内温度变化时，一并检查吹口情况。取去木塞，听吹出气体的声音并闻其气味，判断发酵正常与否。

发酵期：发酵期长短与酒的产量、质量关系较大。发酵期各厂控制长短不一，有发酵40d左右，也有发酵60～70d、80～90d，甚至长达100d以上。

④切诊：根据望诊、闻诊和问诊，结合母糟、黄水的化验数据，进行全面分析，指导生产。

母糟、黄水的化验数据包括水分、酸度、淀粉、还原糖、含酒量，有的厂还有微生物的检测。从分析数据，了解母糟在发酵过程中物质的变化和微生物的盛衰交替情况及种群的变化。根据化验数据，结合“三诊”，进行细致分析，找出差距，对症下药，指导生产。

例如，开窖鉴定，通过“四诊”，对母糟、黄水进行鉴定，并结合化验数据，发现下述情况。

a. 母糟发酵后疏松泡气，肉实有骨力，颗头大，红烧（即呈深猪肝色），嗅闻有酒香和酯香；黄水金黄透亮、悬丝长，口尝酸味小、涩味大；化验出窖糟水分、酸度、淀粉、残糖都在正常范围。表示母糟“柔熟不腻，疏松不燥”，发酵良好。下排应稳定配料，细致操作，可保证酒的产量、质量。即投粮、用曲、用糠、用水、入窖温度等均应保持相对稳定，不可随意变动。

b. 母糟发酵基本正常，疏松泡气，有骨力，呈猪肝色，鼻闻有酒香，缺少酯香；黄水透明清亮、悬丝长，呈金黄色，有酸、涩味；化验出窖糟，酸度、淀粉、残糖基本正常，但水分偏大。这种情况母糟产的酒，香气较弱，有回味，酒质比前一种情况略差，但出酒率较高。从母糟和黄浆水情况来看，上排配料和入窖条件基本恰当，但量水用量偏大，黄水增多，黏稠度不如前，下排应在稳定其他配料的基础上，适当减少量水用量，以提高酒的香浓味。

c. 母糟显腻，没有骨力，颗头小；黄浆水浑浊不清，黏性也大，带甜、酸味；出窖糟化验，淀粉、残糖偏高。这是因为连续几排配料不当，糠少水大，造成母糟显腻，残余淀粉高。下排配料时，可考虑加糠减水，以恢复母糟骨力，使发酵达到正常。

d. 母糟显糙，抓一把在手，感觉“顶手”，肉头差，保不住水；酒香、酯香差；黄水棕褐色，悬丝少，带酸味，涩味少；出窖糟化验，淀粉、残糖都较低。这种母糟可能是用过糖化酶，淀粉利用较充分，稻壳用量过大，水也大，故母糟显得瘦、糙。此情况母糟，酒的产量、质量均差。应在粮糟中停止使用糖化酶，适当加大投粮，加醅减糠，适当减少用水，注意细致操作和入窖条件，几排后才能好转。

e. 母糟显粑（软），没有骨力，酒香也差；黄水黏性大，黄中带白，有甜味，酸、涩味少；出窖糟化验，淀粉、残糖偏高。此时黄水不易滴出。此种情况比第 c 种情况严重，故酒的产量、质量都差。此种情况多发生在冬、春季，有时夏季也会发生。这是由于连续几排配料中，糠少水大，造成母糟显粑，没有骨力，粮糟入窖后不能正常糖化发酵造成出窖糟残淀高，尤其是黄水中含糊精、淀粉、果胶等物质较多，使黄水白黏酽浓，不易滴出。解决办法是，下排加糠减水，使母糟疏松，并注意入窖温度。要通过连续几排努力，才能使母糟逐渐达到正常。

母糟和黄水的具体情况众多，难以逐一列举，因影响因素甚多，如前诸多叙述，应认真贯彻传统工艺和操作，做到稳、准、匀、适、勤，才能保证优质高产。

传统操作要在继承的基础上加以发展，在科学发展观的指导下，开拓创新，与时俱进，使民族传统产业代代相传。

“烤酒熬糖，充不得内行”，笔者初学中医“四诊”，“辨证施治”，尝试运用到浓香型酒酿酒生产中，只能是粗浅认识，难免谬误，希望在生产实践中不断总结、引证，使“四诊”在酿酒生产中得到更广泛的应用，并指导生产。

三、原窖分层酿制工艺

我国浓香型白酒生产的工艺操作方法习惯分为“原窖法”“跑窖法”和“老五甑法”法三种类型，其中“原窖法”适用最为广泛，是一种主要的传统方法。

所谓“原窖法”，是指发酵酒醅在循环酿制过程中，每一窖的糟醅经过配料、蒸馏取酒后仍返回到本窖池；而“跑窖法”是将这一窖的酒醅经配料蒸酒蒸粮后装入另一窖池，一窖撵一窖地进行生产。

“原窖法”每窖的甑口（容量）不强求固定，窖内糟醅的配料上下一致，而不像“老五甑法”那样每窖固定为 5 个甑口，窖内糟醅的配料上下不同。

传统的“原窖法”生产，窖内的酒醅分为两个层次，即母糟层和红糟层。每甑母糟统一投粮（即与投粮量相应的糠、水、曲），每窖母糟配料后增长出来的糟醅不投粮，蒸馏后覆盖在母糟上面，称为红糟。红糟、母糟均统一入窖、同期发酵出窖，每窖糟醅发酵后要全部从窖内取出，堆置在堆糟坝上，以便配料蒸馏后重新将糟醅返回原窖。堆糟的方法是：红糟单独堆放，单独蒸馏，蒸后弃之（称为丢糟）；母糟则按由上而下的次序逐层从窖内取出，一层压一层地堆铺在堆糟坝上，即上层母糟铺在下面，下层母糟盖在上面，蒸馏时像切豆腐块一样，一方一方地挖取母糟，再拌料蒸酒。每甑蒸馏摘酒均采取“断花摘酒”的方式，断花前接取的为基础酒，其酒精含量保持在63%vol以上，断花后接取酒尾，用于下次回蒸。丢糟酒单独装坛，母糟酒和红糟酒则统一装坛贮存，用于勾兑成品酒。

“原窖法”工艺是在老窖生产的基础上发展起来的。它强调窖池的等级质量，强调保持本窖母糟风格，避免不同窖池特别是新老窖池母糟的相互串换，所以俗称“千年老窖万年糟”。在每排生产中，同一窖池的母糟上下层混合拌料，蒸馏入窖，使全窖的母糟风格保持一致，全窖的酒质保持一致。配料操作比较方便，每窖各排的发酵情况比较清楚，便于掌握，便于总结经验教训，所以这种工艺方法被广泛沿袭采用。

传统的“原窖法”工艺重视了原窖发酵，避免了糟醅在窖池间互相串换，但对同窖池的糟醅则实行统一投粮、统一发酵、混合堆糟、混合蒸馏以及统一断花摘酒和装坛。这种“统一”和“混合”的结果，导致了全窖糟醅的平均和酒质的平均，这对于窖池生产能力的发挥、淀粉的充分利用、母糟风格的培养以及优质酒的提取和经济效益的提高都有一定的影响。随着等级酒价格的悬殊，这种影响尤甚。

总结长期的生产实践经验和多年的科研成果，借鉴兄弟厂名酒生产的工艺优点，泸州老窖酒厂创造了“原窖分层酿制工艺”，对传统的“原窖法”工艺进行了系统的改革，使之扬长避短，充分发挥老窖的优势和潜力，达到优质低耗高产的目的。

1. “原窖分层酿制工艺”的依据和方法

浓香型曲酒生产区别于其他白酒生产的主要特点是采用泥窖固态发酵。经过长年循环发酵，使窖泥中产生大量的多种类的微生物及其代谢产物，这是产生浓香型曲酒的典型香味——窖香的主要来源之一。生产物质含量越丰富，对发酵糟的培养越有益，酒质风格也越佳。而窖池中生香物质的含量是不均匀的，越到下层窖泥生香物质越多，窖底含量最为丰富。上下层窖泥成分的分析实例见表3－18。

表3－18　　上下层窖泥成分分析实例

样品		水分/%	氨态氮/（mg/100g）	速效磷/（mg/100g）	腐殖质/（mg/100g）	厌氧菌量/（个/g）	pH
1号窖	上层泥	31.80	273.87	6.36	4.79	1.2×10^6	6.60
	下层泥	36.10	293.26	37.00	11.92	2.9×10^6	6.00
2号窖	上层泥	32.80	279.02	31.91	6.49	6.4×10^6	6.50
	下层泥	35.50	310.08	107.87	9.95	5.94×10^6	6.20

从表3－18看出，下层窖泥中微生物生长繁殖的物质比上层窖泥的含量高。

糟醅入窖发酵大体上可分为3个阶段。第1阶段为主发酵期，时间是封窖后1～5d（与季节和入窖温度等有关），这段时间主要是淀粉变糖、糖变酒，淀粉不断消耗，酒精不断增长，还生成少量的酸和乙醛，释放大量的热量和二氧化碳，以及部分甲烷和氢。第2

阶段为生酸期，时间约在主发酵期后的20d之内，这段时间糖化发酵基本终止，霉菌和酵母逐步衰亡，温度下降，而产酸细菌大量生长繁殖，把残存在糟醅里的淀粉、糖分和已生成的醇类物质转化为各种有机酸。第3阶段为生香期，一般在生酸后期就开始，即在糟醅入窖30～35d之后。这个阶段糟醅中的各类微量成分相互作用而生成新的物质，其中主要是酯化，即由酸和醇生成酯类，酸和醇的含量越丰富，酯化效果就越好。窖泥中的微生物把发酵生成的物质进一步转化或合成为各种香味成分，越靠近窖泥，酯化时间越长，酒醅中形成的香味成分就越多。由于酒醅中黄浆水的下沉，越是下层的酒醅，其酸、醇和其他微量成分含量越丰富，加上窖底中窖泥微生物的作用，底部酒醅中的微量香味成分比中、上层多得多，所产的酒也好得多。

各层发酵糟产品质量比较见表3－19。

表3－19　　各层发酵糟产品质量比较　　单位：g/100mL

样品	酒精/%vol	总酸	总酯	总醛	杂醇油	甲醇	糠醛
上层糟	64.70	0.0491	0.1115	0.0266	0.1019	0.0232	0.00139
中层糟	60.40	0.0913	0.2934	0.0267	0.0795	0.0219	0.00273
底层糟	60.08	0.1041	0.3567	0.0341	0.0999	0.0220	0.00175

从表3－19看出，上层糟其产品质量较差，越往下层酒质越好，底层糟酒质最佳。

通过数据统计表明，母糟淀粉含量的多少，不仅对糖化和产酒量起着决定作用，而且对母糟风格和基础酒质量有着重要影响。母糟留有残余淀粉多，酒质醇和柔绵；反之则燥辣刺喉。可是增大淀粉会导致产量和质量的矛盾，丢糟中所浪费的残余淀粉也会增加。

蒸馏摘酒时机对酒质影响极大。先馏出来的酒，酒精含量高，醇溶性物质多，品味优良；随着流酒时间的延续，酒精含量不断下降，高沸点物质逐渐增多，酒的品味也越来越差。表3－20为不同馏分酒的各种成分变化表。

表3－20　　不同馏分酒的各种成分含量变化　　单位：g/100mL

项目	酒头	70%以上	60%～70%	50%～60%	20%～50%	3%～20%	酒尾
酒精/%vol	76.2	75.2	68.6	56.2	28.2	8.5	23.4
总酸	0.043	0.029	0.0536	0.0612	0.1668	0.222	0.305
挥发酸		0.025	0.0269	0.0438	0.088	0.103	
总酯	0.960	0.556	0.2974	0.2354	0.746	0.736	0.098
挥发酯	0.820	0.510	0.253	0.214	0.5	0.487	0.041
总醛	0.041	0.0375	0.0239	0.0181	0.0132	0.0075	0.01
糠醛	0.00021	0.000012	0.00004	0.0004	0.0004	0.00058	0.00079
甲醇	0.00950	0.0032	0.003	0.082	0.0013	0.00097	0.0034
高级醇	0.090	0.065	0.046	0.041	0.0084	0.0053	0.0042
多元醇	0.470	0.540	0.610	0.660	1.31	1.6	1.0
甘油	0.0010	0.000051	0.00006	0.00007	0.00017	0.00021	0.0002
双乙酰	0.0009	0.00009	0.00024	0.0003	0.00032	0.00039	0.00027
乙缩醛		0.2934	0.024	0.01054	0.0072	0.0042	

从表 3 - 20 中看出，随着馏分的延续，酒中有益成分逐渐减少，杂味成分逐渐增多，因此摘酒时机的掌握对区分酒精含量有着重要的作用。

综上所述，在一个窖池内酒醅的发酵是不均匀的，每甑糟的蒸馏酒质也是不均匀的。如果能巧妙地利用这种差异性，在工艺上加以区别对待、区别处理，将能产生优质、低耗、高产的最佳效果。

“原窖分层酿制工艺”的基本点就是对发酵和蒸馏的差异扬长避短，分别对待。这个方法可以概括为：分层投粮、分期发酵、分层堆糟、分层蒸馏、分段摘酒、分质并坛，简称“六分法”。

（1）分层投粮　针对窖池内酒醅发酵的不均匀性，在投粮上予以区别对待。即在整窖总投粮量不变的前提下，下层多投粮，上层少投粮，使一个窖池内各层酒醅的淀粉含量呈梯度结构。其层次划分以甑为单位，但为了操作方便，可大体上分为 3 层。第 1 层是面糟（约占全窖糟量的 20% 左右），每甑投粮可比全窖平均量少 1/3 左右；第 2 层是“黄浆水线”以上的酒醅，可按全窖平均量投粮；第 3 层是“黄浆水线”以下的酒醅（包括双轮底糟），每甑投粮可比全窖平均多 1/3 左右。

（2）分期发酵　针对窖内各层发酵糟发酵过程中的变化规律，在发酵期上予以区别对待。上层酒醅在生酸期后酯化生香微弱，让其在窖内继续发酵意义不大，就提前予以出窖蒸馏；底层糟生香幅度大，就延长其酯化时间。每窖糟醅可区分为 3 种发酵期：面糟（上层）在生酸期后（入窖 30 ~ 40d）即出窖蒸馏取酒，只加曲不投粮，使之变为红糟，再将其覆盖在原窖母糟上面，封窖再发酵；母糟（中层）发酵 60 ~ 65d，与面上的红糟同时出窖；每窖留底糟 1 ~ 3 甑，两排出一次，称为双轮底（第 1 排不出窖，但要加曲），其发酵时间在 120d 以上。

（3）分层堆糟　为保证各层酒醅的分别蒸馏和下排的入窖顺序，各层酒醅出窖后在堆糟坝的堆放要予以区别：面糟和双轮底糟分别堆放，以便单独蒸馏；母糟分层出窖，在堆糟坝上由里向外逐次堆放，以便先蒸下层糟，后盖上层糟（黄浆水线上、线下的母糟要予以区别）。

（4）分层蒸馏　针对各层酒醅发酵质量不同、酒质不同，为了尽可能多地提取优质酒，避免由于各层酒醅混杂而导致全窖酒质下降，各层酒醅应分别蒸馏。即面糟和双轮底糟分别单独蒸馏；二次面糟取酒后扔掉；双轮底糟仍装入窖底；母糟则按由下层到上层的次序蒸馏，并按分层投粮的原则进行配料，按原来的层次依次入窖。有的厂在此基础上，根据本厂实际情况加以改进：双轮底糟作上层糟；中层糟靠近双轮底糟的部分降至底层，对降低入窖酸度和培养母糟风格有较好的作用。

（5）分段摘酒　不同层次酒醅的酒质不同，蒸馏中各馏分的酒质也不同，为了更多地摘取优质酒，提高优质品率，要根据不同酒醅适当分段摘酒（基础酒或调味酒），即对可能产优质酒的酒醅，在断花前分成前后 2 段或 3 段摘酒。具体做法如下。

①每甑摘取酒头 0. 5kg。

②上层的面糟（包括红糟和丢糟）的酒质较差，可不分段；双轮底糟可分段摘取不同风格的调味酒或优质酒的上品。仍采用断花摘酒法。

③其余酒醅酒的摘取，应视窖池的新老、发酵的好坏、酒醅的层次分 2 段或 3 段摘取（即量质摘酒）。一般原则是：新窖黄浆水线以上的母糟前段酒摘取 1/3 左右，后段占 2/3；

黄浆水线以下的酒醅可分两段摘，各占一半。老窖或发酵特别好的新窖，黄浆水线以上的母糟分两段摘，各占1/2；黄浆水线以下的母糟，前段摘酒占2/3，后段酒占1/3。前段酒酒精含量66%以上，后段酒酒精含量60%以上，最低不少于59%。以上摘酒分段方法要视各厂具体情况，如窖池、发酵好坏、母糟风格、黄浆水有无等进行，不能一概而论。

（6）分质并坛　采取分层蒸馏和分段摘酒工艺后，基础酒酒质就有了显著的差别。为了保证酒质，便于贮存勾兑，基础酒应严格按质并坛。一般的原则如下。

①酒头和丢糟酒分别单独装坛。

②红糟酒和黄浆水线上层母糟后段酒可以并坛。

③黄浆水线上层母糟前段酒和黄浆水线下层母糟的后段酒可以并坛。

④黄浆水线下层母糟前段酒单独并坛。

⑤双轮底糟酒和调味酒要视不同风格和质量分别单独并坛。

以上各种类型，酒质有明显差异，便于分等定级和勾兑。若按上述原则并根据酒的具体质量、口感再行并坛，则效果更好，但要求有较高的品尝水平。

“六分法”工艺是在传统的“原窖法”工艺的基础上发展起来的。从酿造工艺整体上来说，仍然继承传统工艺流程的操作方法。而在关键工艺环节上，系统地运用了多年的科研和生产实践成果，借鉴了其他酿酒工艺的有效技术方法。此工艺通过在泸州老窖酒厂、射洪沱牌曲酒厂等名优酒厂应用，大幅度提高了名优酒比例，取得了显著的经济效益。

2. “原窖分层酿制工艺”有关问题的商榷

（1）“六分法”工艺的精髓　“六分法”工艺的根本宗旨是保证和提高产品质量。它抓住投粮、发酵期和蒸馏摘酒三个影响酒质的关键问题，采取了一系列的工艺措施。

“六分法”的精髓是一个“分”字，它应用全面质量管理的分层理论，对生产过程中的差异进行不同的工艺处理。针对窖池各层次发酵质量的差异，采取“分层”投粮和“分期”发酵，把“钢”用在“刀刃”上，充分发挥下层酒醅产好酒的潜力，多产好酒，增进酒质的绵柔、醇和、浓厚的优良风格。同时，粮多养糟（高进高出），下层酒醅越养越好，随着循环配料，下层糟不断向上增长，面糟不断被丢弃，全窖酒醅形成良性循环，全窖酒质将会不断提高。加之在蒸馏摘酒上采取分层蒸、分段摘的工艺措施，尽量把发酵质量好的酒和前段馏分的好酒提取出来，使优质酒酒质更纯，比例更高。最后通过“分质并坛”确保优质酒的质量，同时也兼顾了普通基础酒的质量，使等级分明、规范。

（2）“六分法”与产量、消耗　“六分法”充分考虑到生产中质量同产量、消耗的矛盾，采取了一系列在保证质量的前提下增加产量、降低消耗的措施。

首先是面糟的二次处理。入窖时，面糟少量投粮，发酵中期，就将其出窖蒸馏，再变为红糟（不投粮）入窖。全窖出窖再蒸一次，比传统方法多蒸一次酒，等于使窖池的利用率提高了20%左右。据泸州老窖酒厂实践，面糟的出酒率可提高20%。

“分期发酵”较好地解决了延长发酵期和增加消耗的矛盾。窖期长，酒质好，但消耗增大。“六分法”充分发挥了“养糟挤回”的作用，下层酒醅逐次向上增长，投粮量逐次减少，残余淀粉逐渐被利用，直到上升为面糟，再经过二次处理，残余淀粉得到充分利用，丢糟中的淀粉含量可降至7%以下，有效地减少了粮耗。

（3）“六分法”与传统工艺　“六分法”是在“原窖法”的基础上借鉴吸取“跑窖

法”“老五甑法”等传统工艺的精华，本着“博采众长，为我所用”的原则，不是照搬，而是有机结合。

“六分法”吸取了“老五甑法”的“分层投粮”“养糟挤回”特点，以充分利用淀粉，提高母糟风格和酒质。“六分法”在“分层投粮”的基础上，又增加了“分期发酵”工艺，充分发挥了老窖容积大的特点，可保留大量老糟，下层酒醅逐次增长，从而养糟更有效，挤回更彻底，对提高母糟风格和提高酒质更有利。

（4）“六分法”的操作技术　“六分法”是一项系统的不可分割的完整工艺，它使传统的“原窖法”工艺更细致严密，因而对操作技术的要求更为严格。除了要继承发扬传统工艺“稳准配料、细致操作”的技术要求外，还必须全面掌握“六分法”操作要领，特别要注意两个重要特点。

①酒醅特点：由于分层投粮和分期发酵的结果，全窖各层酒醅将出现明显差异。越往下层，淀粉浓度越大，酸度也越大，含水分也多，这就增加了配料和蒸馏的难度。要注意入窖酸度，控制上层酒醅的用糠量，提高上甑技术，采用耐酸酵母，并特别注意季节转变时的生产配料。此外，由于第一次面糟要投粮，中间要提前开窖蒸馏，所以要注意窖池的密封和管理，并做好生产计划安排。

②酒质特点：实行“分段摘酒”和“分质并坛”，要求操作者提高品尝技术水平，以提升对酒质的判别能力，要能正确识别酒醅发酵质量，正确掌握分段摘酒时机，并坛时要注意检查辨别酒质，防止优劣酒“混为一坛”。

四、双轮底发酵

“双轮底”发酵是四川宜宾五粮液酒厂在总结传统操作经验的基础上于20世纪60年代首先试验成功的，经多年的生产实践，证明双轮底发酵是提高产品质量的极有效措施。凡经双轮底发酵的，酒质显著提高，从色谱数据看，不一定己酸乙酯等增加很多，但酒却香浓突出，味感特别丰厚。从常规化验得知，总酯含量由原来的0.7g/100mL上升至1g/100mL，升酯率达30%。双轮底发酵，总结了母糟长期与窖底泥接触，并被黄浆水浸没，酸、酯、酒含量丰富的经验积累，使传统技艺得以创新。运用双轮底发酵制作优质基酒和调味酒，对增加酒的香浓味，提高名优酒质量发挥了很大的作用。此技术已在全国各地普遍推广应用。

所谓“双轮底”发酵，就是将已发酵成熟的酒醅起到黄水能浸没到的酒醅位置为止，再从此位置开始在窖的一角留约一甑（或两甑）的酒醅不起，在另一角打黄浆水坑，将黄浆水舀完、滴净，然后将这部分酒醅全部铺平于窖底，在面上隔好篾块（或撒一层熟糠），再将入窖粮糟（大楂）依次盖在上面，装满后封窖发酵。隔醅篾以下的底醅经两轮以上发酵，称为“双轮底”糟。在发酵期满蒸馏时，将这一部分底醅进行单独蒸馏，产的酒称为“双轮底”酒。

搞“双轮底”发酵，必须严格注意以下几点。

（1）上排入窖品温不得超过21℃（指四川而言）。最好是在21℃以下才做“双轮底”，否则会因生酸过大，造成减产。在夏季不宜做，一般在11月～次年4月（指四川）这段时间为宜。

（2）经两轮发酵的底醅，酸度较大，单独蒸馏后，可作为配醅分层（甑）回于窖中或作他用。

（3）“双轮底”糟，不宜加多量的曲粉，更不能打量水。曲药加入太多，会使“双轮底”酒味杂；打量水会使酒味淡薄。

（4）进行“双轮底”生产的窖，上排发酵、产酒、酒质都必须正常，方可进行。特别是母糟和酸度情况，要高度重视。

（5）“双轮底”糟出窖后要单独堆放（其他用途除外），堆糟坝要有一定的斜度，最好要有黄水坑，再滴窖12h以上，使“双轮底”糟含水分降到60%以下，否则会蒸不出酒；若过分加大稻壳用量，则会严重影响酒质。

（6）有些厂为了增加“双轮底”酒的产量，在蒸“双轮底”糟时，在底锅中加入黄浆水，使酒带黄水味，异杂味增加，损害了双轮底酒的风味。

“双轮底”发酵问世后，经过多年的生产实践，有了不少的创新和发展。如“连续双轮底”“隔排双轮底”，还有的厂将窖底和窖边都搞成双轮，然后将窖心和窖边酒醅分开，单独蒸馏，效果也很好，但操作麻烦。根据很多厂反映，“隔排双轮底”效果更好，见表3－21至表3－23。

表3－21　两种“双轮底”和一般酒醅比较

项　目	连续双轮底	隔排双轮底	一般母糟	说　明
出窖酸度	2.9～4.0	3.6～4.5	2.3～3.4	
入窖酸度	1.8～2.9	2.3～3.2	1.4～1.8	底糟蒸成粮糟时，出甑取样
出窖水分/%	57～61	60～64	55～58	
入窖水分/%	54～55	55～56	53～54	
配料前水分/%	57～60	60～62	53～57	混糟时取样
配料后水分/%	50～53	52～54	48～49	配成粮糟，上甑时取样
出窖淀粉含量/%	9.5～10	10～11	8～10	折合成60%含水量计算
入窖淀粉含量/%	15～17	16～18	14～16	
入窖糟含酯量/%	0.5～0.7	0.5～0.8	0.43～0.6	折合成60%含水量计算
出窖糟含酯量/%	1.2～1.8	1.2～2.0	0.6～0.8	折合成60%含水量计算
稻壳用量/kg	40	55	25	每甑粮糟
每甑产酒/kg	40	35	45	折成60%vol计

表3－22　“双轮底”发酵效果

项　目	老窖连续“双轮底”	老窖隔排“双轮底”	新窖隔排“双轮底”	新窖连续“双轮底”	一般老窖酒	一般新窖酒
酒精含量/%vol	61	60.5	60.9	60.6	60.6	60.4
总酸/（g/100mL）	0.1297	0.1042	0.0956	0.1136	0.0768	0.0639
总酯/（g/100mL）	0.6164	0.6205	0.5530	0.5810	0.3290	0.2840

表 3－23　　“双轮底”酒主要酸、酯含量　　单位：g/100mL

项目	乙酸	己酸	不挥发酸（乳酸计）	总酸（常规法）	乙酸乙酯	己酸乙酯	不挥发酯（乳酯计）	总酯（常规法）
“双轮底”酒	0. 1050	0. 2653	0. 0394	0. 2685	0. 2056	0. 4406	0. 2738	0. 6793
边糟酒	0. 0915	0. 2146	0. 0236	0. 2182	0. 1596	0. 3186	0. 1313	0. 4532
中糟酒	0. 0660	0. 0325	0. 0117	0. 0906	0. 1179	0. 1037	0. 0849	0. 2297

“双轮底”发酵为什么浓香特别突出呢？“双轮底”发酵，实际上是延长发酵期，使底醅与窖底泥有更长的接触时间，并承载下一排的黄水，这样有机酸及酯类经长时间缓慢的发酵和积累，使浓香型大曲酒的主体香——己酸乙酯含量增多，“复杂成分”富集。从以上几个表可见，“双轮底”酒总酯、总酸、乙酸乙酯、己酸乙酯都有不同程度的增加，所以浓香扑鼻，酒质特佳。

“双轮底”发酵工艺是提高浓香型曲酒质量极其有效的措施。但不少酒厂做“双轮底”名不副实，有的将丢糟（扔糟）放于窖底；有的将上层糟（回活）放入窖底或将中层糟（靠近上层的母糟或二楂）放于池底，双轮发酵蒸馏后糟醅便扔掉。这种做法实际上不是“双轮底”，只是双轮糟发酵。其用意是避免酒醅酸度增加，影响出酒率，用酒醅吸收发酵下沉的黄浆水，降低粮糟（大楂）的出窖酸度。置于窖底的丢糟、上层糟本身就酸低、酒少，产香的前体物质也少，即使在窖底，产酯、产香效果也受到严重影响。另外，虽然有的厂真正按双轮底工艺生产，但糟醅蒸馏后就丢掉，不敢加粮再入窖发酵，此法对提高母糟风格质量、增加产香前体物质极其不利，应充分重视。

搞“双轮底”发酵，必须结合本厂工艺操作、窖泥、酒醅等具体情况，酌情采用。一般不宜在一个窖连续做下去，特别是在夏季换排后更应注意。

五、夹泥发酵

浓香型曲酒生产实践中证实，窖泥与酒醅的接触面积越大，生成的己酸乙酯量就越高，酒质也越佳。在入窖粮糟中每甑或隔甑以适当的方式铺设厚约两寸左右的人工培养优质窖泥，使单位体积母糟占有窖泥的表面积比未夹泥的接触面积增加 2～3 倍，使己酸菌等窖泥功能菌的数量及其活动场所均相应增加，在同样的工艺条件下，可使酒质有明显的提高。见表 3－24。

表 3－24　　夹泥发酵成品酒常规分析

糟　别	酒度/%vol	总酸（g/100mL）	总酯（g/100mL）
（1）一般窖上层糟	68	0. 0169	0. 177
（2）一般窖上层糟	68	0. 0432	0. 243
（1）夹泥窖上层糟	68	0. 0569	0. 461
（2）夹泥窖上层糟	68	0. . 0604	0. 523

夹泥（回泥）发酵已有不少生产厂进行试验，但有的效果不明显，酒质提高不多，主要原因是人工培养窖泥的配方或工艺不当；夹泥方式有问题；入窖条件控制不适宜等。因此，夹泥发酵应注意下面几个问题。

①泥的质量：这是夹泥发酵的关键。

②夹泥方式：可以将泥做成条形、圆形或方形，不要相互靠紧，以免影响黄水的下沉和发酵的进行。

③发酵期：适当延长发酵期酒质更好；但若各方面控制得当，可以适当缩短发酵期。

④入窖条件：要做适当调整，如入窖温度、入窖水分等。

⑤发酵后的夹泥：应进行“再生”，酒质才能稳定提高。

夹泥发酵是人工培养技术的发展，是提高浓香型大曲酒质量的有效措施，若方法得当，操作细致，成品酒（全窖平均）的己酸乙酯含量可达400mg/100mL以上。

传统浓香型大曲酒生产，都用泥巴晾堂，在制曲和酿酒过程中都会有一定的泥土带入酒醅中，如踩曲场、曲房、晾堂等传统都用黏性黄泥建造。在酒醅摊凉时使用木锨、竹木“扒疏”等工具，每次都会将晾堂上的泥巴铲入酒醅中。母糟出窖时，窖壁、窖底的泥巴也不可避免地带一些入糟中。这些泥土混合在母糟中，为窖泥微生物的栖息、繁殖提供了更适宜的场所。因此，可以将人工培养的优质窖泥以适当方式加入粮糟中，从而提高酒质。加泥发酵应注意以下几点。

①泥的质量：要求含有大量的窖泥微生物及其生长繁殖所需要的营养物质。

②加泥数量不宜太多：否则会使母糟“发腻”，一般第一次可多加些（如5%），以后就减少到1%～2%。也不一定每排都加。

③加泥方法：可以在“量水”中混合泼入，窖泥先混入量水中，能起到“热处理”的作用；也可在撒曲时同时混入。

夹泥发酵的改进：四川绵阳丰谷酒业采用自制夹泥发酵器和每轮补充窖泥功能菌的夹泥发酵法进行浓香型白酒生产，解决了原夹泥发酵中存在窖泥易进入糟醅，影响酒质和操作、难以循环使用等难题，效果十分显著。

1. 夹泥方法

将优质老窖泥装入夹泥发酵器中并压紧，同时补充窖泥功能菌，然后将夹泥发酵器分层铺入糟醅中。每个夹泥发酵器装窖泥10kg。夹泥发酵器起固定窖泥的作用。夹泥发酵器之间留一定空隙，便于黄水下沉。每轮糟醅发酵完后，将夹泥发酵器取出，补充一定量的窖泥功能菌，再进入下一轮糟醅的发酵，反复循环使用。

2. 夹泥效果

（1）酒质比较　见表3－25、表3－26。

表3－25　使用夹泥发酵器产酒比较

成分	使用夹泥发酵器的酒	对　照
总酸/（g/L）	0.63	0.44
总酯/（g/L）	7.52	3.89
乙酸乙酯/（mg/100mL）	282.4	155.1
丁酸乙酯/（mg/100mL）	37.4	19.8
己酸乙酯/（mg/100mL）	404.4	171.1
乳酸乙酯/（mg/100mL）	58.5	108.2
尝评结果	主体香突出，醇、甜、净、爽	窖香浓，醇、甜、净、爽较突出

表 3 – 26　　不同夹泥方法对比

编　号	有无明显窖泥味	操作是否方便	能否循环使用	效　果
1 号	无	方便	能	很明显
2 号	很明显	不方便	不能	较明显
3 号	有一定	不方便	有限	较明显
4 号	有一定	不方便	有限	较明显

注：1 号采用自制夹泥发酵器和每轮补充窖泥功能菌的方法；2 号直接将窖泥分层铺入粮糟中；3 号用编织袋装窖泥分层铺入粮糟中；4 号用竹帘固定好窖泥分层铺入粮糟中。

（2）注意事项

①夹泥发酵如果没有老窖泥而是使用新制的人工窖泥，会造成所产酒中正丙醇含量偏高，其原因是新窖泥中梭状芽孢杆菌经代谢可产生正丙醇，而老窖泥中含有某种（类）对梭状芽孢杆菌生成正丙醇的代谢途径产生抑制的物质。因此，使用新窖泥时可加入一定量的老窖泥，以增加新窖泥中该种（类）物质的含量。夹泥发酵的效果与所使用窖泥的质量关系极大，应尽量使用优质老窖泥。

②夹泥发酵所使用的窖泥，要每次出窖后补充窖泥功能菌和营养物质，并进行培养，才可循环使用。

③制作夹泥发酵器的材料，必须符合食品安全、无毒、无异味、不影响酒质。

六、翻 沙 工 艺

翻沙技术（也称复式发酵）是提高浓香型大曲酒质量的重要措施。翻沙，是在糟醅酒精发酵基本完成后，同时投入常规曲药、黄浆水、酯化液和工艺用酒（加水降度），拌和均匀，再继续入窖发酵。采用这种工艺，由于补充了黄浆水、酯化液和酒，增加了糟醅中酸、醇的含量，有利于浓香型酒风味物质，尤其是酯类物质的产生和积累，大大提高了基础酒的质量。此法已在全国同类香型酒厂中广泛应用，均取得良好的效果。

通过多年的实践，人们认识到翻沙工艺仍有潜力可挖，于是从单翻沙到双翻沙，即在完成一次单翻沙发酵后，追加投入一次曲、黄浆水和酒等物料，再继续翻沙发酵。这样发酵期延长到 9 ~ 12 个月甚至更长，优质酒比例从 40% 左右提高到 90% 以上，但产量（出酒率）较低。由于双翻沙窖期太长，糟醅酸度大，一般用作生产调味酒。为了克服原翻沙工艺中的不足，泸州老窖酒厂又创造出“分段用曲翻沙工艺”“规范分段用曲翻沙工艺”“夹心曲翻沙”“回菌泥翻沙”等新技术。下面分别做简要介绍。

1. 分段用曲翻沙工艺

（1）工艺流程　如图 3 – 2 所示。

整个工艺设计需时为 4 ~ 5 个月。

（2）分段用曲翻沙工艺效果

①产量及消耗：从表 3 – 27 可见，分段用曲工艺比单翻沙工艺出酒率高 10%，曲耗略有降低，粮耗降低近 11%。出现此结果的原因在于分段用曲避开了削弱曲药发酵力的两个主要因素——高酸（黄浆水）和高醇（酒）浓度。因此，分段用曲工艺中的淀粉消耗率比单翻沙高 15% 左右，产酒量也多 10% 左右，相应地降低了各项消耗指标。

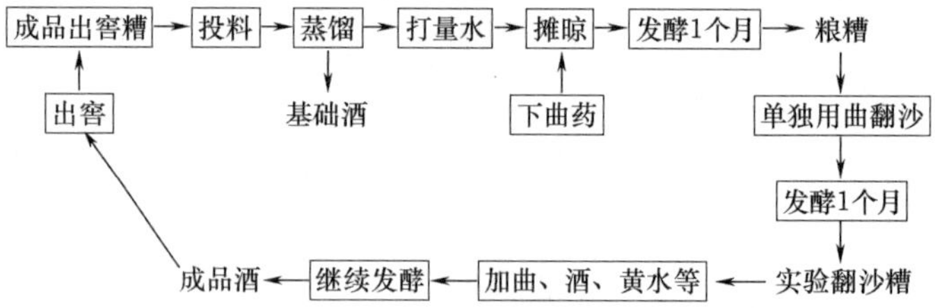

图 3-2　分段用曲翻沙工艺流程

②质量比较：从表 3-28 可见，从优质率来看，分段用曲仅次于双翻沙；从优质酒（中国名酒）数量来看，分段用曲最多；从已酯含量和口感来看，双翻沙工艺作调味酒生产是适合的，分段用曲主要产特曲。另外，分段用曲工艺生产的酒，口感醇甜好、谐调。

表 3-27　三种翻沙工艺的产量与消耗对比

工艺类型	发酵期/月	产量/（t/窖）	高粱消耗/（t/t 酒）	曲药用量/（t/t 酒）
分段用曲	4	2.530	2.944	0.915
单翻沙	4	2.300	3.300	0.921
双翻沙	12	2.150	4.644	1.556

表 3-28　三种翻沙工艺质量对比

工艺类型	特曲产量/%	优质率/%	综合样己酯含量/（g/L）	口感评价
分段用曲	2.050	81	2.5~3.1	浓香醇甜，谐调，干净
单翻沙	0.920	40	2.5 以下	浓香醇甜，干净
双翻沙	2.000	93	4.0 以上	酯香突出，陈味好

泸州老窖酒厂彭单等认为在单独用曲翻沙时，糟醅已经 1 个月发酵，有 35% 左右的淀粉被消耗或转化。转化的淀粉大部分成酒，其余的则转化为淀粉降解途径（如 TCA 途径和 EMP 途径）中的各种中间物（如各种二元酸、三元酸、二碳酸、四碳酸，六碳酸等）。这些中间产物在单独加曲时，可能被曲中某些微生物直接利用而转化成浓香型酒特有的风味物质或其前体物质，从而在较短的时间内提高质量；而在单翻沙工艺中，由于高酸、高酒的影响，曲药微生物直接利用这些中间物的能力被削弱。

2. 规范分段用曲翻沙工艺

（1）工艺流程　如图 3-3 所示。

本工艺与分段用曲翻沙工艺相比，减少了一步传统翻沙程序。整个工艺设计用时为 2 个月，两种工艺用时相差一半。

（2）生产实际效果　四川泸州老窖酒厂罗汉基地五车间从 1995 年 9 月至 1996 年 9 月实验班组按上述工艺生产。

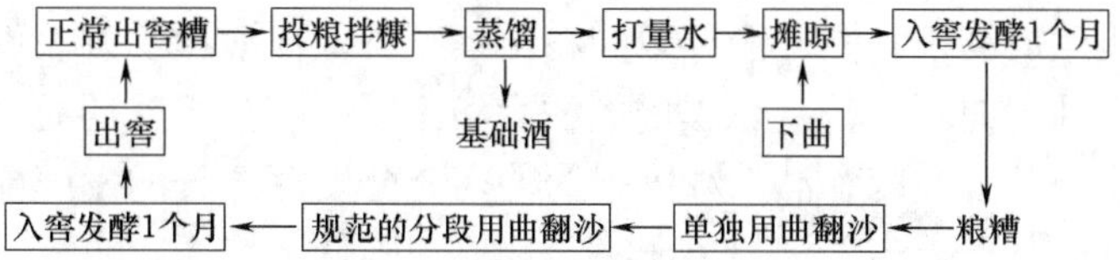

图 3－3 规范分段用曲翻沙工艺流程

出入窖检验结果：从表 3－29 可以看出，由于采取的工艺措施相同，发酵 1 个月的两种粮糟差别不大。此时，淀粉消耗约 30%，酸度增长幅度也基本相同。然而，由于粮糟之后的工艺措施差别相对较大，导致单翻沙成品出窖糟残余淀粉比分段用曲高 10% 以上，淀粉消耗率也相应降低约 10%。

表 3－29　　常规化验数据表

工艺类别		分段用曲	单翻沙
原始入窖糟	酸度	1.53	1.57
	淀粉含量/%	17.01	16.97
粮糟	酸度	2.16	2.19
	淀粉含量/%	12.07	11.95
成品出窖糟	酸度	2.90	3.54
	残余淀粉含量/%	9.11	10.46
	耗淀粉率/%	46.4	38.4
发酵期/月		2	4
窖数/个		11	9

两种工艺的投入对比：单翻沙工艺在翻沙时强调黄浆水、酒和曲药的同时投入，提高了糟醅的酸、醇含量，强化了后期酯化发酵环境，对浓香型酒主体香的快速生成创造了条件。而规范的分段用曲翻沙工艺则强调曲药充分发挥作用，生成各种呈香呈味物质。

两种工艺的产量及消耗比较见表 3－30。分段用曲比单翻沙产量增加 20%，粮耗和曲耗相应降低了 17% 和 24%。出现这种结果的根本原因在于工艺上的差异——翻沙时黄浆水和酒的投入。

表 3－30　　两种工艺产量及消耗比较

工艺类别	实际产量/（kg/窖）	实际吨酒消耗/t		产量增长比例/%	消耗降低比例/%	
		粮耗	曲耗		粮耗	曲耗
分段用曲	2290	2.7380	0.7004	20.53	17.03	24.13
单翻沙	1900①	3.3000	0.9232			

注：①产量的实际数已扣除翻沙用酒 400kg。

黄浆水的投入极大地增加了粮糟的酸度，对酵母继续进行酒精发酵有严重的影响，以致降低淀粉的出酒率，导致消耗上升。工艺用酒的投入，使粮糟的酒精含量进一步升高，阻碍了酵母进一步生成酒精，同样会导致淀粉出酒率下降，消耗上升。而规范的分段用曲翻沙工艺，则是单独用曲翻沙，避免了增加酸度和乙醇浓度，相反还通过增加投入曲药和适当水分，稀释了一部分酸度和酒精浓度，为曲药充分发挥自身的发酵能力，利用残余淀粉创造了有利条件，从而提高了淀粉出酒率，相应地降低了粮耗和曲耗。

两种工艺的质量对比：从表3－31可知，单翻沙酒的己酸乙酯略高，平均为2.0g/L；但己酸乙酯的生成速度则比分段用曲工艺慢得多，约是后者的一半。而且，从口感来比较，分段用曲工艺产酒醇甜、谐调，比单翻沙工艺胜出一筹。

表3－31　　两种工艺质量对比情况

工艺类别	发酵期/月	己酯含量/（g/L）	优质率/%	口感评价
分段用曲	2	1.5～2.3	40以上	浓香醇甜，干净谐调
单翻沙	4	1.5～2.5	40左右	浓香干净

3. 用夹心曲翻沙

所谓夹心曲，就是将含有经人工扩大培养的优质菌泥的麦粉料踩制于曲心，经强化培养而制成的大曲。

传统的泸州老窖酿酒作坊是制曲、酿酒没有分家。当时的酿酒作坊是烤酒封窖后，就在摊晾的黄泥晾堂上踩曲，平房土屋，自然堆积发酵，曲坯在晾堂、窖角发酵培养。制曲操作过程中曲坯自始至终接触土壤，曲中就自然接种了酿酒生产场地的经“长期驯化”了的土壤有益菌。为了恢复优良的传统工艺，20世纪70年代泸州老窖酒厂赖高淮等将人工培养的优质窖泥，适量加入曲坯中，强化曲质，收到了较好的效果。20世纪90年代初，该厂将人工优质菌泥植入曲心进行培养，将培养好的曲药用于新窖翻沙，取得了良好的效果。为什么用于新窖呢？因为新窖中的窖泥其窖泥微生物的数量相对比老窖少得多，因而酒质差；而夹心曲菌泥中含较多的窖泥微生物，正好弥补了新窖中窖泥微生物少的缺陷。特别是采用翻沙这一技术措施，能把夹心曲均匀分布于窖内糟醅中，也就是把窖泥微生物均匀接种于糟醅中，并于其中生长繁殖代谢，促使糟醅中形成更多的香味物质，从而使酒质提高。

菌泥夹心曲的质量为：外观呈深麦皮黄，并现灰白色，无裂口；断面整齐，菌丝生长良好，有少许黄点；曲香特殊，有类似炒黄豆的香味，无其他异味；水分3%左右。该曲达一级曲水平。

常规翻沙与夹心曲翻沙物料对比见表3－32。

表3－32　　常规翻沙与夹心曲翻沙物料对比

材料	夹心曲	一般曲
翻沙材料	夹心曲　150kg 黄浆水　2坛 酒　1坛 培养泥　15kg	常规曲　150kg 黄浆水　2坛 酒　1坛 培养泥　15kg

注：以上两个窖的发酵期为3.5个月。

夹心曲用于新窖翻沙，能将浓香型酒酒质提高1~2个等级（表3-33）。

表3-33　　一般曲与夹心曲翻沙效果比较

项目	夹心曲	一般曲	项目	夹心曲	一般曲
产量/kg	1250	1150	乳酸乙酯/（g/L）	2.809	2.991
口感	曲香突出，回味好	曲香好	定级	特曲	二曲
己酸乙酯/（g/L）	3.626	3.172			

4. 翻沙回菌泥，提高窖帽酒质

窖帽糟醅在发酵过程中，由于长期未与窖泥接触，故酒质较差，也影响全窖酒的质量。泸州老窖酒厂通过翻沙回入菌泥，加入窖帽糟醅中，使窖泥微生物参与窖帽糟醅香味物质的形成，进而达到提高酒质的目的。

回泥量的多少会影响效果，过少效果差；过多则影响糟醅发酵，且带明显的泥腥味（表3-34）。

表3-34　　回泥使用情况

糟醅量/kg	27200	27200	27200	27200	27200
翻沙用曲/kg	550	550	550	550	550
翻沙用黄浆水/kg	500	500	500	500	500
酒精30%vol的酒量/kg	500	500	500	500	500
回菌泥量/%		0.10	0.20	0.50	1.0
翻沙发酵期/d	90	90	90	90	90
窖帽产酒精60%vol的酒量/（kg/甑）	40	38	37	36	35
糟等级	二曲	头曲30%	头曲	头曲	特曲20%
全窖等级	头曲	头曲	特曲	特曲	特曲

按糟醅量的0.2%使用回泥效果最好，糟醅风格不会出现带腻现象；而按1%的量使用，连续几排后糟醅含泥过重，显腻，效果差。

优质菌泥的培养工艺流程如图3-4所示。

七、利用现代生物技术增己降乳

乳酸是白酒发酵过程中的中间产物，它的代谢途径很多，最终是在微生物酶的作用下形成乳酸乙酯。乳酸乙酯是固态法白酒中必不可少的物质，但在浓香型曲酒中若己酸乙酯和乳酸乙酯比例失调，则严重影响酒质。有的厂采用“量质摘酒”工艺，摘取头段酒作为名优酒，头段酒中己酸乙酯含量一般都多于乳酸乙酯；但后段酒中却恰恰相反，大多乳酸乙酯高于己酸乙酯，主体香差，后味苦涩带杂。若不分段摘酒，则不少酒仍然存在己、乳比例失调的缺陷。

原天津轻工业学院、辽宁大学、四川省食品发酵工业研究设计院等单位，均选育出优

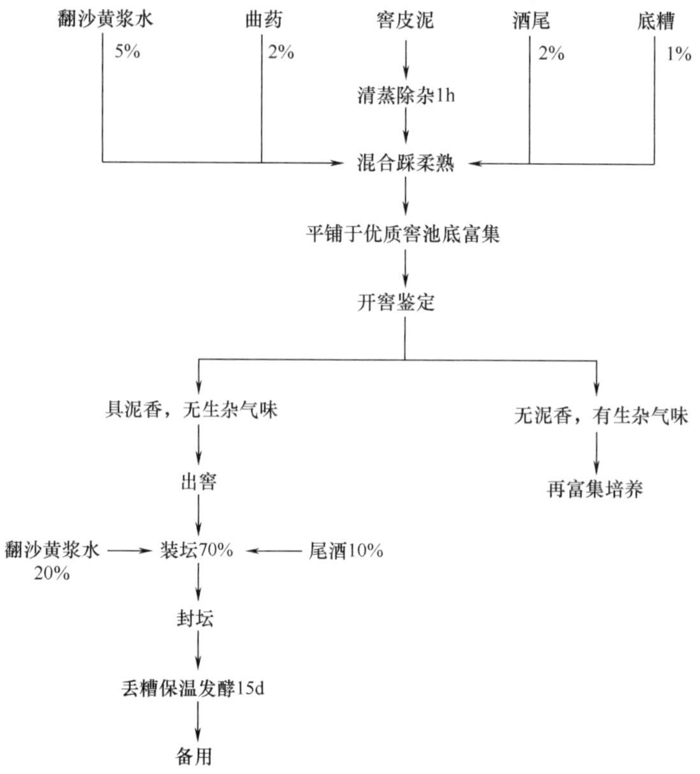

图 3－4　优质菌泥的培养工艺流程

良的降乳菌（丙酸菌），通过生产应用，在“降乳”上取得了较大的突破。在“降乳”的同时，应采取“增己”的配套措施，才能使酒质全面提高，否则，虽然乳酸乙酯降下来，己酸乙酯太少，主体香仍然缺乏，也不能称之为好酒。

1. 丙酸菌的特性及生态分布

（1）丙酸菌的特性　丙酸菌是参与曲酒发酵的重要菌类。丙酸发酵过程是将葡萄糖转变为丙酮酸，通过 EMP 途径生成丙酸；或利用乳酸直接进行丙酸发酵，生成丙酸、乙酸和 CO_2，丙酸、乙酸都是生成己酸乙酯的前体物质。

①不同碳源培养基对丙酸发酵的影响：丙酸菌在厌氧或微氧条件下，可利用碳水化合物、有机酸、多元醇等发酵生成丙酸和乙酸的混合物，也有较少量的异戊酸、甲酸、琥珀酸及二氧化碳产生。

②丙酸菌的发酵产物：采用不同培养基培养，其发酵产物有异，但主要是丙酸，其次是乙酸，也有少量甲酸、戊酸、庚酸等。在高粱糖化液复合培养基中，能有效地降低乳酸含量，乳酸的含量可降低 50% ~90%，这对浓香型曲酒生产是十分可喜的，它为利用微生物降低酒中乳酸与乳酸乙酯的含量，开辟了一条新的途径。

③培养基 pH 对丙酸菌发酵的影响：据文献记载，丙酸菌生长的最适 pH 为 6.8 ~7.0，在此范围能良好繁殖。而浓香型曲酒发酵酸度较高，pH 为 3.7 ~4.5。因此，在设计培养基时应重视这个问题，使选育的菌株能适应这个环境。

（2）丙酸菌在酿造过程中的生态分布　四川省食品发酵工业研究设计院在宜宾五粮液酒厂、泸州老窖酒厂、射洪沱牌曲酒厂、古蔺县仙潭酒厂、新津县余波酒厂、成都全兴酒厂等，对浓香型曲酒酿造过程中的窖泥、麦曲、母糟、场地残留物、环境等，进行了广泛的采样，就丙酸菌的生态分布进行了2年多的研究。

①窖泥中的丙酸菌：丙酸菌属厌氧菌，窖泥中检出较多。据统计，窖泥中的丙酸菌占检测出的总丙酸菌数的43.7%。窖泥中丙酸菌下层居多（占50%以上），中层次之，上层较少。

②酒醅和黄浆水中的丙酸菌：酒醅和黄浆水中的丙酸菌数量仅次于窖泥，占总数的42.25%。酒醅中丙酸菌的分布与窖泥相似，其数目是下层多于中层，中层又多于上层。黄浆水中丙酸菌数量不多，可能是因为酸度过高。

③麦曲中的丙酸菌：在研究中发现，麦曲中也有少量的丙酸菌检出，其数量占检测出的总丙酸菌数的8.4%。估计来自环境和场地。麦曲中检出的丙酸菌产酸量降低。曲房和晾堂残留物也曾检出丙酸菌，只占总数的4%左右。麦曲和场地中检出的丙酸菌，可能是耐氧型，在氧气充沛情况下仍能正常生长。

2. 丙酸菌的培养及乳酸降解的测定

（1）培养基　三角瓶：乳酸钠0.5%，酵母膏0.5%，氯化钠0.05%，pH 5.0；卡氏罐及大罐：乳酸钠0.1%，酵母膏0.1%，氯化钠0.05%，pH 5.0～5.5。

（2）培养条件　传代培养为32℃，恒温培养7d；生产应用根据乳酸降解情况，一般为7～10d。

（3）乳酸降解程度的测定

原理：在Cu^{2+}存在下，用硫酸将乳酸氧化为乙醛，然后用对羟联苯显色，溶液呈紫罗蓝色，在560nm测量吸光度，用乳酸锂或乳酸钠溶液绘制标准曲线，求得含量。

试剂：乳酸锂或乳酸钠标准溶液；20%和40% $CuSO_4$溶液；对羟基联苯试剂：1.5%对羟基联苯、0.5% NaOH溶液。

将培养液稀释后，用分光光度计测出OD值，然后从标准曲线上查出乳酸含量。

由于生产应用中培养液内的乳酸必须全部降解后才能使用，因此，此时不必测定乳酸含量。菌液与对羟基联苯反应后，须呈无色或微蓝色方可使用。

3. 丙酸菌在生产中的应用

应用方法：在入池大楂和二楂中使用不同投菌量，连续或隔排投菌。菌液使用量为0.15%～2%。

应用丙酸菌降低酒中乳酸楂乙酯的含量效果明显。实践表明，连续投菌两排以上，乳酸乙酯会大幅度降低，反而造成己、乳比例失调；采用隔排投菌，乳酸乙酯虽有回升，但量不大，乳、己比始终在（1～1.1）∶2。各厂可视具体情况而定。

北方某厂为改善部分退化窖池己酸乙酯含量偏低的状况，采用本厂优质老窖泥作种源，逐级扩大培养液体窖泥，并将其与丙酸菌液一起加入窖泥中，在发酵酒醅中隔排加入丙酸菌液。经3排之后，酒质明显提高。

表3-35表明，丙酸菌与人工老窖技术相结合，不仅能使酒中乳酸乙酯含量大大降低，而且己酸乙酯的含量也有较大幅度的增加，真正起到“增己降乳”的效果。

表 3－35　　丙酸菌与液体窖泥结合效果　　单位：mg/100mL

实验项目	乳酸乙酯	己酸乙酯	乙酸乙酯	丁酸乙酯
试验Ⅰ	233.79	284.35	132.88	12.36
试验Ⅱ	227.50	264.03	129.64	14.52
对照池	329.38	201.53	109.87	13.58

4. 值得注意的问题

①发酵池中乳酸形成的高峰期在入池后 25d 左右。在入池时投入丙酸菌，由于前期乳酸含量较少，而且入池菌液要求在培养基中乳酸完全降解后才使用，投菌后由于乳酸来源不足，加上发酵醅中各种因素的影响，降乳效果下降。可在窖池中乳酸形成的高峰前（约入窖 20d）投菌，效果更佳。

②丙酸菌应与人工老窖、强化制曲及其他提高酒质的技术措施相结合，才能有效地“增己降乳”。

③丙酸菌在白酒生产中的应用仅仅是个开始，很多条件尚不成熟，尚待进一步探索。

八、强 化 产 酯

1. 酯化酶在浓香型白酒中的应用

浓香型白酒的香味物质及风格主要是依靠微生物及其代谢产物——酶的催化作用，产生醇、酸、酯、醛、酮等而形成的。其中以己酸乙酯、乳酸乙酯、乙酸乙酯等物质含量的多少及其比例关系而决定酒质的优劣。在发酵过程中，醇酸形成酯比较缓慢，因而使浓香型白酒生产周期长、成本高。

浓香型白酒的主体香是己酸乙酯。根据己酸乙酯的特点，选育代谢酯化酶的菌株，产生活力高的酯化酶，催化己酸乙酯的生成，从而达到提高酒质、缩短发酵周期的目的。

（1）粗酯化酶的生产　工艺流程如图 3－5 所示。

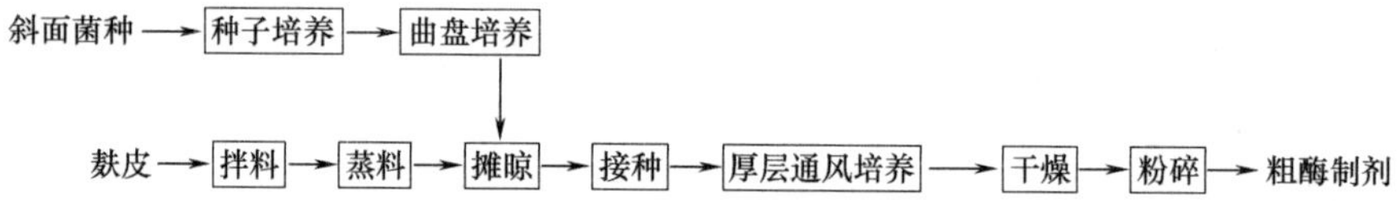

图 3－5　粗酯化酶生产工艺流程

操作方法如下。

①斜面菌种培养：培养基为麸皮汁 1000mL，葡萄糖 1%，酵母膏 0.1%，琼脂 2%，自然 pH。98kPa 压力灭菌 30min，接种后于 28～32℃培养 4～5d，取出备用。

②种子扩大培养：将新鲜麸皮、1% 葡萄糖，加水拌和后分装于 250mL 三角瓶，98kPa 压力下灭菌 45min，冷却、接种，32～35℃培养 2～3d，备用。

③厚层通风培养：将新鲜麸皮加水拌和后，置高压柜中 98kPa 压力灭菌 45min，取出冷后接种，接种量为 5%，扬散后装箱，控温、通风，培养 48～72h 出箱。干燥、粉碎后即为粗酶制剂。

④生产实践上培养物质的改进：为了更适应于浓香型白酒生产，通过试验，在大生产中

将培养物料麸皮改为丢糟与高粱粉的混合物，也能取得较好的效果。但成品曲的颜色稍差。

（2）酯化液的制备及应用

①己酸液培养基：丢糟浸出液，醋酸钠 0.2%，硫酸铵 0.05%，酵母膏 0.05%，小麦粉 0.5%，酒精 2%（后加），pH6.0 左右。

方法：将上述成分加水至一定容积后灭菌，置发酵池中，冷却后将己酸菌群固定化载体加入培养基中，34～35℃培养 6～7d，取上层己酸液为酯化液底物。己酸液中己酸含量为 0.46～0.50g/100mL。

②酯化液的制作：尾酒 60%（己酸含量 0.25～0.3g/100mL），己酸发酵液 30%，黄浆水 5%，低质酒 5%，酯化酶干燥产品 4%～5%，30℃酯化，保温 6～7d。

③酯化液的应用

制高酯调味酒：将酯化后的上清液，注入分馏器，收集酒精为 60%vol 以上的馏出液，残液循环使用。馏出液香味浓烈，己酸乙酯高达 4.2～5g/L，可作为高酯调味酒。

酯化液中残留固形物与糟醅混合蒸馏：酯化液成熟后，大量香味成分除游离在液体中外，还有相当部分以吸附形式和毛细管形式贮存于沉在底部的固形物中。将其分离后与糟醅混合蒸馏，可使基础酒中己酸乙酯增加，提高优质品率。

以酯化酶为催化剂制作酯化液，串蒸 60d 发酵期的糟醅：取尾酒 50kg，加入 2kg 精酶制剂，在一定温度下酯化数日，取质量相同的糟醅进行串蒸，可明显地提高己酸乙酯含量，其他各微量成分无明显变化（表 3－36）。

表 3－36　　发酵 60d 糟醅串蒸效果　　单位：mg/100mL

组分	上层糟		下层糟	
	对照	试验	对照	试验
乙酸乙酯	93.6	94.4	139.3	88.9
丁酸乙酯	6.9	23.1	21.2	24.0
乳酸乙酯	157.9	158.7	171.5	160.8
己酸乙酯	96.7	194.4	212.9	347.2

以酯化酶为催化剂制作酯化液，串蒸 40d 发酵期的糟醅：取 150kg 尾酒，加入 6kg 粗酶制剂，在一定的温度下酯化数日。将全窖糟醅混合均匀（双轮底糟除外）后蒸馏，分甑加入酯化液串蒸，己酸乙酯明显提高，达到了 60d 发酵期酒质水平（表 3－37）。

表 3－37　　发酵 40d 糟醅串蒸效果　　单位：mg/100mL

组分	40d 发酵期		60d 发酵期
	对照	试验	
乙酸乙酯	149.4	111.1	116.5
丁酸乙酯	15.9	16.3	14.1
乳酸乙酯	165.2	142.1	164.7
己酸乙酯	145.5	197.3	169.4

注：表中数据为 10 批结果平均值。

在双轮底糟中加入酯化酶发酵：在双轮底糟中加入2kg酯化酶进行发酵，操作按常规进行，己酸乙酯有较大幅度的增加，且80d发酵期的己酸乙酯含量高于120d发酵期的含量（表3－38）。

表3－38　　酯化酶在双轮底糟中应用效果　　单位：mg/100mL

组分	80d发酵期		120d发酵期	
	对照	试验	对照	试验
乙酸乙酯	60.7	95.9	190.9	180.3
丁酸乙酯	20.2	23.1	21.3	34.1
乳酸乙酯	216.9	310.3	235.3	242.3
己酸乙酯	206.8	348.1	300.5	537.8

酯化酶在浓香型曲酒生产中应用的效果是明显的。该酶的一个重要特点是若底物中有己酸、乳酸和乙醇，则主要产物是己酸乙酯，乳酸乙酯无甚变化，这是一个相当可贵的"专一性"。但底物中要求有较高的己酸浓度。若将酯化酶与丙酸菌以适当方式结合，则结果会更理想。

2. 多功能复合香酯酶在浓香型白酒中的应用

中国科学院成都生物研究所与河南省仰韶酒厂合作，将多功能复合香酯酶（"MZ"香酯酶）应用于浓香型白酒，取得明显效果。根据"MZ"多功能复合酶的特异性能单一或同时催化多种基质，及发酵糟酒酯类的量比关系，设计所需的酯化底物和生成香酯的量比进行试生产。

仰韶酒厂近4年时间应用实践：酶液中己酯的最高含量3个月可达1500mg/100mL，大于黄浆水酯化液的100倍；发酵期30d出池者，每甑加酶液约2kg，可提高己酸乙酯在200mg/100mL左右；用于食用酒精串香，酒体口感上可与长酵池60d以上者相媲美，在提高浓香型酒质量与产量方面效果显著。

（1）"MZ"酶化液对仰韶酒蒸馏提香的效果　取90d的酶化液2kg洒入待上甑的30d发酵期的香糟中蒸馏，另一甑不加酶化液者为对照，同条件进行蒸馏，各接取前馏分40kg，经色谱分析及理化测定，结果见表3－39。另又以提香酒的长酵池酒样85d发酵出池者，进行对比品尝，其感官品评结果见表3－40。

表3－39　　应用"MZ"技术增酯效果　　单位：mg/100mL

处理	己酸乙酯	乙酸乙酯	乳酸乙酯	丁酸乙酯	总酸
加酶化液	468.4	273	168.2	47.6	84.2
对照	122.5	180	127.4	21.8	63.7

表3－40　　应用"MZ"技术提香酒的感官品评

酒样	综合评语
30d发酵池（经处理）	浓香突出，味甜净，香味长
85d发酵池（未处理）	窖香突出，谐调，后味香长

从表3－39、表3－40中看出：已酸乙酯比对照样提高1倍以上，可达高档酒质量标准；且四大酯均同步增长，口感浓香突出，与几个长酵期酒编号品尝，效果相同，达到提高酒质等级、缩短发酵期的目的。

（2）“MZ”酯化液在酒精串香上的效果　河南仰韶酒分厂发酵期均在60d以上，属新用时间不长的窖池，各班组定为酒精串香组，每班底醅，大糙2甑共串酒精含量96%vol食用酒精300kg，2甑共加酯化液10kg，酒入上甑糟醅中，每班平均产优质酒（酒精含量为63%vol）230kg，大曲酒500kg，所串优质酒、大曲酒质量分析结果见表3－41。

表3－41　“MZ”技术在酒精串香中的效果　单位：mg/100mL

项目	优质酒	大曲酒	项目	优质酒	大曲酒
总酸	54.2	47.6	异丁醇	25.7	18.35
乙醛	14.6	10.9	正丁醇	10.5	7.45
乙酸乙酯	192.7	95.7	丁酸乙酯	43.3	13.5
正丙醇	15.6	18.3	异戊醇	34.2	17.6
仲丁醇	12.5	4.72	乳酸乙酯	147.8	127.4
乙缩醛	15.7	8.24	己酸乙酯	294.6	91.5

从表3－42可见：由串香提出的优质酒，其已酸乙酯含量赶上了长酵池的已酸乙酯指标；经串香后酒体中各微量成分比例谐调，月平均优质率为31.5%，大曲酒各项指标也达到内定标准，并具有口味净爽等诸多特点。

（3）“MZ”酶催化合成香酯的多功能　“MZ”酶为一种能催化合成香酯的特异性的酯化酶，能单一催化某一基质和同时催化多种底物及基质生成不同的生物香酯，在白酒上可用于提香、串香和调香。单一基质产生单一酯，混合基质产生复合酯。其效果见表3－42、表3－43。

表3－42　单一底物合成香酯效果　单位：g/L

酯化时间/d	己酸乙酯（酶Ⅰ）	乙酸乙酯（酶Ⅰ）	乙酸乙酯（酶Ⅱ）	乳酸乙酯（酶Ⅰ）	乳酸乙酯（酶Ⅱ）
66～88	60.99	4.094	4.096	25.87	28.22

注：引自河北曹雪芹家酒厂试验结果。

表3－43　混合底物合成香酯效果　单位：g/L

酯化时间/d	己酸乙酯	乙酸乙酯	乳酸乙酯	丁酸乙酯
13	1.448	0.735	1.280	0.410

3. 采用黄浆水酯化法提高酒质

黄浆水酯化技术在浓香型曲酒中的应用，是全国同类型酒厂提高曲酒质量的先进技术措施之一。经10余年的努力，各地根据本厂实际情况，采用多种办法，对黄浆水进一步利用，取得了很好的效果。现将有关资料，加上笔者的生产科研实践，综合介绍如下。

（1）黄浆水的成分酒醅在窖内发酵过程中，淀粉由糖变酒，同时产生二氧化碳从吹口跑出，单位酒醅的质量相对减少，结晶水游离出来，原料中的单宁、色素、可溶性淀粉、糊精、还原糖、酵母自溶物、乙醇等溶于水中，随着发酵温度的下降，缓慢沉于底部而形成黄浆水。故有经验的酒师，可从出窖黄浆水的色、悬头、气味、口味等判断上排母糟的发酵情况，并确定下排入窖条件。黄浆水中除含上述成分外，还有多量的酸类，特别是乳酸、乙酸、己酸、丁酸等，并有大量经长期在窖内特定环境中驯养的梭状芽孢杆菌，是优质的“液体窖泥”。黄浆水的主要成分参见表3－44、表3－45、表3－46。

由此可见，黄浆水的成分相当复杂，富含有机酸及产酯的前体、营养物质。当然，黄浆水的成分与窖池、母糟、发酵情况、曲药质量、操作工艺等关系极大，其成分的种类、数量相差也大。

表3－44　　黄浆水的主要成分

项目	成分含量	项目	成分含量
酸度	4.2～5.5	酸类/%	3.5～5.5
淀粉/%	1.2～2.0	醇类/%	2～4
还原糖/%	0.3～0.8	醛类/%	0.15～1.5
酒精/%	3.5～8.0	酯类/%	1.5～3.6
pH	3.2～3.5	单宁及色素/%	0.1～0.21
蛋白质/%	0.15～0.18	黏度/（Pa·s）	$(2.5\sim4.0)\times10^{-3}$

表3－45　　黄浆水中的主要酸类　　单位：mg/100mL

酒厂	己酸	乳酸	丁二酸	乙酸	丁酸
五粮液酒厂	131	56.24	63	369	83
泸县酒厂	144	59.73	80	733	134
剑南春酒厂	139	57.28	150	405	196
成都酒厂	262	55.79	53	490	133
文君酒厂	337	53.87	75	516	167
射洪沱牌曲酒厂	125	43.00	100	322	71
双流二担山酒厂	135	55.64	80	390	56

表3－46　　不同级别窖池黄浆水成分　　单位：mg/100mL

窖级别	己酸	乳酸	丁二酸	乙酸	丁酸
优质窖	372	6975	86	867	203
甲级窖	230	6645	62	367	110
乙级窖	158	6331	58	679	108
丙级窖	136	6053	54	529	88
低级窖	128	5609	52	529	89

（2）直接用黄浆水制备酯化液　黄浆水中的许多物质对提高曲酒质量、增加曲酒香

气、改善曲酒风味有着重要的作用，特别是酸类及大量产酯的前体物质。如果采取适当的措施，使黄浆水中的醇类、酸类等物质通过酯化作用，转化为酯类，特别是增加浓香型曲酒中的己酸乙酯，对提高曲酒质量有重大意义。某厂曾选择4个方案进行试验：①直接酯化；②加曲酯化；③加窖泥酯化；④加曲加窖泥酯化。以上四个方案，都是在30～35℃条件下，酯化30d，然后分别取酯化液蒸馏，馏液进行气相色谱分析，结果见表3－47。

表3－47　　四种配方酯化效果比较　　单位：mg/100mL

成分	直接酯化	加曲酯化	加窖泥酯化	加曲加窖泥酯化	对照（黄浆水直接蒸馏）
己酸乙酯	—	—	17.63	21.63	—
乳酸乙酯	169.2	80.73	17.70	240.6	62.24
乙酸乙酯	—	—	—	28.07	—
丁酸乙酯	—	—	2.76	4.74	—
乙醛	26.0	39.19	45.87	9.57	19.49
乙缩醛	20.8	14.30	30.22	—	—

由表3－47看出，加窖泥和加曲加窖泥的酯化液中己酸乙酯含量较高，而后者又比前者较明显。但是，其酯化效果受曲药、窖泥质量影响很大。

在总结实验室试验的基础上进行扩大生产，取不同班组黄浆水、酒尾、曲粉、窖泥培养液，按一定比例混合，搅匀，于大缸内密封酯化。具体操作如下：黄浆水25%，酒尾（酒精含量为10%～15%）70% vol，曲粉2%，窖泥培养液1.5%，香醅2%，pH 3.5～5.5（视黄浆水等pH而定，不必调节），温度30～34℃，时间30～35d。酯化后取样分析，结果见表3－48。

表3－48　　生产试验酯化效果比较　　单位：mg/100mL

季节		己酸乙酯	乳酸乙酯	乙酸乙酯	丁酸乙酯	乙醛	乙缩醛
淡季	酯化前	30.63	108.5	72.14	19.63	39.17	98.67
	酯化后	124.2	187.2	83.32	23.99	98.29	101.8
旺季	酯化前	39.98	91.42	111.1	14.68	119.5	47.67
	酯化后	156.5	94.42	157.3	20.42	126.6	144.5

生产扩大试验表明，黄浆水加适量物质酯化后，四大酯都有所增加，特别是己酸乙酯增加明显，说明此技术的可靠性。

在同一班组，采用同一窖池的酒醅上甑蒸馏，底锅中倒入100～200kg黄浆水酯化液，蒸馏时分段摘酒，各排同段酒的分析结果见表3－49。

由表3－49可见，应用黄浆水酯化液串蒸，能有效地提高酒中己酸乙酯含量，净增70～100mg/mL。但乙酸乙酯也有增加，醛类有增有减，规律性不强，是何原因尚待进一步研究。

表 3－49　　黄浆水酯化液串蒸效果比较　　单位：mg/100mL

项目		排次	己酸乙酯	乳酸乙酯	乙酸乙酯	丁酸乙酯	乙醛	乙缩醛
加酯化液串蒸	淡季	1	195.0	93.37	410.0	15.42	206.1	98.97
		2	211.0	77.94	401.3	14.27	174.4	66.75
		3	208.7	41.26	498.4	16.87	195.1	68.45
	旺季	1	239.7	196.2	526.3	14.17	306.5	172.1
		2	198.4	172.1	496.2	18.24	243.7	108.9
		3	212.4	235.2	483.4	19.21	292.2	114.2
对照	淡季	1	119.7	66.43	384.4	9.94	175.5	36.46
		2	125.3	59.64	409.7	11.81	169.4	30.83
		3	156.9	54.32	424.1	21.08	145.4	49.87
	旺季	1	169.5	162.2	299.1	20.11	198.2	454.9
		2	141.7	49.42	307.1	16.17	208.4	109.9
		3	131.5	151.4	296.5	9.48	269.0	206.6

4. 采用生物激素制取黄浆水酯化液

采用添加 HUT 溶液制备黄浆水酯化液，是一种新的尝试。HUT 溶液的主要成分是泛酸，它在生物体内以 CoA 形式参加代谢，而 CoA 是酰基的载体，在糖、酯和蛋白质代谢中均起重要作用。生物素是多种羧化酶的辅酶，也是多种微生物生长所需的重要物质。

HUT 溶液：取 25% 赤霉酸、35% 生物素，用食用酒精溶解；取 40% 泛酸，用蒸馏水溶解。将上述两种溶液混合，稀释至 3% ~7%，即得 HUT 液。

酯化液：黄浆水 35%，酒尾（酒精含量 20%）55%，大曲粉 5%，酒醅 2.5%，窖泥 2.5%，HUT 液 0.01% ~0.05%。保温 28 ~32℃，封闭发酵 30d。

添加 HUT 和未加 HUT 液制备的酯化液成分，经常规和气相色谱检测，结果见表 3－50。

表 3－50　　成熟酯化液主要成分比较　　单位：mg/100mL

项目		总酸	总酯	己酸乙酯
1	添加 HUT	240	527	249
	未加 HUT	202	469	214
2	添加 HUT	229	525	217
	未加 HUT	193	470	192
3	添加 HUT	248	506	238
	未加 HUT	220	482	207

制备黄浆水酯化液时添加 HUT 液，可使酯化液中总酸、总酯、己酸乙酯增加。

成熟的黄浆水酯化液在生产中的应用：将添加 HUT 的酯化液加入底锅串蒸，酒质有显著提高见表 3－51。

表 3－51　　添加 HUT 的酯化液串蒸后酒质情况　　单位：mg/100mL

项目	总酸	总酯	己酸乙酯	高级醇	乙缩醛
试验	109.4	422.7	203.6	80.9	107.2
对照	80.5	384.1	163.0	66.1	88.6

利用 HUT 液制备黄浆水酯化液的作用机理尚待深入研究。

5. 添加己酸菌液制备酯化液

（1）酯化液的制备

①方法和配方

a. 菌种 10%，己酸菌培养基 8kg，用黄浆水调 pH4.6，酒尾调酒精含量为 8%。

b. 菌种 12%，己酸菌培养基 10kg，用黄浆水调 pH4.2，酒尾调酒精含量为 8%。

②培养条件

a. 保温 30℃，发酵 30d。

b. 保温 33℃，发酵 30d。

（2）酯化液成分　取成熟酯化液和不同培养酯化时间的酯化液蒸馏后，用色谱进行分析，结果见表 3－52。

表 3－52　　酯化蒸馏液色谱分析结果　　单位：mg/100mL

成分	配方 1			配方 2		
	发酵 10d	发酵 20d	发酵 30d	发酵 10d	发酵 20d	发酵 30d
乙醛	25.6	28.7	30.5	17.2	17.5	16.0
甲醇	23.6	25.4	28.6	17.8	18.2	19.1
乙酸乙酯	703.6	1227.6	1304.2	724.8	954.6	1256.7
正丙醇	11.8	21.1	22.0	3.8	—	4.3
仲丁醇	13.6	19.8	25.6	—	—	—
乙缩醛	16.3	21.6	48.4	—	—	—
异丁醇	4.5	9.6	31.8	5.2	8.43	23.4
正丁醇	17.1	22.4	20.8	15.2	11.5	12.7
丁酸乙酯	68.2	112.4	134.5	30.6	33.2	43.7
异戊醇	46.4	55.0	56.0	29.0	29.2	28.1
乳酸乙酯	332.6	532.3	561.2	315.8	335.6	362.7
己酸乙酯	569.3	838.9	1070.6	254.2	264.9	334.6

由表 3－52 可见，配方 1 比配方 2 酯化液中己酸乙酯含量高，随着酯化期的延长，己酸乙酯含量增幅也大。

（3）蒸馏提香　生产出高质量的酯化液后，能否将酯化液中的酯类等香味成分有效地提取，是一个关键。首先，要有较好的酒醅，即酒醅中酒精含量高、气色正，以便酯类物质尽可能多地被酒精溶解，便于提取。

采用两种方法提取：

①在出窖酒醅（发酵仅28d）中泼入酯化液100kg（每甑），拌匀润粮。

②将100kg酯化液倒入底锅中。取同样出窖酒醅作对照，摘取前馏分20kg，作色谱分析，结果见表3－53。

表3－53　不同串蒸方法效果比较　单位：mg/100mL

成分	润料串蒸	底锅串蒸	对照	成分	润料串蒸	底锅串蒸	对照
乙醛	50.0	41.6	35.5	异丁醇	19.4	23.9	9.0
甲醇	12.5	13.3	12.7	正丁醇	12.5	9.3	5.3
乙酸乙酯	548.3	466.3	394.9	丁酸乙酯	31.5	40.0	8.4
正丙醇	13.6	11.8	10.6	异戊醇	5.33	68.9	28.3
仲丁醇	18.8	21.6	5.4	乳酸乙酯	85.2	85.9	83.9
乙缩醛	27.2	23.5	26.8	己酸乙酯	431.8	385.9	125.8

（4）注意事项　获得高质量的酯化液关键是：菌种的优劣及接种量，酒尾、黄浆水、曲药的比例，酸度，酒精含量，酯化温度，酯化时间。

配方1酯化液中己酸乙酯增加较多，丁酸乙酯也有较大增长，乳酸乙酯、己酸乙酯比例较协调，但乙酸乙酯含量过高，造成乙酸乙酯含量大于已酸乙酯，影响主体香，有待进一步探索。

用酯化液润粮串蒸比倒入底锅串蒸效果好。应用酯化液串香后，酒质有明显提高，感官品评香浓，各味较醇和谐调，余味长，是缩短发酵周期、提高产品质量的较好方法之一。

6. 黄浆水酯化液的应用

黄浆水酯化液除用于串蒸提高酒质以外，还可用来灌窖、培养窖泥。

（1）用酯化液灌窖　具体方法如下。

①选择窖泥质量好、能保住水的窖池。

②酒醅发酵正常、气色正。

③将适量成熟的酯化液，在主发酵结束后（一般封窖后15～20d）灌（或泼）入加粮的酒醅中，再密封发酵50～60d，出窖蒸馏。酯化效果见表3－54。

表3－54　酯化液灌窖效果　单位：mg/100mL

窖号	总酸	总酯	己酸乙酯	乙酸乙酯	乳酸乙酯	丁酸乙酯
15	139.2	576.3	371.4	204.6	173.5	36.8
16	136.7	495.8	296.3	189.5	164.7	30.5
17（对照）	128.9	293.8	98.4	103.5	186.3	24.7

采用黄浆水酯化液灌窖，效果相当明显，但应注意下述几点。

①母糟发酵不正常，如酸度过高、母糟显腻，不宜灌窖。

②热季最好不用此法。

③灌窖用的酯化液不宜太多，一般每甑 50kg。

④窖池不能漏水，否则效果不明显。

⑤灌窖后要有一定的再酯化时间。

（2）用酯化液培养窖泥　人工培养窖泥时若加入适量的酯化液，则效果更好。培养窖泥的资料甚多，各家配方不一，在此不多赘述。

九、高温堆积工艺在浓香型酒生产中的应用

采用高温堆积发酵工艺生产浓香型大曲酒，可有效地提高酒的质量。

（一）高温堆积过程中物质的变化

1. 微生物的变化

在粮醅堆积的内部，细菌数量一直增加，随着堆温的上升，嗜热细菌数量不断增加；酵母菌在堆积前 2d，数量增加较快，当温度升到 42℃ 以上时，酵母菌数量开始下降；霉菌在堆积前 2d 生长繁殖较快，随着温度的上升，霉菌数量直线下降，第 3d 以后粮醅中的霉菌数量较少。

2. 温度变化

粮醅在堆积过程中，随着微生物的迅速生长繁殖，温度快速上升，在 3 ~ 4d 上升到最高，可达 45 ~ 51℃。温度的上升随气温而变，要注意调整堆积时间。

3. 粮醅成分变化

粮醅在堆积过程中，水分、淀粉浓度随堆积时间的延长逐渐下降，约下降 1%；糖分、酒精含量随堆积时间的延长逐渐增加；酸度基本无变化。

（二）酒质比较

原工艺产酒窖香浓郁，酒体醇厚，尾净味长，新酒味明显；堆积发酵工艺产酒香气复合幽雅，酒体丰满细腻，醇甜绵柔，尾净味长，陈味明显。具体见表 3 – 55。

表 3 – 55　　原工艺与堆积发酵工艺酒质比较　　单位：mg/100mL

成　分	原工艺	堆积 1	堆积 2
酒度/% vol	73.4	72.6	73.0
己酸乙酯	423	498	512
乳酸乙酯	75	96	101
乙酸乙酯	85	102	92
丁酸乙酯	46	69	71
己　酸	43	46	38
乙　酸	46	53	51
丁　酸	31	35	36
乙　醛	34	51	53
乙缩醛	34	65	69

（三）采用堆积发酵工艺应注意的问题

（1）由于堆积醅表面温度散热快，表面霉菌生长快，堆积醅表面出现结块，使粮醅产生霉味，会给酒带来霉、苦味。要及时翻拌，并控制堆积时间及温湿度。

（2）用曲量要随季节气温而变，可高温曲、中温曲混合使用。

（3）堆积不宜过高，以利热量散发，堆高以 1.5m 左右为宜。

十、应用化验数据指导生产

（一）找准、选定生产中的标准数值

在认真总结各名白酒的工艺操作的基础上，应各自找出生产中的各项标准数值。现在各名白酒厂的各项标准数值已经找出，如某厂老窖大曲酒生产中的各项标准数值如下。

1. 入窖粮糟的标准数值

①粮、糟比：旺季是 1∶(5～4.5)，淡季是 1∶(5～5.5)。

②粮、糠比：旺季为 22%～26%，淡季为 18%～20%。

③粮、水比：旺季为 60%～80%，淡季为 80%～100%。

④粮、曲比：旺季为 20%～24%，淡季为 18%～20%。

⑤入窖温度：旺季为 13～20℃，淡季 25℃左右。

⑥入窖粮糟各项化验数据的标准：淀粉含量旺季为 18%～22%，淡季为 15%～16%；水分旺季为 53%～54%，淡季为 55%～56%；酸度旺季为 1.5～1.8，淡季为 1.6～2.0。

2. 出窖母糟（发酵糟）的正常标准数值

酸度旺季为 2.5～3.1，淡季为 3.0～3.5；淀粉含量 8%～10%；水分 60%（滴窖后，出窖前应为 64% 左右）；酒精含量旺季为 5%～7%，淡季为 3%～5%。

以上数据各厂有异，应根据本企业长期生产记录，分析总结出各项标准数值。

（二）运用化验数据指导配料和操作

其基本原理是化验分析出窖糟（发酵糟）的淀粉含量、水含量、酸度，从而确定入窖粮糟的配料数（比例），使入窖粮糟达到各项标准正常数值，以利于正常发酵。怎样根据出窖糟的化验结果来确定配料，使之达到入窖粮糟的各项标准正常数值呢？现分别叙述如下。

1. 根据出窖糟的淀粉含量确定入窖粮糟的糠壳配料用量

出窖糟淀粉含量在 8% 时，其糠壳用量采用标准数值。若出窖糟淀粉含量低于 8%，则应减少糠壳用量；出窖糟淀粉含量高于 10%，则应增加糠壳用量或减少投粮数。这是基本方法，用投粮量和投糠壳量来调节入窖粮糟的淀粉含量。

（1）准确计算出窖糟的淀粉含量　出窖糟淀粉含量以出窖糟含水分 60% 为基础计算，也就是说出窖糟淀粉含量要计算成出窖糟含水分为 60% 标准时的淀粉含量。例如，出窖糟的淀粉含量为 9.2%，水分为 61%，则换算成标准淀粉含量为：

$$\frac{61\% \times 9.2\%}{60\%} = 9.35\%$$

（2）出窖糟的加糠量　一般窖下层的粮糟用糠比例大（用最高数），窖上面的粮糟用糠比例小（用最小数）。也就是说在这个范围内从窖下到窖上逐渐减少投糠量。根据母糟淀粉含量确定投糠量范围的参考数据见表 3－56。

表 3-56　　根据母糟淀粉含量确定投糠量

出窖淀粉含量/%	旺季投糠量/kg	淡季投糠量/kg	出窖淀粉含量/%	旺季投糠量/kg	淡季投糠量/kg
7	40~45	38~40	9	48~50	46~48
7.5	42~46	40~42	9.5	50~53	47~50
8	44~47	42~44	10	55~58	52~54
8.5	46~48	44~46			

注：1. 旺季指1、2、3、4、5、10、11、12月，其余为淡季。

2. 本表数据供参考，各厂根据实际情况灵活掌握。

3. 深窖，2m左右。

用加糠或减糠的方法使入窖粮糟始终保持一定标准的淀粉含量，以保证入窖粮糟不腻不糙，提供微生物良好适宜的环境，使之发酵正常。如果不用糠壳用量来调节入窖粮糟的淀粉含量，则当出窖残余淀粉高时，母糟会越做越腻；当出窖淀粉含量低时，母糟会越做越糙，均会影响发酵的顺利进行。

用加糠或减糠来调节入窖粮糟淀粉含量有以下优点：操作方便简单，易于掌握；能降低入窖粮糟酸度（与减粮措施比较）；效果也比较明显。

但是它也有以下缺点：①不能挽回损失。上排残存在母糟中的过剩淀粉（因上排发酵不良而造成的）不能利用，而被糠壳稀释后，转入红糟，增大了红糟的比例，红糟的甑口增加，因此下排丢掉的丢糟甑口也随之而增加，这不但会使丢糟的淀粉含量增高（因为红糟中的淀粉不易被发酵而造成），而且由于丢掉的甑口多，丢掉的淀粉总量也会更多。所以，用加糠的办法解决入窖粮糟淀粉高时，只考虑了本排加入的淀粉的利用，而没有考虑上排残存的多余淀粉的利用问题，这样就使上排没有发酵的残余淀粉大部分被丢掉。②不利于提高劳动生产率。由于增加了糠壳，使红糟、丢糟比例增大，丢红糟的甑口增加，这样就要多蒸甑口，从而降低了劳动生产率。

（3）用加粮或减粮的办法来调节入窖粮糟淀粉含量，以利于正常发酵　根据实际经验总结和初步计算得出，每增加或减少入窖粮糟1%淀粉含量，每甑需增加或减少投粮15kg（与甑容有关），从而使入窖粮糟的淀粉含量在标准范围内。用加粮或减粮的办法来调节入窖粮糟的淀粉含量有以下的优缺点。

优点：能将上排因发酵不良而残剩下来的淀粉进行再发酵，以节约粮食，降低消耗；不增加丢红糟甑口，不影响劳动生产率；节约糠壳用量，有利于减少辅助料的消耗，降低成本。

缺点：做法比较麻烦，每个窖、每个甑投粮不一致，工人不易记清楚，保管人员核算困难，容易搞错；不利于降低入窖酸度。

用加粮调节入窖淀粉含量时应注意以下问题：不管是加粮还是减粮，糠壳用量应按正常发酵窖的标准而不变，用大曲量也应按正常发酵窖的用量而不变，用水量应根据化验数据来确定。

用减粮的措施来调节入窖粮糟的淀粉含量，对挽回上排因发酵不良而造成的损失，效果是很显著的。如1961年泸州曲酒厂发生“倒窖”事故后，用减粮措施挽回了大部分损失。由原来正常每甑投粮140kg减到每甑投粮75kg左右（出窖糟残存淀粉在12%左右，最高的达14%），若只按当排投粮（75kg左右）计算，出酒率可高达80%，大大超过了理论数据。1978年3月泸州曲酒厂3车间12组生产不正常，出窖糟残存淀粉在11%左右，他们对一部分窖采取加糠措施，一部分窖采取减粮措施（每甑减少投粮20kg），4月底、5月初开窖，所有窖池都有了好转，粮耗比原来降低27%左右。尤其是减粮的窖效果更为显著，每甑单位产酒量比没有减粮的要多，或者与没有减粮的窖每甑单位产量一样，粮耗在85kg左右，不但没有降低劳动生产率，而且节约了大量的粮食。所以遇到很不正常的窖池，采取减粮措施是完全必要的。

（4）加减投粮投糠综合使用法　在正常生产中，一般应综合采取调节投粮量和投糠壳量两者的办法。当出窖残余淀粉含量在10%以下（不含10%）时，可用加糠或减糠的办法来调节入窖粮糟的淀粉含量；当出窖糟残余淀粉含量在10%以上时，就应用减粮的办法来调节入窖粮糟的淀粉含量（应根据各厂的具体情况而定）。这样大多数窖用加糠或减糠的办法来调节入窖粮糟的淀粉含量，而只有个别的发酵很不正常的窖池或班组，才用减粮的办法来调节入窖粮糟的淀粉含量，从而不经常变动投粮数，相互吸取优点而克服各自的缺点。

当出窖糟残余淀粉高时，可根据酸度的大小来确定加糠还是减粮。酸度高应采取加糠措施；酸度小则应采取减粮措施。

（5）用糠量中应注意一个问题　即目前糠壳粗细很不统一，细糠的密度大，粗糠的密度相对较小，因此单按质量分数来计量就会造成很大的差异。例如，同样是用20%的糠壳，但糠壳粗的体积大，糠壳细的体积小，粗糠与细糠的体积差异高的可达1/3。近年来由于糠壳的来源紧张，细糠也必须用于生产。因此，在计算时，应先计算出粗糠的标准用糠量的体积，然后得出同一体积的不同细度糠壳的质量分数。如某名酒厂以粗糠28.5kg的体积为标准，经计算粗糠28.5kg的体积为0.25m^3，与每甑母糟的体积比为1∶(4～5)，甑子的体积约为1.4m^3。在当前糠壳来源紧张、细度很不一致的情况下，换算成标准糠壳的体积来计算加糠量，这一点是很重要的。也可以增大红糟的比例来观察用糠壳量是否适合，正常的红糟增长率为旺季30%，淡季20%（与粮糟甑口的比例，也就是说在旺季每10甑粮糟的发酵糟，下排除了再蒸10甑粮糟外，还要蒸3甑红糟；在淡季每10甑粮糟的发酵糟，下排除了蒸10甑粮糟外，还要蒸2甑红糟）。另外，在用糠时，下层的粮糟多用些糠壳，而上层的逐渐少用些糠壳。其理由：一是窖下层的粮糟受力大，所以需要稍为疏松点，以抵抗上层的压力；二是窖下层的粮糟疏松点，以利于滴窖，而窖上层的粮糟略为紧实点，以利于保住水分，使上层的粮糟有一定的含水量，不致干烧或倒烧。

1964年曾采用过按出窖残余淀粉含量下粮的措施，收到了很好的效果，全年平均粮耗有显著下降，提高了出酒率。

2. 根据出窖的含水量确定滴窖时应舀黄水数量和入窖粮糟的量水用量

（1）根据窖内母糟含水量确定滴窖时应舀黄水数量　窖内发酵良好的母糟含水量一般在64%左右（取窖内母糟上、中、下的混合样分析），根据每个窖的粮糟甑口计算，每甑粮糟应舀黄水40kg左右；窖内母糟含水量若是63%，则每甑粮糟应舀黄水30kg；若窖内母糟含水量是65%，则每甑粮糟应舀黄水50kg。其全窖应舀黄水量的计算公式为：

$$m = (\omega_1 - \omega_2) \times 900n$$

式中　m——全窖应舀黄水质量，kg

ω_1——窖内母糟含水量,%

ω_2——理想母糟含水量,%

n——本窖粮食糟子甑口数，甑

例如，窖内母糟含水量为63.5%，所要求的母糟含水量（理想水分）为60%；本窖粮糟甑口是15甑，在滴窖中应舀多少黄水为正常？

$$m=(63.5\%-60\%)\times 900\times 15=472.5(\mathrm{kg})$$

（2）根据堆糟坝母糟含水量确定每甑应打量水数量

①根据粮、糠、糟比例，计算出拌料后的粮糟含水量：

$$\omega=\frac{\omega_1 m_1+\omega_2 m_2+\omega_3 m_3}{m}\times 100\%$$

式中　ω——拌糟后的粮糟含水量,%

ω_1——堆糟坝母糟含水量,%

ω_2——高粱含水量,%

ω_3——糠壳含水量,%

m_1——每甑粮糟用堆糟坝母糟质量，kg

m_2——每甑粮糟用粮量，kg

m_3——每甑粮糟用糠壳量，kg

m——每甑粮糟在蒸馏前的总质量（包括母糟、粮食、糠壳，不包括量水和大曲），kg

例如，堆糟坝母糟含水量为60%，每甑粮糟用母糟650kg，高粱含水量为12%，每甑粮糟用高粱130kg，糠壳含水量为13%，每甑粮糟用糠壳为35kg，则拌料后的粮糟含水分应为：

$$\omega=\frac{650\times 60\%+130\times 12\%+35\times 13\%}{650+130+35}=50.33\%$$

从计算结果和无数次的实验，得出了这样的一个规律，即拌料后的粮糟含水分等于堆糟坝母糟含水分减去10%。若堆糟坝母糟含水分是60%，则拌料后粮糟含水分为50%；若堆糟坝母糟含水分为61.5%，则拌料后粮糟含水分为51.5%；若堆糟坝母糟含水分为58%，则拌料后的粮糟含水分是48%。其差值均在10%左右。

为了便于计算每甑粮糟的量水数量，必须进一步弄清拌料后的粮糟水分与蒸粮后出甑时粮糟水分的关系。通过无数次化验分析，得出的规律是：拌料后的粮糟水分和蒸馏出甑时的粮糟水分是基本一致的。即拌料后的粮糟水分是多少，蒸馏后出甑时的粮糟水分也是多少。从总量来说，蒸馏后出甑的粮糟略比拌料后的粮糟重25kg左右，其增重的主要原因是水蒸气代替了母糟中的酒精。

②根据堆糟坝母糟的含水量，确定应打量水的量：先计算出1kg粮食用1kg量水，能增加入窖粮糟多少水分含量。其计算公式如下：

$$\omega=\frac{\omega_1 m+m_1}{m+m_1}\times 100\%$$

式中　ω——打量水后入窖粮糟含水量,%

m——拌料后每甑粮糟质量，kg

ω_1——拌料后粮糟含水量,%

m_1——加入量水质量，kg

例如，每甑下粮815kg，拌料后的粮糟含水量为50%（即堆糟坝母糟含水量为60%），现按投粮量打100%的量水（即打量水130kg），其入窖粮糟的含水量为：

$$\omega = \frac{815 \times 50\% + 130}{815 + 130} \times 100\% = 56.88\%$$

实际化验结果为56%，其0.8%则是在冷却过程中的挥发损失。因无数次的化验分析结果和实际相吻合，故可按投粮比计算每增加10%的量水数就增加入窖粮糟水分0.6%。其计算结果和实际水分见表3－57。

表3－57　　计算结果和实际水分

用量水比/%	每甑投粮量/kg	实际用量水量/kg	计算粮糟含水量/%	挥发损失系数	入窖粮糟实际含水量/%
110	260	286	57.4	0.8	56.6
100	260	260	56.8	0.8	56.0
90	260	234	56.2	0.8	55.4
80	260	208	55.6	0.8	54.8
70	260	182	55.0	0.8	54.2
60	260	156	54.4	0.8	53.6

注：母糟含水量为50%。

从表3－57的结果可以清楚地看出，每打10%的量水，刚好增加入窖粮糟含水分0.6%。假如拌料后的粮糟含水量是50%，打60%的量水，就等于增加水分60×0.6%＝3.6%。如果列成公式，即用打入量水的百分比（对粮食而言）×0.6，就是入窖粮糟增加的水分。若换算成增加入窖粮糟1%的含水量需打多少量水，则为：

$$\frac{13}{0.6} = 21.67(\text{kg})$$

这就是说打量水13kg增加入窖粮糟水分0.6%，打量水21.67kg，就可以增加入窖粮糟1%的水分。

另外又做了其他条件不变而投粮量增加时对入窖粮糟含水分的影响的试验。从计算结果可见，影响也不大。例如，每甑投粮数140kg时，若打100%量水，则增加粮糟水分6.1%，如果每甑投粮量变为120kg，量水仍打100%，则增加入窖粮糟水分为5.7%。

从实际化验的分析结果看，投粮量对入窖粮糟含水量的影响更小，基本上仍符合“加10%的量水，增加粮糟含水量0.6%”的规律。其原因是当粮食增加后，糠量也会随之增加，相反，母糟数量则会有一定数量的减少，这样实际的含水量则比计算含水量偏低。同理，当投粮减少时，投糠壳量也随之减少，而母糟用量则稍有增加。所以，粮糟实际的含水量就会比计算结果略高。因此投粮数的增减，对“加10%的量水，增加粮糟含水量0.6%”的规律无影响，只是母糟含水量变化，对入窖粮糟水分有影响。其计算结果见表3－58。

表 3－58　　母糟含水量变化对入窖粮糟水分的影响

拌料后的粮糟含水量/%	每甑投粮量/kg	实际用量水量/kg	计算粮糟含水量/%	挥发损失系数	入窖粮糟实际含水量/%	实际增加水分/%
51	130	130	57.7	0.8	56.9	5.9
50	130	130	56.8	0.8	56	6
49	130	130	56.0	0.8	55.2	6.2
48	130	130	55.7	0.8	54.3	6.3
47	130	130	54.2	0.8	53.4	6.4

从表 3－58 可以看出，当母糟含水分逐渐减少时，实际用水量逐渐加大，这与化验结果也是吻合的。在大生产中，拌料后的粮糟含水量一般均为 48%～51%，超出这个范围者很少，尤其是在 48% 以下的情况更少，所以都很少考虑这个因素。当拌料后的粮糟含水分在 48% 以下（不包括 48%），即堆糟坝母糟的含水量在 58% 以下时，粮糟中的粮粉就吸不足水分（从感官上看拌料后的粮糟不转色，现灰白色），则将严重影响糊化。所以在这种情况下，应于加粮粉前在母糟中添加适当的冷酒尾，以提高母糟的含水量达到 60% 左右为宜。从生产实际和计算结果，都证实了每添加 19kg 冷酒尾，可以提高拌料粮糟 1% 的含水量。例如，堆糟坝母糟含水量 57.5%，拌料粮糟的水分为 47%，若在加粮粉前，往一甑量的母糟中洒入 19kg 冷酒尾，再倒入粮粉和糠壳，则拌料后的粮糟水分可提高 1%，而实际含水量为 48.5%。以此类推，即可算出各种不同母糟含水量应加入的冷酒尾数量。

为什么当母糟含水量不够时，宜加冷酒尾，而不加生水或加黄水呢？加冷酒尾是传统工艺，从理论上讲，因为冷酒尾中无杂菌（没有微生物或微生物很少），且含有部分有益物质，如酸、酯和高级醇等，酸度也不高，故有利于提高酒质或至少不影响酒质（因为酒尾按工艺操作规定，也回到底锅中重蒸回收），有利于粮粉糊化。若加生水，则容易导致母糟倒烧（或产生不利于质量的因素），因生水中有较多的杂菌，所以一般都不主张加生水。若加黄水，则因黄水酸度大，虽有利于糊化，可以增加部分有益物质，但同时会增大入窖粮糟酸度而不利于发酵，所以一般也不主张加黄水。若采用新窖，母糟酸度又偏低，则加老窖黄水代替冷酒尾更为有利。因此，是加冷酒尾还是加老窖黄水，应根据母糟酸度的具体情况而定。

（3）在用量水时应注意的几个问题

①量水温度宜高，一般都应严格要求在 95℃ 以上。

②目前采用打梯梯水的办法，即窖下层的粮糟少打量水，而窖上层的粮糟多打量水。

其具体作法是将全窖总的量水用量分成三个不同的数值来分配，称作三截打水。例如，一个窖粮糟甑口是 26 甑，计划打量水 80%，前 10 甑按 80% 计算后，每甑少打 15～30kg 量水，第 11～16 甑（即中间部分），可按 80% 计算打入量水；第 17～26 甑，按 80% 计算外，每甑还增加 5～30kg 量水（一般是窖最下面的两甑少用 30kg 量水，窖最上面的 4～6 甑多用 30kg 量水），但全窖平均量水用量仍为 80%。为何采取这种分配法？这是传统工艺，目前认识也不尽一致。采用此种分配法有以下三点理由。

a. 堆糟坝母糟的含水量由于逐渐挥发和流失而减少，所以刚开始蒸粮时，母糟含水量要大些，出甑粮糟的含水量就会大些。但由于母糟含水量逐渐减少，因此，出甑粮糟的含水量也逐渐减小，这就需要在分配量水时予以调整。

b. 从窖内粮糟发酵产热情况来分析，热气往上走，因此越是上面的糟子受热越多，所以需要的水分要多些，才能适应。在传统工艺中打梯梯水（尤其是窖最下层的一二甑粮糟打量水最少），控制“宝塔式温度”（窖下层高，尤其是刚入窖的一二甑粮糟的温度要比窖最上面的粮糟温度高4~5℃，以后逐甑降低，即下高上低），可能也是这个原因。

c. 窖下面的粮糟水分的挥发损失较小，而窖上层的物料，尤其是平窖口后的入窖粮糟，其水分挥发损失较大，所以应在量水分配上进行适当的调整。

③梯梯水的各甑粮糟化验数据：小窖（14甑以下）1甑，大窖2甑底糟粮糟的含水量，比计划应打量水的含水量低1.0%~1.5%。第1、2甑以后的粮糟有1/3其水分比标准水分低0.5%；1/3的粮糟为标准水分；上层1/3的粮糟水分比标准水分高0.52%；最后两甑可高1.5%。堆糟坝母糟含水分的损失，没有规律性，出入很大。如果有条件，最好是每8h左右分析化验一次，以便调整量水用量。若每窖只开头分析化验一次，就只能凭经验来调整，一般也较好掌握。

④水分挥发损失系数为0.8%左右，因季节和气候条件不同而略有变化，在实践中可进一步地探索。

⑤以上数据不是绝对统一的，各个酒厂应根据自己生产的工艺特点、设备条件等找出各自的适宜数据，以指导生产，不能完全照搬。

⑥为了正确地控制入窖粮糟含水量，起窖倒在堆糟坝的母糟必须干湿均匀，需认真严格地做好分层堆糟工作，否则将影响入窖粮糟水分的准确性或给化验分析工作带来不必要的困难。

3. 酸度的控制

酸度分出窖母糟酸度、入窖粮糟酸度以及发酵生酸等几种。

（1）出窖母糟酸度　在正常情况下，出窖母糟酸度旺季是2.5~3，淡季是2.8~3.5。若出窖母糟酸度的化验分析结果接近或者超过了不同季节的最高正常值（即旺季2.8，淡季3.5），就应采取加强滴窖勤舀的措施来降低母糟酸度。经计算和实践证明，每降低母糟1%的含水量，即每甑多舀10kg黄水，就可以降低入窖粮糟酸度0.1；黄水的酸度比母糟的酸度几乎大1倍，因为母糟中的酸是溶解在黄水之中的。再加上降低母糟1%的含水量，就可以增加入窖粮糟21.5kg左右的量水，用量水代替了黄水，可以达到明显降低酸度的目的。因此，当出窖母糟酸度超过正常值时，应尽量设法降低母糟含水量，从而降低入窖粮糟酸度。目前有效的措施是提前打洞滴或打黄水坑勤舀黄水等。有人提出用酒冷酒尾以挤出黄水（当窖不易滴时）的办法，滴出更多的黄水，以更有效地降低酸度。加入酒尾后，可以把黄水挤出来，而酒精以及溶解在酒精中的香味成分不受影响。

加粮加糠拌料后，可以降低酸度0.2左右。如出窖糟酸度是3.0，则可降低酸度0.6左右。在蒸馏过程中，每流5kg 65%的酒可降低母糟酸度0.1左右；若流40kg酒可降低酸度0.8左右；通过加粮、加糠，蒸馏后可降酸1.4左右，使入窖酸度控制在理想的标准范围内。

（2）入窖粮糟酸度　正常入窖粮糟酸度是：旺季1.0~1.6，淡季1.5~1.7。如入窖粮糟酸度超过各季不同的正常值时，则应采取如下措施：①大火冲酸。②进一步提高量水温度，有条件的可以用100℃的开水。③以加糠来适应酸度较大的特点，每超过酸度0.1可加2%的糠壳，加5%的量水。例如，入窖粮糟酸度1.9，则可在标准用糠量上加4%的糠，在标准用水量上加10%的水。此方法在入窖糟酸度2.0以内都可采用。④入窖粮糟酸度在2.2以上，应采用以石灰水中和的措施来降酸（有人提出用NaOH代替石灰水效果更好）。入窖粮糟酸度超过正常值时，可以用增加酒精酵母的办法来提高出酒率（用干酵母更好）。

（3）发酵生酸（也称为升酸幅度）　正常的发酵生酸一般是1.0～1.2。如没有达到1.0，则为发酵和微生物生长不良；若超过了1.5，则为有杂菌感染，这是因窖池管理不善或因发酵周期延长等原因所致，会给下排降低酸度带来困难。如果是因为发酵周期延长而增大了酸度，则在加糠壳时，可在标准用量的基础上增加5%～10%的糠，以扭转被动局面。水一般不添加，可适当沿边踩窖。

4. 温度的控制

温度分入窖温度和发酵升温两种。

（1）入窖温度　入窖温度是指入窖粮糟在入窖时的温度。近年来都一致强调低温入窖，低温入窖的标准是当地温在13℃以下时，入窖温度控制在13～15℃；若地温上升到15℃以上后，则尽量做到平地温或降地温入窖，这就要根据设备条件而定，能降地温就尽量降地温。原则是入窖粮糟入窖后不返烧，不能因降温而侵入杂菌，不能降地温的就平地温入窖或高于地温1℃入窖。按上述温度入窖的就称为低温入窖。因为入窖温度受到气温等因素的影响，故各酒厂还不可能做到一致。例如，泸州大曲酒目前的低温极限是13℃，这是根据四川的气候和大曲酒发酵周期长的特点，经过长期的实践而摸索到的。各种酒应根据当地的气候特点和工艺条件正确地决定低温极限和低温入窖的温度范围，不能简单搬用。另外，在收温时每个窖的最下两甑窖底粮糟要比一般粮糟高1～2℃，其他粮糟的温度应尽量做到一致，尤其是在窖上面的粮糟温度不宜高。

（2）发酵升温　发酵升温是封窖后，粮糟在发酵时放出的热量使窖内母糟温度逐渐升高所致。因此可从发酵升温情况初步判断粮糟发酵的好坏。正常发酵升温是：淡季每天上升1～2℃，升温幅度为10℃左右，直至发酵期7d左右；旺季每天上升0.5～1℃，升温幅度12℃左右，主发酵期10～15d。如果升温速度快，升温幅度大，主发酵期短，则证明入窖粮糟糙了，一般是糠多，或是杂菌侵入感染等原因所致；若升温速度慢，升温幅度不大，主发酵期不明显（倒吹快或没有吹），则是入窖粮糟淀粉含量高，糠壳少，母糟做腻了，或是大曲质量不好等原因所致；若发酵后期或发酵中期升温，则是因窖池管理不好，窖皮有裂口而漏气，浸水或入窖温度低，母糟腻等原因所致。

5. 根据母糟（发酵糟）酒精含量计算蒸馏效率、挥发损失

（1）根据出窖母糟酒精含量计算蒸馏效率　正常出窖母糟的酒精含量淡季为4.5%～5%，旺季5.5%～6%。用化验分析数据，结合甑子的容量就可以算出蒸馏效率。例如，出窖母糟的酒精含量是5.2%，而每甑装母糟650kg，拌料粮糟所产酒平均为51.5kg（以酒精含量60%计），则蒸馏效率为：

$$\eta = \frac{51.5}{\frac{5.2}{60} \times 650} \times 100\% = 91.4\%$$

列为公式：

$$\eta = \frac{m}{\frac{\omega}{60} \times m_1} \times 100\%$$

式中　η——蒸馏效率，%

m——每甑实际产酒量（酒精含量以60%计），kg

ω——出窖母糟酒精含量，%

60——换算成酒精含量60%

m_1——每甑装母糟的量，kg

（2）挥发损失的计算　用出窖时母糟酒精含量减去拌料时母糟酒精含量或拌料后粮糟的酒精含量，以得出挥发损失，从而计算出经过各个工序后母糟酒精含量的损失。

①起窖过程中，母糟酒精含量损失的计算：

例如，起窖前窖内母糟的酒精含量为5.2%，含水量是65%；经过滴窖，母糟起到堆糟坝时的母糟酒精含量是5%，含水量为59.5%。问经过起窖、滴窖，在起窖过程中母糟挥发损失了多少酒精含量（黄水含酒精含量是4%）？

$$\rho = \left[\frac{65 \times 5.2 - (65 - 59.5) \times 4}{59.5} - 5\right] \times 100\% = 0.31\%$$

列成公式为：

$$\rho = \left[\frac{\omega \times \varphi - (\omega - \omega_1)\varphi_2}{\omega_1} - \varphi_1\right] \times 100\%$$

式中　ρ——母糟酒精含量的挥发损失，%

ω——起窖前窖内母糟含水量，%

φ——起窖前窖内母糟的酒精含量，%

ω_1——起到堆糟坝时的母糟含水量，%

φ_1——起到堆糟坝后母糟的酒精含量，%

φ_2——滴出来的黄水中的酒精含量，%

②母糟酒精含量在堆糟坝上的损失的计算：

例如，母糟起到堆糟坝时的酒精含量是5%，每隔8h或24h再分析化验一次堆糟坝母糟的酒精含量：8h是4.95%，24h是4.85%等，然后用前者减去后者就可以计算出酒精的损失。根据各种不同的要求和目的，可以计算出各个时间的损失量。

③拌料时母糟酒精含量的挥发损失计算：

例如，拌料前，母糟的酒精含量为4.85%，质量是650kg，加高粱粉130kg，糠壳30kg，拌料后的粮糟酒精含量是3.7%，问拌料过程中酒精挥发损失是多少？

$$\rho = \frac{650 \times 4.85\% - (650 + 130 + 30) \times 3.7\%}{650} \times 100\% = 0.24\%$$

列公式为：

$$\rho = \frac{m\varphi - (m + m_1 + m_2)\varphi_1}{m} \times 100\%$$

式中　ρ——母糟拌料后酒精含量的损失，%

m——每甑拌粮糟用母糟量，kg

m_1——每甑拌粮糟用高粱粉量，kg

m_2——每甑拌粮糟用糠壳量，kg

φ——拌料前母糟的酒精含量,%

φ_1——拌料后粮糟的酒精含量,%

前述蒸馏效率实际上包括了挥发损失在内，为了避免数据复杂，减少分析化验项目，以利于迅速得出结果，及时指导生产，故将全部挥发损失和蒸馏损失统一列为蒸馏效率来计算。因此要提高蒸馏效率，不但要注意上甑工序，而且还必须注意减少开窖后母糟酒精含量的损失。但是确切的蒸馏效率应是上甑时拌料粮糟的酒精含量的理论产酒数除以实际产酒数。例如，拌料粮糟的酒精含量是3.7%，每甑产60%酒精的酒45.5kg，每甑母糟650kg，投粮130kg，下糠30kg，则蒸馏效率为：

$$\eta = \frac{45.5}{\frac{3.7}{60} \times (650 + 130 + 30)} \times 100\% = 91.1\%$$

（三）关于化验分析问题

为了用化验指导生产，逐步走向科学酿酒，化验分析工作必须做到：取样要具有代表性，分析结果准确、及时。这样才能起到指导生产的作用，并不断总结经验，推动生产向前发展，从而实现酿酒科学化的目标。根据化验分析应准确、及时、有代表性的原则，目前的具体做法如下。

1. 窖内发酵粮糟（即母糟）的取样和分析

（1）取样　取样采用竹片取样法，在本窖入窖装粮糟时，就将预先准备好的竹片放入窖内，让粮糟逐层均匀地装入竹片内。装完粮糟后，使竹片上端刚露出粮糟表面，并做一记号（以便开窖时好找）。再装入红糟，然后让竹片封入窖内发酵。待开窖前的1～2d，从窖内抽出竹片，窖内上、中、下层发酵粮糟由竹片带出，然后混合均匀，取样进行化验分析。

（2）化验分析项目和作用

①化验分析窖内发酵粮糟的含水量，以确定该窖应舀多少黄水，并将化验结果通知单，提前告知班组。

②化验分析窖内发酵粮糟酸度，以确定滴窖方法和采取的降酸措施等，使班组在开窖前就知道本窖粮糟的酸度情况，以便提前做好必要的准备工作。

③化验分析窖内发酵粮糟的淀粉含量，并折算成在60%含水量时的淀粉含量，使班组提前知道本窖的发酵情况，残余淀粉的情况，初步决定本排的投糠量。

④化验分析窖内发酵粮糟的酒精含量，通过计算，可以初步了解本窖的原料出酒率和粮耗，以便分析研究发酵好坏的原因。

⑤必要时可化验分析窖内发酵粮糟的总糖含量或微生物数量、活动情况等，以了解窖内发酵状况。

取样分析的主要目的是解决窖内发酵粮糟的水分和酸度问题，其次是初步了解本窖本排的发酵情况，预计粮耗和原料出酒率，研究确定配料等。

2. 堆糟坝母糟的取样和分析

（1）取样　当窖内发酵粮糟起到堆糟坝后，在踩拍整理堆糟坝母糟时，要在堆糟的上、中、下三层母糟均匀取样，尽量使样品具有代表性。取样完后，要立即进行化验分析，因为母糟起到堆糟坝后，很快就要配料蒸馏入窖，所以化验分析结果应在配料前通知班组。一般可在取样后 2h 内得出化验分析结果，用以指导生产。

（2）化验分析项目和作用

①堆糟坝母糟含水量的化验分析：根据化验分析结果，确定本窖全窖用量水的比例（与投粮量的比）和每甑应打量水的量，使入窖粮糟达到理想的标准含水量。

②化验分析堆糟坝母糟的残余淀粉含量：并与窖内发酵粮糟的淀粉含量比较，是否一致。然后较正确地得出母糟的残余淀粉含量，结合母糟酸度的大小和水分的多少，确定本排本窖的用糠比例，和每甑粮糟用糠壳的量，使入窖粮糟达到柔熟不黏、疏松不糙的标准，使淀粉含量达到合理的标准。

③化验分析堆糟坝母糟的酸度：并与窖内发酵粮糟的酸度比较，了解滴窖降酸情况，确定冲酸时间，以及是否采用提高量水温度等降酸措施；同时提供确定用糠壳量和用量水量的参考依据。

④化验分析堆糟坝母糟酒精含量：并与窖内发酵粮糟的酒精含量相比较，了解起窖和滴窖时的挥发损失程度，进一步确定本窖、本排粮耗和原料出酒率；还可确定每甑粮糟或高粱应产酒的数量，计算其蒸馏效率，了解蒸馏过程中的损失情况。

⑤堆糟坝母糟的化验分析结果应与窖内发酵粮糟的各项化验分析数据相符合，出入不能过大，否则应重新取样，以确保结果的准确。

3. 入窖粮糟的取样和分析

（1）取样　应按每甑入窖粮糟，即不同甑次的粮糟进行化验分析。这种粮糟应在入窖时均匀取样，尽量做到具有代表性，并应记下该甑粮糟的量水用量和该甑拌料粮糟是否刚好装完。如果有余或不足，以及前一甑遗留有尚未装完的拌料粮、料等，均会影响分析结果的准确性。

若为全窖粮糟，应在开始装粮糟时就放入事先准备好的竹片，等该窖粮糟装完后准备装红糟时，把竹片抽出，取出粮糟，拌匀后取样化验分析，或用特制取样器取样分析。

（2）化验分析项目和作用

①不同甑次入窖粮糟（每甑入窖粮糟）应化验分析水分、酸度、淀粉含量等是否符合理想的标准含量，如果不符合，在下一甑就要进行调整。若水分不适合，就应根据计算结果增加或减少量水数量，使之达到入窖水分的标准含量；又如酸度大了，冲酸和提高量水温度后仍没有达到理想的入窖酸度，就应采取相应措施，使入窖酸度达到标准。化验分析不同甑次的入窖粮糟，主要是检验各项指标是否符合标准，不适宜就要再进行调整。必要时可测定糊精含量，以了解糊化程度是否完全，以指导蒸馏工艺，同时也可供下排分析研究生产参考。

②化验分析全窖入窖粮糟的水分、酸度、淀粉含量等，也可以化验分析糖分和糊精，以供下排分析研究发酵情况参考。

4. 化验分析结果要与生产相结合，并能及时指导生产

现举一个简单的实例：某年 4 月某车间某组某号窖，每甑投粮 130kg，全窖共装粮糟 25 甑，窖池深度为 2.7m。

（1）开窖前 2d，在打有记号处将塑料薄膜揭开，或将窖泥扒开，抽出事先放入的竹片后，再用窖泥封好窖池。然后将竹片内的发酵粮糟取出，拌和均匀后取样化验分析，其

结果为：水分65.4%，酸度3.2，残余淀粉8.3%，酒精含量5.4%。根据窖内发酵粮糟的上述化验分析结果，应提出以下指导生产的初步意见。

①含水分较大，全窖应舀黄水1350kg，其计算公式为：

$$(65.4\% - 60\%) \times 1000 \times 25 = 1350(\text{kg})$$

②窖内发酵粮糟酸度偏高，应加强滴窖勤舀工作，尽量降低母糟含水量，从而降低酸度。经过滴窖措施舀出1350kg黄水后，母糟含水量降到60%，酸度可以下降0.54。经过加粮加糠拌料后，酸度还可下降1.0左右。再加强冲酸，入窖酸度可望降到1.4左右。

③根据母糟残余淀粉含量和酒精含量分析，本窖发酵正常，原料出酒率达52.3%～58.1%，其计算方法为：

$$\frac{\frac{5.4}{60} \times 845}{130} \times 100\% = 58.5\% \text{……理论数}$$

$$\frac{\frac{5.4}{60} \times 845}{130} \times 90\% \times 100\% = 52.65\% \text{……实际数}$$

如果有上一排入窖粮糟的化验分析数做比较，就可以计算出：在发酵过程中消耗用了多少淀粉，增加了多少酸度和增加了多少水分等。例如，上一排入窖粮糟水分是55.5%，淀粉是17.5%，酸度是1.5。那么，发酵过程中耗用淀粉为17.5% -8.3% =9.2%，增加的酸度为3.2 -1.5 =1.7，增加的水分为65.4% -55.5% -5.4% =4.5%。由此可以确定发酵是比较正常的。

（2）母糟起到堆糟坝后，立即按化验分析结果，提出指导生产的初步意见。堆糟坝母糟的水分是60.8%，酸度2.53，残余淀粉含量8.5%，酒精含量5.4%。

①根据堆糟坝母糟的含水量和理想标准水分56%，可确定本窖应打量水的比例为86.67%，其计算依据为：

$$\frac{56 - (60.8 - 10)}{6} \times 100\% = 86.67\%$$

平均每甑粮糟实际应打量水110kg。第1、2甑每甑打量水82.5kg；第3～6甑每甑打量水90～105kg；第10～16甑每甑打量水112kg；第17～23甑每甑打量水119～134kg；最后两甑粮糟每甑打量水142.5kg。

全窖量水总量为112×25 =2800（kg）。

各班组可根据上述原则，结合母糟具体状况分配量水的量，但全窖用量水应在2800kg左右，即85%左右。

②根据堆糟坝母糟的残余淀粉含量，用糠的标准范围，并参考堆糟坝母糟的酸度和水分，确定投糠数量。例如，残余淀粉是8.5%时，用糠量为30.25～33kg，由于母糟酸度过大，含水分偏高，糠壳用量应略偏大一点，可确定全窖平均每甑用糠为32.5kg（即为25%糠量）。又依据深窖窖下多用，窖上面少用的原则，确定前12甑粮糟，每甑用糠34kg（或相当34kg粗糠的体积数），后面13甑每甑用糠31kg（或相当于粗糠31kg的体积数）。

③根据堆糟坝母糟酸度为2.53，确认滴窖状况不太理想，酸度和水分均未降到理想标准，即酸度仍偏高，水分略高。为确保入窖酸度达到理想标准，应采取大火冲酸、提高量水温度等降酸措施，继续解决酸度问题。否则将不利于生产，影响发酵的正常进行。

④根据堆糟坝母糟酒精含量，计算每甑粮糟应产60%的酒的质量，并进一步核实窖内

发酵粮糟酒精含量是否正确，所算结果有无差异等。堆糟坝母糟的酒精含量为 5.4%，每甑粮糟应产 60% 的酒 58.5kg。其计算方法为：

$$\frac{5.4}{60} \times 650 = 58.5(\text{kg})$$

然后根据班组每甑粮糟的实际产酒数量，就可以计算出蒸馏中的损失量和蒸馏效率等情况，从而促进班组提高蒸馏效率，减少蒸馏中的损失，总结蒸馏过程中的操作经验等，以利于提高操作技术水平。

（四）注意事项

（1）为了使化验分析结果能正确地指导生产，实现稳产高产、优质低耗的目的，除了化验分析结果必须准确、及时、无误外，在生产操作上应严格做好以下几点。

①堆糟坝的母糟必须认真地做到分层堆糟，使每甑母糟干湿基本均匀一致。

②拌和粮糟时，挖糟必须稳定，所拌和的粮糟每甑要达到规定的粮糟比。只有这样，才能保证配料稳准，入窖粮糟淀粉、酸度、水分达到标准。否则甑与甑间就会有较大差异，影响发酵正常和一致。

③每甑粮糟的大曲一定要加够，并拌和均匀；要做到低温入窖，使每甑入窖粮糟的温度都能达到标准。

（2）化验分析方法要统一，标准溶液须严格校正，尽量克服分析误差。

（3）生产设备力求做到标准化，尤其是每甑的体积要一致。只有这样，才能统一计算方法，克服计算上的误差。

化验指导生产的前提是首先找准入窖糟各项配料的指标和各项化验项目的标准以及达到这些标准的措施。由于各厂的工艺操作和设备条件、气候等的差异，各项标准和各种计算中的常数都是不相同的。

第三节　清香型白酒工艺的创新

清香型白酒素以清香纯正、酒体爽净而著称，具有清、爽、甜、净的典型风格。清香纯正，就是具有以乙酸乙酯为主体的清雅、谐调的香气，不应带有浓香、酱香或其他异香和邪杂气味，酒中主要香味成分乙酸乙酯含量要占总酯的 50% 以上。要使清香型白酒具有这些典型特征，就必须在制曲、酿酒、勾兑中掌握几个技术关键。

一、制曲有关问题讨论

近年来全国普遍提高制曲温度，以提高曲药质量。中温曲、清茬曲也正在逐渐由低温向高温发展。汾酒厂的后火曲（高温）就是在清茬曲的基础上发展而来的。不少酒厂趋向高温曲，是因为高温曲水分偏低，酸度较高，糖化力低而液化力高，富含较多的细菌，若与中温曲配合使用，可提高酒质和出酒率。实践证明，只要掌握得当，应用高温曲对提高清香型大曲酒质量会有明显效果。

制曲原料，清香型大曲酒传统使用大麦和豌豆，成品酒带一定的豌豆“焖”味，影响其清香。若用纯小麦或小麦、大麦混合制曲，只要制曲工艺合理，管理严格，此种曲产的清香型酒，清香更加纯正，质量更进一步提高。

二、严格传统工艺、低温发酵是提高清香型白酒质量的关键

1. 高温润糁

高温润糁是汾酒酿造工艺的特点之一。高温润糁（粮）的目的是保证材料吸足水分，便于糊化；使用热浆，酒会带甜；加大润糁用水量，汾酒厂润糁用水量达到总用水量的65%，以使发酵升温缓慢，保证低温发酵。

2. 低温入缸（池）

在自然气温允许的条件下，地温保持在10℃左右，红糁入缸温度10℃左右，最高不超过15℃，为低温缓慢发酵打下基础。

3. 发酵容器

清香型曲酒发酵容器主要有3种。

①陶瓷地缸：有大、小两种，大缸质量为225kg，缸口内径为65～75cm，缸底内径为45～50cm，缸深110cm；小缸质量为127.5kg，缸口内径为50～55cm，缸底内径为30cm，缸深90～95cm。

②瓷砖池：即水泥池中贴瓷砖（或玻砖），尺寸为1.72m×1.62m×1.30m，容积3.62m^3，全面积11.67m^2，中心距0.81m，正好入1个大楂材料。

③水泥池：大小不一，容积可大可小，普遍是一次性投料量大楂、二楂、回活等都在一个池子内。汾酒厂的实践证明，陶瓷地缸的传热效果好于瓷砖池，更优于水泥池，其原因是：传热面积瓷砖池仅为陶瓷地缸的57.84%，水泥池则更少；料心与料壁的中心距，陶瓷地缸与瓷砖池相差近1倍，即传热速度差近1倍，水泥池差得更多。在同样条件下，发酵最高温度瓷砖池比陶瓷地缸总是高6～8℃。为保证低温缓慢发酵，采用“清蒸清楂”工艺，大楂发酵采用陶瓷地缸，二楂发酵采用瓷砖池较好。

4. 严格控制水分和酸度

汾酒厂控制红糁入缸水分52.5%～54%，绝对不要超过54%；入缸酸度在1.5以下。

5. 加强发酵管理

发酵期间加强车间、缸（池）的管理，控制发酵温度，保证“前缓、中挺、后缓落”。这对采用陶瓷地缸发酵的尤为重要。注意窖面的密封性，不使糟醅长霉或受杂菌感染。发酵期“清蒸清楂”工艺为25～30d，“清蒸续楂”工艺为15d左右，也可适当延长。

6. 搞好蒸馏操作

装甑是大曲酒酿造的关键工序之一，既影响质量，又涉及数量。蒸馏效率高的达97%，低的只有60%左右。仅此一项原料出酒率就相差2%以上。

7. 利用二氧化硫防止产酸菌感染

传统清香型白酒的“二次清”生产工艺中，发酵缸用清水洗净，再用花椒水杀菌。关于花椒的抑菌作用，《本草纲目》中曾有记载：“秦椒又称花椒，具去毒、杀虫之作用”。但花椒的杀菌作用是微弱的。特别是在南方气温较高时，其灭菌作用就更差。而且花椒水和花椒残留在发酵缸（池）内会给酒带来涩味。

在清香型白酒生产中，采用偏重亚硫酸钠（其二氧化硫含量约为50%）代替花椒水作发酵缸的杀菌剂，可取得良好的效果。由表3－59可见，用偏重亚硫酸钠洗缸比用花椒水洗缸的酒醅酸度低40%，而酒精含量50%vol酒的原粮出酒率平均高1.5%。

用偏重亚硫酸钠洗缸杀菌有如下好处：①操作简便。偏重亚硫酸钠为白色粉末，易溶于水，使用时只要溶解在水中即可洗缸杀菌。②使用量少，成本低。偏重亚硫酸钠的使用量仅为花椒的1/25，成本约为花椒的1/30。③偏重亚硫酸钠残留在发酵缸内对发酵和酒质无碍。二氧化硫对金属有强腐蚀性，用时应避免沾染铁器，但对陶缸和水泥无腐蚀作用。

表3-59　酒精含量50%vol酒的原粮出酒率对照

项目	偏重亚硫酸钠洗缸			花椒水洗缸		
	1	3	5	2	4	6
酒精50%vol酒的原粮出酒率/%	46.74	49.70	43.88	45.92	47.21	42.73
出酒率平均值/%		46.77			45.29	

三、多粮酿造清香型酒

（一）清蒸清烧法

1. 原料配比

①原料：高粱60%、玉米20%、大米20%。

②辅料：稻壳15%~25%。

③大曲：大楂10%~12%，二楂8%~10%，三楂用白曲2%。

2. 酿造工艺

（1）采用传统的“清蒸二次清”法，即将三种经过粉碎后的原料单独进行蒸煮，摊晾冷却后加曲两次，发酵两次，第三次加入白曲发酵，蒸馏所得的普通白酒单独贮存。

（2）采用深2m、宽2m、长3m的水泥窖（水泥为500号高强度耐酸水泥），每个窖中间有排水口，在车间末端有一个黄水汇总池，并设有泥浆泵。用无毒薄膜封窖，上面压稻壳保温。

（3）工艺流程　如图3-6所示。

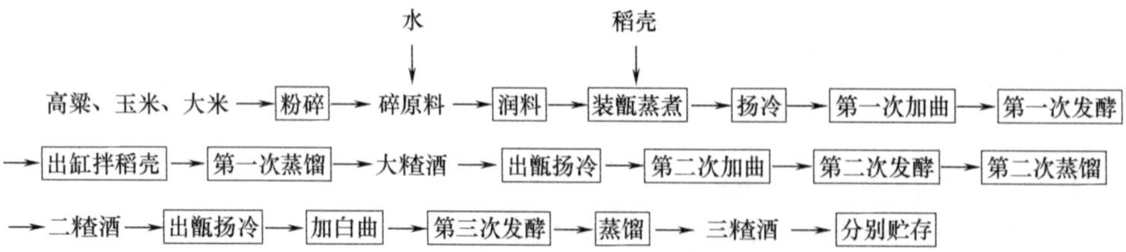

图3-6　清蒸清烧法酿造工艺流程

（4）原料和曲的粉碎　高粱、玉米、大米粉碎成如小米颗粒，细粉不超过20%，大曲粉碎如绿豆大小，粉碎度随季节进行调整。

（5）润料、堆积　每天投料高粱600kg、玉米200kg、大米200kg，加水拌匀后收堆，上盖麻袋，每隔4h翻拌1次。润料条件见表3-60。

表 3－60　润料条件

项　目	春	夏	秋	冬
加水量/%	60～65	60～65	60～65	60～65
水温/℃	—	75～80	—	85～90
堆积温度/℃	42～46	47～52	42～46	42～45
润料时间/h	14～18	12～14	14～18	18～20

（6）蒸煮糊化　约 40min 装满甑，圆汽后，泼入 60℃ 热水 15～20kg，大火蒸 45～60min。要求熟而不黏，内无生心。

（7）加水、扬冷

①加水：将糊化后的粮食取出，泼入原料量 30%～40% 的开水或井水。加水量因季节而定（表 3－61）。

表 3－61　糊化后泼水量

季节	春	夏	秋	冬
泼水量/%	35～38	35～40	30～35	30～35

②扬冷：泼水后堆积 10min，用扬糟机扬冷，冬季降至 20～30℃，夏季平室温。

（8）入窖发酵　入窖条件见表 3－62。

表 3－62　入窖条件

项　目	春	夏	秋	冬
熟粮加水量/%	35～38	35～40	30～35	30～35
曲粮比例/%	9～11	9～11	9～11	9～11
下曲温度/℃	20～32	20～25	23～25	25～30
入窖温度/℃	13～17	17～25	17～20	13～17

发酵 21d。发酵期间注意温度变化，做好窖池管理。

（9）出窖蒸馏　按传统操作，蒸酒后糟醅进行二次发酵。

3. 原酒质量

总酸 0.8～1.2g/L，总酯 2.3～2.8g/L，乙酸乙酯 0.7～1.3g/L，乳酸乙酯 0.5～1.1g/L。原酒清香纯正，多粮香气协调，绵甜爽净。

（二）续楂法

1. 工艺流程

续楂法酿造工艺流程如图 3－7 所示。

2. 工艺操作要点

①原料粉碎：高粱粉碎成 4、6、8 瓣，一般通过 20 目的筛孔，细粉占 80%～85%，玉米粉碎粒度与高粱相近，大米、糯米整粒。

②清蒸、排杂、出甑润料：粉碎后的原料掺拌均匀后，上甑清蒸排杂 30min 以上，排

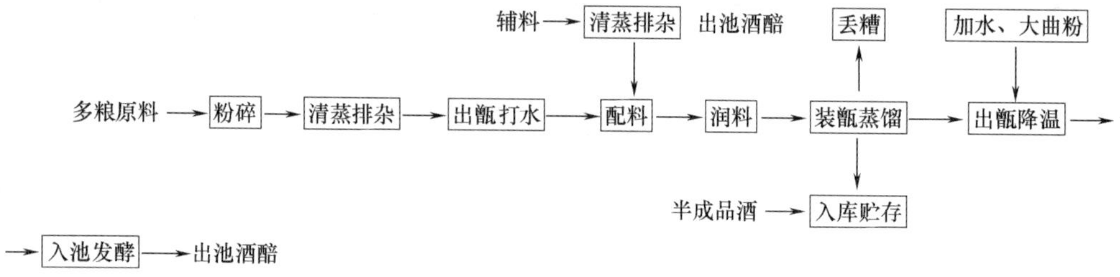

图3-7　续楂法酿造工艺流程

杂结束后，出甑打水，水分控制在30%~40%，备用。辅料清蒸40min，出甑摊晾备用。

③配料：粮∶醅为1∶(4~5)，视季节而变；辅料用量为20%左右。

④润料：粮醅混匀后润料40min以上。

⑤装甑蒸馏：将掺拌好的粮醅按照“轻、松、薄、准、平”的要求装甑，同时要做到“两干一湿”，用汽要“两小一大”，即装甑打底时，酒醅要干，蒸汽要小；装甑打底后，酒醅可湿些，汽量要大些；最上层，即装甑收口时，酒醅应干，汽量宜小。

流酒温度控制25~35℃，流酒速度控制在3~4kg/min。入库酒度不低于65%vol。

⑥出甑摊晾，加水加曲：加水量约10%，降温至25~30℃时撒曲。

⑦入池发酵：入池温度16~20℃，夏天至室温。适当踩窖。塑料膜、保温布密封。发酵21-28d。

出入池酒醅理化检测见表3-63。

表3-63　出入池酒醅理化检测

项目	水分	淀粉	酸度	糖分
入池	53%~55%	17%~19%（冬），16%~17%（夏）	1~2	
出池	62%~65%	8%~10%	1.6~2.8	≤1.5%

3. 酒质比较

从气相色谱数据可见，多粮酒与单粮酒相比，乙酸乙酯提高40mg/100mL，乳酸乙酯下降20mg/100mL。多粮酒清香纯正，有复合香，入口酸爽，酒体丰满，尾味净，质量优于单粮。

四、利用现代生物技术增乙降乳

清香型白酒的主体香味成分是乙酸乙酯和乳酸乙酯，占总酯的95%以上。乙酸乙酯占总酯的55%以上，它的含量高低直接影响着清香型白酒的质量和典型性。乳酸乙酯也是清香型白酒的主要香味物质，其含量适当，即乙酸乙酯和乳酸乙酯的比例恰当，会给清香型白酒以良好的风味，使酒体柔和醇厚。但乳酸乙酯含量过高，乙酸乙酯和乳酸乙酯比例失调，则酒质发涩，酒体“呆滞”。当前，我国清香型名优白酒中，普遍存在着乳酸乙酯含量过高，乙酸乙酯和乳酸乙酯比例失调的技术难题。

传统的培曲工艺是靠曲坯自然网罗空间微生物，影响质量的因素甚多。要想很理想地提高大曲的质量，使清香型白酒中的乙酸乙酯明显提高，乙酸乙酯和乳酸乙酯的比例协调，酒质有极显著的提高，实非易事。不少酒厂采用改进工艺、量质摘酒、改善现场卫生条件、加强生产管理等措施，也收到一定程度的效果。但要想从根本上解决上述难题，除认真贯彻传统操作外，应用现代微生物技术增乙降乳，才是提高清香型白酒质量的最佳途径。

1. 利用产酯酵母提高清香型白酒中乙酸乙酯含量

将选育出的优良产酯酵母菌株，制成麸皮曲或液体酯化液，应用于清香型曲酒生产，取得了极其良好的效果，优质品率大幅度提高（表3－64）。

表3－64　　应用产酯酵母酒质分析　　单位：mg/100mL

项目	乳酸乙酯	乙酸乙酯	正丙醇	异戊醇	乙缩醛	乙醛
原工艺生产酒	258.0	90.3	25.0	48.2	11.2	5.7
某清香型国家名酒	262.0	306	38	50.6	51.4	14.0
应用产酯酵母曲	142.0	539.9	33.3	58.2	11.0	4.5
产酯液	328.0	458.3	24.0	54.0	5.0	2.8

2. 利用降乳菌降低清香型白酒中乳酸乙酯含量

关于丙酸菌的介绍，前已述及。丙酸菌可将乳酸分解为丙酸、乙酸，并能产生丁酸、庚酸等，这些酸相应的酯为丙酸乙酯、乙酸乙酯、丁酸乙酯、庚酸乙酯。而清香型白酒中不能含有丁酸乙酯，只有不产生丁酸的丙酸菌才能应用于清香型白酒生产。

河北宝丰酒厂在清香型发酵酒醅中筛选出8株具有降解乳酸能力的菌种，经生化性能测试，从中筛选出一株对乳酸降解力高的菌种，并通过激光诱化，提高其降解力。此降乳菌为有芽孢杆菌，可将乳酸分解成丙酸和乙酸，不产生丁酸、庚酸等。将此种降乳菌经纯种培养，测定降解率在100%之后，加到入池发酵的粮醅中，改变发酵粮醅中微生物区系组成，降低了酒中乳酸乙酯含量。经过在生产中应用2年，使清香型宝丰酒中的乳酸乙酯含量在原有基础上降低了27%，增大了乙酸乙酯与乳酸乙酯的比值，使清香型白酒风格更加突出，提高优级品率10%以上。

五、清香型调味酒的生产

1. 高温发酵制取高酯调味酒

一般以夏季生产为主，将发酵入池温度控制在24～25℃，加曲量12%，入池水分稍大一些，发酵期28d左右。入缸后24h，缸内温度就可达34℃，36h主发酵基本结束，温度最高时可达36℃，并大量生酸。由于缸内酯化期长，温度高，所产的酒酯含量特别高，口味麻，对提高酒的后香和余香效果显著。若采用量质接酒，则效果更佳。此酒总酸2.44g/L，总酯10.6g/L，乙酸乙酯4.1g/L，乳酸乙酯5.6g/L。

2. 低温入缸长期发酵制高酯调味酒

将入缸温度控制在9～12℃，入缸水分正常，用曲10%。一般采取在4月份入缸，经过夏季外界高温，到10月份出缸取酒。要求原料入缸时严格卫生管理，不得混入任何杂菌。经过夏季外界高温时，要把发酵缸口封严，与外界隔绝。由于采用低温入缸，长期发酵，所产酒酯含量高，口味较净，对提高酒的柔和、谐调和陈味都有好处。此种酒总酸含量为2.83g/L，总酯9.72g/L，乙酸乙酯6.34g/L，乳酸乙酯2.23g/L，是一种提前香和后味的优质调味酒。

六、多粮小曲酒的生产

用高粱、小麦、玉米、大米、糯米等多粮为原料，采用中高温堆积润料法酿造多粮小曲白酒，通过加强培菌箱管理，做好入池发酵，缓火蒸酒，大火追尾，出酒率可达57%～60%，酒质口感香、浓、甜、净。

（一）配料、蒸粮

（1）配料　选用优质糯高粱、小麦、玉米、大米、糯米为原料，单独粉碎，粉碎度以大于20目筛的占70%以上，小于20目筛的占25%～30%为宜，按一定比例混合，加入适量熟糠，拌匀收堆。

（2）润粮　取70～80℃热水，按原料量的60%左右，分次泼入粮堆，迅速翻匀收堆，加盖麻袋堆积24h，期间每隔5～6h翻料1次，若发现粮食较干，及时补加2%～3%的热水。堆积温度冬季42～45℃，夏季达47～50℃。润料后物料要求不淋浆，手捻成粉，无硬心，无疙瘩，无异味。

（3）蒸粮　将润料后的粮食轻撒匀铺装甑，圆汽后泼入原粮3%的水，盖甑蒸粮80min左右。熟粮感官要求：熟而不黏，内无生心。

（二）培菌操作

1. 出甑

熟粮出甑后在晾床上摊成长方形，均匀泼入30%～40%的热水或井水，摊晾撒曲（表3-65）。

表3-65　不同季节熟粮加水量

季节	春	夏	秋	冬
熟粮加水量/%	35～38	35～40	30～35	30～35

2. 撒曲做箱

开堆摊晾，至一定温度撒2次曲，总用曲量为原料的0.5%，收拢进箱，盖上配糟，培菌22～26h。不同室温下做箱的要求见表3-66。

表3-66　不同室温下做箱的要求

项目	室温/℃					
	0～5	5～10	11～15	16～20	21～25	26～28
撒曲温度/℃	39～42	38～40	36～38	34～36	32～35	29～30
进箱温度/℃	32～33	31～32	30～31	29～30	27～29	27～28
最低品温/℃	31	31	29～30	27～28	26～27	—
箱厚/cm	20	20	20	19	18	18

3. 培菌不好的原因及补救方法

（1）烧箱不糖化　箱上温度上升过高过快，出箱无糖化现象，有异味，因收箱温度过高，配糟加盖过急，配糟温度过高，加盖草垫过急、过早、过多，使有害菌繁殖加速，抑制了根霉菌与酵母菌的繁殖生长。补救方法：对箱及时降温，刮去箱上的盖糟，散发热气，入池时加曲药（视箱上的情况确定加量），入池后加一定量的尾酒（15～20kg）。

（2）酸箱　由于摊晾时间过长、熟粮水分较小、工具不清洁等，杂菌感染过多；由于杂菌严重危害，酸箱常在热季发生。补救方法：做好清洁卫生，高温薄箱，缩短摊晾时间，减少杂菌感染，对酸箱提前出嫩箱，进池前加曲，进池后泼酒尾。

（3）箱面底面冷边、冷角、冷糟　因根霉菌与酵母菌的繁殖不良、糖化不好，可能是收箱温度过高、摊晾过久、箱上水分蒸发过快，箱底稻壳太潮湿、粮食未糊化好、不透心、不均匀，箱盖得不恰当等。补救方法：加强蒸粮和箱上管理，将糖化不好的培菌糟集中起来，加曲药拌匀后装入池心。装池毕，再将酒尾与热水调成35～37℃加入池内，促进池内升温发酵。

（三）发酵操作

1. 吹晾配糟

将所需配糟吹晾至20～22℃，摊平，将培菌糟出箱，均匀摊在配糟上，吹晾，翻拌均匀，入池发酵（表3－67）。

表3－67　不同室温下对配糟的入池要求

项目	室温/℃									
	5～7	7～9	9～11	11～13	13～15	15～17	17～19	19～21	21～23	23～25
配糟品温/℃	27	26	25	25	24.5	23	22	21	21	23
进池品温/℃	25	24	23.5	23	22.5	22	20	19	19	23

不同季节的配糟比：春秋两季按1∶4，夏季1∶(4～5)，冬季1∶(3～3.5)。

2. 发酵不正常的情况

①池内升温不好：因曲药质量差，糖化发酵力弱，配糟品温过低。

②池内只升温没有吹：因配糟摊晾时间过长，杂菌感染多，可灌入热水补救。

③头吹猛，升温快；二吹弱；三吹降温：由于出箱过老，发酵快，发酵期提前结束，此种情况应提前出池蒸酒。

（四）蒸馏操作

轻倒匀撒，探汽上甑，缓火流酒，大火追尾。丢糟可再发酵蒸酒。

（五）感官、理化指标

1. 感官指标

小曲酒感官指标见表3－68。

表3－68　小曲白酒感官指标

名称	感官指标
多粮小曲酒	清亮透明，粮香复合较好，入口绵甜，丰满醇厚，回味怡畅
单粮小曲酒	清亮透明，清香纯正，入口较绵，较醇厚，回味爽净

2. 理化指标

小曲白酒理化指标见表3-69。

表3-69　小曲白酒理化指标　单位：g/L

项　目	多粮小曲酒	单粮小曲酒	项　目	多粮小曲酒	单粮小曲酒
总酸	1.05	1.01	乳酸乙酯	0.67	0.87
总酯	2.35	1.69	甲醇	0.045	0.041
乙酸乙酯	2.02	1.09	杂醇油	0.78	0.97

七、多粮酿造及高温大曲在清香型白酒生产中的应用

在清香型白酒生产传统工艺的基础上，通过增加原料品种、使用高温大曲、延长发酵期等工艺方法，有效地丰富了口感，创造了独特风格的清香型白酒。

1. 原料

高粱65%，大米20%，小麦10%，黄米（黄糯米）5%。高温曲10%，中温曲10%，本厂清香专用曲5%。

中温大曲原料是大麦、豌豆，制曲最高温度为49℃；高温大曲采用纯小麦为原料，制曲最高温度为65℃，均贮存3个月以上。

2. 工艺特点

采用清香型酒传统的地缸发酵，石板封口，清蒸清楂，多粮多曲混合使用。其中大楂发酵60d，二楂发酵60d，三楂发酵50d。高温润糁，适温堆积，适温入池，长期发酵，长期贮存。

3. 工艺流程

具体工艺流程见图3-8。

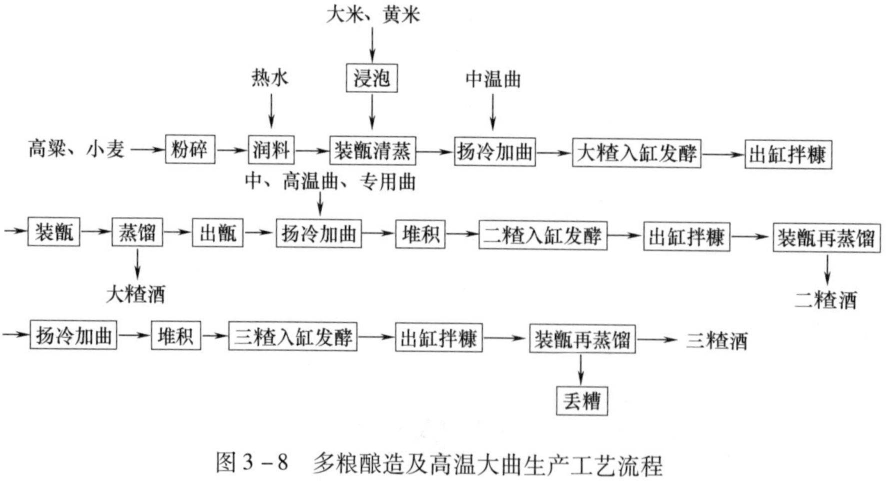

图3-8　多粮酿造及高温大曲生产工艺流程

4. 生产操作要点

（1）原料粉碎　高粱要求碎成4~6瓣，小麦破开瓣即可，大米、黄米整粒。大楂、

二楂发酵用曲粉粉碎为大如豌豆、小如绿豆，能通过 1.2mm 筛孔的细粉不超过 50%，三楂发酵用曲粉粉碎为大如绿豆、小如小米，能通过 1.2mm 筛孔的细粉不超过 70%。

（2）润糁　高粱、小麦润料水温在 85℃以上，并多次翻拌，堆积 20～24h，每隔 6h 翻拌一次，要求把糁润透，无干糁，不淋浆，无疙瘩，无异味，手搓成面而无生心。大米、黄米直接用冷水浸泡 18～20h 后沥干。

（3）堆积　在二楂、三楂发酵前当料温降至 30℃左右时加入中温曲、高温曲及专用曲，撒曲拌匀后进行堆积，堆积 1d，堆温约 33℃左右，翻匀入缸。

（4）入缸发酵　待发酵材料装满缸后，缸顶用石板盖严，再用清蒸小米壳封口，并加盖保温材料。大楂入缸水分 47%～48%，入缸温度与传统工艺相同，坚持低温入缸。发酵期品温在 15～30℃。二楂入缸水分 57%～59%，发酵期品温变化在 20～35℃。三楂入缸水分 60%～62%，发酵期品温变化在 18～33℃。发酵期在传统基础上延长。

（5）装甑蒸馏　尽量少用辅料。上甑要求“稳、准、轻、松、薄、匀、平、缓、散”，做到缓汽蒸馏，量质接酒，分楂分级贮存。

5. 酒质分析

表 3－70 为采用多粮及高温大曲生产的清香型白酒的酒质分析。

表 3－70　　采用多粮及高温大曲生产的清香型白酒的酒质分析

项目		大楂酒	二楂酒	三楂酒
总酸/（g/L）		1.03	1.25	1.33
总酯/（g/L）		8.29	7.21	6.16
乙酯/总酯		0.71	0.65	0.52
感官评语	色	清亮透明	清亮透明	清亮透明
	香	香气幽雅	香气舒适	香气醇厚
	味	馥郁醇厚，余味爽净香长	丰满绵甜，回味柔顺圆润	细腻绵柔，余味甘爽悦人
	格		酒体自然谐调，独具一格	
吨酒耗粮			3.65	

在清香型大曲酒生产传统工艺的基础上，融合浓香型的多粮配料、酱香型的高温堆积、多种曲混合使用等工艺，使所产清香型酒口感馥郁、柔顺、绵甜和细腻，是清香型白酒生产工艺的创新与发展。

第四节　酱香型白酒工艺的重点与创新

一、形成酱香型白酒风格质量的关键工艺是“四高两长，一大一多”

1987 年崔利等提出生产酱香型白酒的关键工艺是“四高一长”，引起同行的高度重视。2007 年补充为“四高两长，一大一多”，即“高温制曲、高温堆积、高温发酵、高温馏酒、生产周期长、贮存时间长、用曲量大、发酵轮次多”，更全面地总结了形成酱香型白酒风格质量的关键工艺。

1. 高温制曲

高温制曲为生成酱香物质提供了基础。生产酱香型白酒，曲药质量对形成酒的风格和提高酒质起着决定性的作用。制曲中必须把握好高温、多水、微氧或缺氧这三个条件，才能做出优质的高温大曲。

（1）高温是关键　高温加速了化学、生物化学、褐变反应的发生与进行，产生了众多的加热香气成分。在高温条件下，可发生下列反应：①蛋白质的热分解；②氨基酸加热分解；③糖与蛋白质的反应；④糖与氨基酸的反应；⑤糖与氨的反应；⑥糖的裂解生成物与氨基酸的反应；⑦高温褐变及酶褐变等。

大曲中香味成分有不少出现在酒中，如四甲基吡嗪、三甲基吡嗪、2－甲基吡嗪、2－乙基－3，5－二甲基吡嗪、2，5－二甲基吡嗪、2，6－二乙基吡嗪、吡啶、糠醛等。酱香型白酒中这些成分明显高于浓香型、清香型，不能不说与高温制曲及酿酒工艺有关。虽然高温制曲、高温发酵的温度达不到非酶褐变反应的高温（100～180℃），但在有多种微生物和复杂酶系存在和持续高温、多水、相对缺氧的条件下，在酶促反应与非酶促褐变反应交替进行的特殊情况下，也会产生非酶促反应高温下才有可能产生的各种香味物质——具有酱香风味的物质（表3－71）。

表3－71　不同香型白酒香味成分比较

香味成分	酱香型	浓香型	清香型
含氮化合物/（μg/L）	64333（共21种）	1326（共13种）	322（共11种）
吡嗪类中四甲基吡嗪/（μg/L）	53020	195	75
呋喃类中糠醛/（g/L）	0.294	0.035	0.004
羰基化合物/（g/L）	4.86	2.23	1.78
3－羟基丁酮/（g/L）	1.75	0.05	0.72
氨基酸/（g/L）	0.189	0.153	0.021

高温才能培养出人们需要的微生物，才能得到所需要的代谢产物：各种酶和香味物质。

熊子书在《酱香型白酒酿造》中提到：“据初步统计，茅台酒麦曲中分离出细菌47株、霉菌29株、酵母19株，共计95个菌株……尤其是嗜热芽孢杆菌和耐高温的霉菌有更重要的作用”。在整个高温制曲过程中，细菌数量占绝对优势，一般都占三大类微生物总数的90%以上。出房干曲中，细菌占99%左右，霉菌仅占1%，酵母则检测不出（表3－72）。

表3－72　酱香高温曲、浓香中温曲中微生物种类及酶活力情况对比

样品	细菌总数/（个/g）	芽孢菌/（个/g）	酵母菌/（个/g）	霉菌/（个/g）	糖化酶/[mg/（g·h）]	发酵力/%
高温成曲皮	4×10^{7}	2×10^{7}	<10	4.2×10^{4}	1.56	0.1
高温成曲心	4×10^{5}	2×10^{5}	<10	8×10^{5}	1.40	0.1
中温成曲皮	3.2×10^{4}	5.6×10^{4}	8×10^{2}	3×10^{3}	17.6	0.39
中温成曲心	6.2×10^{2}	5.6×10^{2}	1.1×10^{2}	8×10^{2}	2.34	0.34

在高温制曲生产实践中，不同温度阶段的曲药香气是不同的，刚进曲房的曲块其香气是小麦的清香，颜色灰白色；温度达到30～40℃时是甜甜的带有淡淡醪糟的香味，曲块呈米黄色；温度达到50～58℃时，曲块表面呈淡褐色，有明显曲香味；当曲温达60℃以上时，曲块表面变为深褐色或黑色，曲块横断面为金黄色，并散发出浓郁幽雅的香气（类似黄粑的香气，即糯米与红糖混合长时间蒸煮的香气，这种香气在酱香典型体酒中也有），但这种香还不是酱香；待第一次翻曲后，随着温度的再次上升和水分的蒸发，曲块外部颜色变为褐色、深褐色、黑色，极小数为金黄色，内部颜色变为浅褐色时，曲块才散发出浓郁的曲香和淡淡的焦香，称这种混合香为酱香。

高温制曲不同时期具有不同温度、不同香气、不同颜色的现象，也说明不同时期具有不同的微生物种类、不同的酶系、不同的代谢产物。

（2）多水是前提　多水、高湿才能保证制曲高温的持续、稳定与生化反应的正常进行。

水分在高温制曲中除了满足微生物的生长繁殖需要、曲块成型、保持曲房空气湿度外，重要的是保持高温曲的高温。因此，它的制曲水分要比中温大曲多3%左右（中温制曲水分为37%，高温曲为40%）。并且在堆曲时还要在每层盖曲的稻草上洒上一定的水分以保持一定的湿度。由于制曲水分较大、温度高及自身质量的挤压，出房的曲块全部变形与变色。因高温、多水、微氧或缺氧、有微生物参与、制曲时间长，并在制曲过程中pH及上述条件不断发生变化，因而使平常必须在极高温下才发生的“美拉德反应”、焦糖化反应等非酶促的褐变反应在高温制曲这样相对较低的温度下也发生了。可见，高温、多水与高温制曲关系是十分密切的。我国著名微生物学家方心芳院士认为，“在制曲坯时，加水为原料的40%（浓香型制曲是37%左右）”；曲坯在曲室内是用稻草包围着的，水分很难蒸发；曲坯入室10d以后，水分才见减少。这种水多高温环境宜于芽孢杆菌生殖。1960年分离鉴定茅台酒曲中微生物的结果，确实芽孢杆菌最多，鉴定17株芽孢杆菌（枯草芽孢杆菌）中有5株产生黑色素。把这些菌株培养在碎麦粉中，也产生像茅台曲的香味。生产中发现，在高温大曲发酵完成后的曲块中心紧挨曲块的稻草也是像烧焦了似的成为焦黑色，但又不是炭化，而且不到70℃的温度也不可能使稻草炭化，这是某些微生物产生的黑色素所致。证实酱香大曲的黑褐色并非全是褐变作用形成的，更不是单一的“美拉德反应”形成的，而是微生物的代谢产物之一，香气成分之一。

（3）微氧或缺氧是必要条件　微氧或缺氧条件下才能培养出人们需要的厌氧、兼性厌氧微生物，产生需要的代谢产物。

微氧或缺氧的目的是抑制耗氧的产酸微生物的生长，以防曲块酸度过高不利于褐变反应的进行，而有利于厌氧、兼性厌氧菌的生长繁殖和酶作用的发挥。高温制曲过程中的密集堆曲，除保温、保湿作用外，就是造成一个微氧或缺氧的环境，让耐高温、耐微氧或缺氧的芽孢杆菌大量繁殖，以获得需要的香气物质。

2. 高温堆积

高温堆积为进一步生成酱香物质创造了必要条件。其作用有三。

（1）网罗、富集微生物，特别是酵母菌等，以利酒精的生成。

（2）糖化发酵，把淀粉酶解为可发酵性糖，把蛋白质酶解为氨基酸。

（3）生香。堆积升温过程中高温曲中积累的香味物质进一步转化，褐变反应（酶促和非酶促的）再次发生，同时化学、生化和其他反应也一并发生，这些反应都会产生不同的香味物质，有些可能就是酱香或酱香的前体物质（表3－73）。

表3－73　糟醅堆积后微生物变化

样品	细菌总数/（个/g）	芽孢菌/（个/g）	酵母菌/（个/g）	霉菌/（个/g）
堆积糟堆面	6×10^5	3.12×10^5	3.68×10^5	<100
堆积糟堆心	5.52×10^5	7.04×10^5	$>4\times10^5$	

生产中，起堆时每克糟醅中酵母数往往不足10000个活菌，而堆积中增加为大于4×10^5个。微生物不仅数量增加，种类也增加。在堆积糟中，最常见的酵母菌有地霉属、假丝酵母属，另外还有毕赤酵母、克氏酵母、汉逊酵母菌等；常见的细菌有凝结芽孢杆菌、地衣芽孢杆菌、多黏芽孢杆菌、蜂房芽孢杆菌、浸麻芽孢杆菌等；常见的霉菌有根霉、毛霉、曲霉等。但细菌＞酵母菌＞霉菌。堆积糟醅中微生物种类、数量的增加，导致其代谢产物增加，香味成分也会增加（表3－74）。高温堆积的过程，是糖化、酒化、酯化、褐化等一系列化学的、生化的反应在同时进行，所以它产生的香气幽雅悦人。这些香气是酱香的前体物质和组成酱香的重要成分。

表3－74　酱香型酒高温堆积前与堆积、发酵后的香气比较　单位：mg/100mL

项目	未堆积糟醅蒸馏液	高温堆积糟醅蒸馏液	经高温堆积又入窖发酵糟醅蒸馏液
乙醛	1.0	32.0	35.0
甲酸乙酯	—	5	—
乙酸乙酯	0.3	105	227
己酸乙酯	—	4.2	17.2
乳酸乙酯	361	610	206
戊酸乙酯	—	6.4	3.2
乙缩醛	—	82.2	124
正丙醇	71	46.1	51.7
异丁醇	2.8	48.6	22.4
正丁醇	—	12.9	59.8
异戊醇	8.0	121	59.8
感官评语	几乎闻不到酱酒的“前香”	闻有明显酱酒的“前香”	“前香”突出

限于对微生物的分离、培养技术，尚无法全面了解高温堆积中微生物及其代谢产物，但没有高温堆积就没有酱香，已是行业共识。

3. 高温发酵

高温发酵为酒精的生成和酱香物质的最后形成提供了合适的发酵环境。窖内正常的发酵环境是适当的水分、温度、糖分、pH、缺氧等。酱酒采用大窖发酵，上、中、下层糟醅发酵条件差异较大，窖底糟产窖底香酒，中层糟产醇甜型酒，而上层糟产酱香酒。三种酒香味成分和感官特点差异较大（表3－75）。

表3－75　　酱香型酒窖中不同部位产酒与成品酒成分比较　　单位：mg/100mL

项　目	成品酒	酱香酒	醇甜酒	窖底香酒
乙醛	22.54	26.44	11.96	19.66
乙酸乙酯	228.5	322.1	140.0	302.2
乙缩醛	80.6	127.8	53.6	80.5
仲丁醇	19.5	12.3	—	10.2
丁酸乙酯	184.5	244.7	9.0	48.8
异丁醇	23.2	15.4	10.1	13.2
正丁醇	8.0	6.2	0.6	13.2
戊酸乙酯	4.8	5.2	2.0	18.3
异戊醇	52.3	35.0	33.3	33.4
己酸乙酯	18.0	24.8	17.8	90.3
乳酸乙酯	146.0	232.1	238.2	148.4

三种酱香单体酒感官特点如下。

窖面酱香酒：酱香突出，口感细腻，余香较长，略涩，空杯留香久。

窖中醇甜酒：具酱香气味，入口醇甜，后味爽净。

窖底香酒：窖香明显，浓厚丰满，稍暴辣，后味欠爽。

上、中、下层糟醅发酵条件的差异，是造成三种酒风格特点不同的原因。窖底糟接触窖泥，发酵温度比窖中、窖面要低，发酵周期长、水分多、酸度高、压力大。窖泥中有己酸菌，产生的己酸多，相应生成的己酸乙酯也多，故具浓香型酒的风格，但它又不同于浓香型酒，因它还具明显的酱香。窖面酱香酒产生于窖面，是由于发酵过程中产生的热气、二氧化碳、气态的乙醇往上窜，遇到窖面密封的冷窖皮泥后散逸在上层糟醅中，使发酵环境发生了改变，成为固态、气态、液态并存，冷热交替进行，同时又接触窖皮泥的特殊状态，既不同于窖底又不同于窖中。这种特殊状态可能非常适合于耐高温、兼性氧，能利用二氧化碳、乙醇的微生物生长，因而产生了不同的代谢产物，使窖面酒的风味不同于窖中、窖底糟醅酒的风味。窖中糟醅的环境没有窖面、窖底这么复杂，因而产生的香气也是相对“纯净”的大宗酱香醇甜型酒。

酱香型酒的窖内发酵温度高而能正常发酵是因为有耐高温酵母的缘故。四川大学王忠彦、胡永松等在高温大曲中分离出一株可以在47℃下良好生长的耐高温酵母菌，名为“卡斯特假丝酵母”（K－酵母）。该株高温酵母不仅能在45℃的高温下良好发酵产生乙醇，而且还能产生乙酸乙酯、乙醛、异丁醇、异戊醇等香味物质。除了在高温大曲中分离的能产生乙醇的耐高温酵母，在堆积过程中还有地霉属、假丝酵母属、毕赤酵母、汉逊酵母菌等，它们也参加了发酵。另外还有一部分细菌也有产生酒精的能力，如林氏假单胞菌、嗜糖假单胞菌都能利用葡萄糖进行酒精发酵，所生成的产物和酵母菌的酒精发酵相似，主要是乙醇和二氧化碳。乳酸菌的异型发酵也能生成部分乙醇。“多微共酵”是酱香型酒发酵的特点之一，但在高温发酵的特殊环境下，产生乙醇的主要还是耐高温酵母（表3－76）。

表 3－76　　耐高温酵母与 K－酵母在不同温度下的发酵力比较　　单位：mg/L

酵母类型	28℃	37℃	42℃	45℃
K－酵母	7.175	5.290	3.040	0
高温酵母	5.955	6.125	4.455	3.030

4. 高温馏酒

高温馏酒是提取酱香物质的有效手段。

酱香型酒香味物质的特征是“四高一低一多”：酸高、醇高、醛酮高、氨基酸高、酯低、含氮化合物多（种类多、数量多）（表 3－77）。

表 3－77　　不同香型酒中香味成分比较　　单位：mg/100mL

项目	茅台酒	五粮液酒	汾酒	西凤酒	三花酒
总酸	294.5	191.3	128.6	59.8	120.3
总醇	198.8	106.6	114.2	150.2	169.2
醛酮	431.1	251.2	161.2	151.08	3.8
氨基酸	18.9	15.3	2.1		
总酯	384	544.9	575.5	314.2	120.4
含氮化合物/（mg/L）	64.33	1.326	0.322		

所谓高温馏酒，就是提高蒸馏时冷却水的水温，使流酒温度升高。酱香型酒采用高温馏酒，目的是把高温制曲、高温堆积、高温发酵中生成的高沸点、水溶性的酱香物质最大限度地丰收于酒中，使其酱香突出，风格质量更好。另外，酱香型酒入库酒度低（55%～57%），能把馏酒后段中高沸点的酸味物质收于酒中。酱香型酒的总酸高也与高温馏酒、低酒度入库有密切关系。

5. 生产周期长

生产周期长是由酱香型酒多轮次发酵、多轮次取酒的工艺决定的。酱香型酒从投粮开始到产酒结束（下沙、插沙到七次酒烤完丢糟），一批酒生产周期就是一年，这是其他香型酒生产所没有的。这样长的生产周期不仅劳动生产率低、占压资金多、周转慢，而且跨季节生产冷热温差大，微生物的种类和数量变化也大，各轮酒的风味差异也大。能否改变工艺，缩短生产周期，减少轮次呢？贵阳酒厂曾做过尝试（表 3－78）。

表 3－78　　不同酱香生产工艺及生产周期酒质感官比较

工艺路线	贮存期	工艺操作	酒质感官评语
仿茅工艺	3 年	完全按茅台酒工艺	酱香突出，醇和丰满，回味悠长
续粒工艺	1 年	原料四、六瓣，清蒸清烧，堆积发酵，发酵期 30d。粮糟比 1∶4，粮曲比 1∶0.4	酱香长，酒体丰满，味短
四轮清粒工艺	1 年	原料为二、八瓣，清蒸清烧，堆积发酵，生产周期四轮次（每轮次 30d），一次投料，第二轮取酒。粮糟比 1∶2，粮曲比 1∶0	酱香较好，酒体较粗糙，味稍平淡

6. 贮存时间长

酱香型酒的贮存时间之长众所周知，起码在3年以上，加上1年的生产周期，要4年后才能出厂（表3－79）。

表3－79　　酱香型酒在贮存中香味成分的变化　　单位：g/L

项目	15年	30年	50年	50年*	15年*
酒度/%vol	52.16	52.14	51.14	52	52
总酸乙酯	3.428	3.273	3.117	3.735	3.618
己酸乙酯	0.157	0.147	0.310	0.142	0.107
乳酸乙酯	1.965	1.808	1.548	1.493	1.704
乙酸乙酯	1.505	1.42	1.348	1.966	1.645
丁丙醇酯	0.121	0.121	0.122	0.090	0.084
正丁醇	1.341	1.426	1.637	1.319	1.145
仲丁醇	0.235	0.172	0.315	0.077	0.072
正丁醇	0.090	0.101	0.121	0.050	0.052
异戊醇	0.139	0.142	0.165	0.169	0.165
异醛	0.405	0.408	0.381	0.439	0.434
乙醛	0.494	0.482	0.448	0.431	0.468
乙缩醛酯	0.036	0.044	0.054	0.580	0.602
糠	0.036	0.044	0.054	0.048	0.056
甲酸乙	0.036	0.038	0.021	0.027	0.029
总酸	2.363	2.287	2.150	2.40	2.65
己酸	0.079	0.068	0.076	0.066	0.073
乳酸	1.495	0.988	0.898	1.087	0.867
乙酸	0.990	0.725	0.924	1.145	1.523
丁酸	0.147	0.119	0.136	0.051	0.055
甲酸	—	—	—	—	—
丙酸	0.098	0.083	0.098	0.083	0.099
戊酸	0.027	0.024	0.022	0.014	0.017
异戊酸	0.028	0.026	—	0.022	0.032
庚酸	—	0.006	—	—	—
辛酸	—	0.006	—	—	—
异丁酸	0.043	0.022	0.018	0.048	0.099
β－苯乙醇	0.017	0.018	0.018	0.016	—
固形物	0.386	0.412	0.464	—	—
正己醇	0.022	0.024	0.028	—	—

注：未加*号的是广西丹泉酒厂年份酒，加*号的是市购茅台年份酒。

7. 用曲量大

大用曲量提供了保证酱香型酒生产正常进行的有益微生物、酶和酱香物质作为酿酒的糖化、发酵剂。高温大曲的作用是糖化、酒化和生香。但高温大曲的糖化力很低，几乎没有发酵力，故高温大曲的主要作用是生香。把制曲过程中积累的酱香物质或酱香前体物质带入酒中，通过窖外堆积和窖内发酵，为最终生成酱香型酒主体香奠定基础，这是高温大曲与其他大曲的最大差异。这个差异决定了大曲酱香型酒生产的两个工艺特点：大用曲量、窖外堆积。

从表 3－80 可见，随着用曲量的加大，出酒率、酱香酒、窖底香酒比例都呈上升趋势，而醇甜型酒、次品酒比例则呈下降趋势，特别是酱香酒更是如此。

表 3－80　　高温大曲用量与酒质的关系　　单位:%

高粱用量	曲药用量	产酒	酒质分析			
			酱香	窖底香	醇甜	次品
100	65	29.3	3.1	0.1	85.5	12.3
100	72.3	37.27	4.7	0.3	86	10.0
100	75.6	39.04	6.23	0.28	88.2	5.29
100	82	43	9.51	1.27	84.5	4.76
100	90	43.8	14.7	3.1	78.2	4
100	97.4	44	14.8	2.1	80.2	2.9
100	103.4	33.2	22.5	3.0	71.4	2.1

用曲量大的原因还有：①高温大曲糖化力低；②带来大量特有的有益微生物和酶；③可能增加淀粉含量。

生产实践中发现，产生酱香特别突出的窖面糟酒醅，用曲量都大；酱香型酒中品质好的 3、4、5、6 轮次酒糟中用曲量也大。

8. 多轮次发酵，取酒

酱香型酒工艺的又一特点是多轮次发酵、取酒。各轮次酒有不同的风味特征（表 3－81 至表 3－83）。

表 3－81　　酱香型不同轮次酒的风味特征

轮次	名称	每甑产量/kg	风味特征
1	生沙酒	—	香气大，具有乙酸异戊酯香味
2	糙沙酒	3～5	清香带甜，后味带酸
3	2 次酒	30～50	进口香，后味涩
4	3 次酒	40～75	香味全面，具有酱香，后味甜香
5	4 次酒	40～75	酱香浓厚，后味带涩，微苦
6	5 次酒	30～50	煳香，焦煳味，稍带涩
7	小回酒	20 左右	煳香，带有糟味
8	枯糟酒	10 左右	香一般，带霉、糠等杂味

表 3-82 酱香型不同轮次酒的主要成分

轮次	酒度/%vol	总酸/(mg/100mL)	总酯/(mg/100mL)	总醛/(mg/100mL)	糠醛/(mg/100mL)	高级醇/(mg/100mL)
1	37.2	0.2733	0.3260	0.0343	0.0012	0.244
2	53.8	0.2899	0.5353	0.0334	0.0016	0.235
3	56.0	0.1970	0.3684	0.0594	0.0158	0.127
4	57.6	0.1120	0.3846	0.0659	0.0217	0.226
5	60.5	0.0931	0.3606	0.0489	0.0239	0.253
6	58.7	0.0935	0.3079	0.0435	0.0172	0.235
7	57.0	0.0848	0.3310	0.0567	0.0226	0.270
8	28.0	0.149	0.3117	0.0581	0.0500	—

表 3-83 酱香型不同轮次酒的主要微量成分 单位：g/L

项目	1 次酒	2 次酒	3 次酒	4 次酒	5 次酒	6 次酒	7 次酒
总酯	9.718	3.756	3.308	3.288	4.516	5.519	5.373
乙酸乙酯	7.892	1.957	1.603	1.339	1.197	2.724	3.312
乳酸乙酯	1.944	1.784	1.7	1.811	3.742	2.919	2.349
己酸乙酯	0.287	0.092	0.063	0.064	0.039	0.108	0.096
丁酸乙酯	0.304	0.044	0.039	0.041	0.032	0.045	0.056
甲醇	0.515	0.186	0.130	0.108	0.107	0.155	0.205
正丙醇	27.42	2.724	1.145	0.557	0.366	0.645	1.226
仲丁醇	2.689	0.098	0.061	0.057	0.051	0.133	0.234
正丁醇	0.148	0.087	0.082	0.052	0.035	0.047	0.078
异丁醇	1.988	0.273	0.333	0.282	0.289	0.354	0.359
异戊醇	0.717	0.424	0.454	0.471	0.565	0.78	0.867
总酸	5.553	2.122	1.761	1.323	1.205	1.004	1.288
乙酸	3.859	0.984	0.922	0.767	0.842	0.772	0.747
乳酸	未测	未测	未测	未测	未测	未测	未测
己酸	—	0.025	0.017	0.022	0.015	0.022	0.033
丁酸	0.042	0.047	0.056	0.044	0.032	0.038	0.069
异丁酸	—	0.015	0.037	0.028	0.031	0.050	0.029
乙醛	0.236	1.001	0.695	0.592	0.470	0.605	0.942
乙缩醛	1.493	1.371	0.909	0.743	0.649	0.935	1.268
糠醛	0.016	0.034	0.043	0.057	0.039	0.049	0.079
苯乙醇	—	—	0.016	0.023	0.024	0.028	0.031
正己醇	0.023	0.041	0.037	0.034	0.011	0.012	0.020

从表3－81～表3－83可见，酱香型酒1～7轮次酒的风味是不一样的，香味成分的含量也有差异。1～2轮次酒，称为小回酒，意思是它产量少、酒质不好，香气偏“清香”，酸涩味重；香味成分中乙酸高，乙酸乙酯和正丙醇含量高。七轮次酒也是小回酒，酒质也比大回酒差，但糟香（或称糊香）较好；3、4、5、6轮次酒是大回酒，不仅出酒量大而且质量好，口感好，成分也协调，是酱香型酒的主体。单轮次酒风格和质量差异的原因是：①季节不同。酱香型酒生产周期是一年，从本年度的农历9月9日重阳节开始投料（下沙、糙沙），到次年7轮次酒丢糟结束，即从公历11、12月投粮，1月产一次酒开始，到次年11月左右结束，历经春、夏、秋、冬四季。不同季节的酒，香味特征不同，口感不同。②季节不同，微生物种类和数量不同，代谢产物也不同。③糖化发酵轮次多与轮次少积累的香味物质不同，添加高温曲也越来越多，造成各轮次酒的差异。

综上所述，“四高两长、一大一多”工艺是形成酱香型酒风格、质量的独特工艺和关键工艺。

二、降低酱香型白酒大曲用量

（一）加入高效培菌糟

高效培菌糟中含有大量的微生物、酶和香味物质，作为种曲替代部分高温大曲而用于酱香型白酒的生产，以降低酱香型白酒大曲的用量。生产的酱香型白酒出酒率高，且酒体酱香突出、质量好。

按实验改进工艺进行生产，用曲量比传统工艺降低5%～25%。在生产车间先制作高效培菌糟，取发酵结束蒸酒后的糟醅，加入糟醅质量6%～18%的高温大曲，培养3～6d至糟醅顶温达45～58℃，使高效培菌糟中含有大量的微生物、酶和香味物质，即得高效培菌糟。将高效培菌糟和高温大曲一起加入实验窖池蒸酒后的糟醅中，拌和均匀，堆积，窖内发酵1个月左右即出窖蒸馏。

1. 高效培菌糟的微生物和感官指标变化

以3轮次酒生产为例，对高效培菌糟中的微生物进行测定。在前期，高效培菌糟中的细菌和酵母菌数量少，此时高效培菌糟内的微生物主要来自高温大曲。在中期，高温大曲中的细菌和酵母菌因生存环境的改变开始活化并繁殖，细菌和酵母菌数量开始增加，而且空气中的细菌和酵母菌进入糟醅后进行繁殖，在第3d时高效培菌糟中的细菌和酵母菌数量最大。在培养的前2d，霉菌数量逐步下降，这可能因为多水、低氧和酸性糟醅环境对高温大曲和空气中的霉菌进行了定向选择，适应糟醅环境的霉菌生存下来并进行繁殖，到第3d时霉菌数量达到最大。在后期，受糟醅中代谢产物和酸度的影响，微生物开始衰老死亡，细菌、酵母菌和霉菌数量减少。

以3轮次酒生产为例，高效培菌糟的感官指标见表3－84。

2. 堆积糟醅的温度变化

以3轮次酒生产为例，实验窖池糟醅大曲用量比传统工艺降低了5%～20%，同时加入高效培菌糟。对实验窖和对照窖堆中距堆表20cm处的糟醅每隔24h测温，实测堆温可见，降低大曲用量并加入高效培菌糟的堆子比对照堆子起温快，升温也快；入窖时实验堆子比对照堆子的香味更浓郁，实验窖堆子提前入窖。

表 3－84　　3 次酒生产中高效培菌糟的感官评定

堆积时间/d	糟醅感官评定
0	有弱曲香，糟醅呈棕褐色
1	有较明显的甜味，表层糟醅有白色菌落
2	有明显的甜味和酸味，表层糟醅形成 2cm 左右的白色菌层
3	有弱酒香、甜味和弱酸味，香味舒适，白色菌层变硬
4	有弱甜香和酒香，黄色菌在表层开始生长，白色菌层下面生长着黑色菌丝团

3. 糟醅理化指标

1 次酒到 5 次酒生产轮次入窖糟醅理化指标分析结果见表 3－85。

表 3－85　　1 次酒到 5 次酒生产轮次入窖糟醅理化指标

项目	水分/%		酸度/（mmol/10g 糟醅）		淀粉/%	
	实验	对照	实验	对照	实验	对照
1 次酒	43.1	43.6	0.79	0.74	30.96	31.03
2 次酒	47.3	47	0.95	0.93	27.59	27.91
3 次酒	50.6	50.2	1.01	1.03	22.9	22.6
4 次酒	53.5	52.2	1.36	1.24	18.18	18.68
5 次酒	54.1	53.1	1.74	1.66	15.34	15.97

从表 3－85 可见，随着生产轮次的进行，入窖糟醅的水分和酸度逐步增加，糟醅的淀粉含量逐步减少。实验窖与对照窖差别不大。

4. 出酒率和酒质

2 次酒到 6 次酒生产轮次的出酒率和酒质见表 3－86、表 3－87。

表 3－86　　2 次酒到 6 次酒生产轮次的出酒率　　单位:%

项目	实验窖	对照窖	项目	实验窖	对照窖
2 次酒	4.8	4.17	5 次酒	8.99	8.87
3 次酒	11.58	11.9	6 次酒	5.85	5.55
4 次酒	12.7	12	合计	43.92	42.49

表 3－87　　4 次酒品评结果　　单位：g/L

项目	实验窖	对照窖	实验窖		对照窖	
			总酸	总酯	总酸	总酯
上层糟	酱香，后味略涩	酱香，醇甜，略涩，稍苦	1	2.75	1.06	2.89
中层糟	略有酱香，醇甜，较净	醇甜，后味略带苦涩，糊味大	1.02	3.1	0.92	2.77
下层糟	窖香，味醇甜，后味净	略有窖香，后味略涩	1.19	2.98	1.17	2.80

注：总酸以乙酸计，总酯以乙酸乙酯计。

生产实验证明，高效培菌糟中含有大量微生物、酶和香味物质，可作为种曲，替代部分高温大曲，能发挥高温大曲在酱香型白酒生产中的部分作用，以降低高温大曲的用量，并保持酱香型白酒原有风格。

（二）加入增香菌剂

增香菌剂含有大量的多种活性微生物，在制作过程中产生大量的香味物质，在发酵过程中有助于增强酱香。把增香菌剂作为种曲，与高温大曲混用，可减少高温曲用量，能增加酒中香味成分，提高酒质。

按实验改进工艺进行生产，用曲量比传统工艺降低5%～25%。取酱香发酵完蒸酒后的糟醅，加入高温大曲，拌匀，培养3～5d，使糟醅温度升至40～50℃，再将糟醅在45～56℃下放置一天，使糟醅中耐高温的细菌和酵母菌成为优势菌，产生香味物质，即得到增香菌剂。将增香菌剂与高温大曲混用于生产中，加适量酒尾，拌匀收堆，堆积，入窖发酵1个月。

以1次酒生产轮次为例。一次酒堆积糟醅入窖后，发酵1个月左右，出窖蒸酒，得2次酒，其酒质和出酒率见表3－88。

表3－88　2次酒的出酒率和品质　单位：g/L

项目	实验窖	总酸	总酯	对照窖	总酸	总酯
上层糟	酱香，醇厚，味长	3.14	5.89	略有酱香，糙涩	3.33	4.63
中层糟	酱香，略涩	3.12	5.02	有酱香，略糙涩	3.18	5.4
下层糟	酱香，醇厚，有底香，后味略涩	3.58	6.21	有酱香，底香，较醇净	3.02	5.06
出酒率/%	4.50			4.17		

注：总酸以乙酸计，总酯以乙酸乙酯计。

增香菌剂内含有大量的酶、香味物质和微生物，特别是耐高温的细菌和酵母菌，有助于增加酱香。增香菌剂对酱香型白酒生产所需的多种微生物进行扩大培养，相当于“三次制曲”。增香菌剂作为种曲，替代部分高温大曲，能发挥高温大曲在酱香型白酒生产中的作用，以降低高温大曲的用量，并保持酱香型白酒原有风格。

三、红花郎酒工艺技术改进创新

红花郎酒是古蔺郎酒厂在继承和发展酱香型白酒生产工艺技术过程中博采众长、自主创新的产品。通过对原料质量的控制，对制曲、酿酒、调味酒生产等工艺技术的改进创新，使品质显著提高，酒体更符合当今市场消费者口味的要求。

1. 原料质量的控制

选用赤水河流域及川南种植的米红粮为原料（表3－89）。

2. 制曲工序的改进

（1）“踩曲提浆”　原工艺要求，踩曲时用少量水洒在曲坯表面，使踩出的曲坯表面光滑、好看；红花郎工艺，禁止踩曲时在曲坯表面洒水，使曲坯在晾曲过程中表面收汗均匀，不发生干裂、漏气现象，减少次品曲。

表 3 -89　　传统工艺与红花郎酒对高粱的不同质量要求

项目	高粱成分/%			
	淀粉/%	支链淀粉占淀粉含量/%	单宁/%	水分/%
传统工艺要求	55 ~ 65	≥70	≤0. 70	13 ~ 14. 5
红花郎酒要求	≥60	≥90	≤0. 25	≤12. 5

（2）提高培菌温度　高温制曲，主要是为了增加酱香和曲香。红花郎制曲温度，在第一次翻曲时的高温曲酱香形成期，品温可达 65 ~ 70℃，比传统的品温高，并通过其他技术措施，使生产出的成曲酱香馥郁。

制曲工艺改进后曲的质量显著提高，见表 3 -90。

表 3 -90　　制曲工艺改进前后曲的质量比较

项目	水分/%	酸度	糖化力	液化力	酯化力	培菌品温/℃	感官评价
改进前	11. 1	1. 83	131	0. 92	11. 8	62 ~ 65	曲干皮薄，黄褐色，杂有少部分黑褐色，有曲香、酱香
改进后	10. 6	1. 65	97	0. 7	8. 56	65 ~ 70	曲干皮薄，曲质疏松，呈均匀褐色或深褐色，曲香、酱香馥郁味浓

注：酸度以 H^+ 计，单位为 mmol/10g；糖化力单位为 mg/（g · h），40℃；液化力单位为 mg/（g · h），40℃；酯化力单位为 mg/（g · 100h）。

3. 酿酒技艺的改进创新

（1）调整高粱破碎度和润粮时间　传统酱香型白酒酿造，高粱在第一次（下沙）投粮时，破碎度为 20%，第二次投粮（插沙）时，破碎度达 30% 左右。经多年生产实践与分析总结，这样破碎度会使酱香型白酒前 1 轮次、2 轮次的酒产出增加，3、4、5、6 轮次酒产出减少。由于酱香型白酒前 1 轮次、2 轮次的酒均带生沙味，酸涩味重，酒质远不及 3、4、5、6 轮次酒，故红花郎酒生产工艺将破碎度调整到 5% 以内（表 3 -91）。

表 3 -91　　破碎度调整前后第 1 ~ 5 轮次出酒率比较

轮次	调整前出酒率/%			调整后出酒率/%			
	25 批投粮	26 批投粮	平均值	27 批投粮	28 批投粮	29 批投粮	平均值
1 轮次酒	3. 17	3. 14	3. 16	2. 71	2. 79	3. 52	3. 01
2 轮次酒	7. 61	8. 41	8. 01	7. 37	7. 37	5. 25	6. 66
3 轮次酒	8. 8	9. 07	8. 94	10. 66	11. 66	9. 46	10. 59
4 轮次酒	9. 13	9. 09	9. 11	10. 93	12. 43	11. 71	11. 69
5 轮次酒	8. 23	9. 52	8. 88	9. 54	9. 79	10. 23	9. 85
6 轮次酒	5. 08	8. 28	6. 68	6. 69	6. 02	9. 28	7. 33

从表 3 -91 可见，工艺调整后，27 ~ 29 批投粮的 1 轮次酒、2 轮次酒的平均出酒率为 9. 66%，比调整前 25 ~ 26 批的 1 轮次酒、2 轮次酒的平均出酒率 11. 17% 低了近 1. 5%。

同时质量较好的大回酒3、4、5、6轮次出酒率从33.6%提高到39.48%。另外，尝评的结果也表明，同一轮次酒比较，调整后各轮次酒的质量均优于调整前各轮次酒质量，达到了提高质量、降低成本的效果。

（2）制定高温堆积的时间和糟醅入窖的标准　高温堆积是酱香型白酒生产的重要工序之一。堆积时间的长短、堆积糟温度的高低、糟醅的感官变化情况等都直接影响到所产半成品酒质的优劣。郎酒厂经多次实验和历年每批投粮的堆积技术总结，制定了红花郎酒高温堆积工序的控制标准，对不同轮次、不同季节、不同室温等不同条件下的堆积糟理化和感官标准，有严格规定。

（3）延长发酵期　对3~5轮次发酵期从传统的30d延长至35d，其效果显著（表3-92）。

表3-92　发酵期调整前后产酒感官和理化指标比较　单位：mg/100mL

项目	35d发酵					30d发酵				
	样1	样2	样3	样4	样5	样1	样2	样3	样4	样5
酒度/%vol	56.5	56.5	56.5	56.5	56.5	56.5	56.5	56.5	56.5	56.5
总酸	276	289	252	244	266	225	209	215	233	216
总酯	471	437	455	475	447	413	387	420	425	382
乙酸乙酯	336.4	330.1	337.4	341.1	336.3	233.3	237.2	228.6	226.1	219.3
乳酸乙酯	114.0	106.1	138.3	155.7	135.9	72.9	69.0	71.0	70.6	84.5
丁酸乙酯	6.0	6.1	6.1	6.2	6.1	4.6	4.5	4.9	4.8	4.8
己酸乙酯	7.2	7.1	7.3	7.0	7.3	7.2	6.7	8.2	8.3	8.2
正丙醇	97.2	109.7	118.8	161.9	153.7	212.2	209.8	208.8	211.3	210.7
异戊醇	24.6	24.2	24.2	24.4	24.6	37.2	37.3	42.1	42.0	43.1
仲丁醇	9.04	8.88	8.79	8.99	8.96	10.92	11.09	9.07	9.12	9.17
乙缩醛	55.97	54.07	55.12	55.71	53.78	51.51	51.80	51.82	51.51	50.86
糠醛	18.34	18.16	18.48	18.37	21.37	13.23	12.46	12.11	14.28	12.04
3-羟基丁酮	24.14	23.50	23.68	23.38	28.04	9.42	8.83	7.88	8.91	7.53
三甲基吡嗪	0.22	2.24	0.22	0.21	0.24	0.11	0.10	0.08	0.07	0.10
四甲基吡嗪	0.19	0.16	0.19	0.22	0.22	0.10	0.05	0.06	0.11	0.09
丙酸	9.18	2.11	3.53	1.71	10.26	1.21	1.77	4.61	4.25	4.05
乙酸	214.67	208.43	215.10	210.80	258.47	151.03	143.86	136.94	149.98	131.75
感官评价（3~5轮综合酒）	酱香突出，微带焦香，幽雅醇厚，细腻丰满，回味悠长					酱香突出，微带曲香，酒体醇厚，回味悠长				

4. 特殊调味酒生产工艺

（1）酱香调味酒　酱香调味酒生产一般安排在3~7轮次之间。取3~7轮次之间香气较好的底糟，或双轮底取酒后的糟醅1甑（800~900kg，以投粮计），按酱香型白酒生产中的摊晾工艺先降温至要求的温度，加入适量的高温曲粉，拌匀，单独堆积；待普通堆积糟醅入窖后再将此单独堆积好的双轮底糟醅置于窖池上部（事先加入特制的培养液，拌匀），用特制窖泥封窖，适当延长发酵期。这种糟经1轮（或2轮）底糟发酵和1轮面糟发酵，起糟单独蒸馏，这种酒总酸达3~4g/L，总酯在5g/L以上，酚类、含氮化合物等复杂成分的种类和含量也很丰富。其特点是：酱香浓郁、突出，入口丰满醇厚，净爽，后味长，酱香风格十分典型。经长期贮存后是一种很好的"酱香带底香"的调味酒。

（2）底香调味酒　与浓香型双轮底调味酒工艺操作相似。将优质糟醅2甑放在窖底连续发酵2个轮次，一般在3~7轮次来制作。具体的操作是取发酵正常、香气较好的未取酒的底糟2甑，加入特制的培养液拌匀，先在窖底撒上适量的熟糠和高温曲粉，然后将拌和好的2甑糟醅放入窖底，扒平，稍拍紧，撒一层熟糠或用篾片作标识，再将已堆积好的普通糟醅依次入窖，入满后封窖发酵35d左右，将底糟取出单独蒸馏取酒。这种酒底香突出、带酱香，酒体醇甜、入口丰满、后味长，己酸乙酯达200mg/100mL左右，尤其以底香为主和酱香相结合的复合香气非常馥郁、优美。

四、新型酱香型白酒的生产工艺

湖北枝江酒业采用白曲、酵母曲、细菌曲和高温大曲作糖化发酵剂，采用清蒸混入和高温堆积工艺，两次润粮，熟粮与配糟、曲子拌匀堆积后入窖发酵，发酵周期短且出酒率高。这是酱香型白酒创新工艺。

1. 糖化发酵剂

新型酱香型白酒生产采用的糖化发酵剂是白曲、酵母曲、细菌曲和高温大曲，是现代生物技术与传统技艺相结合，可显著地缩短发酵周期并提高出酒率。

2. 发酵工艺

采用清蒸混入的生产工艺，保留了高温堆积工艺，和传统酱香型白酒工艺相比，少了8个轮次发酵时间。

（1）原料处理与制曲　传统酱香型白酒原料较粗，几乎不用辅料，而新型酱香型白酒生产原料粉碎较细，辅料用量较多；传统酱香型白酒生产，单一用高温麦曲，而新型酱香型白酒生产的用曲是纯种培养的白曲、酵母曲、细菌曲，还保留了高温大曲，4种曲混用。

（2）工艺流程　如图3-9所示。

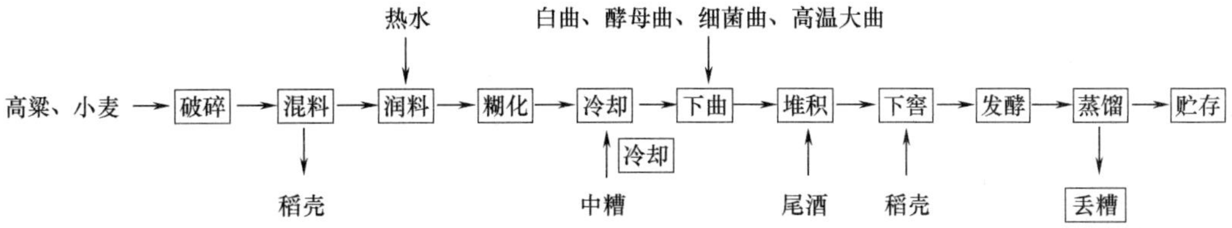

图3-9　新型酱香型白酒生产工艺流程

（3）操作要点

①备料：新鲜高粱粉碎成4~6瓣，小麦粉碎成2~3瓣。

②润粮：采用两次润粮。第一次将高粱全部置于晾堂上，加入占原料量25%的80℃以上的热水，拌匀，将小麦盖在上面，堆积30min。第二次再加入占原料总量30%的80℃

以上的热水，拌匀后盖上稻壳，继续堆积60min。

③蒸料：上甑前先撒上一层谷壳，将润料后的粮食均匀上甑，大汽蒸粮1h，关汽过夜，次日早上复蒸1h。蒸粮时不加盖，而在粮面上蒸糠。出甑熟粮用扬麸机扬冷。

④配料、堆积：熟粮冷至35～40℃（冬高夏低）。加入曲子总量的一半左右，拌匀收堆。取蒸酒后的中糟［粮糟比1:(4～4.5)，冬少夏多］，在晾堂上摊晾至35～40℃，加入另一半的曲子，拌匀做成配糟，留下部分不加粮另堆，用做盖糟。将上述熟粮与配糟、曲子拌匀收堆，堆高1m左右，堆顶温度46℃左右下窖。

⑤下窖发酵：入窖时每甑泼入原料总量20%左右的尾酒，视酒醅的水分和酸度而定。入窖条件：水分50%左右，淀粉12%～18%，酸度1.4～2.3，尾酒要分层泼入。粮糟与盖糟入窖后泥封发酵20d。

⑥开窖、蒸馏：盖糟和粮糟分别蒸馏，两种酒分开贮存，盖糟蒸酒后作丢糟。粮糟蒸馏时加8%左右的熟糠（按原料质量计），探汽上甑，缓慢蒸馏；接酒至56%vol，窖底酒单独入库贮存。

⑦贮存、勾兑：同传统酱香型白酒。

五、北方酱香型白酒的生产工艺

山东青州云门酒业根据北方气候和地域特点，探索了一套北方酱香型白酒的生产工艺。

1. 生产用原辅料

（1）原料

配料：高粱90%，小麦10%。

粉碎度：下沙时粉碎的高粱、小麦占10%，整粒占90%；糙沙时粉碎的高粱、小麦占20%，整粒占80%。要求均匀、无细面。

母糟：采用未蒸第6次酒的酒醅作母糟，用量为投料量的10%。

稻壳：清蒸50min后摊冷备用。

（2）糖化发酵剂　高温大曲，要求金黄色或褐色，断面呈黑褐色，酱香浓郁，无青霉污染，水分不高于14%，贮存半年以上。也可使用部分白曲、细菌曲等。

2. 工艺操作

（1）投料季节　重阳节后投料，此时车间温度19～23℃。

（2）润料　将原料分成6堆，用90℃以上热水润粮。第一次用水占原料总量28%，拌匀后堆积2h；第二次加水占原料总量20%，堆积9h后蒸料。

（3）蒸料　上甑汽压为0.01～0.03MPa，圆汽后保持0.02～0.04MPa。下沙蒸料时间为2h，糙沙为1.5～2h。要求熟而不黏，微有生心。

（4）晾糟、配料　熟料加适量水后，用打茬机打一遍以达均匀，再与6次发酵糟混合摊晾至适温撒曲。

（5）堆积　上堆温度为28～30℃，堆积时间44～46h，顶温达48～52℃。每天洒水一次，保温保湿。

（6）入池　入池前检查堆温，堆心温度均超过35℃，堆表层酒醅甜香和酱香，入池温度控制在34～38℃。入池水分：下沙38%～42%，糙沙40%～43%，1次酒后44%～

46%，2次酒后47%～49%，3次酒后50%～52%，第4次酒后53%～55%，6次酒后不高于57%。入池后粮茬自然沉降24h，泥封发酵30d，发酵3～5d窖内糟醅温度可达39～40℃。做好窖池管理。

（7）出池蒸酒　分层蒸馏，原酒分酱香、醇甜、窖底香几种类型入库。蒸馏操作要轻撒匀铺，探汽上甑。上甑汽压0.01～0.02MPa，馏酒温度40～45℃，流酒速度不高于2.5kg/min，接酒头1～2kg。

（8）调味酒制作

①窖底酒：从下沙垫入窖底糟后，每轮次入池前造窖底，第3、第6次酒各蒸一次窖底酒。

②酱香调味酒：第4轮底部未蒸酒醅，加15%曲粉堆积至50～54℃，入窖发酵35d，蒸酒单独入库。

③第6轮次蒸酒后加高粱粉1.8t，生产碎沙酒。

六、武陵酒生产工艺的创新

湖南武陵酒在秉承传统酱香型白酒酿造工艺的基础上大胆创新，赋予武陵酒以特有的风格。现将生产工艺创新点简介如下。

1. 整粒糯高粱为原料

采用泸州老窖集团基地产的糯高粱，不加粉碎，以控制1、2轮次出酒率。

2. 泡粮工艺

在传统酱香型白酒生产中，下沙和糙沙都是用95℃热水润粮，分两次进行。第一次加水量为高粱的60%左右，间隔2～3h后，加余下的40%热水，拌匀后堆积7～9h后，进行蒸粮。润粮要保证下沙入窖水分控制在42%左右，糙沙入窖水分控制在42%～44%。为保证此条件，武陵公司采用60℃热水泡粮，并保证泡粮时水温维持在40～45℃，泡粮8～10h，这样便可达到下沙和糙沙所需的高粱含水量，还可去除高粱中70%的单宁，从而减少了前3轮次酒的涩味。

3. 调整大曲用量

①采用高效培菌曲，比传统少用5%～25%的大曲，总出酒率提高1.43%（2～6轮次酒总计），酒质保持了原有的风格。

高效培菌曲制作：取发酵完的糟醅，加入6%～18%的高温大曲，培养3～6d直至糟醅顶温达45～58℃，使高效培菌曲中含有大量的微生物、香味物质和酶，即为高效培菌曲。

②采用增香菌曲，比传统少用5%～25%的大曲，出酒率略有提高，酒质保持了原有的风格。

增香菌曲制作：在生产车间取发酵完毕蒸酒后的糟醅，加入高温大曲，拌匀后培养3～5d，直至糟醅升温至40～50℃，放置1d，使糟醅中的耐高温酵母和细菌占优势，并产生香味物质，即为增香菌曲。把制作好的增香菌曲和高温大曲加入到蒸酒摊晾后的糟醅中，泼入适量酒尾，拌匀堆积，入窖发酵1个月蒸酒。

4. 堆积工艺

①糙沙轮次堆积：传统酱香型白酒糙沙轮次工艺是将下沙轮次出窖糟醅和糙沙轮次投

入的粮食混合蒸酒蒸粮并混合堆积。湖南武陵酒业进行了如下两种方式试验。其一，将下沙轮次出窖糟醅和糙沙轮次投入的粮食分别进行蒸煮，分开进行堆积，两者混合入池发酵；其二，将下沙轮次出窖糟醅和糙沙轮次投入的粮食分别进行蒸煮，下沙轮次出窖蒸馏糟醅进行堆积而蒸煮后的粮食不堆积，两者混合入池发酵。结果是第一种方式产酒好，与传统工艺比较，1 次酒酸味、生涩味减弱，酒体更干净，产酒量略有提高；2 次酒产量、质量有所提高，但不如 1 次酒明显；3 次酒以后与传统趋于一致。

②“酱香二次高温制曲”：利用堆积，网罗酿造环境中的微生物并“优胜劣汰”，持续代谢发酵所需的酶及产香物质。

5. 其他

对提高第 5 轮次发酵糟淀粉浓度、提高窖底香酒质量、延长发酵期等工艺进行了有益的探索。

第五节　香型融合

一、凤兼浓酒

凤兼浓酒是凤香型酒生产厂为适应消费市场的变化，在凤香型酒土暗窖固态发酵混蒸混烧老五甑工艺的基础上，通过技术创新，融合浓香型酒部分生产工艺的特点，生产出的一种既有凤香型酒醇香秀雅、甘润挺爽的特征，又有浓香酒绵柔、甜净风格的新香型白酒。

1. 凤香型酒与凤兼浓酒工艺上的区别

①制曲和酿酒原料：制曲原料凤香型酒只有大麦、豌豆两种，而凤兼浓酒增加了小麦，属多粮制曲；酿酒原料凤香型酒只有高粱一种，为单粮发酵，而凤兼浓酒为高粱、大米、小麦，属多粮发酵。

②制曲最高温度：凤香型 58 ~ 60℃，凤兼浓 58 ~ 63℃，提高了制曲温度，曲中微生物的数量和种类均发生了变化，为凤兼浓酒香味物质的生成提供了条件或前驱物质。

③发酵期延长：传统凤香型酒发酵期 14 ~ 16d，凤兼浓发酵期为 22 ~ 30d。

④窖泥不同：凤香型酒为了控制酒中己酸乙酯含量每年更换一次新窖泥，而凤兼浓则采用两年修补一次或人工培养窖泥。

⑤生产工艺：凤香型酒一年为一个生产周期，当年 9 月立窖，次年 6 月挑窖；凤兼浓则为部分连续生产或挑一半压一半，秋季中下旬开始掰窖生产。

⑥贮存容器：传统凤香型酒是酒海贮存 1 ~ 3 年；凤兼浓是先在酒海贮存 0.5 ~ 1 年，再转入陶坛或不锈钢罐中贮存 3 ~ 6 个月，再勾兑调味。

2. 凤香型酒与凤兼浓酒香味成分比较

（1）基酒成分　见表 3 - 93。

感官特征：凤香型，清亮透明，醇香纯正，醇厚平顺，谐调味长；凤兼浓，清亮透明，香气浓郁，醇厚绵甜，味长爽净。

（2）成品酒成分　见表 3 - 94。

表 3－93　　**凤型酒与凤兼浓酒主要香味成分比较**　　单位：mg/100mL

香味成分	发酵 16d	发酵 22d		发酵 30d	
	凤香型酒	凤香型酒	凤兼浓酒	凤香型酒	凤兼浓酒
乙　醛	58.67	47.80	62.85	36.90	63.4
甲　醇	15.78	16.15	15.41	15.20	20.4
乙酸乙酯	219.20	181.00	218.50	169.30	191.6
正丙醇	52.34	44.82	53.80	119.90	38.2
仲丁醇	8.93	10.00	6.30	5.10	6.2
乙缩醛	5.83	14.35	11.80	64.00	11.40
异丁醇	14.02	11.45	10.80	15.00	9.60
正丁醇	8.22	5.85	4.90	7.30	12.40
丁酸乙酯	7.76	8.27	9.70	6.70	16.60
异戊醇	48.60	37.35	59.40	51.50	32.00
乳酸乙酯	127.80	120.82	135.40	105.60	255.20
己酸乙酯	22.02	49.55	89.50	67.05	114.00

表 3－94　　**45%vol 凤香型酒与凤兼浓酒成分比较**　　单位：mg/100mL

成分	凤香型酒	凤兼浓酒	成分	凤香型酒	凤兼浓酒
总酸/（g/L）	0.55	0.70	异丁醇	7.52	9.46
总酯/（g/L）	1.97	2.36	正丁醇	5.30	4.35
乙醛	24.95	18.18	丁酸乙酯	10.31	10.65
乙酸乙酯	105.88	98.15	异戊醇	28.55	26.11
正丙醇	43.08	33.90	乳酸乙酯	90.36	95.60
仲丁醇	5.44	4.69	己酸乙酯	39.39	82.17
乙缩醛	12.60	11.66			

感官特征：凤香型酒，清亮透明，醇香秀雅，醇厚丰满，甘润挺爽，诸味协调，回味悠长；凤兼浓酒，清亮（或微黄）透明，香气馥郁，凤浓协调，绵甜柔和，余味悠长。

二、浓、芝融合

河北三井酒业崔海灏等进行了浓香型与芝麻香型白酒工艺融合创新性试验，采用高氮配料、高温堆积、大麸结合和浓香型的混蒸混烧、泥窖发酵工艺有机融合，取得了较好效果。

1. 配料

每个窖池投料 900kg，其中高粱 800kg，小麦 100kg。芝麻香专用曲 30%，高温大曲 10%，中温曲 5%。

2. 混蒸混烧

这是浓香型白酒生产的典型工艺。

3. 高温堆积

酒醅蒸酒后晾至30℃，加曲，堆积成65cm的长方体，堆积时间为48h，最高温度为50~53℃，糟表面生出零星的白色斑点。在翻开表层5cm内的堆积糟有大量的白色斑点、堆积糟内部有些许白色斑点，同时堆积糟闻有浓郁的水果香气后，摊晾降温至30~32℃即可入池。

4. 泥窖、长酵

酒醅经高温堆积后摊晾入泥窖，发酵40d。

5. 效果分析

原酒理化检测结果与品评结果见表3-95、表3-96。

表3-95　原酒理化检测结果

项目	4~48池			4~50池		
	1次	2次	3次	1次	2次	3次
酒精/%vol	64.8	65.3	70.8	67.2	67.9	69.6
总酸/(g/100mL)	0.187	0.089	0.069	0.085	0.086	0.061
总酯/(g/100mL)	0.743	0.586	0.632	0.665	0.649	0.527
乳酸乙酯/(mg/100mL)	432.6	300.1	476.2	463.6	428.8	389.3
乙酸乙酯/(mg/100mL)	184.9	147.2	127.4	151.5	178.8	128.8
己酸乙酯/(mg/100mL)	400.3	345.8	234.2	260.6	287.3	217.6
丁酸乙酯/(mg/100mL)	23.4	16.7	12.1	12.5	11.3	8.3
戊酸/(mg/100mL)	2.85	1.41	0.60	0.56	1.41	0.25
乙酸/(mg/100mL)	146.2	108.7	52.6	87.7	81.6	24.7
己酸/(mg/100mL)	111.6	44.5	19.1	28.8	37.9	22.2
丁酸/(mg/100mL)	41.4	14.2	6.8	9.78	11.7	6.55

表3-96　原酒品评结果

池号	次数	风格特点	品评
4~48	1	浓香型较突出	窖香较突出，醇和，轻微焦煳香
	2	略偏浓	浓郁香较好，醇厚丰满，煳香较好
	3	具有典型性	香气馥郁协调，醇厚柔和，后味焦煳香较长
4~50	1	略偏浓	闻香清爽，窖香明显，醇厚，焦煳香明显
	2	典型性较好	馥郁香气较好，香味协调，后味较长
	3	具有典型性	香气优雅馥郁，细腻丰满、爽净，余味悠长

试验证明，以高粱和小麦为原料，芝麻香酒专用曲和大曲相结合，采用混蒸混烧、高温堆积、泥窖长期发酵，经3轮生产试验，酒体的馥郁香气突出，闻香淡雅舒适，有浓香

的醇厚感，后味有类似酱香的焦煳香，取得了预期的效果。

三、清、芝融合

（一）湖北三麦酒业创新工艺

湖北三麦酒业结合地域特点，通过调整原料配比、润料、堆积等工艺，创新清香兼芝麻香型白酒工艺，形成了口味独特的酒体风格。

1. 工艺流程

见图 3－10。

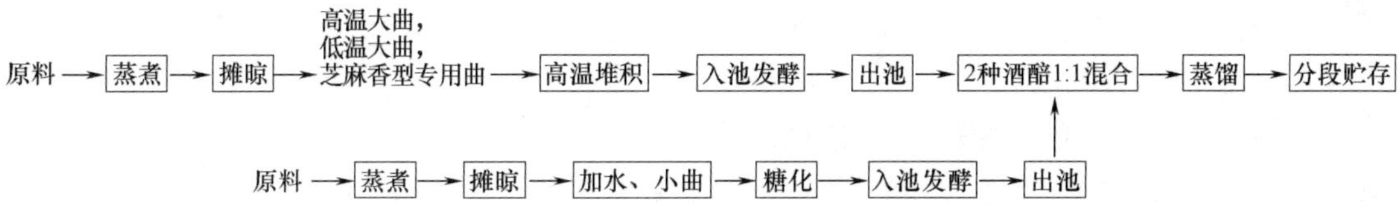

图 3－10　湖北三麦酒业创新工艺

2. 芝麻香型白酒工艺

（1）原料及配比

①高粱 80%、小麦 10%、大麦 10%。原料不粉碎，直接采用密封卧式蒸煮锅进行蒸煮。

②糖化发酵剂

a. 高温大曲：采用纯小麦制作，培菌顶温 65℃，糖化力在 200～300mg/（g·h），贮存 3 个月以上。使用量为原料的 20%。

b. 低温大曲：以大麦、豌豆为原料，其中大麦占 60%、豌豆占 40%，培菌顶温 48℃，糖化力在 700～900mg/（g·h），贮存 3 个月以上。使用量为原料的 6%。

c. 芝麻香专用曲：由山东梁山提供，使用量为原料的 30%。

（2）生产工艺要点及操作

①工艺特点：清蒸续糟、泥底砖窖、多微共酵、三高一多一长（高温堆积、高温发酵、高温流酒、加曲量多、贮存期长）。

②窖池：采用砖窖泥底，即窖底铺 15cm 浓香型人工老窖泥，窖壁为砖砌。砖的成分为中性硅酸盐，其微孔吸附大量的有机物，有利于酿酒微生物栖息，有利于幽雅细腻的芝麻香型白酒风格的形成。

③工艺操作

a. 原料：高粱 80%、小麦 10%、大麦 10%，称重后，通过斗式提升机、刮板机输送到泡粮池，加入适量热水，水温要求在 50℃以上，浸泡 10h。

b. 蒸料：原料不粉碎，直接采用密封卧式正压蒸煮锅进行蒸煮，经初蒸、复蒸后，可达到“熟而不黏，内无生心”，有粮香味，无异杂味的效果。出锅后，采用鼓风式链板摊晾机进行摊晾，耗时短，全自动机械化操作，效果好。

c. 高温堆积：堆积初始温度为 27～32℃，品温达到 45～52℃时，机械化摊晾入窖。堆积时间为 40～48h，堆高为 60cm 左右。堆料要求方正、平坦、坝状，堆积糟醅上覆盖丙丝编织布，有利于保温、保潮。同时在堆积糟醅上每天用20% vol ~ 30% vol 酒尾 10 ~ 15kg 喷洒表面，以保持表面水分，并对糟醅及空气中的微生物进行选择、驯化。

④入池条件：入池水分54% ~58%，温度28 ~32℃，回糟32℃左右，发酵期45d。

3. 清香兼芝麻香型白酒工艺

（1）原料　采用优质小麦80%、大麦10%、荞麦10%。

（2）蒸煮、糖化　原料不粉碎，直接采用密封卧式正压蒸煮锅进行蒸煮，经初蒸、复蒸后，采用鼓风式链板摊晾机进行摊晾，摊晾至26 ~30℃（视室温而定）时，加小曲进行培菌糖化，培菌16 ~18h，出箱。

（3）入池发酵　将糖化好的粮醅与蒸馏后的糟醅按1∶(3 ~3.5）的比例混合均匀后，采取低温入池，入池温度控制在23 ~28℃（视室温而定），发酵10d。

4. 高温流酒、分段贮存

将两种发酵完成的酒醅按1∶1 比例混匀后上甑蒸馏，控制流酒温度35℃左右，坚持缓慢装甑，缓慢馏酒。分上、中、下层糟分别蒸馏，分三段接酒，分级贮存。

（二）内蒙古鄂尔多斯酒业创新工艺

内蒙古鄂尔多斯酒业在清香、芝麻香型白酒生产工艺基础上进行了改革创新，制定出北方清芝复合香型酒的新工艺。

1. 工艺流程

内蒙古鄂尔多斯酒业创新工艺流程如图3 -11 所示。

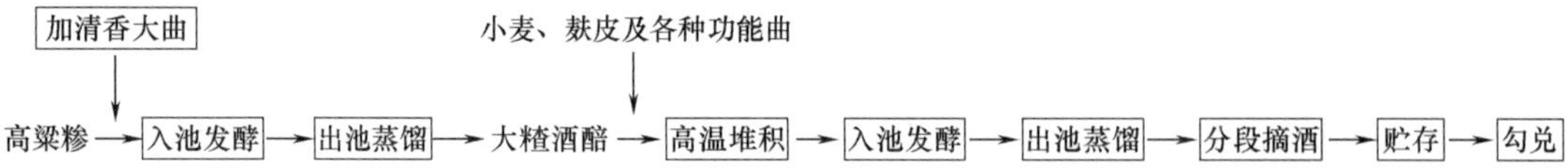

图3 -11　内蒙古鄂尔多斯酒业创新工艺流程

2. 酿造方法

（1）大楂入池发酵　大楂入池温度随季节而变，一般控制在8 ~15℃，酸度为0.1 ~ 0.3mmol/10g，水分为53% ~55%，要求发酵“前缓、中挺、后缓落”，顶火温度28 ~ 32℃。发酵30d。

（2）出池蒸馏　出池酒醅加约18%的熟糠。上甑要求“薄、匀、轻、准、松、平”，截酒头1kg，分前、中、尾三段接酒，分别存放，流酒温度25 ~30℃。

（3）清芝复合二楂酒

①润糁和蒸糁：将麸皮（5% ~7%）和小麦（10% ~12%）混合均匀，用85 ~90℃热水润糁，一般加水量为60 ~65kg，润料1h。上甑蒸煮60min，要求“熟而不黏，内无生心”。

②出甑加水：大楂馏酒结束后，趁热加水105 ~115kg。加水量视出甑酒醅干湿、季节而定。

③扬冷加曲：将出甑酒醅与蒸好的麸皮、小麦混合扬冷，温度夏天降至40℃以上，冬天降至45 ~50℃以上，加白曲6% ~8%，拌匀，降温至32 ~38℃时加混合酵母曲3% ~ 5%、细菌曲4% ~5%、高温大曲5% ~7%、中温大曲2% ~3%、芝麻香专用曲2% ~

4%，充分混匀。

④高温堆积：将上述材料放入堆积室内堆积，堆积高度不低于50cm，起堆温度控制在28～33℃，堆积24h后的表皮温度为45～50℃，起堆化验指标要求水分为55%～57%，酸度为1.7～2.0mmol/10g，还原糖1.0%～2.0%，淀粉18%～22%，堆积时间不低于24h。12h后倒堆一次。

⑤加入清香大曲：二糙酒醅堆积24h后，降温至35～40℃，加入清香大曲3%～5%，混匀，同时加水15～30kg。

⑥二糙酒醅入池发酵：入池温度32～34℃，发酵顶温38～42℃，发酵35d。

⑦出池蒸馏：上甑要求"薄、匀、轻、准、松、平"，截酒头1kg，分前、中、尾三段接酒，分别存放，流酒温度25～30℃。

表3－97为二糙酒醅发酵材料检测。

表3－97　　二糙酒醅发酵材料检测

窖号	糟别	水分/%	酸度	还原糖/%	淀粉/%
1	起堆糟	55	1.95	1.78	21.95
	入池糟	56	1.76	3.26	21.60
	出池糟	60	2.81	1.76	14.45
2	起堆糟	55	2.06	1.62	20.60
	入池糟	56	1.86	2.36	19.80
	出池糟	62	2.50	1.58	13.05

3. 清芝复合香型酒的风格特点

感官品评：无色或微黄，清亮透明，清芝谐调，复合幽雅，醇和细腻，谐调爽净，余味较长，风格独特。

原酒理化检测结果见表3－98。

表3－98　　原酒理化检测结果

项目	窖池1	窖池2	项目	窖池1	窖池2
乙醛/（mg/L）	233.03	280.56	丁酸乙酯/（mg/L）	7.65	8.10
甲醇/（mg/L）	178.33	223.59	乳酸乙酯/（mg/L）	2564.31	2134.08
正丙醇/（mg/L）	156.41	106.38	己酸乙酯/（mg/L）	10.48	10.55
乙酸乙酯/（mg/L）	3366.24	2769.40	三甲硫基丙醇/（mg/L）	0.78	0.65
异丁醇/（mg/L）	288.34	273.17	酒度/%vol	61.2	60.7
正丁醇/（mg/L）	103.48	172.37	总酸/（g/L）	1.34	1.28
乙缩醛/（mg/L）	102.27	188.90	总酯/（g/L）	4.94	4.07
异戊醇/（mg/L）	348.91	307.06			

四、清、酱融合

20世纪90年代，四川省食品发酵工业研究设计院根据长期的科研生产实践和经验，结合清香型、酱香型曲酒生产的传统工艺特点，拟定出清中带酱曲酒生产的技术路线，制定出工艺流程，成功地试制出清、酱融合的大曲酒。

1. 两种大曲的制备

小麦→破碎→加水拌和→踩曲→晾汗→入房→保温保湿→培菌管理→翻曲→收堆→贮存→成曲。

2. 制酒工艺流程

清、酱融合大曲酒生产工艺流程如图3－12所示。

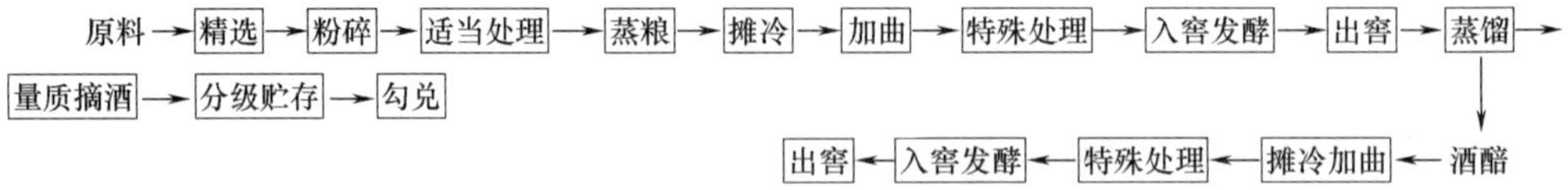

图3－12　清、酱融合大曲酒生产工艺流程

在实践中可根据酒质情况将上述工艺做适当修改、完善。

3. 工艺特点

（1）制曲工艺特点　采用偏低温生产清香型酒曲；典型高温生产酱香型酒曲；产酯曲采用麸曲法生产。

（2）酿酒工艺特点　按清香型曲酒工艺要求粉碎原料；高温润料；偏低温曲、酱香曲、产酯曲混合使用；高温堆积，堆积温度高达50～52℃；回酒发酵，多轮次发酵；水泥池发酵28d左右，不许接触泥巴；量质接酒，分质贮存；精心勾兑。

通过生产试验，摸索出工艺条件中的关键数据，如原料粉碎度、润糁温度和时间、三种曲的混合比例和用量、高温堆积时间、回酒数量和发酵轮次等，积累了宝贵的资料。

4. 产品质量和风格特征

本产品既有“清香纯正”的特点，又有“酱香幽雅、回味余长”的风韵，口感和理化成分都独具特色。

酒中微量成分与清香型、酱香型曲酒成分比较见表3－99至表3－101。

（1）酯类　清香型曲酒酯类以乙酸乙酯和乳酸乙酯为主，占总酯的绝大多数，本品成分与此类似；清香型酒不含己酸乙酯，本品亦然；酱香型酒中含酯种类较多，本品类似。

（2）酸类　清香型曲酒中酸的总量和种类较少，而酱香型曲酒却较多。清香型酒含酸量较低，以乙酸和乳酸为主，乙酸占70%以上；酱香型曲酒总酸含量为白酒中各香型之首，以甲酸、乙酸、乳酸、己酸、丁酸为最多。本品酸含量和种类介乎两者之间。

（3）醇类　醇类在几种香型白酒中的含量，无论从总醇量来看，或是从各种醇量来看，不同的酒其含量差距不大，规律性不强。清香型和酱香型醇的较大区别是：正丙醇，清香型为10mg/100mL，酱香型是20mg/100mL。而本产品含正丙醇24mg/100mL，与典型的酱香型酒接近，且醇的种类比清香型酒多。

表 3－99　　**清中带酱酒主要成分**　　单位：mg/100mL

成分	含量	成分	含量	成分	含量
总酸（以乙酸计）/（g/L）	1.0358	戊酸丁酯	0.02	庚酸乙酯	0.03
总酯（以乙酯计）/（g/L）	5.9111	辛酸乙酯	0.29	甲酸	3.192
己酸异戊酯	0.37	乙酸	105.30	癸酸乙酯	0.50
丙酸	2.99	月桂酸乙酯	0.04	异丁酸	1.05
肉豆寇酸乙酯	0.11	正丁酸	0.85	棕榈酸乙酯	4.92
异戊酸	0.586	油酸乙酯	2.12	乳酸	19.81
亚油酸乙酯	2.99	己酸	0.42	壬酸乙酯	0.38
己酸乙酯	—	乳酸异戊酯	1.25	乳酸乙酯	218.0
十八酸乙酯	0.01	乙酸乙酯	386.9	第二己醇	0.90
甲酸乙酯	4.2	壬醇	0.20	丙酸甲酯	1.4
β－苯乙醇	0.38	乙酸特丁酯	1.2	乙醛	24.8
丙酸乙酯	1.4	糠醛	1.2	丁酸乙酯	0.6
异丙醇	11.0	乙酸正戊酯	1.7	甲醇	8.5
乙酸丙酯	0.29	正丙醇	24.7	乙酸异戊酯	—
异丁醇	14.0	乙酸正己酯	0.07	正丁醇	1.4
丙酸异戊酯	—	仲丁醇	12.9	异戊醇	42.2
癸酸	0.19	正戊醇	0.7	肉桂醇	0.32
叔戊醇	3.0	乙缩醛	47.4	戊醇－［3］	0.05
异己醇	0.02	环戊醇	0.03	戊酸乙酯	—
双乙酰	5.1	庚醇	0.02	醋酴	5.4

注：1. 为三次平均值。

2. 本数据由四川省轻工业质量检测站采用日本岛津 7AG 色谱仪分析。

表 3－100　　**清香型、酱香型名酒主要酯类**　　单位：mg/100mL

酯类	清香型	酱香型	酯类	清香型	酱香型
甲酸乙酯	—	21.2	己酸乙酯	—	42.2
乙酸乙酯	305.9	147.0	辛酸乙酯	—	1.2
丁酸乙酯	—	26.1	乳酸乙酯	216.0	137.8
戊酸乙酯	—	5.3	棕榈酸乙酯	3.70	2.70
庚酸乙酯	—	0.5	亚油酸乙酯	1.50	1.83

表 3－101　　清香型、酱香型名酒主要酸类　　单位：mg/100mL

成分	清香型	酱香型	成分	清香型	酱香型
甲酸	1.8	6.9	己酸	0.2	21.8
乙酸	94.5	111.0	庚酸	—	0.6
丙酸	0.6	5.1	辛酸	—	0.2
丁酸	0.9	20.3	乳酸	28.4	105.7
戊酸	0.1	4.0			

（4）羰基化合物　酱香型酒中的含量较高，乙缩醛为121mg/100mL，乙醛为55mg/100mL；而清香型酒较低，分别为51mg/100mL和14mg/100mL；而本产品介于两者之间。糠醛在酱香型中较多，清香型最少，本产品糠醛含量是清香型酒的2～3倍。

由上述分析数据对比可见，清中带酱曲酒在微量成分和风味特征上都独具特色，非清非酱，与浓香型无相似之处，是一个新的酒种。

五、清、酱、浓融合

湖北石花酒业与四川省食品发酵工业研究设计院合作，创造性地将清香、酱香、浓香三种香型的典型工艺有机地融合，成功地生产出独具特色的新产品。

1. 工艺流程

清、酱、浓融合曲酒生产工艺流程如图3－13所示。

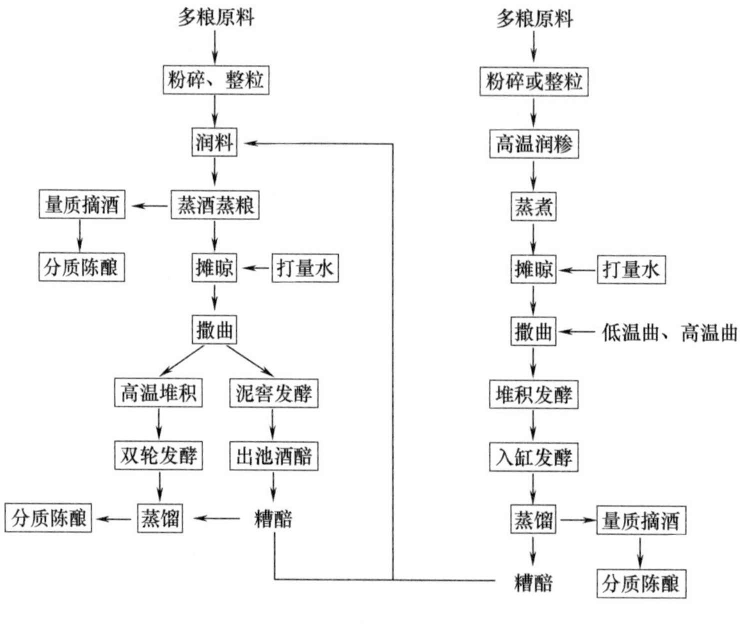

图3－13　清、酱、浓融合曲酒生产工艺流程

2. 工艺特点

多粮，地缸、泥窖固态发酵，采用高、中、低温曲，三香工艺融合，混蒸混烧，高温

堆积，量质摘酒，分质陈酿，精心勾调。

（1）糖化发酵剂 小麦制大曲，低温曲（45~50℃），偏高中温曲（包包曲）（60~62℃），高温曲（68~70℃），三种曲视不同糟醅单独或混合使用。

（2）原料配比及处理 原料包括高粱、大米、糯米、玉米。高粱碎成4、6、8瓣，玉米粉碎度与高粱相近（通过2.0mm筛孔占3/4），大米、糯米为整粒。粮醅比1:(4~5)，稻壳用量20%~23%，大曲总用量20%~25%。

3. 清酱酒生产

（1）原料用量 高粱50%、大米30%、糯米12%、玉米8%。

（2）高温润料 四种粮食混匀。润料水用量65%，水温90℃，润料时间8h，堆温达50℃。

（3）蒸糠壳 要求圆汽后蒸30min。蒸糠后出甑、摊冷、收堆，备用。

（4）蒸粮 润料结束，加5%~10%熟糠，拌匀，上甑。要求蒸粮时间40min。

（5）打量水、摊晾、撒曲 出甑粮食中泼入95℃以上热水，热水用量为70%~90%，使粮食中含水分53%~55%，晾糟机上冷至23~25℃，均匀撒曲。用曲量：低温曲10%，高温曲8%。

（6）高温堆积 粮曲拌匀后堆积，收堆温度23℃，

测温记录：16h 25℃（下层），8h 26℃（下层），22h 35℃（中层），38h 28℃（下层），40h 37℃（中层），44h 39℃（中层），68h 45℃（中层），88h 50℃（中层），开堆。

最后要求达到48~50℃。堆积第2d，堆高开始下跌，有黄色液体渗出，至开堆时堆高下跌达30cm以上。开堆时闻有明显的醪糟味并伴有乙酸乙酯香。

（7）入窖发酵 堆积后糟醅冷至21~23℃，入窖，薄膜封窖，四边压紧，适当踩窖，安好温度计，窖面用冷熟糠（厚约20cm）、草垫保温。发酵30d，每天定时测定窖温变化，做好记录（表3-102）。

表3-102 **发酵温度变化记录** 单位:℃

时间	温度	时间	温度	时间	温度
封窖	17—18	10d	30—34	20d	25—28
1d	22—24	11d	29—33	21d	25—28
2d	28—30	12d	29—33	22d	25—28
3d	28—30	13d	28—32	23d	25—28
4d	28—32	14d	28—32	24d	25—28
5d	28—32	15d	28—32	25d	23—26
6d	30—32	16d	26—30	26d	23—26
7d	30—34	17d	26—30	27d	23—26
8d	30—34	18d	26—30	28d	23—26
9d	30—34	19d	25—28	29d	开窖

注：从入窖到出窖一个月（12.17~次年1.17），气温为1~10℃。因窖池发酵升温较快，发酵第2d在窖面适当踩窖。发酵7d窖跌15cm。

（8）开窖，蒸馏，接酒　开窖时检查窖面糟醅，如有霉变，丢掉。出窖糟醅加10%左右的熟糠（视糟醅干湿而定），拌匀，上甑严格操作。

（9）出甑，摊晾，撒曲　蒸馏毕，出甑摊晾，冷至28～30℃，撒入低温曲10%，高温曲8%，分成6甑，用摊晾机摊冷，拌匀后进行高温堆积，每隔4h测温一次，记录（例如，0h 25℃，47h 31℃，88h 37℃，128h 42℃）。

堆积至71h，因升温太慢（气温 -1～8℃），面上加盖薄膜。本次堆积期间恰逢“三九”寒冬，堆积近6d，温度仍只升到42℃。堆积糟未见往下缩，也没有黄色液体流出。

（10）第二次发酵　堆积后糟醅冷至28～30℃，每甑泼入酒尾（18.5%vol）20kg，入窖毕，薄膜封窖，四边压紧，适当踩窖，安好温度计，窖面用冷熟糠、草垫保温，发酵30d。

（11）化验项目

入窖糟：1号窖，水分50.8%，酸度0.84，淀粉24.6%，还原糖3%；2号窖，水分55.3%，酸度0.99，淀粉19.8%，还原糖2.6%。

出窖糟：1号窖，水分57.2%，酸度2.53，淀粉13.3%，还原糖2.2%，含酒量10%；2号窖，水分58.3%，酸度2.64，淀粉16%，还原糖1.8%，含酒量9.6%。

4. 三香酒生产

（1）原料用量　每甑投混合粮300kg（高粱50%、大米30%、糯米12%、玉米8%），熟糠用量为23%～25%；中温曲用量18%，高温曲用量8%。高粱、玉米粉碎，按浓香型酒生产要求，大米、糯米为整粒。

（2）粮糟比　1:(4～5)，浓香粮糟50%，清酱二次发酵糟50%。

（3）润料　粮醅混合后润料40～50min。

（4）蒸酒蒸粮　上甑要求“轻撒匀铺、探汽上甑”，流酒温度23～25℃，流酒速度3～4kg/min，量质摘酒。蒸粮时间70min。

（5）出甑、打量水、摊晾、撒曲　蒸馏毕，出甑打量水，摊晾，冷至25～26℃，撒入中温曲18%、高温曲5%，拌匀后收堆。

量水温度90℃，量水用量110%～130%，用晾糟机摊晾约20min（每甑），出机温度18～22℃。

（6）入窖条件　酸度0.95～1.4，淀粉18%～21%（夏少冬多），水分52%～54%。

（7）窖池管理　封窖后做好窖池管理，尤其窖边不能裂口生霉。发酵前30d每天监测温度变化，做好记录（表3-103）。

表3-103　发酵温度变化记录（左边为13-1号，右边为13-2号）　单位：℃

时间	温度	时间	温度	时间	温度
封窖	18—24	10d	44—43	20d	39—38
1d	20—26	11d	42—42	21d	39—38
2d	22—28	12d	42—42	22d	39—38
3d	24—33	13d	41—42	23d	39—38
4d	25—38	14d	40—41	24d	39—38
5d	30—38	15d	40—41	25d	39—38
6d	34—38	16d	39—38	26d	39—38
7d	38—38	17d	39—38	27d	39—38
8d	40—42	18d	39—38	28d	39—38
9d	40—44	19d	39—38	29d	39—38

（8）发酵70～90d出窖，蒸酒，蒸粮（留三甑作双轮底，双轮底糟每甑加高温曲、酯化液、浓香三段酒等材料）。

5. 香味组分特点及风格特征

（1）成分特点　见表3－104。

表3－104　　**石花“三香”酒与浓、清、酱酒成分比较**　　单位：mg/L

香味成分	“三香”	浓香	清香	酱香
一、醇类				
甲醇	77.5	86.3	81.8	126.7
正丙醇	414.2	156.0	154.8	1716.1
正丁醇	50.8	81.9	4.1	57.2
仲丁醇	23.7	24.1	2.7	66.9
异丁醇	104.2	86.6	222.8	119.6
正戊醇	5.5	5.8	3.5	10.2
2－戊醇	5.2	8.9	<1.0	5.5
2－甲基－1－丁醇	69.4	65.8	121.3	89.9
异戊醇	242.9	231.8	360.7	295.6
正己醇	24.8	41.8	2.9	24.7
1，2－丙二醇	91.9	3.9	<1.0	<1.0
2，3－丁二醇（左旋）	31.9	13.7	16.5	66.4
2，3－丁二醇（内消旋）	30.6	6.4	7.8	45.4
β－苯乙醇	5.4	4.7	4.5	12.8
糠醇	7.9	4.7	<1.0	18.4
二、酯类				
甲酸乙酯	25.9	27.2	3.9	106.6
乙酸乙酯	1785.4	1257.7	1844.3	2911.7
乙酸异戊酯	<1.0	<1.0	4.8	5.7
丁酸乙酯	177.9	305.3	5.7	84.8
戊酸乙酯	54.0	82.8	1.8	27.5
己酸乙酯	1095.1	2386.0	4.7	80.2
己酸丁酯	2.2	7.0	<1.0	1.5
己酸异戊酯	<1.0	4.1	<1.0	<1.0
庚酸乙酯	14.2	29.2	<1.0	6.2
辛酸乙酯	14.6	30.0	7.2	10.7
癸酸乙酯	<1.0	<1.0	<1.0	2.2
月桂酸乙酯	<1.0	<1.0	<1.0	<1.0
十四酸乙酯	<1.0	2.5	1.8	<1.0

续表

香味成分	“三香”	浓香	清香	酱香
棕榈酸乙酯	<1.0	24.6	29.7	36.4
丁二酸二乙酯	<1.0	<1.0	<1.0	<1.0
油酸乙酯	<1.0	9.5	18.3	12.0
亚油酸乙酯	<1.0	17.5	26.3	22.1
乳酸乙酯	1029.3	1441.7	1003.0	1050.4
苯乙酸乙酯	<1.0	0.7	<1.0	1.2
三、有机酸类				
乙酸	1227.4	735.4	630.0	2384.1
丙酸	42.8	40.5	12.8	105.9
异丁酸	12.0	17.5	6.4	16.2
丁酸	136.4	223.3	1.8	86.9
异戊酸	17.5	15.2	4.8	33.8
戊酸	17.1	20.0	<1.0	13.8
己酸	238.9	532.4	<1.0	52.5
庚酸	<1.0	4.4	<1.0	3.1
辛酸	<1.0	4.9	<1.0	3.8
四、羰基化合物类				
乙醛	303.4	178.8	97.1	708.5
正丙醛	<1.0	<1.0	<1.0	3.7
异丁醛	8.3	8.0	2.3	26.8
异戊醛	24.0	25.6	3.8	66.0
苯甲醛	<1.0	<1.0	0.8	3.7
糠醛	59.3	49.8	<1.0	323.5
丙酮	8.9	9.2	1.2	27.5
2-戊酮	5.5	8.8	<1.0	13.5
3-羟基-2-丁酮	27.2	13.3	5.1	117.2
五、缩醛类				
1，1-二乙氧基-2-甲基丁烷	<1.0	5.8	1.9	6.9
1，1-二乙氧基-3-甲基丁烷	5.6	19.6	5.7	27.8
乙缩醛	195.5	345.0	236.4	751.4

注：1. 酒样由国家食品质量监督检验中心检测。
2. 数据均以酒度60% vol表示。

从表3-104所列数据可得如下结论。

①石花“三香”酒与典型的浓香型、清香型、酱香型酒的香味成分有明显的不同，这

是独特的工艺形成的。

②乙酸乙酯、己酸乙酯、乳酸乙酯、丁酸乙酯，称为中国白酒中的“四大酯”。乙酸乙酯是清香型酒的主体香，酱香型酒中含量也较高，“三香”酒乙酸乙酯含量高于浓香型，其含量介于浓、清、酱之间；己酸乙酯是浓香型酒的主体香，清香型酒含量极微（有时检不出），酱香型酒一般只有 10mg/100mL 之多，“三香”酒己酸乙酯只有浓香型酒的一半左右；乳酸乙酯是中国酒类重要的呈味物质，“三香”酒中乳酸乙酯含量与清香型、酱香型酒接近，但低于浓香型酒；丁酸乙酯是浓香型酒中重要的酯类，清香型酒含量极微（或检不出），酱香型酒含量较少，而“三香”酒中丁酸乙酯含量低于浓香型，但高于酱香型和清香型。

③酸类是中国固态法白酒重要的呈味物质。“三香”酒的乙酸、丙酸、异丁酸、丁酸、异戊酸、戊酸含量都在浓、清、酱之间；己酸含量只有浓香型的 50% 左右，但却高于酱香型 4 倍，更高于清香型；庚酸、辛酸含量大大低于浓香型与酱香型，与清香型接近。

④“三香”酒的醇类与浓、清、酱酒有显著差异。许多醇类含量“三香”酒都介于清、浓、酱之间。“三香”酒的正丙醇低于酱香型，但远高于浓香型、清香型。2，3－丁二醇、3－羟基－2－丁酮是白酒中重要的甜味物质，是白酒绵甜、柔和口味中不可缺少的成分，“三香”酒中含量都高于浓香型、清香型，在酒体中发挥了重要的作用。

⑤“三香”酒中的棕榈酸乙酯、油酸乙酯和亚油酸乙酯，经降度、除浊处理后，已大部分被除去，其含量明显低于浓香型、清香型、酱香型酒。

（2）风格特点　醇香幽雅，三香和谐，圆润绵柔，丰满爽净，风格独特。

第四章 十二种香型白酒的风味物质及风格特点

第一节 白酒中的各种风味物质

白酒中的风味物质有千余种。人们的基本化学味觉就只有5种，这些物质在口味上有细微或明显的差别，只把它们归纳在基本化学味觉和物理味觉中进行讨论。

一、白酒的甜味物质

甜味是食品的最基本口味。有甜味的化学物质极多，据沙伦伯格的研究认为：凡化合物分子中有氢供给基（AH）和氢受基（B），两者的距离在0.25～0.40nm，此化合物和人类味蕾中BHA之间（0.3nm）形成氢键结合时，此物质就呈甜味。甜味的强弱取决于氢键数、氢键强度及有无疏水基隔断。

绝大多数白酒均呈甜味，此甜味不是来自于糖类，而主要来自于醇类。醇类的甜度随羟基数增加而加强。甜度比较：乙醇＜乙二醇＜丙三醇＜丁四醇（赤藓醇）。但戊五醇、辛六醇，如山梨醇（甜度0.5～0.7）不如丁四醇（2.0）强。

白酒中的乙酸、双乙酰也是主要风味物质。D－氨基酸大多有强的甜味。

白酒的甜味和糖形成的甜味有差别，属甘甜兼有醇厚感和绵柔感，在品尝时常在呈味感中来得比较迟，呈后味，称“回甜”。若酒入口初就感到甜味，或回甜消失时间太长、甜味太强，则为白酒的缺点。

白酒经过长时间贮藏后熟，其氢键数增加，一般甜味要比新酒（刚蒸馏出来的酒）的好。

二、白酒的酸味物质

“无酸味就不成酒”。酸味是由于舌味蕾细胞受到H^+的刺激而得到的感觉，口腔黏膜分泌的碱性物质中和了H^+，酸味就消失。因此，凡在溶液中能解离氢离子的酸和酸性盐均有酸味。酸味的强度和氢离子的浓度成正比，与pH成反比。但若饮料中有较多的缓冲物质，虽然游离氢离子浓度不大（但滴定总酸大），饮料在口腔中不断解离出H^+，此时酸感就较持久。呈酸物质的酸根也影响酸味强度和酸感，在相同的pH下，有机酸的酸味要比无机酸强烈。如在pH 3.5下，乙酸＞甲酸＞乳酸＞草酸＞盐酸。

白酒属酸性饮料，pH为3.0～3.8，大多数白酒最佳口感pH为3.2～3.5，它的酸味主要来自有机酸，呈爽口的酸味。白酒中适口的酸味能促进酒体的丰满和活泼，酸也是酒类中酯香味的稳定剂。若白酒中缺乏酸类（如液态白酒），酒体会显得单薄、欠柔和、呆滞。白酒酸过量（酸露头）往往是发酵不正常、酿造中酸败的标志，会使酒体粗糙、不谐调、不柔和。

白酒中的酸类大多来自于酿造过程中，由于酵母等微生物的一系列生化反应而产生。

酸中有脂肪族的甲酸、乙酸、丙酸、丁酸、戊酸、己酸、庚酸、辛酸、癸酸等，三羧酸循环产生的草酸、柠檬酸等，以及乳酸、琥珀酸、丁香酸等有机酸，并在蒸馏时随水蒸气蒸馏而带出。在间歇式蒸馏中，酸含量一般为酒尾 > 酒身 > 酒头，故蒸馏时可以通过分割法在截取酒身时对酸含量加以控制。在蒸馏后贮藏时，通过醛、酮氧化，酸含量增加，通过酯化，酸含量减少，长期贮藏酒中酸含量呈减少趋势。

白酒中总滴定酸在 0.8 ~ 2.0g/L。如果超过 2.0g/L 就已过酸，而低于 0.5g/L 为缺酸。白酒中香味物质（特别是酯类）含量越高，酒中酸类也越多。如浓香型泸州老窖和酱香型茅台酒，总酸均在 1.5 ~ 2.0g/L；而清香型、米香型酒香味物质含量少，总酸也低，一般在 0.9 ~ 1.3g/L。

白酒的酸类中，低碳数（C 数小于 5）脂肪酸和乳酸含量较高。乳酸含量占总酸的 20% 以上，是白酒的一大特点。乳酸酸体柔和、浓醇并有涩味。己酸在浓香型白酒（以己酸乙酯为主体香）中占总酸的 1/3，它是浓香型白酒的特点。茅台酒和泸州老窖中还含有丰富的氨基酸，这和酿造中用氨基酸含量丰富的麦曲有关。

三、白酒的苦味物质

虽然单纯的苦味并不能给人带来愉快的口味，但微量的苦味却能起到丰富和改进食品风味的作用。人的味觉对苦味特别灵敏，苦味能使味觉感受器受到强有力的刺激作用，能促进感觉器官的活跃及各种味觉感受的强化。但由于苦味在味觉中停留时间较持久，故过强的苦味会导致其他味觉暂时被淹没，使味觉灵敏度降低。

苦味物质的化学结构中一般含有—NO_2、—N—、—SH、—S—、═C ═S、—SO_3H 等基团，无机离子 Mg^{2+}、NH_4^+ 也呈苦味。

白酒的苦味主要来自于白酒中生物碱、L-氨基酸、某些低肽、酚类化合物及美拉德反应的产物类黑精、焦糖等。

各种白酒都呈微小的苦味。酒在口腔中停留时呈愉快的苦味，咽下后，苦味应立即消失（瞬时苦味），不残留，这种苦味是正常苦味；若酒咽下后，苦味持续残留在口腔和舌根（即后苦），则是酒的缺点，会导致酒感粗糙、不柔和。

在低质白酒中，来自于发芽马铃薯的龙葵碱和来自于黑斑病甘薯的甘薯酮是不愉快苦味物质的来源。由于制曲（大曲和麸曲）控制不当与形成曲霉孢子（尤以青霉孢子为甚），发酵温度太高，蛋白质过度分解形成甲胺等含氮化合物和含—SH、—S—的化合物，也是不愉快苦味的来源。在酒精发酵副产物中，异丁醇极苦，正丁醇苦较小，正丙醇和异戊醇微甜带苦，β-苯乙醇也有苦味，这些副产物如过多则是苦味不愉快的原因。

白酒虽然应该有适口的苦味，但不愉快的苦味、苦味露头和后苦强则是白酒最常见的缺点。

四、白酒的咸味物质

咸味只有强弱之分，没有太多细微差别。但呈咸味的物质常会咸中带苦或带涩。形成咸味的物质为碱金属中性盐类，尤以钠为最强，卤族元素的负离子均呈咸味，尤以 Cl^- 为最强，因此 NaCl 呈最典型、最强的咸味。金属镁、钙的中性盐也有咸味。

主要的咸味物质：NaCl、KCl、NH_4Cl、NaI。

咸中带苦物质：KBr、NH_4I。

苦中带咸物质：$MgCl_2$、$MgSO_4$、KI。

咸中带甜物质：$CaCl_2$。

中性盐类中正负离子价数越大，越具有咸中带苦的倾向。钠的中性盐均呈咸味，而且其负离子价数越大，咸味越小。

白酒中无机离子的来源有：蒸馏时由水蒸气雾沫夹带入酒中；酒类后熟过程中贮存容器溶解；调配成品酒时，勾兑水中带入。

勾兑调配用水，称为“加浆”，水质对酒风味影响很大。白酒蒸馏后贮存老熟的酒精含量一般为70%，勾兑成品酒时常常要加入稀释水15%～30%，如加浆水中有较多的Na^+、K^+、Mg^{2+}、Ca^{2+}，有时会使酒呈咸味。白酒标准中固形物应小于0.4g/L，一般不会呈咸味，但若超过1.0g/L，而其中钠盐又占多数就可能呈咸味。

白酒若能感受到明显咸味，会导致酒味不谐调、粗糙，是酒的缺点。微量呈咸味的盐类存在（<0.2g/L）能使味觉展开，酒体活泼，它也是酒必需的口味物质。

五、白酒中的其他风味物质

1. 涩味

涩味属物理味觉，是物质通过涩味位置和舌味蕾细胞、口腔黏膜蛋白质结合，使之变性，暂时凝固，在感觉上形成强烈的收敛性，使味蕾和口腔黏膜缺乏滑润感，舌苔的后部和咽喉好像被拉住，这种不舒服感就是涩味。轻度的涩味（收敛性）是红葡萄酒的特点，明显的涩味是白酒的缺点。

白酒的涩味物质主要来自于酚类化合物，其中尤以单宁的涩味更强烈。曲酒原料高粱中含单宁类物质较多，如在蒸馏时蒸汽压太大，蒸馏速度太快，会有过多的单宁味。

由于发酵温度过高，酪氨酸经酵母水解脱氨、脱羧形成2，5－二羟基苯乙醇（酪醇），是给白酒带来苦涩味的原因之一。

白酒中存在过多的乙醛、糠醛、乳酸也是涩味来源。无机离子中Fe^{3+}、Mg^{2+}也有涩味。

2. 辣味

辣味也属物理味觉，是辣味物质刺激口腔和鼻腔黏膜形成的灼热和痛感的综合。化学结构中具有酰氨基、酮基、醛基、异腈基、—S—、—NCS等官能团的强疏水性化合物呈强烈辛辣味。白酒中的辣味和食品中的花椒、胡椒、辣椒、芥子类的辛辣味有明显不同。白酒辣味主要是由醇类、醛类、酚类化合物引起的“冲辣”刺激感。一般白酒中含酒精40%vol～60%vol，如此高的酒精含量，饮用时呈冲辣感是自然的。白酒嗜好者也习惯和喜欢有一定冲辣感的酒，称之为“有劲”。

白酒在长期后熟陈酿中，其酒精和水分子发生氢键缔合，在品尝时，酒精的挥发大大减少，因此对味觉和嗅觉器官的刺激会大大降低，酒就不显得太冲辣，而感到柔绵。

新蒸馏出的酒因为含有较多易挥发的醛类，品尝时也具有新酒的冲辣感，随着长期贮存，醛类的挥发、氧化、缩合，减少了游离醛，冲辣感就降低。

第二节　白酒的风味

白酒的香气成分有1000多种，包括醇类、酯类、酸类、羰基化合物、硫化物等。这些物质在恰当的比例下组成了各具风味的白酒的特殊芳香。我国的白酒按风味可分成5种主要类型：浓香型，以泸州大曲、五粮液为代表；清香型，以汾酒为代表；酱香型，以茅台酒为代表；米香型，以三花酒为代表；凤香型，以西凤酒为代表。这些白酒的主要香气成分见表4－1。

表4－1　几种白酒的香气成分（GC法）　单位：mg/L

成分名称	一般大曲酒	汾酒	茅台	三花	薯干白酒
醇类					
甲醇	275	174	210	65	2116
丙醇	155	95	220	197	752
丁醇	86	11	95	8	20
仲丁醇	28	33	45	—	181
异丁醇	120	116	172	462	569
戊醇、2－戊醇	—	—	196	—	—
异戊醇	346	546	494	960	741
庚醇、辛醇	—	—	167	—	—
酯类					
甲酸乙酯	111	—	212	—	—
乙酸乙酯	1700	3059	1470	229	310
丁（戊）酸乙酯	1922	—	313	—	—
乙酸异乙酯	47	—	25	—	—
己酸乙酯	1506	22	424	—	10
庚（辛）酸乙酯	63	—	17	—	—
乳酸乙酯	1650	2616	1378	995	1110
酸类					
甲酸	31	18	69	4	26
乙酸	643	945	1110	216	634
丙（丁）酸	123	13	254	2	59
己（戊）酸	236	3	258	3	17
庚（辛）酸	—	—	8	—	8
乳酸	378	284	1057	978	54
醛类					
乙缩醛	140	140	550	35	41

续表

成分名称	一般大曲酒	汾酒	茅台	三花	薯干白酒
乙（甲）醛	8	29	19	19	25
丙醛	440	140	550	35	41
异（正）丁醛	38	3	11	1	2
异（正）戊醛	83	15	98	1	2
糠醛	19	4	294	4	7
酮类					
丙酮	—	2	—	—	—
丁二酮	1	8	25	—	1
2－己酮	1	—	16	—	—

一、醇类化合物

这是白酒香气成分中最为大量的一类物质。其中含量最多的是乙醇，它通过糖类的酒精发酵而生成。除此之外，白酒中还含有丙醇、丁醇、异丁醇、戊醇、异戊醇等化合物，这些醇类在这里常被统称为“高碳醇（或高级醇）”。高碳醇的含量是形成白酒独特风味的重要因素之一，尤其是异戊醇，它的香气值（F. U）接近于1，有一种独特香气，与其他成分之间存在有相乘效果。这些高碳醇一般由原料中的氨基酸发酵而生成。

一般说来，高碳醇中异戊醇含量最多，其次是异丁醇、丙醇、仲戊醇等。异戊醇（包括仲戊醇）量（A）与异丁醇量（B）的比值（A/B）对酒的风味也有影响。在果酒中，由于原料果汁内氨基酸的含量少，这时主要的反应路线是由丙酮酸脱羧、还原而生成高碳醇。例如，通过4－甲基－α－酮戊酸生成异戊醇，通过α－酮异戊酸生成异丁醇。在这种情况下生成高碳醇的量一般较少，而且异戊醇与异丁醇的比值（A/B）较高。而在白酒或啤酒的发酵过程中，由于原料内氨基酸的含量较高，使酶合成高碳醇的系统受到抑制，高碳醇便直接从亮氨酸、异亮氨酸和缬氨酸生成。这时酒中高碳醇的含量较多，且A/B比值和原料中亮氨酸（包括异亮氨酸）与缬氨酸的含量比大致成正比。一般说来，谷类酒的A/B值较果酒低。因此，制酒原料内的蛋白质含量要适当。若蛋白质含量过低，生成的高碳酒太少或比例不当，会使得酒香平淡；若蛋白质含量过高，生成的高碳醇含量过多或含量比不协调，也会给酒香带来刺激性气味或苦味。此外，高碳醇的含量与比例，还和酵母种类、发酵温度、工艺操作等因素有关。在国产的名牌白酒中，茅台酒高碳醇的种类最多，三花酒高碳醇的含量最大。

二、酯类化合物

这是白酒中最重要的一类香气成分，主要由它们形成了各种白酒的香型。一般名牌白酒的酯类含量都较高，而普通白酒的含量较低。主要的酯类化合物是偶数碳原子的脂肪酸所形成的乙酯和乳酸乙酯，此外还有由乙酸与异戊醇、异丁醇或β－苯乙醇所形成的乙酸酯。各种白酒的香气成分大致相同，但含量有差别。浓香型大曲酒中含乙酸乙酯、乳酸乙酯、己酸乙酯最多，香气浓郁；汾酒的酯类几乎全是乙酸乙酯和乳酸乙酯，清香扑鼻；茅台酒的乙酸乙酯、乳酸乙酯和己酸乙酯均比浓香型少，尤其己酸乙酯，但丁酸乙酯增多，香气醇厚持久，俗称“留杯香”；三花酒中各种酯类的含量都相对较少，香气清淡较弱。谷类酒与杂粮酒相比，后者中的乙酸异戊酯含量很低，其他酯类含量也少。当酒中含有微量的 α－羰基（或羟基）异己酸乙酯时，它与异戊醇共存会使酒的香气更为强烈。若将酒浆在发酵最盛期挥发的香气经冷却、捕集后放回酒中，可以提高酒香。有人用乙酸乙酯、乳酸乙酯、己酸乙酯和乙酸异戊酯按比例调配后加入清酒内，也能得到类似于某香型的白酒。

酯类化合物形成的途径有二。首先是酵母的生物合成。这是主要途径。例如：

$$R—COOH + CoA \cdot SH + ATP \rightleftharpoons R—CO—S—CoA + H_2O + AMP + PPi$$

$$R—CO—S—CoA + R'OH \rightleftharpoons R—CO—OR' + CoA—SH$$

对于侧链脂肪酸来说，一般是先生成酮酸后再转生成酰基辅酶 A，然后与醇合成比酮酸少一个碳原子的侧链脂肪酸酯。某些氨基酸如苯丙氨酸生成酯的反应途径，是通过微生物的酶作用而进行的，酯类的合成主要在酵母菌体内进行，生成的产物再通过细胞膜进入培养液中。酯类化合物的生成量及成分因菌株而异。当酵母菌细胞膜上的不饱和脂肪酸过多时，会妨碍体内合成的脂类产物透过细胞膜，从而使生成的脂类减少，香气降低。一般情况下，酯类的生成量和发酵强度是平行关系，发酵一停止，酒的香气就开始减弱。加入泛酸和通入空气，都可以促进酯类的生物合成，提高酒的香气。磷酸的存在也能促进脂类的生物合成，但砷酸有阻碍作用。

生成酯类化合物的另一途径，是白酒在蒸馏和贮存过程中发生的酯化反应。在常温下酯化反应的速度很慢，需十几年才能达到平衡。因此随着酒类（原度酒）贮存期的延长，酯类含量会增加（表 4－2），这也是陈酒比新酒香的原因之一。

表 4－2　　蒸馏酒贮藏时间与酯化率的关系

贮藏期	8 个月	2 年	3 年	4～5 年
酯化率/%	34	36	62	64

三、酸类化合物

酒中的有机酸种类很多，含量较大的是乙酸和乳酸；其次是己酸、丁酸、丙酸、戊酸、甲酸等；还发现有二元酸、三元酸、羟基酸和羰基酸等，但含量一般较微。酸类化合物本身对酒香的直接贡献不大，但具有维持酯的香气、调整酒的风味的作用。

这些酸类一部分来源于原料，大部分由微生物发酵生成。其中的偶数饱和脂肪酸是在酵母菌线粒体复合酶的催化下而合成；奇数脂肪酸的反应前体物则是丙酰辅酶 A；带侧链的脂肪酸一般是通过 α－酮酸脱羧生成的，而这些带侧链的酮酸则是由氨基酸的生物合成途径产生，反应能力很强。

四、羰基化合物

羰基化合物也是白酒中较为重要的香气成分。茅台酒中的羰基化合物成分最多，主要有乙缩醛、丙醛、糠醛、异戊醛、丁二酮等；大曲酒和汾酒中主要是乙缩醛和丙醛，其中汾酒的含量低些；三花酒中羰基化合物的含量很少。

大多数羰基化合物是由微生物酵解生成的：

$$C_6H_{12}O_6 \xrightarrow{\text{EMP途径}} CH_3COCOOH \xrightarrow{\text{脱羧酶}} CH_3CHO + CO_2$$

酒中含有的乙缩醛是由乙醛与醇类通过醇醛缩合反应生成的。很多醇类如乙醇、异戊醇、仲戊醇等，都可以通过上述反应形成乙缩醛。乙缩醛具有柔和的香气。除上述主要生成途径外，少数羰基化合物还可以在酒的蒸馏和贮藏过程中，通过 Maillard 反应和醇类的氧化反应而生成。日本有人据此将白酒中的3－脱氧葡萄糖醛酮作为白酒熟化管理的指标，规定新酒中该物质的含量为50μmol/L，陈酒中的含量为350μmol/L。

酒中的丁二酮除了受到某些特殊的乳酸菌污染时会产生外，也可以在熟化过程中由酵母代谢产生。丁二酮含量过多会使白酒产生不快的嗅感。

来自原料中的某些物质经过复杂的微生物发酵作用，不但生成了一些含量较多的香气成分，有时还会形成一些含量极微的主体香气成分。例如，在酱香型白酒中除了酯香和醇香成分外，还发现有微量的呈现酱香和焦香的吡嗪类、呋喃类化合物。

五、酚类化合物

某些白酒中含有微量的酚类，如4－乙基苯酚、愈创木酚等香气成分。这些酚类化合物一方面由原料中的成分在酵母和微生物发酵中生成；另一方面是贮酒容器中的某些成分，如香兰素等溶于酒中经过氧化还原反应产生。

表4－3为白酒香型和主要特征风味物质。

表4－3　　白酒香型和主要特征风味物质

香型	香型典型代表	主要特征风味物质
浓香型	五粮液、泸州老窖	酯类占绝对优势，其次是酸。酯类以己酸乙酯、乳酸乙酯、乙酸乙酯和丁酸乙酯等为主
清香型	山西汾酒、红星二锅头、牛栏山二锅头	乙酸乙酯、乳酸乙酯、乙缩醛，适量的酸类物质
酱香型	贵州茅台、四川郎酒	酯类和酸类占优势，醛酮类物质，含氮化合物。高沸点物质、杂环类物质含量高，成分复杂，难成定论
米香型	广西桂林三花	高级醇类、乳酸乙酯、乙酸乙酯、β－苯乙醇和酸类物质
凤香型	陕西西凤酒	乙酸乙酯、己酸乙酯、β－苯乙醇和异戊醇，酸类物质，丙酸羟胺、乙酸羟胺
药香型	贵州董酒	高级醇、丁酸乙酯、酸类，中草药复杂风味物质
豉香型	广东石湾玉冰烧	高级醇、β－苯乙醇、二元酸酯，酯类、酸类
芝麻香型	山东景芝的景芝神酿	乙酸乙酯、乳酸乙酯、己酸乙酯、酸类、吡嗪、含硫化合物、含氮化合物等，高沸点成分多
特香型	江西樟树四特酒	乳酸乙酯、己酸乙酯、乙酸乙酯，富含奇数碳乙酯、正丙醇、酸类
兼香型	湖北白云边、黑龙江玉泉	兼有浓香型和酱香型白酒风味物质
老白干香型	河北衡水老白干	乳酸乙酯、乙酸乙酯、高级醇、酸类

第三节　主要风味物质在不同香型白酒中的差异

酒中各种微量成分的含量多少和适当的比例关系，是构成各种名白酒风格和香型的重要组成部分。表 4 –4、表 4 –5 列出了不同香型酒的微量成分及含量。

表 4 –4　　不同香型酒微量成分及含量

成分名称	剑南春（浓香型）		五粮液（浓香型）		茅台（酱香型）		郎酒（酱香型）		汾酒（清香型）		三花酒（米香型）	
	含量/(mg/100mL)	百分比/%	含量/(mg/100mL)	百分比/%	含量/(mg/100mL)	百分比/%	含量/(mg/100mL)	百分比/%	含量/(mg/100mL)	百分比/%	含量/(mg/100mL)	百分比/%
芳香成分总量	963		863		1040		800		839		308	
总酯	530	55	520	60	384	37	306	38	570	68	126	41
总酸	140	15	134	16	275	26	180	23	124	15	85	27
总醇	114	12	97	12	163	16	179	22	80	9	83	27
总醛	70	7	65	7	97	9	83	10	14	2	11	4
乙缩醛	109	11	47	5	121.4	12	52	7	51	6	4	1
己酸乙酯	218.4		198.4		42.4		23.3		2.2		1.7	
乳酸乙酯	134.5		135.4		137.8		110.7		261.6		46.2	
乙酸乙酯	101.3		126.4		147.0		105.8		305.9		42.1	
丁酸乙酯	39.8		20.5		26.1		21.2		—		0.6	
辛酸乙酯	3.17		5.2		1.2		0.8		—		0.4	
己酸	29.1		29.6		21.8		10.2		0.2		—	
乳酸	21.0		24.4		105.7		62.3		28.4		48.7	
乙酸	54.6		46.5		111.0		76.3		94.5		33.9	
正丙醇	23.6		14.1		22.0		71.1		9.5		15.7	
仲丁醇	6.8		5.5		4.5		12.8		3.3		0.07	
异丁醇	13.3		8.5		17.2		17.2		11.6		38.4	
正丁醇	34.3		7.0		9.5		14.8		1.1		2.4	
异戊醇	34.9		34.1		49.4		45.1		54.6		57.8	
β - 苯乙醇	0.3		0.2		—		0.3		—		5.0	
糠醛	3.9		1.9		29.4		8.5		0.4		0.05	
丙酸	2.16		0.8		5.1		3.7		0.6		0.3	
异丁酸	1.48		0.9		+ +		2.8		+		0.9	
乙醛	58.0		35.5		55.0		57.4		14.0		4.0	
棕榈酸乙酯	5.17		6.2		—		4.1		—		15.3	
戊酸乙酯	9.8		5.7		5.3		2.9		—		0.1	
乙酸异戊酯	2.7		2.3		2.5		2.3		—		5.1	
正丁酸	12.1		11.4		20.3		3.6		—		0.1	
2，3 - 丁二醇	1.41		1.6		—		1.4		—		4.5	

表 4-5　其他香型酒中微量成分及含量

成分名称	董酒		白云边酒		西凤酒		景芝白干		四特酒		玉冰烧	
	含量/(mg/100mL)	百分比/%	含量/(mg/100mL)	百分比/%	含量/(mg/100mL)	百分比/%	含量/(mg/100mL)	百分比/%	含量/(mg/100mL)	百分比/%	含量/(mg/100mL)	百分比/%
芳香成分总量	895		808		465		634		938		205	
总酯	309	35	351	43	191	41	202	32	342	37	41	20
总酸	291	32	137	17	60	13	69	11	290	31	40	20
总醇	220	25	188	23	114	25	277	44	271	29	120	58
总醛	38	4	74	9	20	4	70	11	12	1	4	2
乙缩醛	37	4	58	8	80	17	16	2	23	2	—	—
乙酸乙酯	150.0		127.8		122.0		95.0		109.4		27.42	
丁酸乙酯	24.9		25.9		3.9		17.9		3.2		—	
戊酸乙酯	3.9		—		23.0		—		—		—	
己酸乙酯	34.5		71.6		42.5		32.4		25.0		少量	
乳酸乙酯	96.1		126.3		19.6		57.2		204.4		13.10	
乙醛	27.5		58.6		80.0		20.3		4.3		3.39	
乙缩醛	37.4		57.6		0.4		16.3		23.2		—	
糠醛	10.0		15.0		1.6		50		7.2		—	
甲酸	3.2		2.5		36.1		1.1		9.5		1.36	
乙酸	132.1		59.3		3.6		46.6		73.0		30.96	
丙酸	20.6		5.6		7.2		21		16.1		少量	
丁酸	46.2		11.4		1.9		6.9		22.9		少量	
戊酸	9.7		1.3		7.2		—		4.0		少量	
己酸	31.1		13.4		1.8		7.8		7.2		0.85	
乳酸	48.7		44.2		18.3		5.2		158.5		7.08	
正丙醇	12.2		77.4		2.2		170.7		189.6		17.67	
仲丁醇	41.0		11.5		22.5		8.8		14.1		—	
异丁醇	49.2		22.5		9.5		19.4		20.8		23.3	
正丁醇	13.3		11.7		61.1		15.5		3.9		1.72	
异戊醇	104.8		65.2		—		63.2		45.2		77.6	

注：表4-4、表4-5所列数据是综合有关资料，供参考。

一、总酸含量

其他香型中的董酒、四特酒总酸含量最高，达290mg/100mL以上，董酒中以乙酸、乳酸、丁酸、己酸、丙酸为主；四特酒以乳酸、乙酸、丁酸、丙酸为主。其次是酱香型，总酸在170mg/100mL以上，以甲酸、乙酸、乳酸、己酸、丁酸为最多。浓香型含酸量在150mg/100mL上下，主要成分是己酸、乙酸、乳酸、丁酸，它们之和占总酸的93%以上，浓香型酒之特点是己酸为最多，约占总酸的35%以上。清香型含酸量较低，以乙酸、乳酸为主，其中乙酸占70%以上，乙酸占总酸的百分比为其他香型酒之首。米香型（三花酒）含酸量低，以乳酸、乙酸为主，其中乳酸占总酸的百分比为其他各酒之最，而且其他有机酸数量少，这是米香型酒之特征。其他香型的6种酒中，总酸含量各有特点，其总酸量从多到少顺序为董酒、四特酒、白云边酒、景芝白干、西凤酒、玉冰烧。这6种都以乙酸为主，乳酸在四特酒中最多，董酒其次，西凤酒最少（表4-6）。

表4-6　五种香型酒所含各种酸在总酸中的百分比　　单位:%

成分名称	浓香型		酱香型		清香型	米香型	其他香型
	泸州特曲	五粮液	茅台酒	郎酒	汾酒	三花酒	董酒
甲酸	1.50	1.09	2.23	2.03	1.40	0.33	3.05
乙酸	30.69	23.21	37.69	49.21	73.48	17.87	54.42
丙酸	0.24	0.68	1.73	2.68	0.47	—	6.61
丁酸	5.73	6.52	6.89	5.20	0.70	0.17	22.38
戊酸	0.86	0.81	1.36	0.72	0.25	—	—
己酸	39.52	35.44	7.40	8.18	—	—	9.66
乳酸	18.04	23.31	35.89	31.98	22.08	81.38	3.87
氨基酸	3.44	8.00	6.42	—	1.63	—	—

二、总酯含量

五种香型酒的总酯含量，一般来说浓香型较高，依次是清香型、酱香型、其他香型，最低为米香型。其他香型中以白云边酒为最高，其次是四特酒和董酒，玉冰烧最低。

曲酒中含量较高的酯类主要是：乙酸乙酯、乳酸乙酯、己酸乙酯、丁酸乙酯等，还有含量虽少、香味较好的乙酸异戊酯、戊酸乙酯等。

（1）己酸乙酯　浓香型酒含量最高，一般在200mg/100mL以上，占该型酒中总酯的40%以上；其他香型如董酒、白云边酒中己酸乙酯含量也较多；酱香型酒的已酸乙酯含量较低；清香型更少，有时没有；米香型酒也没有。

（2）乙酸乙酯　清香型酒含量最高，约占总酯的50%以上，这是清香型酒的特征，以它为主体构成该酒的香型和风格；其次是酱香型、浓香型，乙酸乙酯占各自总酯的20%~38%；米香型酒含乙酸乙酯较低，占总酯17%；最低为其他香型的董酒，只占8%。

（3）乳酸乙酯　在五种香型酒中的地位，有3个特点。

①五种香型酒含乳酸乙酯量相差不悬殊，区间值一般不会超过2倍。以清香型的汾酒含量为最高，其余几个香型多在100～200mg/100mL，玉冰烧和西凤酒含乳酸乙酯较低，但占该酒总酯的百分比也在20%以上，与各香型也差不多。

②在浓香型酒中，乳酸乙酯含量必须小于已酸乙酸，否则会影响酒的风格和口感，是造成浓香型酒不能爽口回甜的主要原因；在酱香型酒中，乳酸乙酯必须大于已酸乙酯，却要小于乙酸乙酯；清香型酒，乳酸乙酯的含量大大地大于已酸乙酯，也小于乙酸乙酯，其间的差距较大者为好；米香型的三花酒，乳酸乙酯含量与一般香型差不多，但此酒含酯品种甚少，乳酸乙酯竟占总酯的82%，这是米香型酒的突出点；其他香型的董酒，乳酸乙酯含量小于已酸乙酯，而大于乙酸乙酯，这是与其余香型不同之处。

③乳酸乙酯在白酒中含量较多，是构成白酒风味的重要成分，并与其他主要酯类配合，形成各种香型酒特有的风格。

（4）丁酸乙酯　在各香型酒中的含量比上述三种酯都少。在浓香型、酱香型、其他香型酒中含量为13～30mg/100mL；清香型、米香型酒基本上未检出。丁酸乙酯的特殊功能是，对形成浓香型酒的风味具有重要作用，它的含量一般为已酸乙酯的1/15～1/10，在这个范围内常使酒香浓郁，酒体丰满。若丁酸乙酯过小，香味喷不起来；过大，则发生臭味。五种香型酒所含各种酯占总酯的百分比见表4－7。

表4－7　五种香型酒各种酯占总酯的百分比　　单位：%

成分名称	酱香	浓香		清香	米香	其他香	
	茅台	泸州特曲	五粮液	全兴大曲	汾酒	三花酒	董酒
甲酸乙酯	5.52	1.76	1.56	—	1.01	—	0.84
乙酸乙酯	38.26	27.04	20.76	20.71	53.15	17.36	8.27
丁酸乙酯	6.80	2.19	5.05	4.16	—	—	4.84
戊酸乙酯	1.38	0.86	1.10	1.64	—	—	1.24
乙酸异戊酯	6.65	0.74	0.57	—	—	—	—
己酸乙酯	11.04	40.26	40.63	49.11	0.38	—	54.58
庚酸乙酯	0.13	0.67	—	—	—	—	—
辛酸乙酯	0.31	0.33	0.81	1.89	—	—	—
乳酸乙酯	35.89	26.15	29.54	22.49	45.46	82.64	30.59

三、醇类含量

无论从总醇量来看，还是从各种醇量来看，不同的酒，其醇类含量差距不大，规律性不强，而某些差别又是造成各种酒不同口味的原因之一。例如，董酒中正丙醇、仲丁醇含量高，这两种醇之和大大超过异丁醇与异戊醇之和，对董酒风格的形成具有特殊的作用。

从色谱分析数据来看，各种名优酒含总醇量（乙醇除外）大都在100～200mg/100mL，其中以酱香型为最多，其次是米香型和西凤酒，最低是浓香型和清香型。一般说来，异戊醇是醇类在白酒中含量最多的，占各自总醇量的25%～56%，其中米香型三花酒含异戊醇最高，其次顺序是清香型、酱香型、浓香型；其他香型中因种类多，尚无规律。

四、醛酮类物质

醛类和酮类，有许多具有特殊的芳香，在名曲酒中也起着重要的作用。五种香型曲酒中，含醛酮类总量差距悬殊，以酱香型最高，其次是浓香型、清香型、米香型，其他香型因种类不同不便比较。醛酮类的种类和含量也是各曲酒香型和风格不同的重要因素之一。

乙缩醛是醛类中含量最多的物质。除三花酒外，大多含乙缩醛50～120mg/100mL，占各自总醛量的28%～57%，其中酱香型和浓香型较多。

乙醛也是在酒中含量较多的成分。除三花酒外，其余香型的名曲酒含乙缩醛量相差不大，多数在20～55mg/100mL，以酱香型酒为最，其次是浓香型、清香型、米香型。酱香型含糠醛量特高，大约为其他名酒的10倍，它是构成茅台酒焦香的主要成分。

α－联酮类物质，包括双乙酰、3－羟基丁酮和2，3－丁二醇，是名优白酒共有的香味成分。在一定范围内，α－联酮类物质含量多些，酒质更好，是构成曲酒进口喷香、醇甜、后味绵长的重要成分。

五、酚 类 物 质

酚类物质也称芳香族化合物。这类物质在名曲酒中含量很少，但呈香作用很大，它在百万分之一，甚至千万分之一的情况下，就能使人感觉到强烈的香味。在名曲酒中已经检出的酚类化合物有：4－乙基愈创木酚、酪醇、香草醛、阿魏酸、香草酸、丁香酸等。名优曲酒中含酚类物质的量比关系是：以酱香型含量较高，兼香型其次，是形成它们特殊香型的主要呈味物质；浓香型也有一定含量；其余香型的酒，酚类物质含量都少。

第四节　各类香型白酒的主要风味物质

一、浓香型白酒的香味组分特点及风味特征

1. 浓香型白酒主要香味组分的特点

浓香型白酒以酯类成分占绝对优势，无论在数量上还是在含量上都居首位。酯类成分约占香味成分总量的60%；其次是有机酸类化合物，占第二位，占总量的14%～16%；醇类占第三位，约为总量的12%；羰基类化合物（不含乙缩醛）则占总量的6%～8%；其他类物质仅占总量的1%～2%（表4－8）。

从表4－8中可以看出，浓香型白酒香味组分中酯类的绝对含量占各成分之首，其中己酸乙酯的含量又是各香味成分之冠，是除乙醇和水之外含量最高的成分。它不仅绝对含量高，而且阈值较低，香气阈限为0.76mg/L，它在味觉上还带甜味、爽口。因此，己酸乙酯的高含量、低阈值，决定了这类香型白酒的主要风味特征。在一定比例浓度下，己酸乙酯含量的高低，标志着这类香型白酒品质的优劣。

表 4-8　　浓香型白酒主要香味成分含量

香味成分	含量/（mg/L）	香味成分	含量/（mg/L）	香味成分	含量/（mg/L）
酯类化合物		2，3-丁二醇	17.9	苯乙酸	0.5
甲酸乙酯	14.3	异丁醇	130.2	总酸	1637.3
乙酸乙酯	1714.6	正丁醇	67.8	羰基化合物	
丙酸乙酯	22.5	异戊醇	370.5	乙醛	355.0
丁酸乙酯	147.9	己醇	161.9	乙缩醛	481.0
乳酸乙酯	1410.4	仲丁醇	100.3	异戊醛	54.0
戊酸乙酯	152.7	正戊醇	7.1	丙醛	18.0
己酸乙酯	1849.9	β-苯乙醇	2.1	丙烯醛	0.2
庚酸乙酯	44.2	总醇	1030.8	正丁醛	5.2
丁二酸二乙酯	11.8	有机酸类化合物		异丁醛	13.0
辛酸乙酯	2.2	乙酸	646.5	丙酮	2.8
苯乙酸乙酯	1.3	丙酸	22.9	丁酮	0.9
癸酸乙酯	1.3	丁酸	139.4	己醛	0.9
乙酸丁酯	1.3	异丁酸	5.0	双乙酰	123.0
乙酸异戊酯	7.5	戊酸	28.8	醋酶	43.0
己酸丁酯	7.2	异戊酸	10.4	总量	1097.0
壬酸乙酯	1.2	己酸	368.1	其他类化合物	
月桂酸乙酯	0.4	庚酸	10.5	糠醛	20
肉豆蔻酸乙酯	0.7	辛酸	7.2	对甲酚	0.0152
棕榈酸乙酯	39.8	壬酸	0.2	4-乙基愈创木酚	0.005
亚油酸乙酯	19.5	癸酸	0.6	2-甲基吡嗪	0.021
油酸乙酯	24.5	乳酸	369.8	2，6-二甲基吡嗪	0.376
硬脂酸乙酯	0.6	棕榈酸	15.2	2-乙基-6-甲基吡嗪	0.108
总酯	5431.6	亚油酸	7.3	三甲基吡嗪	0.294
醇类化合物		油酸	4.7	四甲基吡嗪	0.195
正丙醇	173.0	苯甲酸	0.2	总量	21.0142

除己酸乙酯外，在浓香型白酒酯类组分中，含量较高的还有乳酸乙酯、乙酸乙酯、丁酸乙酯，共4种酯，称浓香型酒的“四大酯类”。它们的浓度在10~200mg/100mL数量级。其中己酸乙酯与乳酸乙酯浓度的比值在1∶(0.6~0.8)，比值以小于1为好；己酸乙酯与丁酸乙酯的比例在10∶1左右；己酸乙酯与乙酸乙酯的比例在1∶(0.6~0.8)。另一类含量较适中的酯，其浓度在5mg/100mL左右，它们有戊酸乙酯、乙酸正戊酯、棕榈酸乙酯、亚油酸乙酯、油酸乙酯、辛酸乙酯、庚酸乙酯、乙酸特丁酯、甲酸乙酯，共9种酯。再一类酯是含量较少的，其浓度约为1mg/100mL，它们是丙酸乙酯、乙酸正丁酯、乙酸异戊酯、丁酸戊酯、己酸异戊酯、乙酸丙酯等，共7种。最后一类是含量极微的酯，含

量在 10^{-6}浓度级或更低，如壬酸乙酯、月桂酸乙酯、肉豆蔻酸乙酯等，共 19 种。值得注意的是，浓香型白酒的香气是以酯类香气为主的，尤其突出己酸乙酯的气味特征。因此，酒体中其他酯类与己酸乙酯的比例关系将会影响这类香型白酒的典型香气风格，特别是与乳酸乙酯、乙酸乙酯、丁酸乙酯的比例，从某种意义上讲，将决定其香气的品质。

有机酸类化合物是浓香型白酒中重要的呈味物质，它们的绝对含量仅次于酯类含量，大约在 140mg/100mL，约为总酯含量的 1/4。经分析得出的有机酸按其浓度多少可分为三类。第一类为含量较多的，约在 10mg/100mL 以上数量级，它们有乙酸、己酸、乳酸、丁酸 4 种。第二类为含量适中的，在 0.1 ~ 4.0mg/100mL，它们有甲酸、戊酸、棕榈酸、亚油酸、油酸、辛酸、异丁酸、丙酸、异戊酸、庚酸等。第三类是含量极微的有机酸，浓度一般在 1mg/L 以下，它们有壬酸、癸酸、肉桂酸、肉豆蔻酸、十八酸等。有机酸中，乙酸、己酸、乳酸、丁酸的含量最高，其总和占总酸的 90% 以上。其中，己酸与乙酸的比例一般在 1∶(1.1 ~ 1.5)；己酸与丁酸的比例在 1∶(0.3 ~ 0.5)；己酸与乳酸的比例在 1∶(0.5 ~ 1)；浓度大小的顺序为乙酸 > 己酸 > 乳酸 > 丁酸。总酸含量的高低对浓香型白酒的口味有很大影响，它与酯含量的比例也会影响酒体的风味特性。一般总酸含量低，酒体口味淡薄，总酯含量也相应不能太高，若太高酒体香气显得“头重脚轻”；总酸含量太高，也会使酒体口味变得刺激，“粗糙”、不柔和、不圆润。另外，酒体口味持久时间的长短，很大程度上取决于有机酸，尤其是一些沸点较高的有机酸。

有机酸与酯类化合物相比较，芳香气味不十分明显，但一些长碳链脂肪酸具有明显的脂肪臭和油味，若这些有机酸含量太高，仍然会使酒体的香气带有明显的脂肪臭或油味，影响浓香型白酒的香气及典型风格。

醇类化合物是浓香型白酒中又一呈味物质。它的总含量仅次于有机酸含量。醇类突出的特点是沸点低，易挥发，口味刺激，有些醇带苦味。一定的醇含量能促进酯类香气的挥发。若酯含量太低，则会突出醇类的刺激性气味，使浓香型白酒的香气不突出；若醇含量太高，酒体不但突出了醇的气味，而且口味上也显得刺激、辛辣、苦味明显。所以，醇类的含量应与酯含量有一个恰当的比例。一般醇与酯的比例在浓香型白酒组分中为 1∶5 左右。在醇类化合物中，各组分的含量差别较大，以异戊醇含量最高，为 30 ~ 50mg/100mL。各个醇类组分的浓度顺序为：异戊醇 > 正丙醇 > 己醇 > 异丁醇 > 仲丁醇 > 正丁醇 > 2，3 - 丁二醇 > 正戊醇 > β - 苯乙醇。其中异戊醇与异丁醇对酒体口味的影响较大，若它们的绝对含量较高，酒体口味较差。异戊醇与异丁醇的比例一般较为固定，大约在 3∶1。高碳链的醇及多元醇在浓香型白酒中含量较少，它们大多刺激性较小，较难挥发，并带有甜味，对酒体可以起到调节口味刺激性的作用，使酒体口味变得浓厚而甜。仲丁醇、异丁醇、正丁醇口味很苦，它们绝对含量高，会影响酒体口味，使酒带有明显的苦味，这将损害浓香型白酒的典型味觉特征。

羰基化合物在浓香型白酒中的含量不多。就其单一组分而言，乙醛与乙缩醛的含量最多，大约在 10mg/100mL 以上。其次是双乙酰、醋酴、异戊醛，浓度为 4 ~ 9mg/100mL；再其次为丙醛，异丁醛，其含量为 1 ~ 2mg/100mL。其余的成分含量极微，在 1mg/100mL 以下。羰基化合物多数具有特殊气味。乙醛与乙缩醛在酒体中处于同一化学平衡，它们之间的比例为：乙缩醛∶乙醛 = 1∶(0.5 ~ 0.7)。双乙酰和醋酴带有特殊气味，较易挥发，它们与酯类香气作用，使香气丰满而带有特殊性，并能促进酯类香气的挥发，在一定范围内，它们的含量稍多能提高浓香型白酒的香气品质。

其他类化合物成分在浓香型白酒中也检出了一些。如吡嗪类、呋喃类、酚元类化合物等。这些化合物在浓香型白酒香味组分中含量甚微。同时，它们在香气强度上与酯类香气相比不如酯类香气。所以在浓香型白酒的香气中，并未突出表现这些化合物的气味特征。但是，在一些特殊情况下还是能够感觉到这些化合物类别的气味特征。例如，在贮存时间较长的浓香型白酒香气中，多少能感觉到一些似呋喃类化合物气味的特征。另外，一些浓香型白酒的“陈味”是否与呋喃类或吡嗪类化合物有内在的联系还不得而知。浓香型白酒香气中所谓的“窖香”“糟香”与哪一类化合物相关联仍是一个谜，这有待今后深入研究。

2. 浓香型白酒的风味特征

典型的浓香型白酒的风格应是：无色（或微黄）透明，无悬浮物、无沉淀，窖香浓郁（或称芳香浓郁），具有以己酸乙酯为主体、纯正协调的复合香气，入口绵甜爽净，香味谐调，回味悠长。

在浓香型白酒中，存在着两个风格有所差异的流派，即以苏、鲁、皖、豫等地区的俗称纯（或淡）浓香型和以四川为代表的“浓中带酱”型（实际应称“浓中带陈”）。因地区、气候、水土、微生物区系及工艺上的差异，这两大流派的酒各具微妙的独特风味。以泸州特曲、五粮液、剑南春等为代表的四川浓香型流派的酒以窖香幽雅、香味丰满而著称，在口味上突出绵甜，气味上带“陈香”“老窖香”，有人认为是带“酱香”。以洋河大曲、双沟大曲、古井贡酒等为代表的江淮浓香型流派的酒，其特点是突出己酸乙酯的香气，但较淡雅，而且口味纯正，以醇甜爽净著称，故又称之谓纯浓流派。在全国众多的浓香型酒中，有不少酒厂采用多粮生产，因各种粮食赋予酒不同的风味，用多粮酿造即集各种粮食之精华，使酒体更加丰满，香和味与单粮相比各具特色。

二、清香型白酒的香味组分特点及风味特征

1. 清香型白酒主要香味组分的特点

清香型白酒香味组分的总含量在大曲白酒中是属较少的一类（除老白干酒外）。这类白酒的香味组分仍是以酯类化合物占绝对优势，其次是有机酸类、醇类、羰基化合物。其他成分如呋喃类、吡嗪类化合物含量极少。

从表 4 -9 可以得出如下结论。

（1）清香型白酒的总酯含量与总酸含量的比值超过了浓香型酒相应的比值，这是清香型白酒香味组分的一个特征。它们的比值大约在 5.4∶1。在酯类化合物中，乙酸乙酯含量最高，是其他各组分之冠。乳酸乙酯的含量仅次于乙酸乙酯，这是清香型白酒香味组分的另一个特征。乙酸乙酯和乳酸乙酯的绝对含量，及两者之比例关系，对清香型白酒的质量和风格特征有很大的影响。一般乙酸乙酯与乳酸乙酯的含量比例为 1∶(0.6 ~ 0.8)，若乳酸乙酯含量超过这个比例浓度，将会影响清香型白酒的风味特征。此外，丁二酸二乙酯也是清香型白酒酯类组分中较重要的成分，由于它的香气阈值很低，虽然在酒中含量甚少，但它与 β - 苯乙醇相互作用，赋予清香型白酒以香气特殊的风格。

表 4－9　　清香型白酒主要香味组分含量

香味成分	含量/(mg/L)	香味成分	含量/(mg/L)	香味成分	含量/(mg/L)
酯类化合物		异丁醇	132.0	亚油酸	0.46
甲酸乙酯	2.7	正乙醇	8.0	总酸	654.88
乙酸乙酯	2326.7	异戊醇	303.3	羰基化合物	
丙酸乙酯	3.8	仲丁醇	20.0	乙醛	140.0
丁酸乙酯	2.1	己醇	7.3	异戊醛	17.0
乳酸乙酯	1090.1	β－苯乙醇	20.1	乙缩醛	244.4
戊酸乙酯	8.6	2,3－丁二醇	8.0	异丁醛	2.6
己酸乙酯	7.1	总醇	665.7	双乙酰	8.0
庚酸乙酯	4.4	有机酸类化合物		丁醛	1.0
丁二酸二乙酯	13.1	乙酸	314.5	醋鎓	10.8
辛酸乙酯	7.8	甲酸	18.0	总量	423.8
苯乙酸乙酯	1.2	丙酸	10.5	其他类化合物	
癸酸乙酯	2.8	丁酸	9.0	糖醛	4.0
乙酸异戊酯	7.1	戊酸	2.0	三甲基吡嗪	0.12
肉豆蔻酸乙酯	6.2	己酸	3.0	四甲基吡嗪	0.0208
棕榈酸乙酯	42.7	庚酸	6.0	3,6－甲基－2－乙基吡嗪	—
亚油酸乙酯	19.7	丁二酸	1.1	苯酚	0.23
油酸乙酯	10.0	月桂酸	0.16	邻甲酚	0.08
硬脂酸乙酯	0.6	肉豆蔻酸	0.12	对甲酚	0.03
总酯	3556.7	棕榈酸	4.8	间甲酚	0.01
醇类化合物		乳酸	284.5	4－乙基酚	—
正丙醇	167.0	油酸	0.74	总量	4.49

（2）清香型白酒中的有机酸主要是乙酸与乳酸含量最高。它们含量的总和占总酸含量的90%以上，其余酸类含量较少。其中，庚酸与丙酸含量相对稍多一些，丁酸与己酸含量甚微或痕迹。乙酸与乳酸是清香型白酒酸含量的主体，乙酸与乳酸含量的比值大约为1∶0.9。清香型白酒总酸含量一般在60～120mg/100mL。

（3）醇类化合物是清香型白酒很重要的口味物质。醇类物质在各组分中所占的比例较高，与浓香型白酒组分构成相比较，这又是它的一个特点。在醇类物质中，异戊醇、正丙醇和异丁醇的含量较高。从绝对含量上看，这些醇与浓香型白酒相应的醇含量相比，并没有特别之处，但它占总醇量的比例或总组分含量的比例却远远高于浓香型白酒，其中正丙醇与异丁醇尤为突出。清香型白酒的口味特点是入口微甜，刺激性较强，带有一定的爽口苦味，这个味觉特征，很大程度上与醇类物质的含量及比例有直接关系。

（4）清香型白酒中，羰基化合物含量不多，其中以乙醛和乙缩醛含量最高，两者含量之总和占羰基化合物总量的90%以上。乙缩醛具有干爽的口感特征，它与正丙醇共同构成了清香型白酒爽口带苦的味觉特征。因此，在勾调清香型白酒时，要特别注意醇类物质与乙缩醛对口味的作用特点。

在清香型白酒中，其他类的化合物含量极微，故在气味特征上表现不十分突出。清香型白酒中的“糟香”和贮存期长酒中的“陈香”也有待进一步研究。

2. 清香型白酒的风味特征

典型的清香型白酒的风味特征是，无色、清亮透明，具有以乙酸乙酯为主的谐调复合香气，清香纯正，入口微甜，香味悠长，落口干爽，微有苦味。

清香型白酒突出的酯香是乙酸乙酯淡雅的清香气味，气味正、持久，很少有其他邪杂气味。清香型白酒的入口刺激感比浓香型白酒稍强，味觉特点突出爽口，落口微带苦味，口味在味觉器官中始终是一个干爽的感觉，应无其他异杂味，自然、谐调。这是清香型白酒最重要的风味特征。

三、米香型白酒的香味组分特点及风味特征

米香型白酒是以大米为原料，小曲为糖化发酵剂，经固态培菌糖化，液态发酵、蒸馏制得的白酒。它的典型代表是广西桂林三花酒和湘山酒。

1. 米香型白酒主要香味组分的特点

米香型白酒的酿造工艺较简单，发酵期也短，并在液态下（半固态）发酵，故它的香味组分含量也相对较少，其香气不十分强烈。

表 4－10　　米香型白酒主要香味组分含量

香味成分	含量/（mg/L）		香味成分	含量/（mg/L）		香味成分	含量/（mg/L）
酯类化合物			醇类化合物			庚酸	10.0
乙酸乙酯	245.0		正丙醇	197.0		丁二酸	1.1
乳酸乙酯	995.0		异戊醇	960.0		油酸	0.74
辛酸乙酯	2.70		异丁醇	462.0		亚油酸	0.46
壬酸乙酯	4.1		正丁醇	8.0		月桂酸	0.16
癸酸乙酯	2.4		β－苯乙醇	33.2		总酸	1206.04
丁二酸二乙酯	5.8		2，3－丁二醇	49.0		羰基类化合物	
月桂酸乙酯	1.7		总醇含量	1709.2		乙醛	35.0
棕榈酸乙酯	50.2		有机酸类化合物			乙缩醛	142.0
油酸乙酯	15.1		乙酸	215.0		糠醛	0.9
亚油酸乙酯	17.0		乳酸	978.0			
总酯	1339.0		辛酸	0.58			

从表 4－10 可以看出米香型白酒香味组分有如下几个特点。

（1）香味组分总含量较少。

（2）总醇含量超过了总酯含量。

（3）酯类化合物中，乳酸乙酯的含量最多，它超过了乙酸乙酯的含量。

（4）醇类化合物中，异戊醇含量最高，正丙醇和异丁醇的含量也相当高。其中，异戊醇和异丁醇的绝对含量超过了浓香型白酒和清香型白酒中醇的含量。β－苯乙醇含量较高，它的绝对含量也超过了清香型和浓香型白酒相应组分的含量。

（5）有机酸类化合物中，以乳酸含量最高，其次为乙酸，其含量之和占总酸量的90%以上。

（6）羰基类化合物含量较低。

从米香型白酒香味组分特点上看，该类香型白酒总组分数量及含量少，而总醇含量较高，甚至超过了总酯的含量。这样必然会在它的风味特征上有所反映。米香型白酒在香气特征上可嗅辨到醇的香气，同时在口味上有较明显的苦味感觉，这些特征都与它的醇类化合物构成有直接的关系。此外，一般米香型白酒酒度较低时，有入口醇甜的感觉，这也与醇类化合物较易与水形成氢键有直接的关系。在米香型白酒香气上，它突出了以乙酸乙酯和β－苯乙醇为主体的淡雅蜜甜香气，这主要因为：一方面这类白酒的整体香味组分含量少，总酯的绝对含量也少，其中乙酸乙酯的绝对含量也不高，所以，整体香气呈现出淡雅的乙酸乙酯气味特征；另一方面，在酯类化合物组成中，乳酸乙酯这一高沸点的酯组分绝对含量超过了乙酸乙酯含量，它限制了乙酸乙酯的挥发，并使酒体口味上带有一定的苦味，也是这类香型白酒香气淡雅的一个主要原因。另外，β－苯乙醇的绝对含量较高，加上这类香型白酒总组分含量不高，因此，β－苯乙醇的含量在总组分含量中的比例相应提高。由于β－苯乙醇的香气感觉阈值较低，那么它在整体香气中的作用就突出表现出来，形成了以乙酸乙酯与β－苯乙醇为主体的气味特征。在米香型白酒中，有机酸的含量也较少，相应的一些高沸点酸也较少，反映到口味上，该类白酒的口味浓厚程度就比浓香型或清香型白酒小得多，香味持久时间也短得多。所有米香型白酒的风味特征都是它的组分特点的集中反映。因此，要了解一个香味组分是否在体系中呈现出来它的风味特点，不能只考虑它的绝对含量、香气阈值或结构特征，还要考虑它在整个体系中所占的比例和其他组分对它的影响因素。在米香型白酒香味组分特点中可以清楚地体会到这一点。另外，在米香型白酒的香气中，还存在有一种以“煮熟的”稻米香气和似“甜酒酿”样的香气，这些气味特征与哪一些化合物相关联还不得而知。

2. 米香型白酒的风味特征

典型米香型白酒的风味特征是：无色、清亮透明，闻香有以乙酸乙酯和β－苯乙醇为主体的淡雅的复合香气，入口醇甜，甘爽，落口怡畅。在口味上有微苦的感觉，香味持久时间不长。这类香型白酒在香气上突出了淡雅的蜜甜香气，在口味上突出了醇甜、甘爽、回味怡畅、微苦、回味不长等特点。

四、酱香型白酒的香味组分特点及风味特征

酱香型白酒以其幽雅细腻的香气、空杯留香持久、回味悠长的风味特征，而明显地区别于其他酒类。

1. 酱香型白酒主要香味组分的特点

酱香型白酒的“酱香气味”源于何种特征组分？它的香味成分特点是什么？“酱味”与生产工艺有什么内在联系？关于这些问题，国内有关科研单位、大专院校及生产企业都做了大量的工作，但至今尚无定论。综合有关材料，关于酱香气味的特征性化合物来源的

说法主要有以下几种。

（1）4－乙基愈创木酚学说　自1964年原轻工业部组织茅台试点工作，到1976年大连物理化学研究所、原轻工业部食品发酵工业研究所和内蒙古轻化工研究所等几家科研单位陆续对茅台酒的香味组分醇、酸、酯、羰基类化合物进行了分析研究，试图找出其中组分的特点与酱香气味的关系，其主要分析结果列于表4－11。

表4－11　　茅台酒主要香味组分含量

香味成分	含量/（mg/L）	香味成分	含量/（mg/L）	香味成分	含量/（mg/L）
酯类化合物		异丁酸	22.8	异丁醇	178.0
甲酸乙酯	172.0	戊酸	29.1	正丁醇	113.0
乙酸乙酯	1470.0	异戊酸	23.4	异戊醇	460.0
丙酸乙酯	557.0	己酸	115.2	正戊醇	7.0
丁酸乙酯	261.0	异己酸	1.2	β－苯乙醇	17.0
戊酸乙酯	42.0	庚酸	4.7	2，3－丁二醇	151.0
己酸乙酯	424.0	辛酸	3.5	正己醇	27.0
庚酸乙酯	5.0	壬酸	0.3	庚醇	101.0
辛酸乙酯	12.0	癸酸	0.5	辛醇	56.0
壬酸乙酯	5.7	肉豆蔻酸	0.7	第二戊醇	15.0
癸酸乙酯	3.0	十五酸	0.5	第三戊醇	—
月桂酸乙酯	0.6	棕榈酸	19.0	总醇	2706.0
肉豆蔻酸乙酯	0.9	硬脂酸	0.3	羰基化合物	
棕榈酸乙酯	27.0	油酸	5.6	乙醛	550.0
乙酸异戊酯	6.0	乳酸	1057.0	乙缩醛	1214.0
油酸乙酯	10.5	亚油酸	10.8	糠醛	294.0
乳酸乙酯	1378.0	月桂酸	3.2	双乙酰	230.0
丁二酸二乙酯	5.4	苯甲酸	2.0	醋酶	405.9
苯乙酸乙酯	0.8	苯乙酸	2.7	苯甲醛	5.6
总酯	4380.9	苯丙酸	0.4	异戊醛	98.0
有机酸类化合物		总酸	3016.6	异丁醛	11.0
乙酸	1442.0	醇类化合物		总量	2808.5
丙酸	171.1	正丙醇	1440.0		
丁酸	100.6	仲丁醇	141.0		

从以上分析结果可以看出，酱香型的茅台酒的醇、酯、酸和羰基类化合物组分有以下几个特点。

①有机酸总量很高，明显高于浓香型和清香型白酒。在有机酸组分中，乙酸含量多，乳酸含量也较多，它们各自的绝对含量是各类香型白酒相应组分含量之冠。同时，有机酸

的种类也很多。在品尝茅台酒的口味时，能明显感觉到酸味，这与它的总酸含量高、乙酸与乳酸的绝对含量高有直接的关系。

②总醇含量高。在醇类化合物中，尤以正丙醇含量最高。这对于茅台酒的爽口有很大的关系。同时，醇类含量高还可以起到对其他香气组分“助香”和“提扬”的挥发作用。

③己酸乙酯含量并不高。一般在40～50mg/100mL。茅台酒的酯类化合物组分种类很多，含量最高的是乙酸乙酯和乳酸乙酯。己酸乙酯在众多种类的酯类化合物中并没有突出它自身的气味特征。同时，酯类化合物与其他组分香气相比较，在茅台酒的香气中表现也不十分突出。

④醛、酮类化合物总量是各类香型白酒相应组分含量之首。特别是糠醛的含量，它与其他各类香型白酒含量相比是最多的；还有异戊醛和醋鎓也是含量最多的。这些化合物的气味特征中多少有一些焦香与糊香的特征，这与茅台酒香气中的某些气味有相似之处。

⑤茅台酒富含高沸点化合物，是各香型白酒相应组分之冠。这些高沸点化合物包括了高沸点的有机酸、有机醇、有机酯、芳香酸和氨基酸，它们主要是由于茅台酒的高温制曲、高温堆积和高温接酒等特殊酿酒工艺带来的。这些高沸点化合物的存在，明显改变了香气的挥发速度和口味的刺激程度。茅台酒富含有机酸及有机醇，其中乙酸、乳酸和正丙醇含量很高，这些小分子酸及醇一般具有较强的酸刺激感和醇刺激感，而在茅台酒的口味中，并没有体现出这样的尖酸口味，和醇刺激性，能感觉到的是柔和的酸细腻感和柔和的醇甜感。这与高沸点化合物对口味的调节作用有很大的关系。在茅台酒的香气中，其香气挥发并不是很飘逸和强烈，它表现出香气幽雅而持久，特别是在它的空杯留香中，可以长时间地保持其原有的香气特征，而不是一段时间就改变了原有的香气，好像有物质将香气“固定”一样。这种特性也与高沸点化合物的存在有直接关系。前面已经讲述了，高沸点化合物能改变体系的饱和蒸气压，延续香气分子的挥发。因此，茅台酒富含高沸点化合物这一组分特点，是决定茅台酒某些风味特征的一个很重要的因素。

虽然醇、酯、酸和羰基类化合物的组分特点在一定程度上构成了茅台酒的某些风味特征，但似乎与它的“酱香气味”还没有直接的联系。因为，无论是酸、醇、酯和一些羰基类化合物（现已检出的）的单体气味特征，还是它们相互之间的气味相加和，都很难找出与“酱香气味”特征相似的地方，甚至其气味特征相差较远。是否在茅台酒或酱香型白酒中还存在着一些其他组分，而这些组分的气味特征可能较接近酱香的气味特征，或由于组分之间的相互作用形成了类似酱香气味的特征？针对这些问题，人们从研究酱油香气的特征组分中得到了某些启示。虽然酱油的“酱气味”和茅台酒或酱香型白酒的“酱香气味”有区别，但它是否也有某种联系呢？通过研究酱油的香味组分发现，它的特征性化合物主要是4－乙基愈创木酚（4－EG）、麦芽酚、苯乙醇、3－甲硫基丙醇、2－乙酰吡咯和4－羟基－2、5－乙基－5（2）－甲基－3（2*H*）－呋喃酮（HEMF）等。研究中指出，4－EG主要是小麦在发酵过程中经酵母代谢作用所形成。4－EG的气味特征被描述为：似“酱气味和熏香”气味。根据酱油香味组分的分析结果，研究工作者继而在酱香型的茅台酒中同样也检出了4－EG的存在，并根据4－EG的气味特征提出了4－EG为酱香型白酒主体香气成分的说法。但随着在浓香型白酒及其他香型类白酒中相继检出4－EG的存在，并且发现它在含量上与酱香型白酒中差别不大，所以，上述提法似乎显得证据不足。

（2）吡嗪类化合物及加热香气学说　食品在热加工过程中，由于游离氨基酸或二肽、还原糖以及甘油三羧酸酯或其衍生物的存在，会发生非酶褐变反应，即美拉德反应，它会赋予食品特殊风味。这些风味的特征组分大都来源于美拉德反应的产物或中间体。它们多数是一些杂环类化合物，具有焙烤香气的气味特征。

茅台酒的生产工艺有高温制曲、高温堆积和高温接酒等操作过程，原料及发酵酒醅都经过了高温过程。因此，人们联想到茅台酒的酱香气味是否与食品的加热香气有关，相继展开了对茅台酒中杂环类化合物组分的分析研究。通过研究分析发现，杂环类化合物确实在酱香型白酒中含量很多，而且种类也很多，其中，尤以吡嗪类化合物含量最多。通过对其他各类香型中杂环类化合物的对比分析发现，酱香型白酒中的杂环类化合物无论是在种类上还是在数量上，都居各香型白酒之首。表 4－12 列出酱香型白酒中主要杂环类化合物的含量。

表 4－12　　酱香型白酒中主要杂环化合物含量

名称	含量/（μg/L）	名称	含量/（μg/L）
吡嗪	37	2，6－二乙基吡嗪	247
2－甲基吡嗪	323	3－乙基－2，5－二甲基吡嗪	83
2，5－二甲基吡嗪	143	2－乙基－3，5－二甲基吡嗪	1402
2，6－二甲基吡嗪	992	四甲基吡嗪	53020
2，3－二甲基吡嗪	660	2－甲基－3，5－二乙基吡嗪	420
2－乙基－6－甲基吡嗪	796	3－异丁基－2，5－二甲基吡嗪	143
2－乙基－5－甲基吡嗪	27	2－乙基－3－异丁基－6－甲基吡嗪	46
三甲基吡嗪	4965	3－异戊基－2，5－二甲基吡嗪	151
3－丙基－5－乙基－2，6－甲基吡嗪	105	3－异丁基吡嗪	80
3－甲基噁唑	375	噻唑	138
吡啶	180	总量	64333

从表 4－12 中可以看出，在吡嗪类化合物中，四甲基吡嗪含量最多。四甲基吡嗪及其同系物是在 1879 年首次由国外研究者从甜菜糖蜜中分离得到的，后来在大豆发酵制品中也发现它的存在。四甲基吡嗪具有一种特殊的大豆发酵香气，很容易使人联想到像酱油和豆酱的发酵香气特征。因此，有人提出了吡嗪类化合物是酱香型白酒酱香气味的主体香物质，他们认为酱香气味主要来源于吡嗪类化合物的气味特征。

（3）呋喃类和吡喃类化合物及其衍生物学说　在研究酱香型白酒高温过程中产生加热香气的同时，人们也注意到了高温过程仍可以产生一些呋喃类化合物，它主要是氨基糖反应的产物。在对酱油香气组分分析时，人们发现 HEMF（羟基呋喃酮）也是酱油香气的一个特征性组分。因此，人们又联想到酱香型白酒的酱香气味是否与此类化合物有内在的联系。

天津化学试剂一厂的周良彦先生曾对酱香型白酒的主要香气组分与呋喃类和吡喃类及其衍生物之间的关系做出过推测。他列出了下列23种呋喃及其衍生物，并从它们的气味及分子结构，以及与酱香气味的关系等方面进行了推测。这23种呋喃及其衍生物是：4－羟基－2，5－乙基－5（2）－甲基－3（2*H*）－呋喃酮（HEMF）、4－羟基－2，5－甲基－3（2*H*）－呋喃酮（HDMF）、3－羟基…4，5－甲基－2（5*H*）－呋喃酮、4－乙基－3－羟基－5－甲基－2（5*H*）－呋喃酮、5－乙基－3－羟基－4－甲基（5*H*）－呋喃酮、4－羟基－5－甲基－3（2*H*）－呋喃酮（HMMF）、4－甲羧基－2，5－甲基－3（2*H*）－呋喃酮、麦芽酚、2－乙基－3－羟基吡喃酮、2－异丙基－3－羟基吡喃酮、2－正丙基－3－羟基吡喃酮、2－苯基－3－羟基吡喃酮、5－羟基麦芽酚、2－乙基－3－羟基－6－甲基－4（4*H*）－吡喃酮、2－甲基－3－甲氧基－4*H*－吡喃酮、2－羟基－3－甲基－2－环戊二烯酮、3－乙基－2－羟基－2－环戊二烯酮、2－羟基－3－丙基－2－环戊二烯酮、2－羟基－3，4－甲基－2－环戊二烯酮、2－羟基－3，5－甲基－2－环戊二烯酮、异麦芽酚、4－乙基－2－甲氧基酚、3－羟基丁酮（醋鎓）。

上述化合物的感官特征大都具有焦香、糊香和类似所谓“酱香”的气味特征。周先生从呋喃类、吡喃类及其衍生物的化学结构、感官特征，以及这些化合物形成的物质结构出发，指出：呋喃类和吡喃类及其衍生物，在它们的分子结构中都具有相同的部分结构，它们大都含有羟基、羰基或甲氧基，具有五元环或六元环状结构，含有氧原子，它们大多是一类具有焦香和糊香的气味发香基团。这类化合物芳香气味较强烈，特征明显。这类化合物主要是淀粉经水解变成各种单糖、低聚糖和多聚糖，经氨基糖反应产生的产物，因此它具备糖类的五元环或六元环结构。糖类是酿酒的基础物质，生产过程同时有酸性条件和氨基酸等物质的存在，在高温条件下必然会产生呋喃类和吡喃类物质及其衍生物。

由于分析等方面的局限，对酱香型白酒组分中呋喃类化合物的分析还不是很深入，但从目前已经分析出的一些呋喃类化合物的结果上看，这类化合物确实在酱香型白酒中占很重要的地位。糠醛，又称呋喃甲醛，它在酱香型白酒中的含量较高，是其他各类香型白酒所无法比拟的，比如，在酱香型白酒中糠醛的含量是浓香型白酒的10倍以上。3－羟基丁酮（又称醋鎓）是呋喃的一个衍生物，它在酱香型白酒中的含量也是较多的，是浓香型白酒含量的10倍以上。呋喃类化合物的气味阈值较低，较少的含量就能从酒中察觉出它的气味特征。这类化合物不十分稳定，较易氧化或分解，一般都有颜色，常呈现出油状的黄棕色。通过酒在贮存过程中颜色及风味的变化，也可以推测出一些呋喃类化合物的作用关系。酱香型白酒的贮存期是各香型白酒中最长的，一般在3年左右。贮存期越长，酱香气味越明显，酒体的颜色也逐渐变黄。成品酱香型白酒大多带有微黄颜色。看来，一些具有五环或六环呋喃结构的前驱物质，在贮酒过程中，或氧化、还原，或分解，形成了各类具有呋喃部分分子结构的化合物，使酒体产生了一定的焦香或糊香或类似酱香气味的特征，这与呋喃类化合物的存在有着密切的因果关系。这种在贮酒过程中的风味变化，不但在酱香型白酒中存在，在浓香、清香或其他大曲白酒中均会存在。例如，在浓香型白酒中，经过长时间贮存的酒颜色逐渐变黄，气味上也逐渐产生所谓的“陈味”，有时会被误认为带有酱香的气味特征。清香型白酒同样也会遇到类似现象。因此，有人认为，白酒的陈酿、老熟是具有呋喃结构的化合物氧化还原或分解形成的，陈香气味是这些化合物的代表气味特征。从以上的推测并结合实际的酿酒经验及现有的分析结果可以初步看出，呋喃类、吡喃类及其衍生物与酱香气味和陈酒香气有着某种内在的联系。

（4）酚元类、吡嗪类、呋喃类、高沸点酸和酯类共同组成酱香复合气味学说。这种说法是概括了上述3种学说而提出的一种复合香气学说。它提出：酱香型白酒的酱香气味并不是某一单体组分所能体现的，而是几类化合物共同作用的结果。在酱香气味中，体现出了焦香、糊香和“酱香”的气味特征，这与4－EG、吡嗪类化合物和呋喃类化合物的气味特征有某些相似之处。但酱香型白酒中的酱香气味与焦香、糊香和“酱味”是有区别的，这种复合酱香气味很可能是这几类化合物以某种形式组合而成。同时，酱香型白酒特有的空杯留香主要是由高沸点酸类物质决定的。

这一学说包括的范围较广，也没有足够的证据来说明几种类型化合物之间的作用关系。但高沸点化合物对空杯留香的作用无疑是肯定存在的。

总之，对酱香型白酒的香味组分的研究还未彻底弄清楚，还有许多未知的成分及问题等待进一步解决，相信随着技术的发展，彻底摸清酱香型白酒的组分特点一定会实现。

2. 酱香型白酒的风味特征

典型酱香型白酒的风味特征是：无色或微黄，透明，无沉淀及悬浮物；闻香有幽雅的酱香气味，空杯留香，幽雅而持久；入口醇甜，绵柔，具有较明显的酸味，口味细腻，回味悠长。

酱香型白酒在外观上多数具有微黄颜色，在气味上突出独特的酱香气味，香气不十分强烈，但很芬芳、幽雅，非常持久、稳定，空杯留香仍能长时间保持原有的香气特征。在口味上突出了绵柔，不刺激，能尝出明显的柔和酸味，味觉及香气持久时间很长，落口比较爽口。

五、西凤酒的香味组分特点及风味特征

凤型白酒是指具有西凤酒香气风格的一类白酒，其代表产品是陕西的西凤酒，其工艺特殊，香气风格独特，贮存容器也与其他香型白酒差异很大。国家正式将此类酒定为凤型酒。

1. 西凤酒主要香味组分的特点

从表4－13中可以看出凤香型白酒的香味组分有以下几个特点。

（1）凤香型白酒香味组分特点介于浓香型与清香型白酒之间。从组分的总含量上均低于浓香型和清香型白酒，其中，总酸与总酯含量明显低于浓香型白酒，略低于清香型白酒。

（2）凤香型白酒酯类化合物组分中，乙酸乙酯含量最高。它的绝对含量低于清香型和浓香型白酒，浓度为80～150mg/100mL。己酸乙酯的含量高于清香型白酒，而明显低于浓香型白酒。己酸乙酯含量的高低，将会影响凤香型白酒的整体风味和典型风格。当己酸乙酯含量大于50mg/100mL时，凤香型白酒的典型风格将发生偏格；当浓度低于10mg/100mL时，也会偏向清香型风味。同时，乙酸乙酯与己酸乙酯、乳酸乙酯也应有一个恰当的比例，否则也会影响凤香型白酒的风格，它们的比例为：乙酸乙酯∶己酸乙酯＝1∶（0.12～0.23）；乳酸乙酯与乙酸乙酯的比例为（0.6～0.8）∶1。丁酸乙酯、丁酸和己酸的含量在凤型白酒中，明显低于浓香型白酒，而高于清香型白酒。

表 4－13　　西凤酒主要香味组分含量

香味成分	含量/(mg/L)	香味成分	含量/(mg/L)	香味成分	含量/(mg/L)
酯类化合物		正丙醇	214.7	油酸	3.4
甲酸乙酯	13.9	2,3－丁二醇	20.8	丁二酸	0.8
乙酸乙酯	1177.8	异丁醇	213.9	苯乙酸	0.4
丙酸乙酯	0.4	正戊醇	28.6	总酸	770.2
丁酸乙酯	68.6	庚醇	0.8	羰基化合物	
乳酸乙酯	718.1	正丁醇	21.3	乙醛	356.6
戊酸乙酯	7.9	第二戊醇	8.3	乙缩醛	424.1
己酸乙酯	55.4	异戊醇	520.1	异戊醛	1.7
庚酸乙酯	7.1	辛醇	0.2	异丁醛	3.9
丁二酸二乙酯	1.5	糠醇	4.3	苯甲醛	2.8
辛酸乙酯	7.4	己醇	42.1	糠醛	3.0
苯乙酸乙酯	1.4	仲丁醇	37.3	总量	792.1
苯甲酸乙酯	1.0	β－苯乙醇	7.1	其他类化合物	
癸酸乙酯	2.7	总醇	1119.5	醋𬭩	13.5
乙酸丁酯	2.4	有机酸类化合物		1,1－二乙氧基	3.2
乙酸异戊酯	15.6	甲酸	7.3	丙酸羟胺，乙酸羟胺	100～200(固形物中有)
己酸丁酯	3.4	乙酸	432.9		
己酸异戊酯	0.6	丙酸	7.5	苯酚	1.35
丁酸异戊酯	0.7	丁酸	109.0	邻甲酚	0.14
异戊酸异戊酯	4.7	异丁酸	9.8	对甲酚	1.79
正戊酸异戊酯	5.4	戊酸	8.2	间甲酚	0.05
己酸戊酯	3.2	异戊酸	8.5	4－乙基酚	0.04
壬酸乙酯	0.5	己酸	90.2	4－乙基木酚	0.08
月桂酸乙酯	1.2	庚酸	7.8	6－甲基－2－乙基吡嗪	0.09
肉豆蔻酸乙酯	2.1	辛酸	3.7	三甲基吡嗪	0.2
棕榈酸乙酯	12.0	壬酸	0.4	3,6－甲基－2－乙基吡嗪	0.12
亚油酸乙酯	9.9	癸酸	0.5	四甲基吡嗪	1.48
油酸乙酯	6.7	乳酸	68.9	总量	22.04（不含羟胺）
总酯	2131.6	棕榈酸	8.6		
醇类化合物		亚油酸	2.3		

（3）凤香型白酒的醇类化合物含量较高。这是它组分中很重要的一个特点，并影响着这类白酒的风味。它的总醇含量明显高于清香型和浓香型白酒。在醇类组分中，异戊醇和正丙醇的含量最高，其次异丁醇的含量也较高。总醇与总酯含量的比例大约在0.53∶1。凤香型白酒在总酯及总组分含量相对较低的情况下，有如此高含量的醇类组分，这必然会突出其醇香的气味特征，构成凤香型白酒香气的一个特点，并影响到它的口味感觉显得较为刺激。因为醇类化合物尤其是低碳链醇较易挥发并带有较强烈的刺激性口味，因此，醇类的气味和微弱的酯香香气构成了凤香型白酒香气的主体特征。其中，酯类香气突出了淡淡的乙酸乙酯气味，而己酸乙酯气味不很明显。

（4）凤香型白酒含有较多量的乙酸羟胺和丙酸羟胺。这与它贮酒使用的特殊容器材质有直接关系，并使得凤香型白酒的固形物含量较高。

（5）凤香型白酒中也含有其他类化合物组分，如酚类、吡嗪类化合物等，但其绝对含量较低。

总之，凤香型白酒的香味组分构成，从整体上来讲介于清香型与浓香型白酒之间。其组分的独特之处是总组分含量低、总酯含量较低，而总醇含量明显高出两类香型白酒，同时，其己酸乙酯在一个比较固定的含量范围，乙酸乙酯与己酸乙酯的含量比例也较为固定。这些组分的特点能够从它的风味特征上明显感觉到。

2. 凤香型白酒的风味特征

典型凤香型白酒的风味特征是：无色清亮透明，具有醇香突出，以乙酸乙酯为主的、一定量的己酸乙酯和其他酯类香气为辅的微弱酯类复合香气。入口突出醇的浑厚、挺烈的特点，不暴烈，落口干净、爽口。

六、特型白酒的香味组分特点及风味特征

特型白酒是指具有江西四特酒风格的一类白酒。该类酒是江西传统产品，它以其独特的生产工艺及原料使用方法，使四特酒形成了特有的风格特征。

1. 特型白酒主要香味组分的特点

从表4-14可以看出，特香型白酒香味组分有如下几个特点。

（1）四特酒富含奇数碳的脂肪酸乙酯，其含量是各类香型白酒相应组分之冠。这些奇数碳的乙酯包括丙酸乙酯、戊酸乙酯、庚酸乙酯和壬酸乙酯。其中，除戊酸乙酯绝对含量小于己酸乙酯外，其余的奇数碳脂肪酸乙酯的含量均大于它相邻的偶数碳脂肪酸乙酯。庚酸乙酯与己酸乙酯含量的比例为1∶2.8左右。庚酸乙酯的绝对含量和它在酯类组分中所占的比例是各类香型白酒中较大的，这将会在四特酒的酯类香气特征中有所体现。另外，丙酸乙酯的含量也超过了丁酸乙酯的含量。丙酸乙酯和壬酸乙酯在四特酒中的绝对含量是各类香型白酒相应组分之首。

（2）四特酒中的正丙醇较多，这与丙酸乙酯和丙酸的高含量有很好的相关性。

（3）四特酒含有特别高含量的高级脂肪酸及其乙酯，这是其他各类香型白酒无法比拟的。这一类化合物主要是指14~18个碳的脂肪酸及其乙酯，如肉豆蔻酸（乙酯）、棕榈酸（乙酯）、油酸（乙酯）、亚油酸（乙酯）和硬脂酸（乙酯）等。就它们的绝对含量而言，棕榈酸及其乙酯含量最多，其次是亚油酸（乙酯）和油酸（乙酯）。这些高级脂肪酸及其乙酯对四特酒的口味柔和与香气持久起了相当大的作用。

表 4－14　　四特酒主要香味组分含量

香味成分	含量/(mg/L)	香味成分	含量/(mg/L)	香味成分	含量/(mg/L)
醇类化合物		肉豆蔻酸乙酯	8.7	异戊醛	55.1
甲醇	124.0	棕榈酸乙酯	70.9	2－甲基丁醛	14.0
正丙醇	1547.0	戊酸乙酯	115.6	壬醛	0.3
异丁醇	200.8	2－甲基戊酸乙酯	0.7	苯甲醛	4.3
2－丁醇	172.4	异己酸乙酯	2.1	糠醛	37.6
正丁醇	47.9	己酸甲酯	0.1	2－戊酮	0.3
2－戊醇	4.5	己酸乙酯	220.2	2－庚酮	0.3
异戊醇	430.6	己酸异丁酯	0.7	2－辛酮	0.4
2－甲基－1－丁醇	95.7	硬脂酸乙酯	1.8	醋鎓	52.7
正戊醇	10.3	油酸乙酯	18.3	总量	335.3
正己醇	12.2	亚油酸乙酯	28.4	缩醛类化合物	
1,2－丙二醇	2.0	乳酸乙酯	1118.0	1,1－乙氧基乙烷	239.7
正庚醇	1.8	丁二酸二乙酯	3.4	1,1－二乙氧基－丙氧基乙烷	0.2
2,3－丁二醇（左旋）	41.0	苯乙酸乙酯	<1.0	1,1－二乙氧基－异戊氧基乙烷	0.3
2,3－丁二醇（内消旋）	12.4	总酯	3322.1	1,1－二乙氧基异丁烷	1.7
β－苯乙醇	9.3	有机酸类化合物		1,1－二乙氧基－2－甲基丁烷	5.3
糠醇	7.2	乙酸	820.5	1,1－二乙氧基异戊烷	24.4
总醇	2719.1	丙酸	69.1	总量	271.6
酯类化合物		异丁酸	5.2	含氮杂环类化合物	
甲酸乙酯	44.5	丁酸	73.2	吡嗪	13
甲酸己酯	1.1	异戊酸	6.0	2－甲基吡嗪	46
乙酸乙酯	1354.6	戊酸	58.3	2,5－二甲基吡嗪	59
乙酸异丁酯	0.8	异己酸	1.2	2,6－二甲基吡嗪	123
乙酸异戊酯	2.7	己酸	133.1	2,3－二甲基吡嗪	61
乙酸己酯	1.0	庚酸	54.5	四甲基吡嗪	603
己酸－2－丁酯	0.1	辛酸	12.4	2－甲基－3,5－二乙基吡嗪	31
己酸丁酯	0.6	壬酸	1.1	2-乙基-3-异丁基-6-甲基吡嗪	12
己酸异戊酯	0.3	癸酸	0.8	3－异丁基－2,5－甲基吡嗪	15
己酸－2－甲基丁酯	0.1	十三酸	0.2	吡啶	198
己酸正戊酯	0.1	肉豆蔻酸	2.8	2－乙基－6－甲基吡嗪	86
己酸乙酯	0.1	十五酸	0.2	2－乙基－5－甲基吡嗪	3
庚酸乙酯	81.0	棕榈酸	24.6	三甲基吡嗪	246
丙酸乙酯	94.3	棕榈油酸	0.4	2,6－二乙基吡嗪	7
异丁酸乙酯	3.4	硬脂酸	0.5	2－乙基－3,3－二甲基吡嗪	59
丁酸乙酯	95.3	油酸	4.8	3－异丁基吡啶	89
丁酸异戊酯	0.2	亚油酸	8.1	噻唑	121
丁酸－2－甲基丁酯	1.0	苯甲酸	0.3	三甲基噻唑	51
异戊酸乙酯	2.1	苯乙酸	0.5	总量	1625
异庚酸乙酯	2.5	苯丙酸	0.4	含硫化合物	
辛酸乙酯	39.5	总酸	1278.2	二甲基二硫	161
壬酸乙酯	3.9	羰基化合物		二甲基三硫	156
癸酸乙酯	2.0	乙醛	166.8	总量	317
月桂酸乙酯	1.0	正丙醛	3.5		

2. 特香型白酒的风味特征

典型特香型白酒的风味特征是：无色、清亮透明，闻香以酯类的复合香气为主，酯类香气突出以乙酸乙酯和己酸乙酯为主体的香气特征。入口放香有较明显的似庚酸乙酯气味的酯类香气。闻香还有轻微的焦煳香气。口味柔和而持久，甜味明显。

七、芝麻香型白酒的香味组分特点及风味特征

芝麻香型白酒在风味特征上有别于清香、浓香、酱香和米香型白酒。它的代表产品是山东景芝白干酒。关于芝麻香的提法，主要是指该类香型白酒的香气特征有类似炒熟芝麻的香味。又有人说它是一种焦香气味。尽管这些提法并不十分确切，但却道出了这类白酒的特征所在。

1. 芝麻香型白酒主要香味成分的特点

芝麻香型白酒从定性成分上看，它与浓香、清香和酱香型白酒的定性成分大致相同，但由于一些特征性组分的绝对量与相互之间的量比关系，决定了芝麻香型白酒与上述三大香型白酒的风味有较大的差异。近些年来，对景芝白干酒的特征性组分做了大量的研究与分析工作，对它的香味组分特点有了进一步的了解。最近，这一类型白酒被正式确定为一大香型白酒。芝麻香型白酒，就其醇类、酸类和酯类化合物组分来讲，未能看出有什么独特的地方，它介于浓香、清香和酱香型白酒相应组分之间。表 4 – 15 列出了景芝白干酒主要香味组分含量。

表 4 – 15　景芝白干酒主要香味组分含量

香味成分	含量/(mg/L)	香味成分	含量/(mg/L)	香味成分	含量/(mg/L)
醇、酸、酯、醛类化合物		乳酸乙酯	572.0	2,6 – 二乙基吡嗪	40
正丙醇	170.7	乙醛	203.0	3 – 乙基 – 2,5 – 二甲基吡嗪	31
仲丁醇	88.0	乙缩醛	163.0	2 – 乙基 – 3,5 – 二甲基吡嗪	93
异戊醇	332.0	糠醛	50.0	四甲基吡嗪	156
异丁醇	194.0	β – 苯乙醇	4.6	2 – 甲基 – 3,5 – 乙基吡嗪	17
正丁醇	155.5	丁二酸二乙酯	4.0	3 – 异丁基 – 2,5 – 二甲基吡嗪	12
甲酸	11.0	吡嗪类及其他杂环类化合物		2 – 乙基 – 3 – 异丁基 – 6 – 甲基吡嗪	33
乙酸	466.0	吡嗪	23	3,异戊基 – 2,5 – 二甲基吡嗪	7
丙酸	21.0	2 – 甲基吡嗪	154	3 – 丙基 – 5 – 乙基 – 2,6 – 二甲基吡嗪	26
丁酸	69.0	2,5 – 二甲基吡嗪	57	3 – 异丁基吡嗪	3
己酸	78.0	2,6 – 二甲基吡嗪	341	吡啶	101
乳酸	52.0	2,3 – 二甲基吡嗪	48	噻唑	49
乙酸乙酯	1600.0	2 – 乙基 – 6 – 甲基吡嗪	244	三甲基噁唑	49
丁酸乙酯	179.0	2 – 乙基 – 5 – 甲基吡嗪	21		
己酸乙酯	324.0	三甲基吡嗪	217		

从芝麻香型景芝白干酒的香味组分中可以看出：在景芝白干酒中，体现浓香型白酒组分特点的己酸乙酯及其他乙酯类化合物的绝对含量明显低于浓香型白酒，也低于酱香型与兼香型白酒的相应组分含量，但它却高于清香型白酒的相应组分含量。这一点正好与其酒的香气淡雅风格相吻合。从乙酸乙酯、丁二酸二乙酯、正丙醇和异戊醇等组分的含量特点上看，它又有清香型白酒相应组分的含量特点，这一特点使得景芝白干酒在某种程度上有清香型白酒的某些风味特点。但它的乙酸乙酯和丁二酸二乙酯的绝对含量比清香型白酒低，略高于浓香型与酱香型白酒的相应组分。景芝白干酒的香气特征并不是它的酯类香气有什么独特之处，而是在它的香气中具有一种类似炒芝麻的气味特点，当然，这种气味并不完全是炒芝麻的香气。这种特殊的气味与其他类香气组合，形成了芝麻香型景芝白干酒特有的香气风格。这种香气风格有别于浓香型、清香型、酱香型和兼香型等其他类型白酒的香气风格。既然这种特殊气味左右了这种香型白酒的香气风格，那么这种气味所对应的特征性化合物组分是什么？这很自然地使人联想到炒芝麻或芝麻油香气的特征性化合物组分。国外的研究工作者曾经对芝麻及芝麻油香气组分做过许多研究，近年来，国内也有许多研究人员开始问津这一领域。他们一般认为烷基吡嗪和乙酰吡嗪是芝麻香气的主要组分。1989 年，日本的 Nakamura 等人报道了芝麻油挥发性香味组分的系统研究结果，他们从芝麻油中鉴定了 221 种组分，其中有 8 个类型共 103 种组分属杂环类化合物，包括 38 种吡嗪类，17 种呋喃类，11 种噻吩类和 2 种吲哚类，另外还有 20 种含硫化合物和 13 种酚类化合物。20 世纪 90 年代初，中国食品发酵工业研究所及有关单位对景芝白干酒及其他的芝麻香型白酒中的吡嗪类、呋喃类和含硫化合物做了大量的分析研究，结果发现，芝麻香型白酒中确实存在一些芝麻油香气的特征性组分。

从芝麻香型白酒中定性鉴出了 36 种含氮杂环化合物，其中，29 种属吡嗪及烷基吡嗪类化合物。这些吡嗪类化合物的总量为 1100 ~ 1500μg/L，含量比较稳定。这一含量虽然远远低于酱香型白酒，略低于浓、酱兼之的兼香类型白酒，但它却明显高于清香型和浓香型白酒（200 ~ 500μg/L）。当体系中酯类含量较高或某一种酯类浓度相当高，体系中酯类香气作用占绝对优势时，吡嗪类化合物在它们的组分中所占的比例相对变小，香气作用在体系中就不会十分突出出来。在芝麻香型白酒中，总酯含量及己酸乙酯的含量相对较低，吡嗪类化合物又有相当的绝对含量，它相对酯类组分或己酸乙酯的含量所占的比例增加，因此，在芝麻香型白酒香气中吡嗪类化合物的香气作用必然会突出地表现出来。

含氧的呋喃类化合物，在芝麻香型白酒中的含量也呈现出类似吡嗪类化合物的特点。它低于酱香型白酒，略低于兼香型白酒，而明显高于清香型和浓香型白酒。呋喃类化合物大多具有甜样的焦香气味，极易与吡嗪类化合物的气味相和，形成有特点的焦香香气，它在酯类香气较淡雅的芝麻香型白酒香气中的作用也不容忽视。

另外，值得特别注意的是，从芝麻香型白酒中还检出了 3 种含硫化合物，它们的色谱图峰值特别引人注目。它与酱香型、兼香型、特香型、凤香型和清香型白酒中相应组分的峰值有强烈的反差，其峰值远远高于其他类型白酒。经初步认定，这些含硫化合物是：二甲基三硫，3 - 甲硫基丙醇，3 - 甲硫基丙酸乙酯。它们成了芝麻香型白酒中很特殊的特征性组分。含硫化合物由于其发香硫原子的原因，一般具有非常强烈而典型的气味特征，阈值极低。一般在不同浓度时呈现出不同的气味特征；在浓度为 1 ~ 5μg/100mL 时，呈现出葱蒜样气味；在浓度为 5 ~ 10μg/100mL 时，呈现出似咸样的焦香气味。含硫化合物作为芝麻香型白酒的一个特殊组分，近来在制定它的标准时，已经将3－甲硫基丙醇列为一项指标。相信随着研究的深入，对芝麻香型白酒香味组分的剖析一定会有助于稳定和提高它的质量。

2. 芝麻香型白酒的风味特征

典型芝麻香型白酒的风味是：无色、清亮透明，闻香有以乙酸乙酯为主要酯香的淡雅香气，焦香突出，入口放香以焦香和糊香气味为主，香气中带有似“炒芝麻”的气味。口味比较醇厚，爽口，似老白干类酒的口味，后味稍有苦味。

八、兼香型白酒的香味组分特点及风味特征

1. 兼香型白酒主要香味组分的特点

所谓“兼香”，特指浓香型和酱香型白酒的风味特点兼而有之，同时，将这两类香型白酒的风格特征协调统一到一类白酒风味上体现出来。所以，兼香型白酒之所以称之为兼香，一方面它兼顾了酱香和浓香型白酒的风味特点，另一方面它又谐调统一，自成一类。这一类型的代表产品是湖北的白云边酒和湖南的白沙液酒，另外还有黑龙江的玉泉酒。

兼香型白酒的香味成分与其风味具有浓香型和酱香型白酒风味兼而有之并相结合的特点，从这类白酒的一些香味组分与代表浓香型和酱香型白酒主要特征性的组分做比较可以看出这一点。

从表4－16、表4－17中的对比数据可以看出，兼香型的白云边酒，在标志浓香和酱香型白酒特征的一些化合物组分含量上恰恰落在了浓香与酱香型白酒之间，较好地体现了它浓、酱兼而有之的特点。然而，它的某些组分含量并不是完全都介于浓、酱之间，有些组分比较特殊，其含量高出了浓香与酱香型白酒相应组分许多倍，这也表明了兼香类型白酒除了浓、酱兼而有之以外的个性特征。

表4－16　　浓、酱和兼香白酒香味组分对比　　单位：mg/L

组分	浓香型白酒	酱香型白酒	白云边酒
己酸乙酯	2140	265	913
己酸	470	191	311
己酸酯总量	26.6	3.8	6.9
糠醛	40	260	152
β－苯乙醇	1.9	23	13
苯甲醛	1.0	5.6	3.4
丙酸乙酯	15.4	62.7	46.7
异丁酸乙酯	4.4	18.1	7.2
2,3－丁二醇	7.4	33.9	10.7
正丙醇	214	770	692
异丁醇	114	223	160
异戊酸	11	25	23
异戊醇∶2－戊醇	4.9～5.7	3.6～3.9	4.3～4.7

表 4－17　浓、酱和兼香白酒杂环化合物含量比较　单位：mg/L

组分	酱香型白酒	浓香型白酒	白云边酒
2－甲基吡嗪	21	323	191
2,5－二甲基吡嗪	143	8	83
2,6－二甲基吡嗪	992	376	792
2,3－二甲基吡嗪	660	11	157
2－乙基－6－甲基吡嗪	796	108	418
2－乙基－5－甲基吡嗪	27	96	—
三甲基吡嗪	4965	294	729
2,6－二乙基吡嗪	247	—	88
3－乙基－2,5－二甲基吡嗪	83	8	27
2－乙基－3,5－二甲基吡嗪	1402	57	299
四甲基吡嗪	53020	195	482
2－甲基－3,5－二乙基吡嗪	420	23	61
3－异丁基－2,5－二甲基吡嗪	143	45	62
3－异戊基－2,5－二甲基吡嗪	151	—	—
3－丙基－5－乙基－2,6－二甲基吡嗪	105	—	—
吡啶	180	82	160
噻唑	138	98	100
三甲基噁唑	375	—	—

在兼香型的白云边酒中，庚酸的含量较高，它是酱香型白酒的 10 倍以上，是浓香型白酒的 7 倍左右；与此相应的庚酸乙酯含量也较高；2－辛酮的含量虽然仅在 1mg/L 数量级，但它的含量高出浓香和酱香型白酒许多倍。过去认为乙酸异戊酯在酱香型白酒中含量较多，丁酸在浓香型白酒中含量最多，异丁酸则与酱香型白酒有缘，但从白云边酒的香味组分上看，这几个组分的含量要比浓香和酱香型白酒高出许多。兼香类型的白云边酒虽然在一些组分上有突出的含量，但这些组分与其酯类组分的绝对含量相比却低很多。它们在白酒香气中能否突出其“个性”，从感官上看还不能达到，但至少这些突出含量的组分是兼香型白酒的一个组分特点。突出兼香型白酒风味“个性”的特征性化合物究竟是什么？这还有待于今后进一步研究。

兼香型白酒的另一代表产品是黑龙江玉泉白酒，它与白云边酒和白沙液酒同属兼香型，但在风格及组分特点上有所差异。白云边酒在香气上较为突出酱香气味，在入口放香上能体现出浓香的已酸乙酯香气；而玉泉白酒则在香气上较为突出了浓香的已酸乙酸香气，而在入口放香上又体现出了较突出的酱香气味。这些风味上的差异在其香味组分上必然有所反映。玉泉白酒的已酸乙酯含量比白云边酒高出近 1 倍，玉泉白酒的已酸含量超过了乙酸含量，而白云边酒则是乙酸含量大于已酸含量。从某种意义上讲玉泉白酒更偏向浓香型的特点。此外，玉泉白酒的乳酸、丁二酸和戊酸含量较高；正丙醇含量较低，只有白云边酒的50%左右；它的己醇含量高达40mg/100mL；糠醛含量高出白云边酒近30%，比浓香型白酒高出近10倍，与酱香型白酒较接近；它的β-苯乙醇含量较高，比白云边酒高出23%，与酱香型白酒接近；丁二酸二乙酯含量比白云边酒高出许多倍。当然玉泉白酒仍属兼香型白酒，白云边酒的7种突出组分含量的特点它也仍然具备。

2. 兼香型白酒的风味特征

兼香型白酒的风味有两种风格：一种是以白云边酒为代表的风格；一种是以玉泉白酒为代表的风格。

白云边酒的风味特征是：无色（或微黄）透明，闻香以酱香为主，酱浓谐调，入口放香有微弱的己酸乙酯的香气特征，香味持久。

玉泉白酒的风味特征是：无色（或微黄）透明，闻香有酱香及微弱的己酸乙酯香气，浓酱谐调，入口放香有较明显的己酸乙酯香气，后味带有酱香气味，口味绵甜。

九、药香型白酒的香味组分特点及风味特征

药香型白酒以贵州遵义董酒为代表。它传统采取大曲与小曲并用，还在制曲配料中添加了数十味中药。其酿酒工艺是小曲发酵酿酒、大曲发酵制成香醅，并采用串蒸的独特蒸馏方式进行。这类酒的香气有浓郁的酯类香气，并有舒适的药香，在香气风格上明显区别于其他类香型白酒。

1. 药香型白酒主要香味成分的特点

关于这类白酒药香气味的特征性组分的研究较少，但从其醇类、酸类、酯类及羰基化合物的组分上也可以看出这类白酒的一些特点。

表4-18　董酒主要香味组分含量

组分	含量/（mg/L）	组分	含量/（mg/L）	组分	含量/（mg/L）
正丙醇	1470.0	丁酸乙酯	280.0	甲酸	32.0
仲丁醇	1328.0	戊酸乙酯	19.0	乙酸	1321.0
异丁醇	432.0	己酸乙酯	431.0	丙酸	206.0
正丁醇	348.0	乳酸乙酯	752.0	丁酸	462.0
异戊醇	929.0	乙醛	205.0	戊酸	97.0
正戊醇	47.0	异戊醛	—	己酸	311.0
甲酸乙酯	32.0	乙缩醛	96.0	乳酸	487.0
乙酸乙酯	1211.0	双乙酰	4.0		

从表4-18中可以看出，董酒由于其独特的酿酒工艺，在香味组分上表现出如下几个特点。

（1）它的总酸含量非常高，其中乙酸含量最高。非常突出的是，这类白酒的丁酸含量超群，超过了任何一种香型白酒的丁酸含量。相对应的丁酸乙酯含量也较高。这一组分特点很明显地反映到它的香气特征中带有突出的丁酸与丁酸乙酯的气味特征。

（2）它的醇类化合物含量较高，总醇含量超过了总酯含量。这一点与米香型白酒的组分特点有相似之处。在醇类化合物中，正丙醇、仲丁醇和异戊醇的含量较高。

（3）它的组分中含有一定量的己酸乙酯、丁酸乙酯和己酸组分，使得它在香气中具有了某些浓香型白酒的香气特点。

（4）它的总酯含量低于总酸含量。这一点与其他各类香型白酒的组分构成相反。

（5）它含有较多种类的香味组分，乳酸乙酯含量较低，是其他各类香型白酒相应组分的35%～50%。

目前，对董酒这类具有独特生产工艺及使用原料的特殊香气类型白酒的香味组分的研究还不很深入，尤其是对它的药香气味的特征性组分的研究，还需今后进一步探索。

2. 药香型白酒的风味特征

药香类型的董酒的风味特征是：无色清澈透明，闻香有较浓郁的酯类香气，药香突出，带有丁酸及丁酸乙酯的复合气味，入口能感觉出酸味，醇甜，回味悠长。

这类白酒突出的风味特点是有与众不同的药香气味，并能在它的香气中感觉出丁酸及丁酸乙酯的气味。虽然这类酒也使用了小曲发酵制酒，但酒的口味明显比小曲白酒浓厚，持久，香气浓郁丰满。

十、馥郁香型白酒的香味组分特点及风味特征

馥郁香的提法，至今未有国家标准，应是属于兼香。作者认为，所谓“兼香”，不应该只是“浓兼酱”或“酱兼浓”，还可以是“清兼酱”“米兼浓”或“米、清、浓兼而有之”等。湖南省的酒鬼酒、湘泉酒，是以大米和整粒高粱为原料，采用四川小曲法先培菌糖化，后固态发酵的小曲清香工艺，同时，它又采用了粮糟配糖化糟，以大曲为糖化发酵剂，续糟入泥窖发酵，固态蒸馏酿制而成。这种酒既有小曲的清香和米香型白酒的一些风格特点，又有浓香型白酒的某些风格特点。因此，有人将此类白酒的香气特点称为“混合香”或称“馥郁香”。

对馥郁香型的酒鬼酒、湘泉酒香味组分的研究还很初步，从现有的分析结果上看，它大体具备了清香、米香和浓香型白酒香味组分的某些特点，同时也有它自身的一些特殊组分构成。

表4－19　　湘泉酒主要香味组分含量

组分	含量/（mg/L）	组分	含量/（mg/L）	组分	含量/（mg/L）
己酸乙酯	1300～1500	丙酸	25～50	正丁醇	150～300
乙酸乙酯	1200～1500	丁酸	250～400	异戊醇	350～500
甲酸乙酯	40～60	异戊酸	20～40	正戊醇	10～30
丁酸乙酯	200～400	庚酸	10～15	正己醇	50～150
庚酸乙酯	20～50	辛酸	10～15	乙醛	250～350
辛酸乙酯	20～40	异丁酸	15～30	乙缩醛	300～350
乳酸乙酯	1000～1400	正丙醇	250～450	糠醛	20～40
乙酸	600～700	仲丁醇	50～150		
己酸	600～700	异丁醇	150～250		

从表4－19结果上看，湘泉酒中酯类化合物组分以乙酸乙酯、己酸乙酯和乳酸乙酯含量最多，这三大酯的含量近乎平行，三者的比例关系为：乙酸乙酯：己酸乙酯：乳酸乙酯＝0.96：1：0.86。这个酯类的量比关系区别于浓香型、清香型和米香型白酒，它是湘泉酒酯类组分中特殊的量比关系。从酯类组分的绝对含量及香气阈值上看，湘泉酒中己酸乙酯的香气起了较重要的作用，这一点与浓香型白酒类似。

湘泉酒中醇类组分的含量及量比关系有类似米香型和清香型白酒相应组分的某些特点，其中异戊醇：正丙醇：正丁醇：异丁醇为1：0.87：0.56：0.44，这个比例高于浓香型与清香型大曲白酒相应组分的比例，而低于米香型和小曲清香型白酒相应组分的比例。

在总酸和总醛含量上，湘泉酒又呈现出类似浓香型白酒相应组分的特点，而高于清香型与米香型白酒相应组分的含量。此外，在湘泉酒中还具有明显的蜜甜香气和大米原料的香气，关于这些香气特点的特征性组分的分析还未做系统地研究。总之，在湘泉酒的醇类、酸类、酯类和羰基类化合物组分上，它同时具有了浓香型、米香型和小曲清香型白酒相应组分的某些特点，并且在一些化合物之间又有其自身的特殊比例关系，这样就构成了湘泉酒兼顾了浓香、清香、米香及小曲清香型白酒香气和口味上的某些特点并将其综合于一身，谐调一致，组成了湘泉酒独特的风味特征。

十一、豉香型白酒的香味组分特点及风味特征

豉香型白酒是以大米为原料，以小曲大酒饼为糖化、发酵剂，半固半液态边糖化边发酵，液态蒸馏得到基础酒（斋酒），基础酒再经陈肥肉浸泡、贮存，勾兑而成的一种白酒。其代表产品是广东玉冰烧。“豉香”与一般食品中的豉香概念不同，也不是习惯上所称的蛋白质发酵、水解物的香气，它是斋酒的米香型白酒香气与它的后熟浸泡肥肉工艺产生的特殊气味所组成的复合香气，是玉冰烧酒特有的香气特征。

1. 豉香型白酒主要香味成分的特点

豉香型白酒的基础酒（斋酒）是属米香型白酒，其组分特点具备米香型白酒的组分特点，斋酒经过特殊的浸肉工艺处理后，使得其中的一些组分发生了某些变化，并产生了一些特殊组分，反映到香气特征上，构成了豉香型白酒特殊的气味特征。最近，这一类型白酒已被确定为一大香型白酒。

对豉香型白酒香味组分的研究主要围绕着它特殊工艺处理后，斋酒组分发生的变化和产生的新组分对它特殊气味的形成原因等问题展开。玉冰烧酒的基础酒生产工艺与一般的米香型白酒稍有不同。

从豉香型白酒的斋酒香味组分上看（表4－20），其整体结构与一般的米香型白酒组分特点相类似。但由于豉香型白酒的斋酒在蒸馏接酒工序的接酒度数较低，因此，它的各个组分的绝对含量与一般的米香型白酒相比较低。但在豉香型斋酒组分中，β－苯乙醇的含量相当高，它居所有各类香型白酒相应组分之首，比米香型白酒高出近1倍。这是它组分的一大特点。

表 4-20　豉香型斋酒与浸肉后成品酒三种二元酸乙酯比较　单位：mg/L

酒 名	庚二酸二乙酯	辛二酯二乙酯	壬二酯二乙酯
斋 酒	0~0.47	0.1~1.40	0.1~0.7
成品酒	0.578~0.736	1.61~1.70	1.12~1.94

注：表中三种二乙酯是豉香型白酒的特征组分。

斋酒经过肥肉浸泡后，由于肥肉的一些成分的溶出和作用，使得斋酒的一些组分发生了变化。经分析，肥肉中主要是一些高级脂肪及其甘油酯，其中油酸含量较多，它们的酸价较高，在浸肉过程中，油脂易氧化形成人们常说的“油哈气味”。这种气味与玉冰烧酒的豉香有直接的关系。经常规分析发现，浸肉 30d 后，斋酒的总酸、总酯含量及总醛和固形物含量均有所增加，其中酸和酯增加的幅度较小，醛及固形物增加的幅度较大，固形物的含量明显高于一般米香型白酒的含量。醛的增加显示了脂肪分解氧化的作用，固形物的增加则是高沸点物质溶于酒中的结果。采用色谱分析发现，在斋酒的酸类组分中增加了少量的丁酸、丙酸、已酸、庚酸和甲酸，有时也能检出少量的己酸乙酯增加。这些增加的酸及酯常是某些不饱和高级脂肪酸氧化和分解的产物，它们是浸肉过程中产生的，并非是发酵产生的。此外，在浸肉过程中，斋酒中癸酸乙酯、十四酸乙酯、十六酸乙酯、亚油酸乙酯、油酸乙酯和十八酸乙酯等高沸点乙酯类化合物有相应的减少，有些成分降低得非常显著，甚至消失。这是玉冰烧酒在酒度低的情况下，经浸肉后，能澄清透明的原因。此外，斋酒经过浸肉工艺后，含有相当数量的高沸点二元酸酯，其主要组分为壬二酸二乙酯和辛二酸二乙酯，与此相对应的壬二酸和辛二酸含量较高。还有一种 α - 蒎烯组分也是首次在玉冰烧酒中检出的，这种组分可能来自大酒饼配料的植物香味。这些组分是玉冰烧酒独特的特征性组分。

2. 豉香型白酒的风味特征

典型豉香型白酒的风味特征是：清亮透明，晶莹悦目，香气以乙酸乙酯和 β - 苯乙醇为主体的清雅香气，并带有明显脂肪氧化的陈肉香气（所谓的豉香），口味绵软、柔和，回味较长，落口稍有苦味，但不留口，后味较清爽。

豉香型白酒的风味特点与米香型相比较，有其相似之处，也有其独特之处。从香气上，由于醇高、酯低，突出了醇香气味，并带有淡雅的乙酸乙酯和 β - 苯乙醇为主体的复合香气，同时带有大米煮熟的淡淡香气，这是它们相似的一面；特殊的是，豉香型白酒香气中 β - 苯乙醇的香气更突出一些，并带有明显的脂肪氧化的陈肉香气。在口味上，豉香型白酒由于高沸点物质的存在，明显地比米香型白酒口味柔和，香味持久时间长，苦味也显得小。

十二、老白干香型白酒的香味组分特点及风味特征

老白干香型白酒以河北衡水老白干酒为代表。其香味成分特点是如下。

①乳酸乙酯与乙酸乙酯为其主体香气。

②乳酸乙酯含量大于乙酸乙酯，一般乳酸乙酯与乙酸乙酯之比大于等于 1∶1。

③乳酸、戊酸、异戊酸含量均是汾酒的 2~6 倍。

④正丙醇、异戊醇、异丁醇含量均略高于汾酒和风香型酒。

⑤甲醇含量低，近于国标1/5。

老白干香型白酒的风味特征：醇香清雅，具有乳酸乙酯和乙酸乙主体谐调的复合香气，酒体谐调，醇厚甘洌，回味悠长，具有独特的风格。

十三、四川小曲酒的香味组分特点及风味特征

四川小曲酒主要原料为高粱，结合地方资源有的采用玉米、小麦、稗子、大麦、薯干等，而小曲米酒均以大米为原料。采用高粱为原料酿酒，能赋予酒一种特有的芳香，故四川小曲酒常以“高粱酒”命名。

1. 四川小曲酒主要香味成分的特点

为了搞清四川小曲酒的风味特征及微量成分与其他小曲酒的差异，四川省食品发酵工业研究设计院和四川省酒类科研所先后采用气相色谱对四川小曲酒的微量成分进行了系统的检测，取得了大量的数据，确认四川小曲酒应为“小曲清香”型（表4－21）。

表4－21　四川小曲酒香味组分含量

组分	含量/（mg/100mL）	组分	含量/（mg/100mL）	组分	含量/（mg/100mL）
甲酸	0.94～1.46	乙缩醛	26.4～27.7	异丁醇	40.8～55.2
乙酸	34.1～42.2	糠醛	1.49～5.56	异戊醇	101～137
丙酸	8.4～8.9	乙酸乙酯	55.2～74.1	2，3－丁二醇	3.10～3.48
丁酸	10.3～14.5	乳酸乙酯	15.6～25.6	β－苯乙醇	1.75～2.82
戊酸	4.16～7.38	丁酸乙酯	1.5～2.4	油酸乙酯	1.23～1.35
己酸	1.35～2.77	戊酸乙酯	1.9～2.8	亚油酸乙酯	0.96～1.26
庚酸	0.59～0.72	甲醇	7.2	正丁醇	3.0～3.3
乳酸	5.3～6.8	正丙醇	32.5～33.1		
乙醛	28～33	仲丁醇	6.17～7.92		

（1）川法小曲酒中的酸类物质　小曲酒含酸分布与其他类型酒有显著的不同。发酵期虽然短，但含酸总量一般在0.5～0.8g/L，高的可达1.0g/L。从不同原料和菌种酒的测定结果看，产酸的定性组成是一致的。用天然小曲生产的酒产酸幅度大些，不同原料之间酸的差别不明显。小曲酒各种酸的含量比较多，除乙酸、乳酸外，有丙酸、异丁酸、丁酸、戊酸、异戊酸、己酸等，有的有少量庚酸。此酒的构成可与大曲酒相比，与麸曲清香酒相似，但含量较高。米香型几乎不含这些酸。四川小曲酒中具有较多的低碳酸，特别是丙酸和戊酸的含量较多，小曲酒中的多种酸是构成该酒香味特色的重要因素。

（2）川法小曲酒中的主要醇、酯、醛类物质

①高级醇：从分析结果说明，川法小曲酒中几种主要的高级醇都有且含量高，尤其是异戊醇含量在1～1.4g/L，正丙醇和异丁醇在0.28～0.55g/L之间，高级醇总量在2g/L左右，与米香型和大曲、麸曲清香酒相比，还含有较多的仲丁醇和正丁醇。高级醇是构成川法小曲酒风味的主要成分。

②酯类：川法小曲酒中酯含量一般在0.5～1.0g/L，主要是乙酸乙酯和乳酸乙酯，特

别是乳酸乙酯含量较低。这与清香型大曲酒和麸曲酒一样，而小曲米酒正好与此相反。四川小曲酒总酯主要由乙酸乙酯和乳酸乙酯组成，也就是说这两种酯是形成小曲酒香味的主要成分。从检测结果看，川法小曲酒含有少量的丁酸乙酯（10～20mg/L）、戊酸乙酯和己酸乙酯，量虽少，但因其阈值低，对口感影响较大。虽然酒中各类酸比较全，但相应生成的酯却不多，这是因为发酵期短，来不及酯化形成的。

③醛类：川法小曲酒中乙醛和乙缩醛含量大大超过小曲米酒，也与清香型酒相似。四川小曲酒中乙缩醛和乙醛是小曲米酒的2倍以上，这又是两种小曲酒微量成分上的一个显著区别。

（3）川法小曲酒中的高沸点成分　川法小曲酒中，2，3－丁二醇比三花酒要高些，苯乙酸乙酯比其他酒种多，β－苯乙醇含量较高，接近三花酒。这些芳香成分阈值低，对酒的风格形成起着微妙的作用。

（4）小曲清香型白酒风格的形成　根据香味成分测定数据的统计，川法小曲白酒中的酸、酯、醇、醛的比例为1∶1.07∶3.07∶0.37。这与其他酒种是不同的，主要香味成分是乙酸和乙酸乙酯，含高级醇的比例较高，但其香味阈值比酯类大得多。

从微量成分的组成说明，川法小曲酒是由种类多、含量高的高级醇类和乙酸乙酯、乳酸乙酯的香气成分，配合相当的乙醛和乙缩醛，除乙酸、乳酸外的适量丙酸、异丁酸、戊酸、异戊酸等较多种类的有机酸，及微量庚醇、β－苯乙醇、苯乙酸乙酯等物质所组成，具有自身香味成分的组成特点。

通过各方面的研究，川法小曲酒历史悠久，产量大，分布广，市场声誉高，有完整的工艺体系，香味成分有自身的量比关系，并具有独立的风格，应为小曲清香型，与全国通称的大曲清香、麸曲清香并驾齐驱。

2. 四川小曲酒的风味特征

四川小曲酒具有独特的风格，它的感官特征与主要微量成分同其他小曲酒有较大的差异。四川小曲酒的感官标准是具有小曲酒的清香和糟香、醇和、浓厚、回甜，而小曲米酒却是蜜香清雅、绵甜、爽净、回味怡畅。“清香”是以乙酸乙酯为主体的酯类，“糟香”是全固态法发酵甑桶蒸馏特有的香气，“蜜香”是指米酿香，β－苯乙醇玫瑰似的香气较典型。

附　　录

附录一　全国五届评酒会概况

一、第一届全国评酒会

1. 时间

1952 年。

2. 地点

北京市。

3. 主持单位

中国专卖事业总公司。

4. 主持专家

朱梅、辛海庭。

5. 评酒办法

根据市场销售信誉，结合化验分析结果，评议推荐国家名白酒。

6. 评酒结果

根据北京市试验厂（北京酿酒总厂）研究室进行化验分析的结果和推荐意见，将历史悠久，在国内外有较高的信誉，不仅经销全国而且出口的贵州茅台酒、山西汾酒、泸州老窖特曲、陕西西凤酒命名为国家名酒。

二、第二届全国评酒会

1. 时间

1963 年 10 月。

2. 地点

北京市。

3. 主持单位

原食品工业部食品工业局。

4. 评酒办法

按混合编组大排队的办法进行品评。

品评由评酒委员独立思考，按酒的色、香、味百分制写评语，采取密码编号、分组淘汰，经过初赛、复赛和决赛，按得分多少择优推荐。

5. 主持评酒工作专家及评酒委员

主持评酒工作专家：周恒刚。评酒委员 12 人，由各省推荐，轻工业部聘请，他们是：龚文昌、胡子良、李宗民、曹述舜、申德禄、崔尚明、陈茂椿、郝仲文、马凤鸣、解一杰、熊子书、高月明。

6. 评酒结果

共评出白酒国家名酒8种，国家优质酒9种。8种国家名酒为：五粮液（四川宜宾）、古井贡酒（安徽亳州）、泸州老窖特曲酒（四川泸州）、全兴大曲酒（四川成都）、茅台酒（贵州仁怀）、西凤酒（陕西凤翔）、汾酒（山西杏花村）、董酒（贵州遵义）；9种国家优质酒为：双沟大曲酒（江苏双沟）、龙滨酒（黑龙江哈尔滨）、德山大曲酒（湖南常德）、全州湘山酒（广西全州）、桂林三花酒（广西桂林）、凌川白酒（辽宁锦州）、哈尔滨高梁糠白酒（黑龙江哈尔滨）、合肥薯干白酒（安徽合肥）、沧州薯干白酒（河北沧州）。

本届评酒会充分显示了我国酿酒工业的发展，名酒数量从8种增加到18种。其中白酒8种，称谓“八大名白酒”，而且还涌现了9种国家优质酒。

本届评酒未分香型评比，也没有按原料和糖化剂的不同分别编组，采取混合编组大排队的办法进行评选，仅分为白酒、黄酒、果酒、啤酒四个组分别进行。

三、第三届全国评酒会

1. 时间

1979年8月3日至8月15日。

2. 地点

辽宁省大连市。

3. 主持单位

原轻工业部。

4. 评酒办法

采取密码编号，分香型评比的办法。样品少的一次决赛，超过6个的进行初评、复评、终评。同一省的酒初评不碰面，上届名酒不参加初评，复评时作为种子选手分别编在各小组进行品评。

评比按香型、生产工艺和糖化剂分别编为大曲酱香、浓香和清香，麸曲酱香、浓香和清香，米香，其他香型及液态、低度等组，分别进行评比。

评比办法是按酒的色泽10分，香气25分，口味50分，风格15分打分，总计100分。

5. 主持评比工作专家及评酒委员

主持评酒工作专家：周恒刚、耿兆林。

白酒评酒委员：除5名特聘外，17名是经考核聘请的国家白酒评酒委员。共22人。

6. 评酒结果

通过评比，由评酒委员会推荐，轻工业部审定，第三届全国评酒会共评出国家名白酒8种，国家优质酒18种。

八种国家名酒：茅台酒、汾酒、五粮液、剑南春酒（四川绵竹）、古井贡酒、洋河大曲酒（江苏洋河）、董酒、泸州老窖特曲酒。

十八种国家优质酒：西凤酒、宝丰酒、郎酒、武陵酒、双沟大曲酒、淮北口子窖、丛台酒、白云边酒、湘山酒、三花酒、长乐烧酒、迎春酒、六曲香酒、哈尔滨高梁糠白酒、燕潮酩酒、金州曲酒、双沟低度大曲酒（酒度39%vol）、坊子白酒。

本届评酒白酒首次按香型、生产工艺和糖化发酵剂分别编组。

本届评酒会还确定了五种香型（酱香型、浓香型、清香型、米香型及其他香型），白酒的风格特点，统一了打分标准，确定了按色、香、味、风格四大项进行综合评定的基础，并合理地分配了各项分值，统一了各香型酒评比用语。该法较全面地反映产品质量的真实性，对指导生产、引导消费、评选名优产品起到了巨大的推动作用。这一方法是中国白酒评比历史上的里程碑。

四、第四届全国评酒会

1. 时间

1984 年 5 月 7 日至 5 月 16 日。

2. 地点

山西省太原市。

3. 主持单位

中国食品工业协会。

4. 评酒办法

采用按香型、糖化剂编组、密码编号，分组初评淘汰，再进行复赛，选优进行决赛的办法。

本届参赛样品较多，考虑到评酒效果和时间，把 30 名评酒委员分成两组，一组评浓香型，一组评浓香型以外的各种香型酒。

为做好保密工作，每轮评比结果，都以密码编号出现，将出线酒返回编组，重新编号，进入下一轮评比。酒样编码后当即密封，评比结束组织有关方面共同拆封，按得分多少择优推荐，再由国家质量奖审定委员会审查定案。

5. 主持评酒的专家及评酒委员

主持评酒工作专家：由周恒刚、沈怡方、叶贤佐、曾纵野、高月明、曹述舜、沈宇光组成专家组。

评酒委员：1984 年 4 月在江苏省淮安市考核并择优录取聘请 34 名（包括 4 名免试）国家白酒评酒委员。

6. 评酒结果

国家质量奖审定委员会于 1984 年 8 月 6 日发表通报公布了预评名单，广泛征求各方面意见并于 1984 年 8 月 31 日定案发奖。

获得这次国家优质食品金质奖（国家名酒称号）的有 13 种：贵州茅台酒、山西汾酒、四川五粮液、江苏洋河大曲酒、四川剑南春酒、安徽古井贡酒、贵州董酒、陕西西凤酒、四川泸州老窖特曲酒、四川全兴大曲酒、江苏双沟大曲酒、武汉黄鹤楼酒、四川郎酒。

获得银质奖（国家优质酒称号）的有 27 种：湖南武陵酒、哈尔滨特酿龙滨酒、河南宝丰酒、四川叙府大曲酒、湖南德山大曲酒、湖南浏阳河小曲酒、广西湘山酒、广西三花酒、江苏双沟特液（低度）、江苏洋河大曲酒（低度）、天津津酒（低度）、河南张弓大曲酒（低度）、河北迎春酒、辽宁凌川白酒、辽宁大连老窖酒、山西六曲香酒、辽宁金州曲酒、湖北白云边酒、湖北西陵特曲酒、黑龙江中国玉泉酒、广东石湾玉冰烧酒、山东坊子白酒、辽宁凌塔白酒、哈尔滨老白干酒、吉林龙泉酒、内蒙古赤峰陈曲、河北燕潮酩。本届评酒会是按照酒类专业组分期召开的，即白酒单独的评比会。

参加评选的产品应是双优（部优和省优）产品，单项产品年产值100万以上。参加评比的酒样，种类比历届都多，绝大多数白酒风格典型，酒体协调，酒质比上届有所提高，尤其是麸曲酒质量有较大提高，酱香、清香型低度酒相继问世。本届开始评酒员考核增加理论文字题。

五、第五届全国评酒会

1. 时间

1989年1月10日至1月20日。

2. 地点

安徽省合肥市。

3. 主持单位

中国食品工业协会。

4. 评酒办法

（1）按基层申报的产品香型、酒度、糖化剂分类进行品评。香型分为酱香、清香、浓香、米香、其他香型5类。

酒度分为40%vol~55%vol（含40%vol和55%vol）、40%vol以下两档。

糖化剂分为大曲、麸曲和小曲3种，

（2）酒样密码编号：采用淘汰制，进行初评、复评、终评。

（3）评酒采用百分制，其中：色泽10分，香气25分，口味50分，风格15分。去除每组酒样的最高及最低分后计分统计。

（4）对上届获得国家名酒（金质奖）和国家优质酒（银质奖）进行复查认定。

由于参加评比的酒样多达362种，在评酒时，将评酒委员（含特邀评委）分为4大组，进行品评。其中第一、二组进行上届名酒和优质酒的复查；第三组进行浓香型白酒以外其余香型白酒的品评；第四组进行浓香型白酒的品评。

5. 主持评酒工作专家及评酒委员

主持评酒工作专家：由沈怡方、于桥、高月明、曹述舜、曾祖训、王贵玉组成专家组。

评酒委员：1988年12月10日至12月13日在湖南长沙市考核了全国白酒评酒委员，根据考试成绩，择优录取44名正式评委（6名评酒专家业务组的成员免试录取）。同时也特聘了35名特邀全国评酒委员。

6. 评酒结果

获得这次金质奖（国家名酒称号）的有17种，其中13种为上届国家名酒经本届复查确认，新增加4种，即武陵酒、宝丰酒、宋河粮液、沱牌曲酒。

获得银质奖（国家优质酒称号）的有53种，其中25种为上届国家优质酒经本届复查确认，新增加28种：四川二峨大曲、安徽口子酒、四川三苏特曲、贵州习酒、四川三溪大曲、陕西太白酒、山东孔府家酒、江苏双洋特曲、黑龙江北凤酒、河北丛台酒、湖南白沙液、内蒙古宁城老窖、江西四特酒、四川仙潭大曲、江苏汤沟特曲、贵州安酒、河南杜康酒、四川诗仙太白陈曲、河南林河特曲、四川宝莲大曲、贵州珍酒、山西晋阳酒、江苏高沟特曲、贵州筑春酒、贵州湄窖酒、吉林德惠大曲、贵州黔春酒、安徽濉溪特液。

经复查确认的国家名酒和国家优质酒中有部分降度、低度酒可分别用国家名酒和国家优质酒的标志。

附录二　白酒相关标准

一、白酒的感官理化标准

（一）浓香型白酒（GB/T 10781.1—2006）

本标准规定了浓香型白酒的术语和定义、产品分类、要求、分析方法、检验规则和标志、包装、运输、贮存。本标准适用于浓香型白酒的生产、检验与销售。

1. 术语和定义

（1）浓香型白酒　以粮谷为原料，经传统固态法发酵、蒸馏、陈酿、勾兑而成的，未添加食用酒精及非白酒发酵产生的呈香呈味物质，具有以己酸乙酯为主体复合香的白酒。

（2）产品分类　按产品的酒度分为两类。

高度酒：酒度41%vol～68%vol；

低度酒：酒度25%vol～40%vol。

2. 感官要求

高度酒、低度酒的感官要求应分别符合附表1、附表2的规定。

附表1　高度酒感官要求

项　目	优　级	一　级
色泽和外观	无色或微黄，清亮透明，无悬浮物，无沉淀*	
香　气	具有浓郁的己酸乙酯为主体的复合香气	具有较浓郁的己酸乙酯为主体的复合香气
口　味	酒体醇和谐调，绵甜爽净，余味悠长	酒体较醇和谐调，绵甜爽净，余味悠长
风　格	具有本品典型的风格	具有本品明显的风格

注：*当酒的温度低于10℃时，允许出现白色絮状沉淀物质或失光。10℃以上时应逐渐恢复正常。

附表2　低度酒感官要求

项　目	优　级	一　级
色泽和外观	无色或微黄，清亮透明，无悬浮物，无沉淀*	
香　气	具有较浓郁的己酸乙酯为主体的复合香气	具有己酸乙酯为主体的复合香气
口　味	酒体醇和谐调，绵甜爽净，余味悠长	酒体较醇和谐调，绵甜爽净
风　格	具有本品典型的风格	具有本品明显的风格

注：*当酒的温度低于10℃时，允许出现白色絮状沉淀物质或失光。10℃以上时应逐渐恢复正常。

3. 理化要求

高度酒、低度酒的理化要求应分别符合附表3、附表4的规定。

附表 3　　高度酒理化要求

项　目		优　级	一　级
酒度/%vol		41~68	
总酸（以乙酸计）/（g/L）	≥	0.40	0.30
总酯（以乙酸乙酯计）/（g/L）	≥	2.00	1.50
己酸乙酯/（g/L）		1.20~2.80	0.60~2.50
固形物/（g/L）	≤	0.40*	

注：* 酒度 41%vol~49%vol 的酒，固形物可小于或等于 0.50g/L。

附表 4　　低度酒理化要求

项　目		优　级	一　级
酒度/%vol		25~40	
总酸（以乙酸计）/（g/L）	≥	0.30	0.25
总酯（以乙酸乙酯计）/（g/L）	≥	1.50	1.00
己酸乙酯/（g/L）		0.70~2.20	0.40~2.20
固形物/（g/L）	≤	0.70	

4. 卫生要求

应符合 GB 2757—2012 的规定。

（二）清香型白酒（GB/T 10781.2—2006）

本标准规定了清香型白酒的术语和定义、产品分类、要求、分析方法、检验规则和标志、包装、运输、贮存。本标准适用于清香型白酒的生产、检验与销售。

1. 术语和定义

（1）清香型白酒　以粮谷为原料，经传统固态法发酵、蒸馏、陈酿、勾兑而成的，未添加食用酒精及非白酒发酵产生的呈香呈味物质，具有以乙酸乙酯为主体复合香的白酒。

（2）产品分类　按产品的酒度分为两类。

高度酒：酒度 41%vol~68%vol；

低度酒：酒度 25%vol~40%vol。

2. 感官要求

高度酒、低度酒的感官要求应分别符合附表 5、附表 6 的规定。

附表 5　　高度酒感官要求

项　目	优　级	一　级
色泽和外观	无色或微黄，清亮透明，无悬浮物，无沉淀*	
香　气	清香纯正，具有乙酸乙酯为主体的优雅、谐调的复合香气	清香较纯正，具有乙酸乙酯为主体的复合香气
口　味	酒体柔和谐调，绵甜爽净，余味悠长	酒体较柔和谐调，绵甜爽净，有余味
风　格	具有本品典型的风格	具有本品明显的风格

注：* 当酒的温度低于 10℃时，允许出现白色絮状沉淀物质或失光。10℃以上时应逐渐恢复正常。

附表 6　　低度酒感官要求

项　目	优　级	一　级
色泽和外观	无色或微黄，清亮透明，无悬浮物，无沉淀*	
香　气	清香纯正，具有乙酸乙酯为主体的清雅、谐调的复合香气	清香较纯正，具有乙酸乙酯为主体的香气
口　味	酒体柔和谐调，绵甜爽净，余味悠长	酒体较柔和谐调，绵甜爽净，有余味
风　格	具有本品典型的风格	具有本品明显的风格

注：* 当酒的温度低于10℃时，允许出现白色絮状沉淀物质或失光。10℃以上时应逐渐恢复正常。

3. 理化要求

高度酒、低度酒的理化要求应分别符合附表 7、附表 8 的规定。

附表 7　　高度酒理化要求

项　目		优　级	一　级
酒度/% vol		41 ~ 68	
总酸（以乙酸计）/（g/L）	≥	0.40	0.30
总酯（以乙酸乙酯计）/（g/L）	≥	1.00	0.60
乙酸乙酯/（g/L）		0.60 ~ 2.60	0.30 ~ 2.60
固形物/（g/L）	≤	0.40*	

注：* 酒度41% vol ~ 49% vol的酒，固形物可小于或等于0.50g/L。

附表 8　　低度酒理化要求

项　目		优　级	一　级
酒度/% vol		25 ~ 40	
总酸（以乙酸计）/（g/L）	≥	0.25	0.20
总酯（以乙酸乙酯计）/（g/L）	≥	0.70	0.40
乙酸乙酯/（g/L）		0.40 ~ 2.20	0.20 ~ 2.20
固形物/（g/L）	≤	0.70	

4. 卫生要求

应符合 GB 2757—2012 的规定。

（三）米香型白酒（GB/T 10781.3—2006）

本标准规定了米香型白酒的术语和定义、产品分类、要求、分析方法、检验规则和标志、包装、运输、贮存。本标准适用于米香型白酒的生产、检验与销售。

1. 术语和定义

（1）米香型白酒　以大米为原料，经传统半固态法发酵、蒸馏、陈酿、勾兑而成的，未添加食用酒精及非白酒发酵产生的呈香呈味物质，具有以乳酸乙酯、β－苯乙醇为主体复合香的白酒。

（2）产品分类　按产品的酒度分为两类。

高度酒：酒度41%vol～68%vol；

低度酒：酒度25%vol～40%vol。

2. 感官要求

高度酒、低度酒的感官要求应分别符合附表9、附表10的规定。

附表9　　高度酒感官要求

项目	优级	一级
色泽和外观	无色或微黄，清亮透明，无悬浮物，无沉淀*	
香气	米香纯正，清雅	米香纯正
口味	酒体醇和，绵甜，爽洌，回味怡畅	酒体较醇和，绵甜、爽洌，回味较畅
风格	具有本品典型的风格	具有本品明显的风格

注：*当酒的温度低于10℃时，允许出现白色絮状沉淀物质或失光。10℃以上时应逐渐恢复正常。

附表10　　低度酒感官要求

项目	优级	一级
色泽和外观	无色，清亮透明，无悬浮物，无沉淀*	
香气	米香纯正，清雅	米香纯正
口味	酒体醇和，绵甜、爽洌，回味较怡畅	酒体较醇和，绵甜、爽洌，有回味
风格	具有本品典型的风格	具有本品明显的风格

注：*当酒的温度低于10℃时，允许出现白色絮状沉淀物质或失光。10℃以上时应逐渐恢复正常。

3. 理化要求

高度酒、低度酒的理化要求应分别符合附表11、附表12的规定。

附表11　　高度酒理化要求

项目		优级	一级
酒度/%vol		41～68	
总酸（以乙酸计）/（g/L）	≥	0.30	0.25
总酯（以乙酸乙酯计）/（g/L）	≥	0.80	0.65
乳酸乙酯/（g/L）	≥	0.50	0.40
β－苯乙醇/（mg/L）	≥	30	20
固形物/（g/L）	≤	0.40*	

注：*酒度41%vol～49%vol的酒，固形物可小于或等于0.50g/L。

附表 12　　低度酒理化要求

项　目		优　级	一　级
酒度/% vol		25～40	
总酸（以乙酸计）/（g/L）	≥	0.25	0.20
总酯（以乙酸乙酯计）/（g/L）	≥	0.45	0.35
乳酸乙酯/（g/L）	≥	0.30	0.20
β-苯乙醇/（mg/L）	≥	15	10
固形物/（g/L）	≤	0.70	

4. 卫生要求

应符合 GB 2757—2012 的规定。

（四）凤香型白酒（GB/T 14867—2007）

本标准规定了凤香型白酒的术语和定义、产品分类、要求、分析方法、检验规则和标志、包装、运输、贮存。本标准适用于凤香型白酒的生产、检验与销售。

1. 术语和定义

（1）凤香型白酒　以粮谷为原料，经传统固态法发酵、蒸馏、酒海陈酿、勾兑而成的，未添加食用酒精及非白酒发酵产生的呈香呈味物质，具有乙酸乙酯和己酸乙酯为主体复合香的白酒。

（2）酒海　用藤条编制成容器，以鸡蛋清等物质配成黏合剂，用白棉布、麻纸裱糊，再以菜油、蜂蜡涂抹内壁，干燥后用于贮酒的容器。

（3）产品分类　按产品的酒度分为两类。

高度酒：酒度 41% vol～68% vol；

低度酒：酒度 18% vol～40% vol。

2. 感官要求

高度酒、低度酒的感官要求应分别符合附表 13、附表 14 的规定。

附表 13　　高度酒感官要求

项　目	优　级	一　级
色泽和外观	无色或微黄，清亮透明，无悬浮物，无沉淀*	
香　气	醇香秀雅，具有乙酸乙酯和己酸乙酯为主的复合香气	醇香纯正，具有乙酸乙酯和己酸乙酯为主的复合香气
口　味	醇厚丰满，甘润挺爽，诸味谐调，尾净悠长	醇厚甘润，谐调爽净，余味较长
风　格	具有本品典型的风格	具有本品明显的风格

注：* 当酒的温度低于 10℃时，允许出现白色絮状沉淀物质或失光。10℃以上时应逐渐恢复正常。

附表 14　　低度酒感官要求

项　目	优　级	一　级
色泽和外观	无色或微黄，清亮透明，无悬浮物，无沉淀*	
香　气	醇香秀雅，具有乙酸乙酯和己酸乙酯为主的复合香气	醇香纯正，具有乙酸乙酯和己酸乙酯为主的复合香气
口　味	酒体醇厚谐调，绵甜爽净，余味较长	醇和甘润，谐调，味爽净
风　格	具有本品典型的风格	具有本品明显的风格

注：* 当酒的温度低于10℃时，允许出现白色絮状沉淀物质或失光。10℃以上时应逐渐恢复正常。

3. 理化要求

高度酒、低度酒的理化要求应分别符合附表 15、附表 16 的规定。

附表 15　　高度酒理化要求

项　目		优　级	一　级
酒度/% vol		41 ~ 68	
总酸（以乙酸计）/（g/L）	≥	0. 35	0. 25
总酯（以乙酸乙酯计）/（g/L）	≥	1. 60	1. 40
乙酸乙酯/（g/L）	≥	0. 60	0. 40
己酸乙酯/（g/L）		0. 25 ~ 1. 20	0. 20 ~ 1. 00
固形物/（g/L）	≤	1. 0	

附表 16　　低度酒理化要求

项　目		优　级	一　级
酒度/% vol		18 ~ 40	
总酸（以乙酸计）/（g/L）	≥	0. 20	0. 15
总酯（以乙酸乙酯计）/（g/L）	≥	1. 00	0. 60
乙酸乙酯/（g/L）	≥	0. 40	0. 30
己酸乙酯/（g/L）		0. 20 ~ 1. 00	0. 15 ~ 0. 80
固形物/（g/L）	≤	0. 90	

4. 卫生要求

应符合 GB 2757—2012 的规定。

（五）豉香型白酒（GB/T 16289—2007）

本标准规定了豉香型白酒的术语和定义、产品分类、要求、分析方法、检验规则和标志、包装、运输、贮存。本标准适用于豉香型白酒的生产、检验与销售。

1. 术语和定义

（1）豉香型白酒　以大米为原料，经蒸煮，用大酒饼作为主要糖化发酵剂，采用边糖化边发酵的工艺，釜式蒸馏，陈肉酝浸勾兑而成的，未添加食用酒精及非白酒发酵产生的呈香呈味物质，具有豉香特点的白酒。

（2）陈肉　经过加热、浸泡、长期贮存等特殊工艺处理的肥猪肉。

（3）酝浸　将陈肉浸泡于基酒中进行贮存陈酿的工艺过程。

2. 感官要求

成品酒的感官要求应符合附表 17 的规定。

附表 17　　高度酒感官要求

项　目	优　级	一　级
色泽和外观	无色或微黄，清亮透明，无悬浮物，无沉淀*	
香　气	豉香纯正，清雅	豉香纯正
口　味	醇和甘滑，酒体谐调，余味爽净	入口较醇和，酒体较谐调，余味较爽净
风　格	具有本品典型的风格	具有本品明显的风格

注：* 当酒的温度低于 15℃时，允许出现白色絮状沉淀物质或失光。15℃以上时应逐渐恢复正常。

3. 理化要求

成品酒的理化要求应符合附表 18 的规定。

附表 18　　理化要求

项　目		优　级	一　级
酒度/%vol		18~40	
总酸（以乙酸计）/（g/L）	≥	0.35	0.20
总酯（以乙酸乙酯计）/（g/L）	≥	0.55	0.35
β-苯乙醇/（mg/L）	≥	40	30
二元酸（庚二酸、辛二酸、壬二酸）二乙酯总量/（mg/L）	≥	1.0	
固形物/（g/L）	≤	0.60*	

注：* 酒度 41%vol~49%vol 的酒，固形物可小于或等于 0.50g/L。

4. 卫生要求

应符合 GB 2757—2012 的规定。

（六）液态法白酒（GB/T 20821—2007）

本标准规定了液态法白酒的术语和定义、产品分类、要求、分析方法、检验规则和标志、包装、运输、贮存。本标准适用于液态法白酒的生产、检验与销售。

1. 术语和定义

（1）液态法白酒　以含淀粉、糖类物质为原料，采用液态糖化、发酵、蒸馏所得的基酒（或食用酒精），可用香醅串香或用食品添加剂调味调香，勾调而成的白酒。

（2）产品分类　按产品的酒度分为两类。

高度酒：酒度 41%vol~60%vol；

低度酒：酒度 18%vol~40%vol。

2. 感官、理化要求

高度酒、低度酒的感官、理化要求应分别符合附表19、附表20的规定。

附表19　　感官要求

项　目	要　求
色泽和外观	无色或微黄，清亮透明，无悬浮物，无沉淀
香　气	具有纯正、舒适、协调的香气
口　味	具有醇甜、柔和、爽净的口味

附表20　　理化要求

项　目		高度酒	低度酒
酒度/%vol		41～60	18～40
总酸（以乙酸计）/（g/L）	≥	0.25	0.10
总酯（以乙酸乙酯计）/（g/L）	≥	0.40	0.20

3. 卫生要求

成品酒的卫生要求应符合附表21的规定。

附表21　　卫生要求

项　目		指　标
甲醇/（g/L）	≤	0.3
铅/（mg/L）	≤	0.5
食品添加剂		符合GB 2760—2014规定

注：甲醇指标按酒度60%vol折算。

（七）固液法白酒（GB/T 20822—2007）

本标准规定了固液法白酒的术语和定义、产品分类、要求、分析方法、检验规则和标志、包装、运输、贮存。本标准适用于固液法白酒的生产、检验与销售。

1. 术语和定义

（1）固态法白酒　以粮谷为原料，采用固态（或半固态）糖化、发酵、蒸馏，经陈酿、勾兑而成的，未添加食用酒精及非白酒发酵产生的呈香呈味物质，具有本品固有风格特征的白酒。

（2）液态法白酒　以含淀粉、糖类物质为原料，采用液态糖化、发酵、蒸馏所得的基酒（或食用酒精），可用香醅串香或用食品添加剂调味调香，勾调而成的白酒。

（3）固液法白酒　以固态法白酒（不低于30%vol）、液态法白酒勾调而成的白酒。

（4）产品分类　按产品的酒度分为两类。

高度酒：酒度41%vol～60%vol；

低度酒：酒度18%vol～40%vol。

2. 感官、理化要求

高度酒、低度酒的感官、理化要求应分别符合附表22、附表23的规定。

附表22　　感官要求

项　目	高度酒	低度酒
色泽和外观	无色或微黄，清亮透明，无悬浮物，无沉淀*	
香　气	具有本品特有的香气	
口　味	酒体柔顺、醇甜、爽净	酒体柔顺、醇甜、较爽净
风　格	具有本品典型的风格	

注：*当酒的温度低于10℃时，允许出现白色絮状沉淀物质或失光。10℃以上时应逐渐恢复正常。

附表23　　理化要求

项　目		高度酒	低度酒
酒度/%vol		41～60	18～40
总酸（以乙酸计）/（g/L）	≥	0.30	0.20
总酯（以乙酸乙酯计）/（g/L）	≥	0.60	0.35

3. 卫生要求

成品酒的卫生要求应符合附表24的规定。

附表24　　卫生要求

项　目		指　标
甲醇/（g/L）	≤	0.3
铅/（mg/L）	≤	0.5

注：甲醇指标按酒度60%vol折算。

（八）特香型白酒（GB/T 20823—2007）

本标准规定了特香型白酒的术语和定义、产品分类、要求、分析方法、检验规则和标志、包装、运输、贮存。本标准适用于特香型白酒的生产、检验与销售。

1. 术语和定义

（1）特香型白酒　以大米为主要原料，经传统固态法发酵、蒸馏、陈酿、勾兑而成的，未添加食用酒精及非白酒发酵产生的呈香呈味物质，具有特香型风格的白酒。

注：按传统工艺生产的一级酒允许添加适量的蔗糖。

（2）产品分类　按产品的酒度分为两类。

高度酒：酒度41%vol～68%vol；

低度酒：酒度18%vol～40%vol。

2. 感官要求

高度酒、低度酒的感官要求应分别符合附表25、附表26的规定。

附表 25　　高度酒感官要求

项　目	优　级	一　级
色泽和外观	无色或微黄，清亮透明，无悬浮物，无沉淀*	
香　气	幽雅舒适，诸香协调，具有浓、清、酱三香，但均不露头的复合香气	诸香尚协调，具有浓、清、酱三香，但均不露头的复合香气
口　味	柔绵醇和，醇甜，香味谐调，余味悠长	味较醇和，醇香，香味谐调，有余味
风　格	具有本品典型的风格	具有本品明显的风格

注：* 当酒的温度低于10℃时，允许出现白色絮状沉淀物质或失光。10℃以上时应逐渐恢复正常。

附表 26　　低度酒感官要求

项　目	优　级	一　级
色泽和外观	无色，清亮透明，无悬浮物，无沉淀*	
香　气	幽雅舒适，诸香较协调，具有浓、清、酱三香，但均不露头的复合香气	诸香尚协调，具有浓、清、酱三香，但均不露头的复合香气
口　味	柔绵醇和，微甜，香味谐调，余味悠长	味较醇和，醇香，香味谐调，有余味
风　格	具有本品典型的风格	具有本品明显的风格

注：* 当酒的温度低于10℃时，允许出现白色絮状沉淀物质或失光。10℃以上时应逐渐恢复正常。

3. 理化要求

高度酒、低度酒的理化要求应分别符合附表27、附表28的规定。

附表 27　　高度酒理化要求

项　目		优　级	一　级
酒度/%vol		41～68	
总酸（以乙酸计）/（g/L）	≥	0.50	0.40
总酯（以乙酸乙酯计）/（g/L）	≥	2.00	1.50
丙酸乙酯/（mg/L）	≥	40	30
固形物/（g/L）	≤	0.70	—

附表 28　　低度酒理化要求

项　目		优　级	一　级
酒度/%vol		18～40	
总酸（以乙酸计）/（g/L）	≥	0.40	0.25
总酯（以乙酸乙酯计）/（g/L）	≥	1.80	1.20
丙酸乙酯/（mg/L）	≥	30	20
固形物/（g/L）	≤	0.90	—

4. 卫生要求

应符合 GB 2757—2012 的规定。

（九）芝麻香型白酒（GB/T 20824—2007）

本标准规定了芝麻香型白酒的术语和定义、产品分类、要求、分析方法、检验规则和标志、包装、运输、贮存。本标准适用于芝麻香型白酒的生产、检验与销售。

1. 术语和定义

（1）芝麻香型白酒　以高粱、小麦（麸皮）等为原料，经传统固态法发酵、蒸馏、陈酿、勾兑而成的，未添加食用酒精及非白酒发酵产生的呈香呈味物质，具有芝麻香型风格的白酒。

（2）产品分类　按产品的酒度分为两类。

高度酒：酒度 41% vol ~ 68% vol；

低度酒：酒度 18% vol ~ 40% vol。

2. 感官要求

高度酒、低度酒的感官要求应分别符合附表 29、附表 30 的规定。

附表 29　高度酒感官要求

项　目	优　级	一　级
色泽和外观	无色或微黄，清亮透明，无悬浮物，无沉淀*	
香　气	芝麻香幽雅纯正	芝麻香较纯正
口　味	醇和细腻，香味谐调，余味悠长	较醇和，余味较长
风　格	具有本品典型的风格	具有本品明显的风格

注：* 当酒的温度低于 10℃时，允许出现白色絮状沉淀物质或失光。10℃以上时应逐渐恢复正常。

附表 30　低度酒感官要求

项　目	优　级	一　级
色泽和外观	无色，清亮透明，无悬浮物，无沉淀*	
香　气	芝麻香较幽雅纯正	有芝麻香
口　味	醇和谐调，余味悠长	较醇和，余味较长
风　格	具有本品典型的风格	具有本品明显的风格

注：* 当酒的温度低于 10℃时，允许出现白色絮状沉淀物质或失光。10℃以上时应逐渐恢复正常。

3. 理化要求

高度酒、低度酒的理化要求应分别符合附表 31、附表 32 的规定。

附表 31　高度酒理化要求

项　目		优　级	一　级
酒度/% vol		41 ~ 68	
总酸（以乙酸计）/（g/L）	≥	0.50	0.30
总酯（以乙酸乙酯计）/（g/L）	≥	2.20	1.50
乙酸乙酯/（g/L）	≥	0.6	0.4

续表

项　目		优　级	一　级
己酸乙酯/（g/L）		0.10～1.20	
3－甲硫基丙醇/（mg/L）	≥	0.60	
固形物/（g/L）	≤	0.70	

附表 32　　低度酒理化要求

项　目		优　级	一　级
酒度/%vol		18～40	
总酸（以乙酸计）/（g/L）	≥	0.40	0.20
总酯（以乙酸乙酯计）/（g/L）	≥	1.80	1.20
丙酸乙酯/（mg/L）	≥	0.5	0.3
己酸乙酯/（g/L）		0.1～1.0	
3－甲硫基丙醇/（mg/L）	≥	0.40	
固形物/（g/L）	≤	0.90	

4. 卫生要求

应符合 GB 2757—2012 的规定。

（十）老白干香型白酒（GB/T 20825—2007）

本标准规定了老白干香型白酒的术语和定义、产品分类、要求、分析方法、检验规则和标志、包装、运输、贮存。本标准适用于老白干香型白酒的生产、检验与销售。

1. 术语和定义

（1）老白干香型白酒　以粮谷为原料，经传统固态法发酵、蒸馏、陈酿、勾兑而成的，未添加食用酒精及非白酒发酵产生的呈香呈味物质，具有以乳酸乙酯为主体复合香的白酒。

（2）产品分类　按产品的酒度分为两类。

高度酒：酒度 41%vol～68%vol；

低度酒：酒度 18%vol～40%vol。

2. 感官要求

高度酒、低度酒的感官要求应分别符合附表 33、附表 34 的规定。

附表 33　　高度酒感官要求

项　目	优　级	一　级
色泽和外观	无色或微黄，清亮透明，无悬浮物，无沉淀*	
香　气	醇香清雅，具有乳酸乙酯和乙酸乙酯为主体的自然谐调的复合香气	醇香清雅，具有乳酸乙酯和乙酸乙酯为主体的复合香气
口　味	酒体谐调，醇厚甘冽，回味悠长	酒体谐调，醇厚甘冽，回味悠长
风　格	具有本品典型的风格	具有本品明显的风格

注：* 当酒的温度低于 10℃时，允许出现白色絮状沉淀物质或失光。10℃以上时应逐渐恢复正常。

附表 34　　低度酒感官要求

项　目	优　级	一　级
色泽和外观	无色，清亮透明，无悬浮物，无沉淀*	
香　气	醇香清雅，具有乳酸乙酯和乙酸乙酯为主体的自然谐调的复合香气	醇香清雅，具有乳酸乙酯和乙酸乙酯为主体的复合香气
口　味	酒体谐调，醇厚甘润，回味较长	酒体谐调，醇厚甘润，有回味
风　格	具有本品典型的风格	具有本品明显的风格

注：* 当酒的温度低于 10℃时，允许出现白色絮状沉淀物质或失光。10℃以上时应逐渐恢复正常。

3. 理化要求

高度酒、低度酒的理化要求应分别符合附表 35、附表 36 的规定。

附表 35　　高度酒理化要求

项　目		优　级	一　级
酒度/%vol		41～68	
总酸（以乙酸计）/（g/L）	≥	0.40	0.30
总酯（以乙酸乙酯计）/（g/L）	≥	1.20	1.00
乳酸乙酯/乙酸乙酯/（g/L）	≥	0.80	
乳酸乙酯/（g/L）	≥	0.50	0.40
己酸乙酯/（g/L）	≤	0.03	
固形物/（g/L）	≤	0.50	

附表 36　　低度酒理化要求

项　目		优　级	一　级
酒度/%vol		18～40	
总酸（以乙酸计）/（g/L）	≥	0.30	0.25
总酯（以乙酸乙酯计）/（g/L）	≥	1.00	0.80
乳酸乙酯/乙酸乙酯/（mg/L）	≥	0.80	
乳酸乙酯/（g/L）	≥	0.40	0.30
己酸乙酯/（g/L）	≤	0.03	
固形物/（g/L）	≤	0.90	

4. 卫生要求

应符合 GB 2757—2012 的规定。

（十一）浓酱兼香型白酒（GB/T 23547—2009）

本标准规定了浓酱兼香型白酒的术语和定义、产品分类、要求、分析方法、检验规则和标志、包装、运输、贮存。本标准适用于浓酱兼香型白酒的生产、检验与销售。

1. 术语和定义

（1）浓酱兼香型白酒　以粮谷为原料，经传统固态发酵、蒸馏、陈酿、勾兑而成的，具有浓香兼酱香独特风格的白酒。

（2）产品分类　按产品的酒度分为两类。

高度酒：酒度41% vol～68% vol；

低度酒：酒度18% vol～40% vol。

2. 感官要求

高度酒、低度酒的感官要求应分别符合附表37、附表38的规定。

附表37　　高度酒感官要求

项　目	优　级	一　级
色泽和外观	无色或微黄，清亮透明，无悬浮物，无沉淀*	
香　气	浓酱谐调，幽雅馥郁	浓酱较谐调，纯正舒适
口　味	细腻丰满，回味爽净	醇厚柔和，回味较爽
风　格	具有本品典型的风格	具有本品明显的风格

注：* 当酒的温度低于10℃时，允许出现白色絮状沉淀物质或失光。10℃以上时应逐渐恢复正常。

附表38　　低度酒感官要求

项　目	优　级	一　级
色泽和外观	无色，清亮透明，无悬浮物，无沉淀*	
香　气	浓酱谐调，幽雅舒适	浓酱较谐调，纯正舒适
口　味	醇和丰满，回味爽净	醇甜柔和，回味较爽
风　格	具有本品典型的风格	具有本品明显的风格

注：* 当酒的温度低于10℃时，允许出现白色絮状沉淀物质或失光。10℃以上时应逐渐恢复正常。

3. 理化要求

高度酒、低度酒的理化要求应分别符合附表39、附表40的规定。

附表39　　高度酒理化要求

项　目	优　级	一　级
酒度/% vol	41～68	
总酸（以乙酸计）/（g/L）　≥	0.50	0.30
总酯（以乙酸乙酯计）/（g/L）　≥	2.00	1.00
正丙醇/（g/L）	0.25～1.20	
己酸乙酯/（g/L）	0.60～2.00	0.60～1.80
固形物/（g/L）　≤	0.80	

附表 40　　低度酒理化要求

项　目		优　级	一　级
酒度/% vol		18～40	
总酸（以乙酸计）/（g/L）	≥	0.30	0.20
总酯（以乙酸乙酯计）/（g/L）	≥	1.40	0.60
正丙醇/（g/L）		0.20～1.00	
己酸乙酯/（g/L）		0.50～1.60	0.50～1.30
固形物/（g/L）	≤	0.80	

4. 卫生要求

应符合 GB 2757—2012 的规定。

（十二）酱香型白酒（GB/T 26760—2011）

本标准规定了酱香型白酒的术语和定义、产品分类、技术要求、试验方法、检验规则和标志、包装、运输和贮存。本标准适用于酱香型白酒的生产、检验与销售。

1. 术语和定义

（1）酱香型白酒　以高粱、小麦、水等为原料，经传统固态发酵、蒸馏、贮存、勾兑而成的，未添加食用酒精及非白酒发酵产生的呈香呈味呈色物质，具有酱香风格的白酒。

（2）产品分类　按产品的酒度分为两类。

高度酒：酒度 45% vol～58% vol；

低度酒：酒度 32% vol～44% vol。

（3）产品分级　以大曲为糖化发酵剂生产的酱香型白酒可分为优级、一级、二级；不以大曲或不完全以大曲为糖化发酵剂生产的酱香型白酒可分为一级、二级。

2. 感官要求

高度酒、低度酒的感官要求应分别符合附表 41、附表 42 的规定。

附表 41　　高度酒感官要求

项　目	优　级	一　级	二级
色泽和外观	无色或微黄，清亮透明，无悬浮物，无沉淀*		
香　气	酱香突出，香气幽雅，空杯留香持久	酱香较突出，香气舒适，空杯留香较长	酱香明显，有空杯香
口　味	酒体醇厚，丰满，诸味协调，回味悠长	酒体醇和，协调，回味长	酒体较醇和协调，回味较长
风　格	具有本品典型的风格	具有本品明显的风格	具有本品风格

注：* 当酒的温度低于10℃时，允许出现白色絮状沉淀物质或失光。10℃以上时应逐渐恢复正常。

附表 42　　低度酒感官要求

项　目	优　级	一　级	二级
色泽和外观	无色或微黄，清亮透明，无悬浮物，无沉淀*		
香　气	酱香较突出，香气较幽雅，空杯留香久	酱香较纯正，空杯留香好	酱香较明显，有空杯香
口　味	酒体醇和，协调，味长	酒体柔和协调，味较长	酒体较柔和协调，回味尚长
风　格	具有本品典型的风格	具有本品明显的风格	具有本品风格

注：* 当酒的温度低于10℃时，允许出现白色絮状沉淀物质或失光。10℃以上时应逐渐恢复正常。

3. 理化要求

高度酒、低度酒的理化要求应分别符合附表43、附表44 的规定。

附表 43　　高度酒理化指标

项　目		优　级	一　级	二　级
酒度（20℃）/%vol		45～58		
总酸（以乙酸计）/（g/L）	≥	1.40	1.40	1.20
总酯（以乙酸乙酯计）/（g/L）	≥	2.20	2.00	1.80
己酸乙酯/（g/L）	≤	0.30	0.40	0.40
固形物/（g/L）	≤	0.70		

注：酒度实测值与标签标示值允许差为±1.0%vol。

附表 44　　低度酒理化指标

项　目		优　级	一　级	二　级
酒度（20℃）/%vol		32～44		
总酸（以乙酸计）/（g/L）	≥	0.80	0.80	0.80
总酯（以乙酸乙酯计）/（g/L）	≥	1.50	1.20	1.00
己酸乙酯/（g/L）	≤	0.30	0.40	0.40
固形物/（g/L）	≤	0.70		

注：酒度实测值与标签标示值允许差为±1.0%vol。

4. 卫生指标

应符合 GB 2757—2012 的规定。

（十三）小曲固态法白酒（GB/T 26761—2011）

本标准规定了小曲固态法白酒的术语和定义、产品分类、要求、分析方法、检验规则和标志、包装、运输、贮存。本标准适用于小曲固态法白酒的生产、检验与销售，不适用于半固态法小曲白酒的生产、检验与销售。

1. 术语和定义

小曲固态法白酒　以粮谷为原料，采用小曲或纯种根霉为糖化发酵剂，经蒸煮、固态培菌糖化、固态发酵、固态蒸馏，陈酿、勾兑而成的，未添加食用酒精及非白酒发酵产生的呈香呈味物质的白酒。

2. 产品分类

按产品的酒度分为两类。

高度酒：酒度41% vol ~ 60% vol；

低度酒：酒度18% vol ~ 40% vol。

3. 感官、理化要求

高度酒、低度酒的感官、理化要求应分别符合附表45 ~ 附表48的规定。

附表45　　高度酒感官要求

项　目	优　级	一　级
色泽和外观	无色或微黄，清亮透明，无悬浮物，无沉淀*	
香　气	香气自然，纯正清雅	香气自然，较纯正清雅
口　味	酒体醇和，甘洌净爽	酒体较醇和，较甘洌净爽
风　格	具有本品典型的风格	

注：*当酒的温度低于10℃时，允许出现白色絮状沉淀物质或失光。10℃以上时应逐渐恢复正常。

附表46　　低度酒感官要求

项　目	优　级	一　级
色泽和外观	无色或微黄，清亮透明，无悬浮物，无沉淀*	
香　气	香气自然，纯正清雅	香气自然，较纯正清雅
口　味	酒体柔和、净爽	酒体较柔和、较净爽
风　格	具有本品典型的风格	

注：*当酒的温度低于10℃时，允许出现白色絮状沉淀物质或失光。10℃以上时应逐渐恢复正常。

附表47　　高度酒理化要求

项　目		优　级	一　级
酒度/% vol		41 ~ 68	41 ~ 68
总酸（以乙酸计）/（g/L）	≥	0.40	0.30
总酯（以乙酸乙酯计）/（g/L）	≥	0.60	0.50
固形物/（g/L）	≤	0.5	0.5

附表48　　低度酒理化要求

项　目		优　级	一　级
酒度/%		18 ~ 40	18 ~ 40
总酸（以乙酸计）/（g/L）	≥	0.25	0.20
总酯（以乙酸乙酯计）/（g/L）	≥	0.45	0.30
固形物/（g/L）	≤	0.7	0.7

4. 卫生要求

应符合 GB 2757—2012 的规定。

（十四）食用酒精标准（GB 10343—2008）

本标准规定了食用酒精的术语和定义、要求、分析方法、检验规则以及标志、包装、运输和贮存。本标准适用于食用酒精的生产、检验与销售。

1. 术语和定义

食用酒精　以谷物、薯类、糖蜜或其他可食用农作物为原料，经发酵、蒸馏精制而成的，供食品工业使用的含水酒精。

2. 感官、理化要求

食用酒精的感官、理化要求应分别符合附表49、附表50 的规定。

附表 49　　感官要求

项　目	特　级	优　级	普通级
外　观	无色透明		
气　味	具有乙醇固有香气，香气纯正		无异臭
口　味	纯净，微甜		较纯净

附表 50　　理化要求

项　目		特　级	优　级	普通级
色度/号	≤	10		
乙醇/%vol	≥	96.0	95.5	95.0
硫酸试验色度/号	≤	10	10	60
氧化时间/min	≥	40	30	20
醛（以乙醛计）/（mg/L）	≤	1	2	30
甲醇/（mg/L）	≤	2	50	150
正丙醇/（mg/L）	≤	2	15	100
异丁醇 + 异戊醇/（mg/L）	≤	1	2	30
酸（以乙酸计）/（mg/L）	≤	7	10	20
酯（以乙酸乙酯计）/（mg/L）	≤	10	18	25
不挥发物/（mg/L）	≤	10	15	25
重金属（以 Pb 计）/（mg/L）	≤	1		
氰化物*（以 HCN 计）/（mg/L）	≤	5		

注：* 指以木薯为原料的产品要求，以其他原料制成的食用酒精则无此项要求。

二、白酒工业术语（GB/T 15109—2008）

1. 主要原辅料

（1）高粱　又称红粮、小蜀黍、红棒子。禾本科草本植物栽培高粱作物的果实。籽粒有红、黄、白等颜色，呈扁卵圆形。按其粒质分为糯性高粱和非糯性高粱。

（2）小麦　禾本科草本植物栽培小麦的果实。呈卵形或长椭圆形，腹面有深纵沟。按照小麦播种季节的不同分为春小麦和冬小麦；按小麦籽粒的粒质和皮色分为硬质白小麦、软质白小麦、硬质红小麦、软质红小麦。

（3）玉米　又称玉蜀黍、大蜀黍、棒子、苞谷、苞米、珍珠米。禾本科草本植物栽培玉米的果实。籽粒形状有马齿形、三角形、近圆形、扁圆形等，种皮颜色主要为黄色和白色。按其粒形、粒质分为马齿型、半马齿型、硬粒型、爆裂型等类型。

（4）大米　稻谷经脱壳碾去皮层所得的成品粮的统称，可分为糯米、粳米、籼米，糯米又分为籼糯米和粳糯米。

（5）豌豆　又称麦豆、毕豆、小寒豆、淮豆。豆科草本植物栽培豌豆荚果的种子。球形，种皮呈黄、白、青、花等颜色，表面光滑，少数品种种皮呈皱缩状。

（6）大麦　禾本科大麦属植物种子，含淀粉和蛋白质，为制曲的原料之一。

（7）麦麸　小麦加工成面粉的副产物，可作酿酒微生物的培养基。

（8）稻壳　稻谷在加工大米时脱下的外壳，是酿造白酒过程中的主要辅料。

（9）谷糠　谷子在加工小米时脱下的外壳，是酿造白酒过程中的主要辅料。

2. 生产设备、设施及器具

（1）制曲设备

①曲模：曲坯成型用的模具。

②制曲机：将制曲原料压制成曲胚的机械设备。

③曲房：培养曲的房间。又称发酵室。

（2）酿酒设备

①窖池：固态发酵容器之一，用黄泥、条石、砖、水泥、木材等建成，形状多呈长方体。

②发酵缸（罐）：糖化发酵容器之一，用陶土烧制或金属材料制成。埋在地下的缸称为地缸。

（3）蒸馏设备

①甑：蒸粮、蒸酒和清蒸辅料的主要设备，用木材、石材、水泥或金属材料制成，由甑盖、甑桶、甑篦、底锅等部分组成。

②蒸饭机：使用蒸汽加热的方式将米蒸煮成饭并摊晾的设备，用金属材料制成。

③蒸馏釜：使用蒸汽加热的方式进行蒸酒的设备，用金属材料制成。有卧式、立式，单釜或双釜等类型。

④过汽筒：连接甑、蒸馏釜与冷却器的过汽导管。

⑤冷却器：将蒸出的酒蒸气冷却成酒液的设备，用不锈钢等金属材料制成。

⑥晾糟设备：使出甑的物料晾冷、打散疏松的设备。主要有晾堂、晾糟机、晾糟床、晾糟棚。

（4）陈酿设备

①陶坛：白酒的传统贮酒容器，用陶土烧制而成。

②不锈钢贮酒罐：不锈钢制成的大容量贮酒容器。

③酒海：用藤条编制，以鸡蛋清等物质配成黏合剂，用白棉布、麻纸裱糊，再以菜

油、蜂蜡涂抹内壁，干燥后用于贮酒的容器。

④贮酒池：用混凝土建成，内壁涂食用级涂料，或贴以陶板、玻璃、瓷板、不锈钢等材料，用作贮酒的大型容器。

3. 制曲

（1）糖化发酵剂　以淀粉和蛋白质等为主要原料的天然培养基，富集多种微生物及生物酶，用于酿酒的糖化和发酵的制剂。

①大曲：酿酒用的糖化发酵剂，一般为砖形的块状物。

高温曲：在制曲过程中，最高品温控制大于60℃而制成的大曲。

中温曲：在制曲过程中，最高品温控制在50～60℃而制成的大曲。

低温曲：在制曲过程中，最高品温控制小于50℃而制成的大曲。

②曲母：在制曲时，作种子用的少量优质曲。又称母曲。

③小曲：酿酒用的糖化发酵剂，多为较小的圆球、方块、饼状。部分小曲在制造时加入了中草药，故又称为药曲或酒药。

④麸曲：以麦麸为原料，采用纯种微生物接种制备的一类糖化剂或发酵剂。按生产工艺一般分为帘子曲、通风曲。

帘子曲：在竹帘子上培养制备的麸曲。

通风曲：在长方形水泥池中控制通风培养制备的麸曲。

⑤曲坯：制曲原料压（踩）制成型的块状物。

（2）上霉　制曲培养过程中，在曲坯的外表生长出菌斑的现象，又称穿衣。

（3）晾霉　在制曲培养过程中，当菌丝体已长出，打开门窗，降低曲室和曲坯表面的温度和水分的操作。

（4）翻曲　在制曲培养过程中，将曲坯调位，上下层调位，增加曲房的通风供氧，排除二氧化碳，调节温度和湿度，使曲坯得到均匀培养的操作。

4. 酿酒

（1）固态发酵法　以固态蒸料糊化、糖化、发酵、蒸馏生产白酒的方法。

（2）液态发酵法　以液态蒸煮糊化、糖化、发酵、蒸馏生产白酒的方法。

（3）半固态发酵法　采用固态培菌糖化，进行液态发酵、蒸馏生产白酒的方法。

（4）原窖法　本窖发酵后的糟醅，经出窖系列操作后，重新放回原来的窖池内发酵的生产工艺。

（5）跑窖法　本窖发酵后的糟醅，经出窖系列操作后，放到另外的窖池内发酵的生产工艺。

（6）老五甑法　将窖中发酵完毕的酒醅分成五次配料、蒸酒的传统操作法。窖内有四甑酒醅，即大楂、二楂、小楂和回糟各一甑。

（7）清蒸清烧　原料和酒醅分别蒸料和蒸酒的操作。

（8）清蒸混入　原料和辅料清蒸后与酒醅混合入窖发酵的操作。

（9）混蒸混烧　原料和酒醅混合在一起同时蒸料和蒸酒的操作。

（10）清糟（楂）法　单独立糟（楂）、单独蒸酒的操作方法。

（11）续糟（楂）法　原料和发酵好的酒醅混蒸混烧，蒸粮和蒸酒在甑内同时进行的操作方法。

（12）辅料清蒸　为消除稻壳等辅料的异杂味和杂菌而进行的蒸料操作。

（13）清蒸二次清　原料清蒸，辅料清蒸，清楂发酵，清蒸流酒，用地缸发酵的两次操作。

（14）粮粉（楂、糁）　酿酒原料经粉碎后的粉粒。

（15）立糟　新投产时，粮粉经拌料、蒸煮糊化、加糖化发酵剂，第一次酿酒发酵的操作。又称立楂、立排、立窖。

（16）糙沙　酱香型白酒酿酒生产的第二次投粮。

（17）酒醅　已发酵完毕等待配料、蒸酒的物料，又称母糟。

（18）粮糟　在配糟时，按工艺的配料比加入原料的酒醅，又称粮楂。

（19）面糟　酒醅蒸酒后，只加糖化发酵剂，再次发酵的醅子，又称红糟、回糟。

（20）丢糟　出窖糟经蒸馏取酒后，不再用于酿酒发酵的物料。

（21）培菌糟　在小曲酒生产中，将蒸熟的原料经摊晾后拌入小曲，在缸中或箱上培菌糖化后的物料。

（22）生心　原料蒸煮后，糊化和糖化程度不够的现象。

（23）开窝　熟料下曲进入缸后，在物料中间均匀地筑一个空穴，使空气流通，便于微生物繁殖和糖化的操作。

（24）排（轮）　从新原料投料开始至发酵、蒸酒完成的一次酿酒生产周期，称为一排（轮）。

（25）掉排　一排或连续几排的生产不正常，出现出酒率和酒质明显下降的现象。

（26）上甑　按一定规范，将待蒸物料铺撒入甑桶的操作过程，又称装甑。

（27）跑汽　上甑过程中，酒蒸汽明显逸出物料层表面的现象。

（28）穿汽不匀　由于上甑不妥，酒汽不能均匀地穿过酒醅，造成部分酒醅中的酒蒸不出来或夹花流酒的现象。

（29）蹋汽　上甑蒸酒时，蒸汽突然减少，使甑内酒醅下陷，造成酒醅中的酒蒸不出来，或酒度低，流酒尾时间拖长的现象。

（30）溢甑　底锅水煮沸后冲出甑篦的现象。

（31）大汽追尾　蒸酒将结束时，加大蒸汽量或加大火力，蒸出酒醅中残余香味物质，同时利于粮食糊化的操作。

（32）掐头去尾　在蒸酒时，截取酒头和酒尾的操作。

（33）酒花　白酒在流酒或振摇后，液面溅起的泡沫，俗称酒花。根据酒花的形状、大小、持续时间，可判断酒液酒度的高低。

（34）量质摘酒　蒸馏流酒过程中，根据流酒的质量情况确定摘酒（分级）时机的操作。

（35）酒头　蒸馏初期截取出的酒度较高的酒－水混合物。

（36）酒尾　蒸馏后期截取出的酒度较低的酒－水混合物。

（37）地温　酿酒车间入窖窖池（地缸）周边地面的温度。

（38）踩窖　待发酵物料进入窖内后及时铺平，根据季节，人工适当踩压，以免发酵物料间存留过多的空气，同时防止过分跌窖的一道操作工序。

（39）封窖　以专用的材料（黏土、塑料布等）将窖面密封，隔绝空气以进行发酵的操作。

(40) 窖泥　附着于窖壁或窖底的富含酿酒有益微生物的黏土。

(41) 窖皮泥　用于封窖的黏土。

(42) 打量水　当蒸粮完成后，泼入一定温度的水的操作。

(43) 烟水　当蒸粮达到一定程度时，向甑桶内物料进行泼水的操作。

(44) 下曲　将糖化发酵剂均匀混入摊晾好的糟醅中的操作。又称撒曲。

(45) 摊晾　使出甑的物料迅速均匀地冷至下曲温度的操作。又称扬冷。

(46) 窖帽　封窖后入窖物料高出地平面的部分。

(47) 跌窖　发酵期间，窖帽下跌的现象。又称跌头。

(48) 清窖　封窖后，所采取的保持封窖材料密闭的定期操作。

(49) 开窖鉴定　开窖后，用感官分析对出窖酒醅、黄水进行鉴定，并结合理化分析数据总结上排配料和入窖条件的优缺点，以确定下排配料和入窖条件。

(50) 滴窖　在起窖时，沥去黄水的操作。

(51) 黄水　发酵期间，逐渐渗于窖底部的棕黄色液体。又称黄浆水。

(52) 吹口　物料进入发酵容器后，用以了解物料的发酵状况的观察口。

(53) 发酵周期　物料入窖（缸、罐）后，从封窖（缸、罐）到出窖（缸、罐）的这一段时间。

(54) 串香　在甑中以含有乙醇的蒸汽穿过固态发酵的酒醅或特制的香醅，使馏出的酒中增加香气和香味的操作。

(55) 双轮底　白酒生产中，发酵正常的窖底母糟不经蒸馏取酒，于窖底再次发酵的工艺操作。

(56) 勾兑调味　把具有不同香气、口味、风格的酒，按不同比例进行调配，使之符合一定标准，保持成品酒特定风格的专门技术。

(57) 陈酿　在贮酒容器中贮存一定时间，使酒体谐调、口感柔和的白酒生产中必要的工艺过程。又称老熟。

(58) 生态酿酒　保护与建设适宜酿酒微生物生长、繁殖的生态环境，以安全、优质、高产、低耗为目标，最终实现资源的最大利用和循环使用。

5. 成品及半成品

(1) 白酒　以粮谷为主要原料，用大曲、小曲或麸曲及酒母等为糖化发酵剂，经蒸煮、糖化、发酵、蒸馏而制成的饮料酒。

(2) 大曲酒　以大曲为糖化发酵剂酿制而成的白酒。

(3) 小曲　以小曲为糖化发酵剂酿制而成的白酒。

(4) 麸曲酒　以麸曲为糖化剂，加酒母（酿酒干酵母）为发酵剂，或以麸曲为糖化发酵剂酿制而成的白酒。

(5) 混合曲酒　以大曲、小曲或麸曲等糖化发酵剂酿制而成的白酒。

(6) 固态法白酒　以粮食为原料，采用固态（或半固态）糖化、发酵、蒸馏，经陈酿、勾兑而成，未添加食用酒精及非白酒发酵产生的呈香呈味物质，具有本品固有风格特征的白酒。

(7) 液态法白酒　以含淀粉、糖类的物质为原料，采用液态糖化、发酵、蒸馏所得的基酒（或食用酒精），可用香醅串香或用食品添加剂调味调香，勾调而成的白酒。

（8）固液法白酒　以固态法白酒（不低于30%）、液态法白酒勾调而成的白酒。

（9）酱香型白酒　以粮谷为原料，经固态法发酵、蒸馏、陈酿、勾兑而成，未添加食用酒精及非白酒发酵产生的呈香呈味物质，具有其特征风格的白酒。又称茅型白酒。

（10）浓香型白酒　以粮谷为原料，经传统固态法发酵、蒸馏、陈酿、勾兑而成，未添加食用酒精及非白酒发酵产生的呈香呈味物质，具有以己酸乙酯为主体复合香的白酒。又称泸型白酒。

（11）清香型白酒　以粮谷为原料，经传统固态法发酵、蒸馏、陈酿、勾兑而成，未添加食用酒精及非白酒发酵产生的呈香呈味物质，具有以乙酸乙酯为主体复合香的白酒。又称汾型白酒。

（12）米香型白酒　以大米等为原料，经传统半固态法发酵、蒸馏、陈酿、勾兑而成，未添加食用酒精及非白酒发酵产生的呈香呈味物质，具有以乳酸乙酯、β-苯乙醇为主体复合香的白酒。

（13）凤香型白酒　以粮谷为原料，经传统固态法发酵、蒸馏、陈酿、勾兑而成，未添加食用酒精及非白酒发酵产生的呈香呈味物质，具有乙酸乙酯和己酸乙酯为主体复合香的白酒。又称凤型白酒。

（14）豉香型白酒　以大米为原料，经蒸煮，用大酒饼作为主要糖化发酵剂，采用边糖化边发酵的工艺，釜式蒸馏，陈肉酝浸勾兑而成，未添加食用酒精及非白酒发酵产生的呈香呈味物质，具有豉香特点的白酒。

（15）芝麻香型白酒　以高粱、小麦（麸皮）等为原料，经传统固态法发酵、蒸馏、陈酿、勾兑而成，未添加食用酒精及非白酒发酵产生的呈香呈味物质，具有芝麻香风格的白酒。

（16）特香型白酒　以大米为主要原料，经传统固态法发酵、蒸馏、陈酿、勾兑而成，未添加食用酒精及非白酒发酵产生的呈香呈味物质，具有特香型风格的白酒。

（17）浓酱兼香型白酒　以粮谷为原料，经传统固态法发酵、蒸馏、陈酿、勾兑而成，未添加食用酒精及非白酒发酵产生的呈香呈味物质，具有浓香兼酱香独特风格的白酒。

（18）老白干香型白酒　以粮谷为原料，经传统固态法发酵、蒸馏、陈酿、勾兑而成，未添加食用酒精及非白酒发酵产生的呈香呈味物质，具有以乳酸乙酯、乙酸乙酯为主体复合香的白酒。

（19）基础酒（原酒）　经发酵、蒸馏而得的未经勾兑的酒。

（20）组合酒　按一定质量标准，将不同的基础酒进行调配而成的酒。

（21）调味酒　采用特殊工艺生产制备的某一种或数种香味成分含量特别高，风格特别突出，用于弥补基础酒缺陷和提高酒体档次的酒。又称精华酒。

三、白酒生产的食品安全

我国白酒是以高粱、大米、小麦等为主要原料，以大曲、小曲或麸曲及酒母等为糖化发酵剂，经蒸煮、糖化、发酵、蒸馏、陈酿、勾兑而制成的蒸馏酒。根据我国白酒生产的工艺和所用酿酒粮食及工器具特点，为了保证白酒产品的食品安全，要求在白酒的生产过程中所使用的酿酒粮食及工器具必须符合国家食品安全相关标准的规定。

1. 酿酒粮食的食品安全

（1）酿酒粮食中的农药最大残留限量　酿酒粮食中的农药最大残留限量应符合国家标准《食品中农药最大残留限量》（GB 2763—2016）的规定。

①食品中农药残留的相关定义

a. 残留物：由于使用农药而在食品、农产品和动物饲料中出现的特定物质，包括被认为具有毒理学意义的农药衍生物，如农药转化物、代谢物、反应产物以及杂质等。

b. 最大残留限量：在食品或农产品内部或表面法定允许的农药最大浓度，以每千克食品或农产品中农药残留的毫克数表示（mg/kg）。

c. 再残留限量：一些残留持久性的农药虽已禁用，但还长期存在于环境中，从而再次在食品中形成残留，为控制这类农药残留物对食品的污染而制定了其在食品中的残留限量。以每千克食品或农产品中农药残留的毫克数表示（mg/kg）。

②国标《食品安全国家标准　食品中农药最大残留限量》中列出食品中农药最大残留限量的农药名称：包括除草剂、杀虫剂、杀螨剂、杀菌剂、植物生长调节剂等307种，对所有食品包括粮食、水果、蔬菜及加工食品等都有具体指标，详见《食品中农药最大残留限量》（GB 2763—2012）。

（2）酿酒粮食中的真菌毒素限量　酿酒粮食中的真菌毒素限量应符合《食品中真菌毒素限量》（GB 2761—2017）的规定。

①真菌毒素的定义：所谓真菌毒素，就是真菌在生长繁殖的过程中产生的次生有毒代谢产物。

②酿酒粮食中真菌毒素限量指标：见附表51。

附表51　　酿酒粮食中真菌毒素限量指标

粮食品种	黄曲霉毒素 B_1 /（μg/kg）	脱氧雪腐镰刀菌烯醇 /（μg/kg）	赭曲霉毒素A /（μg/kg）	玉米赤霉烯酮 /（μg/kg）
稻谷	10		5.0	
高粱	5.0		5.0	
大米	10		5.0	
小麦	5.0	1000	5.0	60
玉米	20	1000	5.0	60
大麦	5.0	1000	5.0	
豌豆			5.0	

注：表中未涉及的粮食种类，其真菌毒素限量指标应符合《食品中真菌毒素限量》（GB 2761—2017）的规定。

（3）酿酒粮食中的污染物限量　酿酒粮食中的污染物限量应符合国家标准《食品中污染物限量》（GB 2762—2017）的规定。

①污染物的定义：食品在生产（包括农作物种植、动物饲养和兽医用药）、加工、包装、贮存、运输、销售，直至食用过程或由环境污染带入的，非有意加入的化学性危害物质。污染物是指除农药残留、兽药残留、生物毒素和放射性物质以外的污染物。

②酿酒粮食中污染物限量指标：见附表52。

附表 52　　酿酒粮食中污染物限量指标

污染物	稻谷	高粱	大米	豌豆	小麦	玉米	大麦
铅/（mg/kg）	0.2	0.2	0.2	0.2	0.2	0.2	0.2
镉/（mg/kg）	0.2	0.1	0.2	0.2	0.1	0.1	0.1
汞/（mg/kg）	0.02	0.02	0.02		0.02	0.02	0.02
无机砷/（mg/kg）	0.2	0.2	0.2				
总砷/（mg/kg）	0.5	0.5	0.5	0.5	0.5	0.5	
铬/（mg/kg）	1.0	1.0	1.0	1.0	1.0	1.0	1.0
苯并［α］芘/（μg/kg）	5	5	5		5	5	5

注：表中未涉及的粮食种类，其污染物限量指标应符合《食品中污染物限量》（GB 2762—2017）的规定。

2. 贮酒及包装安全

（1）不锈钢制品　在白酒生产中所用的以不锈钢为主体材料制作的贮酒容器、输送管道及其他生产经营工器具和设备应符合国家标准《食品接触用金属材料及制品》（GB 4806.9—2016）的规定。

①原料要求

a. 主体材料：食具容器及食品生产经营工具、设备的主体部分应选用奥氏体型不锈钢、奥氏体铁素体型不锈钢等符合相关国家标准的不锈钢材料制造；餐具和食品机械设备的钻磨工具等的主体部分也可采用马氏体型不锈钢材料。

b. 非主体材料：食具容器和机械设备中接触食品的非主体部分可以采用其他金属、玻璃、橡胶、塑料等材料制成，但所采用材料应符合相应的国家标准和要求。

②感官要求及理化指标

a. 感官要求：接触食品的表面应光洁，无污垢、锈迹，焊接部应光洁，无气孔、裂缝、毛刺。

b. 理化指标：理化指标应符合附表 53 的规定。

附表 53　　不锈钢材料理化指标

项目		指标	检验方法
铅（以 Pb 计）/（mg/dm^2）	≤	0.01	GB/T 5009.81
铬（以 Cr 计）/（mg/dm^2）	≤	0.4	
镍（以 Ni 计）/（mg/dm^2）	≤	0.1	
镉（以 Cd 计）/（mg/dm^2）	≤	0.005	
砷（以 As 计）/（mg/dm^2）	≤	0.008	

注：1. 浸泡条件均为 4%（体积分数）乙酸，$200mL/dm^2$，煮沸 30min，再室温放置 24h。
2. 马氏体型不锈钢材料不检测铬指标。

③添加剂：添加剂的使用应符合 GB 2760—2014《食品添加剂使用标准》的规定。

（2）陶瓷食具容器卫生标准　在白酒生产中所用的以黏土为主体材料制作的陶坛、酒瓶等贮酒容器应符合国家标准《陶瓷食具容器卫生标准》（GB 13121—1991）的规定。

①《陶瓷食具容器卫生标准》（GB 13121—1991）的主要内容与适用范围

a. 主要内容：规定了陶瓷食具容器的感官指标、理化指标及各项指标的检验方法。

b. 适用范围：适用于以黏土为主，加入长石、石英调节其工艺性能并挂上彩釉后经高温烧成的粗陶、精陶和瓷的各种食具、容器。

②技术要求

a. 感官指标：内壁表面光洁、彩釉均匀，花饰无脱落现象。

b. 理化指标：陶瓷食具容器的理化指标应符合附表54的规定。

附表54　　理化指标

项　目		指　标
铅（Pb，4%乙酸浸泡液中）/（mg/L）	≤	7
镉（Cd，4%乙酸浸泡液中）/（mg/L）	≤	0.5

③检验方法：检验方法按GB 5009.62进行。

（3）包装玻璃容器中铅、镉、砷、锑溶出允许限量　在白酒生产中用于盛装白酒的包装玻璃容器应符合国家标准《包装玻璃容器　铅、镉、砷、锑溶出允许限量》（GB 19778—2005）的规定。此标准规定了各种用于盛装食品、药品、酒、饮料、饮用水等直接进入人体的物料的各种包装玻璃容器铅、砷、镉和锑溶出量的允许限量。

①包装玻璃容器相关定义

a. 包装玻璃容器：用于盛装食品、药品、酒类、饮料、饮用水等直接进入人体的物料的玻璃容器和微晶玻璃容器。

b. 扁平容器：从容器内部最低平面至口缘水平面的深度小于25mm的玻璃容器。

c. 小容器：容积小于600mL的容器。

d. 大容器：容积介于600mL～3L之间的容器。

e. 贮存罐：容积大于3L的容器。

②允许限量：各种包装玻璃容器铅、砷、镉和锑溶出量的允许限量见附表55。

附表55　　允许限量

包装玻璃容器类型	铅	镉	砷	锑
扁平容器/（mg/dm^2）	0.8	0.07	0.07	0.7
小容器/（mg/L）	1.5	0.5	0.2	1.2
大容器/（mg/L）	0.75	0.25	0.2	0.7
贮存罐/（mg/L）	0.5	0.25	0.15	0.5

③检验方法：样品按《玻璃容器内表面耐水侵蚀性能测试方法及分级》（GB/T 4548—1995）要求清洗，内装4%（体积分数）乙酸，在（22±2）℃的条件下浸泡24h。浸出液按下列方法进行检验：

砷按GB/T 5009.11—2014第一篇进行测试。

锑按GB/T 5009.63—2014测试。

(4) 玻璃白酒瓶国家标准　白酒生产中使用的玻璃白酒瓶应符合国家标准《玻璃容器　白酒瓶》(GB/T 24694—2009) 的规定。本标准规定了白酒玻璃瓶的术语和定义、产品分类、要求、试验方法、检验规则、标识、包装、运输和贮存等要求。适用于盛装白酒的晶质料玻璃酒瓶、高白料玻璃酒瓶、普料玻璃酒瓶和乳浊料玻璃酒瓶。其他料种的玻璃酒瓶可参照本标准的有关规定。

①术语和定义

a. 晶质料玻璃瓶：用总铁含量（以三氧化二铁计）不超过0.040%的具有高折射率、高透射比（光透射比不低于91.0%）的无色硅酸盐玻璃制成的酒瓶。

b. 高白料玻璃瓶：用总铁含量（以三氧化二铁计）不超过0.060%的无色硅酸盐玻璃制成的酒瓶。

c. 普料玻璃瓶：用普白料、青白料等硅酸盐玻璃制成的用于盛装各类白酒的酒瓶。

d. 乳浊料玻璃瓶：用白色的乳浊玻璃制成的用于盛装各类白酒的酒瓶。

②产品分类和理化性能

a. 产品分类：按产品玻璃种类进行分类，可分为晶质料玻璃酒瓶、高白料玻璃酒瓶、普料玻璃酒瓶和乳浊料玻璃酒瓶四类。

b. 理化性能：理化性能应符合附表56的规定。

附表56　　玻璃白酒瓶的理化性能指标

项目	晶质料玻璃酒瓶	高白料玻璃酒瓶	普料玻璃酒瓶	乳浊料玻璃酒瓶
耐内压力/MPa	≥0.5			
抗热震性/℃	≥35			
抗冲击/J	≥0.2			
内应力/级	真实应力≤4			—
内表面耐水性/级	HCD			

③规格尺寸

a. 容量：满口容量及满口容量允许误差应符合附表57的规定。

附表57　　满口容量及满口容量允许误差

公称容量 V/mL	满口容量/mL	满口容量允许误差/mL	
50 < V≤100	110	—	±3
100 < V≤200	110	±3	—
200 < V≤300	108	—	±6
300 < V≤500	106	±2	—
500 < V < 1000	104	—	±12
V≤50，V≥1000	由供需双方商定		

b. 瓶口尺寸：冠形瓶口尺寸应符合《玻璃容器　冠形瓶口尺寸》(QB/T 3729—1999) 的规定，螺纹瓶口应符合《包装　玻璃容器　螺纹瓶口尺寸》(GB/T 17449—1998) 的规

定，其他瓶口由供需双方商议确定。

c. 公称主体直径公差 T_D：公称主体直径公差 T_D按下式计算

$$T_D = \pm (0.5 + 0.012D)$$

式中　T_D——公称主体直径公差，mm

D——公称主体直径，mm

d. 公称瓶高公差 T_H：公称瓶高公差 T_H按下式计算

$$T_H = \pm (0.6 + 0.004H)$$

式中　T_H——公称瓶高公差，mm

H——玻璃瓶公称高度，mm

e. 垂直轴偏差 T_V：垂直轴偏差 T_V按下式计算

$H > 120$mm 时，　$T_V = 0.3 + 0.01H$

$H \leqslant 120$mm 时，　$T_V = 1.5$mm

式中　H——玻璃瓶公称高度，mm

f. 厚度：厚度应符合附表 58 的规定。

附表 58　厚度

项目	晶质料玻璃酒瓶	高白料玻璃酒瓶	普料玻璃酒瓶	乳浊料玻璃酒瓶
瓶身厚度/mm	≥1.2			
瓶底厚度/mm	≥3.0			
同一截面瓶壁厚薄比	≤（2:1）			
同一瓶底厚薄比	≤（2:1）			

注：对特殊型瓶，厚度要由供需双方协商确定。

g. 瓶身圆度：瓶身圆度应符合附表 59 的规定。

附表 59　瓶身圆度

酒瓶质料	晶质料玻璃酒瓶	高白料玻璃酒瓶	普料玻璃酒瓶	乳浊料玻璃酒瓶
瓶身圆度（不超过直径的）	3%	4%	5%	5%

注：非圆形（特殊造型）的不按此计算。

h. 瓶口不平行度：瓶口不平行度公差应符合附表 60 的规定。

附表 60　瓶口不平行度

瓶口公称直径 D	瓶口相对于容器底部不平行度允差
$D \leqslant 20$	≤0.45
$20 < D \leqslant 30$	≤0.6
$30 < D \leqslant 40$	≤0.7
$40 < D \leqslant 50$	≤0.8
$50 < D \leqslant 60$	≤0.9
$D > 60$	≤1.0

④外观质量：外观质量应符合附表61的规定。

附表61　　外观质量

项目		晶质料玻璃酒瓶	高白料玻璃酒瓶	普料玻璃酒瓶	乳浊料玻璃酒瓶
气泡	表面气泡和破气泡	不许有			
	直径>4mm	不许有			
	瓶口封合面及封锁环上	≥0.8mm不许有	≥1mm不许有		
	2mm<直径≤4mm　≤	不许有	2个	4个	3个
	1mm<直径≤2mm　≤	2个	3个	6个	4个
	0.5mm<直径≤1mm　≤	4个	6个	8个	8个
	>0.5mm气泡总数　≤	5个	10个	14个	12个
	直径≤0.5mm，且能目测的在每平方厘米内　≤	2个	5个	7个	7个
结石	直径>1mm	不许有			
	0.3mm<直径≤1mm，且轻击不破，周围无裂纹　≤	2个	3个	5个	4个
	瓶口封合面及封锁环上	不许有			
裂纹		不许有（表面点状撞伤不作裂纹处理）			
内壁缺陷		粘料、尖刺、玻璃搭丝、玻璃碎片不许有			
合缝线	尖锐刺手的	不许有			
	凸出量/mm	≤0.4	≤0.5		
	初型模合缝线明显的	不许有			
表面质量	瓶体表面不光洁平滑，有粗糙感	不许有		明显的不许有	
	黑点、铁锈	不许有		明显的不许有	
	氧化斑、波纹、油斑、冷斑	明显的不许有			
	摩擦伤	明显的不许有		—	
瓶口	口部尖刺、高出瓶口平面的立棱	不许有			
	影响密封性的缺陷	不许有			
文字图案		清晰、完整，位置准确			

（5）食品用橡胶制品卫生标准　在白酒生产中所用的以天然橡胶或合成橡胶为主要原料，配以特定助剂制成的贮酒容器、输送管道等工器具应符合国家标准《食品用橡胶制品卫生标准》（GB 4806.1—1994）的规定。

①助剂：食品用橡胶制品使用的助剂应符合《食品接触材料及制品用添加剂使用标准》（GB 9685—2016）的要求。

②感官指标

a. 成品外观：色泽正常，无异臭，无异物。

b. 浸泡液：不应有着色，无异臭，无异味。

③理化指标　理化指标应符合附表62的规定。

附表62　　　　理化指标

项　目		高压锅密封圈	其　他
蒸发残渣/（mg/L）			
4%乙酸浸泡液	≤		2000
65%乙醇浸泡液	≤		40
水浸泡液	≤	50	30
正己烷浸泡液	≤	500	2000
高锰酸钾消耗量/（mg/L）			
水浸泡液	≤	40	40
锌（Zn）/（mg/L）			
4%乙酸浸泡液	≤	100	20
重金属（以Pb计）/（mg/L）			
4%乙酸浸泡液	≤	1.0	1.0
残留丙烯腈/（mg/kg）		11	11

注：含丙烯腈橡胶必须测定残留丙烯腈。

（6）食品包装用聚乙烯成型品卫生标准　以聚乙烯树脂为原料的食具、包装容器及食品工业用器具，其卫生标准必须符合《食品接触用塑料材料及制品》（GB 4806.7—2016）的规定。

①感官指标：色泽正常，无异味，无异臭，无异物。

②理化指标：理化指标应符合附表63的规定。

附表63　　　　理化指标

项　目		指标	项　目		指标
蒸发残渣，mg/L			重金属（以Pb计，4%乙酸，60℃，2h）/（mg/L）	≤	1
4%乙酸，60℃，2h	≤	30	脱色试验		
65%乙醇，20℃，2h	≤	30	乙醇		阴性
正己烷，20℃，2h	≤	60	冷餐油或无色油脂		阴性
高锰酸钾消耗量（60℃，2h）/（mg/L）	≤	10	浸泡液		阴性

四、《食品安全国家标准　蒸馏酒及其配制酒》

1. 蒸馏酒及配制酒卫生标准的制定和修改

《蒸馏酒及配制酒卫生标准》（GB 2757—1981）是1982年6月开始实施的国家标准。

该标准规定了蒸馏酒及配制酒的理化指标要求，包括的项目有：甲醇、杂醇油、氰化物、铅、锰及食品添加剂（按 GB 2760—1981 规定）。这个标准以后经几次修改。1986 年 10 月第一次修改，将“杂醇油（g/100mL）≤0.15”修改为“杂醇油（g/100mL，以异丁醇与异戊醇计）≤0.20”，并将“大米为原料者≤0.20”删除。2006 年第二次修改，取消杂醇油指标，即将标准中“杂醇油（g/100mL，以异丁醇与异戊醇计）≤0.20”删除。2012 年 8 月以《食品安全国家标准 蒸馏酒及其配制酒》GB 2757—2012 新标准，代替 GB 2757—1981《蒸馏酒及配制酒卫生标准》及第 1 号、第 2 号修改单。新标准于 2013 年 2 月开始实施。

2. GB 2757—2012 主要技术要求

（1）原料要求 应符合相应的标准和有关规定。

（2）感官要求 应符合相应产品标准的有关规定。

（3）理化要求 理化指标应符合附表 64 的规定。

附表 64　　理化指标

项目		指标		检验方法
		粮谷类	其他	
甲醇/（g/L）	≤	0.6	2.0	GB/T 5009.48
氰化物（以 HCN 计）/（mg/L）	≤	8.0		

注：甲醇、氰化物指标均按 100% 酒度折算。

（4）污染物和真菌毒素限量 应分别符合 GB 2762、GB 2761 的规定。

（5）食品添加剂 应符合 GB 2760 的规定。

3. 新、老国标的主要变化

（1）修改了标准名称。

（2）修改了理化指标中折算的酒度。老国标中“甲醇”“氰化物”均以 60% vol 酒度计算；新标准改为以 100% vol 酒度计算。

（3）修改了氰化物的限量指标。老国标“氰化物”指标，以木薯为原料者为“≤5mg/L”，以 HCN 计，以代用品为原料者为“≤2mg/L”；新标准中不管什么原料，均规定为“≤8.0mg/L”。

（4）取消了锰的限量指标。

（5）增加了标签标识的要求。蒸馏酒及其配制酒标签除酒度、警示语和保质期的标识外，应符合 GB 7718 的规定。即标示内容应包括食品名称、配料表、净含量和规格、生产者、地址、联系方式、生产日期、贮存条件、食品生产许可证编号、产品标准代号及其他需要标示的内容。并需注意如下内容。

①配料表应以“配料”为引导词，标明原料、辅料和食品添加剂；配料按用量的递减顺序排列。按标准理解，蒸馏酒应分三类标示：纯粮固态法白酒配料标示应为：水、高粱、大米、糯米、小麦、玉米。固液法白酒配料标示应为；水、固态法白酒、液态法白酒（或食用酒精）、食品添加剂。固液法白酒产品没有规定香型，不得标××香型白酒，而应

标注××风格或××风味白酒。液态法白酒配料标示应为：水、食用酒精、食品添加剂。液态法白酒也不得标××香型。食品添加剂应标示 GB 2760—2011 中的食品添加剂通用名称。

②净含量，酒类是液态，应以“mL”表示。

③标示质量等级。

酒度应以“%vol”单位标示。

应标示“过量饮酒有害健康”，可同时标示其他警示语。

酒度大于等于10%vol的饮料酒可免于标示保质期。

4. 白酒中污染物及真菌毒素限量

GB 2762—2012《食品安全国家标准　食品中污染物限量》标准中对食品污染物的解释：食品在生产（包括农作物种植、动物饲养和兽医用药）、加工、包装、贮存、运输、销售，直至食用过程或由环境污染带入的，非有意加入的化学性危害物质。即污染物是指除农药残留、兽药残留、生物毒素和放射性物质以外的污染物。

GB 2762—2012 指标要求中包括铅、镉、汞、砷、铬、硒、氟、苯并［α］芘、*N*-亚硝铵、多氯联苯、亚硝酸盐、稀土13种。仅“铅”对饮料有限量要求：酒类（蒸馏酒、黄酒除外）是0.2mg/kg；蒸馏酒、黄酒是0.5mg/kg。请各酒类生产企业注意，这个指标在原来的卫生指标中没有。

按 GB 2761—2011《食品中真菌毒素限量》标准中指标的要求，真菌毒素包括黄曲霉毒素 B_1、黄曲霉毒素 M_1、脱氧雪腐镰刀菌烯醇、展青霉素、赭曲霉毒素、玉米赤霉烯酮6种。只有展青霉素对酒类有指标要求，但仅限于苹果、山楂为原料的制品，对以粮食为原料的蒸馏酒并没有指标要求。

GB 2761—2011 在“应用原则”中规定，“无论是否制定真菌毒素限量，食品生产和加工者均应采取控制措施，使食品中的真菌毒素含量达到最低水平”。酒厂历来使用原料都要求颗粒饱满、新鲜、无霉变、无虫蛀，无农药污染。控制真菌毒素应从原辅料及生产管理源头抓起。

5. 蒸馏酒原辅料相关的国家标准和行业标准

稻谷 GB 1350—2009、小麦 GB 1351—2008、玉米 GB 1353—2009、大米 GB 1354—2009、高粱 GB/T 8231—2007、豌豆 GB/T 10460—2008、工业用 α-淀粉酶制剂 QB/T 1805.1—1993、工业用糖化酶制剂 QB/T 1805.2—1993、耐高温 α-淀粉酶制剂 QB/T 2306—1997、食品加工用酵母 GB/T 20886—2007。

粮食卫生标准 GB 2715—2005 规定了供人食用的原粮、成品粮，包括禾谷类、豆类、薯类等卫生标准，这些指标应适用于酿酒原料，见附表65～附表68。

附表65　　有毒害菌类、植物种子指标

项　目		指　标	项　目		指　标
麦角（大米、玉米、豆类）/%	≤	不得检出	毒麦（小麦、大麦）/（粒/kg）	≤	1
麦角（小麦、大麦）/%	≤	0.01			

附表 66　　真菌毒素限量指标

项　目		限量/(μg/kg)	项　目		限量/(μg/kg)
黄曲霉毒素 B_1			脱氧雪腐镰刀菌烯醇（DON）（小麦、大麦、玉米或其成品粮）	≤	1000
玉米	≤	20			
大米	≤	10	玉米赤霉烯酮（小麦、玉米）	≤	60
其他	≤	5	赭曲霉毒素 A（谷类、豆类）	≤	5

附表 67　　污染物限量指标

项　目		限量/(mg/kg)	项　目		限量/(mg/kg)
铅（Pb）	≤	0. 2	无机砷（以 Sn 计）		
镉（Cd）			大麦	≤	0. 15
稻谷（包括大米）、豆类型	≤	0. 2	小麦粉	≤	0. 1
麦类（包括小麦粉）、玉米及其他	≤	0. 1	其他	≤	0. 2
汞（Hg）	≤	0. 02			

附表 68　　农药最大残留量

项　目		最大残留量/(mg/kg)	项　目		最大残留量/(mg/kg)
磷化物（以 pH_3 计）	≤	0. 05	林丹（小麦）	≤	0. 05
溴甲烷	≤	5	滴滴涕	≤	0. 05
马拉硫磷（大米）	≤	0. 1	氯化苦（以原粮计）	≤	2
甲基毒死蜱	≤	5	艾氏剂	≤	0. 02
甲基嘧啶磷（小麦、稻谷）	≤	5	狄氏剂	≤	0. 02
溴氰菊酯	≤	0. 5	七氯	≤	0. 02
六六六	≤	0. 05			

所有指标均有国标规定的分析方法（略）。

表列数据若与新标准有矛盾，应以新标准为准。

6. 食品添加剂的使用

（1）浓香型、清香型、米香型、酱香型、凤香型、特香型、芝麻香型、老白干香型、豉香型等香型白酒的国家标准中规定，不得加入食用酒精和非白酒发酵产生的呈香呈味物质，即不能使用食用香料。

（2）液态法白酒和固液法白酒可使用食用酒精和食品添加剂。国家对酒用食用香料有严格的规定，1986 年首次以国家标准 GB 2760—1986 颁布了食用香料品种，1988—1989 年又先后做了两次补充，2011 年以《食品安全国家标准　食品添加剂使用标准》对 GB

2760 又进行了修改。按 GB 2760—2014 规定，允许使用的食用香精、香料多达 1000 余种，液态法白酒或固液法白酒可使用的香料多达 400 余种，其中醇类 55 种、酯类 170 种、酸类 40 种、醛酮类 120 种等。这些食用香料品种，虽然国家允许使用，但并不是配制每种酒时都要将所有品种用上，而要根据自身产品的设计、特点选择使用。其使用量应适当，以“少”为好，以免“浮香”明显，消费者反感。“固液法白酒”是固态法白酒和食用酒精（或液态法白酒）混合组成的，勾调时应尽量不用香料，但要选用质量好的固态法白酒和调味酒。

（3）不要使用甜味剂　常用的甜味剂有糖精钠、甜蜜素、安赛蜜、阿斯巴甜等，这些物质在低档白酒中时有检出。质监部门对此控制严格。其实白酒发酵中就会生成许多种类的甜味物质，纯净的酒精也有甜味，只要配方恰当，比例协调，甜感自然产生，不必另加甜味剂。

新国标 GB 2757—2012《食品安全国家标准　蒸馏酒及其配制酒》，从食品安全的角度，对白酒行业有更高的要求。因此企业要更加重视食品安全，从源头抓起，如酿酒原辅料的产地、污染情况、包装材料；制曲、酿酒中的生产用水；周围环境；酿酒生产中的蒸馏设备、接酒桶及封窖材料；输水、输酒管道；封坛、封罐材料；成品酒的酒瓶、瓶盖、灌瓶机械等，都要做好食品安全管理工作，让消费者饮用安全质优的白酒，更有利于白酒业健康持续发展。

7. 蒸馏酒及其配制酒的质量控制

生产蒸馏酒及配制酒的企业，必须贯彻执行已颁布的酒类卫生管理办法及《白酒厂卫生规范》等法规、规章。此外，还必须控制以下几个方面。

（1）选用合格原料　具体要求除了与发酵酒类相同外，如粮食应符合《粮食卫生标准》，液态法白酒和固液法白酒要使用符合国标的优级食用酒精。

（2）生产、贮藏、运输、销售中的卫生要求　采取措施，降低生产过程中产生的有害物质含量，使之符合卫生标准。

①甲醇：甲醇来自植物细胞和细胞间质的果胶。在酸、酶和加热的条件下，果胶水解生成甲氧基，甲氧基还原可生成甲醇。因此以薯干、糠麸或其他含果胶量高的水果等作为原料时，成品酒中甲醇含量要比普通原料要高，故国家标准规定以薯干为原料的，甲醇限量不高于 0.12g/100mL，是谷类原料的 4 倍。此外，蒸煮料温度过高、时间过长以及某些含果胶多的糖化剂（如黑曲霉）都能增加成品中甲醇含量。

甲醇是一种有毒物质，它在人体内有蓄积作用，氧化分解比乙醇慢，不易排出体外。饮用含甲醇过多的酒易使人中毒，一次摄入 4 ~ 10mL 即可使人严重中毒，7 ~ 8mL 即可引起失明，30 ~ 100mL 可致人死亡。

在白酒酿造过程中，降低或除去甲醇的方法：选用新鲜、未变质的原料和含果胶质少的原料；选用含果胶酶少的菌种及菌株作糖化剂；对含有较多果胶质的原辅料进行预处理时，可采用蒸汽焖料，如谷壳汽蒸 30min，可去掉谷壳中的甲醇；降低原料的蒸汽压力，增加排汽量及原料经浸泡处理可除去一部分可溶性果胶；采用能吸附甲醇的天然沸石或分子筛处理，可减少成品酒中的甲醇含量；因为甲醇沸点为 64.7℃，低于酒精沸点 78.3℃，所以酒头中的甲醇含量较高，在蒸酒时采用缓慢蒸酒、多去酒头的工艺，或设置甲醇分馏塔，可减少成品酒中甲醇的含量。

②杂醇油：杂醇油是在酿酒过程中由蛋白质、氨基酸和糖类分解而生成的有强烈气味的高级醇类。它们是酒中芳香气味的组成成分，但其毒性和麻醉力比乙醇强，易使中枢神经系统充血。杂醇油在体内氧化速度慢，在体内停留时间长，杂醇油含量高的酒可使饮酒者头痛和大醉。降低杂醇油的方法：使用含蛋白质少的原料；掌握好蒸酒温度进行去酒尾。

③氰化物：使用木薯和果核为原料酿酒时，酒中会产生氰化物。氰化物为剧毒物，即使很少的量就可使中毒者流涎、呕吐、气促，直至呼吸困难、抽搐昏迷甚至死亡。生产中可采取对原料浸泡、蒸煮的方法降低其含量。如用木薯制酒时，可先将原料粉碎、堆积，发酵升温至40℃，使氰氢酸游离挥发后再进行糖化发酵。

④杂臭物质：生产过程中，为除去酒基中的杂臭物质，有时使用高锰酸钾为氧化剂、活性炭为吸附剂脱臭，致使酒中残留较多的锰，所以用高锰酸钾处理过的白酒必须进行蒸馏精制。

⑤醛类：酒中醛类是相应醇类的氧化产物，主要有甲醛、乙醛、糠醛、丁醛等，毒性比相应的醇强，如10g即可致人死亡。成品白酒中总醛量不能超过0.02g/100mL（以乙醛计）。醛类沸点较低，因此在蒸馏过程中，可采取低温排醛法去除大部分醛类；也可去掉含甲醇、醛类及杂醇油较多的“酒头”“酒尾”、二段馏分，以减少甲醇及杂醇油含量。

⑥铅：蒸馏所用的冷凝器、贮器和管道设备等都会含有铅，当含有机酸的高温酒蒸汽流经这些设备时，铅就会溶于酒中。

参考文献

1. 李明，沈才洪等．降低酱香型酒大曲用量的方法研究．酿酒科技，2013，6：22；2013，7：13.

2. 刘义会，张宿义等．浓香型白酒翻沙糟不同淀粉浓度试验研究．酿酒科技，2013，6：31.

3. 周帅，张宿义等．高温堆积工艺在浓香型白酒生产中应用．酿酒科技，2013，6：77.

4. 范伟国，张艳梅等．清香型白酒立式发酵设备的研制．酿酒科技，2013，7：78.

5. 寇晨光．多粮发酵在清香型白酒生产中的应用．酿酒科技，2012，11：72.

6. 张建华，王邦坤．北方酱香型白酒生产工艺探讨．酿酒科技，2011，3：52.

7. 刘永．多粮小曲酒生产工艺．酿酒科技，2010，4：68.

8. 胡鹏刚，邱树毅等．酱香型大曲酒生产工艺关键环节与风格质量的关系．酿酒科技，2010，8：36.

9. 李长江，张洪远等．武陵酱香型白酒工艺创新——控制前3轮次出酒．酿酒科技，2010，2：68.

10. 李长江，张洪远等．武陵酱香型白酒工艺创新——“堆积”工艺．酿酒科技，2010，4：52.

11. 李长江，沈才洪等．武陵酱香型白酒工艺创新——特殊润粮工艺的研究．酿酒科技，2009，7：40.

12. 方军，赵金松等．浓香型白酒润粮工艺对蒸馏效率的影响研究．酿酒科技，2009，10：40.

13. 崔如生，孔祥玉等．不同品种包包曲对白酒生产的影响．酿酒科技，2009，1：81.

14. 李长江，张洪远等．武陵酒生产工艺创新剖析．酿酒科技，2009，1：89.

15. 周天银，李俊．提高江津白酒质量的研究与实践．酿酒科技，2008，2：73.

16. 陈泽军，周瑞平等．高温堆积发酵在多粮浓香型白酒厂的应用．酿酒科技，2008，11：80.

17. 熊小毛．浓酱兼香型白云边酒生产工艺技术总结．酿酒科技，2007，9：35.

18. 邓皖玉，杨秀其等．利用生物培养液和翻窖技术提高浓香型白酒优质品率．酿酒科技，2007，1：53.

19. 龚传勇．应用夹沙发酵提高优质品率的研究．酿酒科技，2007，1：67.

20. 杨大金，蒋英丽等．红花郎酒的工艺技术创新和质量控制．酿酒科技，2007，3：54.

21. 普必恩，李芬．云南玉林泉小曲白酒的传统工艺．酿酒科技，2007，11：57.

22. 李净，张明．多粮小曲酒工艺技术初步研究．酿酒科技，2006，8：56.

23. 张学英，贾美谊等．夹泥发酵在生产中应用．酿酒科技，2006，2：58.

24. 付小庆，杜礼泉等．夹泥发酵改进的研究．酿酒科技，2006，8：63.

25. 唐现洪，钟雨等．高温堆积发酵工艺在双沟大曲酒生产中应用．酿酒科技，2006，8：59.

26. 杨大金，蒋英丽等．酱香型单次酒风格质量、香味组成特点与作用及工艺对其影响．酿酒科技，2004，4：35.

27. 王民俊．豉香型白酒生产工艺（1～3）．酿酒科技，2004，1：110；2004，2：119；2004，3：120.

28. 时卫平．新型酱香型白酒的生产．酿酒科技，2005，8：54.

29. 时卫平，徐伟．清香兼芝麻香白酒生产工艺探讨．酿酒科技，2014，6：77.

30. 崔海灏，杨月轮等．香型融合生产试验（浓、芝融合）．酿酒，2014，2：76.

31. 李小娟．谈清香型白酒与芝麻香型白酒的组合．酿酒，2012，3：16.

32. 高峰．对苏鲁豫皖浓香型曲酒香型融合工艺的几点思考．酿酒，2010，4：13.

33. 王乃鹏．多粮清香型白酒工艺探索．酿酒，2010，1：55.

34. 张占河，周亚辉．多粮酿造及高温大曲在清香型白酒生产中应用．酿酒，2010，2：79.

35. 崔利．形成酱香型酒风格质量的关键工艺是“四高二长、一大一多”．酿酒，2007，3：24.